工业和信息化部"十四五"规划教材

材料制造
数字化技术基础

第2版

唐新华 张轲 蔡艳 王敏 李芳 编著

中国教育出版传媒集团

高等教育出版社·北京

内容提要

本书为工业和信息化部"十四五"规划教材，是在第 1 版基础上修订而成的，是为材料科学与工程专业的学生普及一定的数字化控制技术知识。

全书共 10 章，内容包括数字化技术硬件和软件基础、PLC 控制技术及应用、工控机控制技术及应用、模拟信号的采集与数字化过程、数字信号的处理过程、自动控制理论基础、数字化控制方法、材料智能制造及应用。

本书可作为普通高等学校本科材料科学与工程专业及相关专业的专业基础课教材，建议学时数为 64 学时，也可供相关工程技术人员参考使用。

图书在版编目（ＣＩＰ）数据

材料制造数字化技术基础／唐新华等编著. --2 版
. -- 北京：高等教育出版社，2024.6
ISBN 978-7-04-061800-6

Ⅰ. ①材…　Ⅱ. ①唐…　Ⅲ. ①工程材料 - 数字化 - 高等学校 - 教材　Ⅳ. ① TB3

中国国家版本馆 CIP 数据核字（2024）第 044293 号

Cailiao Zhizao Shuzihua Jishu Jichu

策划编辑　庚　欣	责任编辑　庚　欣	封面设计　王　洋	版式设计　杨　树
责任绘图　李沛蓉	责任校对　刘娟娟	责任印制　朱　琦	

出版发行	高等教育出版社	网　　址　http://www.hep.edu.cn
社　　址	北京市西城区德外大街 4 号	http://www.hep.com.cn
邮政编码	100120	网上订购　http://www.hepmall.com.cn
印　　刷	北京七色印务有限公司	http://www.hepmall.com
开　　本	787mm×1092mm　1/16	http://www.hepmall.cn
印　　张	32.5	
字　　数	730 千字	版　　次　2024 年 6 月第 1 版
购书热线	010-58581118	印　　次　2024 年 6 月第 1 次印刷
咨询电话	400-810-0598	定　　价　64.00 元

前　言

　　基于数字化技术的智能制造已成为我国的一项强国战略，数字化技术、材料加工与制造技术的融合是材料加工行业转型发展的必然方向。培养适应数字化技术发展的材料加工与制造领域复合型创新人才已成为新时期人才培养的重要目标之一。目前，材料科学与工程专业的本科学生对数字化技术的基础理论知识了解不多，迫切需要一门把数字化技术、材料加工与制造技术有机结合起来的学科交叉课程，以提高学生对数字化技术的应用能力。

　　本书内容涉及数字化技术在材料加工与制造领域中的研究、应用现状及发展趋势，数字化技术硬件基础和软件基础，PLC 和工控机控制技术的原理与特点，材料加工与制造过程数字化控制的信号采集、转换、处理、反馈、执行和输出的基本方法、原理和特点，以及实现数字化控制的理论基础和方法。最后通过典型的案例分析，使学生对材料加工与制造过程中的数字化技术有一个全面的认识。

　　本次修订的主要内容：重新改写了第 1 章绪论，增加了材料加工与制造数字化技术和系统设备的介绍；删除了原第 2 章中有关数字逻辑基础的介绍，避免与先修课程内容冲突，并把第 2 章改名为数字化技术硬件基础，强化对微处理器内部结构的介绍，增加微型计算机数据存储和传输、总线及接口技术方面的内容；新增第 3 章数字化技术软件基础，介绍在计算机数据采集和控制中应用非常广泛的软件 LabVIEW 和 MATLAB 的程序设计基础，便于学生在后续学习中通过实际编程实现数据采集和控制；精简了原第 7 章有关信息传输技术方面的内容，并与原第 6 章合并为新的第 7 章数字信号的处理过程；后面几章中增加了材料加工与制造中的数字化技术应用案例，使学生能够熟悉相关技术的应用场景。本次修订增加了二维码资源，使实验的彩色图像可以在移动设备中观看。

　　本书第 1、2 章由唐新华编写，第 3 章由蔡艳、张轲编写，第 4、5 章由张轲编写，第 6、7 章由李芳编写，第 8、9 章由王敏编写，第 10 章由唐新华、张轲、蔡艳编写；第 4 章的案例由李芳提供。全书由唐新华统稿和整理，王敏对全书进行了校核。

　　上海交通大学华学明教授审阅了全书，在此表示衷心的感谢。

　　由于作者水平有限，书中错误和疏漏在所难免，恳请读者批评指正。

　　联系方式：xhtang@sjtu.edu.cn

编者

2024 年 4 月

目 录

001 第1章 绪论

1.1 数字化设计与制造技术概述 001
1.1.1 数字化设计与制造技术的基本内容 002
1.1.2 数字化设计与制造技术的基本特点 006
1.1.3 数字化设计与制造技术的发展趋势 007
1.2 材料加工与制造中的数字化技术 008
1.2.1 材料加工与制造技术 008
1.2.2 材料加工与制造数字化及关键技术 010
1.2.3 材料加工与制造数字化技术发展过程 013
1.3 数字化材料加工与制造系统 015
1.3.1 数字化材料加工与制造设备的基本功能 015
1.3.2 数字化材料加工与制造设备的基本组成 016
1.3.3 数字化材料加工与制造系统的建立 018
1.4 数字化控制系统应用典型案例 020
1.4.1 CNC 系统 021
1.4.2 PLC 控制系统 023
1.4.3 工控机组态控制系统 025
1.4.4 嵌入式控制系统 027
1.4.5 分布式控制系统 029
1.4.6 现场总线控制系统 031
思考题 033
参考文献 033

035 第2章 数字化技术硬件基础

2.1 微型计算机概述 035
2.1.1 微型计算机的特点及发展现状 035
2.1.2 微型计算机系统的组成 037

2.1.3 微处理器及其发展现状 037

2.1.4 微处理器的分类 039

2.2 通用微处理器 040

2.2.1 8086 微处理器的基本结构 041

2.2.2 8086 微处理器内部总线 046

2.2.3 Pentium 微处理器的基本结构 048

2.2.4 Pentium 微处理器的总线状态和总线周期 057

2.2.5 微处理器传统技术的瓶颈 061

2.2.6 微处理器体系结构改进技术 062

2.2.7 64 位微处理器主流体系结构 065

2.2.8 微处理器的一些基本概念 067

2.3 嵌入式处理器 072

2.3.1 嵌入式处理器分类 073

2.3.2 典型的嵌入式处理器 075

2.3.3 嵌入式系统组成 086

2.3.4 嵌入式系统应用领域 087

2.4 微型计算机的数据存储与传输 088

2.4.1 微型计算机存储器与高速缓存技术 088

2.4.2 微型计算机与外设之间的数据传输 094

2.4.3 微型计算机总线与接口技术 102

思考题 109

参考文献 110

112 第 3 章 数字化技术软件基础

3.1 LabVIEW 编程基础及应用 112

3.1.1 虚拟仪器概述 112

3.1.2 LabVIEW 编程环境 113

3.1.3 LabVIEW 程序设计 113

3.1.4 基于 LabVIEW 的信号采集 118

3.1.5 基于 LabVIEW 的信号分析 124

3.2 MATLAB 程序设计基础 129

3.2.1 MATLAB 简介 129

3.2.2 MATLAB 用户界面 131

3.2.3 MATLAB 基础知识 134

3.2.4 MATLAB 向量与矩阵运算 139

3.2.5 MATLAB 数据可视化 151

3.2.6　MATLAB 程序设计　161

3.2.7　数据处理与分析　168

3.2.8　MATLAB APP 设计基础　172

3.2.9　Simulink 仿真工具　179

思考题　189

参考文献　191

192　第 4 章　PLC 控制技术及应用

4.1　PLC 概述　192

4.1.1　PLC 的产生　192

4.1.2　PLC 的定义　193

4.1.3　PLC 的特点　193

4.2　PLC 组成及工作原理　195

4.2.1　PLC 的基本组成　195

4.2.2　PLC 的工作原理　200

4.3　PLC 程序设计基础　202

4.3.1　PLC 编程语言　202

4.3.2　PLC 编程环境　206

4.3.3　梯形图编程规则　208

4.3.4　PLC 基本电路编程　213

4.4　PLC 控制系统设计　216

4.4.1　PLC 控制系统的基本功能　216

4.4.2　PLC 控制系统设计内容　217

4.4.3　PLC 控制系统设计步骤　219

4.4.4　PLC 控制系统与其他控制系统的区别　220

4.5　材料加工与制造 PLC 控制系统案例分析　222

4.5.1　自动 MIG 焊 PLC 控制系统　222

4.5.2　钢板热轧 PLC 控制系统　225

思考题　230

参考文献　230

231　第 5 章　工控机控制技术及应用

5.1　工控机概述　231

5.1.1　工控机的概念　231

5.1.2　工控机的特点　231

5.1.3　工控机的主要类型　233

5.2 工控机数据采集与控制卡基础   234

    5.2.1 数据采集与控制卡的基本任务   234

    5.2.2 数据采集与控制卡输入输出控制原理   234

    5.2.3 输入输出信号的种类与接线方式   236

    5.2.4 数据采集与控制卡的性能参数   242

5.3 工控机数据采集与控制卡应用与编程   244

    5.3.1 数据采集与控制卡编程基本知识   244

    5.3.2 驱动程序及编程使用说明   246

    5.3.3 研华 PCL-724 数字量输入输出板卡   250

    5.3.4 研华 ISA 总线 PCL-818L 多功能板卡   252

    5.3.5 ADAM-4000 系列远程数据采集和控制模块   254

5.4 工控机数据采集与控制系统的组态设计   256

    5.4.1 工控机控制系统基本组成与功能   256

    5.4.2 工控机控制系统组态设计基本知识   260

    5.4.3 组态软件的基本功能和特点   262

    5.4.4 组态软件设计步骤   262

    5.4.5 几种常用的组态设计软件   263

5.5 材料加工与制造工控机数据采集系统案例分析   263

    5.5.1 焊接工艺参数网络化数据采集和监控系统   264

    5.5.2 铝合金双丝 MIG 焊接熔池图像采集与处理系统   268

思考题   272

参考文献   273

274   第6章   模拟信号的采集与数字化过程

6.1 信号概述   274

    6.1.1 信号的定义   274

    6.1.2 信号的分类   275

    6.1.3 信号的特性   280

6.2 信号的传感   281

    6.2.1 传感技术的定义   281

    6.2.2 传感器的定义   282

    6.2.3 传感器的分类   283

    6.2.4 传感器的特性   284

6.3 信号的采集与数字化过程   285

    6.3.1 信号采样过程   285

    6.3.2 采样定理   287

6.3.3　信号的数字化　289

6.4　数据采集系统的基本结构及工作原理　290

6.4.1　数据采集系统的基本结构　290

6.4.2　数据采集系统的工作原理　300

6.4.3　数据采集系统的特点和发展趋势　304

6.5　材料加工与制造过程数据采集系统案例　305

6.5.1　基于单片机的数据采集系统　305

6.5.2　基于 LabVIEW 的焊接过程数据采集系统　308

6.5.3　基于 MATLAB 和 PCI 板卡的数据采集系统　310

思考题　317

参考文献　317

319　第 7 章　数字信号的处理过程

7.1　数字信号基本概念　319

7.2　数字信号处理的特点　320

7.3　数字信号处理基本方法　321

7.3.1　数字滤波及滤波器　321

7.3.2　常用的数字滤波算法　325

7.3.3　数据处理　337

7.3.4　运算控制　338

7.4　数字信息传输过程中的信号处理技术　339

7.4.1　数据编码技术　340

7.4.2　数据调制技术　341

7.4.3　同步控制技术　343

7.4.4　多路复用技术　345

7.4.5　差错控制技术　348

7.4.6　信息加密技术　354

7.5　数字信号的转换与输出　356

7.5.1　数字量的转换与输出　356

7.5.2　模拟量的转换与输出　358

7.6　材料加工与制造过程数据处理系统案例分析　365

7.6.1　焊缝自动跟踪图像采集与处理系统　365

7.6.2　激光焊接质量在线检测系统　371

思考题　377

参考文献　378

379 **第 8 章 自动控制理论基础**

8.1 引言 379

8.2 自动控制的基本概念和原理 380

8.2.1 自动控制基本概念 380

8.2.2 控制系统基本方式 381

8.2.3 控制系统的分类 384

8.2.4 材料制造过程控制特点及发展 385

8.3 控制系统的数学模型 387

8.3.1 拉普拉斯变换及拉普拉斯逆变换 387

8.3.2 数学模型的概念及建模 390

8.3.3 复数域中的数学模型——传递函数 392

8.3.4 典型环节的数学模型 394

8.3.5 系统动态结构图 398

8.3.6 基于 MATLAB 的控制系统建模 404

8.4 自动控制系统性能 408

8.4.1 自动控制系统的基本要求 408

8.4.2 控制系统时域性能指标 409

8.4.3 劳斯稳定性判据 412

8.4.4 MATLAB 辅助分析控制系统时域性能 416

思考题 419

参考文献 420

421 **第 9 章 数字化控制方法**

9.1 PID 控制基本原理 421

9.1.1 基本理论 421

9.1.2 比例控制 422

9.1.3 比例微分控制 423

9.1.4 积分控制 425

9.1.5 比例积分控制 426

9.1.6 比例积分微分控制 427

9.2 数字 PID 控制实现及参数整定 428

9.2.1 数字 PID 控制的实现 428

9.2.2 数字 PID 控制参数整定 430

9.3 复杂系统与现代控制方法 435

9.3.1 串级控制 436

9.3.2　自适应控制　436

9.3.3　变结构控制　437

9.3.4　模糊控制　438

9.3.5　神经网络控制　440

9.3.6　复合控制　441

9.4　材料制造过程控制方法案例分析　441

9.4.1　材料热处理加热炉温度的 PID 控制　441

9.4.2　非熔化极气体保护焊熔深的神经网络控制策略　444

思考题　446

参考文献　446

447　第 10 章　材料智能制造及应用

10.1　引言　447

10.2　智能制造概述　448

10.2.1　智能制造的概念　448

10.2.2　智能工厂简介　449

10.2.3　如何实现制造环节智能化　450

10.2.4　材料加工与制造智能化的具体目标　452

10.3　智能化反重力铸造液态成形技术　453

10.3.1　反重力铸造原理　453

10.3.2　反重力铸造控制系统原理　456

10.3.3　反重力铸造系统组成　456

10.3.4　反重力铸造系统智能化控制技术　457

10.4　智能化激光增材制造技术　463

10.4.1　激光增材制造技术原理　463

10.4.2　激光增材制造系统控制原理　465

10.4.3　激光增材制造系统组成　466

10.4.4　激光增材制造系统智能化控制技术　468

10.5　机器视觉在焊接领域的应用案例　469

10.5.1　机器视觉基础知识　469

10.5.2　基于 LabVIEW 的图像采集与存储　469

10.5.3　基于 LabVIEW 的图像处理　472

10.5.4　基于机器视觉的机器人引导　482

10.5.5　基于机器视觉的熔池轮廓识别　484

10.6　机器人智能化焊接技术　486

10.6.1　机器人基础知识　486

10.6.2 机器人焊接过程控制原理 495

10.6.3 机器人焊接系统组成 496

10.6.4 机器人焊接过程监测技术 497

10.6.5 机器人焊接系统智能化控制技术 497

思考题 503

参考文献 503

第1章

绪　　论

1.1　数字化设计与制造技术概述

随着科学技术的发展和国民经济的稳步推进，以及人民对美好生活需求的日益增长，数字化技术在社会生活各个领域的应用已越来越广泛。迎接数字时代，激活数据要素潜能，推进网络强国建设，加快建设数字经济、数字社会、数字政府，以数字化转型整体驱动生产方式、生活方式和治理方式变革已成为我国"十四五"规划的重要发展战略目标。

所谓数字化（digitizing，digitization），就是将自然界许多复杂多变的模拟信号转变为可以度量的数字、数据，再以这些数字、数据建立适当的数字化模型，把它们转变为一系列二进制代码，引入计算机内部进行统一处理，这就是数字化的基本过程。计算机技术的发展，使人类第一次可以利用极为简洁的"0"和"1"编码技术，来实现对一切声音、文字、图像和数据的编码、解码，以及对各类信息的采集、处理、存储和传输，实现了标准化和高速处理。图 1-1 所示为将模拟信号转化为数字信号的基本过程。

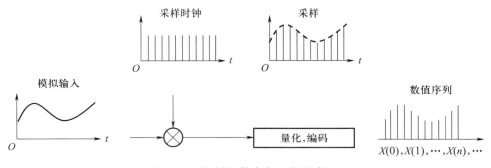

图 1-1　信号的数字化过程示意图

数字化技术一般是指以计算机的硬件、软件、接口、协议和网络等为技术手段，以信息的离散化表述、传递、处理、存储、执行和集成等信息科学理论及方法为基础的一类技术。它将模拟信号、信息、数据、图像、声音等转化为数字形式进行处理、存储、传输和展示。数字化技术包括计算机、互联网、移动通信、数字电视、数字音乐、数字图书馆、虚拟现实、人工智能等技术，是信息技术的重要组成部分。数字化技术的发展已经深刻影响了人们的生活、工作和社会经济发展，有着广阔的应用前景和巨大的推动力。该技术适用领域非常广泛，易于与其他专业技术融合形成各种数字化专业技术。当数字化技术与产品的设计与制造技术相融合，便形成了数字化设计与制造技术。

1.1.1　数字化设计与制造技术的基本内容

随着计算机和网络的普及，人类开始进入以数字化为特征的信息社会。在产品制造业，以计算机为基础、以数字化信息为特征、支持产品数字化开发的技术日益成熟，成为提升制造企业竞争力的有效工具。其中，以计算机辅助设计（computer aided design，CAD）、计算机辅助工程（computer aided engineering，CAE）为基础的数字化设计（digital design）和以计算机辅助制造（computer aided manufacturing，CAM）为基础的数字化制造（digital manufacturing）是产品数字化开发的核心技术。

产品数字化开发技术的广泛应用具有深远意义，它使以直觉、经验、图样、手工计算、手工生产等为特征的产品传统开发模式逐渐淡出历史舞台。要准确地理解产品数字化开发技术的功用及价值，我们有必要分析一下产品开发的一般过程。产品开发的基本流程如图 1-2 所示，由此可知，产品开发源于对用户和市场的需求分析。从市场需求到最终产品主要经历两个过程：设计过程（design process）和制造过程（manufacturing process）。设计过程始于市场需求分析和预测，在获取市场需求后，需要收集与产品功能、结构、外观、色彩、性能、配置、价格、材料等在内的相关信息，了解行业发展趋势和竞争对手的技术动态，确立产品的开发目标，设定产品功能，在开展可行性论证的基础上拟订产品的设计规划；确定系统的结构和配置，利用数字化设计软件建立产品及其零部件的数字化模型；应用仿真工具对产品结构、尺寸、性能进行分析、评价和优化，提交完整的产品设计文档。

制造过程始于产品设计文档，根据零部件结构和性能要求，制订工艺规划（process planning）和生产计划（production planning），设计、制造或采购工装夹具，根据物料需求计划（material requirement planning，MRP）完成原材料、毛坯或成品零件的采购；编制数控加工程序，完成相关零部件的制造和装配；对检验合格的产品进行包装，至此制造阶段的任务基本完成。除设计与制造外，在产品和用户之间还存在配送、营销、售后服务等物流环节。

设计过程又包括分析（analysis）和综合（synthesis）两个阶段。早期的产品设计活动（如市场需求调研、设计信息收集、概念设计等）属于分析阶段。分析阶段的结果是产品的概念设计方案。概念设计是设计人员对各种方案进行分析和评价的结果，它可以勾勒出产品的初步布局和结构草图，定义各功能部件之间的内在联系及约束关系。当设计者完成产品的构思时，就可以利用设计软件及相关建模工具将设计思想表达出来。分析阶段主要用于确定产品的工作原理、结构组成和基本配置，它在很大程度上决定了产品的开发成本和全生命周期的费用，决定了产品的销路和是否具有竞争力。

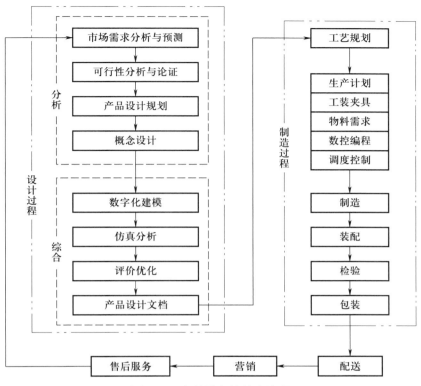

图 1-2 产品开发的基本流程

综合是在分析的基础上，完成产品的设计、评价和优化，形成完整的设计文档。其中，数字化建模是数字化设计的基础和核心内容，随着设计软件功能的完善，数字化建模效率和模型质量越来越高。设计软件可提供颜色、网格、目标捕捉等造型辅助工具，提供各种图形变换和视图观察功能，提供渲染、材质、动画和曲面质量检测功能等。

数字化模型为产品的评价和优化创造了条件。以产品数字化模型为基础，采用优化算法、有限元分析法（finite elements analysis，FEA）或仿真软件，可以对产品的形状、结构及性能进行分析、预测、评价和优化，再根据分析结果对数字化模型进行修改和完善。常用的仿真分析和优化包括：① 应力和强度分析，确定零件强度是否满足要求，产品是否具有足够的安全性和可靠性；② 拓扑结构和尺寸优化，确定最佳的截面形状和尺寸，以达到减小体积、减轻重量和降低成本的目的；③ 装配体设计分析，检查各零件之间是否存在干涉现象，是否能顺利装配和拆卸，是否便于维护等；④ 动力学和运动学分析，检查产品运动学和动力学性能是否满足规定的要求；⑤ 制造工艺分析，分析产品及其零部件的制造工艺，确定最佳的制造方法；⑥ 技术经济性分析，分析产品的性能价格比是否合理，分析产品的可回收性和再制造性等。此外，仿真技术还可以完成流体力学分析、振动与噪声分析、电磁兼容性分析等，为制造过程做准备。

以计算机仿真技术为基础，可以在计算机中构筑数字化的产品虚拟原型，利用虚拟原型对产品的结构、外观和性能做出评价，这就是虚拟现实（virtual reality，VR）技术。目前，虚拟原型已经与物理原型越来越接近，正在逐步取代传统的物理原型和实物样机试验，有效地缩短了产品的开发周期，也有利于提高产品质量。

另外，以已有的产品实物、影像、数据模型或数控加工程序等为基础，采用坐标测量设备等可以获取产品的三维坐标数据和结构信息，借助于 CAD 软件的相关功能模块可以在计算机中快速重建产品的数字化模型，通过对产品结构、尺寸、形状、制造工艺、材料等方面的改进和创新，可以得到与原有产品相似、相同或更优的产品，这就是逆向工程（reverse engineering，RE）技术。

综上所述，数字化设计是以新产品设计为目标，以计算机软、硬件技术为基础，以数字化信息为手段，支持产品建模、分析、性能预测、优化以及生成设计文档的相关技术。任何以计算机图形学（computer graphics，CG）为理论基础，支持产品设计的计算机软、硬件系统都可以归结为产品数字化设计技术的范畴。数字化设计技术群包括计算机图形学（CG）、计算机辅助设计（CAD）、计算机辅助工程分析（CAE）以及逆向工程（RE）技术等。

广义的数字化设计技术可以完成以下任务：① 利用计算机完成产品的概念设计、几何造型、数字化装配，生成工程图及相关设计文档；② 利用计算机完成产品拓扑结构、形状尺寸、材料材质、颜色配置等的分析与优化，实现最佳的产品设计效果；③ 利用计算机完成产品的力学、运动学、工艺参数、动态性能、流体力学、振动、噪声、电磁性能等的分析与优化。其中，第①项是数字化设计的基本内容，第②、③两项属于计算机辅助工程（CAE），即数字化仿真（digital simulation）的技术范畴。

数字化仿真技术是以产品的数字化模型为基础，以力学、材料学、运动学、动力学、流体力学、声学、电磁学等相关理论为依据，利用计算机对产品的未来性能进行模拟、评估、预测和优化的技术。有限元方法（FEM）是应用最广泛的数字化仿真技术，可用于应力应变、强度、寿命、电磁场、流体、噪声、振动以及其他连续场等的分析与优化。

数字化制造技术是以产品制造中的工艺规划、过程控制为目标，以计算机作为直接或间接工具来控制生产装备，实现产品加工和生产的相关技术。数字化制造技术群以数控（NC）加工编程、数控机床及数控加工技术为基础，包括成组技术（group technology，GT）、计算机辅助工艺规划（computer aided process planning，CAPP）以及快速原型制造（RPM）技术等。其中，数控加工是最成熟、应用最广泛的技术。它利用编程指令来控制数控机床，可以完成车削、铣削、磨削、钻孔、镗孔、电火花加工、冲压、剪切、折弯等多种加工操作。

从产品开发的角度来看，设计与制造有着密切的关系，两者之间存在双向联系。设计人员在设计产品时应考虑产品的制造问题，如零部件的制造工艺、加工的难易程度、生产成本等。同样地，产品制造时也会发现设计中存在的问题和不合理之处，需要及时返回给设计人员。只有将设计与制造有机地结合起来，才能获得最佳的效益。实际上，只有与数字化制造技术相结合，产品数字化设计模型的信息才能充分利用；只有基于产品的数字化设计模型，才能充分体现数控加工及数字化制造的高效特征。

此外，产品开发过程中还涉及订单管理、供应链管理、产品数据管理、库存管理、人力资源管理、财务管理、成本管理、设备管理、客户关系管理等管理环节。这些环节与产品开发密切关联，直接影响到产品开发的效率和质量。在计算机和网络环境下，可以实现管理信息和管理方式的数字化，这就是数字化管理（digital management）技术。数字化管理不仅有利于提高管理的效率和质量，也有利于降低管理成本和生产成本。典型的数字化管理系统包括供应链管理（supply chain management，SCM）、客户关系管理（customer relation management，CRM）、产品数据管理（product data management，PDM）、产品全生命周期管理（product life-cycle management，PLM）以及企业资源计划（enterprise resource planning，ERP）等。由于篇幅的限制，本书对数字化管理技术不作过多阐述。

数字化设计、数字化制造和数字化管理分别关注产品生命周期的不同阶段或环节。单独地应用其中的某项技术将会在产品开发中形成一个个"信息孤岛"，既不能充分发挥数字化开发技术的特点，也影响产品开发的效率和质量。因此，有必要实现数字化开发技术的集成与应用。

产品数字化集成开发的关键技术有产品数据交换标准、单一数据库技术以及网络技术等。其中，产品数据交换标准为信息的准确获取和相互交流提供了基本条件；单一数据库技术是指就某一特定的产品，它在数据库中的所有信息是单一、无冗余、全相关的，对该产品所作的任何一次改动都会自动地、实时地反映到产品的其他相关数据文件中；现代网络技术为跨地域、跨平台、跨部门、跨企业以及不同开发阶段的产品信息交流与共享提供了理想的平台。

20世纪80年代以后，随着计算机技术、网络技术、数据库技术的成熟以及产品数据交换标准的不断完善，各种数字化开发技术开始交叉、融合、集成，构成功能更完整、信息更畅通、效率更显著、使用更便捷的产品数字化开发集成环境。图1-3所示为产品数字化开发环境及其学科体系。

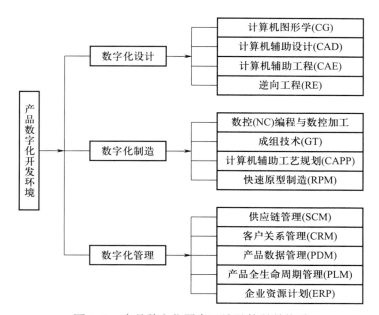

图1-3　产品数字化开发环境及其学科体系

综上所述，产品的数字化开发技术包含了数字化设计、数字化制造和数字化管理三个层面的技术。它们之间相互关联、相互渗透、相辅相成，深刻地改变着传统的产品设计、制造和生产组织模式，成为加快产品更新换代、提高企业竞争力、推进企业技术进步的关键。产品数字化开发技术的应用水平已成为衡量一个国家工业化与信息化水平的重要标志。

1.1.2　数字化设计与制造技术的基本特点

传统的产品开发基本遵循"设计→绘图→制造→装配→样机试验"的串行工程模式。由于结构设计、尺寸参数、材料、制造工艺等各方面原因，样机通常难以一次性达到设计指标，产品研发过程中难免会出现反复修改设计、重新制造和重复试验的现象，导致新产品开发周期长、成本高、质量差、效率低。

数字化设计与制造是以计算机软、硬件为基础、以提高产品开发质量和效率为目标的相关技术的有机集成。与传统的产品开发相比，数字化设计与制造技术建立在计算机技术之上，充分利用了计算机的优点，如强大的信息存储能力、逻辑推理能力、重复工作能力，快速准确的计算能力，高效的信息处理功能、推理决策能力等，极大地提高了产品开发的效率和产品质量。计算机强大的信息存储能力可以存储各方面的技术知识和产品开发过程所需的数据，为产品设计提供科学依据。通过人机交互，有利于充分发挥人、机各自的特长，使得产品设计及制造方案更加合理。通过有限元分析和产品优化设计，可以及早发现设计缺陷，优化产品的拓扑、尺寸和结构，克服了以往被动、静态、单纯依赖于人的经验的缺点。

以数字化设计与制造技术为基础，还可以为新产品的开发提供一个虚拟环境，借助产品的三维数字化模型，可使产品的设计及开发过程更加逼真，使设计者准确地了解产品的形状、尺寸和色彩等基本特征，用以验证设计的正确性和可行性。通过数字化分析，可以对产品的各种性能、动态特征和工艺参数进行计算仿真，如质量特征、变形过程、力学特征和运动特征等，模拟零部件的装配过程，检查所用零部件是否合适和正确；通过数字化加工软件定义加工过程，进行 NC 加工模拟，可以预测零件和产品的加工性能和加工效果，并根据仿真结果及时修改相关设计。数控自动编程、刀具轨迹仿真和数控加工保证了产品的加工质量，大幅度地减少了产品开发中的废品和次品。借助于产品的虚拟模型，可以使设计人员直接与所设计的产品进行交互操作，为相关人员的交流提供了统一的可视化信息平台。

综上所述，数字化设计与制造具有如下基本特点：

（1）三维设计　采用三维设计软件，能够实现精确的三维模型设计，包括建模、渲染、动画等功能，可以更真实地展示产品的外观和内部结构，帮助设计师更好地理解产品的特性和性能。

（2）自动化制造　采用计算机控制的自动化制造过程能够提高生产效率和产品质量。

自动化制造包括注塑成形、激光切割、焊接、数控加工、喷涂等工艺技术，在计算机程序的控制下，能够实现精度高、速度快、成本低的自动化生产方式。

（3）高精度加工 采用数控机床、数控加工中心、机器人工作站等高精度加工设备，能够保证产品有高的精度和质量。高精度加工可以满足各种精度要求的产品制造，如精密零件、模具、光学元件等。

（4）快速成形 在产品开发阶段采用快速成形技术，快速制造出产品样品和模型，大大缩短了产品开发周期。快速成形技术包括 3D 打印、激光烧结、光固化等，在计算机的控制下，根据前期设计的三维数字化模型快速制造出形状复杂、精度高的产品模型和样品。

（5）灵活性 能够根据需要灵活地进行设计和制造，快速响应市场需求。可实现快速定制、小批量生产，以满足不同的客户需求，提高产品的市场竞争力。

（6）可视化 采用虚拟现实技术，能够将设计和制造过程可视化，方便设计、生产各部门间的交流和沟通。可视化技术可以将设计和制造过程呈现在屏幕上，帮助设计师和制造商更好地理解产品的特性和性能，从而提高沟通效率。

（7）数据化 采用数据化的方式进行设计和制造，能够通过数据分析和挖掘提高产品质量和生产效率。数据化技术可以实现大规模数据收集、存储、分析和应用，帮助制造商实现智能化制造、精益生产等目标。

1.1.3 数字化设计与制造技术的发展趋势

20 世纪末以来，很多工业发达国家将"以信息技术改造传统产业，提升制造业的技术水平"作为发展国家经济的重大战略之一。日本的索尼公司与瑞典的爱立信公司、德国的西门子公司与荷兰的飞利浦公司等先后成立"虚拟联盟"，通过互换技术、工艺构建特殊的供应合作关系，或共同开发新技术、新产品，以保持在国际市场上的领先地位。

进入 21 世纪后，计算机技术、信息技术、人工智能技术、网络技术以及管理技术的快速发展，对制造企业和新产品开发带来了巨大的挑战，也提供了新的机遇。产品的数字化设计与制造技术呈现出以下的发展趋势：

（1）智能化制造 越来越多地采用人工智能、大数据、云计算等技术，实现生产流程和制造过程的智能化。例如，在生产流程中可以利用智能化技术实现自动化控制和预测性维护，在制造过程中可以利用智能化技术实现自适应加工和质量控制。

（2）软件化设计 越来越多地采用软件化的设计方式，通过云计算、模块化设计等技术，实现设计和制造的高效化、标准化和可重复性。例如，在设计过程中可以利用模块化设计和云计算技术实现快速设计和协同设计，在制造过程中可以利用数字化技术实现自动化加工和可视化监控。过去波音公司的波音 757、767 型飞机的设计制造周期为 9 ~ 10 年，在采用数字化设计与制造技术后，波音 777 型飞机的设计制造周期缩短了一半左右，使企业获得了巨大的利润，也提高了企业的竞争力。

（3）个性化定制 越来越注重个性化定制，通过快速成形、数控加工等技术，实现小批量、高品质、个性化的产品制造。例如，在消费品制造领域，可以利用数字化技术实现个性化定制和快速响应市场需求；在汽车制造领域，可以利用数字化技术实现定制化设计和快速生产。

（4）联网化生产 越来越注重联网化生产，通过物联网、工业互联网等技术，实现生产过程的可视化、数据化、智能化。例如，在工厂生产领域，可以利用物联网技术实现设备的远程监控和智能调度；在供应链管理领域，可以利用工业互联网技术实现供应链的透明化和智能化管理。

（5）绿色制造 越来越注重绿色制造，通过节能减排、资源循环利用等技术，实现生产过程的环保、可持续发展，符合社会和环境的可持续性要求。例如，在生产过程中，可以采用数字化技术实现资源的高效利用和废弃物的回收利用；在产品设计中，可以采用数字化技术实现轻量化设计。

（6）虚实融合 越来越多地采用虚实融合的方式，通过虚拟现实、增强现实等技术，将设计和制造过程可视化、交互化，提高设计和制造的效率和质量。例如，在产品设计过程中，可以利用虚拟现实技术实现产品的实时演示和交互设计；在制造过程中，可以利用增强现实技术实现工艺的可视化和质量的检测。

（7）产业升级 带动产业升级和转型升级，通过数字化技术的应用，推动制造业向高端化、智能化、服务化等方向发展，提高产业竞争力和核心竞争力。例如，在智能制造领域，可以利用数字化技术实现智能工厂和智能供应链的建设；在服务型制造领域，可以利用数字化技术实现产品和服务的一体化和个性化定制。

1.2 材料加工与制造中的数字化技术

1.2.1 材料加工与制造技术

任何产品的制造都离不开材料，有些材料在自然界本来就存在，可称之为"原材料"。而现代制造业中的大多数材料都不是从自然界直接获取的，而是通过一定的方法从原材料中提炼加工得到的新材料，这个过程也可以理解为材料产品的制造过程，如石油化工、钢铁冶炼等。从一定意义上讲，产品的制造过程实际上就是对材料的加工与制造过程。从传统的狭义角度理解，"材料加工"一般是指把某种现有的材料，通过一些加工工艺改变其形状、尺寸、结构等外部特征，制造成某种符合使用要求的产品的过程。传统上把金属材料加工中无须加热的加工工艺称为冷加工，如车、磨、铣、刨等机械加工，以及钣金、冷轧加工等；把需要加热的加工工艺称为热加工，如铸、锻、焊、热处理及热轧加工等。"材料制造"通常是指通过成分设计和制造工艺，批量制造出一种新材料的过程。其与材料加工的主要区别在于材料制造是一个从无到有的过程，制造过程中改变的是材料的本质属性

（如成分、组织和性能等），从而使这种新材料有别于其他已有的材料。根据这一特点，通常可把材料合成、钢铁冶炼、石油化工等归于材料制造。材料制造与材料制备的主要区别在于，前者是规模化批量生产产品，而后者往往是在实验室中少量研制样品。

随着科学和技术的发展，材料加工的方式和工艺方法层出不穷，材料加工过程中改变材料本质属性的现象比比皆是，比如，通过激光熔覆方法可在某种基体材料表面产生一层具有特殊性能的材料，使某一零部件的综合性能大大提高。另外，许多复合材料、功能材料的制造过程中也往往采用材料加工中的一些工艺手段和方法。因此，材料加工过程已趋向于不仅仅改变材料的外部特征，同时也改变材料的成分、组织和性能等本质属性。材料加工与材料制造之间的界限正在变得模糊，并有逐渐被后者取代之势。事实上，除了纯粹的机械加工，即便是传统的铸、锻、焊与热处理等热加工工艺，其结果改变的也不仅是材料的外部特征，常常也会改变材料的成分、组织和性能。因此，从广义的角度来说，材料加工也可以是材料制造的一种手段，是材料制造的一部分，其强调的是"过程"，而材料制造强调的则是"结果"。从科学发展的角度看，材料加工的尺度已从过去的宏观尺度发展到微观尺度，从毫米、微米级进入到纳米级，从单纯的"控形"为目标发展成为以"控形"和"控性"为综合目标的加工层面，材料的本质属性会在材料加工（尤其是热加工）过程中发生根本性的变化。材料科学与工程专业领域所研究的材料加工往往伴随着加热过程，即以热加工为主要特征，有别于纯粹的机械加工。热加工不仅使材料的外观发生变化，同时也使材料的部分或整体组织和性能等本质属性有别于加工前的原始材料，这意味着在制造产品的同时也制造了新的材料。因此，本书采用"材料制造"一词或能较全面地涵盖材料科学与工程领域的各类加工与制造技术，并与产品制造业中的其他相关技术相统一，也或能更科学地代表材料加工与制造技术发展的方向。

一直以来，人们把材料、能源和信息列为人类社会发展所依赖的物质文明三大支柱。实际上，纵观人类历史，从制造第一个工具开始，直到今天的核电站、航母和宇宙飞船等复杂系统，人类所有的文明和进步都离不开制造。因此，有人认为"制造"应该是人类文明的第四根支柱。可以说，没有制造就没有人类社会的发展。人类的文明史就是一部制造业的进步史，而制造业进步的标志与制造过程中所使用的工具和技术密切相关。在石器时代，人类利用天然石料、动物骨骼以及植物纤维等制作简单的工具；进入青铜器和铁器时代，人类开始采矿、冶金、铸锻工具，采取作坊式手工生产方式打造工具，实现了以农业为主、自给自足的自然经济。此后，金属农具的制造引发了农业革命；蒸汽机、机床的制造引发了第一次工业革命；电机、内燃机、汽车等的制造引发了第二次工业革命；而计算机、集成电路和网络设备的制造引发了信息革命。

制造业是国民经济的基础，是社会财富的主要来源。所有将原材料转化为物质产品的行业都可称为制造业，它覆盖了除采掘业、建筑业等以外的整个第二产业。制造技术是将原材料有效地转变成产品的技术总称，是制造业赖以生存的技术基础。伴随着人类文明的进化，制造技术也不断发展进步，并推动社会生产力发展，满足不断更新和发展的社会需求。制造技术水平的高低已成为一个国家经济发展的主要标志。从技术发展来看，制造技术水平综合体现了一个国家的科技水平，是国家综合实力与国际竞争力的根本。

从制造业的具体制造对象看，任何产品的生产都离不开对材料的加工与制造，整个制造业实际上就是一部对各种材料进行加工与制造的历史。从制造对象所在的应用领域来看，制造业大致可分为四个层次，即原材料的制造（如炼钢、化工等）、工业设备的制造（如模具、重型机械、数控机床等生产设备的制造）、民用产品的制造（如汽车、家电的制造）和军用产品的制造（如火箭、导弹、舰船等的制造）。无论哪个层面的制造业，一个产品的开发都离不开对产品的设计、制造和对生产过程的管理等基本过程。而数字化技术在这些过程中的应用是提升产品质量和生产效率，提高企业竞争力的有效途径之一。

1.2.2 材料加工与制造数字化及关键技术

数字化技术在制造业中的应用最初始于计算机辅助设计和数控技术，经过几十年的发展，其应用已遍及各行各业。材料加工与制造作为制造业的重要组成部分，其数字化技术的应用和发展水平一直与整个制造业紧密相连，并紧随计算机技术、信息技术和网络技术的发展而发展。

1. 原材料制造业的数字化转型

材料制造最直接的产业是钢铁制造业，也就是冶金行业。目前在我国冶金企业中，以 PLC、工控机（IPC）、分布式控制系统（DCS）等为代表的计算机控制已取代了常规的模拟控制。计算机过程控制系统普及率大幅提高，据统计，按冶金工序划分，57.54% 的高炉、56.39% 的转炉、58.56% 的电炉、60.08% 的连铸、74.5% 的轧机采用了计算机过程控制系统。将工艺知识、数学模型、专家经验和智能技术结合起来，在炼铁、炼钢、连铸、轧钢等典型工位的过程模型和过程优化方面也取得了一定的成果，如高炉炼铁过程优化与智能控制系统、转炉副枪动态数学模型与控制系统、电炉供电曲线优化、智能钢包精炼炉控制系统、连铸冷水优化设定、轧机智能过程参数设定等。在控制算法上，重要回路控制普遍采用 PID 算法，智能控制、先进控制在电炉电极升降控制、连铸结晶器液位控制、加热炉燃烧控制、轧机轧制力控制等方面有了初步的应用。近年发展起来的现场总线、工业以太网等技术也逐步在冶金自动化系统中应用，分布控制系统结构替代集中控制成为主流。

在生产管理方面，10% 左右的炼铁工序、25% 左右的炼钢工序、50% 左右的轧钢工序采用了生产管理计算机系统。冶金企业逐步认识到制造执行系统（MES）的重要性，在综合应用运筹学、专家系统和流程仿真等技术协调生产线各工序作业，进行全线物流跟踪、质量跟踪控制、成本在线控制、设备预测维护等方面取得了初步成果。信息化带动工业化成为共识，很多企业已经构造了企业信息网，为企业信息化奠定了良好的基础。据统计，我国钢年产量 500 万吨以上的 8 家企业 100% 上了企业信息化的项目，钢年产量 50 万吨以上的 58 家企业中有 45 家上了企业信息化的项目，占企业总数的 77.6%。

2. 工业设备制造业的数字化转型

模具、重型机械、数控机床等生产设备的制造是产品制造的第二个层次。这类产品的特点是精度高、稳定性好、自动化程度高、安全耐用，可以更好地为第三和第四个层次的产品制造服务。随着科学的发展和技术的进步，各类产品的制造水平也在不断提高，除了生产效率方面的要求以外，产品的制造要求也在不断提高，从外观美学到内部质量，从功能性到可靠性，从安全性到舒适性等，这些要求一方面要靠科学合理的设计来保证，另一方面必须靠先进的制造设备来实现。所以，工业设备的制造技术先进与否，直接体现了一个国家的制造业水平。全面实现从设计到制造、从过程控制到生产管理的数字化，是提高工业设备制造水平的必要途径。

以模具制造为例，任何一个产品或一个零部件，就其外观而言，通常都有一定的造型或成形要求，这些要求除了可以采用机械加工的方法实现外，在批量生产中往往采用铸、锻、轧、冲、挤、压等方法进行快速批量成形加工（分液态成形、固态成形或塑性成形），而模具是上述这些成形加工方法中赖以保证精度要求的重要工具。所以，模具的设计与制造也是材料制造中最为活跃的技术领域，其涉及的学科领域多而广，不仅有材料方面的，也有机械、过程控制和信息科学方面的。现代模具、模型的设计与制造技术的应用与发展，对产品设计与优化分析起着十分重要的作用，如液态金属铸造，固态金属冲压、锻造和塑料注塑过程中的凝固与成形。塑性流动的数值模拟方面，数字化仿真 CAE 发挥了重要的作用，如利用 Moldflow 进行注塑流动过程模拟来优化注塑模具的设计和制品的设计，使用 Dynaform 进行大型覆盖件冲压成形过程模拟来解决裂纹、回弹和模具优化设计问题，使用 Procast 对铸造产品进行凝固、充型等过程模拟来优化铸造的工艺参数和模具设计，使用 UG NX 配合 Vericut 模拟数控机床加工，使用 MSC. Patran 联合 RTM 软件对复合材料制品进行优化设计与工艺仿真等。

随着数字化技术的快速发展和普及，数字化已经应用到模具制造的全过程，包括数字化设计、加工、分析以及制造过程中的信息管理，即模具的 CAD/CAE/CAM /DNC 技术。有实力的模具企业正在不断提高模具的设计、制造水平，逐渐将工作重点转向大型、精密、复杂及长寿命模具的开发与研制。随着行业内的良性竞争以及对质量、效率要求的不断提高，数字化技术水平也在不断提高。

3. 民用产品制造业的数字化转型

汽车、家电等民用产品的制造是产品制造的第三个层次，这类产品的特点是更新换代快，产品周期短，功能强，时尚，安全可靠。在这些产品的制造过程中，从产品的设计、制造到生产过程的管理，CAD/ CAE/CAM/DNC/CAPP 等数字化技术的应用已成为主流。以汽车制造业为例，目前汽车的改型速度非常快，各大汽车制造商几乎每年都要推出几个新的车型，而一辆汽车上的零部件少则几千个，多则上万个，如果用以前的手工计算和绘图设计，光改型设计所用的时间就要好几年，如果再考虑为每个工件设计和制造相应的模具、重新安排生产流水线等，其周期之长不难想象。这也是我国 20 世纪 80 年代引进第一条上海大众桑塔纳汽车生产线以后，由于没有自主研发能力，桑塔纳汽车十几年一直是老面孔的原因。进入 90 年代以后，CAD/CAM 软、硬件技术水平不断进步，机器人柔性化生产线逐步进入我国汽车制造业，数字化设计和制造技术得到推广和普及，使我国的汽车自主设计能力和制造水平得到提高，汽车的更新换代日益加快。进入 21 世纪以后，商业化三维设计和造型软件不断得到应用和推广，各类先进的数控加工设备和工业机器人成为汽车制造业的主流，使汽车的设计和制造水平又提升了一个新的台阶，我国的汽车制造业出现了繁荣兴旺的景象，并出现了自主品牌和国外品牌各占半壁江山的局面。这得益于以数字化技术为核心的设计、制造、管理一体化的企业生产模式。

4. 军用产品制造业的数字化转型

导弹、火箭、武器装备等军用产品的制造是第四个层次的制造业，也是最高层次的制造业，这类产品的特点是高、精、尖。设计和制造过程中往往采用最先进和核心的技术，它代表了一个国家的国防实力和科技发展的水平。采用基于知识的数字化加工制造技术、基于模拟仿真的数字化成形制造技术、基于智能化控制的材料加工技术，对于有效提高生产效率、缩短研制周期、降低成本、提高产品质量具有重要意义，也是实现我国国防现代化的关键。

产品制造过程中涉及多种材料加工与制造工艺。工艺技术是将产品图样和技术要求物化为实际产品的各种工程技术，是制造技术的核心，是科学技术生产力的重要组成部分。以数字化技术为核心的先进制造技术包含精密高效钣金成形技术、金属塑性成形设计优化方法与稳健设计、优质高效焊接技术、复合材料结构制造技术、高速高效超精密复合加工技术、现代特种加工技术、快速模具制造技术等。这些先进的数字化制造、仿真技术主要用于航空航天、兵器、核工业、汽车、机电装备等行业，对于提高国家的工业水平起着举足轻重的作用。

在军用产品制造业中，常用的先进数字化制造技术主要有如下几种：数控加工工艺与高速切削技术，精密、超精密与微细加工技术，金属精密塑性成形技术，先进连接技术，特种加工技术，非金属材料成形技术，复合材料成形技术，数字化检测技术等。

在上述产品制造领域，数字化技术基本上都贯穿了产品的设计、制造与管理全过程。制造过程中普遍采用的冷加工和热加工目前基本都实现了基于计算机的数字化控制。

随着制造技术的发展，近年来一种全新的"增材制造"技术的出现引发了产品制造领域的技术革命，它基于产品的数字化三维模型，通过虚拟切片把模型"切"成若干层一定厚度的薄片，然后在计算机的控制下，对每一层用类似于平面打印的方法，用合适的材料均匀填满薄片形状所确定的区域，获得厚度一定的薄片层，然后通过在高度方向逐层"堆积"以获得所要的产品几何形状。由于在制造过程中需要不断向加工对象添加材料，所以称为"增材制造"技术，俗称"3D 打印"技术。传统的"减材制造"技术通过对毛坯的切削加工获得产品的几何形状，相比之下，增材制造具有产品开发周期短、设计灵活、加工环节少、节省材料和能源消耗等诸多优点，是数字化技术和材料加工与制造技术融合发展的完美体现。由于增材制造技术涉及材料点、线、面之间的连接问题，根据材料的不同，所采用的技术原理也各不相同。对于金属材料的增材制造，通常采用激光、电弧等作为热源，按预定轨迹在基面上逐点扫描加热，材料则通过铺粉、送粉或送丝的方式馈入熔池中，熔池冷却后形成一个凝固点，而后由点连成线，由线连成面，由面堆成体。在这一过程中，不仅热源的扫描轨迹需要计算机控制，热源功率、铺粉厚度（或送粉速度、送丝速度）、扫描速度等一些工艺参数也需要通过计算机进行动态控制。因此，数字化技术与增材制造技术密不可分。

目前，数字化制造技术的关键技术主要包括以下几个方面：

（1）数字化建模技术　是指利用计算机技术和数学算法对物理对象进行数字化描述的技术。包括数字化建模、虚拟现实（VR）、可视化、仿真分析、交互式设计和数字化制造等技术，用于实现产品的数字化设计和制造。

（2）数字化仿真技术　是指利用计算机技术和数学算法对物理过程进行数字化模拟和分析的技术。包括数值计算方法、仿真模型构建、仿真分析、优化设计、虚拟现实（VR）、增强现实（AR）、实时仿真等技术，用于实现产品的数字化仿真和测试，验证产品的可行性和性能。

（3）数字化控制技术　是指利用计算机技术和数学算法对控制系统进行数字化建模和控制的技术。包括数字化建模、控制算法设计、控制器设计、控制系统实现、控制系统优化、控制系统仿真等技术，用于实现数字化制造过程的自动化和智能化控制。

（4）人工智能技术　是指利用计算机技术和数学算法对智能行为进行模拟和实现的技术。包括机器学习、语音识别、图像识别、自然语言处理、智能推荐、人机交互等技术，用于实现数字化制造过程中的智能决策和优化。

（5）物联网技术　是指利用各种传感器、通信技术和计算机技术将各种物理设备和对象联系起来，实现信息的互通互联的技术。包括传感器技术、通信技术、数据处理技术、云计算技术、安全技术、应用开发技术等，用于实现数字化制造过程中的数据采集、传输和分析，支撑数字化制造的实时监控和管理。

（6）区块链技术　是一种分布式数据库技术，具有去中心化、不可篡改、可追溯等特点。包括区块链结构、分布式共识机制、加密算法、智能合约、共识算法、去中心化应用等，用于实现数字化制造过程中的数据安全和可追溯性，确保数字化制造过程的可信度和可靠性。

现代制造业中，以数字化建模、仿真、控制、人工智能、物联网、区块链等为核心的数字化技术正与产品的设计、制造和管理技术深度融合，成为数字化制造技术的发展方向，其中数字化控制技术、人工智能技术等已成为关注的热点。限于篇幅，本书重点介绍材料加工与制造过程中的数字化控制技术。

1.2.3　材料加工与制造数字化技术发展过程

正如前面所述，产品的制造过程在一定意义上就是对材料的加工与制造过程，只不过产品的制造过程所包含的内容更广泛，不仅要赋予产品由材料本身属性（硬件）所具有的某些功能，还要赋予产品由人类的思想理念（软件）所形成的某些特定功能。材料的加工与制造是产品制造过程中不可分割的部分，所以材料加工与制造的数字化技术发展过程与整个产品制造业的数字化技术的发展过程相一致，简要概括为如下几个阶段。

（1）20 世纪 60 年代　出现了计算机辅助设计（CAD）技术，开创了数字化设计的先河；数控技术的出现将计算机与机床相结合，成为数字化制造的雏形；数值分析技术的出现将计算机与工程分析相结合，成为数字化工程分析的雏形。

（2）20 世纪 70 年代　计算机技术的发展和应用不断深入，出现了第一批 CAD 软件，如 AutoCAD、Pro/ENGINEER 等，实现了工程设计和制图的全面数字化和自动化，CAD 技术开始应用于制造业，为数字化制造打下了基础。在 CAD 技术的基础上，计算机辅助制造（CAM）软件和计算机辅助工程（CAE）软件开始出现，使数字化设计与制造及工程分析开始相互结合，实现了自动化。

（3）20 世纪 80 年代　计算机处理能力的提高和三维图形学的发展，使三维 CAD 技术开始普及，工程设计和制图更加真实、直观。与此同时，出现了计算机集成制造（CIM）和计算机集成工程（CIE）技术，将 CAD、CAM、CAE 等技术进行了全面集成，实现了产品设计与制造的全面数字化。另外，快速成形技术（rapid prototyping，RP）开始出现，通过将 CAD 模型进行分层处理，并利用相应的材料逐层加工，实现了快速制造实体模型的目的。

（4）20 世纪 90 年代　随着计算机技术、网络技术的不断发展，计算机性能的不断提高，数字化设计与制造技术在制造业中的应用范围不断拓展。与此同时，3D 打印技术（3D Printing）的出现实现了实体模型快速制造。相对于快速成形技术，3D 打印技术可以制造更加复杂的结构和更加精细的模型，为制造业带来了革命性的变革。

（5）21 世纪初　增材制造（additive manufacturing，AM）技术出现，将 3D 打印技术拓展到了更多的材料和工艺上，尤其是激光技术的发展及其在材料制造领域的应用，使金属材料的增材制造成为可能。数字化制造（digital manufacturing，DM）技术的出现，实现了产品设计与制造的全面数字化。数字化制造向自动化、柔性化和智能化方向发展。人工智能（artificial intelligence，AI）技术从 20 世纪 50 年代的逻辑推理阶段，到 70 年代的专家系统阶段、80 年代的神经网络阶段、90 年代的机器学习阶段，发展至 21 世纪以来的深度学习阶段，人们开始研究如何让计算机模拟人类大脑的神经网络结构，以实现更加复杂和高级的智能功能。人工智能技术为制造业的发展带来了更多的机遇和挑战。

（6）现阶段　增材制造技术的应用得到了极大的拓展，不仅在工业领域，还在医疗、教育、文化艺术等领域得到了应用，成为数字化制造的重要技术之一。工业互联网（IIoT）技术的出现，实现了数字化设计与制造的全面联网，为制造业的智能化发展提供了平台。数字化制造技术已经涵盖了工业设计、工艺规划、制造执行、质量控制等全过程，成为制造业数字化转型的重要支撑。

可以看出，数字化设计与制造技术的发展历程是一个不断推陈出新的过程，不断涌现出新的技术和新的应用场景。这些标志性事件的发生，彰显了数字化设计与制造技术的不断进步和创新，为制造业的发展带来了巨大的变革和机遇。随着技术的不断进步和应用场景的不断丰富，数字化制造技术的前景十分广阔。

1.3　数字化材料加工与制造系统

1.3.1　数字化材料加工与制造设备的基本功能

在制造业中，产品的种类繁多，其制造工艺也是多种多样的，所采用的材料及其对材料的加工工艺也各不相同。为满足不同的加工需求，人们制造了各种不同类型的加工与制造设备。根据对材料的加工工艺不同，这些设备大致可以分为以下几类：

（1）机床设备类　主要包括车床、铣床、钻床、磨床等各种金属和非金属切削机床。

（2）塑料加工类　主要包括注塑机、挤出机、吹塑机等各种塑料加工设备。

（3）锻压设备类　主要包括锻压机、冲压机、剪板机、弯板机等各种金属成形设备。

（4）焊接设备类　主要包括弧焊机、电阻焊机、激光焊机、等离子焊机等各种焊接设备。

（5）金属热处理类　主要包括淬火炉、回火炉、退火炉等各种金属热处理设备。

（6）3D 打印类　主要包括光固化、激光烧结 3D 打印机等各种 3D 打印设备。

（7）工业机器人类　主要包括精密加工、装配、搬运、焊接、喷涂等各种用途的机器人。

（8）数控设备类　主要包括数控机床、切割机、冲床、折弯机等各种数控设备。

数字化的材料加工与制造设备是指在传统材料加工与制造设备的基础上，加入数字化、自动化、智能化等技术，以提高生产效率和产品质量的设备，其主要类型有以下几种：

（1）数控机床　利用数字化技术控制机床进行加工的设备，具有高精度、高效率、高自动化等特点，广泛应用于各种金属和非金属材料的加工。

（2）工业机器人　能够自动执行各种加工操作的机械，可以进行精密加工、装配、搬运、焊接、喷涂等操作，广泛应用于汽车、电子、机械等行业。

（3）3D 打印机　利用数字化技术制造三维实体的设备，可以根据设计文件直接制造出产品，具有快速、精密、定制化等特点，广泛应用于医疗、航空航天、建筑等领域。

（4）智能化生产线　利用数字化技术和物联网技术实现生产流程自动化和信息化的设备，可以实现高效率、高质量、低成本的生产模式，广泛应用于各种制造业。

（5）虚拟现实技术应用设备　利用虚拟现实技术实现生产过程的可视化和交互化的设备，广泛应用于汽车、航空航天、电子等领域。

除此之外，也有一些传统的材料加工设备，经过数字化改造以后大大提高了生产质量和效率。如，数字化焊接电源是在传统焊接电源的基础上加入了数字化技术，并根据专家经验存入了多种焊接规范参数，操作人员只要选定需要焊接的材料、厚度和接头形式，焊接电源就能自动选择最合适的焊接规范。另外，此类数字化焊接电源还可通过数据接口直接与工业机器人相连，再配上适当的传感器形成机器视觉，构建智能化的机器人焊接工作站，从而实现在没有操作人员干预的情况下，自主寻找焊缝起始点、自动跟踪焊缝轨迹、自适应调整焊接规范参数、自动检测焊缝质量等一系列工作任务。以上这些数字化设备的出现和应用，使得材料加工与制造的数字化、自动化、智能化水平得到了显著提升，也为未来的制造业发展奠定了基础。

虽然材料加工与制造设备的种类繁多，主体功能各异，但对于数字化的材料加工与制造设备而言，应该具备或部分具备以下基本功能：

（1）数字化控制　支持数控技术，能够实现自动化控制，包括加工轨迹、加工速度、刀具选择等。通过数字化控制，实现高效、精确的加工。

（2）CAD/CAM 集成　支持数字化设计和制造过程，包括 CAD 文件的导入和 CAM 程序的生成。可提高效率。

（3）自动化调整　支持自动化调整，包括加工参数的自动调整、刀具的自动更换等。可实现加工过程的自动化和智能化。

（4）智能化监控　支持智能化监控，包括设备状态的实时监测、故障诊断等。可及时发现设备故障，提高设备可靠性。

（5）多功能加工　支持多种加工方式，包括铣削、钻孔、车削、激光切割、焊接等。可满足不同的加工需求。

（6）精度控制　支持高精度加工，包括加工精度控制、表面质量控制等。可实现高精度加工，提高产品质量和加工精度。

（7）自适应加工　支持自适应加工，根据材料特性、工件结构、工况条件、加工参数等进行自适应调整。可实现针对不同材料、不同条件的自适应加工。

（8）数据管理　支持生产数据的管理和分析，包括加工数据、质量数据、设备数据等。可提高生产决策的准确性。

（9）环保节能　支持环保节能，包括节能设计、废物处理等。可降低生产成本和对环境的影响。

（10）安全保障　支持安全保障，包括设备安全设计、操作规程、安全防护等。能够确保设备的安全性和工作人员的安全，保障生产过程的稳定性。

1.3.2　数字化材料加工与制造设备的基本组成

数字化材料加工与制造设备通常由以下几个部分组成。

1. 加工主体

加工主体是数字化材料加工与制造设备的实体部分。不同的数字化加工工艺装备其加工主体的结构有较大差异，这也决定了该装备的主体功能。例如，对于数控机床而言，其加工主体主要包括机床本体、立柱、主轴、进给机构、刀具、卡盘等；对于工业机器人而言，其加工主体就是机器人的机械部分，通常有六个自由度（即六个运动关节），主要包括传动部件、机身及行走机构、臂部、腕部和手部等，在某些情况下还需要通过一些附加轴来增加机器人的自由度，这些附加轴可用来驱动机器人的底座平台，也可用来驱动工件的变位机构，从而拓展机器人的工作范围。数字化装备的加工主体通常还能实现多功能加工，如数控加工中心可对工件进行铣削、钻孔、车削等，工业机器人可对工件进行激光切割、焊接、喷涂等。

2. 控制系统

控制系统是数字化材料加工设备的核心部分，包括数控系统、PLC、伺服驱动器等。其中，数控系统是数字化材料加工设备的核心部分，能够实现自动化控制，包括加工轨迹、加工速度、刀具选择等。数控系统一般由数控主板、数控软件、操作界面等组成。PLC 是数字化材料加工设备的重要组成部分，能够实现逻辑控制、运动控制、数据处理等，PLC 一般由 CPU、输入输出模块、通信模块等组成。伺服驱动器也是数字化材料加工设备的重要组成部分，能够实现精准的运动控制。伺服驱动器一般包括伺服电机、伺服控制器、位置反馈装置等。数控系统、PLC、伺服驱动器都需要专业技术人员的设计、编程和调试。

3. 感应器件

感应器件是数字化材料加工设备的重要组成部分，包括编码器、光电传感器、压力传感器、温度传感器、位移传感器、图像传感器等，主要应用于数字化材料加工设备中的自动化控制和监测系统中，能够实现设备状态的实时监测、故障诊断等，以提高加工效率和质量，并降低人工干预的成本和风险。其中，编码器可以通过测量旋转角度或线性位移来确定加工设备的位置和运动状态，然后将这些信息传递给控制系统，以实现精确的加工控制。编码器通常与电动机或运动控制系统配合使用，以控制加工头的位置和运动速度。例如，在激光切割设备中，编码器可以测量加工头的位置和运动速度，然后将这些信息传递给控制系统，以实现精确的切割控制。

光电传感器用来检测材料位置、尺寸、形状等信息，常用于激光切割、激光打标等加工过程中的自动对准和自动跟踪；压力传感器用来检测加工头对材料的压力，以保证加工质量和稳定性；温度传感器用来检测加工过程中的温度变化，以保证加工质量和避免设备过热损坏；位移传感器也可用来检测加工头的位置和运动状态，以控制加工过程中的精度和速度。

图像传感器是另一类先进的感应器件，它与计算机数字图像处理和分析技术的融合形成了"机器视觉"。目前，机器视觉在数字化材料加工设备中的应用越来越广泛，它可以通过数字照相机或其他传感器来捕捉加工过程中的图像或数据，然后使用图像处理算法对这些数据进行分析和处理，以实现自动化控制和质量检测，主要用于自动对准和自动跟踪、缺陷检测和质量控制、三维重建和建模等。随着深度学习和人工智能技术的兴起，机器视觉进一步发展，应用范围也不断扩大，目前已在医学图像分析、安全监控、智能交通、人脸识别、自动驾驶、智能家居等领域得到应用。

4. 数据处理设备

数据处理设备包括计算机、嵌入式系统等。数据处理设备能够实现 CAD/CAM 集成、过程控制、数据处理、数据管理、系统监控等功能。其主要功能如下：

（1）控制加工过程　通过控制器的指令，对加工设备的运动轨迹、速度、加速度等参数进行实时控制，从而实现加工工艺的自动化。

（2）处理加工数据　对加工过程中产生的数据进行处理和分析，如实时监测温度、速度、压力等参数，以及对加工结果进行分析和评估。

（3）存储和传输数据　将加工过程中产生的数据进行存储，并通过网络将数据传输至上级技术管理部门或数据库，以便后续的分析和处理。

（4）监控系统状态　提供人机界面，方便操作和监测加工过程中的数据和指令，并对数字化加工设备的状态进行监控，如检测传感器的故障、控制器的运行状态等，以保证设备的正常运行。

由于计算机和嵌入式系统在数据处理能力、系统架构、软件和成本等方面存在较大的差异，应用场合也有很大的区别，因此应根据具体应用场景和需要进行选择。

5. 辅助设备

辅助设备包括冷却系统、集尘除尘系统、润滑系统、照明系统、气压系统等。冷却系统用于消除加工过程中产生的热量，保护设备和材料不受损坏；集尘除尘系统用于收集加工过程中产生的粉尘和废料，保持加工现场的清洁；润滑系统用于润滑加工过程中的运动部件，减少磨损和摩擦，延长设备寿命；照明系统用于加工现场照明，保证操作者能够清晰地观察加工过程；气压系统用于控制加工过程中的气压，如喷雾、压缩空气等。这些辅助设备可提高数字化材料加工设备的加工效率、降低加工成本、提高加工质量和可靠性，同时保护加工设备和操作者的安全。在数字化材料加工过程中，辅助设备的作用与其他设备同样重要，可以帮助操作者更加高效地完成加工任务。

以上是数字化材料加工设备的主要组成部分，不同类型的设备可能会有所不同。

1.3.3　数字化材料加工与制造系统的建立

建立数字化材料加工与制造系统是一项系统性的工程，需要考虑各方面的因素，如市场需求、技术创新、成本控制、安全环保等，这样才能研发出符合市场需求并具有较高经济效益的系统。而材料加工工艺研究和技术装备研发是数字化材料加工与制造系统研发的核心内容。

1. 材料加工工艺研究

成熟的材料加工工艺需要经过大量的工艺试验，才能确定其合理的工艺参数范围。不同材料的性质不同，加工难度也有一定的差异，为了满足材料加工设备对于不同材料的工艺适应性，就需要对不同的材料开展工艺试验研究，这是一个比较漫长的过程。例如，不同材料对激光的吸收率是不同的，且其热导率、线膨胀系数、熔点、沸点等也各不相同，因此在采用激光加工过程中表现出来的物理和化学现象也有所不同。为了达到最佳的加工效果，需要对不同材料分别开展激光加工工艺试验研究，以获取合适的工艺规范参数，为数字化激光加工设备的研发提供参考依据。当然，对于一些比较成熟的传统材料加工工艺，如果有现成的工艺规范参数数据库，就可以根据材料和工艺要求直接选取，从而节省研发成本。

2. 技术装备研发

先进的材料加工工艺必须由先进的技术装备来保证，因此研发先进的材料加工技术装备是建立数字化材料加工系统的重要内容。技术装备的研发包括技术的创新、装备的结构设计、控制系统的开发等。

技术创新是装备研发成功与否的关键。为此，需不断开展技术创新，探索新的材料加工技术和装备；强化研发团队建设，建立专业的研发团队，引进优秀的人才，提高研发人员的技术水平和创新能力；加强与用户的沟通，了解用户需求，及时调整研发方向和内容，确保研发的装备符合市场需求；建立完善的质量管理体系，加强材料加工设备的质量控制，确保装备的稳定性和安全性。

装备的结构设计应根据加工对象和加工工艺要求来进行。对于数控机床，主要包括机床结构、工作台、刀具夹持装置、切削液系统设计等；对于工业机器人，则包括机器人本体的结构设计、传动部件和各个运动关节的动力学和运动学设计等。设计过程中需要考虑结构的合理性、稳定性、可靠性和安全性，根据结构的载荷类型和受力分析选用合适的结构材料、确定结构强度，对于特殊工况条件下的装备结构零部件，还需要选用特殊的材料，或对材料进行特殊处理。

控制系统设计是材料加工技术装备中的核心内容。一台设备是否高效、操作是否方便、精度是否符合要求、运行是否可靠，很大程度上取决于控制系统是否先进。数字化材料加工设备的控制系统通常包括数控系统、伺服系统、传感器和测量系统等。控制系统设计的内容涉及多个方面，如系统结构设计、硬件设计、软件设计、通信协议设计、数据采集和处理设计、人机界面设计、系统测试和调试、系统维护和升级等。

（1）系统结构设计　确定控制系统的结构框架，包括硬件结构和软件结构，确定各个模块之间的关系和接口以及数据的流向。同时，应该考虑系统的可扩展性和可维护性，以便于后续的升级和维护。

（2）硬件设计　确定控制系统所需的硬件设备，包括控制器、传感器、执行器等，并进行硬件电路设计。硬件设计需要考虑设备的性能要求、稳定性和可靠性等因素，以确保系统的稳定运行。

（3）软件设计 编写系统的控制程序，实现加工工艺的控制和设备的运行。软件设计需要考虑加工工艺要求，实现相应的控制功能，如加工速度、切削深度、切削力、表面粗糙度等。同时，应该考虑软件的可扩展性和可维护性。

（4）通信协议设计 设计通信协议可实现系统内部各个模块之间的数据传输和交互。通信协议需要考虑数据的传输速率、数据的完整性和正确性等因素，以确保数据的传输。

（5）数据采集和处理设计 数据采集和处理模块可实现对加工过程中各种数据的采集、处理和分析。数据采集和处理设计需要考虑数据的采集方式、采集频率、数据处理算法等因素，以确保数据的准确性和可靠性。

（6）人机界面设计 人机界面使操作人员能够方便地对系统进行操作和监控。人机界面设计需要考虑界面的友好性、易用性和可视化效果等因素。

（7）系统测试和调试 系统测试和调试需要对系统进行全面的功能测试、性能测试和可靠性测试，以保证系统的稳定运行和高效工作。

（8）系统维护和升级 控制系统设计时要充分考虑系统维护的方便性和系统升级的可能性。对控制系统进行全面的系统维护和升级，可以保证系统长期稳定的运行和性能的不断提升。

一般来说，数字化材料加工设备控制系统的设计与研发需要以下步骤：

（1）确定控制系统的功能需求和性能指标。

（2）设计控制系统的硬件和软件结构，包括数控系统、PLC、伺服驱动器等。

（3）编写控制系统的程序，包括数控程序、PLC 程序、伺服控制程序等。

（4）进行控制系统的调试和测试，确保系统能够正常运行。

（5）对控制系统进行优化和改进，提高系统的性能和可靠性。

数字化材料加工设备控制系统的建立需要专业的技术人员，包括数控系统开发和调试人员、PLC 编程和调试人员、伺服控制技术人员等，建立控制系统时需要考虑设备的实际需要和使用环境，确保控制系统能够满足加工需求并具备良好的稳定性和可靠性。

1.4 数字化控制系统应用典型案例

数字化控制系统（digital control system，DCS）是一种基于数字信号处理的控制系统，通过数字信号处理器（DSP）或微处理器（MCU）等数字化设备对传感器信号进行采集、处理和控制，实现对被控对象的精确控制。数字化控制系统具有精度高、可靠性好、抗干扰能力强、易于扩展和维护等优点，广泛应用于机械加工、电力系统、交通运输、化工、制造等领域。数字化控制系统的发展也带动了数字化技术、通信技术、计算机技术等相关技术的发展和应用。数字化控制系统也是数字化材料加工制造设备的控制中心，其以微处理器为核心，具有模数转换、功能控制、系统通信、在线诊断、实时显示和控制输出（数模转换）等软、硬件功能模块。

目前常用的数字化控制系统有以下几种形式：CNC 数控系统、PLC 控制系统、工控机组态控制系统、嵌入式控制系统、分布式控制系统、现场总线控制系统。

1.4.1 CNC 系统

CNC 系统，即计算机数控（computer numerical control）系统，是一种基于计算机技术和数字化控制技术的自动化控制系统，用于控制机床和其他加工设备的运动，实现对工件的自动加工。CNC 系统通过计算机软件对机床进行编程，控制机床的运动轨迹、加工速度、切削深度、切削力等参数，实现对工件的精确加工。CNC 系统具有精度、效率、自动化程度高，可编程性强等优点，广泛应用于机械加工、航空航天、汽车制造、模具制造、电子制造等领域。

图 1-4 所示是典型的 CNC 系统组成框图，图 1-5 是其人机界面和核心控制器，图 1-6 是典型的数控加工中心。CNC 系统通常包括以下几个部分：

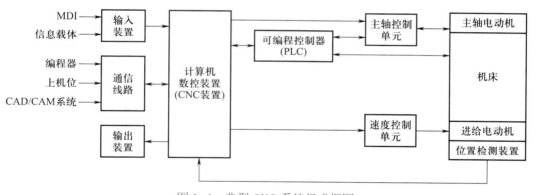

图 1-4 典型 CNC 系统组成框图

（1）数控装置 是 CNC 系统的核心部分，包括数控系统主机、控制面板、输入输出设备等，主要用于编程、存储、处理和输出加工程序，控制机床的运动轨迹、加工参数等。

（2）伺服系统 是 CNC 系统的动力系统，包括伺服电机、伺服控制器、编码器等，主要用于控制机床的运动轨迹和速度，实现高精度的加工。

（3）传感器系统 用于检测工件和机床的状态和位置，包括编码器、位置传感器、力传感器等。

（4）人机界面 用于操作和监控 CNC 系统，包括显示屏、键盘、鼠标等。

（5）通信系统 用于与其他设备进行数据交换和联网，包括以太网、USB、RS-232 等。

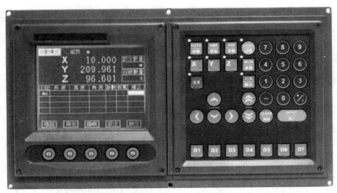

(a) CNC人机界面

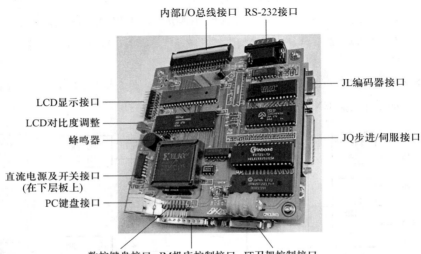

(b) CNC核心控制器

图 1-5　CNC 系统人机界面和核心控制器

图 1-6　数控加工中心

（6）电气控制系统　用于控制机床的电气部分，包括电气元件、电缆、开关等。

（7）液压系统　用于控制机床的液压部分，包括液压元件、液压油、油泵等。

这些部分协同工作，实现 CNC 系统的自动化加工。

数控加工中心是一种带有刀具库并能自动更换刀具，对工件能够在一定范围内进行多种加工的设备。被加工零件经过一次装夹后，数控系统能按不同的工序自动选择和更换刀具，自动改变主轴转速、进给量和刀具相对工件的运动轨迹及其他辅助功能，连续地对工件各加工面自动进行钻孔、锪孔、铰孔、镗孔、攻螺纹、铣削等多工序加工。由于它能集中地、自动地完成多种工序，避免了人为操作的误差，减少了工件装夹、测量和机床调整以及工件周转、搬运和存放的时间，大大提高了加工效率和加工精度，具有良好的经济效益。加工中心按主轴在空间的位置可分为立式加工中心与卧式加工中心。

数控机床与数控加工中心都是采用数控技术进行加工的设备，但是它们在适用范围、结构、加工方式和精度要求等方面有所不同。首先，数控机床适用于各种形状的零件加工，包括车削、铣削、钻孔等，而数控加工中心主要用于复杂形状零件的加工，如曲面、凸轮等；其次，数控机床通常采用床身结构，工件和刀具在床身上，加工在床身上进行，而数控加工中心通常采用立式结构，工件和刀具在立柱上，加工在立柱上进行；再次，数控机床主要采用单点切削加工，而数控加工中心采用多点切削加工；最后，数控加工中心通常用于加工精度要求较高的加工，常用于加工复杂的零件，而数控机床则适用于一些精度要求相对较低的加工。

现代数控加工设备的发展趋向于高速化、高精度化、高可靠性、多功能、复合型、智能化和开放式结构。主要发展动向是研制开发软、硬件都具有开放式结构的智能化全功能通用数控装置。数控技术是材料加工自动化的基础，是数控加工设备的核心技术，其水平高低关系到国家的战略地位，体现了国家的综合实力。随着人工智能和物联网技术的发展，数控加工设备将越来越智能化，能够自动化地完成加工过程，实现无人化生产。

1.4.2　PLC 控制系统

PLC 控制系统是一种基于可编程逻辑控制器（PLC）的自动化控制系统，它使用可编程的数字电路来控制机械、电子、液压和气动设备等工业设备的运行。PLC 控制系统通常由 PLC、输入输出模块、人机界面和控制程序组成。其中，PLC 是控制系统的核心，它可以接收输入信号并根据预设的控制程序输出控制信号，从而控制设备的运行；输入输出模块是 PLC 控制系统的接口，用于将设备的输入信号（如传感器信号）和输出信号（如电动机控制信号）与 PLC 相连；人机界面是 PLC 控制系统的操作界面，用于显示设备的状态和控制信息，并提供操作界面供操作人员使用；控制程序是 PLC 控制系统的核心，它是由编程人员编写的，用于控制设备的运行，根据输入信号和控制逻辑输出相应的控制信号，实现设备的自动化控制。PLC 控制系统具有可编程、灵活、可靠和稳定等优点，广泛应用于工业生产和自动化控制领域。

PLC 按结构分为整体型和模块型两类，图 1-7 是这两种典型的 PLC 结构。PLC 还可按应用环境分为现场安装和控制室安装两类，按 CPU 字长分为 1 位、4 位、8 位、16 位、32 位、64 位等。PLC 通常可按控制功能或输入输出点数选型。整体型 PLC 的 I/O 点数固定，用户选择的余地较小，常用于小型控制系统；模块型 PLC 提供多种 I/O 板卡或插卡，用户可较合理地选择和配置控制系统的 I/O 点数，功能扩展方便灵活，一般用于大中型控制系统。

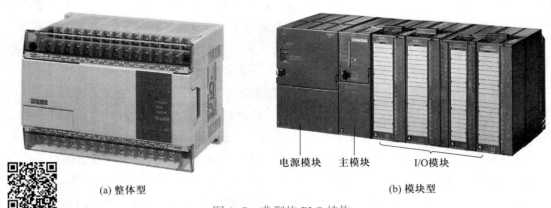

(a) 整体型　　　　　　　　　　　　　　(b) 模块型

图 1-7　典型的 PLC 结构

图 1-8 所示为一台卧式镗床的 PLC 控制系统线路图，其主要由 PLC 和一些按钮开关（输入点）、中间继电器（输出点）等组成。

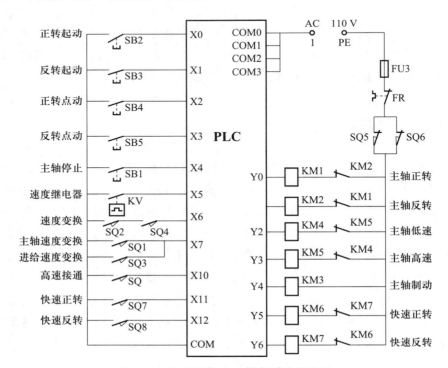

图 1-8　卧式镗床 PLC 控制系统线路图

PLC 控制系统具有以下特点：

（1）体积小，系统构成灵活，组装维护方便，扩展容易。

（2）使用方便，编程简单，采用简明的梯形图、逻辑图或语句表等编程语言。

（3）系统开发周期短，现场调试容易。

（4）可在线修改程序，改变控制方案而不拆动硬件。

（5）以开关量控制为其特长，也能进行连续过程的 PID 回路控制。

（6）能与上位机构成复杂的控制系统，如 DDC 和 DCS 等，实现生产过程的综合自动化。

（7）能适应各种恶劣的运行环境，抗干扰能力强，可靠性好，远优于其他各种机型。

在 PLC 控制系统设计时，首先应确定控制方案，然后就是 PLC 工程设计选型。工艺流程的特点和应用要求是 PLC 工程设计选型的主要依据。PLC 及有关设备应是集成的、标准的，选型时应按照易于与工业控制系统形成一个整体，易于扩充功能的原则，所选用 PLC 应在相关工业领域有投运业绩，成熟可靠，PLC 的系统硬件、软件配置及功能应与装置规模和控制要求相适应。熟悉 PLC、功能表图及有关的编程语言有利于缩短编程时间。工程设计选型和估算时，应详细分析工艺过程的特点、控制要求，明确控制任务和范围确定所需的操作和动作，然后根据控制要求，估算输入输出点数、所需存储器容量，确定 PLC 的功能、外部设备特性等，最后选择有较高性能价格比的 PLC 和设计相应的控制系统。

1.4.3 工控机组态控制系统

工控机（industrial personal computer，IPC）即基于 PC 总线的工业计算机，是一种加固的增强型个人计算机，可以作为控制器在工业环境中可靠运行。其主要的组成部分为机箱、无源底板及可插入的各种板卡（如 CPU 卡、I/O 卡等），采取全钢机箱、机卡压条过滤网，双正压风扇等设计及 EMC（electromagnetic compatibility）技术以解决工业现场的电磁干扰、振动、灰尘、高 / 低温等问题。典型的 IPC 工控机外观如图 1-9 所示。

图 1-9 典型的 IPC 工控机外观

工控机是一种专门为工业控制和自动化领域设计的计算机，与普通计算机相比，在硬件和软件方面具有更高的可靠性、实时性和抗干扰能力，因而更适用于恶劣的工业环境。

其主要特点如下:

（1）可靠性高 工控机采用工业级别的元器件和设计，可在粉尘、烟雾、高/低温、潮湿、振动、腐蚀环境下可靠工作，并具有快速诊断和修复功能，其平均修复时间（mean time to repair，MTTR）为5分钟，平均故障时间（mean time to failure，MTTF）为10万小时以上，而普通PC的MTTF仅为10 000 ~ 15 000小时。

（2）实时性好 工控机采用实时操作系统，能够对生产过程进行实时在线检测与控制，对工作状况的变化给予快速响应，实时处理控制信号和数据，确保生产过程的实时性和准确性。这种特点被称为"看门狗"功能，遇险自复位，保证系统的正常运行。

（3）高性能 工控机通常采用高性能的处理器和内存，能够快速处理大量的数据和控制信号，并支持各种操作系统，多种语言汇编。

（4）易于扩展 工控机采用模块化设计，可以根据需要进行扩展和升级，满足不同生产过程的需求。工控机内部一般采用底板+CPU卡结构，具有很强的输入输出功能，最多可扩充20个板卡。通过各种板卡，可使工控机与工业现场的各种外设相连，完成各种任务。

（5）抗干扰能力强 工控机采用抗干扰设计，能够有效防止电磁干扰和其他干扰对控制系统的影响。

（6）易于操作和维护 工控机通常采用图形化的用户界面，易于操作和维护，减少人工操作错误的发生。

基于以上特点，工控机在工业生产和制造领域被广泛用于组态控制系统。所谓组态，是指工控机组态控制系统中的一种软件技术，也被称为人机界面（human machine interface，HMI），如图1-10所示。可通过图形化界面来管理和控制生产过程，使得操作者通过可视化的方式对工业自动化过程进行监控。工控机组态控制系统是由工控机、现场总线、控制软件、人机界面技术等集成的自动化控制系统，主要用于工业自动化生产过程的控制和监测，包括数据采集、数据处理、控制逻辑运算、执行控制命令等功能。通过工控机组态控制系统的应用，可以提高生产效率、降低生产成本、提高产品质量，具有重要的经济意义。

图1-10 工控机人机界面

在工控机组态控制系统中，组态软件是用于创建和管理人机界面的工具。通过组态软件，用户可以创建各种界面元素，例如按钮、文本框、图表、动画等，用于显示和控制生产过程中的各种数据和信息。同时，组态软件也可通过编程实现控制逻辑，例如设定报警、控制执行命令等。组态软件还可通过网络连接到远程设备，实现远程监控。操作者可以通过计算机或者移动设备对生产过程进行实时监控，提高了工业自动化生产的效率和灵活性。

1.4.4 嵌入式控制系统

嵌入式控制系统（embedded control system，ECS）是一种特殊的计算机控制系统。它通常被嵌入到另一种设备或系统中，用于控制、监测、处理和通信等任务。与通用计算机不同，嵌入式控制系统通常具有小型化、低功耗、高可靠性和实时性强等特点，可以适应各种严苛的工业环境和应用需求。嵌入式控制系统通常由硬件和软件两部分组成。硬件部分包括嵌入式微处理器、存储器、输入输出接口、传感器、执行器等，用于实现数据采集、信号处理，控制输出等功能。软件部分包括操作系统、应用程序、驱动程序等，用于实现数据处理、控制逻辑、通信等功能。

嵌入式控制系统广泛应用于汽车、医疗、工业自动化、航空航天、通信等领域。在汽车领域，嵌入式控制系统可用于发动机控制、车身控制、安全控制等方面；在医疗领域，嵌入式控制系统可用于医疗设备控制、生命监测等方面；在工业自动化领域，嵌入式控制系统可用于机器人控制、智能制造等方面。随着物联网的发展，嵌入式控制系统也越来越广泛地应用于智能家居、智能城市、智能交通等领域。

图 1-11 所示为典型的嵌入式控制系统实物图，图 1-12 所示为一个基于 ARM 嵌入式控制系统的微型智能可编程控制器组成框图，可以看出，嵌入式控制系统通常把各个功能模块集成在一块控制板上，然后直接"嵌入"到一台设备之中。

嵌入式控制系统有以下几个重要特点：

（1）系统内核小 嵌入式控制系统一般应用于小型电子装置，系统资源相对有限，因此内核较传统的操作系统要小得多。如 Enea 公司的 OSE 分布式系统，内核只有 5K，与 Windows 的内核完全没有可比性。

（2）专用性强 嵌入式控制系统的个性化很强，其软件系统和硬件的结合非常紧密。软件系统一般要针对硬件进行系统的移植，即使在同一品牌、同一系列的产品中，也需要根据系统硬件的变化和增减不断进行修改。针对不同的任务，往往需要对软件系统进行较大的更改，程序的编译下载要和系统相结合，这种修改和通用软件的"升级"完全是两个概念。

（3）系统精简 嵌入式系统一般没有系统软件和应用软件的明显区分，不要求其功能设计及实现上过于复杂，这一方面利于控制系统成本，同时另一方面也利于实现系统安全。

（4）高实时性的系统软件（OS） 高实时性的系统软件是嵌入式控制系统软件的基本

要求，软件要求固态存储，以提高速度，软件代码要求高质量和高可靠性。

（5）多任务操作系统　嵌入式控制系统软件开发标准化必须使用多任务的操作系统。嵌入式系统的应用程序可以没有操作系统直接在芯片上运行，但是为了合理地调度多任务，利用系统资源、系统函数以及和专家库函数接口，用户必须自行选配 RTOS（real-time operating system）开发平台，这样才能保证程序执行的实时性、可靠性，并减少开发时间，保障软件质量。

（6）需要开发工具和环境　由于嵌入式控制系统本身不具备自举开发能力，即使设计完成后用户通常也不能对其中的程序功能进行修改，必须有一套开发工具和环境。这些开发工具和环境一般基于通用计算机上的软、硬件，以及各种逻辑分析仪、混合信号示波器等。开发时往往有主机和目标机的概念，主机用于程序的开发，目标机则作为最后的执行机，开发时需要交替配合进行。

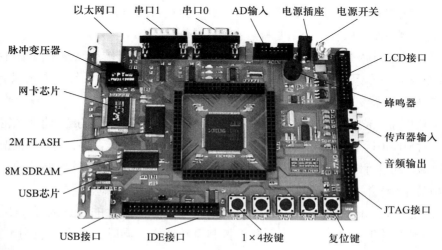

图 1-11　典型嵌入式控制系统

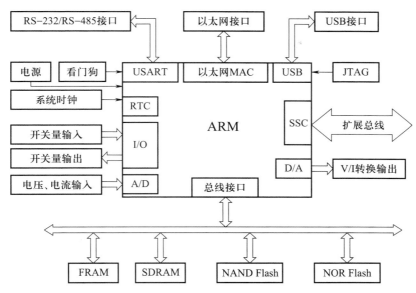

图 1-12　基于 ARM 嵌入式控制系统的微型智能可编程控制器

按实时性能分类，嵌入式控制系统分为嵌入式实时控制系统和嵌入式非实时控制系统；按软件结构分类，可分为嵌入式单线程控制系统（embedded single-thread system）、嵌入式事件驱动系统（embedded event-driven system）等。

1.4.5　分布式控制系统

分布式控制系统（distributed control system，DCS）又称分散型控制系统或集散控制系统，是一种基于计算机网络的工业自动化控制系统。它由多个分布式的控制节点组成，这些节点通过网络互相连接，共同协作完成生产过程的控制与管理，是一种高性能、高质量、低成本、配置灵活的控制系统。

DCS 是在计算机监控系统、直接数字控制系统和计算机多级控制系统的基础上发展起来的，是一种比较完善的生产过程控制与管理系统。其基本思想是分散控制、集中操作、分级管理、配置灵活、组态方便。在分布式控制系统中，按区域把微处理机安装在测量装置与控制执行机构附近，使控制功能尽可能分散，管理功能相对集中。这种分散型的控制方式能改善控制的可靠性，不会由于计算机的故障而使整个系统失去控制。当管理级发生故障时，过程控制级（控制回路）仍具有独立控制能力，个别控制回路发生故障时，也不致影响全局。与计算机多级控制系统相比，分布式控制系统在结构上更加灵活，布局更为合理，成本更低。

典型的 DCS 组成如图 1-13 所示。其构成方式十分灵活，可由专用的管理计算机站、操作员站、工程师站、记录站、现场控制站和数据采集站等组成，也可由通用的服务器、工控机和 PLC 构成。处于底层的过程控制级一般由分散的现场控制站、数据采集站等组成，就地实现数据的采集和控制，并通过数据通信网络传送到生产监控级计算机。生产监控级对来自过程控制级的数据进行集中操作管理，如各种优化计算、统计报表、故障诊断、显示报警等。

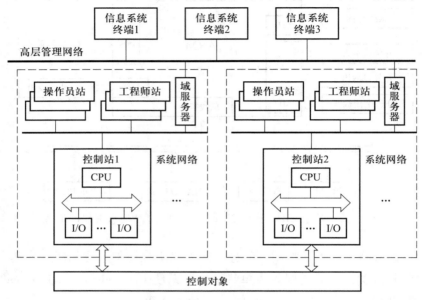

图 1-13　典型 DCS 组成

分布式控制系统具有以下特点：

（1）高可靠性　DCS 将系统控制功能分散在各台计算机上实现，系统结构采用容错设计，因此某一台计算机出现故障不会导致系统的其他功能丧失。此外，由于系统中各台计算机所承担的任务单一，因此可以采用具有特定结构和软件的专用计算机，从而使系统中每台计算机的可靠性得到提高。

（2）开放性好　DCS 采用开放式、标准化、模块化和系列化设计，系统中各台计算机采用局域网方式实现通信，当需要改变或扩充系统功能时，可方便地将计算机连入系统通信网络或从网络中卸下，几乎不影响系统其他计算机的工作。

（3）灵活性强　组态软件根据不同的流程应用对象进行软、硬件组态，即确定测量与控制信号及相互间的连接关系，从控制算法库选择适用的控制规律以及从图形库调用基本图形组成所需的各种监控和报警画面，从而方便地构成所需的控制系统。

（4）易于维护　功能单一的小型或微型专用计算机具有维护简单、方便的特点，当某一局部或某个计算机出现故障时，可以在不影响整个系统运行的情况下在线更换，迅速排除故障。

（5）协调性好　各工作站之间通过通信网络传送各种数据，整个系统信息共享，工作协调，从而完成控制系统的总体功能和优化处理。

（6）控制功能齐全　控制算法丰富，集连续控制、顺序控制和批处理控制于一体，可实现串级、前馈、解耦、自适应和预测控制等先进控制，并可方便地加入所需的特殊控制算法。

1975年美国霍尼韦尔（Honeywell）第一套分布式控制系统TDCS-2000问世以来，分布式控制系统已经在工业控制的各个领域得到了广泛的应用，以其高度的可靠性、方便的组态软件、丰富的控制算法、开放的联网能力，逐渐成为过程工业自动控制的主流系统。

随着现代计算机和通信网络技术的高速发展，DCS正向着多元化、网络化、开放化、集成管理方向发展，不同型号的DCS可以互连、进行数据交换，并可通过以太网将DCS系统和工厂管理网相连，实现实时数据上网。DCS将成为过程工业自动控制的主流。

1.4.6 现场总线控制系统

现场总线（fieldbus）是一种工业自动化通信协议和技术，用于在现场设备之间进行数据传输和控制命令传递。现场总线技术可以将传感器、执行器、控制器等设备连接在一起，形成一个现场网络，实现实时控制和数据传输。现场总线控制系统（fieldbus control system）是一种工业自动化控制系统，其将专用微处理器置入传统的测量控制仪表，使它们具有了数字计算和数字通信能力。采用双绞线等作为总线，把多个测量控制仪表连接成网络系统，并按公开、规范的通信协议，在位于现场的多个微机化测量控制设备之间以及现场仪表与远程监控计算机之间，实现数据传输与信息交换，形成各种适应实际需要的自动控制系统。

图1-14所示为一个典型的现场总线控制系统构成示意图。其中，各个现场设备的PLC控制器通过现场总线PROFIBUS-DP连接在一起，并与上位工控机相连，而上位工控机之间通过工业以太网相连，并与企业内部的局域网以及外部的广域网相连，形成一个开放的通信网络和分布式的控制系统。

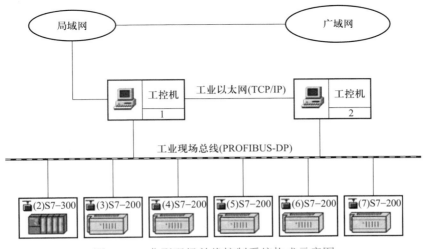

图1-14 典型现场总线控制系统构成示意图

现场总线控制系统既是一个开放的通信网络，又是一种全分布式的控制系统。它作为智能设备的联系纽带，把挂接在总线上、作为网络节点的智能设备连接成网络系统，并进一步构成自动化系统，实现基本控制、补偿计算、参数修改、报警、显示、监控、优化及控管一体的综合自动化功能，这是一项以智能传感器、控制、计算机、数字通信、网络为主要内容的综合技术。

现场总线控制系统是全数字串行、双向通信的系统，系统内的测量和控制设备如探头、激励器和控制器可相互连接、监测和控制。在工厂网络的分级中，它既作为过程控制（如 PLC、LC 等）和智能仪表（如变频器、阀门、条码阅读器等）应用的局部网，又具有在网络上分布控制应用的内嵌功能。由于其广阔的应用前景，众多国外知名厂家竞相投入力量，进行产品开发。目前，已知的现场总线类型有四十余种，比较典型的有 FF、PROFIBUS、LONworks、CAN、HART、CC-LINK 等。

现场总线控制系统具有以下特点：

（1）开放性　通信协议一致、公开，不同厂家的设备之间可实现信息交换。用户可按需要，把来自不同供应商的产品随意组成各种大小的系统，通过现场总线构筑自动化领域的开放互联系统。

（2）互通性与互换性　互通性是指互联设备之间、系统之间可实现信息的传送与沟通；而互换性则意味着不同厂家性能类似的设备可实现相互替换。

（3）功能自治与自诊断　将传感测量、补偿计算、工程量处理与控制等功能分散到现场设备中，仅靠现场设备即可完成自动控制的基本功能，并可随时诊断设备的运行状态。

（4）系统结构高度分散　现场总线已构成一种新的全分散型控制系统的体系结构，从根本上改变了现有 DCS 集中与分散相结合的集散控制系统体系，简化了系统结构，提高了可靠性。

（5）现场环境适应性　作为工厂网络底层的现场总线，是专为现场环境而设计的，可支持双绞线、同轴电缆、光缆、射频、红外线、电力线等，具有较强的抗干扰能力，能采用两线制实现供电与通信，并可满足安全防爆要求等。

（6）节省硬件数量与投资　由于分散在现场的智能设备能直接执行传感、控制、报警和计算等多种功能，因而可减少变送器的数量，不再需要单独的调节器、计算单元等，也不再需要 DCS 的信号调理、转换、隔离等功能单元及其复杂的接线，还可以用工控机作为操作站，从而节省了大笔硬件投资，并可减少控制室的占地面积。

（7）节省安装费用　现场总线系统的接线十分简单，一对双绞线或一条电缆上通常可挂接多个设备，因而电缆、端子、槽盒、桥架的用量大大减少，连线设计与接头校对的工作量也大大减少。当需要增加现场控制设备时，无须增设新的电缆，设备可就近连接在原有的电缆上，既节省了投资，也减少了设计、安装的工作量。

（8）节省维护费用　由于现场控制设备具有自诊断与简单故障处理的能力，并通过数字通信将相关的诊断、维护信息送往控制室，用户可以查询所有设备的运行状态，以便在早期分析故障原因并快速排除，缩短了维护停工时间；同时由于系统结构简化、连线简单，从而减少了维护工作量。

（9）系统集成主动权　用户可自由选择不同厂商提供的设备来集成系统，避免了因选择某一品牌的产品而被"框死"了设备的选择范围，不会因不兼容的协议、接口而一筹莫展，使系统集成过程中的主动权掌握在用户手中。

（10）准确性与可靠性　与模拟信号相比，现场总线设备的智能化、数字化使它从根本上提高了测量与控制的精确度，减少了传送误差；同时，由于系统结构的简化，设备连线减少，现场仪表内部功能加强，减少了信号的往返传输，提高了系统的工作可靠性。

由于现场总线适应了工业控制系统向分散化、网络化、智能化发展的方向，一经产生便成为全球工业自动化技术的热点，受到全世界的普遍关注。现场总线的出现，使自动化仪表、集散控制系统、可编程控制器在产品的体系结构、功能结构等方面发生了较大的变革，使自动化设备的制造厂商面临产品更新换代的又一次挑战。传统的模拟仪表将逐步让位于智能化数字仪表，出现了一批集检测、运算、控制功能于一体的变送控制器，出现了集检测温度、压力、流量于一体的多变量变送器，出现了带控制模块和具有故障诊断信息的执行器。由此，也极大改变了现有的设备维护管理方法。

思考题

1. 什么是数字化技术？
2. 数字化设计与制造技术的基本内容是什么？其基本特点是什么？
3. 请查阅相关文献资料，简述数字化设计与制造目前的发展趋势。
4. 请查阅相关文献资料，简述数字化制造目前的一些关键技术。
5. 数字化材料加工与制造技术的发展过程是怎样的？
6. 数字化材料加工与制造设备应具备哪些基本功能？通常由哪些部分组成？
7. 如何建立一个数字化材料加工与制造系统？
8. 请查阅相关文献资料，列举一个材料加工设备中的数字化控制系统，并简述其基本组成和工作原理。

参考文献

［1］朱立达，辛博，巩亚东. 数字化设计与制造 [M]. 北京：科学出版社，2023.

［2］刘晓峰，李宁，李凯. 数字化制造：原理、技术与应用 [M]. 北京：机械工业出版社，2019.

［3］王晓东，李宁，李凯. 数字化制造与智能制造 [M]. 北京：机械工业出版社，2019.

［4］姜淑凤 . 数字化设计与制造方法 [M]. 哈尔滨：哈尔滨工业大学出版社，2018.

［5］刘溪娟，刘镝时 . 数字化设计制造应用技术基础 [M]. 北京：机械工业出版社，2009.

［6］杨海成 . 数字化设计制造技术基础 [M]. 西安：西北工业大学出版社，2007.

第 2 章

数字化技术硬件基础

2.1 微型计算机概述

2.1.1 微型计算机的特点及发展现状

微型计算机是一种小型的计算机，它的出现最早可以追溯到 20 世纪 70 年代初。在那个时期，随着微电子技术领域的大规模集成电路技术的发展，科学家们开始尝试将计算机的各个组成部分集成到一块芯片上，从而实现计算机的微型化。1971 年，英特尔（Intel）公司推出了第一款微处理器 Intel 4004，它是世界上第一款商业化的微处理器。随着微处理器技术的不断发展，微型计算机逐渐走向普及。1975 年，美国电子爱好者 Bill Gates 和 Paul Allen 创建了微软（Microsoft）公司，推出了基于 Altair 8800 微型计算机的 BASIC 编程语言，为微型计算机的发展注入了新的动力。此后，微型计算机逐渐发展，成为人们日常生活和工作中不可或缺的重要工具。微型计算机的发展至今可以分为以下几个阶段：

（1）第一代（20 世纪 70 年代初） 使用集成电路（integration circuit，IC）技术，主要由 CPU、存储器、输入输出设备组成，操作系统简单，主要用于科学计算和控制系统等领域。

（2）第二代（20 世纪 70 年代中期） 使用 LSI（large scale integration）技术，主频提高，存储器容量扩大，操作系统逐渐增强，出现了多任务操作系统和网络操作系统，应用范围扩大。

（3）第三代（20 世纪 80 年代初） 使用 VLSI（very large scale integration）技术，出现了个人计算机，计算机性能和功能得到了大幅提升，操作系统更加成熟，出现了图形用户界面和多媒体技术。

（4）第四代（20 世纪 90 年代中期） 使用 ULSI（ultra large scale integration）技术，计算机性能和功能进一步提升，出现了多核处理器、超线程和虚拟化技术等，其应用领域不断扩大，如互联网、多媒体、游戏等。

（5）第五代（目前） 计算机的性能和功能不断提升，出现了人工智能、物联网、云计算、大数据等新技术和新应用，成为人类社会不可或缺的基础设施。

　　微型计算机是一切数字化、信息化和智能化技术赖以支撑的硬件基础，已成为现代社会生产制造、社会管理和生活娱乐等各个方面不可或缺的重要工具。这与微型计算机本身的特点分不开，其特点主要包括以下几个方面：

　　（1）小型化　微型计算机的体积和重量都很小，便于携带和移动，可以随时随地使用。

　　（2）低成本　微型计算机的成本较低，普通家庭可以承受，大大降低了计算机使用的门槛。

　　（3）灵活性强　微型计算机具有很高的灵活性，用户可以根据自己的需要进行配置和升级，实现个性化需求。

　　（4）通用性好　微型计算机可以运行各种应用软件，可满足用户的不同需求，例如文字处理、数据处理、图形处理、娱乐等。

　　（5）可以联网　微型计算机可以通过网络与其他计算机和设备进行通信和交互，实现信息共享和资源共享。

　　（6）易于使用　微型计算机的操作界面和操作系统较为友好，用户可以快速上手，不需要专业知识。

　　进入 21 世纪以后，微型计算机技术发展得更加迅猛，主要表现为以下几个方面：

　　（1）微处理器性能不断提升　随着半导体技术的不断进步，微处理器的集成度越来越高，运算速度也不断提升。

　　（2）存储容量不断扩大　存储技术的发展使微型计算机的存储容量不断扩大，从最初的几百 KB 到现在的 TB 级别。

　　（3）硬件体积不断缩小　微型计算机的硬件体积越来越小，从最初的桌面机到现在的笔记本计算机、平板电脑、智能手机等，越来越便携。

　　（4）网络技术的发展　互联网的普及使微型计算机能够实现远程通信、远程控制、云计算等功能，极大地拓展了微型计算机的应用范围。

　　（5）人机交互方式不断丰富　随着触摸屏、语音识别、手势控制等技术的应用，微型计算机的人机交互方式越来越多样化。

　　（6）智能化程度不断提高　人工智能技术的发展，使得微型计算机的智能化程度不断提高，能够实现语音识别、图像识别、自动化控制等功能。

　　微型计算机技术的发展已经从最初的计算功能扩展到了娱乐、通信、商务、科研等很多领域，成为现代社会不可或缺的一部分。从发展趋势看，微型计算机技术与人工智能、物联网、虚拟现实等技术相结合，将催生出更多更智能化的应用场景。

　　作为数字化技术的硬件基础，微型计算机是处理一切数字化信息的关键设备。了解和掌握微型计算机系统的基本组成及其各部分的工作原理和特点，将为后续深入学习和理解数字化技术在材料加工与制造领域的应用奠定良好的基础。

2.1.2 微型计算机系统的组成

关于微型计算机系统，目前有两种不同的说法。一种说法是从目前的技术发展角度出发，认为微型计算机是指一种个人计算机（即 PC），通常由主机、显示器、键盘和鼠标等组成，现在的技术发展将这些部件做成一体（如笔记本计算机），因而可以看作是一个独立的计算机设备，通常一个主机、一个用户、运行一个操作系统。随着网络技术的发展，目前可以将多台微型计算机通过联网组成一个微型计算机网络系统。因此，另一种说法是将微型计算机系统定义为由多个独立的微型计算机组成的计算机网络系统，其可以有多个主机和用户，运行不同的操作系统。计算机网络系统一般用于企业、机构、学校等组织，以实现资源共享和协作办公。但这种基于联网的微型计算机网络系统分散在不同的空间，准确地说应该是网络系统。

本书以第一种说法来定义微型计算机系统，即一台完整的、能独立完成特定功能的计算机，也可以认为是一个独立的微型计算机系统。微型计算机系统、微型计算机和微处理器三者之间的关系可以用图 2-1 来表示。一台微型计算机应由微处理器、主存储器、输入输出接口、系统总线等组成，但不包含外部设备（外设）和系统软件，这相当于上面表述中的"主机"。如果要构成一个完整的、能完成特定功能的微型计算机系统，还需要与外部设备相结合，并配以合适的系统软件和应用软件。另外，微处理器是微型计算机（即主机）的核心部件，它本身并不能构成一个独立的工作系统，也不能独立地执行程序，必须配上存储器、输入输出接口、系统总线等，才能构成一个完整的微型计算机主机。

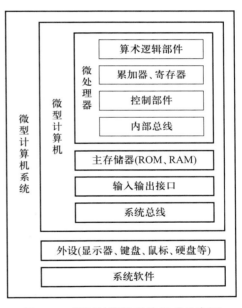

图 2-1　微型计算机系统组成示意图

2.1.3 微处理器及其发展现状

微处理器（microprocessor）是一种高度集成的、特殊的可编程芯片，是微型计算机的核心部件。其用作处理通用数据时，叫作中央处理器（central processing unit，CPU）；专用于图像数据处理的，叫作图形处理器（graphics processing unit，GPU）；专用于音频数据处理的，叫作音频处理器（audio processing unit，APU），等等。从物理性质上来说，它是一块集成了数量庞大的微型晶体管与其他电子组件的半导体集成电路（integrated circuit，IC）芯片。之所以称为"微"处理器，并不只是因为它体积小、重量轻，最主要的原因是当时各大芯片厂商的制造技术已进入了微米级，厂商在其产品名称上冠以"微"字，以强调其高科技属性。

微处理器最早由英特尔公司于 1971 年推出，从那个时候开始，微处理器性能的提升基本上遵循着该公司联合创始人戈登·摩尔（Gordon Moore）提出的"摩尔定律"，即芯片上可容纳的晶体管数量每隔 18~24 个月就会翻倍，同时价格也会下降一半。这一定律预示了集成电路技术的快速发展和进步。与传统的中央处理器相比，微处理器具有数据处理能力强、体积小、重量轻、功耗低、易于编程、可靠性高、价格低廉等优点。微处理器的出现使计算机的体积不断缩小、性能不断提升，从而推动了计算机技术的迅猛发展。

微处理器不仅是微型计算机的核心部件，也是组成巨型计算机的关键部件，国际上的高端超高速巨型或大型计算机系统大都采用大量的通用高性能微处理器，并通过并行处理技术来构建。微处理器的应用也使得计算机从科研领域走向了商业和个人领域。如今，微处理器已经广泛用于各种电子设备和系统中，无论是个人电脑、服务器、手机、平板电脑、智能家居，还是汽车引擎控制系统、数控机床、工业机器人，或是导弹制导系统等，都要嵌入各种不同类型的微处理器。

微处理器技术的现状可以概括为以下几个方面：

（1）制程工艺　目前微处理器的制程（manufacturing process）工艺已经发展到了 7 纳米的水平，同时 5 纳米制程工艺也已经开始商业化生产，这些制程工艺的采用可以提高芯片的性能和降低功耗。

（2）处理器架构　目前的微处理器采用了多核心和超线程等技术，可以提高处理器的并行处理能力和效率。同时，异构计算、神经网络加速器（NPU）和图像处理器（ISP）等技术也被广泛应用于各种类型的处理器中。

（3）集成度　微处理器的集成度越来越高，可以集成更多的功能和性能。例如，现代微处理器不仅包括中央处理器（CPU）、图形处理器（GPU），还包括人工智能（AI）处理器、数字信号处理器（DSP）和安全处理器等。

（4）电源管理　微处理器的功耗管理越来越重要，目前采用了一些新的技术，例如动态电压频率调节（DVFS）和智能电源管理（IPM）等，可以有效地降低功耗和延长电池寿命。

（5）安全性　随着网络攻击和黑客入侵的增多，微处理器的安全性也越来越重要。现代微处理器采用了一些新的安全技术，例如硬件加密、物理隔离和安全启动等，可以提高芯片的安全性。

综上所述，目前微处理器技术已经非常先进和成熟，但是随着科技的不断发展和变革，未来还有很大的发展空间和潜力，这些发展的驱动力主要来自工艺的进步、微处理器体系结构的发展和市场对微处理器的性能需求。微处理器的发展趋势主要体现在以下几个方面：

（1）更高的性能　通过采用更加先进的制造工艺和材料，例如 7 纳米、5 纳米制程技术和硅基外的材料，同时加强微处理器的并行计算能力，例如采用多核心和超线程技术，使微处理器的性能不断提高。未来的微处理器将更加强大，能够处理更加复杂的任务。

（2）更低的功耗 随着节能环保意识的不断提高，未来的微处理器将更加注重功耗的优化。通过采用更加节能的制造工艺和材料，例如鳍式场效应管（FinFET）、全耗尽型绝缘体上硅（FD-SOI）等技术，同时采用更加智能的功耗管理技术，例如动态电压频率调节（DVFS）和智能睡眠模式等，能够在保证高性能的同时，尽可能地减少能源消耗。

（3）更小的尺寸 通过采用更加先进的制造工艺和技术，例如三维堆叠技术（3D-IC）、系统级封装（SiP）和芯片级封装（CSP）等，使未来的微处理器越来越小，这有助于将其应用于更多的设备中，并且可以实现更高的集成度。

（4）更多的集成功能 通过采用更加先进的芯片架构和设计技术，例如异构计算、神经网络加速器（NPU）和图像处理器（ISP）等，未来的微处理器将具有更多的集成功能，例如人工智能、机器学习等，从而使微处理器的应用范围更加宽广。

（5）更好的安全性 随着网络安全威胁的不断增加，未来的微处理器将更加注重安全性的设计。通过采用更加严格的安全设计和验证流程，例如硬件加密、物理隔离和安全启动等技术，同时加强对软件安全的保护，例如内存隔离和安全运行环境等，使未来的微处理器能够提供更加可靠的安全保障。

2.1.4 微处理器的分类

微处理器的分类有多种方式。按生产工艺划分，有 MOS 电路工艺和双极型电路工艺制造的微处理器。MOS 电路微处理器的特点是集成度较高，功耗较小；而双极型微处理器的特点是速度快，但功耗较大。按功能划分，微处理器可分为主处理器、协处理器和从处理器。协处理器用以扩大主处理器的浮点运算功能，如浮点运算处理器；从处理器完成主处理器控制下的整个系统中的一部分功能，如输入输出处理器。微处理器还可按片数划分为单片式和多片式两类。但微处理器最常用的分类方法是按其能够处理的字长进行划分，即 8 位、16 位、32 位、64 位等。实际上，这种分类方法也基本展示了微处理器的发展历程。

（1）8 位微处理器 由 Intel 首先推出，典型产品以 Intel8008、8080 处理器，Motorola MC6800 微处理器和 Zilog Z80 微处理器为代表；

（2）16 微处理器位 典型产品有 Intel8086、80286 微处理器，PC 机的第一代 CPU 便是从 80286 开始的；

（3）32 微处理器位 代表产品是 1985 年 Intel 推出的 80386，这是一种全 32 位微处理器芯片。但 80386 处理器没有内置协处理器，浮点运算须另外配置 80387 协处理器。随后推出的 80486 集成了浮点运算单元和 8 KB 的高速缓存，并通过倍频技术相继推出了 486-DX2、486-DX4 等系列产品。20 世纪 90 年代中期，全面超越 80486 的新一代 80586 处理器问世，Intel 为其命名为 Pentium。而 AMD 和 Cyrix 也分别推出了 K5 和 6x86 处理器。之后 Intel 又为争夺服务器市场和争取多媒体技术制高点相继发布了 Pentium Pro 和 Pentium MMX。

（4）64 微处理器位　1991 年，MIPS 科技公司推出第一台 64 位 RISC 微处理器，用于以 IRIS Crimson 启动的 SGI 图形工作站。随后，IBM、AMD 等公司相继推出了各自的 64 位微处理器，目前成为主流的有 AMD 的 AMD64 技术和 Intel 的 EM64T 技术。在相同的工作频率下，64 位处理器的处理速度比 32 位的更快。而且除了运算能力之外，64 位处理器的优势还体现在系统对内存的控制上。传统 32 位处理器的寻址空间最大为 4GB，使得很多需要大容量内存的数据处理程序显得捉襟见肘。而 64 位的处理器的寻址空间理论上可以达到 1 600 多万 TB，能够彻底解决 32 位计算系统所遇到的问题，对于那些要求多处理器、可扩展、有更大的可寻址空间、可进行视频 / 音频 / 三维处理或具有较高计算准确性的应用程序而言，可提供卓越的性能。

微处理器在不同的应用领域有不同的性能要求，因而各大厂商都开发了具有不同性能要求或特殊功能的微处理器芯片，时至今日，已形成系列化产品。微处理器除了按字长进行分类以外，还可按其应用领域或应用对象分为通用微处理器和嵌入式处理器两大类，如表 2-1 所示。一般而言，通用微处理器追求高性能，它们主要用于运行通用软件，配备完备、复杂的操作系统，目前大中型高性能计算机、服务器、台式机和笔记本计算机通常都使用这类微处理器；而嵌入式处理器强调处理特定应用问题的高性能，主要用于运行面向特定领域的专用程序，配备轻量级操作系统。嵌入式处理器根据所承担的功能侧重不同还可以进一步细分，如嵌入式微处理器、嵌入式微控制器、嵌入式 DSP 处理器和嵌入式片上系统等。嵌入式处理器在工业制造、过程控制、通信、仪器、仪表、汽车、船舶、航空航天、军事装备、消费类产品等方面应用非常广泛，在后面的章节中将介绍一些主要的嵌入式处理器的相关知识。

表 2-1　微处理器的分类及其应用领域

	分类	代表系列	应用领域
微处理器	通用微处理器	Intel 系列	大中型高性能计算机、服务器、台式机、笔记本计算机等
		AMD 系列	
	嵌入式处理器	嵌入式微处理器	工业控制、手机、家电、平板电脑、数码产品等
		嵌入式微控制器	
		嵌入式 DSP 处理器	
		嵌入式片上系统	

2.2　通用微处理器

通用微处理器一般是指工作站、桌面机、服务器以及大规模并行系统等所采用的 CPU 芯片，它们支持复杂的重量级操作系统和各类通用软件。当前微处理器已经从 32 位向 64

位过渡，各大厂商面向不同的应用都在开发 32 位和 64 位的微处理器产品。Intel 和 HP 公司早在 1994 年就启动了设计和生产基于 EPIC（explicitly parallel instruction computing）显式并行体系结构的 IA-64 芯片合作项目，并陆续推出了 Itanium 和 Itanium Ⅱ 处理器。AMD 则随之推出了基于 x86-64 的 Opteron 和 Althon64 处理器。另外，IBM、HP（COMPAQ）、SGI、Sun 等公司也都生产了各具特点的服务器用通用微处理器，这些微处理器都采用 RISC 指令系统，通过超标量、乱序执行、动态分支预测、推测执行等机制，提高指令级并行性，改善性能。作为一种用于装备高端计算机系统的芯片，64 位微处理器被广泛应用于一些关键应用领域。

为了便于理解微处理器工作的基本原理和内部结构，我们通常从程序员和使用者的角度来描述其基本结构，这种结构称为编程结构，它是微处理器的指令集和寄存器等编程接口的组合，是面向程序员的接口，用于编写程序和访问硬件资源。它与 CPU 内部物理结构和实际布局是有区别的。诚然，随着微处理器性能的越来越高，微处理器内部的结构也越来越复杂。但是，再复杂的结构也是从最初的简单结构发展演变而来，为了便于理解微处理器内部的工作原理，下面将从相对简单的 16 位的 8086 微处理器入手，初窥微处理器的内部结构，了解其各部件的作用和工作原理。之后，再以 32 位的 Pentium 微处理器为例，通过对其内部基本结构各个部件功能的解读，了解微处理器的结构是如何发展演化的。64 位的微处理器是在 32 位的基础上进一步发展演化而来，其内部结构更加复杂，采用的技术也更前沿，本章最后将对 64 位微处理器的体系结构和一些相关的前沿技术做简单介绍，详细介绍可查阅相关文献资料。

2.2.1　8086 微处理器的基本结构

微处理器是微型计算机最核心的运算及控制部件，其内部结构主要由算术逻辑部件、控制部件、累加器、寄存器和内部总线等几部分组成，如图 2-2 所示。微处理器能够完成取指令、指令解码和执行、与外部存储器和逻辑部件交换信息等基本操作。

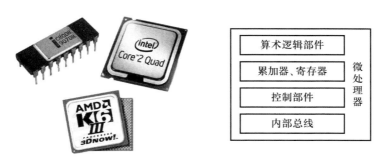

图 2-2　微处理器及其内部基本组成

Intel 的 8086 是一款 16 位的微处理器，它采用 HMOS 工艺技术制造，内部包含约 29 000 个晶体管。8086 微处理器有 16 根数据线和 20 根地址线。因为可用 20 位地址，所

以可寻址的空间达 2^{20} bits，即 1 MB。

其内部结构主要由执行部件（execution unit，EU）和总线接口部件（bus interface unit，BIU）两大部分组成。其中，执行部件主要负责指令的执行，将指令译码并利用内部的寄存器和 ALU 对数据进行处理；总线接口部件主要负责与存储器、I/O 端口传送数据。图 2-3 是 8086 的微处理器的基本结构示意图。

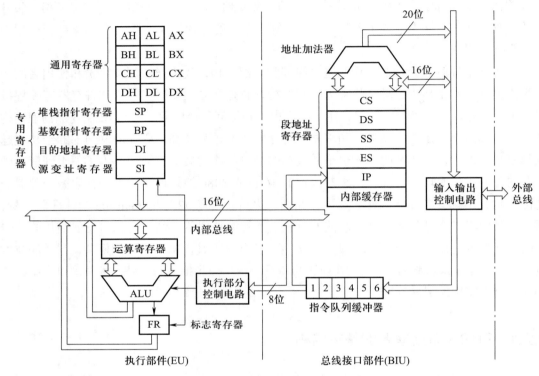

图 2-3 8086 微处理器的基本结构

1. 执行部件

执行部件具体由以下几个部分组成：

（1）通用寄存器

四个 16 位的通用寄存器，即 AX、BX、CX、DX，每个寄存器也可分成两个 8 位的寄存器，比如 BX 可分成 BH 和 BL，其中 BH 为高 8 位，BL 为低 8 位，其他以此类推。另外，这四个寄存器的名称分别代表了它们在指令中的使用方式和习惯。具体来说，AX 通常用作累加器，它是大多数算术和逻辑指令的默认操作数，当其作为 16 位来使用时，可进行按字乘、按字除、按字输入输出和其他字传送；当其作为 8 位来使用时，可以进行按字节乘、按字节除、按字节输入输出、其他字节传送和十进制运算等。BX 通常用于存储基址，在访问计算机主存储器时经常被用作偏移量。CX 通常用于存储计数器，在循环指令中经常被用作计数器。DX 通常用于存储数据，在一些指令中被用作操作数或端口地址。

需要注意的是，这些寄存器是通用的，它们可以根据需要存储任意的数据。在实际编程中，程序员可以根据需要灵活地使用这些寄存器，以实现各种不同的功能。通用寄存器实际上相当于微处理器内部的 RAM，用来存放参加运算的数据、中间结果或地址。微处理器内部有了这些寄存器之后，就可避免频繁地访问 CPU 外部的存储器，从而缩短指令长度和指令执行时间，提高机器的运行速度，也给编程带来方便。

（2）专用寄存器

四个 16 位的专用寄存器，分别为堆栈指针寄存器 SP（stack pointer）、基数指针寄存器 BP（base pointer）、目的变址寄存器 DI（destination index）和源变址寄存器 SI（source index）。专用寄存器的作用是固定的，用来存放地址或地址基值。

① 堆栈指针寄存器 SP　用来存放堆栈顶部的地址。堆栈是存储器中的一个特定区域，它按"后进先出"方式工作。当新的数据压入堆栈时，栈中原存信息不变，只改变栈顶位置，当数据从栈中弹出时，弹出的是栈顶位置的数据，弹出后自动调整栈顶位置。也就是说，数据在进行压栈、出栈操作时，总是在栈顶进行。堆栈一旦初始化（即确定了栈底在存储器中的位置），SP 的内容（即栈顶位置）便由 CPU 自动管理。

② 基数指针寄存器 BP　通常和基数变址寄存器 BX 一起使用，用于存储内存地址和数据的偏移量。具体来说，BP 通常用于存储堆栈段的基地址，它指向当前堆栈帧的底部。在堆栈操作中，BP 通常用于指示当前堆栈帧的底部，以便在堆栈中分配和释放空间。此外，BP 还可以用于存储其他数据，如函数参数、局部变量等。BX 通常用于存储数据段的基地址，它指向数据段中的某个偏移量；在访问数据段中的数据时，BX 通常用于指示数据的偏移量。此外，BX 还可用于存储其他数据，如数组下标、指针等。

③ 目的变址寄存器 DI　主要用于存储目的地址，即数据传输的目标地址。具体来说，DI 在串传输指令（如 MOVSB、MOVSW 等）中用于存储目的地址，指示数据传输的目标地址；在串比较指令（如 CMPSB、CMPSW 等）中，DI 同样用于存储目的地址，指示比较操作的目标地址。

④ 源变址寄存器 SI　主要用于存储源地址，即数据传输的源地址。具体来说，SI 在串传输指令（如 MOVSB、MOVSW 等）中用于存储源地址，指示数据传输的来源地址；在串比较指令（如 CMPSB、CMPSW 等）中，SI 同样用于存储源地址，指示比较操作的来源地址。

在执行字符串操作指令时，SI 通常与 DI 一起使用，分别用于指定源地址和目的地址。DI 的值会随着数据传输的进行而自动增加或减少，SI 的值会随着数据传输的进行而自动减少或增加。此外，DI 和 SI 还可用于存储其他数据，如程序计数器（PC）的值，或者作为栈指针（SP）的偏移量等。

（3）标志寄存器 FR

标志寄存器共有 16 位，其中 7 位未用，所用的各位含义如下：

15	14	13	12	11	10	9	8	7	6	5	4	3	2	1	0
				OF	DF	IF	TF	SF	ZF		AF		PF		CF

根据功能，8086 的标志可分为两类：一类为状态标志，另一类为控制标志。状态标志表示前面的操作执行后，算术逻辑部件处在怎样一种状态，这种状态会像某种先决条件一样影响后面的操作；控制标志是人为设置的，指令系统中有专门的指令用于控制标志的设置和清除，每个控制标志都对某一种特定的功能起控制作用。

状态标志有六个，分别为 SF、ZF、PF、CF、AF、OF：

① SF（sign flag） 符号标志，它和运算结果的最高位相同。当数据用补码表示时，负数的最高位为 1，所以 SF 指出了前面的运算结果是正还是负。

② ZF（zero flag） 零标志，如果当前的运算结果为零，则 ZF 为 1，否则为 0。

③ PF（parity flag） 奇偶标志，如果运算结果的低 8 位中所含的 1 的个数为偶数，则 PF 为 1，否则为 0。

④ CF（carry flag） 进位标志，当加法运算时最高位产生进位，或者当减法运算时最高位产生借位，则 CF 为 1。除此之外，移位指令也会影响这一标志。

⑤ AF（auxiliary carry flag） 辅助进位标志，当加法运算时第 3 位往第 4 位进位，或者当减法运算时第 3 位从第 4 位借位，则 AF 为 1。辅助进位标志一般在 BCD（binary coded decimal）码运算中作为是否进行十进制调整的判断依据。

⑥ OF（overflow flag） 溢出标志，当运算过程中产生溢出时，OF 为 1。所谓溢出，对于有符号数来说，就是字节运算的结果超出了 –128 ~ +127 的范围，或者字运算的结果超出了 –32 768 ~ +32 767 的范围。

在绝大多数情况下，一次运算后并不对所有标志进行改变，程序也不需要对所有的标志作全面的关注。一般只是在某些操作之后，对其中某个标志进行检测。

控制标志有三个，分别为 DF、IF、TF。

① DF（direction flag） 方向标志，这是控制串操作指令用的标志，如果 DF 为 0，则串操作过程中地址会不断增值；反之，如果 DF 为 1，则串操作过程中地址会不断减值。

② IF（interrupt enable flag） 中断允许标志，这是控制可屏蔽中断的标志，如果 IF 为 0，则 CPU 不能对可屏蔽中断请求做出响应；如果 IF 为 1，则 CPU 可以接受可屏蔽中断请求。

③ TF（trap flag） 跟踪标志，又称单步标志。若 TF 为 1，则 CPU 按跟踪方式执行指令。

以上这些控制标志一旦设置，便会对后面的操作产生控制作用。

（4）算术逻辑单元（arithmetic logical unit，ALU）

主要用来完成算术运算（+、–、×、÷、比较）和各种逻辑运算（与、或、非、异或、移位）等操作。ALU 是组合电路，本身无寄存操作数的功能，因而必须有保存操作数的两个运算寄存器：暂存器 TMP 和累加器 AC，累加器既向 ALU 提供操作数，又接收 ALU

的运算结果。

（5）执行部分控制电路

由定时与控制逻辑电路组成，是微处理器的核心控制部件，负责对整个计算机进行控制，包括从存储器中取指令、分析指令（即指令译码）、确定指令操作和操作数地址、取操作数、执行指令规定的操作、送运算结果到存储器或 I/O 端口等。它还向微机的其他各部件发出相应的控制信号，使 CPU 内、外各部件协调工作。

2. 总线接口部件

总线接口部件的功能是负责与存储器、I/O 端口传送数据。具体说来，总线接口部件要从计算机主存储器取指令送到指令队列；CPU 执行指令时，总线接口部件要配合执行部件从指定的计算机主存储器单元或者外设端口中取数据，将数据传送给执行部件，或者把执行部件的操作结果传送到指定的主存储器单元或外设端口中。

总线接口部件由下列部分组成：

（1）四个 16 位段地址寄存器

作用是为 CPU 提供访问主存储器的能力。它们存储了不同数据段的起始地址，CPU 可以通过它们计算出要访问的主存储器地址，从而实现数据的读写操作。

① 代码段寄存器 CS（code segment） 用于存储代码段的起始地址，即程序的入口点。CPU 在执行指令时，会从 CS 中读取代码段的起始地址，加上 IP 寄存器中存储的偏移量，从而得到要执行的指令的绝对地址。CS 的值只能通过跳转指令或返回指令来修改。

② 数据段寄存器 DS（data segment） 用于存储数据段的起始地址。在程序中访问变量或数组时，CPU 会从 DS 中读取数据段的起始地址，加上变量或数组的偏移量，从而得到要访问的内存地址。DS 的值可以通过指令来修改。

③ 堆栈段寄存器 SS（stack segment） 用于存储堆栈段的起始地址。在程序中进行函数调用或中断处理时，CPU 会将返回地址等信息保存在堆栈中，堆栈的起始地址就是 SS 寄存器中存储的地址。SS 的值只能通过指令来修改。

④ 附加段寄存器 ES（extra segment） 用于存储附加数据段的起始地址。在一些指令中，需要同时访问两个数据段，此时可以使用 ES 来存储第二个数据段的起始地址。ES 的值可以通过指令来修改。

（2）16 位指令指针寄存器 IP（instruction pointer）

16 位指令指针寄存器又称为程序计数器（PC），其作用是存储下一条要执行的指令的地址。在执行指令时，CPU 会从 IP 寄存器中读取下一条指令的地址，并将其送入地址总线，以便从主存储器中取出指令的操作码。执行完一条指令后，IP 自动加上指令的长度，指向下一条要执行的指令的地址，从而实现指令的连续执行。

需要注意的是，在 8086 微处理器中，IP 中存储的地址是相对于当前代码段的基地址的偏移量，CPU 需要将这个偏移量与代码段的基地址相加，才能得到下一条要执行的指令的绝对地址。除了控制指令的执行顺序外，IP 寄存器还可以用于实现一些控制流程的指令，如跳转、调用子程序、返回等。这些指令会修改 IP 寄存器的值，从而改变 CPU 的执行流程，为程序提供了流程控制的能力。

（3）20 位地址加法器

20 位地址加法器用来产生 20 位地址。前面已提到，8086 可用 20 位地址寻址 1MB 的内存空间，但 8086 内部所有的寄存器都是 16 位的，所以需要由一个附加的机构来根据 16 位寄存器提供的信息计算出 20 位的物理地址，这个机构就是 20 位地址加法器。一条指令的物理地址就是根据代码段寄存器（CS）和指令指针寄存器（IP）的内容得到的。具体计算时，要将段寄存器的内容左移 4 位，然后再与 IP 的内容相加。假设 CS=FE00H、IP=0200H，此时指令的物理地址为 FE200H。

（4）6 字节指令队列缓冲器

8086 在执行指令的同时，会从主存储器中取下一条指令或几条指令，取来的指令就放在指令队列缓冲器中。这样，8086 执行完一条指令就可以立即执行下一条指令，而不像以往的计算机那样，轮番地进行取指令和执行指令的操作，从而提高了 CPU 的效率。

（5）输入输出控制电路

其作用是控制 CPU 与外部设备之间的数据传输和中断请求，确保数据传输的正确性和稳定性。输入输出控制电路有以下几个作用：

① 控制地址输出　输入输出控制电路可以控制地址信号的输出，将 CPU 的地址总线连接到外部设备的地址总线上，从而实现数据的读写操作。

② 控制数据输入输出　当 CPU 需要从外部设备读取数据时，输入输出控制电路将数据总线的方向设置为输入，从外部设备读取数据并传输到 CPU；当 CPU 需要向外部设备写入数据时，输入输出控制电路将数据总线的方向设置为输出，将数据传输到外部设备。

③ 控制时序　输入输出控制电路还可以控制时序信号的生成和传输，确保 CPU 与外部设备之间的数据传输同步、稳定。

④ 控制中断请求　外部设备可以通过中断请求线向 CPU 发送中断请求信号，输入输出控制电路可以控制中断请求信号的传输，从而实现外部设备向 CPU 发送中断请求的功能。

2.2.2　8086 微处理器内部总线

1. 内部总线的作用

内部总线用来连接 CPU 内部的各个功能部件，实现数据的传输和交换。具体来说，内部总线的作用如下：

① 外部数据传输　内部总线可以传输各种数据，包括指令、数据、地址、控制信号等。当 CPU 执行指令时，需要从主存储器中读取指令，内部总线将指令传输到指令缓存器中；当 CPU 执行读写操作时，内部总线将地址和数据传输到对应的寄存器或缓存器中。

② 控制信号传输　内部总线还可以传输各种控制信号，包括时钟信号、中断请求信号、复位信号等，以控制 CPU 内部的各个功能模块的工作状态。

③ 内部数据交换　内部总线还可以实现 CPU 内部各个功能模块之间的数据交换。例如，当 CPU 执行指令时，需要将指令传输到指令缓存器中，再从指令缓存器中传输到指令译码器中，内部总线就可以实现这种数据交换。

2. 总线周期的概念

为了取得指令或传送数据，需要 CPU 的总线接口部件执行一个总线周期。在 8086 中，一个最基本的总线周期由 4 个时钟周期组成，时钟周期是 CPU 的基本时间计量单位，它由计算机主频决定。比如，8086 的主频为 5 MHz，1 个时钟周期就是 200 ns。在 1 个最基本的总线周期中，习惯上将 4 个时钟周期分别称为 4 个状态，即 T_1、T_2、T_3 和 T_4 状态。

① T_1 状态　CPU 往总线上发出地址信息，以指出要寻址的存储单元或外设端口地址。

② T_2 状态　CPU 从总线上撤销地址，而使总线的低 16 位浮置成高阻状态，为传输数据做准备。总线的高 4 位（A_{19}~A_{16}）用来输出本总线的周期状态信息。这些状态信息用来表示中断允许状态、当前正在使用的段寄存器名等。

③ T_3 状态　总线的高 4 位继续提供状态信息，而总线的低 16 位上出现由 CPU 写出的数据或者 CPU 从存储器或端口读入的数据。

④ T_w 状态　在有些情况下，外设或存储器速度较慢，不能及时配合 CPU 传送数据。这时，外设或存储器会通过"READY"信号线在 T_3 状态启动之前向 CPU 发出一个"数据未准备好"信号，于是 CPU 会在 T_3 之后插入 1 个或多个附加的时钟周期 T_w。T_w 也叫等待状态，在 T_w 状态，总线上的信息情况和 T_3 状态的信息情况一样。当指定的存储器或外设完成数据传送时，便在"READY"信号线上发出"准备好"信号，CPU 接收到这一信号后会自动脱离 T_w 状态而进入 T_4 状态。

⑤ T_4 状态　总线周期结束。

需要指出，只有在 CPU 和存储器或 I/O 接口之间传输数据，以及填充指令队列时，CPU 才执行总线周期。可见，如果在 1 个总线周期之后，不立即执行下一个总线周期，那么系统总线就处在空闲状态，此时将执行空闲周期。图 2-4 所示为一个典型的 8086 总线周期序列。

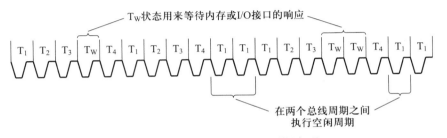

图 2-4　典型的 8086 总线周期序列

2.2.3　Pentium 微处理器的基本结构

Pentium 微处理器是一款 32 位的微处理器，最初采用的是 0.8 μm 的 CMOS 工艺制造，内部包含了大约 310 万个晶体管。后续推出的版本采用了更先进的工艺，如 0.6 μm、0.35 μm、0.25 μm、0.18 μm 等。其内部晶体管数量随着不同版本的推出而不断增加，如 Pentium Pro 微处理器内部包含了大约 550 万个晶体管，Pentium 4 微处理器包含了大约 4 200 万个晶体管，Pentium D 和 Core 2 Duo 微处理器内部的晶体管分别达到约 1.3 亿和约 1.8 亿个。

Pentium 微处理器的寄存器和内部总线都是 32 位的，可以在 32 位操作系统上运行，且支持 32 位的应用程序。虽然后来的 Pentium 4 微处理器采用了一些 64 位技术，但它仍然被归类为 32 位处理器，因为它的寄存器和内部总线仍然是 32 位的。Intel 后续推出的微处理器，如 Core 2 Duo、Core i3/i5/i7 等，则采用了 64 位架构，支持 64 位操作系统和应用程序。

相比以前 Intel 的微处理器，Pentium 微处理器采用了以下多种先进技术，使其运行效率和性能大大提高。

① 超标量架构　可以在一个时钟周期内同时执行多条指令的处理器架构，大大提高了处理器的运行效率和性能。

② 浮点运算单元　专门用于执行浮点运算的处理器单元。Pentium 微处理器内置了浮点运算单元，可以高效地执行浮点运算，提高了处理器的运算速度。

③ 多级缓存　Pentium 微处理器内置了多级缓存，包括一级指令缓存和一级数据缓存，以及二级缓存，可以提高处理器的访问速度和效率。

④ 动态执行技术　可以预测指令执行的顺序，从而提高指令执行的效率的技术。Pentium 微处理器采用了动态执行技术，可以预测指令执行的顺序，从而提高指令执行的效率。

⑤ 64 位数据总线　Pentium 微处理器采用了 64 位数据总线，可以提高数据传输的速度和效率。

⑥ MMX 技术　Pentium 微处理器支持 MMX 技术，可以高效地处理多媒体数据，提高了处理器在多媒体应用领域的性能。

Pentium 微处理器内部基本结构包含：总线接口部件、U 流水线和 V 流水线、高速缓存（即 Cache，包括指令 Cache 和数据 Cache）、指令预取部件、指令译码器、分支目标缓冲器 BTB、浮点处理部件 FPU、控制 ROM、寄存器组等。图 2-5 所示是 Pentium 微处理器的主要部件和原理结构示意图。

1. 总线接口部件

Pentium 微处理器中，总线接口部件实现 CPU 与系统总线的连接，其中包括 64 位数据线、32 位地址线和众多控制信号线（控制总线），以实现信息交换，并产生相应的总线周期信号。

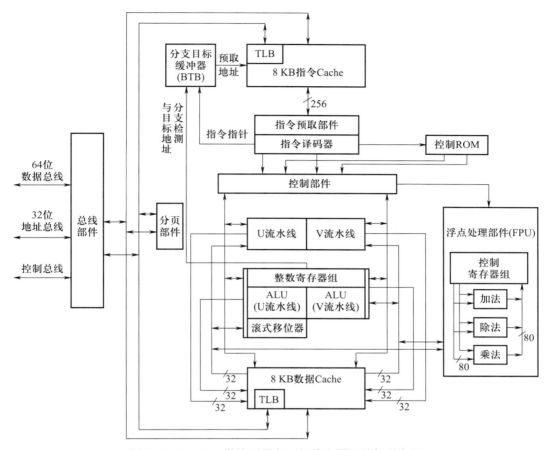

图 2-5　Pentium 微处理器主要部件和原理结构示意图

2. U 流水线和 V 流水线

Pentium 微处理器采用 U、V 两条流水线，两者独立运行。这两条流水线均有独立的 ALU，U 流水线可执行所有整数运算指令，V 流水线只能执行简单的整数运算指令和数据交换指令。每条流水线含有 5 级：取指令、译码、地址生成、指令执行和回写。回写是指一些指令将运算结果写回存储器，只有运算指令才含有这一步。

3. 高速缓存（即 Cache）

Cache 是容量较小、速度很高的可读写 RAM，用来存放 CPU 最近要使用的数据和指令，Cache 可以加快 CPU 存取数据的速度，减轻总线负担。Cache 中的数据其实是主存储器中一小部分数据的复制品，要时刻保持两者的相同，即保持数据一致性。在 Pentium 中，指令 Cache 和数据 Cache 两者分开，从而减少了指令预取和数据操作之间可能发生的冲突，并可提高命中率。所谓 Cache 命中，是指读取数据时，此数据正好已经在 Cache 中，这样使存取速度很快。所以，命中率成为 Cache 的一个重要的性能指标。两个 Cache 分别配置了专用的转换检测缓冲器（translation look-aside buffer，TLB），用来将线性地址转换为 Cache 的物理地址。Pentium 的数据 Cache 有两个端口，分别用于两条流水线，以便能在相同的时间段中分别和两个独立工作的流水线进行数据交换。

4. 指令预取部件

指令预取部件的作用是提高处理器执行指令的效率，当处理器执行当前指令时，预取部件已经将下一条指令预先读取到缓存中，当处理器需要执行下一条指令时，就可以直接从缓存中取出，避免了等待指令读取的时间，从而提高了处理器的执行速度。指令预取部件每次取两条指令，如果是简单指令，并且后一条指令不依赖于前一条指令的执行结果，那么指令预取部件便将两条指令分别送到 U 流水线和 V 流水线独立执行。

5. 指令译码器

指令 Cache、指令预取部件将原始指令送到指令译码器。指令译码器的作用是将机器语言指令转换成 CPU 可以理解的操作，CPU 根据指令译码器生成的控制信号，执行相应的操作。这些操作可能包括读取或写入数据、算术和逻辑运算、跳转等。

6. 分支目标缓冲器

分支目标缓冲器（BTB）是用来提高分支指令执行速度的一种技术。具体来说，BTB 会记录程序中经常执行的分支指令的目标地址，当 CPU 执行分支指令时，BTB 会预测分支指令的目标地址，并将其缓存起来。如果预测正确，CPU 就可以直接跳转到目标地址，避免了等待分支目标地址计算的时间，从而提高了程序执行效率。另外，BTB 还可以提高分支指令预测的准确性。在执行分支指令时，BTB 会记录分支指令的历史执行情况，根据历史执行情况来预测分支指令的目标地址。如果历史执行情况表明分支指令经常跳转到某一个目标地址，那么 BTB 就会优先预测该目标地址，从而提高分支指令预测的准确性。

7. 浮点处理部件

浮点处理部件（FPU）主要用于浮点运算，内含专用的加法器、乘法器和除法器，加法器和乘法器均能在 3 个时钟周期内完成相应的运算，除法器则在每个时钟周期产生两位二进制商。浮点运算部件也是按流水线机制执行指令，其流水线分为 8 级，可对应每个时钟周期完成一个浮点操作。实际上，FPU 是 U 流水线的补充，浮点运算指令的前 4 级也在 U 流水线中执行，然后移到 FPU 中完成运算过程。浮点运算流水线的前 4 个步骤与整数流水线的前 4 级一样，即取指、译码、地址生成和指令执行，后 4 个步骤为一级浮点操作、二级浮点操作、四舍五入及写入结果。此外，由于对加、乘、除这些常用浮点指令采用专门的硬件电路实现，所以大多数浮点运算指令可对应 1 个时钟周期即可执行完毕。浮点运算部件使运行密集浮点运算指令的程序时，运算速度大大提高。

8. 控制 ROM

控制 ROM 是一个只读存储器，用于存储处理器的固件程序。其作用是存储处理器的基本指令集、控制信号和操作码等信息，以及处理器的初始化程序、中断处理程序和异常处理程序等，保证处理器的正常运行。控制 ROM 的主要作用包括以下几个方面：

① 存储指令集　存储处理器的基本指令集，包括算术运算、逻辑运算、数据传输、跳转等操作。

② 存储控制信号　存储处理器的控制信号，包括时钟信号、复位信号、中断请求信号、总线请求信号等。

③ 存储初始化程序　存储处理器的初始化程序，用于处理器启动时对处理器进行初始化，包括设置寄存器的初始值、配置时钟频率等。

④ 存储中断处理程序　存储处理器的中断处理程序，在处理器接收到中断请求时进行响应，保存当前处理器状态、执行中断服务程序等。

⑤ 存储异常处理程序　存储处理器的异常处理程序，在处理器遇到异常情况时（如非法指令、内存访问错误等）进行处理。

9. 寄存器

Pentium 微处理器的寄存器均为 32 位，分为以下三类：

基本寄存器组，包括通用寄存器、指令寄存器、标志寄存器、段寄存器，基本寄存器组可供系统程序和应用程序共同访问。

系统寄存器组，包括地址寄存器、调试寄存器、控制寄存器、模式寄存器，系统寄存器组只能供系统程序访问。

浮点寄存器组，包括数据寄存器、标记字寄存器、状态寄存器、控制字寄存器、指令指针寄存器和数据指针寄存器，浮点寄存器组可供系统程序和应用程序共同访问。

（1）基本寄存器组

Pentium 微处理器的基本寄存器中，除了标志寄存器之外，其余寄存器的命名和使用方法都与 80386 相同。即，32 位的通用寄存器都是 8086 微处理器中 16 位通用寄存器的扩展，命名为 EAX、EBX、ECX、EDX、ESI、EDI、EBP 和 ESP，用来存放数据和地址。为了和 8086 微处理器兼容，每个通用寄存器的低 16 位可以独立存取，此时它们的名称分别为 AX、BX、CX、DX、SI、DI、BP、SP。此外，为了和 8 位 CPU 兼容，前 4 个寄存器的低 8 位和高 8 位也可以独立存取，分别称为 AL、BL、CL、DL 和 AH、BH、CH、DH。同样，32 位的指令寄存器 EIP 用来存放下一条要执行的指令的地址偏移量，寻址范围为 4 GB。为了和 8086 微处理器兼容，EIP 的低 16 位可作为独立指针，称为 IP。

Pentium 微处理器的标志寄存器也为 32 位，其中第 22~31 位不用，Pentium 微处理器对标志位作了扩充，如图 2-6 所示。

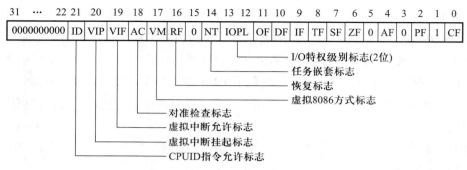

图 2-6　Pentium 微处理器的标志寄存器

除了 8086 微处理器中已经介绍过的标志，这些扩充的标志位的含义如下：

IOPL　I/O 特权级别标志，仅用于保护方式，用来限制 I/O 指令的使用特权级。

NT　任务嵌套标志，指出当前执行的任务是否嵌套于另一个任务中。

RF　恢复标志，用于调试失败后强迫程序恢复执行，当指令顺利执行时，RF 自动清零。

VM　虚拟 8086 方式标志，当 VM 为 1 时，使 CPU 工作于 8086 方式。在保护方式下，可以通过指令使 VM 置 1，进入虚拟 8086 方式。

AC　对准检查标志，在对字、双字、四字数据访问时，此位用来指出地址是否对准字、双字或四字的起始字节单元。

VIF　虚拟中断允许标志，这是虚拟 8086 方式下，中断允许标志的复制。

VIP　虚拟中断挂起标志，提供在虚拟 8086 方式下有关中断的状态信息，为 1 表示挂起。

ID　CPUID 指令允许标志，此位为 1 时，允许使用 CPU 标识指令 CPUID 来读取标识码。

上述前 4 个标志是 80386 微处理器中扩充的，后 4 个标志是 Pentium 微处理器中扩充的，复位以后，标志寄存器的内容为 00000002H。

（2）系统寄存器组

这组寄存器中，地址寄存器、调试寄存器的命名方法以及功能和 80386 微处理器完全一样，控制寄存器和 80386 微处理器有如下区别。

1）CR_0 寄存器中增加几个控制位：

CD　Cache 允许位。只有该位为 0 时，才能使用片内 Cache。

NW　通写/回写方式控制位。此位为 0，则采用通写方式，否则用回写方式。通写方式是指 Cache 中的数据修改以后，对主存储器中的数据同时也作修改。回写方式是指 Cache 中的数据修改以后，不是立即对主存储器作修改，而是推迟一段时间并且作判断，只有必须写入时才写入主存储器。因为存储器的写周期费时较多，所以 CPU 可利用这段时间进行其他操作，尤其在对一个数据单元或数据区连续操作时，用回写方式可有效节省 Cache 和主存储器之间的数据交换时间，从而提高 CPU 的性能。所以，回写方式效率较高，但回写方式的 Cache 控制器更加复杂。

AM　对准标志控制位。此位为 1 且标志寄存器的 AC 位有效时，将在对存储器访问时进行对准检查。

WP　写保护控制位。此位为 1 时，将对系统程序读取页进行写保护，即不允许修改。

NE　浮点异常控制位。此位为 1 时，如执行浮点运算出现故障，则进入异常中断处理，否则通过外部中断处理。

2）CR$_3$ 寄存器增加 PCD 和 PWT 位

PCD　此位为 1，禁止片内 Cache 分页；为 0，允许片内 Cache 分页。

PWT　此位为 1，外部 Cache 用通写方式；为 0，用回写方式。

3）CR$_0$ ~ CR$_3$ 之外增加 CR$_4$ 控制寄存器

CR$_4$ 控制寄存器共 32 位，但只用了最低 6 位，其余 26 位均为 0，如图 2-7 所示。

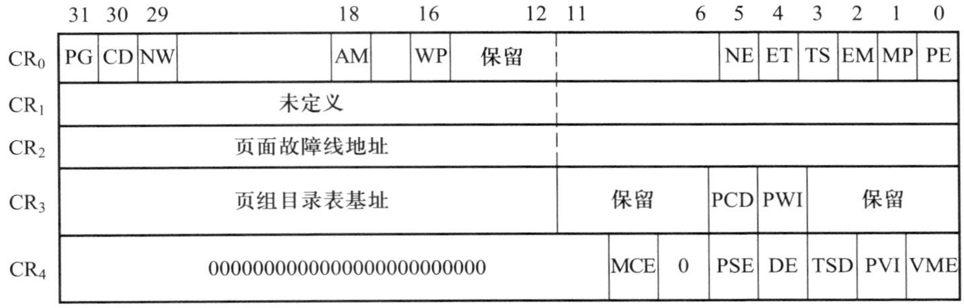

	31 30 29		18	16	12 11		6 5 4 3 2 1 0
CR$_0$	PG CD NW		AM	WP	保留		NE ET TS EM MP PE
CR$_1$	未定义						
CR$_2$	页面故障线地址						
CR$_3$	页组目录表基址		保留		PCD PWI		保留
CR$_4$	0000000000000000000000000		MCE	0	PSE DE		TSD PVI VME

图 2-7　Pentium 微处理器的控制寄存器

VME　虚拟 8086 方式中断。在虚拟 8086 方式下，此位为 1，则允许中断，为 0，则禁止中断。

PVI　保护模式虚拟中断，在保护模式下，此位为 1，则允许中断，为 0，则禁止中断。

TSD　读时间计数器指令的特权设置。只有此位为 1 时，才能使读时间计数器指令 RDTSC 作为特权指令在任何时候执行，为 0，则仅允许在系统级执行。

DE　断点有效。此位为 1，支持断点设置；为 0，禁止断点设置。

PSE　页面扩展。此位为 1，页面尺寸为 4 MB，为 0，页面尺寸为 4 KB。

MCE　允许机器检查。此位为 1，机器检查异常功能有效；为 0，无效。

复位以后，CR$_4$ 内容为 0。

另外，Pentium 微处理器取消了原来 80386 微处理器中的测试寄存器，而用一组模式专用寄存器来实现更多的功能。如表 2-2 所示，这组寄存器除了包含原来 80386 微处理器的 TR6、TR7 测试寄存器的功能外，还包含跟踪、性能检测和机器检查等功能。Pentium 微处理器在指令系统中，特为访问这些寄存器添加了 RDMSR 和 WRMSR 读写指令。使用这两条指令时，先在 ECX 寄存器中设置寄存器号，然后可如表 2-2 所示的内容访问各个寄存器。

表 2-2　模式专用寄存器的含义

寄存器号	寄存器名	其中内容
00H	机器检查地址	引起异常周期的存储器单元的地址
01H	机器检查类型	引起异常周期的总线周期类型
02H	测试寄存器 1	测试奇偶校验错误
03H	保留	
04H	测试寄存器 2	测试指令 Cache 的结束位，含四位，每位对应两个双字中的 1 个字节，为 1 则表示对应字节为指令结束字节
05H	测试寄存器 3	Cache 的数据测试，保存读写的双字数据
06H	测试寄存器 4	提供 Cache 的有效域、有效位和标签域
07H	测度寄存器 5	提供 Cache 的组选择域等参数
08H	测试寄存器 6	TLB 线性地址测试，含 31~12 位
09H	测试寄存器 7	TLB 物理地址测试，含 31~12 位
0AH	测试寄存器 8	TLB 物理地址测试，含 35~32 位
0BH	测试寄存器 9	BTB 标签测试，含标签地址和历史信息
0CH	测试寄存器 10	BTB 目标测试，含线性地址
0DH	测试寄存器 11	BTB 命令测试，含读写命令
0EH	测试寄存器 12	允许跟踪和分支预测
0FH	保留	
10H	时间标志计数器	性能监测
11H	控制和选择	性能监测
12H	计数器 0	性能监测
13H	计数器 1	性能监测
14H	保留	

这些寄存器中，寄存器 00H 和 01H 是 64 位的，读写的内容在 EDX：EAX 中，其余寄存器均为 32 位，读写的内容在 EAX 中。

（3）浮点寄存器组

Pentium 微处理器内部有浮点处理部件 FPU，与之相配的有 8 个数据寄存器、1 个标记字寄存器、1 个状态寄存器、1 个控制字寄存器、1 个指令指针寄存器和 1 个数据指针寄存器。

1）数据寄存器

8个数据寄存器 $R_0 \sim R_7$，每个为80位，相当于20个32位寄存器。每个80位寄存器中，1位为符号位，15位作为阶码，64位为尾数，以此对应浮点运算时扩展精度数据类型。

2）标记字寄存器

这是一个16位的寄存器，用标记来指示数据寄存器的状态。如图2-8所示，每个数据寄存器对应标记字寄存器中的两位，数据寄存器 R_0 对应标记字寄存器中的1位、0位，以此类推，R_7 对应标记字寄存器中的15位、14位。通过标记字来表示对应数据寄存器是否为空，这种功能可使FPU更加简捷地对数据寄存器做检测。

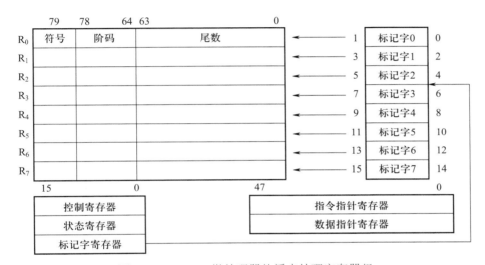

图2-8　Pentium微处理器的浮点处理寄存器组

3）状态寄存器

16位的状态寄存器，用来指示FPU的当前状态，如图2-9所示。

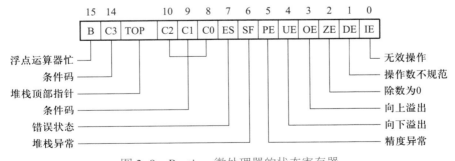

图2-9　Pentium微处理器的状态寄存器

IE　表示无效操作，这是非法操作引起的故障。

DE　为1，表示操作数不符合规范引起的故障。

ZE　为 1，表示除数为 0 引起的故障。

OE 和 UE　分别表示浮点运算出现向上溢出和向下溢出。

PE　为 1，表示运算结果不符合精度规格。

SF　堆栈异常标志，当 IE=1 且 SF=1 时，若 C1=1，则表示堆栈向上溢出引起无效操作，若 C1=0，则表示堆栈向下溢出引起无效操作。

ES　错误状态标志，上面任何一个故障都会同时使 ES=1，且使 $\overline{FERR}$ 信号为低电平。

C0 ~ C3　条件码，除了 C1 和 SF 一起表示堆栈状态外，这几个代码一方面可以用 SAHF 指令进行设置，另一方面可用 FSTSW AX 指令读取，然后以此为条件实现某种选择。"条件码"之名正是由此而来。

TOP　堆栈顶部指针。

B　用来指示浮点运算器的当前状态，为 1 表示状态忙。

4）控制字寄存器

控制字寄存器的低 6 位分别用来对 6 种异常进行屏蔽，这些屏蔽位和状态寄存器的标志位一一对应。如 IM 对应 IE，DM 对应 DE，依此类推，如图 2-10 所示。

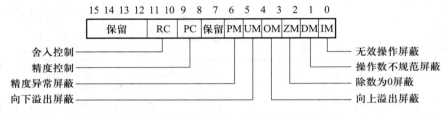

图 2-10　Pentium 微处理器的控制字寄存器

PC　占两位，用作精度控制，可选 24 位单精度（00）、53 位双精度（10）和 64 位扩展双精度（11），01 保留。

RC　也占两位，用作舍入控制，可设置为靠近偶数舍入（00）、向下舍入（01）、向上舍入和截断舍入（11），这些舍入方式的含义如下。如浮点运算结果为 x，与 x 最靠近的两个数为 m 和 n，且 $n < x < m$："靠近偶数舍入"的含义是指将 x 舍入为 m 和 n 中的那个偶数（末位为 0），如两个均为偶数，则取差值偏小者；"向下舍入"的含义是将 x 舍入为 n，即向 $-\infty$ 方向舍入；"向上舍入"的含义是将 x 舍入为 m，即向 $+\infty$ 方向舍入；"截断舍入"的含义是从 m 和 n 中选择绝对值小的那个数作为舍入值，即向 0 方向舍入。

5）指令指针和数据指针寄存器

指令指针寄存器（FIP）和数据指针寄存器（FDP）分别用于存储浮点指令和浮点数据的地址。其中，FIP 用于存储下一条浮点指令的地址，当浮点处理器执行浮点指令时，会从 FIP 指向的地址中读取指令并执行，执行完毕后 FIP 会自动增加，指向下一条浮点指令的地址；FDP 用于存储浮点数据的地址，当浮点处理器执行浮点指令时，会从 FDP 指向的地址中读取数据进行运算，同时，浮点指令也会将运算结果存储到 FDP 指向的地址中。

通过 FIP 和 FDP 寄存器，浮点处理器能够高效地执行浮点运算，实现浮点数的加、减、乘、除等运算。同时，FIP 和 FDP 寄存器也为浮点指令和浮点数据的访问提供了高速的地址寻址方式，进一步提高了浮点处理器的运算效率。

2.2.4 Pentium 微处理器的总线状态和总线周期

1. Pentium 微处理器总线状态

一个总线周期通常由多个时钟周期组成，一个时钟周期对应一个总线状态，所以，一个总线周期由多个总线状态组成。

（1）Pentium 微处理器的几种总线状态

① T_1 状态　这是总线周期的第 1 个时钟周期，即第 1 个状态，此时地址和状态信号有效，$\overline{ADS}$（地址状态）信号也有效，同时外部电路可以将地址和状态送入锁存器。

② T_2 状态　此时数据出现在数据总线上，CPU 对 $\overline{BRDY}$（突发就绪）信号采样，如 $\overline{BRDY}$ 信号有效，则确定当前周期为突发式总线周期，否则为单数据传输的普通总线周期。

③ T_{12} 状态　这是流水线式总线周期中所特有的状态，此时系统中有两个总线周期并行进行，第 1 个总线周期进入 T_2 状态，正在传输数据，并且 CPU 采样 $\overline{BRDY}$ 信号，第 2 个总线周期进入 T_1 状态，地址和状态信号有效，并且 $\overline{ADS}$ 信号也有效。

④ T_{2P} 状态　这是流水线式总线周期中所特有的状态，此时系统中有两个总线周期，第 1 个总线周期正在传输数据，并且 CPU 对 $\overline{BRDY}$ 采样，但由于外设或存储器速度较慢，所以 $\overline{BRDY}$ 仍未有效，因此仍未结束总线周期，第 2 个总线周期也进入第 2 个或后面的时钟周期。T_{2P} 一般出现在外设或存储器速度较慢的情况下。

⑤ T_D 状态　这是 T_{12} 状态后出现的过渡状态，一般出现在读写操作转换的情况下，此时数据总线需要一个时钟周期进行过渡，这种状态下，数据总线上的数据还未有效，CPU 还未对 $\overline{BRDY}$ 进行采样。

⑥ T_i 状态　这是空闲状态，不在总线周期中，$\overline{BOFF}$（强制让出总线）信号或 RESET 信号会使 CPU 进入此状态。

（2）总线状态之间的转换

图 2-11 是总线状态之间的转换关系。如果 CPU 没有总线请求，则一直处于等待状态 T_i。以下对图中标号进行说明。

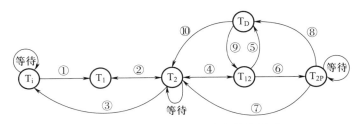

图 2-11　Pentium 总线状态转换关系

① 如 $\overline{\text{ADS}}$ 有效，则进入 T_1 状态，开始一个总线周期。

② 如 $\overline{\text{BOFF}}$ 无效，并且只有一个未完成的总线周期，则由 T_1 进入 T_2 对数据作传输。在 $\overline{\text{BRDY}}$ 有效的情况下，如在 T_2 结束前 $\overline{\text{NA}}$（下一个地址）信号有效，则启动第 2 个总线周期进入 T_1 状态，从而进入总线流水线方式。

③ 在 T_2 状态，如没有 $\overline{\text{NA}}$ 信号，则结束一个总线周期回到 T_i 状态。

④ 在流水线总线操作时，当 CPU 还在处理当前总线周期，而另一个总线周期请求开始，且 $\overline{\text{NA}}$ 有效、$\overline{\text{ADS}}$ 也有效，则由 T_2 进入 T_{12}，此时 CPU 有两个未完成的总线周期。在流水线总线操作时，CPU 完成第 1 和第 2 个总线周期，且不需要过渡状态 T_D，则由 T_{12} 转到 T_2。

⑤ 在流水线总线操作时，当 CPU 完成第 1 和第 2 个总线周期，但还需要一个过渡周期，则转到 T_D。

⑥ 在流水线总线周期中，第 1 个总线周期由于外设或存储器较慢，还在传输数据，第 2 个总线周期也已经进入后面的时钟周期，便转到 T_{2P}。

⑦ 在流水线总线操作时，已完成第 1 个总线周期，且不需要过渡周期，则转到 T_2。

⑧ 在流水线总线操作时，已完成第 1 个总线周期，但还需要过渡周期，则转到 T_D。

⑨ 在 T_D 状态，$\overline{\text{NA}}$ 有效则转到 T_{12}。

⑩ 在 T_D 状态，$\overline{\text{NA}}$ 无效则转到 T_2。

T_i、T_2 和 T_{2P} 处都可能等待，T_i 处 CPU 无总线请求，所以总线处于空闲状态等待。T_2 处是由于外设或存储器没有准备好，从而 $\overline{\text{BRDY}}$ 信号不是处在有效电平，而且又不是总线流水线方式，即 $\overline{\text{NA}}$ 无效，于是，在 T_2 状态等待。如为流水线操作，由于外设和存储器没有准备好，而第 1 个总线周期未完成，所以在 T_{2P} 状态等待。

2. Pentium 的总线周期

Pentium 支持多种数据传输方式，可以是单数据传输，也可以是突发式传输。单数据传输时，一次读写操作至少要用两个时钟周期，可进行 32 位数据传输，也可进行 64 位数据传输。突发式传输方式是 40486/Pentium 特有的一种新型传输方式，用这种方式传输时，在一个总线周期中可传输 256 位数据。与此相对应，Pentium 的总线周期有多种类型。

按总线周期之间的组织方法来分，有流水线和非流水线类型。在流水线类型中，前一个总线周期中已为下一个总线操作进行地址传输；而在非流水线类型中，每个总线周期独立进行一次完整的读操作或写操作，与其他总线周期无关。

按总线周期本身的组织方法来分，有突发式传输和非突发式传输类型。突发式传输时，连续 4 组共 256 位数据可在五个时钟周期中完成传输。非突发式传输时，通常用两个时钟周期构成一个总线周期传输单个数据，可为 8 位、16 位、32 位或 64 位。

下面对最常用的三种总线周期作说明。

（1）非流水线式读写周期

这种总线周期至少每个占用两个时钟周期，即 T_1 和 T_2，在外设或存储器较慢时，则要多个 T_2 状态。在 T_1 状态，段地址选通信号 $\overline{\text{ADS}}$ 为低电平时，在 ADDR 上地址有效，W/$\overline{\text{R}}$

如为低电平，则进入读周期，数据从外设或存储器送往 CPU。整个周期中，$\overline{\text{NA}}$ 和 $\overline{\text{CACHE}}$ 为高电平，因此是非流水线式的，也不通过 Cache 进行读写。在 T_2 时钟周期，CPU 如采样到 $\overline{\text{BRDY}}$ 信号为低电平，说明外设已准备好，于是 CPU 进行数据传输，然后总线周期结束，如果采样到的 $\overline{\text{BRDY}}$ 仍为高电平，则总线周期延长，即在 T_2 状态等待，直到 CPU 检测到 $\overline{\text{BRDY}}$ 为低电平，才结束总线周期。写操作时 W/$\overline{\text{R}}$ 为高电平，数据则来自 CPU，其他信号和读操作时一样。图 2-12 是非流水线式读写周期的时序图。

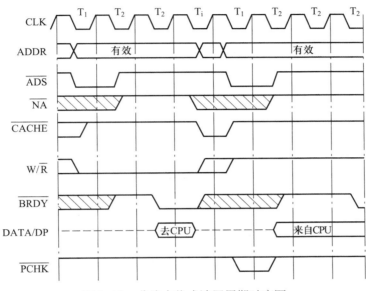

图 2-12　非流水线式读写周期时序图

（2）流水线式读写周期

按这种总线周期类型，在前一个总线周期进行数据传输时，就产生下一个总线周期的地址。图 2-13 是流水线式读写周期的时序图。

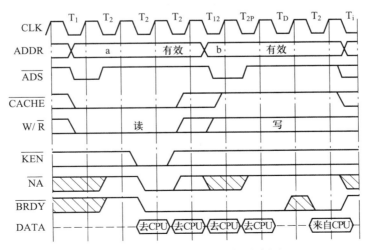

图 2-13　流水线式读写周期时序图

从图中可看到，$\overline{\text{ADS}}$ 有效时，地址 a 出现在地址总线 ADDR 上，当 $\overline{\text{BRDY}}$ 信号有效，即外设或存储器已收到地址信号处于准备好的状态时，如下一个地址信号 $\overline{\text{NA}}$ 为低电平，那么这是用流水线方式运行的总线周期，此时，下一个地址 b 输出到地址总线上。所以，当前总线周期还未结束，下一个总线操作已经开始。写周期和读周期类似，只是 W/$\overline{\text{R}}$ 信号为高电平。

（3）突发式读写周期

突发式读写周期是 80486 和 Pentium 所支持的一种特殊的数据传输周期。图 2-14 是

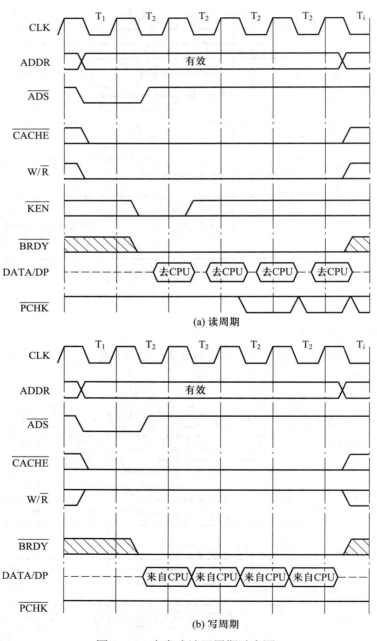

图 2-14　突发式读写周期时序图

突发式读写周期的时序图。用这种方式时，一次总线操作可以在主存储器中读写连续 4 个 64 位数据，这样可加快对主存储器的信息存取。在整个周期中，外部电路将 $\overline{\text{BRDY}}$ 信号（而不是 $\overline{\text{RDY}}$ 信号）置为 0。突发式总线周期由五个时钟周期组成，在前两个时钟周期，传输第 1 个 64 位数据，在后三个时钟周期，传输后三个 64 位数据，用五个时钟周期共传输 256 位数据。在整个周期中，$\overline{\text{CACHE}}$ 信号都处于低电平，因为突发式传输都是和 cache 有关的。在第 1 个时钟周期，CPU 输出所访问数据的首地址和字节允许信号，并且 $\overline{\text{ADS}}$ 有效。有读操作时，第 2 个时钟周期中，$\overline{\text{KEN}}$ 输入低电平，这相当于通知 CPU 当前为突发式总线读周期。但是在写操作时，$\overline{\text{KEN}}$ 无效。在整个突发式读写周期中，地址总线上的地址实际上一直是第 1 个数据的首地址，也就是说，从处理器的角度只指出第 1 个 64 位数据的地址，为了对后面的三个 64 位数据进行操作，要通过外部电路将地址不断地递增，这样指向被访问区域的地址指针相继指向后续的 3 个 64 位数据。

2.2.5 微处理器传统技术的瓶颈

在过去三十年中，应用需求和半导体工艺水平的提高一直是通用微处理器发展的最主要动力。工艺尺寸的缩小使晶体管的面积减小，开关速度加快，从而门延时减小，集成度增大，推动着微处理器的发展。一直以来，提高主频和改进体系结构是提高微处理器性能的主要手段。从 20 世纪末到 21 世纪初的十几年中，微处理器的主频由 1990 年的 33 MHz 提高到 2001 年的 2 GHz 以上，每年大约提高 40%。此外，体系结构的发展同样极大地推动了微处理器性能的提高，如发展出深度流水、指令级并行、推测执行等技术。微处理器性能的提高主要通过以下几种途径：

① 优化指令集。

② 提高处理器每个工作单元的效率。

③ 配置更多工作单元或用新的方式来增加并行处理能力。

④ 缩短运行的时钟周期以及增加字长。

虽然微处理器仍然保持着高速的发展，但是采用传统设计思想和制造手段的各种技术瓶颈已经逐渐显露出来。

（1）频率问题

随着工艺特征尺寸的缩小，器件的延时也等比例减小，但连线的延迟却无法同步减小。工艺进入超深亚微米后，线延时超过门延时而占据主导地位，成为提高芯片频率的主要障碍。2005 年，Intel 放弃推出 4 GHz 的 Pentium 4 微处理器，说明提高时钟频率的方法遇到了极大的困难。

（2）功耗问题

随着晶体管变小，集成晶体管数量增多，集成空间缩小，时钟频率加快，漏电流也会随之增大，从而使微处理器芯片的功耗迅速增加。功耗增大会导致芯片过热，器件的稳定性下降，信号噪声增大，芯片无法正常工作，严重的甚至烧毁。这对微处理器的设计者提出了极大的挑战。

（3）存储问题

当前主流的微处理器主频已达 3 GHz 以上，而存储器总线主频仅为 400 MHz，处理器无法得到足够的数据流来满足其高速缓存和处理需求。由通信带宽和延迟构成的存储瓶颈成为提高系统性能的最大障碍。为了解决这一问题，传统的方法是建立复杂的存储层次，但是这些复杂的存储层次会带来长的连线，难以随着工艺进步而提高频率。

（4）应用问题

微处理器在应用于不同领域时出现了分化，形成了专门应用于某一领域的微处理器，包括桌面、网络、服务器、科学计算以及 DSP 等，每一种处理器在各自的领域内都表现出很高的性能。但这种高性能是非常脆弱的，如果应用条件发生变化则会导致性能明显下降，出现通用微处理器并不通用的问题。

由此可见，由于超大规模集成电路（VLSI）的制造工艺水平已接近天花板，微处理器主频的提升、功耗的降低、存储的加速以及应用领域的分化等都给通用微处理器的技术发展提出了挑战，微处理器性能的进一步提升还须依赖不断的思维创新和技术突破。

2.2.6　微处理器体系结构改进技术

在制造工艺和主频提升空间受限的条件下，微处理器性能的进一步提升主要依赖体系结构技术的不断突破。体系结构（architecture）是微处理器系统的组成、结构、功能和性能特征等方面的描述，是指微处理器的总体设计，包括指令集、寄存器、存储器、总线、输入输出等组件的组合方式和互联方式，是面向系统设计者和软件开发者的接口。

以 Intel 的 64 位微处理器为例，其采用的是 x86-64 体系结构，也称为 AMD64 或者 x64。它是 x86 体系结构的扩展，支持 64 位寻址和 64 位数据处理，同时保留了 x86 体系结构的向后兼容性。x86-64 体系结构采用了长模式（long mode），支持 48 位物理寻址和 64 位虚拟寻址，最大支持 256TB 的物理内存。而 Intel 的 64 位微处理器的架构采用的是 Intel 微架构，也称为 IA-32e 或者 EM64T，它是 Intel 的 x86-64 的具体实现方式，包括各种逻辑电路、存储器单元、寄存器等组件的具体实现方式。Intel 微架构采用了超标量架构和超线程技术，支持多指令流执行和多线程执行，同时采用了高速缓存和预取技术，提高了处理器的性能和效率。

由此可见，体系结构不同于数据流和控制流的组织，也不同于微处理器内部架构的逻辑设计和物理实现。目前，高性能微处理器在体系结构技术方面主要通过开发处理器中各个层次的并行性来提高性能。

1. 指令级并行技术（instruction-level parallelism，ILP）

这是一种通过同时执行多条指令来提高处理器性能的技术。在传统的单指令流水线（single instruction pipeline）中，每个指令都需要按照顺序执行，只有当前指令执行完毕后，才能开始执行下一条指令。这种顺序执行的方式会导致处理器的性能瓶颈，因为在执行某些指令时，处理器可能需要等待之前的指令执行完毕才能开始。为了解决这个问题，指令级并行技术引入了以下技术手段，使处理器可以在同一个时钟周期内执行多条指令，从而提高了处理器的性能。

① 流水线（pipeline）　将指令的执行过程分成多个阶段，不同的指令可以在不同的阶段同时执行。例如，Fetch 阶段可以同时获取多条指令，Decode 阶段可以同时解码多条指令，Execute 阶段可以同时执行多条指令，Write Back 阶段可以同时写回多条指令的结果。

② 超标量技术（superscalar）　在同一个时钟周期内，处理器可以同时执行多条指令，而不是按顺序执行。超标量技术需要处理器具有多个功能单元。

③ 动态指令调度（dynamic instruction scheduling）　处理器会在运行时选择最佳的指令序列，以最大化处理器的性能。动态指令调度需要处理器具有指令识别和调度逻辑。

④ 分支预测（branch prediction）　处理器可以预测分支指令的执行路径，以便在分支指令执行之前就开始执行下一条指令，从而避免等待分支指令的执行结果。

2. 数据级并行技术（data-level parallelism，DLP）

这是一种通过同时处理多个数据元素来提高处理器性能的技术。在传统的单指令流水线（single instruction pipeline）中，每个指令只能处理一个数据元素，处理器需要按照顺序执行每个指令。为了解决这个问题，数据级并行技术引入了以下技术手段，使处理器可以同时处理多个数据元素。

① 向量处理器（vector processor）　向量处理器是一种专门用于执行向量操作的处理器，可以同时处理多个数据元素。向量处理器需要处理器具有向量寄存器和向量指令，可以同时对向量寄存器中的多个数据元素执行同一个指令。

② SIMD（single instruction multiple data）指令集　SIMD 指令集可以同时处理多个数据元素，可在通用处理器上实现。SIMD 指令集包括一些可以同时处理多个数据元素的指令，例如加法、乘法、逻辑运算等。

③ GPU（graphics processing unit）　GPU 是一种专门用于图形处理的处理器，可以同时处理多个像素点的计算。GPU 可以通过并行计算来加速图形渲染和计算机视觉等应用。

通过使用数据级并行技术，处理器可以同时处理多个数据元素。数据级并行技术主要应用于科学计算、图形处理和计算机视觉等领域。

3. 线程级并行技术（thread-level parallelism，TLP）

这是一种通过同时执行多个线程来提高处理器性能的技术。在传统的单线程程序中，程序是按照顺序执行的，处理器只能执行一个线程。为了解决这个问题，线程级并行技术引入了以下技术手段，使处理器可以同时执行多个线程。

① 多核处理器（multi-core processor）　多核处理器具有多个处理核心，每个核心可以

执行一个线程。多核处理器可以通过共享内存或消息传递等方式协调多个核心之间的通信和同步。

② 超线程技术（hyper-threading） 超线程技术是一种可以让处理器同时执行多个线程的技术，可以在单个处理核心上模拟多个逻辑处理器。超线程技术可以通过复制一些处理器资源（如寄存器、缓存等）来提高处理器的并行度。

③ 分布式计算（distributed computing） 分布式计算是将一个程序分成多个子任务，在多台计算机上并行执行，通过网络通信来协调多个计算节点之间的通信和同步。

通过使用线程级并行技术，处理器可以同时执行多个线程。线程级并行技术主要应用于服务器、高性能计算和大数据等领域。

4. 进程级并行技术（process-level parallelism，PLP）

这是一种通过同时执行多个进程来提高处理器性能的技术。在传统的单进程程序中，程序的执行是按照顺序执行的，处理器只能执行一个进程。为了解决这个问题，进程级并行技术引入了以下技术手段，使处理器可以同时执行多个进程。

① 多进程并行（multiprocessing） 多进程并行是在多个进程之间并行执行任务的技术，每个进程可以独立运行，可以通过共享内存或消息传递等方式协调多个进程之间的通信和同步。

② 分布式计算（distributed computing） 分布式计算是将一个程序分成多个子任务，在多台计算机上并行执行，通过网络通信来协调多个计算节点之间的通信和同步。

③ 虚拟化技术（virtualization） 虚拟化技术是将一台计算机虚拟化为多个虚拟计算机，每个虚拟计算机可以独立运行一个进程，可以通过虚拟网络等方式协调多个虚拟计算机之间的通信和同步。

通过使用进程级并行技术，处理器可以同时执行多个进程。进程级并行技术主要应用于服务器、高性能计算和大数据等领域。

5. 其他新型结构

除以上技术外，业界和研究人员还提出了一些新的思路，如向量 IRAM 处理器和可重构处理器。向量 IRAM 处理器由加州大学伯克利分校的 David Patterson 研究小组提出。他们认为存储器将是未来影响微处理器性能的主要阻碍，提出将可扩展多处理器嵌入到片内的大型存储器阵列中，即所谓 PIM（processor in memory）技术，这样可使访存延时减少为原来的 20% ~ 10%，存储器带宽增加 50 ~ 100 倍。可重构处理器由麻省理工学院计算机科学实验室提出，其基本思想是在单芯片上用几百个带有某些可重构逻辑的简单处理器来实现高度并行的体系结构，此结构允许编译器为每种应用定制相应硬件。

最近，斯坦福大学提出的流体系结构（stream architecture）是一种新型的体系结构。所谓流（stream）就是大量连续的、不中断的数据流。流处理就是把流作为处理对象，将应用描述成以流互连的多个核。目前研制的流处理器有硬连线流处理器 Cheops，可编程流处理器 Imagine、Score、Raw 等。其中，斯坦福大学的 Imagine 于 2002 年 4 月投片成功。在 Imagine 中，可编程概念得到了极大的扩展，几乎所有的部件都是可编程的，包括 ALU 间的互联开关、簇间的通信网络、寄存器组织结构等。与专用 DSP 处理器或传统的可编程 DSP 处理器相比，Imagine 流体系结构提供了更灵活的可编程能力，其卓越的性能可与专用芯片相比。

2.2.7　64 位微处理器主流体系结构

64 位微处理器的内部结构是非常复杂的，不同的开发商采用了不同的体系结构。但不管采用何种体系结构，其内部结构主要包括以下几个部分。

（1）控制单元　是处理器内部的重要组件，负责指令的解码和执行、控制处理器的整个工作流程、协调各个子系统之间的工作等。它包括多个子系统，如时钟管理器、电源管理器、中断控制器等。

（2）算术逻辑单元（ALU）　是一个非常复杂的计算单元，负责处理各种算术和逻辑运算，包括加、减、乘、除、位移、与、或、非等操作，也是微处理器的核心，可以执行指令、处理数据和控制芯片的操作。它由多个子系统组成，包括指令译码器、整数单元、浮点单元、分支预测器等。

（3）寄存器文件　用来存储处理器内部的数据，包括通用寄存器、特殊寄存器、状态寄存器等。寄存器文件可用于处理器内部的数据存储，也可用于控制指令的执行流程和处理器的操作状态，还可通过寄存器传递参数，实现数据的传递和交换，避免数据在内存和寄存器之间频繁地传输，从而提高处理器的性能和效率。

（4）缓存和预取单元　缓存是处理器内部的一种高速存储器，用于暂存处理器需要访问的数据和指令；预取单元通过预先从内存中读取指令和数据，将它们缓存到处理器内部的预取缓存中，以便处理器在需要时能够快速地访问这些数据。缓存和预取单元可提高处理器的性能和效率，包括一级缓存、二级缓存、预取缓存等。

（5）总线接口　总线是微处理器内部各个组件之间传输数据和指令的通道，以支持高速数据传输和通信。总线接口用来连接微处理器和其他系统组件，包括内存控制器、输入输出控制器、外部总线等。

不同体系结构的微处理器的内部结构有所不同，主要体现在指令集架构、寄存器集、内存模型、缓存和预取机制等方面。例如，ARM 体系结构的微处理器内部结构相对简单，采用了精简指令集（RISC）和低功耗设计，适用于移动设备和嵌入式系统。而 x86 体系结构的微处理器内部结构相对复杂，采用了复杂指令集（CISC）和高性能设计，适用于桌面计算机和服务器等高性能应用场景。

64 位微处理器有多种体系结构，采用了不同的技术，这些主流技术都具有各自的优势和适用领域，芯片制造商会根据市场需求和技术发展趋势选择合适的技术进行研发和生产。市场上 64 位微处理器主流的体系结构主要有以下几种。

（1）x86-64

AMD 在 2003 年推出的 64 位处理器架构，也被称为 AMD64 或 x64，是目前最流行的

64 位处理器体系结构之一。它是在 x86 体系结构的基础上进行扩展，支持 64 位寻址和 64 位数据处理，同时保持了与 32 位 x86 指令集的兼容性。目前，x86-64 已经成为 PC 和服务器领域主流处理器的体系结构，主要供应商包括 Intel、AMD 等。

Intel 曾和 HP 合作开发了一种 IA-64 处理器架构，也称为 Itanium 架构，采用了全新的指令集和微架构设计，与 x86-64 完全不同。其在一些特定领域有一定的应用，但在通用计算领域的市场份额相对较小。开发一代又一代向后兼容的 x86 处理器已经成为 Intel 在半导体行业取得霸主地位的法宝，而在其抛弃 x86 介入 IA-64 架构的时候，AMD 在努力探索把 x86 扩展到 x86-64 的方法，这样做的好处是可以充分利用现有的所有开发工具和应用软件，且设计和生产成本都较低。由于核心对 32 位和 64 位应用程序有很好的支持，所以从用户的角度来看，AMD 的方案从 32 位到 64 位的移植是无缝进行的。而且在技术上，x86-64 的优势可能更在于其卓越的 I/O 设计。由于 AMD 成功推出了基于 x86-64 的 Opteron 和 Althon64 处理器，加之 Itanium 的市场反应并没有预期的好，Intel 也开始在桌面应用领域推出 x86 的 64 位处理器。

（2）ARMv8-A

ARM 公司在 2011 年推出的一种 64 位处理器架构，具有更高的性能和更低的功耗。它是在 ARMv7-A 指令集架构的基础上进行扩展，支持 64 位寻址和 64 位数据处理，同时保持了与 32 位 ARMv7-A 指令集的兼容性。ARMv8-A 架构主要应用于移动设备、物联网、服务器等领域。目前，ARM 处理器已经成为全球最流行的处理器架构之一，主要供应商包括 ARM、Qualcomm、Samsung 等。

（3）Power ISA

IBM 公司开发的一种处理器架构，主要应用于服务器和超级计算机领域。Power ISA 最初是 32 位架构，后来扩展到 64 位，支持 64 位寻址和 64 位数据处理，目前，IBM 的 Power 处理器已经成为高性能计算和企业级应用的主要选择之一。主要供应商包括 IBM、Freescale、Xilinx 等。

甲骨文公司开发的 SPARC64 也是一种 64 位微处理器架构，主要应用于高性能计算和服务器等领域，也是高性能计算和企业级应用的选择之一。此外，还有一些其他公司也开发了 64 位微处理器，如 MIPS、Alpha，它们也有各自的优势和应用领域。

这些主流的 64 位微处理器体系结构采用了不同的技术来实现，它们主要在以下方面有所区别。

（1）指令集架构　不同的体系结构采用不同的指令集架构，例如 x86-64、ARMv8-A、Power ISA 等，这些指令集架构对处理器的指令集、寄存器、内存管理等方面有不同的设计和实现，使处理器的性能和特性有所不同。

（2）核心数量和布局　不同的体系结构采用不同数量和布局的核心，例如单核、双核、四核、八核等。不同的核心数量和布局对处理器的性能、功耗和热量产生有一定的影响。

（3）缓存层次结构　不同的体系结构采用不同的缓存层次结构，例如 L1、L2、L3 等级别的缓存大小和组织方式。不同的缓存层次结构可以影响处理器的缓存命中率、内存访问延迟和功耗等方面的性能。

（4）总线和内存控制器 不同的体系结构采用不同的总线和内存控制器设计，例如前端总线、内部总线、系统总线，以及 DDR3、DDR4、HBM 等不同类型的内存接口。这些设计可以影响处理器的数据传输速度和能力。

（5）特殊功能单元 不同的体系结构具有不同的特殊功能单元，例如加密引擎、向量处理器、专用加速器等。这些特殊功能单元可以提高处理器在特定应用领域的性能和效率。

2.2.8　微处理器的一些基本概念

1. 冯·诺依曼结构与哈佛结构

（1）冯·诺依曼（Von Neumann）结构

该结构又称作普林斯顿结构（Princeton architecture）。1945 年，冯·诺依曼首先提出了"存储程序"的概念和二进制原理，后来人们把利用这种概念和原理设计的电子计算机系统统称为"冯·诺依曼计算机"。冯·诺依曼结构的处理器指令和数据存放在同一存储器中，经由同一个总线传输，数据线与指令线分时复用，取指令和取数据不能同时进行，如图 2-15a 所示。冯·诺依曼的主要贡献是提出并实现了"存储程序"的概念。由于指令和数据都是二进制码，指令和操作数的地址又密切相关，因此当时选择这种结构是很自然的。但是，这种指令和数据共享同一总线的结构使信息流的传输成为限制计算机性能的瓶颈，影响了数据处理速度的提高。典型情况下，完成一条指令需要三个步骤，即取指令、指令译码和执行指令。由于取指令和存取数据是从同一个存储空间，经由同一总线传输，因而它们无法重叠执行，只有一个完成后再进行下一个。

（2）哈佛（Harvard）结构

该结构是一种将程序指令存储和数据存储分开的存储器结构，如图 2-15b 所示。中央处理器首先到程序存储器中读取程序指令内容，解码后得到数据地址，再到相应的数据存储器中读取数据，并进行下一步的操作（通常是执行）。由于程序指令存储和数据存储分开，指令计数器 PC 只指向程序存储器，而不指向数据存储器，指令线和数据线分开，基本上解决了取指和取数的冲突问题。一方面使取指和取数可同时进行，速度较快；另一方面使指令和数据可以有不同的字长，如程序指令可以是 16 位宽度，而数据可以是 8 位宽度。

对于完成同样的一条指令，如果采用哈佛结构，由于取指令和存取数据分别经由不同的存储空间和不同的总线，各条指令可以重叠执行，这样就突破了数据流传输的瓶颈，提高了运算速度。

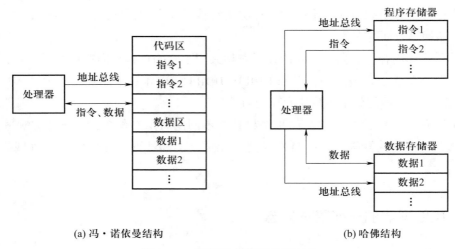

(a) 冯·诺依曼结构　　　　　　　(b) 哈佛结构

图 2-15　计算机存储器体系结构

2. CISC 与 RISC 指令集体系结构

CISC（complex instruction set computing，复杂指令集计算机）指令集体系结构，设计目标是充分利用硬件资源，通过一条指令完成多个操作，包括内存访问、算术运算、逻辑运算等。CISC 指令集的指令复杂度较高，指令长度也较长，需要复杂的硬件支持。CISC 处理器通常采用复杂的流水线结构和多级缓存，以提高处理器的性能和效率。CISC 指令集的优点是能够在单条指令中完成多个操作，节省编程时间和程序空间，缺点是指令执行速度较慢，需要复杂的硬件支持和编译器优化。

RISC（reduced instruction set computing，精简指令集计算机）指令集体系结构，设计目标是简化指令集，通过大量的基本指令完成各种操作。RISC 指令集的指令复杂度较低，指令长度也较短，需要简单的硬件支持。RISC 处理器通常采用简单的流水线结构和较小的缓存，以降低处理器的成本和功耗。RISC 指令集的优点是指令执行速度快，能够提高处理器的性能和响应时间，缺点是需要更多的指令完成同样的操作，程序空间较大。

CISC 和 RISC 是两种不同的计算机指令集体系结构，它们的区别主要体现在以下几个方面。

（1）指令集复杂度　CISC 指令集的指令较为复杂，一个指令可以完成多个操作，包括内存访问、算术运算、逻辑运算等。而 RISC 指令集的指令较为简单，一个指令只能完成一个基本操作，如加载、存储、加减等。RISC 指令集可以提高处理器的执行效率和吞吐量。

（2）指令执行速度　由于 CISC 指令集的指令较为复杂，需要进行多个操作，因此每个指令的执行时间较长。而 RISC 指令集的指令较为简单，执行时间较短。RISC 指令集可以提高处理器的执行速度和响应时间。

（3）编译器优化　CISC 指令集的指令较为复杂，需要进行复杂的编译器优化才能发挥其性能优势。而 RISC 指令集的指令较为简单，编译器优化较为容易。RISC 指令集可以提高编译器的效率，从而提高程序的执行速度。

（4）处理器结构 CISC 处理器通常采用复杂的流水线结构和多级缓存，以提高处理器的性能和效率。而 RISC 处理器通常采用简单的流水线结构和较小的缓存，以降低处理器的成本和功耗。

就目前的发展现状而言，CISC 处理器仍为主流的计算机处理器，包括 Intel 的 x86 系列、AMD 的 Athlon 系列等。这些处理器在指令集的设计上采用了 CISC 的思想，能够在单条指令中完成多个操作。随着技术的不断进步，CISC 处理器的性能和能效比得到了不断的提高，现在的 CISC 处理器已经具备了非常强的计算和图形处理能力。全世界有 65% 以上的软件厂商都是为基于 CISC 体系结构的 PC 及其兼容机服务的，Microsoft 就是其中的一家。

RISC 处理器在学术界和工业界得到了广泛的研究和应用，目前主要应用于嵌入式系统、网络设备、移动设备等领域。ARM 架构的 RISC 处理器已经成为移动设备和嵌入式系统的主流处理器，其低功耗、高性能和低成本的特点得到了广泛的认可。

早期，CISC 和 RISC 处理器之间存在着明显的差异，随着技术的不断进步，这两种指令集的体系结构之间开始出现相互融合的趋势，具体表现如下：

（1）CISC 处理器开始采用 RISC 的设计思想。为了提高 CISC 处理器的性能和能效比，CISC 处理器开始采用 RISC 的设计思想，将指令集进行精简和优化，以提高指令执行速度和降低功耗。例如，Intel 的 Pentium Pro 处理器采用了 RISC 核心，将 CISC 指令转换为 RISC 指令执行。

（2）RISC 处理器也开始采用 CISC 的设计思想。为了提高 RISC 处理器的功能和兼容性，RISC 处理器也开始采用 CISC 的设计思想，增加复杂指令和向后兼容的能力。例如，ARM 架构的 RISC 处理器增加了 Thumb 指令集，以提高代码密度和向后兼容性。

（3）混合指令集的处理器出现。为了兼顾 CISC 和 RISC 的优点，一些处理器开始采用混合指令集的设计，将 CISC 和 RISC 指令集进行混合，以提高处理器的性能和灵活性。例如，IBM 的 PowerPC 处理器采用了混合指令集的设计。

3. 流水线技术（pipeline technology）

流水线技术是一种计算机处理器的指令执行方式，其核心思想是将指令执行过程分成多个阶段，使得多条指令可以同时在不同的阶段被处理，从而提高了指令执行的效率。举个简单的例子：设想一下工厂里产品装配线的情况，若要提高其生产效率，可把复杂的装配过程分解成一个一个简单的工序，让每个装配工人只负责其中的一个工序，这样每个工人的工作效率都会得到极大的提高，从而使整个产品装配的速度加快。

流水线技术的思想也是如此，当一条指令进入流水线后，其执行过程将被分成多个阶段，例如取指令、译码、执行、访存和写回等。每个阶段都有自己的硬件单元和控制逻辑，可以独立地执行指令。每个阶段都会在一个时钟周期内完成一个特定的操作，并将结果传递给下一个阶段。当一条指令的最后一个阶段完成后，它的结果将被写回到寄存器或内存中，同时下一条指令也将进入流水线执行。流水线技术可以有效地提高指令执行的效率，缩短指令的执行时间。然而，流水线技术也存在一些问题，例如数据相关性和控制相关性等，这些问题可能会导致流水线的停顿和冒险，从而降低指令执行的效率。为了解决这些问题，需要采用一些技术手段，例如数据前推和分支预测等。

4. 超标量技术（superscalar technology）

超标量技术也是一种计算机处理器的指令执行方式，其主要思想是在一个时钟周期内同时执行多条指令，从而提高指令执行的效率。与流水线技术不同的是，超标量技术通过内置多条流水线，可以在同一个时钟周期内执行多条指令，而不是将指令执行过程分成多个阶段，其实质是以空间换取时间。如果说，流水线技术是依靠提高每个"工人"的效率来达到促进整体效率，那超标量技术就相当于增加了"工人"的数量。

在超标量技术中，处理器中有多个指令执行单元，每个执行单元都可以独立地执行一条指令。当多条指令被同时送入处理器时，处理器会根据指令的类型和依赖关系，将它们分配给不同的执行单元执行，这样，多条指令可以在同一个时钟周期内被同时执行，从而提高了指令执行的效率。

超标量技术可以通过多种技术方式实现。

（1）多发射技术　处理器可以同时发射多条指令到多个执行单元中执行。

（2）动态调度技术　处理器可以根据指令的依赖关系和可用资源，动态地调度指令到不同的执行单元中执行。

（3）乱序执行技术　处理器可以根据指令的依赖关系和可用资源，乱序执行指令，从而提高指令执行的效率。

超标量技术可以在同一个时钟周期内执行多条指令，从而缩短了指令的执行时间，提高了指令执行的效率。超标量技术也存在一些问题，例如指令调度和资源分配等。

5. 超线程技术（hyper-threading technology）

早期的 PC，多数程序仅含有单个线程，操作系统在某一时间仅能运行一个此类程序。后来引入了多任务处理，通过迅速切换，使系统"看上去"能够同时运行多个程序，而事实上处理器运行的仍是单个线程，如图 2-16a 所示。

超线程技术是一种计算机处理器的多线程技术，其原理是利用处理器中的硬件资源，将一个物理处理器分成多个逻辑处理器，每个逻辑处理器都可以独立地执行指令。例如，把两个逻辑处理器模拟成两个物理芯片，让单个处理器使用线程级并行计算，使两个线程能够同时在一个处理器上运行，无须来回切换，从而减少 CPU 闲置时间，提高了运行效率，如图 2-16b 所示。在超线程技术中，每个逻辑处理器都有自己的寄存器和执行单元，可以独立地执行指令，每个线程都可以独立地访问处理器中的硬件资源。当一个线程需要等待某个资源时，处理器可以自动切换到另一个线程执行，从而提高处理器的利用率，因此超线程技术可以在不增加硬件成本的情况下提高处理器的性能。

超线程技术可以在很多应用场景中提高处理器的性能，例如多任务处理、多用户系统和服务器应用等。超线程技术也存在一些问题，例如资源共享和竞争等。

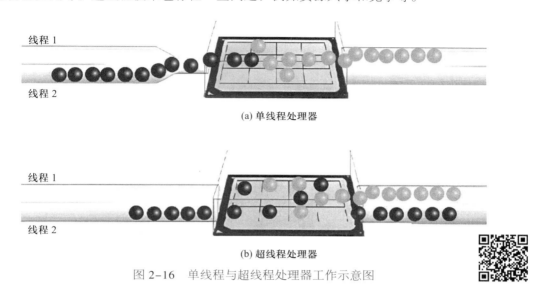

图 2-16 单线程与超线程处理器工作示意图

6. 多内核技术（multi-core technology）

多内核技术是一种计算机处理器的设计方式，它可以将一个物理处理器分成多个逻辑处理器，每个逻辑处理器都可以独立地执行指令。这些逻辑处理器被称为内核（Core），因此多内核技术也被称为多核技术。在多内核技术中，每个内核都有自己的寄存器、缓存和执行单元，可以独立地执行指令。多个内核可以同时执行不同的任务，从而提高处理器的并行度和性能。多内核技术可以在不增加处理器时钟速度的情况下提高处理器的性能。图 2-17 所示为双核处理器的线程执行过程示意图。

多内核技术也存在一些问题，例如内核之间的通信和同步问题、不同内核的负载均衡问题、线程调度问题、性能瓶颈问题等。同时，软件开发者也需要采用多线程编程技术来充分利用多核处理器的性能。

多内核技术可以应用于各种计算机系统，例如服务器、工作站和个人计算机等。它可以提高计算机系统的性能和可靠性，因为多个内核可以同时执行任务，从而缩短任务的执行时间。同时，多内核技术也可以降低系统功耗和发热量，因为多个内核可以共享处理器中的资源，从而减少资源的重复使用。

当处理器的频率达到某种程度后，功耗和散热问题将变得突出，单内核处理器技术的发展受到了限制。Intel 已逐步放弃了通过提升主频来增强处理器性能的传统方法，转而更加关注处理器的功能以及支持多核技术的软件。目前多内核技术已经成为计算机处理器的主流设计方式，随着计算机应用场景的不断扩展和计算需求的不断增加，多核处理器的性能和可靠性的优势将会更加突出。多核处理器的发展趋势将主要体现在以下几个方面：

（1）提高核心数量　随着技术的不断进步，处理器核心数量将会不断增加，从而进一步提高处理器的并行度和性能。

（2）提高核心性能　除了提高核心数量，处理器厂商还会不断提高每个核心的性能，例如增加缓存容量和带宽、提高时钟频率等。

（3）更好的能效比　处理器的能效比会不断优化，处理器的功耗和发热量会不断降低，从而提高处理器的可靠性和稳定性。

（4）集成更多功能　多核处理器不仅可以执行计算任务，还可以集成更多的功能，例如图形处理、人工智能、加密解密等，从而满足不同应用场景的需求。

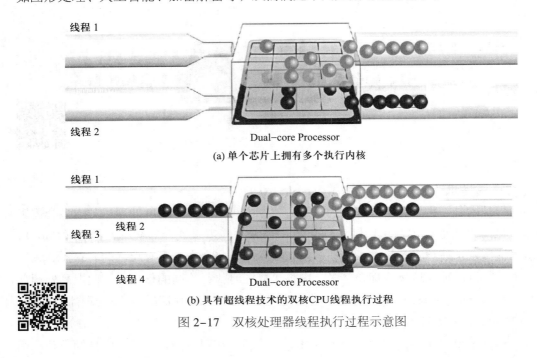

图 2-17　双核处理器线程执行过程示意图

2.3　嵌入式处理器

嵌入式处理器是一种专门设计用于嵌入式系统中的微处理器。嵌入式系统是指嵌入到其他设备中的计算机系统，如智能手机、数字照相机、汽车电子系统、医疗设备等。嵌入式处理器通常具有低功耗、高效率、小型化、低成本等特点，能够满足嵌入式系统对处理器的特殊要求。嵌入式处理器可以集成多种外设，如通信接口、存储器、定时器等，以满足嵌入式系统的各种需求。

2.3.1 嵌入式处理器分类

嵌入式处理器的品种和数量非常多，其分类的方法也多种多样。比如，按指令集架构可以分为 CISC、RISC、VLIW（very long instruction word，超长指令字）等类型，按处理器核心结构可分为单核、多核、超标量等类型，按处理器的性能可分为低功耗、中功耗、高功耗等类型，按生产工艺可分为 CMOS、BiCOMS、SiGe 等类型，按应用领域则可分为汽车电子、工业控制、医疗设备、智能家居、无人机、智能穿戴等类型。最常见的分类方式是根据嵌入式处理器的不同特点和应用场景来进行分类，一般可以分为以下几种类型。

（1）嵌入式通用处理器（micro-processor unit，MPU）

嵌入式通用处理器是一种多功能处理器，它由通用计算机中的 CPU 演变而来，具有较高的时钟频率、大容量的缓存和多级流水线，支持多任务操作系统和多线程应用。通常采用 CISC 指令集，可以运行通用操作系统（如 Linux、Windows 等），各种应用程序和游戏等，具有较高的处理能力和灵活性，但功耗和成本较高，适用于需要处理大量数据和复杂算法的嵌入式应用场合。与通用计算机微处理器不同的是，嵌入式通用处理器在实际嵌入式应用中只保留和嵌入式应用紧密相关的功能硬件，去除其他的冗余功能部分，这样就以最低的功耗和资源实现嵌入式应用的特殊要求，使其具有体积小、重量轻、成本低、可靠性高的优点。其代表性产品有 Intel Core i7、AMD Ryzen、ARM Cortex-A 系列、MIPS Loongson 等。

（2）嵌入式微控制器（micro-controller unit，MCU）

嵌入式微控制器是一种集成了处理器、存储器、I/O 接口和时钟等功能的单芯片微型计算机，具有低功耗、高效率、实时性强等特点。它具有较低的时钟频率，小容量的缓存和单级流水线，支持实时操作系统和嵌入式应用程序。MCU 最大的特点是单片化，这使其体积大大减小、功耗和成本下降、可靠性提高。MCU 的片上外设资源一般比较丰富，适合于控制，因此被称为微控制器，是目前嵌入式控制系统的主流。MCU 通常采用 RISC 指令集，可以控制各种外设，如传感器、执行机构和显示器等，适用于需要低功耗和低成本的嵌入式控制和检测应用场合，如传感器、家电、智能家居等。MCU 的典型代表是单片机，单片机最早产生于 20 世纪 70 年代，其内部集成了微处理器、存储器、I/O 接口、定时器等，有的甚至还集成了"看门狗"电路、PWN 输出、A/D、D/A 等各种必要功能和外设。随着科技的不断进步，现在的单片机已经具有了更加强大的计算能力、更加丰富的外设接口、更加高效的能源管理和更加完善的软件开发工具等。同时，随着物联网、人工智能、自动化等新兴技术的快速发展，单片机的应用领域也在不断地扩展，已经涵盖了智能家居、智能交通、医疗设备、工业控制等领域。MCU 的代表性产品有 Intel MCS-51 系列、Atmel 89C51/52 系列、Atmel 89C1051/2051 系列、ARM Cortex-M 系列、RISC-V、STMicroelectronics STM32、NXP Semiconductors LPC、Texas Instruments MSP430、Microchip PIC 等。

（3）嵌入式数字信号处理器（digital signal processor，DSP）

嵌入式数字信号处理器是一种专门用于数字信号处理的处理器，它在系统结构和指令算法方面进行了特殊设计，具有高效的算法和指令集，支持浮点运算和复杂信号处理，具有较高的时钟频率和大容量的缓存。通常采用定点或浮点指令集，可以处理各种数字信号，如数字滤波、变换和编码等，适用于需要高效的数字信号处理的场合。这类处理器专门用于数字信号处理，如音频、视频、图像处理等。DSP 的理论算法在 20 世纪 70 年代就已出现，但 DSP 芯片最早产生于 1982 年，其运算速度比当时的 MPU 快了几十倍，在语音合成和编码解码器中得到了广泛应用。截至目前，DSP 芯片的发展大约经历了四代。

第一代 DSP 出现在 20 世纪 80 年代，采用的是固定点运算技术，主要应用于通信、音频和视频等领域，如德州仪器（TI）的 TMS320 系列。

第二代 DSP 出现在 20 世纪 90 年代，采用的是浮点运算技术，主要应用于高性能计算、科学计算和信号处理等领域，如 TI 的 TMS320C6x 系列。

第三代 DSP 出现在 21 世纪初，采用的是多核和多线程技术，主要应用于多媒体、通信和工业控制等领域，如 TMS320 C6000 系列、ADI Blackfin 等。

第四代 DSP 出现在近期，采用的是异构计算和深度学习技术，主要应用于人工智能、自动驾驶、虚拟现实等领域，如英伟达的 Jetson 系列、高通的骁龙系列等。

随着技术的进步和发展，DSP 产品的应用场景也在不断地拓展，从而也推动着数字信号处理技术的发展和应用。

（4）嵌入式 FPGA（field programmable gate array）

嵌入式 FPGA 采用现场可编程门阵列（FPGA）实现，是一种具有高度灵活性和可重构性的处理器，适用于快速设计和开发数字电路，以及高度定制化的应用场合。它具有可编程的逻辑单元和存储单元，可以根据不同的应用需求进行编程和定制化。嵌入式 FPGA 通常采用硬件描述语言进行编程，可以实现各种数字电路和信号处理算法，具有可编程性强、低功耗、高速等特点，能够满足嵌入式系统对高速数据处理和实时性的要求。其代表性产品有 Xilinx、Altera、Xilinx Zynq UltraScale+ MPSoC、Intel Cyclone、Lattice ECP5 等。

（5）嵌入式网络处理器

网络处理器是一种专门用于网络数据包处理和转发的处理器，通常采用多核架构和硬件加速器，可以快速地处理和转发网络数据包，具有高速、低延迟、多核处理、低功耗、硬件加速、支持多种协议和可编程性强等特点。适用于需要高性能网络处理和转发的场合。其代表性产品有博通 BCM57xx、Intel IXP4xx、Marvell Prestera、Cavium OCTEON 等。

（6）嵌入式片上系统（system on chip，SoC）

SoC 是一种集成度非常高的芯片产品，它将多个功能模块（如处理器、存储器、通信接口、传感器接口等）集成在一个芯片上，形成一个完整的系统。SoC 通常还包括一些周边电路和接口电路，以及一些专用的硬件加速器和协处理器，以提高系统的性能和降低功耗。SoC 追求的是产品系统最大包容的集成器件，它成功实现了软硬件无缝结合，具有极高的综合性。SoC 的集成度非常高，可以实现高度集成化的系统设计，减少了系统的复杂度和成本，并且可以提供更高的性能和更低的功耗。由于绝大部分系统构件都是在系统内部，整个系统特别简洁，不仅减小了系统的体积和功耗，而且提高了系统的可靠性。SoC 产品广泛应用于各种嵌入式系统、移动设备、智能家居、智能穿戴、车联网、工业控制等领域，也必将在声音、图像、影视、网络及系统逻辑等应用领域中发挥重要作用。由于 SoC 往往是专用的，所以知名度不高，比较典型的产品有 Qualcomm Snapdragon 系列、Apple A 系列、Samsung Exynos 系列、MediaTek Helio 系列等。

2.3.2 典型的嵌入式处理器

嵌入式处理器的种类非常多，难以精确统计。下面将列举几种比较具有代表性的嵌入式处理器，分析它们的技术特点、结构原理、发展历程和应用现状，以增强对嵌入式处理器的认识。前面已经提到，嵌入式通用处理器通常由通用计算机的微处理器演变而来，只是在实际应用中保留了与嵌入式应用紧密相关的功能硬件，去除其他的冗余功能部分，以适应嵌入式应用的特殊要求。所以从体系结构上来说，它仍是一种基于 CISC 的高性能 x86 处理器，具有丰富的内核和外设功能，支持多种操作系统，被应用于一些高性能嵌入式系统（特别是工业控制和医疗设备等）。典型的产品有 Intel 的 Atom 系列和 AMD 的 G 系列等。此类嵌入式通用处理器的结构原理与前面介绍的 x86 体系结构的微处理器基本相同，这里不再赘述。嵌入式处理器目前在移动设备、物联网设备、家用电器、音视频处理、工业控制等领域应用最多，下面将介绍与这些应用领域密切相关的三种典型的嵌入式处理器。

1. ARM 处理器

ARM（advanced RISC machines）处理器是一种基于精简指令集计算机（RISC）的处理器，广泛应用于嵌入式系统。ARM 处理器具有低功耗、低成本、高性能等特点，被广泛应用于移动设备、物联网设备、家用电器等领域。

（1）ARM 处理器的发展过程

ARM 处理器的发展经历了以下几个阶段：

1）创立阶段（1983—1990 年）

ARM 处理器的起源可以追溯到 1983 年，当时一家英国公司 Acorn Computers 开始研发一款基于精简指令集计算机（RISC）的处理器，用于其个人计算机产品。1985 年，Acorn Computers 成功研发出第一代 ARM 处理器——ARM1，这是世界上第一款商用 RISC 处理器。随后，Acorn Computers 继续研发了 ARM2 和 ARM3 处理器，分别用于其 Archimedes 和 A5000 个人计算机。

2）独立发展阶段（1990—2000 年）

1990 年，为了进一步发展 ARM 处理器技术，Acorn Conputers 与苹果公司和 VLSI Technology 共同成立了 Advanced RISC Machines（ARM）公司。在这个阶段，ARM 公司开

始专注于处理器核心的设计，并将其授权给其他半导体公司生产。ARM 处理器逐渐从个人计算机领域扩展到嵌入式系统领域。1994 年，ARM 推出了 ARM7 处理器，这是第一款广泛应用于嵌入式系统的 ARM 处理器。

3）嵌入式处理器市场领导者阶段（2000 年至今）

随着移动通信和消费电子产品的飞速发展，ARM 处理器逐渐成为嵌入式处理器市场的领导者。2001 年，ARM 推出了基于 ARMv5 架构的 ARM9 处理器，提供了更高的性能和更低的功耗。2002 年，ARM 推出了基于 ARMv6 架构的 ARM11 处理器，进一步提升了性能。2005 年，ARM 推出了基于 ARMv7 架构的 Cortex 系列处理器，包括 Cortex-A、Cortex-R 和 Cortex-M 三个系列，涵盖了从高性能处理到低功耗微控制器的各种应用需求。2011 年，ARM 推出了基于 ARMv8 架构的 64 位处理器，Cortex-A53 和 Cortex-A57，进入了服务器和高性能计算领域。

目前，采用 ARM 技术知识产权（IP）内核的微处理器，即通常所说的 ARM 处理器，已遍及工业控制、消费类电子产品、通信系统、网络系统、无线系统等各类产品市场，占据了 RISC 处理器 90% 以上的市场份额，其中手机处理器市场份额接近 100%，几乎所有的主流智能手机品牌，如苹果、三星、华为、小米等，都使用基于 ARM 架构的处理器。此外，许多知名的移动处理器制造商，如高通、联发科等，也都采用 ARM 架构设计处理器。ARM 技术正逐步渗入到日常生活的各个方面。

（2）ARM 处理器的特点

基于 RISC 的 ARM 处理器具有以下特点：

① 低功耗　采用 RISC 架构，指令执行速度快，指令集简单，能够有效降低功耗。

② 高性能　指令执行速度快，能够提供高性能的计算和处理能力。

③ 可扩展性　结构模块化，能够根据需要扩展不同的功能模块，以满足不同的应用需求。

④ 易于设计　结构简单，易于设计和实现，能降低设计成本和时间。

⑤ 易于移植　指令集标准化，能够方便地移植软件和操作系统，提高了软件开发效率。

⑥ 应用范围广　应用于移动设备、嵌入式系统、智能家居、工业控制等领域，具有广泛的市场和应用前景。

⑦ 安全性高　提供了多种安全功能，包括内存保护、加密解密、安全启动等，能够保证系统的安全性。

（3）ARM 处理器体系结构

ARM 处理器使用 RISC 架构，它的设计目标是高性能、低功耗、易于设计和移植、可扩展。32 位 ARM 处理器的体系结构一般包括以下几个方面：

① 处理器状态　包括程序计数器（PC）、寄存器、标志寄存器等。

② 指令集　包括 ARM 指令集、Thumb 指令集和 Thumb-2 指令集等，其中 ARM 指令集提供了高性能的计算和处理能力，而 Thumb 指令集提供了更小的代码尺寸和更低的

功耗。

③ 存储器管理 包括虚拟存储器、缓存、分页等，能够提高处理器的存储器访问效率。

④ 异常处理 包括中断、陷阱、故障、终止等，能够提高处理器的可靠性和稳定性。

⑤ 总线系统 包括内部总线、外部总线、总线协议等，能够提高处理器的数据传输效率和可扩展性。

⑥ 协处理器 包括浮点协处理器、向量处理器、安全协处理器等，能够提高处理器的计算和处理能力。

⑦ 调试支持 支持包括 JTAG（joint test action group）接口、调试寄存器、调试指令等，能够方便地进行调试和测试。

64 位 ARM 处理器的体系结构是 ARMv8-A，是 ARM 公司推出的第 8 代体系结构，其目标是支持 64 位和 32 位应用程序。与之前的 32 位 ARM 处理器相比，ARMv8-A 有以下主要特点：

① 支持 64 位指令集 可以处理 64 位的数据和地址。

② 兼容 32 位指令集 可以运行 32 位的应用程序，并支持 ARM 和 Thumb 两种指令集。

③ 更大的寄存器长度 64 位 ARM 处理器的通用寄存器长度为 64 位，可以计算更大的数据集和更长的内存地址。

④ 更丰富的指令集 支持 NEON 向量指令集和浮点指令集，可以加速图像处理和数学计算等操作。

⑤ 更高的性能和更强的安全性 ARMv8-A 采用了更加高效的指令管道和更加严格的内存访问控制，可以提供更高的性能和更强的安全性。

⑥ 更多的寄存器 ARMv8-A 增加了更多的寄存器，包括 X0-X30（通用寄存器）、SP（堆栈指针）、PC（程序计数器）、CPSR（状态寄存器）等。

图 2-18 所示为 ARMv8-A 结构框图。其中，CPU 是整个处理器的核心部分，负责执行指令、处理数据和控制流程；Cache Controller 用于管理处理器的缓存，提高访问速度和效率；Memory Controller 用于管理处理器与内存之间的数据交互；Interconnect 用于连接 CPU、Cache Controller、Memory Controller 和外设等组件；System Control 用于管理处理器的电源、时钟、重置和中断等。

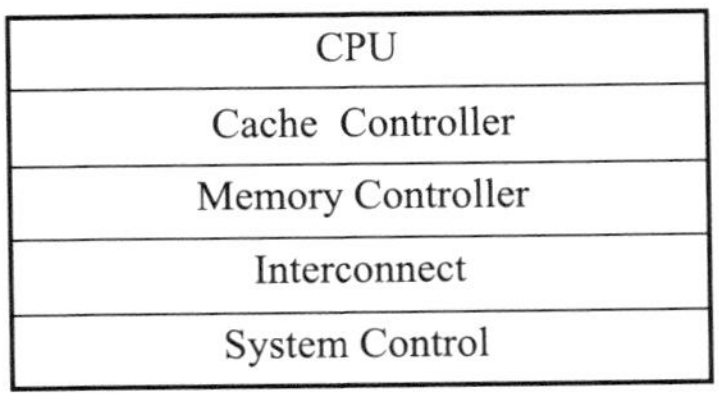

CPU
Cache Controller
Memory Controller
Interconnect
System Control

图 2-18　ARMv8-A 的结构框图

（4）ARM 处理器寄存器结构

32 位 ARM 处理器的寄存器结构包括通用寄存器、程序计数器、标志寄存器、堆栈指针、链接寄存器、中断寄存器、快速中断寄存器和协处理器寄存器等，用于存储处理器的状态和数据等。

① 通用寄存器 ARM 处理器有 16 个通用寄存器，每个寄存器为 32 位，用于存储数

据、地址、指针等。

② 程序计数器（PC） 32 位的寄存器，用于存储下一条指令的地址。

③ 标志寄存器（CPSR） 32 位的寄存器，用于存储程序状态标志，如条件码、中断使能、处理器模式等。

④ 堆栈指针（SP） 32 位的寄存器，用于存储当前堆栈的指针地址。

⑤ 链接寄存器（LR） 32 位的寄存器，用于存储函数调用时的返回地址。

⑥ 中断寄存器（IRQ） 32 位的寄存器，用于存储中断向量表的地址。

⑦ 快速中断寄存器（FIQ） 32 位的寄存器，用于存储快速中断向量表的地址。

⑧ 协处理器寄存器 ARM 处理器包括多个协处理器寄存器，如浮点协处理器寄存器、向量处理器寄存器等，用于存储协处理器的状态和数据。

64 位 ARM 处理器的寄存器结构相对于 32 位 ARM 处理器更加复杂，以下是一些常见的寄存器类型。

① 通用寄存器 64 位 ARM 处理器有 31 个通用寄存器，每个寄存器为 64 位，用于存储数据、地址和指针等。

② 程序计数器 64 位的寄存器，用于存储下一条指令的地址。

③ 状态寄存器 64 位的寄存器，用于存储程序状态标志，如条件码、中断使能、处理器模式等。

④ 堆栈指针 64 位的寄存器，用于存储当前堆栈的指针地址。

⑤ 链接寄存器 64 位的寄存器，用于存储函数调用时的返回地址。

⑥ 中断寄存器 64 位的寄存器，用于存储中断向量表的地址。

⑦ 快速中断寄存器 64 位的寄存器，用于存储快速中断向量表的地址。

⑧ 系统寄存器 包括系统控制寄存器、调试寄存器等，这些寄存器用于控制处理器的操作和调试。

⑨ 计时器寄存器 这些寄存器用于计时操作。

⑩ 协处理器寄存器 ARM 处理器包括多个协处理器寄存器，如浮点协处理器寄存器、向量处理器寄存器等，用于存储协处理器的状态和数据。

（5）ARM 处理器指令结构

32 位 ARM 处理器的指令结构是固定长度的，并且采用了 RISC 的设计原则，指令长度一般为 32 位。ARM 处理器的指令结构分为三个部分：操作码（opcode）、寄存器操作数（register operand）和立即数（immediate operand）。

① 操作码 是指令的操作类型，用于指示处理器要执行的操作，如加法、减法、移位、跳转等。操作码一般占据指令的前 12 位。

② 寄存器操作数 是指令的操作数，用于指示要进行操作的寄存器。ARM 处理器包含 16 个通用寄存器，因此寄存器操作数一般采用 4 位二进制编码表示。

③ 立即数 是指令的立即数操作数，用于指示要进行操作的数值。立即数操作数可以是一个 8 位或 16 位的立即数，也可以是一个偏移量或地址。

除了以上三个部分，ARM 处理器的指令结构还包括一个条件码（condition code）和一个标志位（flag）。条件码用于指示指令的执行条件，如等于、大于、小于等。标志位用于指示指令的执行结果，如进位、借位、溢出等。

64 位 ARM 处理器的指令结构也是固定长度的，采用了 RISC 的设计原则，指令长度一般为 32 位。不同点在于，64 位 ARM 处理器采用了 AArch64 指令集，其指令结构比 32 位 ARM 处理器更加复杂。

① 操作码　是指令的操作类型，用于指示处理器要执行的操作，如加法、减法、移位、跳转等。操作码的长度为 12 位。

② 寄存器操作数　是指令的操作数，用于指示要进行操作的寄存器。与 32 位 ARM 处理器相比，64 位 ARM 处理器扩展了寄存器数量和寄存器长度，包含 31 个通用寄存器，每个寄存器为 64 位，因此寄存器操作数需要使用 6 位二进制编码进行表示。

③ 立即数　是指令的立即数操作数，用于指示要进行操作的数值。在 64 位 ARM 处理器中，立即数操作数也扩展了，可以是一个 8 位、16 位、32 位、64 位的立即数，也可以是一个偏移量或地址。

除了以上三个部分，AArch64 指令结构还包括一个条件码和一个标志位，作用与 32 位 ARM 处理器类似。相比 32 位 ARM 处理器，AArch64 指令结构更加复杂，但也具有更高的性能和效率。

ARM 微处理器支持两种较新体系结构的指令集：ARM 指令集和 Thumb 指令集。ARM 指令集是一种 32 位指令集，具有较强的处理能力和灵活性，适用于需要高性能和大存储器的应用场景。ARM 指令集的指令数量较多，指令复杂度较高，需要较大的存储空间和较高的处理能力。Thumb 指令集是一种 16 位指令集，是 ARM 指令集的功能子集，具有较小的存储需求和较低的功耗，适用于需要低功耗和小存储器的应用场景。Thumb 指令集的指令数量较少，指令复杂度较低，需要较小的存储空间和较低的处理能力，与等价的 ARM 代码相比较，可节省 30% ~ 40% 的存储空间，同时具备 32 位代码的所有优点。除了指令长度和指令数量的差异，ARM 指令集和 Thumb 指令集在指令结构、寄存器、操作数等方面也存在差异。例如，ARM 指令集的寄存器长度为 32 位，而 Thumb 指令集的寄存器长度为 16 位；ARM 指令集支持所有的数据类型，而 Thumb 指令集只支持部分数据类型等。

2. MIPS 处理器

MIPS（microprocessor without interlocked pipeline stages）处理器是另一种基于精简指令集的处理器，也广泛应用于嵌入式系统。它通过简化指令集，减少指令的复杂性和执行时间，从而提高处理器的性能和效率。MIPS 处理器采用了五级流水线结构，可以同时执行多条指令，提高处理器的吞吐量，实现高性能运算。此外，MIPS 处理器还采用了多级缓存、虚拟内存等技术，进一步提高了系统的性能和可靠性。MIPS 处理器采用模块化设计，包括 CPU 核心、内存管理单元（MMU）、缓存、中断控制器等部分。MIPS 处理器具有丰富的内核和外设功能，支持多种操作系统。根据应用需求，可以选择不同的内核和外设组合，实现定制化的嵌入式处理器。MIPS 处理器以高性能、低功耗、低成本为特点，被广泛应用于嵌入式系统、通信设备（如路由器、交换机）、家用电器（如空调、洗衣机）、数字信号处理器（如数字电视）等领域。

（1）MIPS 处理器的发展过程

MIPS 处理器的发展可以分为以下几个阶段：

① 早期（20 世纪 80 年代初期至中期）　MIPS 处理器最早是由斯坦福大学的约翰·亨尼西和他的团队开发的。早期的 MIPS 处理器采用了 RISC 架构，指令集简单、指令执行速度快，但缺乏对复杂指令的支持。

② 中期（20 世纪 90 年代初期至中期）　1991 年 MIPS 计算机系统公司成立，开始了商业化运营。在这一阶段，MIPS 处理器加入了更多的指令支持，如乘法、除法等，同时引入了多级缓存、虚拟内存等技术，进一步提高了系统的性能和可靠性。

③ 后期（21 世纪初至今）　2000 年 MIPS 技术公司成立，开始了新一轮的商业化运营和技术创新。在这一阶段，MIPS 处理器加入了多核处理器、虚拟化、安全性等新技术，进一步提高了系统的性能和可靠性，同时扩大了应用领域，如智能手机、平板电脑、智能电视等。

（2）MIPS 处理器的特点

MIPS 处理器具有以下特点：

① 精简指令集　采用 RISC 架构，指令集简单，指令执行速度快，提高了处理器的性能和效率。

② 高效流水线结构　采用五级流水线结构，可以同时执行多条指令，提高了处理器的吞吐量。

③ 多级缓存　采用多级缓存技术，提高了内存访问速度，减少了 CPU 等待时间。

④ 虚拟内存　支持虚拟内存技术，可以将物理内存和虚拟内存进行映射，提高了系统的可靠性和稳定性。

⑤ 异常处理机制　支持多种异常，例如中断、系统调用、地址错误等，并提供异常处理机制，提高了系统的可靠性和稳定性。

⑥ 多协处理器　包含多个协处理器，用于加速特定的运算，例如浮点运算、向量运算等，提高了处理器的运算速度。

⑦ 可扩展性　体系结构具有良好的可扩展性，可以根据应用需求进行定制和扩展。

（3）MIPS 处理器体系结构

MIPS 处理器体系结构包括以下方面：

① 指令集架构（instruction set architecture，ISA）　定义了 MIPS 处理器支持的指令集及其格式。

② 寄存器　包含 32 个 32 位通用寄存器，用于存储数据和地址。

③ 内存管理单元（memory management unit，MMU）　用于管理虚拟地址和物理地址

之间的转换，实现虚拟内存的功能。

④ 流水线结构　采用五级流水线结构，可以同时执行多条指令。

⑤ 异常处理　支持多种异常，并提供异常处理机制。

⑥ 协处理器　包含多个协处理器，用于加速特定的运算。

⑦ 缓存　包含多级缓存，用以提高内存访问速度。

⑧ 总线接口　通过总线接口与其他设备进行通信，例如外部存储器、网络接口等。

（4）MIPS 处理器的寄存器结构

MIPS 处理器的寄存器结构包括以下几种：

① 通用寄存器　MIPS 处理器有 32 个通用寄存器，每个寄存器都可以存储 32 位数据。这些寄存器用于存储临时数据、计算结果等。

② 特殊寄存器　MIPS 处理器有一些特殊寄存器，用于存储程序计数器（PC）、HI/LO 寄存器、异常处理器地址等。其中，HI/LO 寄存器用于存储乘法和除法的结果，以及模运算的余数。

③ 浮点寄存器　MIPS 处理器有 32 个浮点寄存器，用于存储浮点数。这些寄存器是 32 位或 64 位的，可以存储单精度或双精度浮点数。

MIPS 处理器的寄存器结构比较简单，但寄存器数量较多，可以提高程序的执行效率和性能。在 MIPS 处理器中，通用寄存器和特殊寄存器用于存储整数数据，浮点寄存器用于存储浮点数，可以满足不同应用的需求。同时，MIPS 处理器的寄存器结构还支持乘法、除法、模运算等特殊操作，提高了处理器的功能性和灵活性。

（5）MIPS 处理器的指令结构

MIPS 处理器的指令结构采用了 RISC 体系结构，包括以下几个部分：

① 操作码（Opcode）字段　操作码字段用于指定指令的操作类型，如算术运算、逻辑运算、数据传输等。

② 寄存器（Rs、Rt、Rd）字段　寄存器字段用于指定指令的操作对象，如源操作数、目的操作数等。MIPS 处理器的寄存器字段包括源寄存器（Rs）、目标寄存器（Rt）和结果寄存器（Rd）。

③ 立即数（Immediate）字段　指令的立即数字段用于指定指令的操作数或偏移量，可以用于数据传输、分支跳转等操作。

④ 偏移量（Offset）字段　指令的偏移量字段用于指定指令的跳转目标地址，可以用于分支跳转、函数调用等操作。

⑤ 目标地址（Target）字段　指令的目标地址字段用于指定指令的跳转目标地址，可以用于分支跳转、函数调用等操作。

MIPS 处理器的指令结构比较简单，指令长度固定为 32 位，可以提高指令的执行速度和效率。同时，MIPS 处理器的指令集还支持乘法、除法、模运算等特殊操作，提高了处理器的功能性和灵活性。

MIPS 处理器有多个指令集，其中比较常见的有以下几种：

① MIPS Ⅰ指令集 是 MIPS 处理器最早的指令集，包含了大多数基本指令和操作码。MIPS Ⅰ指令集是最基本的指令集，支持 32 位寄存器和地址总线。

② MIPS Ⅱ指令集 是 MIPS Ⅰ指令集的扩展版本，增加了浮点数指令、乘法指令和除法指令等。MIPS Ⅱ指令集支持 64 位浮点寄存器和地址总线，可以提高浮点数运算的速度和精度。

③ MIPS Ⅲ指令集 是 MIPS Ⅱ指令集的扩展版本，增加了多媒体指令和虚拟内存管理指令等。MIPS Ⅲ指令集支持更高级别的操作系统和应用程序，可以提高系统的性能和可靠性。

④ MIPS Ⅳ指令集 是 MIPS Ⅲ指令集的扩展版本，增加了 SIMD 指令和 64 位整数指令等。MIPS Ⅳ指令集支持更高级别的多媒体应用和图形处理，可以提高系统的性能和功能。

⑤ MIPS 32 指令集 是 MIPS 处理器针对 32 位应用程序的指令集，包括 MIPS32 和 MIPS32R2 两个版本。MIPS32 指令集支持更高级别的操作系统和应用程序，可以提高系统的性能和可靠性。

⑥ MIPS64 指令集 是 MIPS 处理器针对 64 位应用程序的指令集，包括 MIPS64 和 MIPS64R2 两个版本。MIPS64 指令集支持更高级别的操作系统和应用程序，可以提高系统的性能和可靠性。

3. DSP 处理器

DSP（digital signal processor）处理器是一种专门用于数字信号处理的嵌入式处理器。它采用专门的指令集和硬件结构，可实现高效的信号处理。DSP 处理器采用模块化设计，包括 CPU 核心、内存管理单元（MMU）、缓存、中断控制器等部分。同时，DSP 处理器具有丰富的内核和外设功能，支持多种操作系统。根据应用需求，可以选择不同的内核和外设组合，实现定制化的嵌入式处理器。DSP 处理器以其高性能、低功耗以及实时处理能力为特点，被广泛应用于通信（如基站、通信终端）、音视频处理（如编解码器、音频处理器）、工业控制（如电机控制、传感器处理）等领域。世界上第一个 DSP 来自美国的半导体企业德州仪器（Texas Instruments），TMS320 是其代表性产品，其中包括用于控制的 C2000 系列，用于移动通信的 C5000 系列，以及性能更高的 C6000 和 C8000 系列等。此外，ADI 公司在 DSP 处理器的开发方面也具有相当的实力，其代表性产品有 Blackfin 系列、SHARC 系列、SigmaDSP 系统等。

（1）DSP 处理器的发展过程

DSP 处理器的发展经历了以下几个阶段：

① 早期的 DSP 处理器（20 世纪 70 年代末到 80 年代初） 早期的 DSP 处理器主要用于音频和视频信号处理。这些处理器采用定点运算，速度较慢，但功耗低，成本较低。

② 高性能 DSP 处理器（20 世纪 80 年代中期到 90 年代初） 随着数字信号处理技术的不断发展，高性能 DSP 处理器开始出现。这些处理器采用浮点运算，运算速度更快，可处

理更复杂的信号处理算法。

③ 可编程 DSP 处理器（20 世纪 90 年代中期到 21 世纪初）　可编程 DSP 处理器开始出现。这些处理器不仅可以进行数字信号处理，还可以通过编程实现其他功能，如控制、通信和图像处理等。

④ 多核 DSP 处理器（21 世纪初）　随着多核技术的发展，多核 DSP 处理器开始出现。这些处理器具有更高的性能和更好的能效比，能够同时处理多个信号流。

⑤ 集成 DSP 处理器（近期）　随着集成电路技术的不断发展，集成 DSP 处理器已经成为一种趋势。这些处理器不仅具有高性能和低功耗，还具有较小的尺寸和较低的成本，可以应用于各种嵌入式系统中。

（2）DSP 处理器的特点

DSP 处理器一般具有如下主要特点：

① 高速浮点运算能力　具有高速浮点运算能力，能够快速处理大量的数字信号数据，实现高精度的数字信号处理。

② 高速数据传输能力　具有高速数据传输能力，能够快速传输大量的数字信号数据，实现实时数字信号处理。

③ 低功耗　采用低功耗设计，能够在低功耗状态下运行，适用于移动设备和电池供电的应用设备。

④ 高度集成　采用高度集成设计，将多个功能模块集成在一个芯片中，实现更高的系统集成度和更小的系统体积。

⑤ 可编程架构　具有可编程的架构，能够根据不同的应用需求进行灵活的编程和配置，具有更高的应用灵活性。

⑥ 多核处理　可采用多核处理器架构，以提高处理能力和系统性能。

⑦ 强大的容错和纠错能力　具有强大的容错和纠错能力，能够保证系统的稳定性和可靠性。

⑧ 丰富的外设接口　具有丰富的外设接口，能够连接多种外部设备，具有更高的应用灵活性和可扩展性。

（3）DSP 处理器体系结构

根据不同的应用需求和厂商设计，DSP 处理器的体系结构会有所不同，但通常包含如下基本组成部分。

① 数据通路　是 DSP 处理器的核心部分，用于执行各种数字信号处理算法，主要包括运算单元、寄存器、存储器等。

② 控制器　用于控制数据通路的运行，包括指令译码、指令执行、中断处理等。

③ 存储器　用于存储程序代码、数据和中间结果等，包括程序存储器、数据存储器和缓存存储器等。

④ 外设接口　用于连接外部设备，包括通信接口、时钟接口、中断接口等。

⑤ 系统总线　用于连接各个部件，实现数据和控制信息的传输。

⑥ 中断控制器 用于处理中断请求，实现实时响应和多任务处理。

⑦ 时钟和定时器 用于提供时钟信号和计时功能，实现同步操作和时间控制。

⑧ 调试接口 用于连接调试工具，实现程序调试和性能分析等功能。

（4）DSP 处理器寄存器结构

寄存器结构的设计对 DSP 处理器的性能和应用灵活性具有重要影响。根据不同的应用需求和厂商设计，DSP 处理器的寄存器结构会有所不同，但通常包含以下几类寄存器。

① 数据寄存器 用于存储数字信号处理中的数据，包括通用寄存器、累加器、乘法器等。通用寄存器用于存储中间结果和临时数据，累加器用于执行加法操作，乘法器用于执行乘法操作。

② 状态寄存器 用于存储处理器的状态信息，包括程序计数器、状态标志寄存器等。程序计数器用于存储下一条指令的地址，状态标志寄存器用于存储处理器的运行状态，如溢出、进位等。

③ 控制寄存器 用于存储处理器的控制信息，包括模式寄存器、中断寄存器等。模式寄存器用于配置处理器的工作模式，中断寄存器用于配置中断控制器的工作模式。

④ 特殊寄存器 用于存储特殊的数据或控制信息，包括栈指针、DMA 寄存器等。栈指针用于存储程序的返回地址和局部变量等，DMA 寄存器用于配置 DMA 控制器的工作模式。

（5）DSP 处理器指令结构

指令结构的设计对 DSP 处理器的性能和应用灵活性都具有重要影响。根据不同的应用需求和厂商设计，DSP 处理器的指令结构会有所不同，但通常包含以下基本组成部分。

① 操作码 用于指定指令的操作类型，如加法、乘法、移位、跳转等。

② 操作数 用于指定指令的操作对象，包括寄存器、内存地址、立即数等。

③ 寻址模式 用于指定操作数的寻址方式，包括直接寻址、间接寻址、基址寻址等。

④ 延迟槽 用于指定指令执行后的下一条指令，以实现流水线操作和提高执行效率。

⑤ 中断支持 用于指定指令的中断处理方式，包括中断使能、中断掩码、中断响应等。

⑥ 特殊指令 用于指定特殊的操作，如乘法累加、循环移位、位操作等。

指令集的设计对 DSP 处理器的性能和应用灵活性都具有重要影响。DSP 处理器的指令集因 DSP 处理器厂商和型号的不同可能会有所不同，但通常包含以下几类指令。

① 数据传输指令 用于数据在寄存器和内存之间的传输，包括加载、存储、传送等指令。

② 算术指令 用于执行加、减、乘、除等算术运算，包括整数运算和浮点运算指令。

③ 逻辑指令 用于执行位操作、逻辑运算、比较等操作，包括与、或、非、异或等指令。

④ 控制指令 用于程序流程控制，包括跳转、分支、循环等指令。

⑤ 中断指令 用于中断控制和处理，包括中断使能、中断响应、中断返回等指令。

⑥ 特殊指令　用于特殊的操作，如乘法累加、循环移位、卷积运算等指令。

（6）DSP 芯片的选型参数

根据应用场合和设计目标的不同，选择 DSP 芯片的侧重点也有所不同。DSP 芯片的选型参数主要包括以下几个：

1）运算速度

DSP 芯片运算速度的衡量标准：

MIPS（ millions of instructions per second，百万条指令每秒 ）　DSP 一般为 20~100 MIPS，使用超长指令字的 TMS320B2XX 为 2 400 MIPS。应注意的是，厂家提供的指标一般是指峰值指标，系统设计时应留有一定的裕量。

指令周期　即执行一条指令所需的时间，通常以 ns（纳秒）为单位，如 TMS320 LC549–80 在主频为 80 MHz 时的指令周期为 12.5 ns。

MAC 时间　执行一次乘法和加法运算所花费的时间，大多数 DSP 芯片可以在一个指令周期内完成一次 MAC 运算。

FFT/FIR 执行时间　运行一个 N 点 FFT 或 N 点 FIR 程序的运算时间。由于 FFT 运算 / FIR 运算是数字信号处理的典型算法，该指标可作为衡量芯片性能的综合指标。

2）运算精度

一般情况下，浮点 DSP 芯片的运算精度要高于定点 DSP 芯片的运算精度，但是功耗和价格也随之上升。定点 DSP 的特点是主频高、速度快、成本低、功耗小，主要用于计算复杂度不高的控制、通信、语音、图像，以及用于消费电子产品等领域。如非必要，尽量用定点 DSP 芯片。浮点 DSP 一般比定点 DSP 的处理速度低，其成本和功耗都比较高，但由于采用了浮点数据格式，因而处理精度、动态范围都远高于定点 DSP，适合于运算复杂度高，精度要求高的应用场合。

3）字长的选择

一般浮点 DSP 芯片采用 32 位的数据字，定点 DSP 芯片采用 16 位数据字。而 Motorola 公司的定点芯片采用 24 位数据字，以便在定点和浮点精度之间取得折中。字长是影响成本的重要因素，它影响芯片的大小、引脚数以及存储器的大小。设计时，在满足性能指标的条件下，应尽可能选用最小的数据字。

4）片内硬件资源

包括存储器的大小、片内存储器的数量、总线寻址空间等。片内存储器的大小决定了芯片运行速度和成本，TI 同一系列的 DSP 芯片，存储器的配置等硬件资源各不相同。通过对算法程序和应用目标的分析，可以大体判定对 DSP 芯片片内资源的要求。几个重要的考虑因素是片内 RAM 和 ROM 的数量，可否外扩存储器，总线接口 / 中断 / 串行接口等是否够用，是否具有 A/D 转换等。

5）开发调试工具

完善、方便的开发工具和相关支持软件是开发大型、复杂 DSP 系统的必备条件，可缩短产品的开发周期。开发工具包括软件和硬件两部分。软件开发工具主要包括 C 编译器、汇编器、链接器、程序库、软件仿真器等。在确定 DSP 算法后，编写的程序代码通过软件仿真器进行仿真运行，以确定必要的性能指标。硬件开发工具包括在线硬件仿真器和系统开发板。在线硬件仿真器通常是 JTAG 周边扫描接口板，可以对设计的硬件进行在线调试；在硬件系统完成之前，在不同功能的系统开发板上实时运行设计的 DSP 软件，可以提高开发效率。甚至在有的数量小的产品中，直接将开发板当作最终产品。

6）功耗与电源管理

个人数字产品、便携设备和户外设备等对功耗有特殊要求，相关问题必须考虑，通常包括供电电压的选择和电源的管理功能。供电电压一般比较低，实施芯片的低电压供电，通常有 3.3 V、2.5 V、1.8 V、0.9 V 等，在同样的时钟频率下，它们的功耗将远远低于 5 V 供电电压的芯片。电源的管理功能包括休眠、等待模式等，大大节省了功率消耗。例如 TI 公司提供了详细的电源管理功能随指令类型和处理器配置而改变的应用说明。

7）价格及售后服务

价格包括 DSP 芯片的价格和开发工具的价格。昂贵的 DSP 芯片，即使性能再高，其应用范围也会受到限制。而低价位的芯片必然功能较少、片内存储器少、性能稍差，给编程带来一定的困难。因此，要根据系统的应用情况，选择价格适中的 DSP 芯片，另外还要充分考虑厂家提供的售后服务等因素，良好的售后技术支持也是开发过程中的重要资源。

8）其他因素

包括 DSP 芯片的封装形式、环境要求、供货周期、生命周期等。

2.3.3　嵌入式系统组成

嵌入式系统是指集成了计算机技术、电子技术、通信技术和控制技术等多种技术的一种特殊计算机系统，通常被嵌入到其他设备或系统中，用于控制、监测、通信和处理各种信息。

如图 2-19 所示，嵌入式系统由硬件层、中间层和软件层三部分组成。其中，硬件层包括嵌入式处理器、存储器和各类输入输出模块；中间层包括板级支持包（board support package，BSP）；软件层包括嵌入式操作系统和应用程序。对于简单的嵌入式应用而言，嵌入式操作系统为可选项。

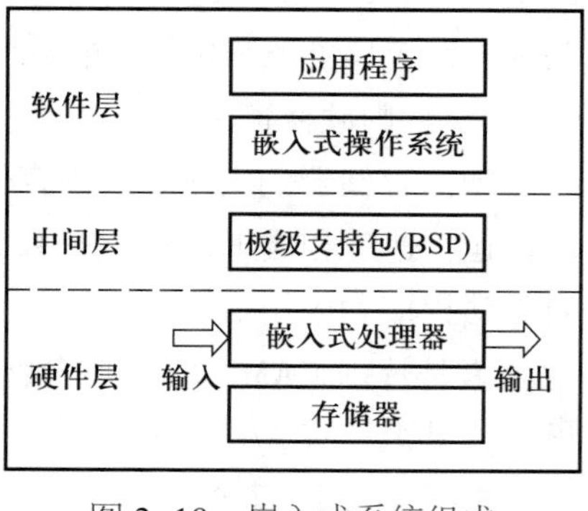

图 2-19　嵌入式系统组成

1. 硬件层

硬件层中包含嵌入式微处理器、存储器（SDRAM、ROM、Flash 等）、通用设备接口和 I/O 接口（A/D、D/A、I/O 等）。在一片嵌入式处理器基础上添加电源电路、时钟电路和存储器电路，就构成一个嵌入式核心控制模块。其中操作系统和应用程序都可固化在 ROM 中。

2. 中间层

硬件层与软件层之间为中间层，也称为硬件抽象层（hardware abstract layer，HAL）或板级支持包（BSP）。它将系统上层软件与底层硬件分离开来，使系统的底层驱动程序与硬件无关，上层软件开发人员无须关心底层硬件的具体情况，根据 BSP 层提供的接口即可进行开发。该层一般包含相关底层硬件的初始化、数据的输入输出操作和硬件设备的配置功能。BSP 具有以下两个特点。

硬件相关性：因为嵌入式实时系统的硬件环境具有应用相关性，而作为上层软件与硬件平台之间的接口，BSP 需要为操作系统提供操作和控制具体硬件的方法。

操作系统相关性：不同的操作系统具有各自的软件层次结构，因此不同的操作系统具有特定的硬件接口形式。

实际上，BSP 是一个介于操作系统和底层硬件之间的软件层次，包括了系统中大部分与硬件联系紧密的软件模块。设计一个完整的 BSP 需要完成两部分工作，嵌入式系统的硬件初始化以及 BSP 功能，设计硬件相关的设备驱动。

3. 软件层

系统软件层由实时多任务操作系统（real-time operation system，RTOS）、文件系统、图形用户接口（graphic user interface，GUI）、网络系统及通用组件模块组成。RTOS 是嵌入式应用软件的基础和开发平台。

嵌入式系统是一种用途广泛的系统软件，过去它主要应用于工业控制和国防系统领域。EOS 负责嵌入系统的全部软、硬件资源的分配，任务调度，控制、协调并发活动，能够通过装卸某些模块来达到系统所要求的功能。随着 Internet 技术的发展、信息家电的普及应用以及 EOS 的微型化和专业化，EOS 开始从单一的弱功能向高专业化的强功能方向发展，目前已推出一些应用比较成功的 EOS 产品系列。嵌入式操作系统在系统实时高效性、硬件的相关依赖性、软件固化以及应用的专用性等方面具有较为突出的特点。EOS 除具有一般操作系统最基本的功能，如任务调度、同步机制、中断处理、文件处理等外，还有以下嵌入式系统的应用领域。

2.3.4　嵌入式系统应用领域

目前嵌入式系统的应用领域主要包括以下几个方面（图 2-20）：

（1）汽车电子　如发动机控制、车身控制、安全控制、娱乐系统等，可以提高汽车的性能、安全性和舒适性。

（2）工业自动化　如机器人控制、工业监测、自动化生产线等，可以提高生产效率、质量和安全性。

（3）智能家居　如智能灯光、智能家电、智能安防等，可以提高家居的舒适性、便利性和安全性。

（4）医疗设备　如医疗监测、医疗诊断、医疗治疗等，可以提高医疗活动的效率、准确性和安全性。

（5）通信设备　如手机、路由器、交换机等，可以提高通信的效率、可靠性和安全性。

（6）航空航天　如飞行控制、导航系统、通信系统等，可以提高航空航天系统的可靠性、安全性和总体性能。

（7）消费电子　如智能手表、智能音箱、智能眼镜等，可以提高消费电子的功能、便利性和体验性。

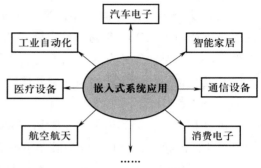

图 2-20　嵌入式系统应用领域

2.4　微型计算机的数据存储与传输

2.4.1　微型计算机存储器与高速缓存技术

1. 存储器

存储器（memory）是一种用来存储和读取数据的设备，是微型计算机（微机）系统中非常重要的组成部分，用来存储程序指令、数据以及运算结果等信息，以便程序能够顺利执行。存储器可以分为主存储器和辅助存储器两大类。主存储器又叫内存，是计算机系统中直接用于存储和读取数据的存储器，常见的有 RAM、ROM 等；辅助存储器是计算机系统中用于长期存储数据的设备，如硬盘、光盘、U 盘等。

主存储器是微型计算机的关键部件之一，其主要功能是存储程序指令和数据，并提供快速的读写访问。按读、写方式不同，主存储器可分为随机存储器 RAM（random access memory）和只读存储器 ROM（read only memory），常见的主存储器类型如图 2-21 所示。

RAM 也称为读 / 写存储器，工作过程中，CPU 可根据需要随时对其内容进行读或写操作。RAM 是一种易失性存储器，可以随时读写，但其存储数据在断电后会全部丢失，因而只能存放暂时性的程序和数据。目前 RAM 主存储器的主要类型有以下几种。

（1）SRAM

SRAM（static random access memory）是一种静态随机存储器，它的存储单元由 6 个晶体管组成，不需要刷新电路即能保存它内部存储的数据。其优点是读写速度快，不必配合内存刷新电路，可提高整体的工作效率；缺点是存储密度低，功耗较大，相同的容量体积较大，而且价格较高。SRAM 主要用于高速缓存等关键场景，以提高系统效率。

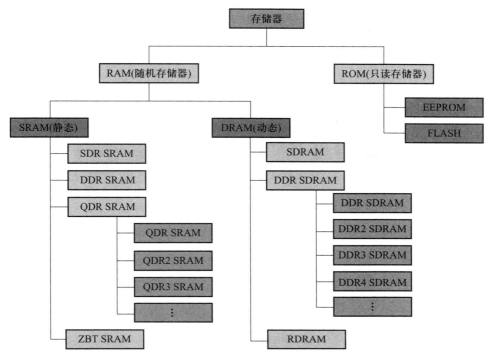

图 2-21　常见的主存储器类型

（2）DRAM

DRAM（dynamic random access memory）是一种动态随机存储器，也是最为常见的系统内存，它的存储单元由一个电容和一个开关晶体管组成。DRAM 只能将数据保持很短的时间，为了保持数据，必须隔一段时间刷新（refresh）一次，如果存储单元没有被刷新，存储的信息就会丢失。其主要特点是存储密度高、成本低，但是读写速度相对较慢，还需要定期刷新，否则数据会丢失。

（3）SDRAM

SDRAM（synchronous dynamic random access memory）是一种基于 DRAM 的同步动态随机存储器。它能够在 CPU 和存储器之间进行同步传输，即内部命令的发送与数据的传输都以同步时钟为基准，提高了读写速度。SDRAM 的主要特点是存储密度高、读写速度快，但是功耗较高。

（4）DDR SDRAM

DDR SDRAM（double data rate synchronous dynamic random access memory）是一种双倍数据率同步动态随机存储器，是一种基于 SDRAM 的存储器。它能在一个时钟周期的上升沿与下降沿各传输一次信号，使其数据传输速度是 SDRAM 的两倍，且不会增加功耗。DDR SDRAM 的主要特点是存储密度高、读写速度非常快，这是目前计算机中使用最多的内存，而且具有成本优势，图 2-22 所示是 DDR SDRAM 的产品实物图。DDR 内存刚出来时只有单通道，后来出现了支持双通芯片组，让内存的带宽翻倍。随后发展的 DDR2、

DDR3、DDR4 内存的数据预读取能力从原来的 2 位，不断提升为 4 位、8 位和 16 位，数据传输率呈几何倍数增长，内存容量也不断增大，而其工作电压不断降低，功耗不断减小，性能大幅提升，如图 2-23 所示。

图 2-22　DDR SDRAM 实物图

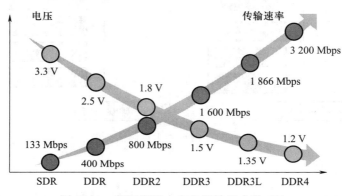

图 2-23　不同类型内存主要性能参数对比

ROM 是一种只读存储器，存储的数据只能被读取，不能被修改，断电后其所存信息保留，是非易失性存储器。ROM 常用来存放永久件的程序和数据，如初始导引程序、监控程序、操作系统中的基本输入、输出管理程序 BIOS 等。

辅助存储器的主要功能是提供大容量的数据存储和长期保存，如硬盘可以存储大量的数据，并且可以长期保存，但是其读写速度相对较慢。这是因为辅助存储器通常是通过输入输出接口与计算机相连的，数据的传输过程需要借助于辅助存储器的机械驱动装置。从物理层面上来说，硬盘等辅助存储器虽然安装在计算机的机箱内部，但从系统层面上来说，它们仍属于微型计算机系统中的外围设备。目前主要的辅助存储器有以下几种类型。

（1）硬盘

硬盘是一种机械式存储器，使用旋转的磁盘和读写头来存储、读取数据。其主要优点是存储容量大，读写速度相对较快，价格相对较低；其缺点是容易受到机械损坏，而且读写速度相比于固态硬盘较慢。

（2）固态硬盘

固态硬盘（SSD）是一种基于闪存存储芯片的存储器。它没有机械部件，读写速度非常快，抗振性能好，而且功耗低；其缺点是存储容量相对较小，价格相对较高。

（3）光盘

光盘是一种基于激光技术的存储器，主要有 CD、DVD、蓝光光盘等类型。光盘的主要特点是存储容量较大，价格相对较低；但是光盘的读写速度较慢，而且容易被划伤或损坏。

（4）U 盘

U 盘是一种基于闪存技术的存储器，具有便携、易于使用、存储容量适中等优点，其缺点是存储容量相对较小，读写速度相对较慢。

总的来说，不同类型的主存储器和辅助存储器都有各自的特点和适用场景，用户可根据需求和预算进行选择。随着技术的不断发展，主存储器和辅助存储器也在不断更新换代，未来会出现更加先进的存储器类型。

2. 存储器体系结构

在微机系统中，整个存储器体系采用层次化结构。这种层次化结构不但出现在存储器总体结构中，也出现在内存结构中。所谓层次化，就是把各种速度不同、容量不同、存储技术也可能不同的存储设备分为几层，通过硬件和管理软件组成一个既有足够大的空间又能满足 CPU 存取速度要求，而且价格适中的整体。这样的存储体具有最好的性能价格比。

早期的微机系统中，主存储器是由单一的 DRAM 构成的内存。因为 CPU 速度不够快，内存的存取速度基本能够满足要求，CPU 和内存交换数据时不需要等待。随着 CPU 不断升级和总线速度的不断提高，存储器的速度远远不能与之匹配。尽管 SRAM 速度比较快，但是用 SRAM 全部代替 DRAM 构成内存会使系统的价格大幅度上升。

为此，采用将主存储器向上、下两个方向扩充构成层次化结构来解决这个问题。这种结构的思想是用 Cache、内存和辅助存储器等来构成层次式的存储器，按使用频度将数据分为不同的档次，分放在不同的存储器中，不同层次的存储器之间可以互相传输。

目前，计算机中存储器的体系结构通常分为以下几个层次：

（1）寄存器 寄存器是 CPU 内部的存储器，用于存储指令和数据。寄存器的访问速度非常快，但容量非常小，一般只有几十个字节。

（2）高速缓存（Cache） Cache 是介于寄存器和主存储器之间的一层存储器。它的容量比寄存器大，但比主存储器小，存取速度和 CPU 的速度相匹配，比主存储器快，可以缓存 CPU 频繁访问的指令和数据，以提高访问速度。

（3）主存（主存储器） 主存又叫内存（内部存储器），通常由 DRAM 构成，是计算机中最主要的存储器，用于存储程序和数据。主存的容量比寄存器和高速缓存大，但速度相对较慢。主存用于临时存储数据和程序，主存的容量和计算机系统的性能密切相关。

（4）辅存（辅助存储器） 辅存是主存之外的一种存储器，如硬盘、光盘、U 盘等。其容量比主存大，但速度较慢，辅存通常用于长期存储数据和程序。

各级存储器之间的数据传输通常是按照层次结构进行的，即 CPU 先从寄存器中读取数据，若数据不在寄存器中，则从高速缓存中读取，若不在，则从主存中读取，若不在，则从辅存中读取。写操作也是类似的，数据先写入寄存器或高速缓存，再写入主存或辅存。这种层次结构的存储器体系结构可以提高计算机的运行速度和存储容量。

图 2-24 为计算机存储器的层次化结构。系统运行时，通常将使用最频繁、容量不太大的程序和数据存放在 Cache 中，经常使用的程序和数据存放在内部存储器中，不太常用并且容量较大的程序和数据存放在辅助存储器中。图中各部分从上到下价格逐层降低，容量逐层增加，速度逐层下降，而对 CPU 的访问频度依次减少。为了使 Cache、内存和辅存构成协调工作的存储体系，采用高速缓存技术实现 Cache 和内存之间的映射，采用虚拟存储技术实现内存和辅存之间的映射。通过高速缓存技术和虚拟存储技术，三者的内容会自动进行转换和调度。

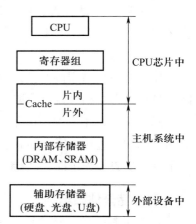

图 2-24　计算机存储器层次化结构

3. 高速缓存技术

高速缓存（Cache）用于缓存 CPU 频繁访问的指令和数据，以提高访问速度。CPU 运行过程中，会自动将当前要运行的指令和数据存入 Cache。Cache 的内容是不断更新的，大多数情况下，CPU 所需要的信息都可以在 Cache 中找到，只有较少数情况下，CPU 须通过访问 DRAM 来获得当前所需要的信息。这样，CPU 大大减少了对速度相对较慢的内存的直接访问。Cache 技术采用了存储器层次结构的思想，通常将缓存分为多级结构，每级存储器的容量逐级递增，速度逐级递减。此外，Cache 又分为片内 Cache 和片外 Cache。其中，片内 Cache 是指 CPU 内部集成的 Cache，通常是 L1、L2 和 L3 三级 Cache，它们与 CPU 核心在同一个芯片上。片内 Cache 的容量通常比较小，但访问速度非常快，能够快速响应 CPU 的请求，极大提高了 CPU 的性能。片外 Cache 是 CPU 外部连接的 Cache，通常是 L4 Cache。它们与 CPU 核心不在同一个芯片上，需要通过总线进行通信，访问速度比片内 Cache 慢，但是容量比片内 Cache 大得多。片外 Cache 的作用是提供更大的 Cache 容量，以便存储更多的数据和指令，从而提高 CPU 的性能。

Cache 技术的工作原理是，当 CPU 需要访问某个数据时，它首先会在 Cache 中查找，如果数据在 Cache 中，则直接读取；如果数据不在 Cache 中，则需要从主存中读取，并将数据存入 Cache 中，以供后续访问。Cache 中存储的数据是 CPU 频繁访问的数据，这样可以大大提高访问速度，提高计算机的运行速度，缩短程序执行时间，提高系统的响应速度。同时，Cache 技术还可以减少对主存的访问，降低系统总线的负载，减少能耗。由于 Cache 的容量有限，如果数据不在 Cache 中则需要从主存中读取，因此还需要实现一致性协议，保证 Cache 和主存之间的数据一致性。

Cache 技术的实现需要考虑多种因素，如缓存的大小、替换算法、缓存的映射方式等。

　　缓存的大小是影响缓存性能的一个重要因素。如果缓存太小，经常使用的数据和指令就无法全部存储在缓存中，从而导致缓存命中率下降；如果缓存太大，会浪费系统的资源。因此，需要根据实际情况来确定缓存的大小。

　　替换算法是另一个重要的因素。当缓存已满，而新的数据需要存储到缓存中时，就需要使用替换算法来确定哪个缓存块应该被替换出去。替换算法的目的是尽量降低缓存的缺失率，提高命中率，从而提高系统的性能。不同的替换算法适用于不同的场景，需要根据实际情况来选择。常见的缓存替换算法有以下几种。

　　（1）最近最少使用（least recently used，LRU）算法

　　该算法选择最近最少使用的缓存块进行替换。LRU 算法的基本思想是，最近使用过的数据在未来很可能会再次被访问，而较早之前访问的数据在未来不太可能被访问。LRU 算法会跟踪每个缓存块的访问时间，并在需要替换时选择最久未被访问的块。

　　（2）先进先出（first-in，first-out，FIFO）算法

　　该算法选择最早进入缓存的块进行替换。FIFO 算法的基本思想是，先进入缓存的数据可能已经过时，不再被需要。FIFO 算法会记录每个缓存块的进入时间，并在需要替换时选择最早进入的块。

　　（3）随机（random）算法

　　该算法随机选择一个缓存块进行替换。随机算法的基本思想是，通过随机选择，避免了其他算法可能引入的系统性偏差。虽然随机算法在某些情况下可能导致较高的缓存缺失率，但在实际应用中其性能往往比预期要好。

　　（4）最不常用（least frequently used，LFU）算法

　　该算法选择访问次数最少的缓存块进行替换。LFU 算法的基本思想是，访问次数较少的数据在未来可能不会被频繁访问。LFU 算法会记录每个缓存块的访问次数，并在需要替换时选择访问次数最少的块。

　　缓存的映射方式也是一个需要考虑的因素。所谓映射是指 CPU 如何在缓存中查找和存储主存储器中的数据块的方法。映射方式决定了主存中的数据块可以被存储在缓存中的哪个位置，以及如何在缓存中查找数据块。不同的映射方式在查找速度、实现复杂度、冲突概率等方面存在差异，需要根据实际应用场景和性能需求进行选择。常见的映射方式有三种：直接映射、全相联映射和组相联映射。

　　（1）直接映射（direct mapped cache）

　　主存中的每个数据块只能映射到 Cache 中的固定位置，Cache 中的每个块都与主存中的某个特定块对应。这种映射关系是固定的，实现简单，访问速度快，花费的硬件资源较少；但冲突可能性较高，即使 Cache 还有空闲块，也可能发生缺失，这是因为不同的主存块可能映射到了同一个 Cache 块，导致冲突。

　　（2）全相联映射（fully associative cache）

　　主存中的每个数据块可以映射到 Cache 中的任意一个位置，当发生缺失时，可以替换 Cache 中的任意一个块。这种映射方式具有很高的灵活性，冲突可能性最低，缺失率较低；

但实现复杂，需要较多的硬件资源，访问速度相对较慢，因为需要在 Cache 中搜索主存块的位置，通常需要使用关联存储器（associative memory）或者 CAM（content-addressable memory）。

（3）组相联映射（set associative cache）

把 Cache 分为若干组，每组包含几个位置。主存中的每个数据块可以映射到 Cache 中特定组的任意一个位置，但不能映射到其他组。这种映射方式在直接映射和全相联映射之间取了折中。相对于直接映射，冲突可能性降低，实现复杂度稍高，需要在每个组内搜索主存块的位置；但相对于全相联映射，实现复杂度则降低。因此，组相联映射具有较平衡的性能和实现复杂度。组相联映射的性能还受到组大小的影响，选择时需要权衡组大小与性能的关系。

2.4.2　微型计算机与外设之间的数据传输

计算机与外设之间的数据传输是指计算机与外部设备进行信息交换的过程。外部设备可以是输入设备（如键盘、鼠标等）、输出设备（如显示器、打印机等）、存储设备（如硬盘、U 盘等）或其他各种类型的设备。数据传输的目的在于实现计算机与这些设备之间的有效通信，从而扩展计算机的功能。

计算机与外设之间的数据传输有多种方式，不同的传输方式各有优、缺点，需要根据实际应用场景和性能要求进行选择。计算机与外设之间的数据传输主要有以下几种方式：

1. 程序查询方式传输（programmed I/O）

又称条件传输方式，在这种方式中，CPU 通过程序指令不断读取并测试外设的状态，如果外设处于准备就绪状态（输入设备）或者空闲状态（输出设备），则 CPU 执行输入指令或输出指令控制数据传输，与外设交换信息，数据的发送和接收都是由 CPU 直接完成。为此，接口电路中除了传输数据的端口以外，还需要传输外设状态的端口。

这种方式的优点是简单，缺点是占用 CPU 资源，因为 CPU 需要不断地查询外设是否准备好，如果外设未准备好，则 CPU 须等待。这些过程占用了 CPU 的大量工作时间，而 CPU 真正用于传输数据的时间却很少。由于大多数外设的速度比 CPU 的工作速度低得多，所以程序查询方式传输数据无异于让 CPU 降低有效的工作速度而去适应速度低得多的外部设备。如果一个系统有多个外设，那么 CPU 只能轮流对每个外设进行查询，而这些外设的速度往往并不相同，这时 CPU 显然不能很好地满足各个外设随机性的输入输出服务要求，所以实时性较差。可见，在实时系统以及多个外设的系统中，采用程序查询方式进行数据传输往往是不适宜的。

此外，还有一种无条件传输方式。当 CPU 能够确定一个外设已经准备就绪，就不需查询外设的状态而直接进行信息传输，这种方式程序设计简单。不过名为无条件传输，实际上是有条件的，就是传输不能太频繁，以保证每次传输时外设处于就绪状态。无条件传输方式用得比较少，只用于对一些简单的外设进行操作，如开关、七段数码管等。

2. 中断方式传输（Interrupt-driven I/O）

（1）工作原理

在这种方式中，外设具有申请 CPU 服务的主动权，当外设准备好进行数据传输时，可以向 CPU 发送一个中断信号。CPU 在接收到中断信号后会暂停当前任务，处理与外设的数据传输，数据传输完成以后再继续执行原来的任务。这种方式的特点是响应速度快，但需要额外的中断控制器，适用于数据传输量较大、对响应时间要求较高的情况。其优点是减轻了 CPU 的负担，但仍然需要 CPU 参与数据传输。

使用中断方式传输时，CPU 不必花费大量时间去查询外设的工作状态，当外设就绪时会主动向 CPU 发出中断请求信号。而 CPU 本身具有这样的功能，在每条指令被执行完以后，如果有中断请求，那么在中断允许标志为 1 的情况下，CPU 保留下一条指令的地址和当前的标志，此处称为断点，转而去执行一个数据输入输出的程序，此程序称为中断处理子程序或中断服务子程序。CPU 从中断处理子程序返回时，会恢复标志和断点地址，继续执行原来的程序。

以中断方式传输时，CPU 和外设处在并行工作状态。外部设备准备就绪时会主动向 CPU 发出中断请求，CPU 不必在两个输入输出过程之间对接口进行状态测试和等待，而可以去做别的处理。这样就大大提高了 CPU 的效率。

图 2-25 所示为利用中断方式进行数据输入时所用的基本接口电路的工作原理。当外设准备好一个数据供输入时，便发出一个选通信号，从而使数据打入接口的锁存器中，并使中断请求触发器置 1，此时，如果中断屏蔽触发器 $\overline{Q}$ 端的值为 1（中断屏蔽触发器的状态为 1 还是为 0 决定是否允许本接口发出中断请求），则产生一个向 CPU 的中断请求信号 $\overline{\text{INT}}$。CPU 接收到中断请求信号以后，如果中断允许触发器状态为 1，则在当前指令被执行完后，响应中断。中断允许触发器在 CPU 内部，它的状态决定了当前 CPU 是否可以响应可屏蔽中断。

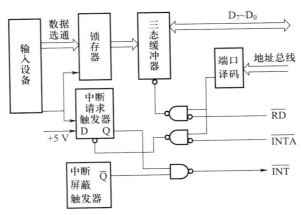

图 2-25 中断方式数据输入接口电路工作原理

（2）中断类型

在微机系统中，有两类中断类型，即外部中断和内部中断。对于中断方式传输过程，为了具有实时性，一般采用外部中断。所谓外部中断，就是通过硬件向 CPU 发送中断请求信号，从而引起 CPU 执行一个中断处理程序，这里所指的硬件就是前面所讲的接口电路。Intel 系列微处理器的中断引脚有两个，一个标为 NMI，另一个则标为 INTR。

从 NMI 引脚引入的为非屏蔽中断，它对应于中断类型 2。CPU 总是一收到非屏蔽中断请求便立即响应。一般系统中，非屏蔽中断请求信号是从某些检测电路发出的，而这些检测电路往往是用来监视电源电压、时钟等系统基本工作条件的。如不少系统中，当电源电压严重下降时，检测电路便发出非屏蔽中断请求信号，这时 CPU 不管正在进行什么处理，也不管中断允许标志是否为 1，总是立刻进入非屏蔽中断处理子程序。非屏蔽中断处理子程序的功能通常是紧急保护，如把 RAM 中的关键性数据进行保存，或者通过程序接通一个备用电源等。

从 INTR 引脚上进入的中断请求信号是可以被 IF 标志屏蔽的，所以称为可屏蔽中断。如果 IF 标志为 0，则从 INTR 引脚进入的中断请求得不到响应，只有当 IF 为 1 时，CPU 才会通过 $\overline{\text{INTA}}$ 引脚往接口电路送两个负脉冲作为回答信号。中断接口电路接收到 $\overline{\text{INTA}}$ 信号后，将中断向量发送到数据总线，同时清除中断请求触发器的请求信号。CPU 根据中断向量找到中断处理子程序的入口地址，从而进入中断处理子程序。

中断处理子程序中除了包含输入指令或输出指令用以完成数据传输外，前后分别有保存通用寄存器内容和恢复通用寄存器内容的指令。当执行完中断处理子程序后，CPU 返回断点处继续执行之前被中断了的程序。图 2-26 所示为一个可屏蔽中断的响应和执行过程。

（3）中断优先级问题

当系统中有多个设备用中断方式和 CPU 进行数据传输时，就有一个中断优先级处理问题，通常采用三种方法来解决：软件查询方式、简单硬件方式和专用硬件方式。

1）软件查询方式

使用软件查询方式需要借助于简单的硬件电路。如一个系统中有三个外部设备 A、B 和 C 利用中断方式和 CPU 进行数据传输，现在希望设备 A 的中断优先级最高，设备 B 次之，设备 C 最低。这时可以用硬件电路将三个外设的中断请求信号相"或"后，作为 INTR 信号端，并把它们的状态位相"或"后作为一个状态字。这样任何一个外设有中断请求时，都可以向 CPU 发 INTR 信号，CPU 响应中断以后，进入中断处理子程序。程序设计时，只要在中断处理子程序的开始部分安排一段带优先级的查询程序，便可以使这三个设备具有从高到低的中断优先级。该查询程序与带优先级的轮流查询程序设计思想相同，即利用一个标志单元使其后的各个输入输出程序具有不同的优先级。

软件查询方式的优点是节省硬件，不需要有判断优先级的硬件排队电路，而是用程序的优先级来确定设备的优先级。软件查询方式的缺点是由设备发出中断请求信号到 CPU 转入相应的服务程序入口的时间较长，特别是在中断源比较多的情况下，必须有较长的查询程序段，这样转入服务程序所花费的时间也会较长。

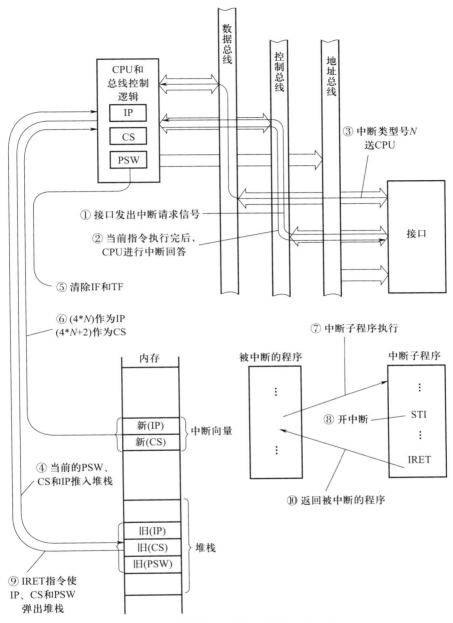

图 2-26 可屏蔽中断的响应和执行过程

2）简单硬件方式——菊花链法

菊花链法是一个解决中断优先级的简单硬件方法。其方法是在每个外设对应的接口上连接一个逻辑电路，这些逻辑电路构成一个链，称为菊花链，由菊花链来控制中断应答信号的通路。图 2-27a 是菊花链的线路图，图 2-27b 是菊花链上各个中断逻辑电路的具体线路图。

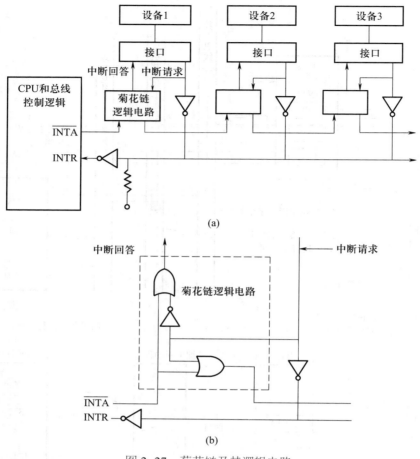

图 2-27　菊花链及其逻辑电路

由图 2-27 可知，当一个接口有中断请求时，CPU 如果允许中断，则会发出低电平的 $\overline{\text{INTA}}$ 信号。如果一个级别较高的外部设备没有发中断请求信号，那么这级中断逻辑电路会允许中断应答信号 $\overline{\text{INTA}}$ 原封不动地往后传递，这样 $\overline{\text{INTA}}$ 信号就可以送到发出中断请求的接口；如果某个外设发出了中断请求信号，那么本级的中断逻辑电路就对后面的中断逻辑电路实行阻塞，因而 $\overline{\text{INTA}}$ 信号不再传到后面的接口。这样安排以后，$\overline{\text{INTA}}$ 信号就可以沿着菊花链往后传递，而发出中断请求信号的接口可以截取 $\overline{\text{INTA}}$ 信号。当某一接口收到 $\overline{\text{INTA}}$ 信号以后，就会撤销中断请求信号，随后往总线上发送中断类型号，CPU 由此找到相应的中断处理子程序的入口，从而转入执行中断处理子程序。

当有两个设备同时发中断请求信号时，按上述原理，显然最接近 CPU 的接口得到中断响应，而排在菊花链较后面位置的接口收不到中断应答信号 $\overline{\text{INTA}}$，从而保持中断请求。此后，CPU 执行某个中断处理子程序。如果这个子程序中用开中断指令又一次使中断允许标志为 1，或者此中断处理子程序运行结束，则 CPU 可能会响应下一个中断请求，从而又发出中断应答信号 $\overline{\text{INTA}}$，直到这时候，第二个请求服务的接口才撤销中断请求。从上面的分析中可以看到，有了菊花链以后，各个外设接口就不会竞争中断应答信号 $\overline{\text{INTA}}$，因为菊花链已经从硬件的角度根据接口在链中的位置决定了它们的优先级，越靠近 CPU 的接口，优先级越高。

3）专用硬件方式

目前，在微机系统中解决中断优先级管理的最常用办法是采用可编程中断控制器。图 2-28 给出了典型的可编程中断控制器的设计电路框图和在系统中的接法。

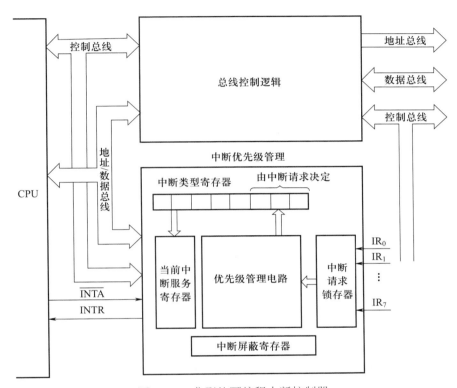

图 2-28　典型的可编程中断控制器

从图 2-28 可以看到，可编程中断控制器中除中断优先级管理电路和中断请求锁存器外，还有中断类型寄存器、当前中断服务寄存器和中断屏蔽寄存器。有了可编程中断控制器，CPU 的 INTR 引脚和 $\overline{\text{INTA}}$ 引脚连接中断控制器；来自外设的输入输出接口的中断请求信号并行地送到中断优先级管理电路，此管理电路为各中断请求信号分配优先级，比如，最高的优先级分配给 IR_0，下一个优先级分配给 IR_1，最低的优先级分配给 IR_7……当一个外部中断请求送到可编程中断控制器并被中断优先级管理电路确认为当前级别最高的中断请求时，中断类型寄存器的最低 3 位的值（即对应于中断请求的序号）就会送到当前中断服务寄存器。此后，可编程中断控制器向 CPU 发出一个中断请求信号，如果中断允许标志为 1，则 CPU 发出中断应答信号 $\overline{\text{INTA}}$，可编程中断控制器在收到两个 $\overline{\text{INTA}}$ 负脉冲之后，便将中断类型号发给 CPU。在整个过程中，优先级较低的请求都受到阻塞，直到通过程序中的指令或者由于中断处理程序执行完毕而引起当前中断服务寄存器的对应位清 0，级别较低的中断请求才可能得到响应。

可编程中断控制器中的中断类型寄存器、中断屏蔽寄存器都是可编程的，当前中断服务寄存器也可以用软件进行控制，而且优先级排列方式也是通过指令来设置的，所以可编程中断控制器使用起来灵活方便。

比起程序查询方式，利用中断方式进行数据传输可以大大提高 CPU 的工作效率。但在中断方式下，仍然是通过 CPU 执行程序来实现数据传输，每进行一次传输，CPU 都必须执行一遍中断处理程序，而每进入一次中断处理程序，CPU 都要保护断点和标志。此外，在中断处理程序中，通常有一系列保护寄存器和恢复寄存器的指令，这些指令显然与数据传输没有直接关系，但在执行时却要 CPU 花费不少时间；还有，微处理器通常采用指令队列来提高性能，一旦进入中断，指令队列就要清除，再装入中断处理程序处的指令执行，而返回断点时，指令队列也要清除，重新装入断点处的指令才开始执行，这使得并行工作机制损失效能。上述几方面的因素造成中断方式下的传输效率仍然不是很高。

3. 直接内存访问方式（direct memory access，DMA）

在这种方式中，外设与内存之间的数据传输不需要 CPU 的直接参与。外设通过一个专门的 DMA 控制器进行数据传输，DMA 控制器负责将数据从外设传输到内存，或者从内存传输到外设。这种方式的优点是大大减轻了 CPU 的负担，提高了数据的传输效率。

为了说明 DMA 的工作原理，需要对外部设备的数据传输率问题作一说明。外部设备的数据传输率通常是由外设本身决定的，而不是由 CPU 决定的。像磁盘、模/数转换器等，它们在操作过程中对数据的处理速度很高，所以和主机之间的数据传输率也很高。

在程序查询方式或中断方式下，都是通过执行指令来实现主机和外设的传输。在系统总线上传输 1 个字节或者 1 个字需要 1 个或 2 个总线周期，执行一条指令需要几个总线周期，而每个总线周期中又包含几个时钟周期。这样，外设和 CPU 传输数据的时间，加上每传送 1 个字节后修改地址指针和计数器的时间，再加上 CPU 和内存的传输时间，就很难使磁盘和内存之间达到很高的传输速度。

DMA 方式下，外部设备利用专用的接口电路直接和存储器进行高速数据传输，而并不经过 CPU。这样，传输时就不必进行保护现场之类的额外操作，数据的传输速度基本决定于外设和存储器的速度。利用 DMA 方式进行数据传输时，需要利用系统的数据总线、地址总线和控制总线。这三组总线是由 CPU 或者总线控制器管理的，用 DMA 方式进行数据传输时，接口电路要向 CPU 发出请求，使 CPU 让出总线，即把总线控制权交给控制 DMA 传输的接口电路，这种接口电路就是 DMA 控制器。

DMA 控制器具备下列这些功能。

（1）当外设准备就绪希望进行 DMA 操作时，会向 DMA 控制器发出 DMA 请求信号，DMA 控制器接到此信号后应能向 CPU 发出总线请求信号。

（2）CPU 接到总线请求信号后，如果允许，则会发出 DMA 响应信号，从而 CPU 放弃对总线的控制，这时 DMA 控制器应能实行对总线的控制。

（3）DMA 控制器得到总线控制权以后，要往地址总线发送地址信号，修改所用的存储器或接口的地址指针。为此，DMA 控制器内部设有地址寄存器。初始，由软件往此寄存器中设置 DMA 的首地址。在 DMA 操作过程中，每传输 1 个字节，就会自动对地址寄存器的内容进行修改，以指向下一个要传输的字节。

（4）在 DMA 传输期间，DMA 控制器应能发出读写控制信号。

（5）为了决定所传输的字节数，并判断 DMA 传输是否结束，在 DMA 控制器内部必须有 1 个字节计数器，用来存放所传输的字节数，即数据长度。一开始由软件设置数据长度，在 DMA 过程中，每传输 1 个字节，字节计数器的值便自动减 1，减至 0 时，DMA 过程结束。

（6）DMA 过程结束时，DMA 控制器应向 CPU 发出结束信号，将总线控制权交还给 CPU。

图 2-29 所示为用 DMA 方式传输单个数据的工作过程。CPU 通过 HOLD 引脚接收 DMA 控制器的总线请求，而在 HLDA 引脚上发出对总线请求的允许信号。当 DMA 控制器往 HOLD 引脚上发一个高电平信号，就相当于发出总线请求。通常，CPU 在完成当前总线操作后，就使 HLDA 引脚出现高电平而响应总线请求，DMA 控制器接收到此信号后就成为控制总线的部件。此后，当 DMA 控制器将 HOLD 信号变为低电平时，便放弃对总线的控制，CPU 检测到 HOLD 信号变为低电平后，也将 HLDA 信号变为低电平，于是又由 CPU 控制系统总线。

在 DMA 控制器控制系统总线后，完全由 DMA 控制器决定什么时候将总线请求信号变为低电平。所以每次数据传输后，DMA 控制器既可以立刻将总线控制权交还给 CPU，也可以继续进行传输，等到整个数据块传输完毕后，再交出总线控制权。前一种是用 DMA 方式进行单个数据传输的情况，后一种是用 DMA 方式进行数据块传输的情况。不管是单个数据传输，还是连续传输，下一次传输总是用紧挨着的内存单元。在 DMA 传输期间，DMA 控制器要提供所访问的内存单元地址，所以从结构上看，DMA 控制器内部一定有 1 个寄存器用来存放下一个要访问的内存单元的地址。另外，DMA 控制器还必须知道什么时候结束数据传输，所以其内部也必然有 1 个作为计数器的寄存器。

由此可见，DMA 控制器内部一般含有 1 个控制寄存器、1 个状态寄存器、1 个地址寄存器和 1 个字节计数器。除了状态寄存器，其他寄存器在块传输前都要进行初始化。每传输 1 个字节，地址寄存器的内容加 1（或者减 1，这决定于 DMA 控制器的设计），字节计数器减 1。当然，在进行字传输时，地址寄存器和字节计数器以 2 为修改量。

如果一个 DMA 控制器连接了几个接口，那么 DMA 控制器内部还要增加某些寄存器的数目。例如，如果几个接口同时执行数据块传输，那么就要有相应于每个接口的地址寄存器和字节计数器。另外，DMA 控制器必须在控制寄存器中规定一些数位，用来作为对应于各接口的 DMA 允许位。DMA 控制器的状态寄存器中也要规定一些位，分别指出哪些接口完成了 DMA 传输。这样，尽管 DMA 控制器只用一个引脚输出告知 DMA 完成的信号，但是通过程序对状态位的检测仍可确定是哪个接口完成了 DMA 传输。除此以外，在多个接口连接 DMA 控制器时，DMA 控制器还必须能够对来自各接口的 DMA 请求进行优先级排队。

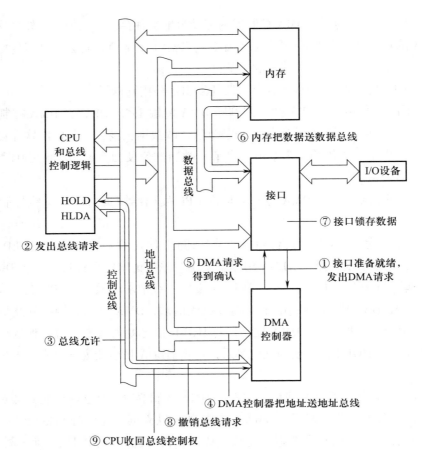

图 2-29　用 DMA 方式传输单个数据的工作过程

4. 输入输出处理器方式（I/O processor，IOP）

在这种方式中，计算机系统中有一个专门的输入输出（I/O）处理器，负责处理与外设之间的数据传输。I/O 处理器有自己的指令集和寄存器，可以独立完成数据传输任务，而不需要 CPU 的参与。当外部设备需要与计算机系统进行数据交换时，它会向 I/O 处理器发送请求；I/O 处理器接收到请求后，会根据设备的特性和要求进行相应的数据传输和处理；传输完成后，I/O 处理器将数据传递给计算机系统进行后续处理。这种方式具有独立、高效、可扩展、可靠和灵活等特点，进一步减轻了 CPU 的负担，提高了系统的并行性能。

2.4.3　微型计算机总线与接口技术

1. 总线（BUS）

总线是计算机系统中各部件之间传送信息的公共通道，是微型计算机的重要组成部件。它由若干条通信线和起驱动、隔离作用的各种三态门器件组成。微型计算机在结构形式上总是采用总线结构，即构成微型计算机的各功能部件（微处理器、存储器、I/O 接口电路等）之间通过总线相连接，这是微型计算机系统结构上的独特之处。采用总线结构，使系统各功能部件间的相互关系转变为各部件面向总线的单一关系，一个部件（功能板卡）只要符合总线标准，就可以连接到采用这种总线标准的系统中，从而使系统功能扩充或更新更容易，结构更简单，可靠性大大提高。总线结构有如下优点。

支持模块化设计　总线结构使微型计算机系统成为由总线连接的多个独立的子系统，每个子系统对应一个模块。这种模块化结构使系统设计可分解成对多个独立模块的设计，从而使整个设计可多轨并进，缩短了设计周期，而且便于故障检测和系统维护，也便于系统扩展。

开放性和通用性好　每种总线都有固定的标准，而且技术规范完全公开，严格按照总线标准设计的部件都可以连接到相应的总线上。这使得厂商能以很快的速度和很低的成本设计和生产大量的扩展卡，为系统功能的扩展和提高带来很大便利。

灵活性好　有了总线以后，系统的组合有一定的随意性，系统主板上有多组总线的扩展槽，每组对应一种总线。在某一组总线槽的任一位置插上符合总线规范的适配卡，就可以连接相应的设备。用户可根据需要选择设备，而且连接方便灵活。

一个微型计算机系统中，通常包含了多种类型的总线，根据布局范围，总线可分为以下四种类型。

（1）内部总线

位于微处理器芯片内部，故称为内部总线（片内总线），用于微处理器内部 ALU 和各种寄存器等部件间的互联及信息传输。由于受芯片面积及对外引脚数的限制，片内总线大多采用单总线结构，这有利于芯片集成度和成品率的提高，如果要求加快内部数据传送速度，也可采用双总线或三总线结构。

（2）局部总线

局部总线是连接计算机主板 CPU 与芯片组和其他部件的总线。局部总线有两种层次结构。

一种局部总线是用于 CPU 与芯片组之间传输数据的高速总线。它与处理器架构直接相关，其传输速率取决于芯片组的设计和制造工艺，不同的芯片组和处理器会有不同的局部总线速率。例如，Intel Core i7 处理器采用了 QPI（quick path interconnect）技术，其传输速率可达 6.4 GT/s（Gigatransfers per second），而更高端的 Intel Xeon 处理器，其 QPI 传输速率可达 10.4 GT/s 或更高；AMD Ryzen 处理器采用了 Hyper Transport 技术，其传输速率可达 20.8 GT/s，而更高端的 AMD EPYC 处理器，其 Hyper Transport 传输速率可达 42.6 GT/s。这些传输速率是指单个通道的传输速率，而 QPI 和 Hyper Transport 都支持多个通道的并行传输，因此实际的总带宽将取决于通道的数量。此外，处理器的具体配置和设置也会对传输速率产生影响。因此，具体的传输速率可能会因处理器型号、配置和设置的不同而有所变化。

另一种局部总线是主板连接 CPU 与其他各个主要部件的总线。它通常以扩展槽的形式连接各种适配器，如存储设备、显卡、图像卡、声卡和网卡等，这也是微机系统设计人员和应用人员最关心的一类总线。任何一台计算机的主板上都有并排的多个插槽，这就是局部总线扩展槽。一般情况下，一组扩展槽中的每一个都相同，对应同一种局部总线，添加外设时，只要在同组中任何一个扩展槽内插上符合总线标准的适配器，再连接外设即可。此类局部总线的类型很多，目前微机系统中常用的有 ISA（industry standard architecture）、EISA（extension industry standard architecture）、PCI（peripheral component interconnect）和 PCIe（PCI express）等，其中 PCIe 是当前最先进的局部总线。PCIe 是一种点对点连接的总线，每个设备都直接与主板上的 PCIe 控制器相连，通过差分信号传输数据、地址和控制信号。PCIe 总线是在 PCI 总线的基础上发展而来，旨在提供更高的带宽和更好的性能。与 PCI 总线不同，PCIe 总线采用了差分信号传输和数据包交换的方式，可以同时进行双向通信，提供更高的数据传输速率和更低的延迟。PCIe 总线标准有多个版本，PCIe 1.0 ～ PCIe 5.0，每个版本都提供了不同的带宽和性能。随着版本的升级，PCIe 总线的带宽不断增加，从最初的 2.5 GT/s 提升到目前 PCIe 5.0 的 16 GT/s，更高版本的 PCIe 正在开发中。PCIe 总线广泛应用于现代计算机系统，特别是高性能计算、图形处理和存储系统等领域。它提供了高带宽和低延迟的数据传输能力，以满足日益增长的使用需求。

实际上，局部总线是组成微机系统的主框架，因此备受重视。随着 CPU 的更新换代，局部总线也不断推陈出新。之所以用"局部"一词，是相对高性能超级计算机系统而言，因为在高性能超级计算机系统中，还有更高层的总线作为系统总线。

（3）系统总线

这是多处理器系统，即高性能超级计算机系统中连接各 CPU 插件板的信息通道，用来支持多个 CPU 的并行处理。系统总线位于机箱底板上，各 CPU 插件板和其他总线主模块（如 DMA 模块）插件以此互相连接，并通过仲裁机制竞争对总线的控制权。在普通计算机中，一般不用系统总线，而在高性能超级计算机系统中，系统总线是系统设计中的关键技术。当前最流行的系统总线是 MULTIBUS，其次还有 STDBUS、VME 等。

还有一种说法，即把高性能计算机系统内部连接各个组件和子系统的各类总线统称为系统总线。其中包括：

① 前端总线（front side bus，FSB）　连接处理器（CPU）和主板上的北桥芯片的总线，负责处理器与内存、显卡和其他扩展卡之间的数据传输。FSB 的带宽决定了处理器与其他组件之间的数据传输速度。

② 后端总线（back side bus，BSB）　连接处理器和主板上的缓存之间的总线，用于处理器与缓存之间的数据传输。

③ 内存总线　连接主板上的内存模块和内存控制器的总线，用于处理内存与处理器之间的数据传输。

④ I/O 总线　I/O 总线是连接主板上的各种外部设备（如硬盘、光驱、键盘、鼠标等）和 I/O 控制器的总线，用于处理计算机与外部设备之间的数据传输。

⑤ PCI 总线　PCI 总线是一种标准的计算机内部总线，用于连接主板上的各种扩展卡，如显卡、网卡、声卡等。PCI 总线提供了一种通用的接口和通信规范，使得不同厂商的设

备可以在同一总线上进行通信，其最新版本是基于 PCIe 总线。

这些系统总线在计算机内部扮演着重要角色，通过它们，不同的组件和子系统可以相互通信和协调工作，实现计算机的各种功能和任务。不同的总线具有不同的特点和性能，适用于不同的应用场景。随着技术的进步，新的总线标准也在不断出现，以满足日益增长的使用需求。

（4）外部总线

外部总线是一种用于微机和外部设备，或者几个微机系统之间进行数据传输的通道。通常由一组电线、电缆或光纤组成，可以传输不同类型的数据和控制信号，例如图像、音频、视频、数据等。外部总线可以连接各种外部设备，例如打印机、扫描仪、摄像机、音频设备、存储设备等。外部总线的传输率相对较低，对不同设备所用的总线标准也不同，常见的外部总线有串行总线 RS-232-C，用于与并行打印机连接的 Centronics 总线，用于与硬盘连接的 IDE（integrated drive electronics）总线、SATA 总线、SCSI（small computer system interface）总线，还有 Thunderbolt 总线、FireWire 总线、USB（universal serial bus）总线等。USB 总线是一种通用的串行总线，用于连接计算机和各种外部设备，如鼠标、键盘、打印机、扫描仪、数码相机等。USB 总线具有热插拔、即插即用、高速传输等特点，是目前应用最广泛的外部总线之一。Thunderbolt 总线是一种高速串行总线，由英特尔和苹果公司共同开发，用于连接计算机和高速外部设备，如硬盘、显示器、音频设备等。Thunderbolt 总线具有高速传输、支持多个设备连接、支持高清视频传输等特点。FireWire 总线也是一种高速串行总线，用于连接计算机和高速外部设备，如硬盘、摄像机、音频设备等。FireWire 总线具有高速传输、支持多个设备连接、支持热插拔等特点。SATA 总线是一种用于连接硬盘的串行总线，用于连接计算机主板和硬盘驱动器，SATA 总线具有高速传输、支持热插拔、数据传输稳定等特点。SCSI 总线是一种高速并行总线，用于连接计算机和高速外部设备，如硬盘、光驱、打印机等，SCSI 总线具有高速传输、支持多个设备连接等特点，但需要专门的控制器和硬件支持。这类外部总线不但可用于微机系统，也可用于其他系统，所以常常被称为通信总线。

外部总线具有以下特点：

① 传输速度慢　与内部总线相比，外部总线的传输速度要慢得多。这是因为外部设备通常比内部设备处理速度慢，而且外部设备的数据传输距离更远，需要更多的时间来传输数据。

② 传输距离长　外部总线连接的设备通常位于计算机外部，因此数据传输距离较长。

③ 数据传输方式多样　外部总线支持多种数据传输方式，如并行传输、串行传输、同步传输和异步传输等。不同的传输方式适用于不同的外部设备和应用场景。

④ 数据传输协议复杂　外部总线需要支持多种数据传输协议，如 USB、SATA、FireWire 等。这些协议都有自己的规范和标准，需要在外部总线上进行实现和支持。

⑤ 数据传输安全性要求高　外部总线连接的设备通常是计算机系统的外设，因此需要更高的安全性和保护措施，避免数据泄露或被非法访问。

不管哪种类型的总线，其传送的信息类型不外乎数据信息、地址信息和控制信息，因此总线中通常包含有三种不同功能的总线，即数据总线 DB（data bus）、地址总线 AB（address bus）和控制总线 CB（control bus）。

① 数据总线 DB　用于传送数据信息。数据总线是双向三态形式的总线，它既可以把 CPU 的数据传输到存储器或 I/O 接口等其他部件，也可以将其他部件的数据传输到 CPU。数据总线的位数是微型计算机的一个重要指标，通常与微处理的字长相一致。例如，Intel 8086 微处理器字长 16 位，其数据总线宽度也是 16 位。目前主流计算机数据总线的宽度一般为 32 位或 64 位。需要指出的是，数据的含义是广义的，它可以是真正的数据，也可以是指令代码或状态信息，有时甚至是一个控制信息，因此在实际工作中，数据总线上传输的不仅仅是一般意义上的数据。

② 地址总线 AB　专门用来传送地址的，由于地址只能从 CPU 传向外部存储器或 I/O 端口，所以地址总线总是单向三态的，这与数据总线不同。地址总线的位数决定了 CPU 可直接寻址的内存空间大小。一般来说，若地址总线为 n 位，则可寻址空间为 2^n 字节。比如 8 位微机的地址总线为 16 位，则其最大可寻址空间为 2^{16} B=64KB，16 位微型机的地址总线为 20 位，其最大可寻址空间为 2^{20}=1 MB。目前主流计算机地址总线的宽度一般为 32 位或 64 位。

③ 控制总线 CB　用来传输控制信号和时序信号。控制信号中，有些是微处理器送往存储器和 I/O 接口电路的，如，读 / 写信号、片选信号、中断响应信号等；也有其他部件反馈给 CPU 的，如，中断请求信号、复位信号、总线请求信号、准备就绪信号等。因此，控制总线的传输方向由具体控制信号而定，一般是双向的；控制总线的位数要根据系统的实际控制需要而定。实际上，控制总线主要取决于 CPU。

总线的性能主要从以下三方面进行衡量：

总线宽度　总线宽度是指一次可以同时传输的数据位数。如，ISA 为 16 位总线，一次可以传输 16 位二进制数；EISA、PCI 为 32 位总线，一次可以传输 32 位二进制数。一般来说，总线的宽度越大，在一定时间中传输的信息量越大。不过，在一个系统中，总线的宽度不会超过 CPU 的字长。

总线频率　总线工作时每秒传输数据的次数。如，ISA、EISA 的总线频率为 8 MHz，PCI 的总线频率为 33 MHz，PCI–2 的总线频率为 66 MHz，总线频率越高，传输的速度越快。

总线传输率　每秒传输的字节数，用 MB/s 表示。总线传输率和总线宽度、总线频率之间的关系是

$$总线传输率 = 总线宽度 /8 \times 总线频率$$

如果总线宽度为 32 b（位），总线频率为 100 MHz，则

$$总线传输率 =32 b/8 \times 100 MHz$$

$$=400 MB/s$$

又如，PCI 总线的宽度为 32 位，总线频率为 33 MHz，计算得出 PCI 的总线传输率为

132 MB/s。总线宽度越宽，频率越高，则传输率越高

2. 输入输出接口

输入输出（I/O）接口是计算机与外部设备之间进行数据交换的关键部件。它实际上是微型计算机连接外部输入、输出设备及各种控制对象，并与外界进行信息交换的逻辑控制电路。由于外部设备的结构、工作速度、信号形式和数据格式等各不相同，因此它们不能直接挂接到系统总线上，必须用 I/O 接口电路来做中间转换，才能实现与 CPU 间的信息交换。I/O 接口也称 I/O 适配器，不同的外设必须配备不同的 I/O 适配器。I/O 接口电路是微型计算机应用系统必不可少的重要组成部分，微机应用系统的研制和设计，实际上主要是 I/O 接口的研制和设计。

接口电路在计算机系统中起到了连接计算机与外部设备的桥梁作用。它提供了标准化的连接方式和通信协议，实现了计算机与外部设备之间的数据交换和通信。接口电路还可以进行数据转换、调节数据传输速度，并实现对外部设备的控制和管理。通过接口电路，计算机系统可以与各种外部设备进行连接和交互，实现更广泛的应用和功能。

不同类型的 I/O 接口具有不同的功能和工作原理，常见的 I/O 接口类型包括并行接口、串行接口、USB 接口、以太网接口、音频接口、视频接口等。

（1）并行接口

并行接口是一种同时传输多个数据位的接口，其工作原理是将多个数据位同时传输，每个数据位之间通过同步信号进行同步。并行接口中，数据传输速度比较快，但是传输距离比较短，常用于连接打印机、扫描仪、摄像头等设备。并行接口的代表性标准包括 Centronics、IEEE 1284、IEEE1394、SCSI、ATA 等。早期的计算机与硬盘之间的连接采用 IDE（integrated drive electronics）接口，这是一种 ATA（advanced technology attachment）标准的并行接口，现在已经被 SATA 串行接口所取代。可见，并行接口是一种高速、低延迟、高带宽和灵活的数据传输方式。它可以提供更高的传输速率和带宽，适用于需要大量数据传输和实时响应的应用。但由于其设计复杂性和成本较高，现在并行接口在一些应用中逐渐被串行接口所取代。

（2）串行接口

串行接口是一种逐位传输数据的接口，其工作原理是将数据按位顺序一个接一个地传输，每个数据位之间通过时钟信号进行同步。串行接口中，数据传输速度比较慢，但是传输距离可以比较远，常用于连接外部调制解调器、打印机、扫描仪等设备。串行接口的代表性标准包括 RS-232、RS-422、RS-485 等。目前计算机与硬盘之间的 SATA 接口（Serial ATA）也是一种串行数据传输接口，其数据传输速度比较快，同时还可以支持热插拔和 NCQ（native command queuing）等特性，常用于连接硬盘、光驱、固态硬盘等存储设备。

串行接口相对于并行接口来说，设计和实现相对简单。串行接口只需要一个数据线来传输数据，而并行接口需要多个数据线，且需要更复杂的电路设计和布线。串行接口更容

易实现长距离的数据传输。通过使用适当的调制和解调技术，串行接口可以在数百米甚至数千米的距离进行数据传输。串行接口所需硬件成本相对较低，这使其成为一种经济实惠的选择，适用于大规模的应用，如计算机网络、通信系统等。尽管串行接口逐位传输数据，但通过提高传输速率，串行接口可以实现与并行接口相媲美的数据传输速度。例如，串行接口标准 USB 3.1 和 Thunderbolt 可以提供高达 10 Gbps 的传输速度。串行接口具有较好的兼容性，可以与各种设备和协议进行通信，是现代计算机和外部设备之间常用的连接方式之一。

（3）USB 接口

USB 接口是一种通用串行总线接口，其工作原理是通过 USB 总线将计算机与外部设备连接起来，实现高速数据传输和电力供应。USB 接口的数据传输速度比较快，同时可以为外部设备提供电力供应，常用于连接键盘、鼠标、音频设备、存储设备、打印机等设备。USB 接口支持热插拔功能，即可以在计算机运行时插入或拔出 USB 设备，而无须重新启动计算机。这种特性方便使用，节省了时间和操作步骤。USB 接口支持高速数据传输，目前最新的 USB 3.1 标准可以提供高达 10 Gbps 的传输速度，适用于大容量数据的传输，如高清视频、音频文件等。USB 接口具有广泛的兼容性，几乎所有的计算机和大多数的外部设备都支持 USB 接口，用户可以方便地连接和使用各种 USB 设备，无须担心兼容性问题。此外，USB 接口还支持即插即用功能，即计算机可以自动识别和配置连接的 USB 设备，无须手动安装驱动程序。USB 接口的这些优点使其成为许多便携设备的标配接口。

（4）以太网接口

以太网接口是一种局域网接口，其工作原理是通过以太网协议将计算机与其他设备连接起来，实现数据传输和网络通信。以太网接口数据传输速度非常快，同时可以连接多个设备，是一种高速、灵活、可扩展、低成本、高效益和易用的网络接口。以太网接口常用于连接网络设备，如路由器、交换机、网卡等。它可以支持多种网络协议和数据格式，适用于各种应用场景，如企业网络、数据中心、云计算等。以太网接口的代表性标准包括 10Base-T、100Base-TX、1000Base-T 等。

（5）音频接口

音频接口是一种用于连接音频设备的接口，其工作原理是将音频信号从计算机中传输到音频设备中，实现声音的播放和录制。音频接口数据传输速度比较慢，但是可以传输高质量的音频信号，常用于连接扬声器、耳机、麦克风等设备。音频接口的代表性标准包括 3.5mm 插孔、RCA 插孔、USB 音频接口、HDMI 音频接口、光纤音频接口等。

（6）视频接口

视频接口是一种用于传输视频信号的接口，通常用于连接视频设备和显示器、电视等设备，支持多种视频格式和传输方式，具有易用和兼容等优点。常见的视频接口有以下几种：

① HDMI 接口　HDMI（high-definition multimedia interface）是一种数字视频和音频传输接口。它可以实现高清视频和多通道音频传输，支持高质量的音视频输出。

② VGA 接口　VGA（video graphics array）是一种模拟视频接口，常用于连接计算机和显示器。它可以传输标准分辨率的视频信号，但不支持高清视频输出。

③ DVI 接口　DVI（digital visual interface）是一种数字视频接口，常用于连接计算机和显示器。它可以传输高质量的数字视频信号，支持高分辨率的视频输出。

④ DisplayPort 接口　DisplayPort 是一种数字视频和音频传输接口，常用于连接计算机和显示器。它可以传输高质量的视频和音频信号，支持高分辨率的视频输出。

⑤ Thunderbolt 接口　Thunderbolt 是一种高速数据传输接口，同时支持视频和音频传输。它可以实现高质量的视频和音频输出，支持高分辨率的视频显示。

另外，当计算机与模拟信号进行信息交换时，相应的模拟信号采集卡、音频接口、视频接口、控制器等外设接口电路中须配有模拟信号与数字信号之间的转换器，即 A/D 和 D/A 转换器。A/D 转换器的主要功能是将模拟信号转换为数字信号。转换过程中，模拟信号被采样并量化成数字信号，然后经过编码输出。A/D 转换通常采用的方法是比较器法、积分法、逐次逼近法等。A/D 转换器广泛用于数字信号处理、数据采集、控制系统等领域。D/A 转换器的主要功能是将数字信号转换为模拟信号。在转换过程中，数字信号被解码并转换为模拟信号，然后经过滤波输出。D/A 转换通常采用的方法是加权法、逐次逼近法等。D/A 转换器广泛用于音频、视频、通信、控制系统等领域。A/D 与 D/A 转换器是数字化技术应用的关键器件。

不同类型的 I/O 接口都有各自的特点和适用场景，用户需要根据自己的需求和设备的接口类型进行选择。

思考题

1. 微型计算机的发展经历了哪几个阶段？

2. 微型计算机有哪些主要特点？目前的技术发展趋势主要体现在哪些方面？

3. 微处理器、微型计算机和微型计算机系统之间是什么样的关系？

4. 请查询相关文献资料，简述微处理器技术目前的发展现状和发展趋势。

5. 微处理器一般如何分类？通用微处理器和嵌入式处理器的主要区别是什么？

6. 什么是微处理器的编程结构？ 8086 微处理器的内部编程结构是怎样的？

7. 微处理器内部总线的主要作用是什么？ 8086 微处理器的一个总线周期有几个时钟周期？

8. Pentium 微处理器相比以前的 Intel 微处理器，采用了哪些先进的技术？

9. Pentium 微处理器包含哪些主要部件？各有什么作用？

10. Pentium 微处理器的总线周期中包含哪些总线状态？它们之间是如何转换的？

11. 微处理器性能的提高一般通过哪几种途径来实现？

12. 采用传统设计思想和制造手段来制造微处理器，瓶颈主要出现在哪里？

13. 高性能微处理器在体系结构方面主要通过哪些手段来提高性能？

14. 64 位微处理器一般包含哪些部分？市场上主流的 64 位微处理器的体系结构主要有哪几种类型？它们之间的主要区别是什么？

15. 冯·诺依曼结构与哈佛结构有什么区别？

16. CISC 与 RISC 之间有哪些区别？

17. 什么是流水线技术？

18. 什么是超标量技术？

19. 什么是超线程技术？

20. 什么是多内核技术？

21. 什么是嵌入式处理器？

22. 嵌入式处理器有哪些分类？它们各有什么特点？

23. ARM 处理器是如何发展的？其主要特点是什么？

24. 32 位和 64 位 ARM 处理器的体系结构有什么区别？

25. ARM 处理器的指令结构是怎样的？

26. MIPS 处理器的特点、体系结构和指令结构分别是怎样的？

27. DSP 处理器的特点、体系结构和指令结构分别是怎样的？

28. 选用 DSP 芯片时，一般需要考虑哪些参数指标？

29. 典型的嵌入式系统一般由哪些部分组成？

30. 查询相关文献资料，简述嵌入式处理器目前的技术现状和发展前景。

31. 什么是存储器？一般有哪些类型？各有什么特点？

32. 微型计算机中存储器的体系结构通常分为哪几个层次？各有什么特点？

33. 什么是高速缓存技术？其工作原理是什么？

34. 计算机与外设之间的数据传输方式有哪几种？各有什么特点？

35. 什么是总线？微型计算机采用总线结构的优点是什么？

36. 微型计算机系统中通常包含哪几种类型的总线？各有什么特点？

37. 总线的性能一般从哪些方面来衡量？

38. 计算机与外设之间进行数据交换一般通过输入输出（I/O）接口来实现，I/O 接口的主要作用是什么？

39. 计算机中常用的 I/O 接口主要有哪些类型？各有什么特点？

参考文献

［1］王凯. 嵌入式处理器设计与优化 [M]. 北京：人民邮电出版社，2022.

［2］李明. RISC-V 指令集架构与处理器设计 [M]. 北京：电子工业出版社，2021.

［3］李春阳. ARM 嵌入式处理器原理与应用 [M]. 北京：清华大学出版社，2020.

［4］MARWEDEL P. Embedded system design：embedded systems foundations of cyber-physical systems[M]. Heidelberg：Springer，2018.

［5］戴梅萼 . 微型计算机技术及应用 [M]. 北京：清华大学出版社，2008.

［6］金敏 . 嵌入式系统组成、原理与设计编程 [M]. 北京：人民邮电出版社，2006.

［7］郑学坚 . 微型计算机原理及应用 [M]. 北京：清华大学出版社，2001.

第 3 章

数字化技术软件基础

3.1 LabVIEW 编程基础及应用

3.1.1 虚拟仪器概述

虚拟仪器（virtual instrument，VI）是基于计算机的仪器。计算机和仪器的密切结合是目前仪器发展的一个重要方向，它有两种方式：一种方式是将计算机装入仪器，其典型的例子就是智能化仪器，随着计算机功能的日益强大以及其体积的日趋减小，这类仪器的功能也越来越强大，目前已经出现含嵌入式系统的仪器；另一种方式是将仪器装入计算机，以通用的计算机硬件及操作系统为依托，实现各种仪器功能，如图 3-1 所示。第二种方式以计算机为基础，配以相应测试功能的硬件作为信号输入输出的接口，完成信号的采集、测量与调理，由用户自己设计定义，具有虚拟的操作面板，测试功能由测试软件来实现，具有很高的灵活性，是目前虚拟仪器技术发展的重要形式。

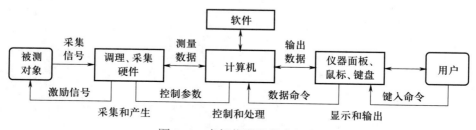

图 3-1　虚拟仪器的基本组成

虚拟仪器是按照仪器需求组织的数据采集系统，利用高性能的模块化硬件，结合高效灵活的软件来完成各种测试、测量和自动化的应用。虚拟仪器的功能包括信号采集、处理与分析，测试结果可视化和操作界面，如图 3-2 所示。

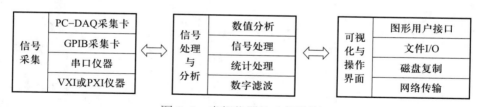

图 3-2　虚拟仪器的功能模块

虚拟仪器由计算机、应用软件和仪器硬件三大要素构成，软件是虚拟仪器的核心技术。对于虚拟仪器来说，通常尽可能采用通用的硬件，各种仪器的差异主要依赖软件实现。通过软件设计，用户可以根据需要定义和制造各种仪器，优秀的程序设计可以充分发挥计算机强大的数据处理功能，创造出功能丰富的仪器系统。目前，常用的虚拟仪器开发平台有 LabVIEW、LabWindows/CVI、VEE 等，其中以 LabVIEW 应用最为广泛。

3.1.2 LabVIEW 编程环境

LabVIEW 是一种程序开发环境，与其他常用计算机语言的显著区别在于使用的是图形化编程语言（G 语言），产生的程序是框图形式。此外，传统文本编程语言通常根据语句和指令的先后顺序决定程序的执行顺序，而 LabVIEW 则采用数据流编程方式，程序框图中节点之间的数据流向决定了程序的执行顺序。LabVIEW 用图标表示函数，用连线表示数据流向。使用 LabVIEW 编程，只需要选择并放置各类图形化的功能模块，并用线条将各种功能模块连接起来，就像绘制程序流程图，不仅大大降低了对编程人员的要求，而且提高了工作效率。

LabVIEW 作为一种编程语言，主要具有以下特点：

（1）图形化的编程环境　LabVIEW 使用各类控件建立用户界面，不需要编写任何文本形式的代码。在测量和过程控制领域，用户可以便捷地替换控制对象。

（2）内置程序编译器　LabVIEW 采用编译方式运行 32 位应用程序，克服了其他图形化编程语言采用解释方式工作的低速问题，其编译速度与 C 语言相当。

（3）灵活的调试手段　LabVIEW 有多种调试手段，例如设置断点、单步执行、设置探针、高亮执行等，可在程序运行中观察数据流的变化。

（4）丰富的函数库　提供了大量面向测控领域的函数库，例如用于数据采集的 DAQ 函数，内置 GPIB、VXI 串口等数据采集驱动函数；用于分析的基本功能函数和高级分析函数，能够进行信号运算处理、统计以及复杂的分析操作。

（5）开放式的开发平台　LabVIEW 提供了有效机制实现与外部代码或应用软件的连接，如动态链接库、动态数据交换、各种 ActiveX 等，用户可以在 LabVIEW 编程时调用其他软件平台编译的程序。

（6）强大的网络连接能力　用户可以方便地开发各种网络测控、远程虚拟仪器系统。

（7）具有可移植性。LabVIEW 应用程序适用于多种操作系统。

3.1.3 LabVIEW 程序设计

图 3-3a 所示为 LabVIEW 启动窗口，通过它可以基于模板或范例创建新项目或打开现有的 LabVIEW 文件，也可通过启动窗口访问 LabVIEW 的扩展资源和教程。点击"创建项目"按钮后弹出图 3-3b 所示窗口，其中"VI"选项用于建立一个新程序；"项目"选项用于集合 LabVIEW 文件

和非 LabVIEW 文件，创建程序生成规范，以及在终端部署或下载文件。

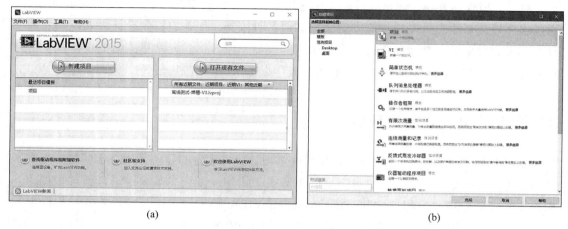

(a)　　　　　　　　　　　　　　　　(b)

图 3-3　LabVIEW 启动窗口和创建项目窗口

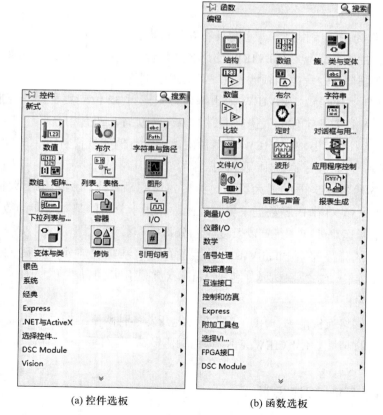

(a) 控件选板　　　　　　　　　(b) 函数选板

图 3-4　LabVIEW 的控件选板和函数选板

在 LabVIEW 平台开发的应用程序文件扩展名均为 ".vi"。一个程序包括前面板、程序框图，以及图标和连接器三部分。前面板用于设计虚拟仪器面板，是交互式的用户界面。程序框图用于设计程序的图形化源代码，是实际可执行的程序。LabVIEW 在前面板和程序框图中分别提供了控件（controls）选板和函数（functions）选板，如图 3-4 所示。前面板上的控件是程序的输入、输出端口，输入控件模拟仪器的输入装置，如旋钮、按钮、转盘等，用于为程序框图提供数据；显示控件模拟仪器的输出装置，如图表、指示灯等，用以显示程序框图获取或生成的数据。在程序框图中调用函数来控制前面板上的对象，包括从前面板的输入控件获得的用户输入信息，然后进行计算和处理，最后通过前面板输出控件将结果反馈给用户。

在 LabVIEW 平台中，前面板和程序框图是密切联系的，这种联系主要依赖接线端机制。接线端是指前面板上的对象在程序框图中的对应显示，是前面板和程序框图之间交换信息的传递枢纽。在前面板输入控件中的数据通过输入控件接线端进入程序框图，程序框图中函数的计算结果传输至显示控件接线端后，在前面板上更新显示。

此外，LabVIEW 还提供了工具选板，它在前面板和程序框图中都可以使用，这些工具可以操作、编辑或修饰前面板和程序框图中选定的对象，也可以调试程序，具体功能如表 3-1 所示。

表 3-1　LabVIEW 工具选板

序号	图标	名称	功能
1		自动选择工具	指示灯亮时，鼠标移动到某个对象，LabVIEW 会根据对象类型和位置自动选择合适的工具
2		操作值	用于操作前面板的输入控件和显示控件，点击控件后可修改数值
3		定位 / 调整大小 / 选择	用于选择、移动或改变对象的大小，点击对象后，鼠标指针变成各种方向的箭头
4		编辑文本	用于输入标签或标题说明的文本，或者创建自由标签
5		连线	用于在框图上连线以及在前面板上建立连接器，把该工具放在连线上，"即时帮助"窗口显示连线的数据类型
6		对象快捷菜单	在对象上单击鼠标左键，可以弹出对象的快捷菜单
7		滚动窗口	可以直接移动程序窗口
8		设置 / 清除断点	用于在程序框图对象（子 VI、函数、节点、连线和结构）上设置断点
9		探针数据	用于在框图连线上设置探针，通过探针窗口观察连线上的数据变化，必须在数据流过之前设置探针
10		获取颜色	用于提取颜色
11		设置颜色	用于给对象设定颜色，包括对象的前景色和背景色

图 3-5 所示是声音信号采集并显示波形的 LabVIEW 程序。它的前面板上面有一个波形显示控件，用于以曲线的方式显示采集到的声音信号；两个数值输入控件，用于设定采集设备编号（设备 ID）和单次采样数；一个系统复选框，用于设定是否保存声音文件；一个开关控件，用于停止程序运行。在程序框图中，函数及其连线实现了程序逻辑和功能，包括配置声音输入函数、读取声音输入函数、声音输入清零函数等，并通过连线、While 结构、Case 结构建立了函数之间的关联，实现了声音信号的采集、数据拼接、波形显示和文件保存。

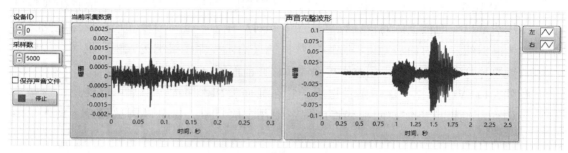

(a) 前面板

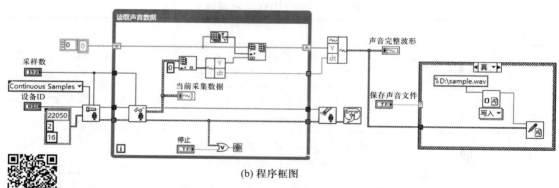

(b) 程序框图

图 3-5　LabVIEW 程序示例

下面介绍程序设计实例。

采用 LabVIEW 语言编写程序，显示一个圆心坐标为（0，0），半径为 r 的圆，r 值等于计算机操作系统时间的秒数。

第一步，新建程序并设计程序前面板，具体步骤如下：

（1）添加一个 XY 图形控件（控件→图形→XY 图），将横坐标改为"X"，将纵坐标改为"Y"。

（2）添加一个数值显示控件（控件→数值→数值显示），将标签改为"半径 r"。

（3）添加一个数值输入控件（控件→数值→数值输入），将标签改为"圆周点数"，默认值为 100。

（4）添加一个停止按钮（控件→布尔→停止按钮），用于停止程序运行。

第二步，在程序框图中设计程序执行逻辑，具体步骤如下：

（1）添加一个 While 循环结构（函数→结构→ While 循环），将前面板中创建的控件放置到循环结构内。

（2）在 While 循环结构中添加一个"获取日期/时间"函数（编程→定时→获取日期/时间），得到计算机系统当前时间；添加一个"格式化日期/时间字符串"函数（编程→定时→格式化日期/时间字符串），将该函数的输入参数设置为"%S"，即提取时间字符串的秒数；添加一个"十进制数字符串至数值转换"函数（编程→字符串→数值/字符串转换→十进制数字符串至数值转换），将秒数字符转换为十进制数，并将该十进制数作为圆的半径。

（3）在 While 循环结构中添加一个 For 循环结构（函数→结构→ For 循环），For 循环次数 N 与前面板输入控件"圆周点数"的接线端相连；添加一个除法函数，除法函数的输入端口 Y 连接 2π，输入端口 X 连接前面板输入控件"圆周点数"的接线端，除法函数的输出值为圆周上相邻点的弧度间隔。

（4）在 For 循环结构中添加一个正弦函数（数学→初等与特殊函数→三角函数→正弦）和一个余弦函数（数学→初等与特殊函数→三角函数→余弦）；添加一个乘法函数，乘法函数的一个输入端连接弧度间隔，另一个输入端连接 For 循环的次数索引，乘法函数的输出值为当前圆轮廓点的弧度值。

（5）在 For 循环结构中添加两个乘法函数，将圆轮廓点的弧度值作为正弦函数和余弦函数的输入参数，正弦函数和余弦函数的输出值分别与圆半径相乘，得到圆轮廓点的 X、Y 坐标。

（6）将圆轮廓点的 X、Y 坐标从 For 循环输出，连线出 For 循环时采用索引模式，即将每次循环计算的结果依次输出，在 For 循环边框处右键点击连线，在"隧道模式"中选择"索引"，这样在 For 循环外可以得到相关数值的所有计算结果，这些结果以数组方式存在，数组的长度与 For 循环的次数 N 相等。

（7）在 While 循环结构内、For 循环结构外添加一个捆绑函数（编程→簇、类与变体→捆绑），将 For 循环输出的圆轮廓点的 X 坐标数组和 Y 坐标数组分别连接到捆绑的两个输入端口，捆绑函数的输出端口为 X 坐标输出和 Y 坐标数组的簇；将这个簇连接到 XY 图形控件接线端的输入端口，通过接线端的传递，圆轮廓点在前面板的 XY 图形控件中显示。

（8）在 While 循环结构中添加一个"等待下一个整数倍毫秒"函数（编程→定时→等待下一个整数倍毫秒），给该函数的输入端添加一个常数，常数值设为 1 000，即将循环间隔设为 1 000 ms。

（9）将前面板停止按钮控件的接线端与循环结构的条件端口相连。

通过上述步骤，得到程序的前面板和程序框图，如图 3-6 所示。点击快捷工具栏的"运行"按钮运行程序。程序读取计算机系统的当前时间，提取秒数值并转换为整型数，以该整型数作为圆半径，计算圆周轮廓点的 X 坐标和 Y 坐标，将坐标捆绑后以簇的方式输入 XY 图形显示控件的接线端，由接线端将坐标数据从程序框图传递至前面板，最终在前面板上获得一个直径随时间变化的圆。

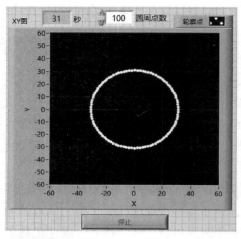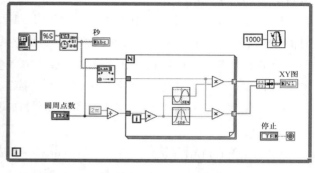

图 3-6　显示圆轮廓的 LabVIEW 程序前面板和程序框图

3.1.4　基于 LabVIEW 的信号采集

为了对温度、压力、流量、速度、位移等物理量进行测量和控制，需要通过传感器把上述物理量转换成表征物理量的电信号，再将模拟电信号经过处理转换成计算机能识别的数字量输入计算机，这就是数据采集。用于数据采集的成套设备称为数据采集系统（data acquisition system，DAS）。数据采集系统的任务就是利用传感器从被测对象获取有用信号并转换成计算机能识别的数字信号，由计算机处理获得所需数据，同时进行数据显示、存储或打印，也可以进行物理量输出，从而实现对过程的控制。数据采集系统性能的优劣，主要取决于其精度和速度。搭建信号采集系统时需综合考虑这两个性能，以满足实时采集、实时处理和实时控制的要求。

基于虚拟仪器技术的数据采集系统包括硬件和软件两部分。硬件主要为计算机和数据采集板卡，通常把采集板卡插入计算机主板的 ISA 插槽或 PCI 插槽中，就可以搭建一个数据采集硬件系统，十分便捷。因此，开发基于虚拟仪器的测试系统，主要工作在于编写数据采集和处理的程序。这种方式既能节省大量的硬件研制时间和资金，又能够充分利用计算机的软、硬件资源。基于计算机总线的板卡种类很多，按照板卡处理的信号可以分为模拟量输入板卡、模拟量输出板卡、开关量输入板卡、开关量输出板卡、脉冲量输入板卡和多功能板卡等，其中多功能板卡可以集成多个功能，在测控领域应用十分广泛。

基于 LabVIEW 的数据采集系统结构如图 3-7 所示。在数据采集之前，程序将对 DAQ 板卡初始化，板卡和内存中的缓冲区（buffer）是数据采集存储的中间环节。缓冲区是计算机内存的一个区域，用来临时存放数据。需要注意的是，缓冲区的大小与数据采集操作的速度及容量有关，不使用缓冲区意味着对所采集的每一个数据都必须及时处理（图形化、分析等）。当采集速率超过实时显示、存储或分析的速度，或者采样周期必须严格保持稳定时，通常需要设置缓冲区。触发器通常是一个数字或模拟信号，其状态可确定动作的发生。软件触发较容易，可以使用布尔控件直接启动或停止数据采集；硬件触发则是通过板卡上的电路管理触发器控制数据采集事件的时间分配，有很高的精确度。硬件触发可进一步分为外部触发模式和内部触发模式。用程序发出一个指定的电压电平，让采集卡输出一个数字脉冲，这是内部触发模式。采集卡等待一个外部仪器发出的数字脉冲到来后初始化采集卡，这是外部触发模式。如果数据采集操作由程序逻辑控制，并且采集时刻不需要非常精准，这种情况可以采用软件触发。如果需要非常准确的定时采集，或需要与外部装置同步，通常采用硬件触发。此外，如果需要削减软件开支，也可以采用硬件触发。驱动程序是应用软件对硬件的编程接口，包含着对硬件的操作命令，完成软件与硬件之间的数据传递。在 LabVIEW 平台上搭建数据采集系统，硬件系统与软件程序的集成由平台完成，用户只需调用相关函数就可以实现不同方式的数据采集。

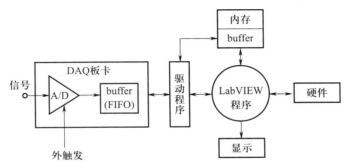

图 3-7　基于 LabVIEW 的数据采集系统结构

　　这里以 NI 公司生产的 PCI-6023E 数据采集卡为例，介绍基于 LabVIEW 平台的温度检测程序设计。PCI-6023E 属于 NI 公司的 E 系列多功能数据采集卡，它与计算机的 PCI 总线相连，能够完成模拟量输入（A/D）、数字 I/O 及计数 I/O 等多种功能。基于 PCI-6023E 板卡的测控系统结构如图 3-8 所示。NI 公司为其 DAQ 产品提供了专门的驱动程序库，在设计采集系统程序时，可以像调用系统函数那样，直接调用设备驱动程序，进行设备操作。在 LabVIEW 开发环境安装时会提示安装 NI-DAQ 软件，安装完成后，函数选板中会出现DAQ 子选板，同时 Windows 系统设备管理器会自动跟踪计算机中所安装的硬件。

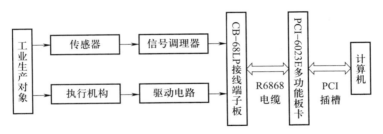

图 3-8　基于 PCI-6023E 板卡的测控系统框图

图 3-9 所示为 PCI-6023E 板卡配套的接线端子引脚。AI 为模拟信号输入端口，选择单端（single-ended）测量方式时，把信号源正端接入 AIn（n=0，1，…，15），信号源负端接入 AI GND；选择差分（differential）测量方式时，把信号源正端接入 AIn（n=0，1，…，7），信号源负端接入 AIn+8。例如，单端时，通道 0 的正、负接入端分别为 AI 0 和 AI GND，通道 1 的正、负接入端分别为 AI 1 和 AI GND。 差分时，通道 0 的正、负接入端分别为 AI 0 和 AI 8，通道 1 的正、负接入端分别为 AI 1 和 AI 9。P0.0 ～ P0.7 为 8 个数字信号输入输出通道，可以通过软件设置每个数字通道为输入或者输出，对应接开关量的输入或输出。此外，PCI-6023E 有两个计数器 CTR 0 和 CTR 1。

AI 0	68	34	AI 8
AI GND	67	33	AI 1
AI 9	66	32	AI GND
AI 2	65	31	AI 10
AI GND	64	30	AI 3
AI 11	63	29	AI GND
AI SENSE	62	28	AI 4
AI 12	61	27	AI GND
AI 5	60	26	AI 13
AI GND	59	25	AI 16
AI 14	58	24	AI GND
AI 7	57	23	AI 5
AI GND	56	22	AO 0
AO GND	55	21	AO 1
AO GND	54	20	AO EXT REF
D GND	53	19	P0.4
P0.0	52	18	D GND
P0.5	51	17	P0.1
D GND	50	16	P0.6
P0.2	49	15	D GND
P0.7	48	14	+5 V
P0.3	47	13	D GND
AI HOLD COMP	46	12	D GND
EXT STROBE	45	11	PFI 0/AI START TRIG
D GND	44	10	PFI/AI REF TRIG
PFI 2/AI CONV CLK	43	9	D GND
PFI 4/CTR 1 SRC	42	8	+5 V
PFI 4/CTR 1 GATE	41	7	D GND
CTR 1 OUT	40	6	PFI 5/AO SAMP CLK
D GND	39	5	PFI 6/AO START TRIG
PFI 7/AI SAMP CLK	38	4	D GND
PFI 8/CTR 0 SRC	37	3	PFI 9/CTR GATE
D GND	36	2	CTR 0 OUT
D GND	35	1	FREQ OUT

图 3-9　PCI-6023E 板卡配套接线端子引脚

下面介绍数字信号采集程序实例。

采用 LabVIEW 语言编写程序，实现计算机与 PCI-6023E 数据采集卡输入信号的输入，利用开关产生数字信号（0 或 1）作用于板卡数字量输入通道，使计算机程序界面中信号指示灯颜色改变。

第一步，新建程序并设计程序前面板，具体步骤如下：

（1）添加一个圆形指示灯控件（控件→布尔→圆形指示灯），将控件标签改为"端口状态"。

（2）添加一个数值输入控件（控件→数值→数值输入），将控件标签改为"端口号"，将初始值设为"6"。

（3）添加一个通道设置控件（控件→ I/O →传统 DAQ 通道），将控件标签改为"DAQ通道"，从控件下拉菜单中选择板卡和通道，本例中设为"Dev1/port0/line0:7"，并设为默认值。

（4）添加一个停止按钮（控件→布尔→停止按钮），用于停止程序运行。

第二步，在程序框图中设计程序执行逻辑，具体步骤如下：

（1）添加一个 DAQmx 创建虚拟通道函数（函数→测量 I/O → DAQmx- 数据采集→ DAQmx 创建虚拟通道），函数的输入端口"线"连接通道设置控件的接线端，输入端口"线分组"创建常量"单通道用于单线条"，函数的输出端口为创建的数据采集任务。

（2）添加一个 DAQmx 开始任务函数（函数→测量 I/O → DAQmx- 数据采集→ DAQmx 开始任务），函数的输入端口"任务 / 通道输入"连接 DAQmx 创建虚拟通道函数输出的数据采集任务，该函数使任务处于运行状态。

（3）添加一个 While 循环结构（函数→结构→ While 循环），将前面板添加的端口号、端口状态等控件对象的图标移到 While 循环结构框架中；添加一个等待下一个整数倍毫秒函数（函数→定时→等待下一个整数倍毫秒），函数输入参数设置为 20（表示间隔 20 ms 读取 1 次数字端口状态）。

（4）在 While 循环中，添加一个 DAQmx 读取（函数→测量 I/O → DAQmx- 数据采集→ DAQmx 读取），该函数从用户指定的任务或虚拟通道中读取采样。函数输入端口"任务 / 通道输入"连接 DAQmx 开始任务函数传递的数据采集任务，输入端口"超时"设置为常量 10.0，这个输入参数用于指定等待可用采样的时间，单位为秒。如超时，VI 将返回错误和超时前读取的所有采样。DAQmx 读取是一个多态函数，即可以在多种模式下工作，本例将多态选择器设为"数字 1D 布尔 1 通道 1 采样"，即读取一个通道的所有状态，并以一维布尔数组的方式输出。

（5）在 While 循环中添加一个索引数组函数，函数输入端口"数组"连接 DAQmx 读取函数输出的一维布尔数组，函数输入端口"索引"连接端口号控件的接线端，函数的输入端口为通道中指定端口号的布尔值，将这个布尔值连接到端口状态控件的接线端。

（6）将停止按钮控件与循环结构的条件端口相连。

通过上述步骤，得到程序的前面板和程序框图，如图 3-10 所示。点击快捷工具栏的

"运行"按钮运行程序。通过外部开关打开或关闭数字量输入 1 通道端口 6，产生开关输入信号，程序前面板中信号指示灯颜色发生变化，当输入信号为高电平时，端口状态指示灯为绿色，当输入信号为低电平时，端口状态指示灯为红色。

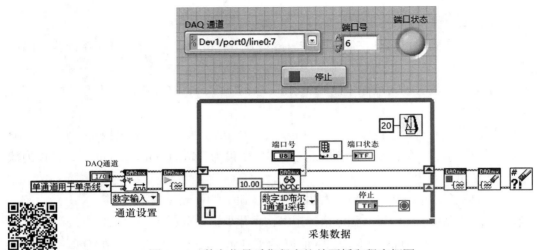

图 3-10　数字信号采集程序的前面板和程序框图

下面介绍模拟信号采集程序实例。

采用 LabVIEW 语言编写程序，实现温度信号采集和保存，采样频率为 20 Hz，采集到的电压经转换后得到温度值，转换公式如下所示，其中 $k = 46.875$，$b = -87.5$：

$$T=kV+b$$

程序采用曲线方式显示测试过程的温度实时变化，并能够判定当前温度是否在上、下限范围内，如超出范围则指示灯为红色，反之为绿色。

第一步，新建程序并设计程序前面板，具体步骤如下：

（1）添加三个数值输入控件（控件→数值→数值输入），将标签分别改为"采样间隔（ms）""k"和"b"，将默认值分别设为 50、46.875 和 -87.5。

（2）添加两个数值输入控件（控件→数值→数值输入），将标签分别改为"温度上限"和"温度下限"，将默认值分别设为 302 和 298，这两个控件值可以在程序运行中修改。

（3）添加两个数值显示控件（控件→数值→数值显示），将标签分别改为"电压（V）"和"温度（℃）"。

（4）添加一个方形指示灯控件（控件→布尔→方形指示灯），将鼠标放到控件上并拖动鼠标可以调整控件大小。

（5）添加一个波形图控件（控件→图形→波形图），将横坐标标签修改为"时间，秒"，将纵坐标标签修改为"温度，℃"。

（6）添加一个停止按钮（控件→布尔→停止按钮），用于停止程序运行。

第二步，在程序框图中设计程序，实现温度采集、显示和数据保存，具体步骤如下：

（1）右键点击波形图控件接线端，创建一个属性节点→X 标尺→偏移量与缩放系数→缩放系数；添加一个除法函数（函数→数值→除），输入端口 Y 连接采样间隔控件的接线端，输入端口 X 连接常数 1 000，通过横坐标缩放，将波形显示图的横坐标基本单位设为秒。

（2）添加一个 While 循环结构（函数→结构→ While 循环）。

（3）在 While 循环结构中添加一个时钟函数（函数→定时→等待下一个整数倍毫秒），将该控件输入值与采样间隔控件的接线端相连。

（4）将停止按钮移到 While 循环结构框图中，并与循环结构的条件端口相连。

（5）添加一个模拟信号输入函数——DAQNavi Assistant 函数（函数→测量 I/O → DAQNavi Data Acquisition → DAQNavi Assistant），这个函数通过配置方式设定采集板卡、通道、电压范围等，双击该函数可以在弹出窗口中根据硬件配置设定相关参数，该函数的输出值为电压信号，每次执行该函数就可以读取当前的电压值。

（6）添加一个加函数（函数→数值→加）和一个乘函数（函数→数值→乘），乘函数的输入端口为电压值和转换系数 k，乘函数的输出端口连接到加函数的一个输入端口，加函数的另一个输入端口连接数值输入控件 b，这样加函数的输出端口即为温度值，将其连接到温度显示控件的接线端。

（7）在 While 循环外添加一个写入带分隔符电子表格函数（编程→文件 I/O →写入带分隔符电子表格），将温度数据接到函数输入端口，连线出 While 循环时采用"索引"模式，即将循环中多次计算得到的温度值以数组方式导出并写入电子表格。

（8）添加一个判定范围并强制转换函数（函数→比较→判定范围并强制转换），函数的第 1 个输入端口连接温度上限控件的接线端，第 2 个输入端口 X 连接温度值计算结果，第 3 个输入端口连接温度下限控件的接线端，该函数的布尔输出端口"范围内？"为 true时，说明输入参数 X 在上、下限范围内，反之说明 X 超出上、下限范围，将该布尔输出端口连接到状态指示灯控件的接线端。

（9）在 While 循环结构框架上点击右键添加移位寄存器，共需添加三个移位寄存器，分别用于保存温度数据、温度上限数据和温度下限数据；添加一个空数组，数组的数据类型为双精度浮点数，在循环结构外将空数组与三个移位寄存器相连，完成移位寄存器的初始化。

（10）添加一个数组插入函数（编程→数组→数组插入），函数的输入端"数组"连接一个位移寄存器，输入端"新元素 / 子数组"连接温度值，输出端为添加了新元素后的数组；添加一个数组大小函数（编程→数组→数组大小），输入端口"数组"同样连接位移寄存器，输出端口"大小"连接到数组插入函数的输入端口"索引"，这样就使得新加入的元素排在数组的末尾；参照温度值数组，同样地为温度上限数组和温度下限数组完成新元素添加。

（11）添加一个创建数组函数（编程→数组→创建数组），将温度值数组、温度上限数组和温度下限数组融合成一个二维数组，连接到波形显示控件的接线端。

（12）将停止按钮控件与循环结构的条件端口相连。

通过上述步骤，得到程序的前面板和程序框图，如图 3–11 所示。点击快捷工具栏的"运行"按钮运行程序。程序按指定间隔时间读取当前电压值，并将电压值转换为温度值，温度值不仅在数值显示控件上显示，而且在 XY 图形控件上以波形方式刷新，同时在 XY 图形控件上显示的还有温度上、下限。当温度超过上、下限范围时，状态指示灯变为红色，反之状态指示灯为绿色。在程序运行过程中可以在前面板上修改温度上、下限值，指示灯将根据更新后的上、下限动作。

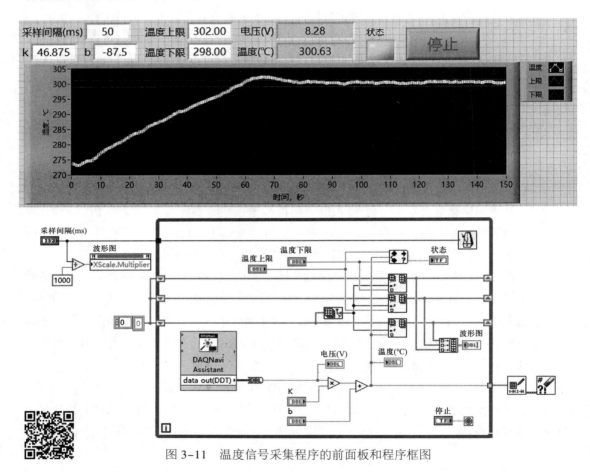

图 3–11　温度信号采集程序的前面板和程序框图

3.1.5　基于 LabVIEW 的信号分析

为了从采集到的信号中提取有用信息，通常需要对信号进行处理。LabVIEW 的"信号处理"函数库提供了丰富的函数，如图 3–12 所示。

LabVIEW 的"信号处理"函数库主要包括以下函数功能：

（1）波形生成　用于生成各种类型的单频和混合单频信号、函数发生器信号及噪声信号。

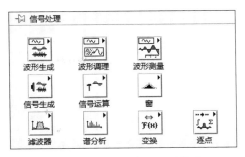

（2）信号生成　用于生成描述特定波形的一维数组，该函数生成的是数字信号和波形。

（3）波形调理　用于执行数字滤波、重采样、按窗函数缩放、波形对齐等。

（4）波形测量　用于执行常见的时域和频域测量，例如直流、RMS、单频频率 / 幅值 / 相位、谐波失真、SINAD 以及平均 FFT。

图 3-12　"信号处理"函数库

（5）信号运算　用于信号操作并返回输出信号，例如归一化、互相关、降采样、Z 变换延时节点等。

（6）窗　用于实现平滑窗并执行数据加窗。

（7）滤波器　用于实现 IIR、FIR 及非线性滤波器的相关操作。

（8）谱分析　用于在频谱上执行数组的相关分析，例如幅度谱、相位谱、功率谱、自功率谱等。

对于非周期信号，通常利用统计分析方法计算信号的平均值、标准差、概率密度分布特征等，LabVIEW 提供了丰富的"概率与统计"函数库，如图 3-13 所示。

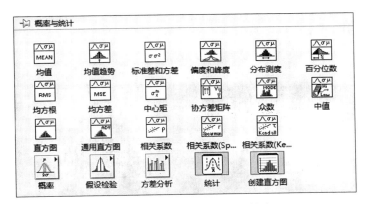

图 3-13　"概率与统计"函数库

下面介绍信号时域分析程序实例。

采用 LabVIEW 语言编写程序，实现对含有随机噪声的非周期信号统计分析，信号采样间隔为 0.05 s，计算信号的均值、标准差、偏度和峰度，并绘制直方图。

第一步，新建程序并设计程序前面板，具体步骤如下：

（1）添加一个空数组控件（控件→数组、矩阵与簇→数组），在数组控件中加入数值输入控件，得到类型为双精度浮点数的一维数组，将波形数据填入数组控件。

（2）添加一个波形图控件（控件→图形→波形图），将信号数组连接到波形图控件的接线端。

（3）添加六个数值显示控件，将控件标签分别修改为"算数平均""标准差""峰度""偏度""最大值"和"最小值"，用于显示统计分析结果。

第二步，在程序框图中设计温度采集程序，具体步骤如下：

（1）添加一个直方图函数（函数→数学→概率与统计），将函数的输入端口"X"连接波形数组控件的接线端，将函数的输入端口"间隔"设置为常量 20，表示将数组等分为 20 份进行样本点统计；直方图函数输出波形 X 的条形直方图，纵轴是直方图的计数，横轴是直方图区间的中心值，右键点击函数的"直方图"输出端口，选择"创建→显示控件"，在程序框图中出现图形控件的接线端，相应地，在前面板中出现图形控件。由此可见，前面板与程序框图的交互方式是十分灵活的。

（2）添加"创建波形"函数（编程→波形→创建波形），将函数输入端 Y 与波形数组控件的接线端相连，将函数输入端口 *dt* 设置为常数 0.05，表示波形数组中相邻采样点的时间间隔为 0.05 s；

（3）添加"统计"函数（函数→数学→概率与统计→统计），LabVIEW 弹出统计"配置统计"窗口，勾选"算数平均""标准差""峰度""偏度""最大值"和"最小值"后，统计函数会添加相应的输出端口，将它们分别连接到对应控件的接线端。

通过上述步骤，得到程序的前面板和程序框图，如图 3-14 所示。点击快捷工具栏的"运行"按钮运行程序。非周期信号波形中明显存在噪声，直方图显示信号基本符合正态分布，统计函数的计算结果显示了信号的算数平均值、标准差等参数。

下面介绍信号频域滤波程序实例。

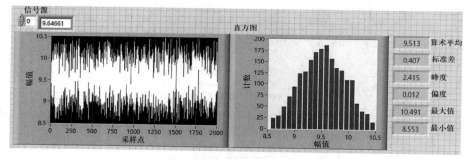

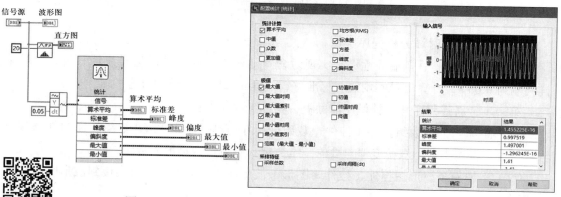

图 3-14　非周期信号统计分析的程序前面板和程序框图

采用 LabVIEW 语言编写程序，读取一组周期信号数据，信号的采样频率为 20 kHz，计算该周期信号的频域分布，并根据信号频域分布特点设计低通滤波器。

第一步，新建程序并设计程序前面板，具体步骤如下：

（1）添加两个波形图控件（控件→图形→波形图），将纵坐标名称改为"幅值，V"，横坐标名称改为"时间，s"，将第 1 个波形图控件的名称改为"原始波形"，第 2 个波形图控件的名称改为"滤波后波形"，分别用于显示原始波形和滤波后的波形。

（2）添加两个波形图控件（控件→图形→波形图），将纵坐标名称改为"幅值"，横坐标名称改为"频率，Hz"，将第 1 个波形图控件的名称改为"滤波前频域分布"，第 2 个波形图控件的名称改为"滤波后频域分布"，分别用于显示原始波形和滤波后波形的频域分布。

（3）添加一个文件路径输入控件（控件→字符串与路径），点击控件右侧的 🖿 图标，在弹出窗口中选择数据文件，关闭弹出窗口后，所选择数据文件的路径被写入文件路径输入控件。

（4）添加一个数值输入控件（控件→数值→数值输入），将控件标签改为"采样频率（Hz）"，将控件值设为 20 000。考虑波形数据的采样频率在本例中固定，可以右键点击该控件，在"数据操作"中选择"当前值设为默认值"。

（5）添加一个数值显示控件（控件→数值→数值显示），将控件标签改为"截止频率（Hz）"，将控件值设为 100。考虑该值为低通滤波的截止频率，需要根据原始波形的频域分布特征来选择，这个控件值将在程序运行时人工调整。

（6）添加一个停止按钮（控件→布尔→停止按钮），用于停止程序运行。

第二步，在程序框图中设计温度采集程序，具体步骤如下：

（1）添加一个读取带分隔符电子表格函数（编程→文件 I/O→读取带分隔符电子表格），将该函数的输入端口与文件路径输入控件的接线端相连，由于信号波形是一维数组，因此在函数输出端选取"第一行"就可以得到一维波形数组；

（2）添加一个捆绑函数（函数→簇、类与变体→捆绑），函数的第 1 个输入设为常数 0，表示波形的起始时间为 0 s；添加一个倒数函数（编程→数值→倒数），倒数函数的输入连接采样频率的接线端，倒数函数的输出端为采样频率的倒数，即采样间隔时间，在本例中为 0.05 ms；将倒数函数的输出与捆绑函数的第 2 个输入相连，表示波形采样点的间隔时间；将波形数组连接到捆绑函数的第 3 个输入端口；将捆绑函数的输入连接到"原始波形图控件"的接线端；

（3）添加一个幅度谱和相位谱函数（函数→信号处理→幅度谱和相位谱），将波形数组连接到该函数的第 1 个输入端口"幅值，V"，将采样间隔时间连接到该函数的第 3 个输入端口 dt；该函数的输出端口"幅度谱"返回单边功率谱的幅度，输出端口 df 返回功率谱的频率间隔；添加一个捆绑函数，将幅度谱和相位谱函数输出的功率谱转换为波形数据，连接到"滤波前频域分布"图形控件的接线端；

（4）添加一个 While 循环结构，在 While 循环结构中添加"巴特沃斯滤波器"函数，在函数"滤波器类型"输入端口点击右键，选择创建常量并设置为"Lowpass"，即选择对输入信号进行低通滤波；将波形数组连接至滤波器函数的输入端口 X，在"采样频率：f_s"

输入端口连接采样频率数值控件的接线端，将截止频率控件的接线端连接到滤波器函数的"低截止频率：f_1"输入端口，将常数"3"连接到"阶数"输入端口，表示巴特沃斯滤波算法的阶数为 3；滤波器函数输出端口为滤波后的波形数组。

（5）对于滤波后的波形数组进行同样的捆绑操作，获得滤波后的波形数据和频域分布波形，分别连接到滤波后波形图控件的接线端和滤波后频域分布控件的接线端，这部分程序与滤波前的波形显示是相同的，这里就不再赘述。

（6）滤波函数和相应的波形显示位于 While 循环结构内，在 While 循环结构内可以人工调节低通滤波截止频率，观察不同截止频率对滤波后波形的影响。

（7）将停止按钮控件与循环结构的条件端口相连。

通过上述步骤，得到程序的前面板和程序框图，如图 3-15 所示。点击快捷工具栏的

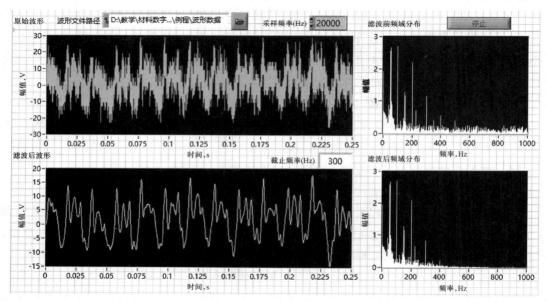

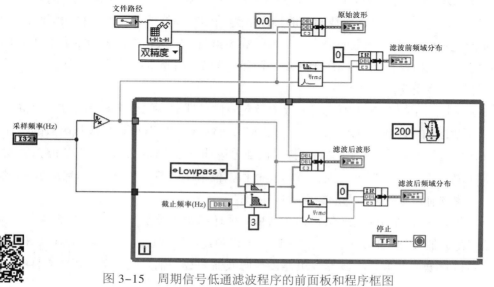

图 3-15　周期信号低通滤波程序的前面板和程序框图

"运行"按钮运行程序。原始波形具有一定的周期性，但存在较多高频噪声，观察计算信号的频域幅度谱可以发现信号强度主要集中在 300 Hz 以下的频段，因此将低通滤波器的截止频率设为 300 Hz，得到的滤波后波形既去除了高频噪声，同时也较好地保留了波形的细节特征，从滤波后波形的频域分布来看，高于截止频率的信号得到了显著抑制。

3.2 MATLAB 程序设计基础

3.2.1 MATLAB 简介

MATLAB 是美国 MathWorks 公司生产的商用数学软件，广泛应用于数据分析、无线通信、深度学习、图像处理与计算机视觉、信号处理、定量金融与风险管理、机器人、控制系统等领域。MATLAB 的名称来自"Matrix Laboratory"（矩阵实验室），该软件主要面向科学计算、可视化和交互式编程。它将数值分析、矩阵计算、数据可视化、非线性动态系统建模与仿真等强大的功能集成到一个易于使用的窗口环境中，为科学研究、工程设计和许多科学领域提供了一个全面的解决方案。图 3-16 所示为该软件的启动界面。

图 3-16　MATLAB 启动界面

MATLAB 与 Mathematica、Maple 被称为三大数学软件，在科学、工程和数学领域的数据分析和数值计算占主要地位。MATLAB 可以进行矩阵运算、绘制函数和数据、实现算法、创建用户界面、连接其他编程语言的程序。MATLAB 的基本数据单位是矩阵，其指令表达式与数学及工程中常用的形式非常相似。用 MATLAB 解决问题比用 C 和 Fortran 要简单得多。MATLAB 还吸收了 Maple 等软件的优点，使其成为一个强大的数学软件。新版本还增加了对 C、Fortran、C++、Java 的支持。

MATLAB 主要由核心程序、Simulink 和工具箱三大部分组成。

（1）核心程序　包括 MATLAB 编程语言、数学计算引擎、图形用户界面、数据导入和导出以及应用程序接口等。它提供了丰富的数学和统计函数库，以及丰富的图形和交互式界面工具，可以进行矩阵运算、信号处理、图像处理、优化等各种数值计算和数据处理任务，帮助用户进行各种类型的数学、工程和科学方面的计算和分析。

（2）Simulink　是一个基于模型的设计和仿真环境，用于开发和测试控制系统、信号处理系统、通信系统等。Simulink 提供了可视化的模型编辑器和仿真器，用户可以通过拖拽和连接模块来构建系统模型，并通过仿真器来验证系统的性能和行为。Simulink 支持多种类型的模型，包括连续时间模型、离散时间模型、混合时间模型等。用户可以在 Simulink 中使用各种模块，如数学运算模块、信号处理模块、控制系统模块等，来构建系统模型。Simulink 还提供了丰富的仿真器和调试工具，可以帮助用户更快地设计和验证系统。Simulink 的应用领域非常广，包括控制系统、信号处理、通信系统、机器人控制、电力系统、航空航天等。Simulink 还支持多种硬件平台和外部设备的连接，如 Arduino、Raspberry Pi、NI 硬件等，用户可以将 Simulink 模型与硬件设备进行连接，实现实时控制和数据采集。

（3）工具箱　是一组预先编写好的函数、类和脚本文件的集合，用于解决特定领域或特定类型的数学、工程或科学问题。工具箱提供了一系列专门设计的函数和算法，可以帮助用户完成特定领域的数据分析、模型建立、算法开发等任务。MATLAB 的工具箱涵盖了多个领域，例如信号处理、图像处理、控制系统、优化、统计分析、机器学习等。每个工具箱都包含了一系列函数和工具，用户可以根据自己的需求选择和使用。工具箱的使用方式通常是通过调用其中的函数来完成特定的任务，用户可以将工具箱中的函数直接应用于自己的数据或问题，从而简化和加速开发过程。此外，MATLAB 还提供了工具箱的文档和示例，用户可以查阅文档了解函数的用法和参数，也可以参考示例代码来学习如何使用工具箱。

MATLAB 具有以下主要特点：

（1）环境集成　MATLAB 提供了一个集成的环境，可以进行数值计算、数据分析和算法开发。它具有丰富的数学和统计函数库，可以完成矩阵运算、信号处理、图像处理、优化等各种数值计算任务。

（2）简单易学　MATLAB 的编程语言相对简单易学，语法类似于常见的数学符号和表达式，使用户可以更快地学会编写代码。

（3）交互式开发环境　MATLAB 提供了一个交互式的开发环境，用户可以通过命令行或图形用户界面进行操作。这种实时反馈的环境可以帮助用户快速调试和验证代码。

（4）图形可视化　MATLAB 具有强大的图形绘制和可视化功能，可以生成高质量的二维和三维图形，用于数据分析和结果展示，图 3-17 所示为一个 MATLAB 数据可视化案例。

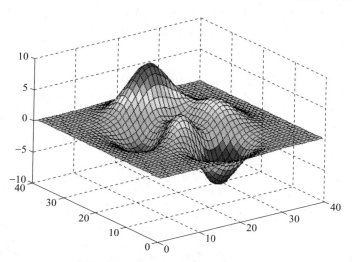

图 3-17　MATLAB 数据可视化案例

（5）丰富的工具箱和扩展性　MATLAB 提供了丰富的工具箱，包括信号处理、图像处理、控制系统等多个领域的函数库，用户可根据需要选择和使用。此外，MATLAB 还支持自定义函数和扩展，用户可编写自己的函数和工具箱。

（6）广泛的应用领域　MATLAB 广泛应用于科学研究、工程设计、数据分析、金融建模、机器学习等领域。其应用范围涵盖了多个学科和行业，为用户提供了丰富的解决方案和工具。

3.2.2　MATLAB 用户界面

启动 MATLAB 时，桌面会以默认布局显示，主要包括菜单栏、工具栏、当前目录、工作区以及命令历史窗口、M 文件编辑区和命令行窗口等，如图 3-18 所示。

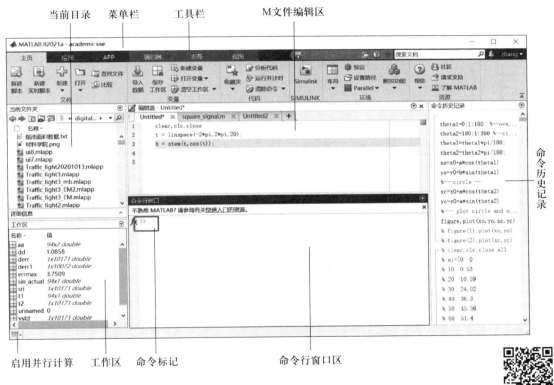

图 3-18　MATLAB 用户界面

1. 菜单栏和工具栏介绍

菜单栏主要包括主页、绘图和 APP 三个功能性页面，每个页面包括相应的工具栏。

"主页"用户界面下的工具栏按"文件""变量""代码""SIMULINK""环境""资源"等进行分区布局，主要进行新建文件、打开文件、变量访问、代码分析、环境设置等操作，如图 3-19 所示。

图 3-19　MATLAB 菜单栏"主页"用户界面下的工具栏

　　"绘图"用户界面则针对在工作空间的数据，通过点击相应的绘图按钮，即可按相应的绘图类型进行二维或者三维绘图（图 3-20），方便对计算结果进行快速评估。例如，图中选中了工作区的"pss1"变量，可以高亮显示绘图类型，可以用线图（plot）、面积图、饼图、条形图、直方图等多种图形可视化结果。

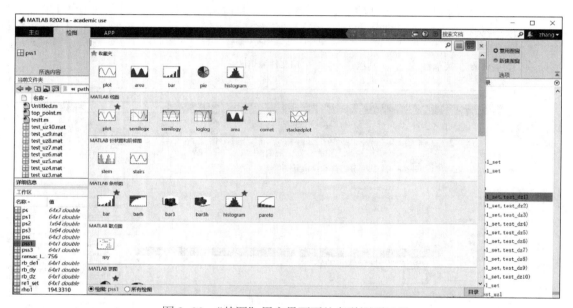

图 3-20　"绘图"用户界面下的各种图形工具

　　第三个用户界面是"APP"页面，包括了设计 APP、安装 APP 和 APP 打包，如图 3-21 所示。在工具栏右侧的下拉框里包含了所有已经安装的工具箱对应的 APP，如图 3-22 所示，方便快速调用对应专用工具箱的 APP，用户也可以根据需要添加需要的工具箱 APP。

图 3-21　"APP"用户界面下的工具栏

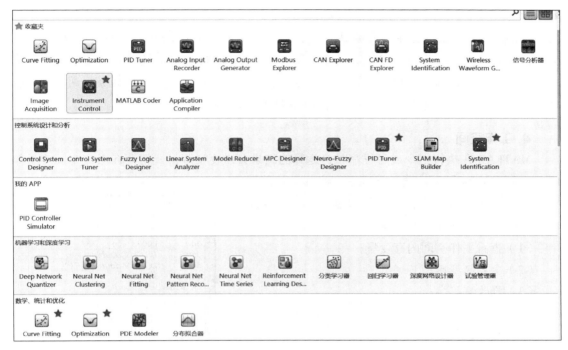

图 3-22 已安装的工具箱中对应的 APP

2. 当前目录窗口

当前目录窗口是指 MATLAB 运行时的工作目录。只有在当前目录和搜索路径下的文件、函数才可以被运行和调用。如果没有特殊指明，数据文件也将存放在当前目录下；用户可以将自己的工作目录设置成当前目录，从而使得所有操作都在当前目录中进行。搜索路径是指 MATLAB 执行过程中对变量、函数和文件进行搜索的路径。在 File 菜单中选择 Set Path 命令或在命令行窗口输入 pathtool 命令，出现搜索路径设置（Set Path）对话框，如图 3-23 所示。**注意：修改完搜索路径后，需要进行保存才有效！**

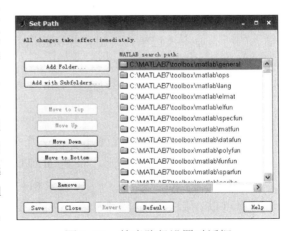

图 3-23 搜索路径设置对话框

3. 命令行窗口

命令行窗口是 MATLAB 的主要用户界面之一，它提供了一个交互式的环境，用户可以在其中输入各种 MATLAB 命令和表达式，以进行数值计算、数据处理、图形绘制等操作。命令行窗口通常位于 MATLAB 的主窗口底部，可以通过在主窗口中单击命令行标签或者在主菜单中选择 View → Command Window 来打开。在命令行窗口中，用户可以在提示符"≫"下输入各种 MATLAB 命令和表达式，按下回车键后 MATLAB 会立即执行这些命令，并将结果输出到命令行窗口中。除了输入和执行命令外，MATLAB 的命令行窗口还提供了多种功能和工具，包括历史命令记录、命令行编辑、变量查看和管理、命令行调试等，这些功能和工具可以帮助用户更方便地进行 MATLAB 编程和调试。

4. 工作空间

MATLAB 在执行指令或者程序时，运算的结果会以变量等形式暂存在工作空间（工作区），如图 3-24 所示。通过访问工作空间，可以浏览用户自己创建或从文件导入的数据。对工作空间的变量或数据可以进行如下操作：

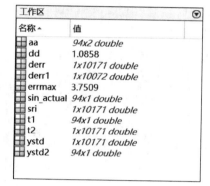

（1）查看工作空间内存变量；

（2）命名新变量；

（3）修改变量名；

（4）删除变量；

（5）绘图；

（6）保存变量数据；

（7）装入数据。

图 3-24　MATLAB 工作空间暂存的变量

5. 命令历史窗口

命令历史窗口会记录本次启动时间，并记录在命令行窗口输入的指令，此次运行期间输入的所有命令被记录为一组，并以此次启动时间为标志。通过命令历史窗口，可以查看命令行窗口输入过的命令或语句；也可以选择一条或多条命令复制、执行、创建 M 文件等。若要清除历史记录，可以选择 Edit 菜单中的 Clear Command History 命令。

6. 获取在线帮助

通过在 MATLAB 命令行窗口中输入下列指令，可以获取简单的纯文本帮助信息。

```
>> help  plot        % 在 MATLAB 命令行窗口查看指令的应用
>> lookfor           % 搜索相关的指令 ( 条件比较宽松 )
```

也可以在命令行窗口中输入下列指令，以获取窗口式综合帮助信息（文字、公式、图形）。

```
>> doc  plot         % 在帮助文件中查看指令的详细应用
```

3.2.3　MATLAB 基础知识

1. MATLAB 的启动与退出

双击桌面上的 MATLAB 快捷图标，MATLAB 启动；或使用 Windows 的"开始"菜单→程序→ MATLAB，MATLAB 启动。

在 MATLAB 主窗口 File 菜单中选择 Exit MATLAB 命令，MATLAB 退出；或在 MATLAB 命令行窗口中输入 exit 或 quit 命令，MATLAB 退出；或单击 MATLAB 主窗口的"关闭"按钮，MATLAB 退出。

注：在任何时候，只要按 Ctrl 键 +C 键，MATLAB 将停止运行所有工作。

2. 命令行窗口的使用

（1）在命令行窗口的提示符">>"下输入运算式，按回车键，即可得到运算结果。

（2）计算结果的默认变量名为"ans"，用户也可以定义自己的变量名用于存放计算结果。

（3）如果不希望在屏幕上直接输出计算结果，可在语句最后加分号";"，计算结果会存入变量之中，用户可在工作空间查看变量中的计算结果。

（4）命令行中"%"号后面的内容为注释语句，不会纳入计算范围。

下面将通过一些计算实例来说明 MATLAB 命令行窗口的用法。

【例 3–1】计算 $[12+2 \times （7-4）] \div 3^2$ 的值。

解：在 MATLAB 命令行窗口输入：

```
>>(12+2*(7-4))/3^2
```

按回车键，指令执行并返回结果。如图 3–25 所示。

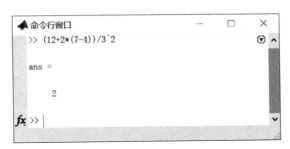

图 3–25　MATLAB 命令行窗口计算实例

【例 3–2】计算 $\sin 45°$ 的值。

解：>>sin(45*pi/180)　　　　　% MATLAB 中三角函数的参数都是以"弧度为单位"

　　ans=

　　0.7071

【例 3–3】计算 $y=\dfrac{2\sin（0.3\pi）}{1+\sqrt{5}}$ 的值。

解：>>y=2*sin(0.3*pi)/(1+sqrt(5))　　　　% 已经指定了变量 y，计算结果赋给 y

　　y=

　　0.5000

【例 3–4】计算 $（\sqrt{2e^{x+0.5}+1}）$ 的值，其中 $x=4.92$。

解：>>sqrt(2*exp(4.92+0.5)+1)   % sqrt(x) 为平方根函数 ,exp(x) 为指
                                                            数函数

   ans=
    21.2781

【例 3-5】求方程 $2x^5-3x^3+71x^2-9x+13=0$ 的全部根。

解：p = [2,0,-3,71,-9,13];   % 建立多项式系数向量
   x = roots(p);   % 求方程 p 的根
   x =
    -3.4914
    1.6863 + 2.6947i
    1.6863 - 2.6947i
    0.0594 + 0.4251i
    0.0594 - 0.4251i

【例 3-6】求解线性方程组：

$$\begin{cases} 2x+3y-z=2 \\ 8x+2y+3z=4 \\ 45x+3y+9z=23 \end{cases}$$

解：a=[2,3,-1;8,2,3;45,3,9];   % 建立系数矩阵 a
   b=[2;4;23];   % 建立列向量 b
   x=inv(a)*b
   x=
    0.5531
    0.2051
    -0.2784

【例 3-7】求解定积分 $I=\int_0^1 x\ln\left(1+x\right)\mathrm{d}x$。

解：quad('x.*log(1+x)',0,1)   % 求解定积分
   ans = 0.250

3. MATLAB 常见通用命令

MATLAB 中有一些经常使用的通用命令，它们的具体含义如表 3-2 所示，请读者自行操作实践。

表 3-2   MATLAB 常用通用命令

命令	含义
clc	清除命令行窗口的显示内容
clear	清除工作空间中保存的变量

续表

命令	含义
close	关闭图形窗口
who 或 whos	显示工作空间中的变量信息
dir	显示当前工作目录的文件和子目录清单
cd	显示或设置当前工作目录
type	显示指定 M 文件的内容
edit	查看编辑 M 文件
help 或 doc	获取在线帮助
quit 或 exit	关闭 / 退出 MATALB
ctrl+c	中止程序运行

4. MATLAB 变量

（1）MATLAB 的变量命名规则

变量名区分字母的大小写，因此 B 与 b 表示的是不同的变量。

变量名只能由字母、数字和下画线组成，且必须以英文字母开头。例如，b、b1、b1a 都是合法的，而 1b、b.2、{b} 都是不合法的。

变量名长度不得超过最大长度限制，超过的部分将被忽略。不同的 MATLAB 版本，变量的最大长度限制是不同的，用户可以使用 namelengthmax 函数得到所用 MATLAB 版本规定的变量名长度。

关键字（如 for、end 和 if 等）不能作为变量名。常量是指那些在 MATLAB 中已预先定义其数值的变量，也称预定义变量。变量命名时应尽量避开这些预定义变量（表 3–3）。

注意：在实际编程中，尽量使用能描述变量作用的英文单词，增加程序的可阅读性。

表 3–3 MATLAB 常见的预定义变量

变量名	意义
ans	最近的计算结果
eps	正的极小值 =2.2204e–16
pi	圆周率 π
inf	∞ 值，无限大
i 或 j	虚数单元，sqrt（–1）
NaN	非数，0/0、∞ / ∞

说明：

① 每当 MATLAB 启动，这些变量就会自动产生。

② MATLAB 中，被 0 除不会引起程序中断，给出报警的同时用 inf 或 NaN 给出结果。

③ 用户只能临时覆盖这些预定义变量的值，clear 指令或重启 MATLAB 可恢复其值。

（2）变量的存储

用户可以存储当前工作空间中的变量，其命令如下：

```
save                        % 将所有变量存入文件 matlab.mat
save mydata                 % 将所有变量存入指定文件 mydata.mat
save mydata.mat             % 将所有变量存入文件 mydata.mat
```

存储指定的变量：

```
save  文件名  变量名列表     % 变量名列表中各变量之间用空格分隔
```

例：>> save mydata A x z

（3）变量的读取

将数据文件中的变量载入当前工作空间：

```
load mydata                 % 载入数据文件中的所有变量
load mydata A x             % 从数据文件中提取指定变量
```

清除当前工作空间中的变量：

```
clear                       % 清除当前工作空间中的所有变量
clear A x                   % 清除指定的变量
```

5. MATLAB 数值运算

MATLAB 的基本数学运算主要包括如下几种：加法（+）、减法（−）、乘法（*）、除法（右除 / 和左除 \）、幂运算（^）、点运算（.*　./　.\　.^）。

说明：

① MATLAB 用 "\" 和 "/" 分别表示 "左除" 和 "右除"。

② 表达式按优先级自左至右执行运算。

③ 优先级：指数运算级别最高，乘、除次之，加、减最低。

④ 括号改变运算的次序。

MATLAB 中，增加了针对数组元素运算的点运算符 "."，极大地方便了数组的计算，提高了运算速度，这是 MATLAB 软件的一大特色。

6. MATLAB 常用数学函数

MATLAB 内置了一些函数，其中常用的数学函数如表 3-4 所示。

表 3-4 MATLAB 常用数学函数

函数名	含义	函数名	含义
sin	正弦函数	exp	自然指数函数
cos	余弦函数	pow2	2 的幂
tan	正切函数	abs	绝对值函数
asin	反正弦函数	angle	复数的幅角
acos	反余弦函数	real	复数的实部
atan	反正切函数	imag	复数的虚部
sinh	双曲正弦函数	conj	复数共轭运算
cosh	双曲余弦函数	rem	求余数或模运算
tanh	双曲正切函数	mod	模除求余
asinh	反双曲正弦函数	fix	向零方向取整
acosh	反双曲余弦函数	floor	不大于自变量的最大整数
atanh	反双曲正切函数	ceil	不小于自变量的最小整数
sqrt	平方根函数	round	四舍五入到最邻近的整数
log	自然对数函数	sign	符号函数
log10	常用对数函数	gcd	最大公因子
log2	以 2 为底的对数函数	lcm	最小公倍数

3.2.4 MATLAB 向量与矩阵运算

1. 数组的概念

数组定义：按行（row）和列（column）顺序排列的实数或复数的有序集，被称为数组。数组中的任何一个数都被称为这个数组的元素，由其所在的行、列标识，这个标识也称为数组元素的下标或索引。

MATLAB 将标量视为 1×1 的数组。对 m 行、n 列的二维数组，计为 $m \times n$ 的数组，行、列标识均从 1 开始，行标识从上到下递增，列标识从左到右递增，如图 3-26 所示。

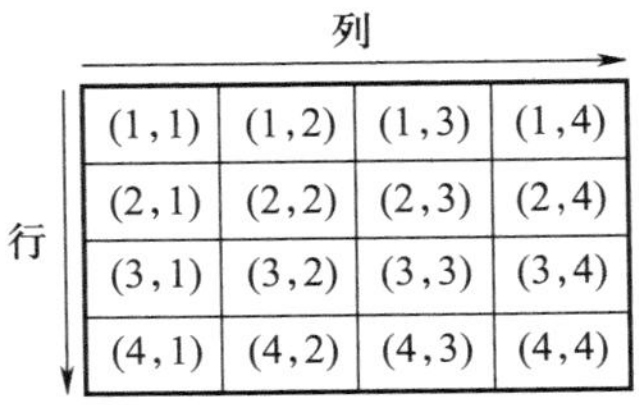

图 3-26 多维数组元素表示方法

数组按维数多少，可以分为一维、二维、多维数组，参见表 3-5。

（1）一维数组 也称为向量（vector）。如果数据按行排列，则称为行向量（row

vector），按列排列，则称为列向量（column vector）。

（2）二维数组　二维数组也叫矩阵（matrix）。

（3）多维数组　超过二维的叫多维数组。

注意：每行元素的个数必须相同，每列元素的个数也必须相同。

表 3-5　数组的定义和分类

数组（array）	大小（size）	备注
$b=[1\ 2\ 3\ 4]$	1×4	行向量
$c=\begin{bmatrix}1\\2\\3\end{bmatrix}$	3×1	列向量
$a=\begin{bmatrix}1 & 2\\3 & 4\\5 & 6\end{bmatrix}$	3×2	矩阵

2. 一维数组的创建

（1）行向量的创建

方法一：使用方括号"[ ]"操作符。

【例 3-8】创建行向量 $a=[1\ 3\ \pi\ 3+5i]$。

解：>>a=[1　3　pi　3+5*i]　　　% 或者键入 a=[1,3,pi,3+5*i]

　　a=1.0000　3.0000　3.1416　3.0000 + 5.0000i

所有的向量元素必须在操作符"[ ]"之内，向量元素间用空格或英文逗号分开。

方法二：使用冒号"："操作符。

【例 3-9】创建以 1~10 顺序排列、整数为元素的行向量 b。

解：>>b=1：10

　　b=1 2 3 4 5 6 7 8 9 10

利用冒号"："操作符创建行向量的基本语法格式：x=Start：Increment：End

Start 表示新向量 x 的第一个元素，新向量 x 的最后一个元素不能大于 End；Increment 可正可负，若为负，则必须 Start>End；若为正，则必须 Start<End，否则创建的为空向量。若 Increment=1，则可简写为 x=Start：End。

方法三：利用函数 linspace。

语法：x= linspace（x1，x2，n）。

该函数生成一个由 n 个元素组成的行向量，x1 为其第一个元素，x2 为其最后一个元素；x1、x2 之间元素的间隔 =（x2-x1）/（n-1）。如果忽略参数 n，则系统默认生成 100 个元素的行向量。

【例 3-10】键入并执行 x=linspace（1，2，5）。

解：>>x=linspace(1,2,5)

   x=1.0000 1.2500 1.5000 1.7500 2.0000

此外，还有 logspace 等生成向量的方法，大家可以自行尝试。

（2）列向量的创建

列向量是行向量的转置，因此创建列向量可以按如下方法进行：① 使用方括号"[ ]"操作符，使用分号"；"分割行；② 或将行向量用"'"进行转置。

3. 二维数组的创建

方法一：使用方括号"[ ]"操作符。

数组元素必须在"[ ]"内键入，行与行之间须用分号"；"间隔，也可以在分行处用回车键间隔，行内元素用空格或逗号"，"间隔。

【例 3-11】键入并执行 a2=[1 2 3；4 5 6；7 8 9]。

解：>>a2=[1 2 3;4 5 6;7 8 9];

   a2=

   1 2 3

   4 5 6

   7 8 9

【例 3-12】键入并执行 a2=[1：3；4：6；7：9]。

解：>>a2=[1:3;4:6;7:9];

结果同例 3-11。

【例 3-13】由向量构成二维数组。

解：>>a=[1 2 3]; b=[2 3 4];

   >>c=[a;b];

   >>c1=[a b];

方法二：函数方法。

用函数 ones（生成全 1 矩阵）、zeros（生成全 0 矩阵），或者用 reshape 函数对数据按需要进行重新排列，生成所需维度的数组。

【例 3-14】创建全 1 的 3×4 数组。

解：>>ones(3,4)

【例 3-15】使用 reshape 形成新的数组。

解：>>a=-4: 4

   a=

   -4 -3 -2 -1 0 1 2 3 4

```
>>b=reshape(a,3,3)          % 将向量 a 变换为 3×3 的二维数组
b=
-4  -1   2
-3   0   3
-2   1   4
```

4. 数组元素的标识与寻访

（1）数组元素的标识

1）"全下标"（index）标识

"全下标"标识法：每一维对应一个下标。对于二维数组，用"行下标和列下标"标识数组的元素，a（2，3）就表示二维数组 a 的"第 2 行第 3 列"的元素；对于一维数组，用一个下标即可，b（2）表示一维数组 b 的第 2 个元素，无论 b 是行向量还是列向量。

2）"单下标"（linear index）标识

"单下标"标识就是用一个下标来表明元素在数组的位置。对于二维数组的"单下标"编号：设想把二维数组的所有列按先后顺序首尾相接排成"一维长列"，然后自上向下对元素位置执行编号。两种"下标"标识的变换函数为：sub2ind（双下标转换为单下标）、ind2sub（单下标转换为双下标）

【例 3-16】单下标的使用。

解：
```
>>a=zeros(2,5);
>>a(:)=-4: 5
a =
-4  -2   0   2   4
-3  -1   1   3   5
```

注意观察数组中数的排列顺序，上述数组中的数是按列的次序先后排列。

（2）元素与子数组的寻访与赋值

【例 3-17】一维数组元素与子数组的寻访与赋值。

解：
```
>>a=linspace(1,10,5)
a =
1.0000  3.2500  5.5000  7.7500  10.0000
>>a(3)                      % 寻访 a 的第 3 个元素
ans =
5.5000
>>a([1 2 5])               % 寻访 a 的第 1、2、5 个元素组成的子数组
ans =
1.0000  3.2500  10.0000
>>a(1: 3)                  % 寻访 a 的前 3 个元素组成的子数组
ans =
```

```
1.0000  3.2500  5.5000
>>a(3:-1: 1)                    % 由 a 的前 3 个元素倒序构成的子数组
ans =
5.5000  3.2500  1.0000
>>a(3: end)                     % 得到 a 的第 3 个及其后所有元素，函数 end 表示
                                  最后一个元素的下标

ans =
5.5000  7.7500  10.0000
>>a ( 3: end-1 )
ans =
5.5000  7.7500
>>a([1 2 3 5 5 3 2 1])
ans =
1.0000  3.2500  5.5000  10.0000  10.0000  5.5000  3.2500  1.0000
```

注意：数组元素可以被任意重复访问，构成长度大于原数组的新数组。

```
>>a(6)
??? Index exceeds matrix dimensions.      % 下标值超出了数组维数，
                                            导致错误

>>a(2.1)
??? Subscript  indices  must  either  be  real  positive
integers  or  logicals.          % 下标值只能取正整数或逻辑值
>>a(3)=0                        % 修改数组 a 的第 3 个元素值为 0
a =
1.0000  3.2500  0  7.7500  10.0000
>>a([2 5])=[1 1]
a =
1.0000  1.0000  0  7.7500  1.0000
```

注意：通过对数组元素的访问，还可以修改指定数组元素的值，一次可以修改多个数组元素的值，要修改的数组元素的个数应与送入数组的元素个数相同。

【例 3-18】二维数组元素与子数组的寻访与赋值。

```
解:>>a_2=zeros(2,4)                    % 创建 2×4 的全 0 数组
   a_2 =
   0  0  0  0
   0  0  0  0
   >>a_2(:)=1: 8
   a_2 =
```

```
1  3  5  7
2  4  6  8
>>a_2([2 5 8])                              % 单下标方式寻访多个元素
ans =
2  5  8
>> a_2([2 5 8])=[10 20 30]
a_2 =
1  3  20  7
10  4  6  30
>>a_2(:,[2 3])=ones(2)                      % 双下标方式寻访并修改
a_2 =
1  1  1  7
10  1  1  30
```

二维数组可以"单下标"方式或"全下标"方式访问、赋值。"单下标"方式赋值时，等号两边涉及的元素个数必须相等；"全下标"方式赋值时，等号右边数组的大小必须等于原数组中涉及元素构成的子数组的大小，具体如表 3-6 所示。

表 3-6　二维数组元素寻访演示

序号	内容	序号	内容
1	>>a_2（:, end） ans = 7 30	5	>>a_2（end, :） ans = 10 1 1 30
2	>>a_2（:, end-1） ans = 1 1	6	>>a_2（end, [2: 4]） ans = 1 1 30
3	>>a_2（:, end:-1: 3） ans = 7 1 30 1	7	>>a_2（[4 6]）=6: 7 a_2 = 1 1 1 7 10 6 7 30
4	>>a_2（end, [2: end-1]） What is the result？		

（3）双下标到单下标的转换

【例 3-19】用 sub2ind 函数将双下标转换为单下标。

解：>>A = [17 24 1 8; 2 22 7 14; 4 6 13 20];

```
>>A(:,:,2)= A - 10
>>A(2,1,2)
>>sub2ind(size(A),2,1,2)
>>A(14)
```

（4）单下标到双下标的转换

【例 3-20】用 ind2sub 函数将单下标转换为双下标。

解：
```
>>b = zeros(3);
>>b(:)= 1: 9
>>IND = [3 4 5 6]
>>[I,J] = ind2sub(size(b),IND)
```

5. 多维数组创建及寻访

在矩阵中，两个维度由行和列表示。每个元素由两个下标（即"行"索引和"列"索引）来定义。多维数组是二维矩阵的扩展，并使用额外的下标进行索引。例如，三维数组使用三个下标。前两个维度就像一个矩阵，而第三个维度表示元素的页数或张数，如图 3-27 所示。

创建多维数组，可以先创建二维矩阵，然后再进行扩展。例如，首先定义一个 3×3 矩阵，作为三维数组中的第一页。

```
A(:,:,1)= [1 0 2 5; 4 1 8 7; 3 2 6 3];
A(:,:,2)= [3 5 4 1; 2 6 2 1; 4 2 3 0]
```

快速扩展多维数组的另一种方法是将一个元素赋给一整页。例如，为数组 A 添加第 3 页，其中包含的值全部为零。

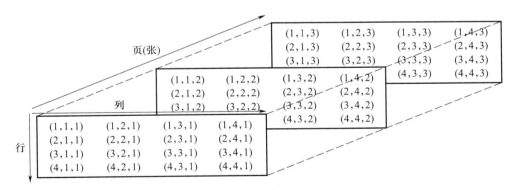

图 3-27　多维数组示意图

```
>>A(:,:,3)= 0
A(:,:,1)=
    1   0   2   5
    4   1   8   7
```

```
         3   2   6   3
A(:,:,2)=
         3   5   4   1
         2   6   2   1
         4   2   3   0
A(:,:,3)=
         0   0   0   0
         0   0   0   0
         0   0   0   0
```

访问多维数组中的元素，与在向量和矩阵中类似，使用整数下标，可以单下标方式也可以三下标方式寻访。例如，找到 A 中下标为 1，2，2 的元素，它位于 A 的第二页上的第一行第二列。

6. 数组运算

（1）常见矩阵生成函数（表 3-7）

表 3-7　常见矩阵生成函数

矩阵生成函数	功能说明
zeros（m，n）	生成一个 m 行 n 列的零矩阵，$m=n$ 时可简写为 zeros（n）
ones（m，n）	生成一个 m 行 n 列的元素全为 1 的矩阵，$m=n$ 时可写为 ones（n）
eye（m，n）	生成一个主对角线全为 1 的 m 行 n 列矩阵，$m=n$ 时可简写为 eye（n），即为 n 维单位矩阵
diag（A） diag（x）	A 是矩阵，则 diag（A）为 A 的主对角线向量； x 是向量，diag（x）产生以 x 为主对角线的对角矩阵
rand（m，n）	产生 0 ~ 1 间均匀分布的随机矩阵，$m=n$ 时简写为 rand（n）
randn（m，n）	产生均值为 0、方差为 1 的标准正态分布随机矩阵，$m=n$ 时简写为 randn（n）

（2）常见矩阵的操作函数

1）查看矩阵的大小：size

size（A）　　　　　列出矩阵 A 的行数和列数

size（A，1）　　　返回矩阵 A 的行数

size（A，2）　　　返回矩阵 A 的列数

例：>>A = [1 2 3; 4 5 6]

2）返回向量 x 的长度：length（x）

length（A）　　　　等价于 max（size（A））

3）矩阵的上、下三角阵

triu（A，k）　　　　upper triangular part，上三角阵

tril（A，k）　　　　　　　lower triangular part，下三角阵

4）矩阵的旋转

fliplr（A）　　　　左右旋转

flipud（A）　　　　上下旋转

rot90（A）　　　　逆时针旋转 90°；

rot90（A，k）　　　逆时针旋转 $k \times 90°$

（3）数组的运算

MATLAB 数组支持线性代数中所有的矩阵运算，建立了特有的数组运算符，如：".*"".*"等。表 3–8 所示为常用 MATLAB 数组运算符及其语法说明。

表 3–8　MATLAB 数组运算符列表及其语法说明

运算	运算符	语法说明
加	+	相应元素相加
减	−	相应元素相减
乘	*	矩阵乘法
点乘	.*	相应元素相乘
幂	^	矩阵幂运算
点幂	.^	相应元素进行幂运算
左除或右除	\ 或 /	矩阵左除或右除
左点除或右点除	.\ 或 ./	A 的元素被 B 的对应元素除

表 3–8 中，矩阵的除法包括右除 "/" 和左除 "\"

若 A 为可逆矩阵，则

$B/A \Longleftrightarrow A$ 的逆右乘 $B \Longleftrightarrow B*\mathrm{inv}（A）$

$A\backslash B \Longleftrightarrow A$ 的逆左乘 $B \Longleftrightarrow \mathrm{inv}（A）*B$

通常，矩阵除法可以理解为

$X=A\backslash B \Longleftrightarrow A*X=B$

$X=B/A \Longleftrightarrow X*A=B$

当 A 和 B 行数相等时即可进行左除，当 A 和 B 列数相等时即可进行右除。

【例 3–21】将矩阵 A 和 B 分别进行点乘、右点除、左点除和点幂。

解：A=[1 2 3; 4 5 6]; B=[3 2 1; 6 5 4];

　　C=A.*B; D=A./B; E=A.\B; F=A.^B;

【例 3–22】求向量 x 和 y 的点幂、向量 x 的 2 次点幂。

解：x=[1 2 3]; y=[4 5 6];

   x.^y =[1^4,2^5,3^6]=[1,32,729]

   x.^2 =[1^2,2^2,3^2]=[1,4,9]

【例 3-23】数组加减法。

解：>>a=zeros(2,3);

   >>a(:)=1: 6;

   >>b=a+2.5

   b =

      3.5000 5.5000 7.5000

      4.5000 6.5000 8.5000

   >>c=b-a

   c =

      2.5000 2.5000 2.5000

      2.5000 2.5000 2.5000

【例 3-24】画出 $y=1/(x+1)$ 的函数曲线，$x \in [0，100]$。

解：x=0: 100;

   y=1./(x+1);

   plot(x,y);

   legend('y=1/(x+1)');

绘图结果如图 3-28 所示。

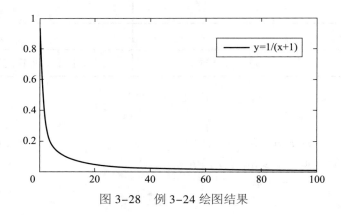

图 3-28　例 3-24 绘图结果

【例 3-25】生成一个信号 $x=\sin(2\pi t)+\sin(4\pi t)$。

解：t = [0: 199]./100;　　　% 采样时间点

   % 生成信号

   x = sin(2*pi*t)+ sin(4*pi*t);

   plot(t,x);

```
legend('x = sin(2*pi*t)+ sin(4*pi*t)');
```
绘图结果如图 3-29 所示。

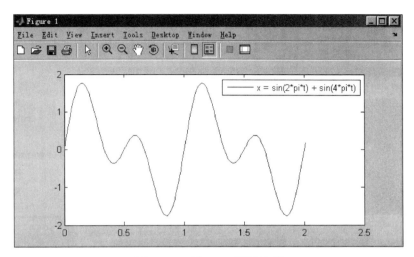

图 3-29 例 3-25 绘图结果

【例 3-26】点幂 ".^" 举例。

解：
```
>>a=1: 6
a =
    1  2  3  4  5  6
>>b=reshape(a,2,3)
b =
    1  3  5
    2  4  6
>> a.^2
ans =
    1  4  9  16  25  36
>> b.^2
ans =
    1  9  25
    4  16  36
```

（4）关系运算

MATLAB 提供了 6 种关系运算符：<、>、<=、>=、==、~=（不等于），关系运算符的运算法则：

① 当两个标量进行比较时，直接比较两数大小。若关系成立，结果为 1，否则为 0。

② 当两个维数相等的矩阵进行比较时，其相应位置的元素按标量关系进行比较，并给

出结果，形成一个维数与原来相同的 0、1 矩阵。

③ 当一个标量与一个矩阵比较时，该标量与矩阵的各元素进行比较，结果形成一个与矩阵维数相等的 0、1 矩阵。

【例 3-27】建立 5 阶矩阵 A，判断其元素能否被 3 整除。

解：
```
>>A = [24,35,13,22,63; 23,39,47,80,80; 90,41,80,29,10;
  45,57,85,62,21; 37,19,31,88,76]
A =
    24  35  13  22  63
    23  39  47  80  80
    90  41  80  29  10
    45  57  85  62  21
    37  19  31  88  76
>>P = rem(A,3)==0               % 被 3 除，求余
p =
    0  2  1  1  0
    2  0  2  2  2
    0  2  2  2  1
    0  0  1  2  0
    1  1  1  1  1
```

【例 3-28】查询例 3-27 所建矩阵 A 中大于 85 的元素。

解：
```
>>A(find(A>85))
ans=
    90
    88
```

（5）逻辑运算

MATLAB 提供了 3 种逻辑运算符：&、|、~（与、或、非），逻辑运算符的运算法则：

① 在逻辑运算中，确认非零元素为真（1），零元素为假（0）。

② 当两个维数相等的矩阵进行比较时，其相应位置的元素按标量关系进行比较，并给出结果，形成一个维数与原来相同的 0、1 矩阵。

③ 当一个标量与一个矩阵比较时，该标量与矩阵的各元素进行比较，结果形成一个与矩阵维数相等的 0、1 矩阵。

④ 算术运算优先级最高，逻辑运算优先级最低。

【例 3-29】$x \in [0, 3\pi]$，求 $y=\sin(x)$ 的值。要求消去负半波，即（π, 2π）区间内的函数值置零。

解: x = 0:pi/100: 3*pi;

   y = sin(x);

   y1 =(y>=0).*y;   % 消去负半波

绘图结果如图 3–30 所示。

【例 3–30】建立矩阵 A，找出在 [10，20] 区间的元素的位置。

解: A=[4,15,-45,10,6; 56,0,17,-45,0];

   find(A>=10 & A<=20)   % 找到满足条件元素的位置

   A=

      4 15 -45   10 6

      56   0   17 -45 0

   ans=

      3

      6

      7

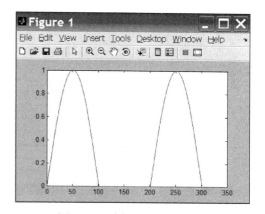

图 3–30　例 3–29 绘图结果

3.2.5　MATLAB 数据可视化

1. MATLAB 二维作图

（1）基本绘图指令

指令：plot（x，y）

x、y 都是向量，则以 x 中元素为横坐标，y 中元素为纵坐标作平面曲线。此时 x、y 必须具有相同长度。

x、y 都是矩阵，则将 x 的列和 y 中相应的列组合，绘制多条平面曲线。此时 x、y 必须具有相同的大小。

x 是向量，y 是矩阵，若 x 的长度与 y 的行数相等，则将 x 与 y 中的各列相对应，绘制多条平面曲线；若 x 的长度与 y 的列数相等，则将 x 与 y 中的各行相对应，绘制多条平面曲线，此时 x 的长度必须等于 y 的行数或列数。

（2）点和线的基本属性

指令：plot（x，y，string）

其中，string 是用单引号括起来的字符串，用来指定图形的属性（点、线的形状和颜色）。线型、标记和颜色，指定为包含符号的字符向量或字符串。这些图形属性的字符向量或字符串如表 3–9 所示。符号可以按任意顺序显示。不需要同时指定所有三个特征（线型、标记和颜色）。例如，如果忽略线型，只指定标记，则绘图只显示标记，不显示线条。

表 3–9　图形的基本属性

线型	标记	颜色
– 实线 : 虚线 -. 点画线 -- 间断线	. 点 o 小圆圈 x 叉子符 + 加号 * 星号 s 方格 d 菱形 ^ 朝上三角 v 朝下三角 > 朝右三角 < 朝左三角 p 五角星 h 六角星	y 黄色 m 品红色 c 青色 r 红色 g 绿色 b 蓝色 w 白色 k 黑色

更详细的信息请用指令 help plot 查看。

【例 3–31】用不同的属性标记画出余弦函数 $\cos(x)$ 在 $0\sim2\pi$ 内的曲线。

解:
```
>> x=[0: 0.2: 2*pi];
>> plot(x,cos(x));
>> plot(x,cos(x),'r+:');          % 红色、虚线离散点用加号
>> plot(x,cos(x),'bd-.');         % 蓝色、点画线离散点为菱形
>> plot(x,cos(x),'k*-');          % 黑色、实线离散点用星号
```

注意:属性可以全部指定,也可以只指定其中某几个,排列顺序任意。

(3)同时绘制多个函数图像指令

指令:plot(x1, y1, s1, x2, y2, s2, …, xn, yn, sn)

上述指令中 "--s" 属性省略,该指令等价于

```
hold on
plot(x1,y1,s1)
plot(x2,y2,s2)
...
plot(xn,yn,sn)
```

(4)图形的其他属性

标题:

```
title('text')
```

坐标轴标注:

```
xlabel('text') 或 ylabel('text')
```

图例:

```
legend(string1,string2,...)
```

图形文本注释:

```
text(x,y,s)                    % 指定坐标 (x,y) 处加注文字
```

显示网格:

```
grid on 或 grid off
```

保持当前窗口的图像:

```
hold on 或 hold off
```

新建绘图窗口:

```
figure(n)
```

坐标轴的显示范围:

```
axis([xmin,xmax,ymin,ymax,zmin,zmax])
```

其他调用方式:

```
axis auto       % 自动模式 , 使得图形的坐标满足图中的一切元素
axis equal      % 各坐标轴采用等长刻度
axis square     % 使绘图区域为正方形
axis on/off     % 恢复 / 取消对坐标轴的一切设置
axis manual     % 以当前坐标限制图形绘制 ( 多图时 ) 更多参见 axis 的联机帮助
```

【例 3–32】绘制正弦曲线,并指定线宽,标记数据点的颜色。

解:
```
>> x=-pi:pi/10:pi;
>> y=sin(x);
>> plot(x,y,'ro:','linewidth',2,...      % linewidth: 指定线条的粗
  细
  'markeredgecolor','b',...
  % markeredgecolor: 指定标记的边缘
  色
  'markerfacecolor','g')
  % markerfacecolor: 指定标记表面的颜
  色
```

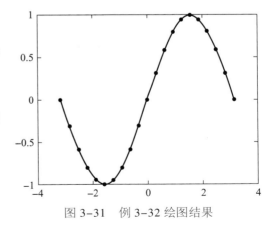

结果如图 3–31 所示。

注意:

① 属性与属性的值是成对出现的;

② 更多属性参见联机帮助。

图 3–31 例 3–32 绘图结果

（5）字体样式设置

指令: \fontname{arg} \arg \fontsize {arg} string

其中, String 为要输出的字符串, 其前面的均为属性控制, 使用方法见表 3–10 至表 3–12。

表 3-10 字体样式属性控制指令

	指令	arg 取值	示例
指定字体	\fontname{arg}	Arial，宋体	'\fontname{' 宋体 '}'
指定风格	\arg	bf（黑体），it（斜体1），sl（斜体2），rm（正体）	'\Bf example'
指定大小	\fontsize{arg}	正整数（默认 10P）	'\fontsize{16} Example'

表 3-11 上、下角标的控制指令

	指令	arg 取值	举例	
			示例指令	效果
上标	^{arg}	任何合法字符	'\exp^{-t}sin（t）'	$e^{-t}sin（t）$
下标	_{arg}	任何合法字符	'U_{\alpha}'	U_α

表 3-12 希腊字母与特殊字符控制指令（部分）

字符序列	符号	字符序列	符号	字符序列	符号
\alpha	α	\upsilon	υ	\sim	~
\beta	β	\phi	φ	\leq	≤
\gamma	γ	\chi	χ	\infty	∞
\delta	δ	\psi	ψ	\clubsuit	♣
\epsilon	ε	\omega	ω	\diamondsuit	♦
\zeta	ζ	\Gamma	Γ	\heartsuit	♦

【例 3-33】在正弦曲线上标注特殊值。

解：t=(0: 100)/100*2*pi;

    y=sin(t);

    plot(t,y)

    text(3*pi/4,sin(3*pi/4),'\fontsize{16}\leftarrowsin(t)=

    .707 ')

    text(pi,sin(pi),'\fontsize{16}\leftarrowsin(t)= 0 ')

    text(5*pi/4,sin(5*pi/4),'\fontsize{16}sin(t)=

    -.707\rightarrow',...

    'HorizontalAlignment','right')

其中，"'HorizontalAlignment', 'right'"设置图形标识为水平右对齐。绘图结果如图 3-32 所示。

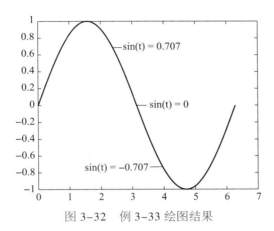

图 3-32　例 3-33 绘图结果

（6）双纵坐标绘图 plotyy

plotyy 函数是用于在一个图中绘制多条 2D 图形的常用函数。该函数有多种格式，下面将给出一般的使用规范。用两个 y 轴（双纵坐标）绘制两个图像，如图 3-33 所示。

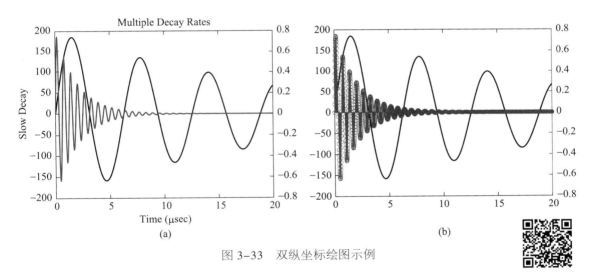

图 3-33　双纵坐标绘图示例

```
y1 = 200*exp(-0.05*x).*sin(x);
y2 = 0.8*exp(-0.5*x).*sin(10*x);
figure          % 生成图形如图 3-33a 所示
plotyy(x,y1,x,y2);
title('Multiple Decay Rates')
xlabel('Time(\musec)')
ylabel('Slow Decay')
figure          % 生成图形如图 3-33b 所示
```

```
plotyy(x,y1,x,y2,'plot',
    'stem')
```

（7）直方图指令 bar

直方图包括竖直直方图（累计式，分组式），以及水平直方图（累计式，分组式）。

【例 3-34】绘制直方图。

解：`x = -2.9: 0.2: 2.9;`

`bar(x,exp(-x.*x),'r')`

结果如图 3-34 所示。

【例 3-35】某市从业人员统计如下，绘制直方图。

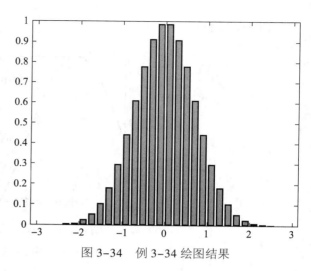

图 3-34　例 3-34 绘图结果

	1990 年	1995 年	2000 年
第一产业 / 万人	90.7	70.6	73.9
第二产业 / 万人	281.6	271	214.6
第三产业 / 万人	254.8	323.7	326.5

执行以下语句：

解：`year=[1990 1995 2000];`

`people=[90.7 281.6 254.8; 70.6 271 323.7; 73.9 214.6 326.5];`

`bar(year,people,'stack');`   % 累计式直方图

`legend('\fontsize{10} 第一产业 ','\fontsize{10} 第二产业 ','\fontsize{10} 第三产业 ');`

`bar(year,people,'group');`   % 分组式直方图

`legend('\fontsize{6} 第一产业 ','\fontsize{6} 第二产业 ','\fontsize{6} 第三产业 ');`

结果如图 3-35 所示。

`barh(year,people,'group');`   % 分组式直方图

`legend('\fontsize{6}first','\fontsize{6}second','\fontsize{6} third');`

`barh(year,people,'stack');`   % 累计式直方图

`legend('\fontsize{6} first','\fontsize{6}second', '\fontsize{6}third');`

结果如图 3-36 所示。

（8）饼图指令 pie

饼图指令 pie 用来表示各元素占总和的百分数，如图 3-37 所示。该指令第二输入变量是与第一变量同长的 0、1 向量，1 使对应扇块突出。

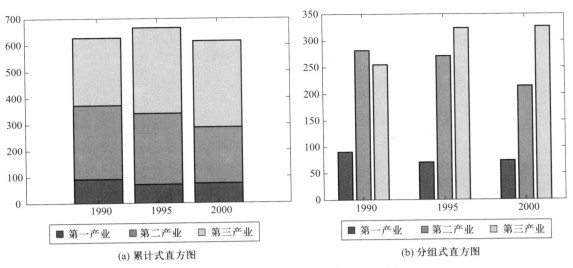

(a) 累计式直方图　　　　　　　　　　　(b) 分组式直方图

图 3-35　例 3-35 绘图结果（竖直直方图）

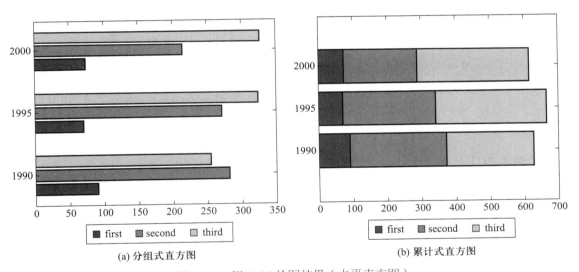

(a) 分组式直方图　　　　　　　　　　　(b) 累计式直方图

图 3-36　例 3-35 绘图结果（水平直方图）

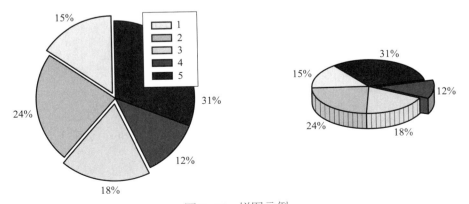

图 3-37　饼图示例

```
a=[1,1.6,1.2,0.8,2.1];
subplot(1,2,1),pie(a,[1 0 1 0 0]),
legend({'1','2','3','4','5'})
subplot(1,2,2),b=int8(a==min(a))
pie3(a,b)
colormap(cool)
```

（9）离散杆图指令 stem

```
t = linspace(-2*pi,2*pi,20);
h = stem(t,cos(t));          % 余弦波的采样信号图（图 3-38）
```

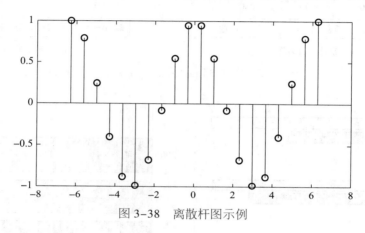

图 3-38　离散杆图示例

【例 3-36】分别以条形图、填充图、阶梯图和杆图形式绘图。

解：x = 0：0.35：7；y = 2*exp(-0.5*x);

```
subplot(221);bar(x,y,'g');
title('bar(x,y,''g'')');axis([0,7,0,2]);
subplot(222);fill(x,y,'r');
title('fill(x,y,''r'')');axis([0,7,0,2]);
subplot(223);stairs(x,y,'b');
title('stairs(x,y,''b'')');axis([0,7,0,2]);
subplot(224);stem(x,y,'k');
title('stem(x,y,''k'')');axis([0,7,0,2]);
```

结果如图 3-39 所示。

（10）极坐标图

polar 函数用来绘制极坐标图，其调用格式：polar（theta，rho，选项）

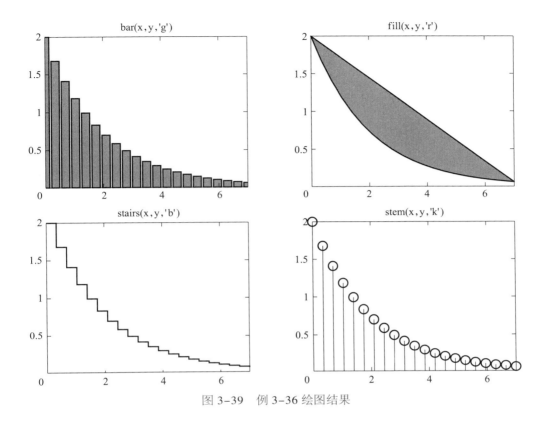

图 3-39　例 3-36 绘图结果

【**例 3-37**】绘制 $\rho=\sin 2\theta\cos 2\theta$ 的图形。

解：`theta = 0: 0.01: 2*pi;`

`rho = sin(2*theta).*cos(2*theta);`

`polar(theta,rho,'k');`

结果如图 3-40 所示。

2. 三维绘图基本操作

（1）三维绘图指令 plot3

三维绘图指令中，plot3 最易于理解，它的使用格式与 plot 十分相似，只是对应三维空间的参量。

```
t=(0: 0.02: 2)*pi;
x=sin(t);
y=cos(t);
z=cos(2*t);
plot3(x,y,z,'b-',x,y,z,'bd');
view([-82,58]);
box on
```

legend(' 链 ',' 宝石 ')   % 见图 3-41

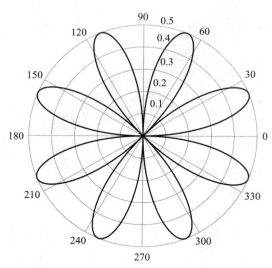

图 3-40　例 3-37 绘图结果

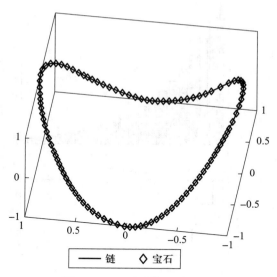

图 3-41　三维绘图指令示例

（2）三维网线图（mesh）和曲面图（surf）

画函数 $z=f(x,y)$ 所代表的三维空间曲面，需要做以下的数据准备工作：

1）确定自变量的取值范围和取值间隔。

x=x1: dx: x2;

y=y1: dy: y2;

2）构成 x-y 平面上的自变量采样"格点"矩阵。

利用 MATLAB 指令 meshgrid 产生"格点"矩阵：

[xa,ya]=meshgrid(x,y);

3）计算函数在自变量采样"格点"上的函数值，即 $z=f(x,y)$。

4）网线图、曲面图绘制。

【例 3-38】绘制函数 $z=x^2+y^2$ 的曲面。

```
x=-4: 4;y=x;
[x,y]=meshgrid(x,y);              % 生成 x-y 坐标"格点"矩阵
z=x.^2+y.^2;                      % 计算格点上的函数值
subplot(1,2,1),mesh(x,y,z);       % 三维网线图
subplot(1,2,2),surf(x,y,z);       % 三维曲面图
colormap(hot);
```

结果如图 3-42 所示。

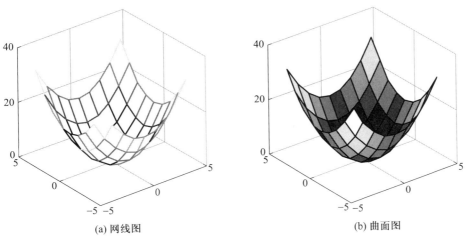

(a) 网线图 (b) 曲面图

图 3-42 例 3-38 绘图结果

3.2.6 MATLAB 程序设计

1. 常见数据文件读写

MATLAB 程序中常见的数据文件主要为 .mat 数据文件、.txt 数据文件、.xls 数据格式、.csv 格式、图片格式、音 / 视频格式等。

（1）mat 数据文件

```
x = 0: 0.1: 2*pi;
y1 = sin(x);
y2 = cos(x);
save data.mat x y1 y2
clear all
load data.mat
```

（2）txt 数据文件

```
M = importdata('myfile.txt');
load('myfile.txt')
S = M.data;
save 'data.txt' S -ascii
T = load('data.txt');
isequal(S,T)
```

（3）xls 数据格式

```
xlswrite('data.xls',S)
W = xlsread('data.xls');
```

```
W1 = xlsread('data.xls','Sheet1');
W2 = xlsread('data.xls','Sheet1','b2:d3');
isequal(S,W)
isequal(S,W1)
```
（4）xlsx 数据格式
```
xlswrite('data.xlsx',S)
U = xlsread('data.xlsx');
isequal(S,U)
```
（5）csv 格式
```
csvwrite('data.csv',S)
V = csvread('data.csv');
isequal(S,V)
```
（6）图片格式
```
A = imread('alphago-vs-lee-sedol.jpg');
imwrite(A,'AlphaGo.jpg','jpg')
```
（7）音 / 视频格式
```
MovieControl = actxcontrol('WMPlayer.OCX',[100 100 300 300]);
MovieControl.URL = 'Action1.wmv';
```

2. M 文件的编写

用 MATLAB 语言编写的程序称为 M 文件，M 文件以 ".m" 为扩展名。M 文件是由若干 MATLAB 命令组合在一起构成的，可以完成某些操作，也可以实现某种算法。事实上，MATLAB 提供的内部函数以及各种工具箱都是利用 MATLAB 语言开发的 M 文件。用户也可以结合自己的需要，开发自己的程序或工具箱。M 文件根据调用方式的不同可以分为两类：Script——脚本文件 / 命令文件，Function——函数文件

M 文件是一个文本文件，可以用任何文本编辑器来建立和编辑，通常使用 MATLAB 自带的 M 文件编辑器。

（1）创建脚本文件

在主页页面，选"新建脚本"，或者选择"新建"→"脚本"或"函数"，即可进入 M 文件编辑页面，如图 3-43 所示。

（2）创建函数文件

在主页页面，选"新建"→"函数"，即可进入函数文件编辑页面，如图 3-44 所示。

函数文件须由 function 语句引导：

function [out1，out2，…] = 函数名（in1，in2，…）　　% 引导行，表示该 M 文件是函数文件。

图 3-43 创建脚本文件

图 3-44 创建函数文件

函数名的命名规则与变量名相同，必须以字母开头。当输出参数多于一个时，用方括号括起来。函数必须是一个单独的 M 文件，函数文件名必须与函数名一致。以"%"开始的语句为注释语句。

函数文件举例：

```
function [x1,x2] = myfun(a,b,c)
    temp = sqrt(b^2-4*a*c);
    x1 =(-b+temp)/2/a;
    x2 =(-b-temp)/2/a;
```

函数调用的一般格式：**输出实参列表 = 函数名（输入实参列表）**

子函数：

```
function avg = fun(x)      % 主函数
    n = length(x);
    avg = mean(x,n);
function a = mean(x,n)     % 子函数
    a = sum(x)/n;
```

3. M 文件控制流

程序控制结构有三种：顺序结构、条件分支结构和循环结构。任何复杂的程序都由这三种基本结构组成。

（1）顺序结构

按排列顺序依次执行各条语句，直到程序的最后。这是最简单的一种程序结构，一般涉及数据的输入输出、数据的计算或处理等。

（2）条件分支结构

单分支结构：

```
if expression（条件）
    statements（语句组）
end
```

双分支结构：

```
if expression（条件）
    statements1（语句组 1）
else
    statements2（语句组 2）
end
```

多分支结构：

```
if expression1（条件 1）
    statements1（语句组 1）
```

```
elseif expression2 (条件 2)
    statements2 (语句组 2)
......
elseif expressionm (条件 m)
    statementsm (语句组 m)
else
    statements (语句组)
end
```

（3）switch 分支结构

根据表达式的不同取值，分别执行不同的语句。

```
switch expression (表达式)
    case value1 (表达式 1)
        statement1 (语句组 1)
    case value2 (表达式 2)
        statement2 (语句组 2)
        ......
    case valuem (表达式 m)
        statementm (语句组 m)
    otherwise
        statement (语句组)
end
```

if 条件语句的表达式中会根据关系运算或逻辑运算结果给出判定结果。MATLAB 提供了 6 种关系运算符：<、>、<=、>=、==、~=（不等于）和三种逻辑运算符：&（与）、|（或）、~（非），其运算法则参见 3.2.4 节。

（4）For 循环结构

如果预先就知道循环的次数，则可以采用 for 循环。结构如下：

```
for variable=expression
    statement (循环体)
end
```

不能在 for 循环体内改变循环变量的值，为了提高代码的运行效率，应尽可能提高代码的向量化程度，避免 for 循环的使用。

（5）while 循环结构

如果预先无法确定循环的次数，则可以使用 while 循环。需要注意的是，在 while 循环中，需要修改循环变量的值。

```
while expression (条件)
    statement (循环体)
```

```
end
```
另外，循环语句可以嵌套使用，大循环套小循环，实现多重循环体结构。

（6）其他流控制语句

break 和 continue

break 语句用于终止循环的执行，即跳出最内层循环；continue 语句用于结束本次循环，进行下一次循环。break 和 continue 一般与 if 语句配合使用。

return 语句用于退出正在运行的脚本或函数，通常用于函数文件中。

4. 程序编写基本步骤

（1）熟悉 MATLAB 常见的程序结构表达。

（2）分析问题，确定求解的主要算法（模型）。

（3）细化算法的实现步骤。

（4）详细列出算法的具体实现步骤。

（5）定义相关的变量。

（6）画流程图，参见表 3-13。

（7）编写程序。

（8）调试。

表 3-13 画流程图的要素

流程图要素	说明
起始框 终止框 执行框 判别框 成立 不成立 条件	1. 程序初始化处理（必须）； clear a b c, clc, close 2. 按照算法步骤依次编写 步骤 1 实现过程 步骤 2 实现过程 步骤 3 实现过程 ⋮ 3. 注意分支、选择、循环的流程控制

【例 3-39】图 3-45 为一个交通灯的定时切换流程，初始化过程包含把所有灯都设置为 off 状态，然后启动计时；之后把东西方向绿灯和南北方向红灯置为 on，经 7 秒钟以后进行下一轮切换，依次循环。

5. 程序调试基本方法

（1）程序出错主要为两类

1）语法、格式错误，如缺"（"或"）"等，在运行时可检测出大多数该类错误，并指出错在哪一行。

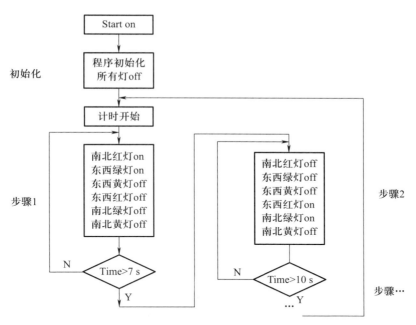

图 3-45 交通灯流程图

2）算法、逻辑错误，不易查找，遇到此类错误时需耐心，只能通过调试逐步分析程序运行的结果来寻找错误。常用的方法如下：

① 分组法 / 程序注释、ctrl+r、ctrl+t

② 设置断点；

③ 单步法；

④ 修改循环次数（循环体内）；

⑤ 人为设定条件法。

（2）MATLAB 程序文件编辑调试

MATLAB 程序文件编辑和调试界面如图 3-46 所示。

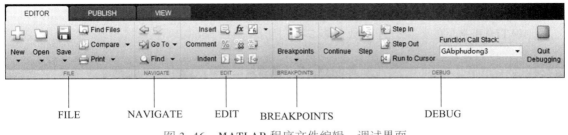

图 3-46 MATLAB 程序文件编辑、调试界面

与程序文件编辑相关的工具栏快捷键功能如图 3-47 所示。

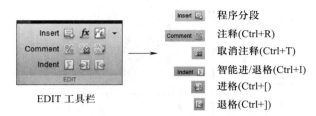

图 3-47　与程序文件编辑相关的工具栏快捷键

　　程序文件编辑宜采用程序分段,方便程序进行分段调试和分析。在程序编写中,添加程序注释可增加程序的可阅读性,便于移植和维护。采用进/退格整理程序结构层次,美化程序和使程序结构清晰。

　　与程序调试相关的工具栏快捷键功能如图 3-48 所示。

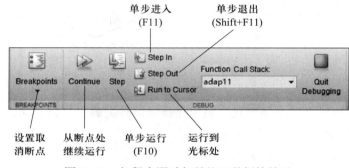

图 3-48　与程序调试相关的工具栏快捷键

　　MATLAB 中,语法错误会自动提示,可以很快判断出来,而算法错误则不易判断。通常情况下,分段运行,设置断点结合单步观察程序或者变量的结果可以较为容易地判断错误在什么地方。

3.2.7　数据处理与分析

　　MATLAB 常见的数据处理函数如表 3-14 所示。

表 3-14　常见数据处理函数

函数	功能	函数	功能
min	最小值	sum	总和
max	最大值	prod	总乘积
mean	平均值	std	标准差
median	中位数	sort	排序
dot	数量积	cross	向量积

1. 最大值和最小值

MATLAB 提供的求数据序列的最大值和最小值的函数分别为 max 和 min，两个函数的调用格式和操作过程类似。

（1）求向量的最大值和最小值

求向量 X 最大值的函数有两种调用格式：

1）y=max（X） 返回向量 X 的最大值存入 y，如果 X 中包含复数元素，则按模取最大值；

2）[y，I]=max（X） 返回向量 X 的最大值存入 y，最大值的序号存入 I，如果 X 中包含复数元素，则按模取最大值。

求向量 X 最小值的函数是 min（X），用法和求最大值完全相同。

【例 3-40】求向量的最大值。

```
>>x=[-43,72,9,16,23,47];
>>y=max(x)              % 求向量 x 中的最大值
y=
    72
>>[y,l]=max(x)         % 求向量 x 中的最大值及该元素的位置
y=
    72
l=
    2
```

（2）求矩阵的最大值和最小值

求矩阵 A 最大值的函数有三种调用格式：

1）max（A） 返回一个行向量，向量的第 i 个元素是矩阵 A 的第 i 列上的最大值；

2）[Y，U]=max（A） 返回行向量 Y 和 U，Y 向量记录 A 的每列的最大值，U 向量记录每列最大值的行号；

3）max（A，[ ]，dim） dim 取 1 或 2。dim 取 1 时，该函数和 max（A）完全相同；dim 取 2 时，该函数返回一个列向量，其第 i 个元素是 A 矩阵的第 i 行上的最大值。

求最小值的函数是 min，其用法和求最大值完全相同。

【例 3-41】求矩阵的最大值。

```
>>x=[-43,72,9; 16,23,47];
>>y=max(x)                      % 求矩阵 x 中每列的最大值
y=
    16  72  47
>>[y,l]=max(x)                  % 求矩阵 x 中每列的最大值及该元素的位置
y=
    16  72  47
```

```
l=
   2  1  2
>>max(x,[],1),max(x,[],2)              % 求矩阵中每行的最大值
```

2. 平均值与中值

求数据序列平均值的函数是 mean，求数据序列中值的函数是 median。两个函数的调用格式为：

1）mean（X） 返回向量 X 的算术平均值。

2）median（X） 返回向量 X 的中值。

3）mean（A） 返回行向量，其第 i 个元素是 A 的第 i 列的算术平均值。

4）median（A） 返回行向量，其第 i 个元素是 A 的第 i 列的中值。

5）mean（A，dim） 当 dim 为 1 时，该函数等同于 mean（A）；当 dim 为 2 时，返回一个列向量，其第 i 个元素是 A 的第 i 行的算术平均值。

6）median（A，dim） 当 dim 为 1 时，该函数等同于 median（A）；当 dim 为 2 时，返回一个列向量，其第 i 个元素是 A 的第 i 行的中值。

3. 求和与求积

1）sum（X） 返回向量 X 各元素的和。

2）prod（X） 返回向量 X 各元素的乘积。

3）sum（A） 返回一个行向量，其第 i 个元素是 A 的第 i 列的元素和。

4）prod（A） 返回一个行向量，其第 i 个元素是 A 的第 i 列的元素乘积。

5）sum（A，dim） 当 dim 为 1 时，该函数等同于 sum（A）；当 dim 为 2 时，返回一个列向量，其第 i 个元素是 A 的第 i 行的各元素之和。

6）prod（A，dim） 当 dim 为 1 时，该函数等同于 prod（A）；当 dim 为 2 时，返回一个列向量，其第 i 个元素是 A 的第 i 行的各元素乘积。

【例 3-42】对数据进行排序。

解：
```
>>P=randi(20,1,10)              % 产生 10 个小于 20 的随机整数
   P =
      14  14  15  10  2  5  19  4  17  11
>> B=sort(P)                    % 按升序对数据排列
   B =
      2  4  5  10  11  14  14  15  17  19
>> B = sort(P,'descend')        % 按降序对数据排列
   B =
      19  17  15  14  14  11  10  5  4  2
```

4. 数据拟合

多项式曲线拟合函数 polyfit 与 polyval：

（1）语法

1）p=polyfit（x，y，n） 最小二乘法计算拟合多项式系数。x、y 为拟合数据向量，要求维度相同，n 为拟合多项式次数。返回 p 向量保存多项式系数，由最高次向最低次排列。

2）y=polyval（p，x） 计算多项式的函数值。返回在 x 处多项式的值，p 为多项式系数，元素按多项式降幂排序。

（2）示例

```
x=[1,2,3,4,5,6,7,8,9,10]
y=[1.2,3,4,4,5,4.7,5,5.2,6,7.2]
p1 = polyfit(x,y,1)          % 一次多项式拟合
p3 = polyfit(x,y,3)          % 三次多项式拟合
%plot 原始数据、一次拟合曲线和三次拟合曲线
x2=1: 0.1: 10;
y1=polyval(p1,x2)y3=polyval(p3,x2)
plot( x,y,'*',x2,y1,':',x2,y3)
```

5. 常用信号产生函数

（1）正弦波信号

调用 sin（t），产生周期为 2π、幅值绝对值为 1 的正弦波信号（图 3-49）。

```
t=0:pi/180: 2*pi;
y=sin(5*t);
    % 表示产生周期为 2π/5,幅值为 1 的正
    弦波
plot(t,y,'r');
    % 显示图像,并且设置图像为红色
axis([0 2*pi -1.5 1.5]);
    % 设置坐标轴范围
title(' 正弦波信号 ');
```

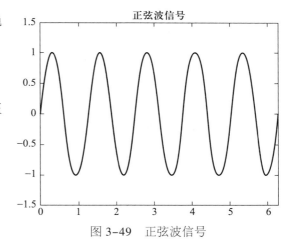

图 3-49 正弦波信号

（2）方波信号

调用 square（t，duty），产生指定周期的方波信号（图 3-50），duty 表示脉冲宽度与整个周期的比例。

```
t=0:pi/180: 2*pi;
duty=50;
y=square(5*t,duty);                % 表示周期为 2π/5,占空比为 50% 的方波
```

```
plot(t,y,'r');              % 显示图像,并且设置图像为红色
axis([0 2*pi 0 1.5]);       % 设置坐标轴范围
title('方波信号');
```

（3）三角波信号

调用 sawtooth（t，width），产生三角波信号（图3-51），width 值为 0、1 之间。

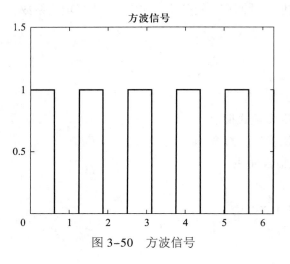

图3-50　方波信号

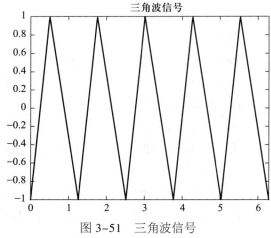

图3-51　三角波信号

```
t=0:pi/180:2*pi;
y=sawtooth(5*t,0.4);
plot(t,y,'r');
axis([0 2*pi -1 1]);
title('三角波信号');
```

3.2.8　MATLAB APP 设计基础

应用程序（APP）设计工具是交互式开发环境，用于设计 APP 布局并对其行为进行编程。它提供 MATLAB 编辑器的完整集成版本和大量交互式用户界面（UI）组件，还提供了构建交互式用户界面的函数和工具，用户可以添加组件（如按钮和滑块等），用户界面中包含用于数据可视化和探查的绘图。MATLAB 还提供了网格布局管理器来组织用户界面，并提供自动调整布局选项使用户的 APP 能检测和响应屏幕大小的变化。

APP 设计工具有两种创建 APP 的视图：设计视图（Design View）和代码视图（Code View）。使用设计视图可创建 UI 组件并以交互方式设计 APP 布局，使用代码视图可对 APP 行为进行编程。用户可以使用 APP 设计工具右上角的切换按钮在这两种视图之间切换，如图3-52 所示，其中高亮显示的"Design View"表示当前的视图是设计视图。

图3-52　设计视图和代码
视图的切换按钮

用户可直接从 APP 设计工具上的工具条将 APP 打包为安装程序文件来分发 APP，也可通过创建独立的桌面 APP 或 Web APP 来分发 APP（需要 MATLAB Compiler）。

1. MATLAB 中开发 APP 的基本步骤

在 MATLAB 中开发 APP，一般可以按以下基本步骤进行。

（1）打开 MATLAB 软件，点击主界面上的"APP Designer"按钮，进入 APP Designer 界面。

（2）在 APP Designer 界面中，左侧是空白的 APP 界面，右侧是工具箱，可以从工具箱中拖拽组件到 APP 界面中。

（3）在工具箱中选择所需的组件，例如按钮、文本框、图表等，将其拖拽到 APP 界面中。

（4）在 APP 界面中，可以通过双击组件来编辑其属性，例如按钮的文本、图标等。

（5）在 APP 界面中，可以使用 MATLAB 的编程语言来编写 APP 的功能代码。点击右上角的"Code View"按钮，可以切换到代码编辑界面。

（6）在代码编辑界面中，可以为组件添加回调函数，定义组件的行为。例如，为按钮添加回调函数，当按钮被点击时，执行相应的代码。

（7）在代码编辑界面中，可以使用 MATLAB 的各种函数和工具箱，实现 APP 的各种功能。例如，使用图像处理函数对图像进行处理，使用数据分析函数对数据进行分析等。

（8）开发过程中，可以通过点击左上角的"Run"按钮来运行 APP，实时查看 APP 运行效果。

（9）开发完成后，可以点击左上角的"Package"按钮，将 APP 打包成独立的可执行文件，方便其他用户使用。

以上是在 MATLAB 中开发 APP 的基本步骤，通过不断的实践和学习，可以进一步掌握更多的开发技巧和高级功能。APP 设计工具的教程可提供更多的指导。

下面以创建一个简单的绘图 APP 为例，来介绍 APP 的开发过程。该 APP 包含一个绘图组件和一个滑块组件，滑块用于控制函数绘图的振幅，如图 3-53 所示。首先在 APP 设计工具中打开一个新 APP，然后按照以下步骤操作。

步骤 1：创建坐标区组件

将坐标区组件从工具箱库拖到 APP 界面上，创建一个坐标区组件，以便显示绘制的数据。

在设计视图中，可创建 UI 组件并修改其外观。工具箱包含所有可以添加到 APP 的组件、容器和工具。添加组件时，可将组件从工具箱中拖到 APP 界面上。用户可以在组件浏览器中设置属性，或直接在 APP 界面上编辑组件的某些属性（如大小和标签文本），来更改该组件的外观。

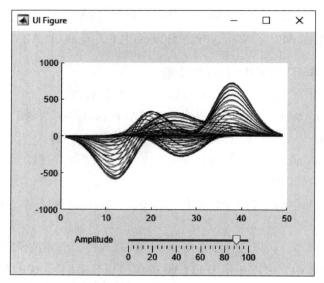

图 3-53 包含绘图和滑块的 APP 教程案例

步骤 2：创建滑块组件

将滑块组件从组件库拖到 APP 界面上，并将其放置在坐标区组件的下方。

步骤 3：更新滑块标签

替换滑块的标签文本。双击标签并将默认文本 Slider 替换为 Amplitude，如图 3-54 所示。

当用户完成 APP 布局后，设计视图中的 APP 界面如图 3-55 所示。

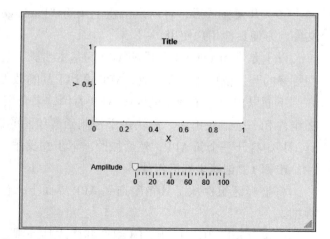

图 3-54 修改滑块标签文本为"Amplitude" 　　　　　图 3-55 完成的 APP 布局

有关 APP 布局的详细信息，请参阅 APP 设计工具中的帮助文件。

步骤 4：切换到代码视图

在设计完 APP 布局后，可通过编写代码对 APP 的行为进行编程。点击 APP 界面上方的代码视图按钮编辑 APP 代码。

当用户在设计视图中向 APP 添加组件时，APP 设计工具会自动生成用户运行 APP 时执行的代码。此代码会配置用户的 APP 外观，以匹配用户在 APP 界面上看到的内容。此代码显示在灰色背景上，不可编辑。APP 设计工具还会创建一些对象，作为生成代码的一部分，供用户编程时使用。

① APP 对象 — 此对象存储 APP 中的所有数据，例如 UI 组件和用户使用属性指定的任何数据。APP 中的所有函数都需要使用该对象为第一个参数。按照此模式，用户能够从这些函数中访问组件和属性。

② 组件对象 — 每当用户在设计视图中添加组件时，APP 设计工具都会将该组件存储为一个对象，并使用 app.ComponentName 形式对其命名。用户可以使用组件浏览器查看和修改 APP 中组件的名称。要从 APP 代码中访问和更新组件属性，请使用 app. ComponentName.Property。

步骤 5：添加滑块回调函数

使用回调函数对 APP 行为进行编程。回调函数是 APP 用户执行特定交互（例如调整滑块的值）时执行的函数。

在绘图 APP 中，添加一个用户调整滑块值时执行的回调函数。右键点击组件浏览器中的 app.AmplitudeSlider，然后在菜单中选择回调（Callbacks）→添加 ValueChangedFcn 回调（Add ValueChangedFcn Callback），如图 3-56 所示。

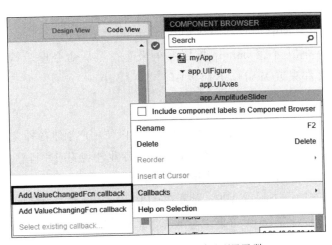

图 3-56　对滑块控件添加回调函数

向组件添加回调时，APP 设计工具会创建一个回调函数，并将光标置于该函数的主体中。APP 设计工具自动将 APP 对象作为回调函数的第一个参数进行传递，以支持访问组件及其属性。例如，在 AmplitudeSliderValueChanged 函数中，APP 设计工具会自动生成一行代码来访问滑块的值，如图 3-57 所示。

```
% Value changed function: AmplitudeSlider
function AmplitudeSliderValueChanged(app, event)
    value = app.AmplitudeSlider.Value;
    |
end
```

图 3-57　设计工具自动创建回调函数代码

有关使用回调函数对 APP 行为进行编程的详细信息，请参阅帮助文件。

步骤 6：对数据绘图

在 APP 设计工具中调用图形函数时，需将目标坐标区或父对象指定为该函数的参数。

在绘图 APP 中，如果用户希望更改滑块值，需要通过将 APP 中坐标区对象的名称 app.UIAxes 指定为 plot 函数的第一个参数，以更新坐标区中的绘图数据。将代码"plot (app.UIAxes，value*peaks)"添加到 AmplitudeSliderValueChanged 回调的第二行，以在坐标区绘制 peaks 函数的缩放输出。

有关在 APP 中显示图形的详细信息，需参阅帮助文件。

步骤 7：更新坐标区范围

要从 APP 代码中访问和更新组件属性，请使用 app.ComponentName.Property。

在用户的绘图 APP 中，通过设置 app.UIAxes 对象的 YLim 属性来更改 y 轴的范围。将命令 "app.UIAxes.YLim=[-1000 1000]；"添加到 AmplitudeSliderValueChanged 回调的第三行。

步骤 8：运行 APP

点击运行按钮以保存并运行 APP。调整滑块的值，在 APP 中绘制一些数据曲线。

保存更改后，可在 APP 设计工具中再次运行用户的 APP，也可以通过在 MATLAB 命令行窗口中输入其名称（不带 .mlapp 扩展名）来运行。从命令提示符下运行 APP 时，该文件必须位于当前文件夹或 MATLAB 路径中。

2. AAP 布局设计

APP 设计工具提供了一个包含很多 UI 组件的库，以便用户创建各种交互功能。设计视图中提供了丰富的布局工具，用于设计功能齐全的、具有专业外观的应用程序。所有组件都可以通过编程方式使用。用户在设计视图中所做的任何更改都会自动反映在代码视图中，因此用户可以在不编写任何代码的情况下配置 APP。若要在 APP 中添加组件，可使用以下方法：从工具箱中拖动一个组件，并将其放到 APP 界面上；或点击工具箱中的一个组件，然后将光标移到 APP 界面上，光标变为十字，点击鼠标将组件以默认大小添加到 APP 界面中。添加组件时，点击并拖动可以调整其大小，某些组件只能以其默认大小添加。

将组件添加到 APP 界面后，组件的名称会出现在组件浏览器中。用户可以在 APP 界面或组件浏览器中选择组件。选择操作会在这两个位置同时发生。

当用户将某些组件（如编辑字段和滑块）拖到 APP 界面上时，系统会通过一个标签将它们组合在一起。默认情况下，这些标签不会出现在组件浏览器中，但用户可以通过在组件浏览器中的任意位置点击鼠标右键，并选择在组件浏览器中包含组件标签来显示标签。如果不希望组件有标签，将组件拖到 APP 界面上时按住 **Ctrl** 键，这样组件中就不会包含标签了。

在 APP 中添加 UI 组件时，APP 设计工具会为组件指定一个默认的名称。使用此名称（包括 app 前缀），可在用户的代码中引用该组件。用户可以通过双击组件浏览器中的名称并键入新名称来更改组件名称，如图 3-58 所示。当用户更改组件名称时，APP 设计工具会自动更新对该组件的所有引用。

要在用户的代码中使用组件的名称，最简单的方法是从组件浏览器中复制名称。将光标放在代码编辑区域中添加组件名称的位置，然后在组件浏览器中右键点击组件名称，并选择在光标处插入，如图 3-59 所示。用户也可以将组件名称从列表拖到代码中。要删除组件，请在组件浏览器中选择其名称，然后按 **Delete** 键。

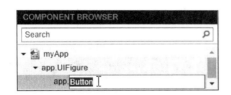

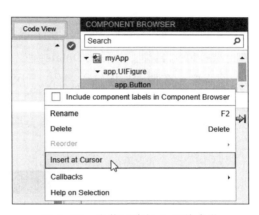

图 3-58　更改组件名称　　　　　　图 3-59　在代码中插入组件名称

3. APP 代码编程

代码视图提供了 MATLAB 编辑器中的大多数编程功能，还可帮助用户浏览代码，避免了许多烦琐的任务。例如，用户可以通过在搜索栏中键入部分名称来搜索回调，点击某个搜索结果，编辑器将滚动到该回调的定义。此外，如果用户更改了某个回调的名称，APP 设计工具会自动更新代码中对该回调的所有引用。

代码视图有三个窗格，可帮助用户管理代码的不同方面。下面将介绍每个窗格包含的主要功能。

（1）组件浏览器窗格（图 3-60）

1）上下文菜单　右键点击列表中的组件以显示上下文菜单，该菜单包含删除或重命名组件、添加回调或显示帮助的选项。例如，选择在组件浏览器中包括组件标签选项，将显示分组的组件标签。

2）搜索栏　通过在搜索栏中键入名称，可快速定位组件。

3）组件选项卡　使用此选项卡可查看或更改当前所选组件的属性值。还可以通过在此选项卡顶部的搜索栏中键入名称来搜索属性。

4）回调选项卡　使用此选项卡管理所选组件的回调。

（2）代码浏览器窗格（图 3-61）

1）回调、函数和属性选项卡　使用这些选项卡可添加、删除或重命名 APP 中的任何回调、辅助函数或自定义属性。点击回调或函数选项卡上的某个项目，编辑器将滚动到代码中的对应部分。选择要移动的回调，将回调拖放到列表中的新位置来重新排列回调的顺序。此操作会同时在编辑器中调整回调位置。要使组件响应用户交互，可以添加回调，右键点击组件浏览器中的组件，然后选择回调 > 添加（回调属性）回调。如果用户从 APP 中删除组件，仅当关联的回调未被编辑且未与其他组件共享时，APP 设计工具才会删除关联的回调。要手动删除回调，须在代码浏览器的回调选项卡上选择回调名称，然后按 Delete 键。

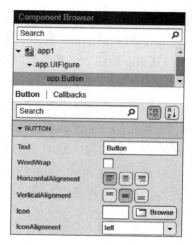

图 3-60　组件浏览器窗格

2）搜索栏　在搜索栏中键入名称，即可快速定位回调、辅助函数或属性。

（3）APP 布局窗格（图 3-62）

使用缩略图可在有许多组件的复杂大型 APP 中查找组件。在缩略图中选择某个组件，即可在组件浏览器中选择该组件。

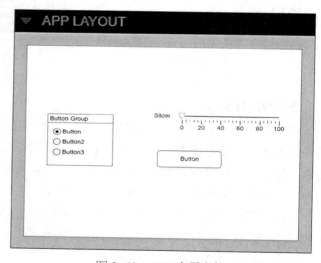

图 3-62　APP 布局窗格

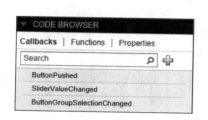

图 3-61　代码浏览器窗格

在代码视图编辑器中，代码中的有些部分是可编辑的，有些则不可编辑。不可编辑部分由 APP 设计工具生成和管理，可编辑部分包括：

1）用户定义的函数（例如，回调和辅助函数）的主体；

2）自定义属性定义。

在默认颜色方案中，代码的不可编辑部分以灰色底显示，可编辑部分以白色底显示，如图 3-63 所示。

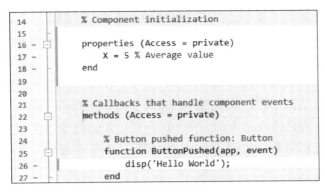

图 3-63 代码中可编辑部分以白色底显示

4. MATLAB 中开发 APP 的注意事项

要在 MATLAB 中开发一个高质量的 APP，需要注意以下几个问题：

（1）界面设计 设计一个直观、友好的界面是很重要的。需要考虑控件的布局、大小、颜色等，以及用户交互的方式和流程。

（2）功能实现 根据 APP 的需求，编写相应的功能代码。需要熟悉 MATLAB 的函数和工具箱，选择合适的函数来实现所需的功能。

（3）错误处理 编写代码时，需要考虑可能出现的错误情况，并进行相应的处理。例如，输入数据的合法性检查、异常情况的处理等。

（4）性能优化 编写代码时，需要考虑代码的效率和性能。尽量避免使用耗时的操作，如循环嵌套、大量的数据读写等。可以使用 MATLAB 提供的性能优化工具进行分析和改进。

（5）用户体验 用户体验是一个关键因素。需要注意 APP 的响应速度、界面的美观性、交互的便捷性等，以提高用户的满意度和使用体验。

（6）测试和调试 开发过程中，需要进行充分的测试和调试，确保 APP 的正常运行。可以使用 MATLAB 提供的调试工具和单元测试工具进行测试和调试。

（7）文档和帮助 开发完成后，可以为 APP 编写相应的文档和帮助文件，以方便用户使用。

3.2.9 Simulink 仿真工具

1. Simulink 简介

Simulink 是 MATLAB 中的一种可视化仿真工具。可以用来建模、分析和仿真各种动态系统，包括连续、离散以及各种混合系统。它提供了用鼠标拖放的方式建立系统框图，可通过丰富的功能模块快速建立动态仿真模型，利用软件提供的功能来对控制系统直接进行模拟。这使得原本很复杂的系统仿真过程变得很容易。

Simulink 包含了两大主要部分：仿真平台和系统仿真模型库。仿真平台的主要功能是帮助用户建立、仿真和分析系统模型，以及将模型部署到实际硬件上运行。系统仿真模型库中包含了大量预定义的模块，涵盖了数学运算、信号处理、动力学系统、电气系统、控制系统等。这些模块可以直接拖拽到模型中，方便、快捷，加快了模型的构建速度。用户可以根据需要选择合适的模块，快速构建出具有丰富功能的系统模型。模型库中的模块是经过验证和调试的，可以直接在不同的系统中重复使用，可维护性好。模块之间的连接和参数设置都可以在图形界面中完成，无须编写代码，降低了系统开发的复杂度，提高了开发效率。

Simulink 同时也提供了强大的仿真和调试功能，用户可以通过运行仿真来验证系统模型，并进行调试和优化。Simulink 提供了丰富的仿真设置和调试工具，如断点、观察点、变量追踪等。

Simulink 是 MATLAB 环境下的模拟工具，与 MATLAB 高度集成。用户可以在 Simulink 中使用 MATLAB 的函数和工具进行数据处理和分析，Simulink 也可以将仿真结果导出到 MATLAB 进行进一步的分析和处理。

此外，Simulink 可以将系统模型生成可执行代码，并支持多种编程语言和目标平台。用户可以将 Simulink 模型直接转换为可执行代码，部署到嵌入式系统或其他平台上运行。更重要的是，Simulink 能够用 MATLAB 的语言或其他语言，根据 s 函数的标准格式写成自定义的功能模块，同时也能调用 .dll 文件类型的应用程序，实现集成应用，因此其扩展性很强。

2. Simulink 基本操作

Simulink 模型的创建主要包括三部分：模块、连接线和状态跳转。其核心是选择适合算法要求的模块并将其连接起来，再进行相应的调试和仿真。

模块相当于一个黑盒子，用户不需要了解其内部的实现算法，只需要了解其输入输出及模块的设置即可。下面主要对相应的模型进行讲解。

用模块来表示动态系统的某个单元，模块之间用连线表明信号交互。模块类型决定了模块的两端（输入与输出），同时还对状态和时间存在影响。模块具有独立的属性对话框，在对话框中可以定义模块的相应参数。

下面介绍 Simulink 创建模型的基本步骤。

（1）Simulink 创建空模型

通过创建新模型，添加相应配图。启动 Simulink 有以下三种方法：

1）在 MATLAB 的命令行窗口中直接输入 "Simulink" 命令。

2）单击 MATLAB 主页选项中的 "Simulink" 按钮（图 3-64）。

3）单击 MATLAB 主页选项中的 "新建" → "Simulink Model"（图 3-64）。

点击 "新建" → "Simulink Model" 打开图 3-65 所示界面。一般通过 "Blank Model"（空模型）来进行下一步的构建。

从主页选项
点击 "Simulink" 按钮

从主页选项
"新建" → "Simulink Model"

图 3-64 从主页选项启动 Simulink

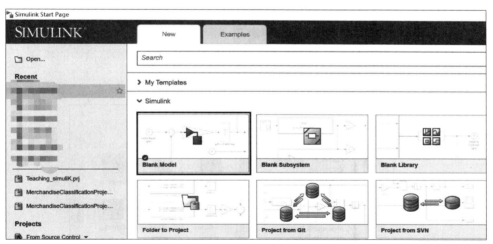

图 3-65 通过点击 "Blank Model" 来新建一个模型

新建 "Blank Model" 的界面如图 3-66 所示，通过快捷键 Ctrl+s 可保存新建的模型，保存路径最好不要包含中文字符。Simulink 的文件格式主要有两种："∙mdl" 和 "∙slx"。"∙mdl" 是文本格式文件，"∙slx" 是二进制格式文件。早期 Simulink 的模型文件为 "∙mdl" 格式，"∙slx" 格式在 MATLAB/Siumulink R2012a 版本中引入，旨在取代 "∙mdl" 格式，因为 "∙slx" 文件压缩后，通常比 "∙mdl" 文件小。

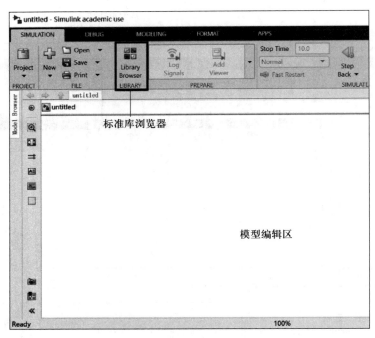

图 3-66 新建 Blank Model 界面

Simulink 界面主要由库浏览器和模型窗口组成。库浏览器中包含了 Simulink 的标准模块库和专业工具箱（图 3-67），而模型的搭建一般在模型窗口中进行。在 Simulink 界面中，通过拖拽和连接各种模块来创建模型，可以使用 Simulink 库浏览器中的模块，也可以使用 MATLAB 命令行来创建模块。

图 3-67 Simulink 库浏览器

（2）添加模块并连接

通过连接各个模块的输入输出端口来建立模块之间的连接关系。可以使用鼠标左键拖动连接线，也可以使用右键菜单中的连接选项来连接模块。按照相应的逻辑连线，即可形成相应的仿真模型。图 3-68 所示是使用 Simulink 建立的 PID 控制参数整定仿真模型。

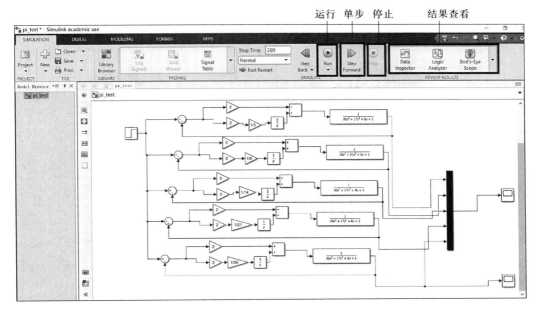

图 3-68　PID 控制参数整定仿真模型

（3）模型参数设置

在模型中，可以设置各个模块的参数，如输入输出端口的数量和类型，模块的采样时间等。通过双击模块或右键点击模块打开参数设置界面，即可对模块参数进行设置。图 3-69 所示是对图 3-68 仿真模型中的一个传递函数进行设置的示意图。

（4）运行及调试模型

如图 3-68 所示，在 Simulink 模型编辑区上面的工具栏内有一些常用的按钮，如运行、单步（前进、后退）、结果查看等。当模型编辑好后，可以点击 Simulink 界面的运行按钮来运行模型。Simulink 会自动进行仿真，并在仿真结果窗口中显示模型的输出结果。或者使用单步调试，可查看模型设计是否达到要求。Simulink 提供了丰富的分析和调试工具，用于检查模型的状态和行为。使用信号浏览器可查看信号的变化，使用仿真数据可检查模型的正确性，使用模型检查工具可检查模型的一致性等。

（5）分析仿真结果

使用 Simulink 提供的数据分析工具，如 Scope、Spectrum Analyzer 等，可进行仿真结果分析，也可以导出数据到 MATLAB 进行进一步分析和处理。Scope 是 Simulink 自带的示波器工具，可以用来显示仿真结果。将 Scope 模块添加到模型中，并将需要显示的

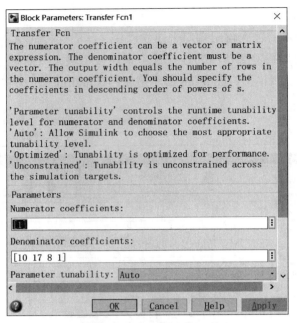

图 3-69 传递函数设置示意图

信号连接到 Scope 的输入端口，运行仿真后 Scope 会显示信号的波形和数值。Spectrum Analyzer 是用于频谱分析的工具，可以显示信号的频谱信息。将 Spectrum Analyzer 模块添加到模型中，并将需要分析的信号连接到 Spectrum Analyzer 的输入端口，运行仿真后 Spectrum Analyzer 会显示信号的功率谱密度和频谱图。To Workspace 是用于将仿真结果保存到 MATLAB 工作区的工具，可将仿真结果导出到 MATLAB 进行进一步分析。将 To Workspace 模块添加到模型中，并将需要导出的信号连接到 To Workspace 的输入端口，运行仿真后结果会保存到 MATLAB 的工作区。

（6）生成代码或部署到硬件

如果需要，可将 Simulink 模型生成可执行代码。使用"APP"→"Simulink Coder"或"APP"→"Embedded Coder"可将模型转换为可执行的 C 或 C++ 代码，用于嵌入式系统的开发。还可以使用 Simulink Real-Time 将模型部署到实时目标上进行运行和测试。

3. 扩展功能

（1）调用自定义模块

自定义模块（m.function）是用于定义 MATLAB 函数的文件类型，它具有函数定义、变量作用域、可重用性和输入输出参数等特点。通过使用 m.function 文件，开发人员可以更好地组织和管理 MATLAB 代码，并实现代码的重用和模块化。在较为复杂的算法仿真中，仅仅调用 Simulink 自带的模块是不够的，为解决这个问题，在 Simulink 库浏览器中集成了用户定义函数模块功能，可以很简便地将 MATLAB 算法添加到 Simulink 仿真模型中。

　　其操作过程如下：在 Simulink 库浏览器中找到"User-Defined Functions"，点击其中的"MATLAB Function"模块，如图 3-70 所示，并将其添加到模型中。然后，双击 MATLAB Function 模块打开编辑器，MATLAB Function 模块编辑器中出现一个默认函数，其中有两个变量，一个输入参数和一个输出参数，用于处理输入信号并生成输出信号。通过编辑函数声明语句定义函数输入和输出，在函数声明语句后的新行中添加相应的算法代码，完成后退出模块。该模块会更新端口名称。然后与模型的其他模块进行相应的连线即可。详细的操作请参考 MATLAB 的帮助文件。与其他 Function 模块不同，MATLAB Function 模块可以使用更复杂的 MATLAB 语法和功能。

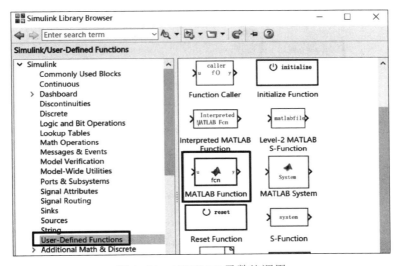

图 3-70　MATLAB 函数的调用

通常在以下情况使用这些自定义模块：

① 有现有 MATLAB 函数可用于对自定义功能进行建模。

② 所创建的模型在 Simulink 图形语言中没有，或无法捕获的自定义功能。

③ 用 MATLAB 函数对自定义功能建模比使用 Simulink 模块建模更容易。

④ 建模的自定义功能不包括连续或离散的动态状态。若要对动态状态建模需使用 S-Function。需参阅 MATLAB 帮助文件。

（2）导出数据至 MATLAB

Simulink 中可将仿真结果数据导出到 MATLAB 工作区。具体步骤如下：

1）在仿真界面的"准备"选项栏单击右侧下拉菜单，打开图 3-71 所示的界面，再点击"配置和仿真"→"模型设置"。

2）在随后打开的图 3-72 所示的配置参数对话框中，单击左侧栏的"数据导入/导出"，即可对数据导入（从工作区加载）和导出（保存到工作区）的参数进行设置。

图 3-71 模型输入输出参数设置入口界面

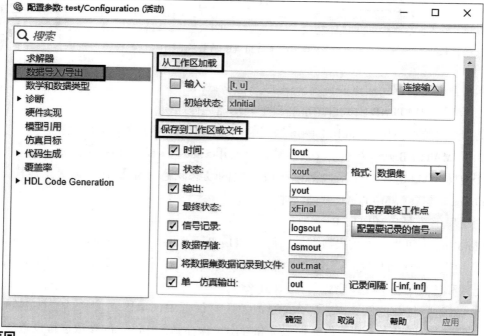

图 3-72 对数据导入和导出参数进行设置

3）在 Simulink 库浏览器中找到 simout 模块（"Sinks"→"To Workspace（simout）"），将 simout 模块添加到 Simulink 仿真模型中，如图 3-73 所示。将要导出的信号连接到该模块的输入端口，然后通过设置块参数选择输出类型（数组或结构体）、时间类型（时间或带时间的结构体）和保存格式（数组或结构体）等。运行仿真后，数据将被导出到 MATLAB 的工作区。

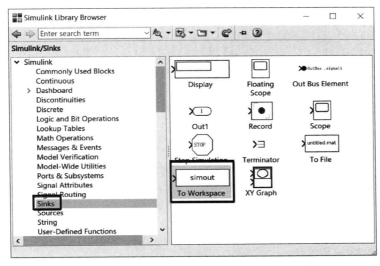

图 3-73　将 simout 模块添加至 Simulink 仿真模型中

4）仿真后，Simulink 的计算结果便记录在 MATLAB 的工作空间，便于后续的进一步可视化分析。将界面切换到 MATLAB 的工作空间，双击工作空间中的各个变量 simout、simout1、simout2、tout 等（图 3-74 左侧），即可看到图 3-74 右侧所示的仿真结果数据。

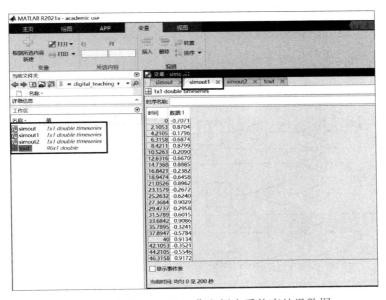

图 3-74　在 MATLAB 工作空间查看仿真结果数据

5）进行可视化分析及效果验证。在 MATLAB 的命令行窗口中输入绘图命令，可将 Simulink 导出到 MATLAB 工作空间的数据进行可视化分析，如图 3-75 所示。

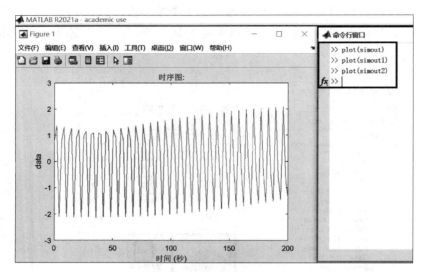

图 3-75 对 Simulink 导出数据进行可视化分析

4. 仿真实例演示

图 3-76 是采用 Simulink 仿真的 PID 控制的 PI 参数整定模型，比例 P=2 不变，尝试采用不同的积分系数 I 来观察对模型的控制响应效果。

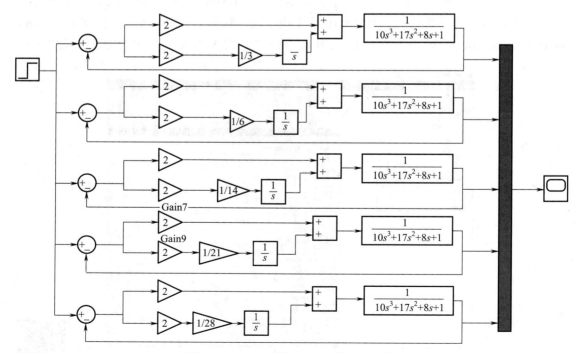

图 3-76 PID 控制的 PI 参数整定模型

设置仿真时间为 200 s，点击"Run"，打开示波器，观察不同积分系数下的系统响应结果。仿真结果如图 3-77 所示。从仿真结果可知，随着积分系数的增加，系统稳态精度提高，超调量减小，同时系统收敛时间增加，响应变慢。

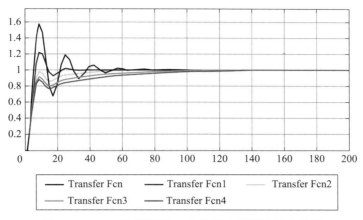

图 3-77　PID 控制不同 PI 参数整定模型的仿真结果

由此例可见，通过 Simulink 可以非常快速地搭建仿真模型。通过与 m.function 以及导入和导出数据等功能结合，可以与 MATLAB 之间进行数据交互、模型导入等无缝衔接，极大地方便了 Simulink 的使用。

思考题

1. 什么是虚拟仪器？虚拟仪器与传统仪器的区别是什么？虚拟仪器包括哪些关键构成要素？

2. 虚拟仪器包括哪些功能模块？常用的虚拟仪器开发平台有哪些？

3. LabVIEW 是一种图形化的编程语言，与传统的文本编程语言相比，它具有哪些特点？

4. 信号数字化采集时难以避免噪声，对于传统示波器和基于虚拟仪器技术的信号采集系统，它们如何滤除噪声？各有什么优、缺点？

5. 编写一个 LabVIEW 程序，利用循环结构实现跑马灯模型，5 个指示灯不停地轮流点亮，指示灯点亮时间和间隔时间均可由前面板输入控件改变。

6. 编写一个 LabVIEW 程序，产生一个值为 0.0~100.0 的随机数，将该数除以一个在程序前面板中输入的浮点数，并在前面板中显示结果，当输入的数值为零时，弹出对话框窗口提示除法无效。

7. "水仙花数"是一个三位数，它的各位数字的立方和等于它本身。请编写一个 LabVIEW 程序，找到 1 000 以内的所有"水仙花数"。

8. 编写一个 LabVIEW 程序，测试用户在前面板输入以下字符所用的时间，并统计出现差错的字符数：A virtual instrument is a program in the graphical programming language.

9. 请用 MATLAB 编程输出全部"水仙花数"（题 7）。

10. 用 MATLAB 设计猜数游戏。首先由计算机随机产生一个 [1，100] 区间的整数，然后由用户猜测所产生的这个数。根据用户猜测的情况给出不同的提示，如果猜测的数大于这个随机产生的数则显示"High"，小于则显示"Low"，等于则显示"You won！"同时退出游戏。用户最多有 7 次机会。

11. 用筛选法求某自然数范围内的全部素数（素数是大于 1，且除了 1 和它本身以外，不能被其他任何整数所整除的整数）。用筛选法求素数的基本思想是，要找出 2~m 范围内的全部素数，首先在 2~m 中去除 2 的倍数（不包括 2），然后去除 3 的倍数（不包括 3），由于 4 已被去除，再找 5 的倍数（不包括 5），……，直到筛选完范围内最大的数，剩下的数都是素数。

12. Fibonacci 数列定义：$f_1 = 1$，$f_2 = 1$，$f_n = f_{n-1} + f_{n-2}$（$n > 2$），求 Fibonacci 数列的第 20 项。

13. 下列这组数据是某国 1900—2000 年人口的近似值（单位为百万）：

年份	1900	1910	1920	1930	1940	1950	1960	1970	1980	1990	2000
人口 y	76	92	106	123	132	151	179	203	227	250	281

（1）若 y 与 t 的经验公式为 $y = at^2 + bt + c$，试编写程序计算式中的 a、b、c；

（2）若 y 与 t 的经验公式为 $y = ae^{bt}$，试编写程序计算出式中的 a、b；

（3）在一个坐标系下，画出数表中数据的散点图（红色五角星），以及拟合曲线 1（蓝色实心线）和拟合曲线 2（黑色点画线）；

（4）图形标注要求：无网格线，横坐标为"时间 t"，纵坐标为"人口数／百万"，图形标题为"美国 1900—2000 年的人口数据"；

（5）附程序和图，程序中要有注释。

14. 用 MATLAB 编写一个函数，输入一个正整数 n，生成 n 个随机数，并使用散点图将这些随机数可视化。

15. 用 MATLAB 编写一个函数，输入一个矩阵，判断该矩阵是否为对称矩阵，如果是返回"true"，否则返回 false。

16. 设计一个 MATLAB 程序，读取一个实验数据文件，进行数据拟合，并绘制原始数据和拟合曲线的散点图。

17. 设计一个 MATLAB 程序，读取一个实验数据文件，进行数据平滑处理，并绘制平滑后的曲线图。

18. 用 MATLAB 设计一个应用程序，用于采集温度传感器的数据，并实时显示温度曲线。

参考文献

［1］宋铭. LabVIEW 编程详解 [M]. 北京：电子工业出版社，2017.

［2］唐赣. LabVIEW 数据采集 [M]. 北京：电子工业出版社，2020.

［3］陈树学，刘萱. LabVIEW 宝典 [M]. 3 版. 北京：电子工业出版社，2022.

［4］李辉，张安莉. MATLAB 编程及应用 [M]. 北京：电子工业出版社，2023.

［5］张威. MATLAB 基础与编程入门 [M]. 西安：西安电子科技大学出版社，2022.

［6］薛定宇. MATLAB/Simulink 实用教程：编程、计算与仿真 [M]. 北京：清华大学出版社，2022.

第4章

PLC 控制技术及应用

4.1 PLC 概述

4.1.1 PLC 的产生

继电接触器控制系统是靠硬件连线逻辑构成的系统，当生产工艺或对象需要改变时，原有的接线和控制柜就要更换，不利于产品的更新换代。

20 世纪 60 年代末，美国汽车制造业竞争激烈，各生产厂商的汽车型号不断更新，这就要求加工生产线随之改变，整个控制系统需重新配置。为了适应生产工艺不断更新的需要，开发一种比继电器更可靠、功能更齐全、响应速度更快的新型工业控制器势在必行。

1968 年，美国通用汽车公司（GM）公开招标，并从用户角度提出了新一代控制器应具备的十大条件，引起了开发热潮。这十大条件如下：

（1）编程简单，可在现场修改程序。

（2）维护方便，最好是插件式。

（3）可靠性高于继电器控制柜。

（4）体积小于继电器控制柜。

（5）可将数据直接送入管理计算机。

（6）成本可与继电器控制柜竞争。

（7）输入可以是交流 115 V。

（8）扩展时，原有系统只需做很小的变更。

（9）输出为交流 115 V、2 A 以上，能直接驱动电磁阀。

（10）用户程序存储器容量至少能扩展到 4 KB。

这些要求是将继电接触器的简单易懂、使用方便和价格低的优点，与计算机的功能完善、适用性和灵活性好的优点结合起来，将继电接触器控制的硬连线逻辑变为计算机操控的软件逻辑编程，采取程序修改的方式改变控制功能。这是从接线逻辑向存储逻辑进步的重要标志，是由接线程序控制向存储程序控制的转变。

1969 年，美国数字设备公司（DEC）研制出了第一台 PLCPDP-14，并在 GM 的汽车生产线上试用成功，取得了满意的效果，PLC 由此诞生。

1971 年，日本开始生产 PLC；1973 年，欧洲开始生产 PLC；我国从 1974 年开始研制 PLC，1977 年开始应用于工业中。目前，世界知名电气设备厂商几乎都在生产 PLC，PLC 已成为一个独立的工业设备，并成为当代电气控制装置的主导。

4.1.2 PLC 的定义

到目前为止，PLC 还未有一个十分确切的定义。

国际电工委员会（IEC）曾于 1982 年 11 月颁布了 PLC 标准草案第一稿，1985 年 1 月颁布了第二稿，1987 年 2 月颁布了第三稿。草案中对 PLC 的定义是，"PLC 是一种数字运算操作的电子系统，专为在工业环境下应用而设计。它采用了可编程序的存储器，用来在其内部存储执行逻辑运算、顺序控制、定时、计数和算术运算等操作指令，并通过数字式或模拟式的输入和输出，控制各种类型的机械或生产过程。PLC 及其有关外围设备，都按易于与工业系统连成一个整体，易于扩充其功能的原则设计。"

早期的 PLC 主要由分立元件和中小规模集成电路组成。它采用了一些计算机技术，但简化了计算机的内部电路，对工业现场环境适应性较好，指令系统简单，一般只具有逻辑运算的功能，称之为可编程控制器（programmable logic controller，PLC）。随着微电子技术和集成电路的发展，特别是微处理器和微计算机的迅速发展，20 世纪 70 年代中期，美国、日本、德国等国家的一些厂家在 PLC 中引入了微机技术、微处理器及其他大规模集成电路芯片等，构成其核心部件，使 PLC 具有了自诊断功能，可靠性有了大幅度提高。

4.1.3 PLC 的特点

1. 抗干扰能力强，可靠性高

继电接触器控制系统虽有较好的抗干扰能力，但其使用了大量的机械触点，使设备连线复杂，又因器件的老化、脱焊、触点的抖动及触点在开／闭时受电弧的损害等，大大降低了系统的可靠性。而 PLC 采用微电子技术，大量的开关动作由无触点的电子存储器件来完成，大部分继电器和繁杂的连线被软件程序所取代，故寿命长，可靠性大大提高。微机虽然具有很强的功能，但抗干扰能力差，工业现场的电磁干扰、电源波动、机械振动、温度和湿度的变化，都可能使一般通用微机不能正常工作。而 PLC 在电子线路、机械结构以及软件结构上都吸取了生产控制经验，主要模块均采用了大规模与超大规模集成电路，I/O 系统设计了完善的通道保护与信号调理电路；在结构上对耐热、防潮、防尘、抗振等都有全面考虑；在硬件上采用隔离、屏蔽、滤波、接地等抗干扰措施；在软件上采用数字滤波等抗干扰和故障诊断措施。所有这些使 PLC 具有较高的抗干扰能力。目前，各生产厂商生产的 PLC，平均无故障时间都大大超过了 IEC 规定的十万小时，有的甚至达到几十万小时。

2. 结构简单、通用性强、应用灵活

PLC 产品均为系列化生产，品种齐全，外围模块品种众多，可由各种组件灵活组合成规模和要求不同的控制系统。在 PLC 构成的控制系统中，只需在 PLC 端子接入相应的输入、输出信号线即可，不需要诸如继电器之类的物理电子器件和大量繁杂的硬接线电路。当控制要求改变，需要变更控制系统功能时，可以使用编程器在线或离线修改程序，修改接线的工作量很小。同一个 PLC 装置可用于不同的控制对象，只是输入、输出组件和应用软件不同。

3. 编程方便，易于使用

PLC 是面向用户的设备，PLC 的设计充分考虑了现场工程技术人员的技能和习惯，程序的编制采用了梯形图或面向工业控制的简单指令形式。梯形图与继电器原理图相似，直观易懂，容易掌握，不需要专门的计算机知识和语言，深受现场电气技术人员的认可。近年来，又发展了面向对象的顺控流程图语言，也称功能图，使编程更加简单方便。

4. 功能完善，扩展能力强

PLC 中含有数量巨大的用于开关量处理的继电器类软元件，很容易实现大规模的开关量逻辑控制，这是一般继电器控制不能实现的。PLC 内部具有许多控制功能，能方便地实现 D/A、A/D 转换以及 PID 运算、过程控制、数字控制等功能。PLC 具有通信联网功能，不仅可以控制单机、生产线，还可以控制机群和多条生产线；不但可以进行现场控制，还可以用于远程控制。

5. 设计、安装、调试方便

PLC 中相当于继电接触器系统中的中间继电器、时间继电器、计数器等"软元件"数量巨大，硬件为模块化结构，并已商品化，可按性能、容量（输入、输出点数，内存大小）等选用组装。用软件编程取代了硬接线，使安装接线工作量大大减小，设计人员只要有一台 PLC 就可进行控制系统的设计，并可在实验室进行模拟调试。而继电接触器系统需在现场调试，工作量大且烦琐。

6. 维修方便，维修工作量小

PLC 具有完善的自诊断、履历情报存储及监视功能，对于其内部工作状态、通信状态、异常状态和 I/O 点的状态均有显示。工作人员通过它可查出故障原因，便于迅速处理、及时排除故障。

7. 结构紧凑、体积小、重量轻

PLC 的结构紧凑，体积小、重量轻，易于实现机电一体化。

由于 PLC 的上述特点，使其应用极为广泛。

4.2 PLC 组成及工作原理

4.2.1 PLC 的基本组成

PLC 从结构上可分为整体式和模块式两种，但其内部组成都是相似的。PLC 的基本组成包括 CPU 单元、存储器、输入输出（I/O）单元、电源单元及编程器，如图 4-1 所示。

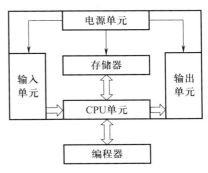

图 4-1 PLC 的基本组成

1. CPU 单元

CPU 是 PLC 的控制中枢，由运算器、控制器和寄存器等组成的。运算器是执行算术、逻辑等运算的部件；控制器是用于控制 PLC 的工作部件。PLC 在 CPU 的控制下使整机协调工作，实现对现场设备的控制。在可编程控制器中，CPU 主要完成下列工作：PLC 本身的自检；以扫描方式接收来自输入单元的数据和状态信息，并存入相应的数据存储器；执行监控程序和用户程序，进行数据和信息的处理；输出控制信号，完成用户指令规定的各种操作；响应外部设备（如编程器、可编程终端）的请求。

2. 存储器

可编程控制器中的存储器主要用于存放系统程序、用户程序和工作状态数据。

（1）系统程序存储区

系统程序存储区采用 PROM 或 EPROM 芯片存储器，用来存放由生产厂商直接存放的、永久存储的程序和指令（称为监控程序）。监控程序与 PLC 的硬件组成及专用部件的特性有关，用户不能访问和随意修改这部分存储器的程序。

（2）用户程序存储区

用户程序存储区用于存放用户经编程器输入的应用程序。PLC 运行过程中工作数据是经常变化的，需要随机存取的一些数据一般不需要长久保存，因此采用随机存储器 RAM。为了防止电源断电后程序丢失，PLC 中装有锂电池（常温下锂电池的寿命可达 5 年），断电后，随机存储器 RAM 中的用户程序存储区就由锂电池供电。可将调试后无须再修改的用户程序写入 EPROM 或 EEPROM（可擦除只读存储器），这样用户程序就可永久保存。用户程序存储器的容量一般代表 PLC 的标称容量，通常小型机小于 8 KB，中型机小于 64 KB，而大型机在 64 KB 以上。

（3）数据存储区

数据存储区包括输入数据映像区、输出数据映像区、内部工作区、定时器 / 计数器预置数和当前值等。其中，输入数据映像区用于存储从外部输入模块读取的所有输入信号的当前状态，输出数据映像区用于存储要发送到外部输出模块的所有输出信号的状态；内部工作区是 PLC 在程序执行期间临时存储数据的区域，通常是中间运算结果。

3. 输入输出单元

PLC 的控制对象是工业生产设备，它们之间的联系是通过 I/O 单元实现的。生产过程中有许多控制变量，如开关量、继电器状态、温度、压力、液位、速度、电压等，因此需要相应的 I/O 单元作为 CPU 与工业生产现场的桥梁。目前，生产厂商已开发出各种型号的 I/O 单元供用户选择，常用的有开关量、模拟量、直流信号、交流信号等。

（1）PLC 的输入信号形式

1）直流输入形式　直流输入多采用直流 24 V 电源，它适合各种开关、继电器触点或直流供电的传感器等。PLC 的直流输入电路如图 4–2 所示，粗线框内是 PLC 内的输入电路，粗线框外为外部接线。图中只画出一个输入点的输入电路，各个输入点的输入电路均相同。

图 4–2 中输入信号的电源为直流 24 V，PLC 可不区分输入电源的极性，而由传感器来决定电源极性的接法。电阻 R_1 和 R_2 构成分压电路，V_1 是光电耦合器，是将两个反向并联的发光二极管与光敏三极管封装在一个管壳中而成，当任意一个发光二极管亮时，都可使光敏三极管导通。V_2 用于显示该输入点的状态。当外接开关 S 闭合时，24V 直流电压加在 IN（输入）和COM（公共）端，经电阻分压后，电流流过光电耦合器的发光二极管，二极管亮，使光敏三极管导通，将信号送入内部电路，同时 V_2 亮，表示该输入点接通。当开关 S 断开时，没有电流流过光电耦合器，无信号进入内部电路，此时 V_2 灭，表示该输入点断开。这样，外部开关的通和断就转换成 PLC 内部的逻辑信号，供执行程序时使用。

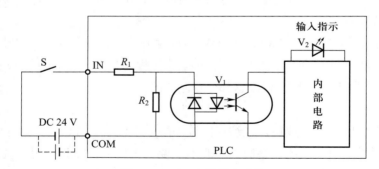

图 4–2　PLC 直流输入电路

2）交流输入形式　交流输入多采用交流 110 V 或 220 V 电源供电，适用于远距离的开关及强电开关等。PLC 的交流输入电路如图 4–3 所示，粗线框内是 PLC 内的输入电路，粗线框外为外部接线。图中只画出一个输入点的输入电路，各个输入点的输入电路均相同。

图 4–3 中输入信号的电源为交流 110 V，电容 C 用于隔直流（交流电可通过），电阻

R_1 和 R_2 构成分压电路，V_1 是光电耦合器，V_2 用于显示该输入点的状态。当外接开关 S 闭合时，110 V 交流电压加在 IN 和 COM 端，经过电容 C、电阻 R 降压后，电流流过光电耦合器，将信号送入内部电路。

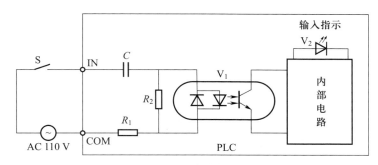

图 4-3　PLC 交流输入电路

3）模拟量输入形式　在工业生产过程控制中，经常要对各种随时间连续变化的非电模拟量（如温度、压力、流量、液位等）进行检测和控制，而各种非电模拟量要先经过传感器或变送器转换成直流电流或电压模拟量，然后再输入 PLC。PLC 的模拟量输入电路一般要求：电流型为直流 4 ～ 20 mA，电压型为直流 0 ～ 10 V 或 1 ～ 5 V。

（2）PLC 的输出形式

PLC 的输出形式有开关量输出和模拟量输出两种，其中开关量输出又分为继电器输出、晶体管输出、晶闸管输出 3 种形式。

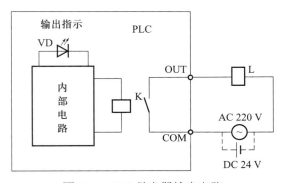

图 4-4　PLC 继电器输出电路

1）继电器输出电路　PLC 的继电器输出电路如图 4-4 所示，粗线框内是 PLC 的输出电路，粗线框外为外部接线。图中只画出一个输出点的输出电路，各个输出点的输出电路均相同。

图 4-4 中的输出元件采用小型直流继电器 K，发光二极管 VD 用作该输出点状态指示。当 PLC 输出接口电路中的继电器 K 线圈通电时，其触点闭合，电流通过外接负载 L，负载工作，同时 VD 亮，表示该输出点接通。当继电器 K 断电时，其触点断开，外接负载 L 断电不工作，此时 VD 灭，表示该输出点断开。继电器输出电路无论对直流负载或交流负载

都适用，使用方便，负载电流可达 2 A，可直接驱动电磁阀线圈。但因为有触点，使用寿命不够长，所以在输出点频繁通断的场合（如脉冲输出等），应选用晶体管或晶闸管输出电路。

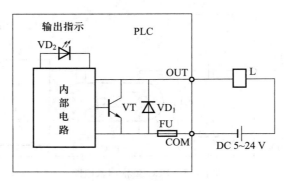

图 4-5　PLC 晶体管输出电路

2）晶体管输出电路　PLC 的晶体管输出电路如图 4-5 所示，粗线框内是 PLC 内的输出电路，粗线框外为外部接线。图中只画出一个输出点的输出电路，各个输出点的输出电路均相同。

图 4-5 中 PLC 内的输出元件采用晶体管 VT，VD_1 为保护二极管，FU 为快速熔断器，用于防止负载短路时损坏输出电路。发光二极管 VD_2 用作该输出点状态指示。当 PLC 输出接口电路中的晶体管饱和导通时，电流通过外接负载 L，负载工作，同时 VD_2 亮，表示该输出点接通。当晶体管截止时，外接负载 L 断电不工作，此时 VD_2 灭，表示该输出点断开。晶体管输出电路仅适用于直流负载，由于无触点，使用寿命长，且响应速度快。但输出电流较小，约为 0.5 A。若外接负载工作电流较大，需增加固态继电器驱动。

3）晶闸管输出电路　PLC 的晶闸管输出电路如图 4-6 所示，粗线框内是 PLC 内的输出电路，粗线框外为外部接线。图中只画出一个输出点的输出电路，各个输出点的输出电路均相同。

图 4-6 中 PLC 内的输出元件采用双向晶闸管 VT，R、C 构成阻容吸收保护电路，FU 为快速熔断器，用于防止负载短路时损坏输出电路。发光二极管 VD 用作该输出点状态指示。当 PLC 输出接口电路中的双向晶闸管导通时，电流通过外接负载 L，负载工作，同时 VD 亮，表示该输出点接通。当双向晶闸管截止时，外接负载 L 断电不工作，此时 VD 灭，表示该输出点断开。

晶闸管输出电路仅适用于交流负载，由于无触点，故使用寿命长。但 PLC 中的晶闸管输出电流不大，约 1 A，可直接驱动电压 85 ~ 240 V、工作电流 1 A 以下的交流负载。若外接负载工作电流较大，需增加大功率晶闸管驱动。

4）模拟信号输出　PLC 的模拟信号输出用于控制工业生产过程控制仪表和模拟量的执行装置，如控制比例电磁阀阀门开度以控制流量。PLC 的模拟量输出方式可以是直流 4 ~ 20 mA，直流 0 ~ 10 V 或 1~5 V。

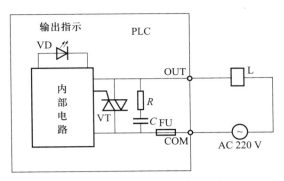

图 4-6 PLC 的晶闸管输出电路

此外还有各种智能 I/O 单元，它们本身带有 CPU，在 PLC 主 CPU 的协调管理下独立工作，使 PLC 的功能更加完善。智能 I/O 单元的种类很多，如温度控制单元、高速计数单元、运动控制单元、通信单元等。

4. 编程器

编程器是 PLC 的重要组成部分，可将用户编写的程序写入到 PLC 的用户程序存储区。它的主要任务是输入、修改和调试程序，并可监视程序的执行过程。编程器还可以透过面板上的键盘和显示器测试 PLC 的内部状态和参数，实现人机对话。编程器上有供编程用的各种功能键、显示器，以及编程、监控转换开关。编程器的键盘采用梯形图语言键盘符或指令语言助记符，也可采用软件指定的功能键符，通过对话方式编程。编程器是 PLC 开发应用、检查维护不可缺少的部件。

编程器分为简易编程器和图形编程器两种。简易编程器体积小，携带方便，但只能用指令语句形式编程，且须联机编程，适合小型 PLC 的编程及现场调试。图形编程器功能强大，既可用于梯形图编程，又可用于指令形式编程；既可联机编程，也可脱机编程。

许多厂商对自己的 PLC 产品设计了计算机辅助编程支持软件。个人计算机安装了 PLC 编程支持软件后也可用作图形编程器，可以编辑、修改用户程序，进行个人计算机和 PLC 之间程序的相互传送，监控 PLC 的运行，并在屏幕上显示其运行状况，还可将程序储存在磁盘上，或打印出来。

5. 电源单元

PLC 的电源单元将交流电源转换成供 CPU、存储器等所需的直流电源，是整个 PLC 的能源供给中心。它的好坏直接影响 PLC 的功能和可靠性。目前，大多数 PLC 采用高质量的开关稳压电源，其工作稳定性好，抗干扰能力强。许多 PLC 的电源单元除了向 PLC 内部电路提供稳压电源外，还可向外部提供直流 24 V 的稳压电源，用于传感器的供电，从而简化外围配置。

4.2.2　PLC 的工作原理

1. 基本工作原理

PLC 工作原理虽与计算机相同，但在应用时不必用计算机的软硬件知识去做深入的分析，而只需将 PLC 看成是由继电器、定时器、计数器等组成的控制系统，从而将 PLC 等效成输入部分、程序控制部分和输出部分，如图 4-7 所示。按下外接按钮 SB1 或 SB2，输入继电器 00001 或 00003 线圈接通，其动合触点（常开触点，图中用 ─┤├─ 表示）00001 或 00003 闭合，使输出继电器 10000 接通并自锁，其动合触点 10000 闭合，外部的接触器 KM1 吸合。在 10000 线圈接通的同时，定时器线圈 TIM000 也接通，经 5 s（#0050 表示 5 s）延时后，定时时间到，其动合触点 TIM000 闭合。此时，输出继电器 10002 线圈接通，其动合触点 10002 闭合，外部的接触器 KM2 吸合。按下按钮 SB3，输入继电器 00005 线圈接通，其动断触点（常闭触点，在图中用 ─┤/├─ 表示）00005 断开，使输出继电器 10000 和定时器 TIM000 都断开，外部接触器 KM1 和 KM2 都断电。

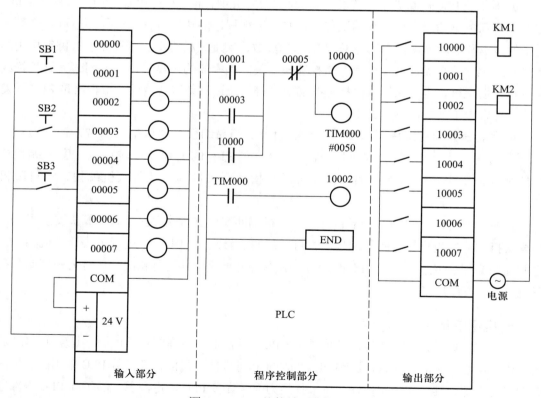

图 4-7　PLC 的等效工作电路

为了将不同的输入电压或电流信号转换成 PLC 内部 CPU 所能接收的电平信号，就要在输入部分加入变换器（即 PLC 的输入单元）。PLC 的程序控制部分由 CPU 和存储器等器件组成。为了使用方便，PLC 制造厂商为用户提供了适合于电器控制的逻辑部件，如软继电器、定时器、计数器等，同时也提供了描述这些逻辑器件之间关系的编程语言。

用户程序执行的结果提供了一系列需要的输出信号。要将程序部分输出的低电平信号转换成外部执行电器所需的电压或电流，输出部分也需要加入变换器（即 PLC 输出单元）。PLC 依照事先输入的由编程器编制的控制程序，扫描各输入端的状态，逐条扫描用户程序，最后输出驱动外部电器，从而达到控制的目的。

2. PLC 的循环扫描工作过程

PLC 采用循环扫描的方式工作。用户程序通过编程器输入并存放在 PLC 的用户程序存储区中，当 PLC 投入运行后，在系统程序的控制下，PLC 对用户程序进行逐条解释并加以执行，直到用户程序结束，然后返回程序的起始，开始新一轮的运行。PLC 的这种工作方式称为循环扫描。PLC 循环扫描的工作过程分四个阶段，如图 4-8 所示。

（1）检查处理

检查处理以故障诊断为主，对 PLC 内部的存储器、I/O 部分、总线、电池等进行检查，如果发现故障，除了故障指示灯亮之外，还能判断故障性质。一般性故障，只报警不停机，等待处理；严重故障，停止运行用户程序，切断一切输出。

（2）执行用户程序

在这个阶段，PLC 逐条解释并执行存放在用户程序存储区中的用户程序。对用户以梯形图方式编写的程序，按照从左到右、从上到下的顺序逐一扫描，并从输入映像寄存器中取出上一次循环中读入的所有输入端的状态，从输出映像寄存器中取出各输出元件的状态，然后根据用户程序进行逻辑运算，并将结果再存入输出映像寄存器中，但这些结果在该阶段不会送到输出端。直到执行 END 指令，结束对用户程序的扫描。

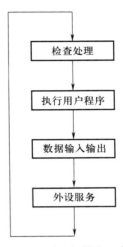

图 4-8 PLC 循环扫描的工作过程

（3）数据输入输出

数据输入输出操作也称为 I/O 刷新。在这个阶段，PLC 采集所有端子上的输入信号，并将这些信号存入输入映像寄存器中，供下一次循环执行用户程序时使用。在 PLC 扫描到其他阶段时，无论输入端信号如何变化，输入映像寄存器中的内容保持不变，直到下一个扫描周期的数据输入输出阶段，才重新采集输入端的状态。该阶段 PLC 在采集输入信号的同时，还将输出映像寄存器中要输出的信号送到输出锁存器中，然后由锁存器驱动 PLC 的输出电路，最后成为 PLC 的实际输出，驱动外接电器。

（4）外设服务

如果有编程器、可编程终端等外部设备连在 PLC 上，当这些外部设备有中断请求时，

PLC 进入中断服务程序，服务外部设备命令的操作。如果没有外部设备命令，则系统会自动跳过该阶段，继续进行下一个循环扫描。

　　PLC 按上述四个阶段周期性地循环扫描，每扫描一次，用户程序就执行一次，且 I/O 数据刷新一次。PLC 完成一个循环的扫描过程称为一个扫描周期。由于 CPU 运行速度很快，所以 PLC 的扫描周期很短（约几毫秒），因此 PLC 对输入信号的采集是及时的，其输出信号可以满足控制要求。

4.3　PLC 程序设计基础

4.3.1　PLC 编程语言

　　PLC 控制系统通常是以程序的形式来体现其控制功能的，所以在应用 PLC 时，必须按照用户所提供的控制要求进行程序设计，即使用 PLC 的编程语言将控制任务描述出来。目前，PLC 生产厂商所采用的编程语言各不相同，但在表达方式上大体相似。国际电工委员会（IEC）于 1994 年公布了 PLC 标准（IEC 61131），定义了五种 PLC 编程语言：梯形图（ladder diagram，LD）、指令语句表（statement list，STL）、功能块图（function block diagram，FBD）、结构化文本（structured text，ST）、顺序功能图（sequential function chart，SFC）。其中梯形图、指令语句表（指令助记符）和功能块图是 PLC 最常用的编程语言。

1. 梯形图

　　梯形图（LD）是在传统的电气控制系统电路图的基础上演变而来的，在形式上类似电气控制电路，由输入输出触点、线圈或功能指令等组成。图 4-9 是典型的梯形图示意图。

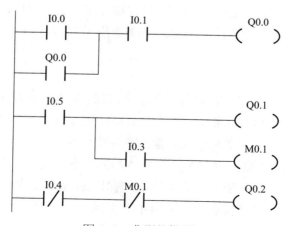

图 4-9　典型的梯形图

　　输入触点代表逻辑输入条件，输入触点有闭合、断开两种状态，它们表示输入变量。

线圈一般是指输出继电器或 PLC 内部其他继电器的控制线圈，输出继电器线圈表示输出变量，输出触点会随着输出继电器线圈的状态而变化，从而控制 PLC 内部器件或外部用户负载电路的工作状态。梯形图中的功能指令可以大大增强用户程序的功能，使编程更容易。

梯形图是用图形符号连接而成，这些符号与继电器控制电路图中的动合触点、动断触点、并联、串联、继电器线圈是相对应的，每个触点和线圈对应一个编号。梯形图具有形象、直观的特点，是目前使用最普遍的一种 PLC 编程语言。

2. 语句表

语句是指令语句表（STL）编程语言的基本单元，每个控制功能由一个或多个语句组成的程序来执行。每条语句是规定 PLC 中 CPU 如何动作的指令，它是由操作码和操作数组成的。操作码用助记符表示，它表明 CPU 要完成的某种操作功能。操作数指出了为执行某种操作所用的元件或数据。例如，图 4-9 的梯形图转换成语句表为

$$
\begin{array}{ll}
\text{LD} & \text{I0.0} \\
\text{O} & \text{Q0.0} \\
\text{A} & \text{I0.1} \\
= & \text{Q0.0} \\
\text{LD} & \text{I0.5} \\
= & \text{Q0.1} \\
\text{A} & \text{I0.3} \\
= & \text{M0.1} \\
\text{LDN} & \text{I0.4} \\
\text{AN} & \text{M0.1} \\
= & \text{Q0.2}
\end{array}
$$

PLC 语句表类似计算机的汇编语言，但是比汇编语言更容易掌握。语句表编程方法一般应用于没有图形显示器的简易编程器。

3. 功能块图

功能块图（FBD）编程语言是以逻辑功能符号组成功能块来表达命令的图形语言，与数字电路中的逻辑图一样，它极易表现条件与结果之间的逻辑关系。

功能块图使用类似"与门""或门"的方框来表示逻辑运算关系。方框左侧为输入变量，右侧为输出变量，输入输出端的小圆圈表示"非"运算，方框由导线连接，信号沿着导线自左向右流动，如图 4-10 所示。

4. 顺序功能图

顺序功能图（SFC）又叫状态转移图，是一种新颖的、按照工艺流程图进行编程的图形编程语言。SFC 是 IEC 标准推荐的首选编程语言，近年来在 PLC 编程中得到了普及和推

广。一个完整的 SFC 程序由初始状态工步、方向线、转移条件和与状态对应的动作组成。如图 4-11 所示，SFC 程序的运行从初始状态工步（工步 1）开始，每次转步条件成立时执行下一步，在遇到 END 时结束向下运行。

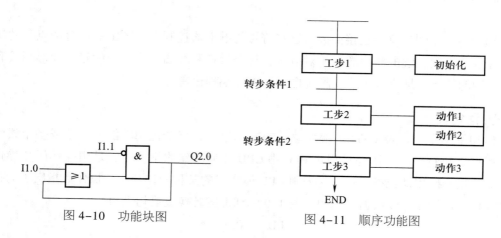

图 4-10　功能块图　　　　　　图 4-11　顺序功能图

SFC 编程的优点：

1）在程序中可以很直观地看到设备的动作顺序。使用 SFC 比较容易读懂程序，因为程序按照设备的动作顺序进行编写，规律性较强。

2）设备故障时能够很容易地查找出故障所在的位置。

3）不需要复杂的互锁电路，系统更容易设计和维护。

5. 结构化文本

结构化文本（ST）是一种用于编写 PLC 程序的结构化语言，用于描述 PLC 程序中的逻辑控制和数据处理。

ST 语言类似于高级编程语言，如 C 或 Pascal，它提供了丰富的语法和功能，可以进行复杂的逻辑运算、循环控制、函数调用等操作。ST 语言的主要特点：

1）结构化编程　ST 语言采用结构化编程的方法，通过使用块结构、条件语句、循环语句等来组织程序结构，使得程序更加清晰、易读和易维护。

2）数据类型多样　ST 语言支持多种数据类型，包括基本数据类型（如 BOOL、INT、REAL 等）、数组、结构体等。它还支持用户自定义的数据类型，可以根据需要定义和使用自己的数据结构。

3）丰富的运算符和表达式　ST 语言提供了丰富的运算符和表达式，可以进行算术运算、逻辑运算、比较运算等。它还支持复杂的表达式，如条件表达式、位运算、字符串操作等。

4）支持函数和程序块　ST 语言支持函数和程序块的定义和调用。函数可以接受参数并返回结果，程序块可以封装一段逻辑代码，方便重复使用和模块化编程。

5）支持时序控制　ST 语言支持时序控制，可以使用定时器和计数器来实现时间相关的逻辑控制。它还支持事件触发和中断处理，可以响应外部事件和异常情况。

ST 语言的编写和调试工作通常使用 PLC 编程软件进行，这些软件提供了丰富的开发工具和调试功能，可以帮助开发人员编写和测试 ST 程序。ST 语言广泛应用于工业自动化领域，用于控制和监控各种设备和系统，如生产线、机器人、电力系统等。

下面举例介绍如何使用 ST 语言表示一段 PLC 程序。

```
PROGRAM ExampleProgram
VAR
    input1: BOOL;
    input2: BOOL;
    output1: BOOL;
    output2: BOOL;
END_VAR
METHOD MainCycle : BOOL
VAR
    temp: BOOL;
END_VAR
// 主循环
MainCycle := TRUE;
// 逻辑控制
IF input1 AND input2 THEN
    temp := TRUE;
ELSE
    temp := FALSE;
END_IF;
// 输出控制
output1 := temp;
output2 := NOT temp;
END_PROGRAM
...
```

在这个例子中，首先定义了 4 个变量：input1、input2、output1 和 output2，分别表示输入和输出信号。然后在程序的主循环方法 MainCycle 中进行了逻辑控制和输出控制。

在逻辑控制部分，使用 IF-THEN-ELSE 语句来根据输入信号的状态设置 temp 变量的值。如果 input1 和 input2 都为 TRUE，则 temp 为 TRUE，否则 temp 为 FALSE。

在输出控制部分，根据 temp 的值来设置 output1 和 output2 的状态。如果 temp 为 TRUE，则 output1 为 TRUE，output2 为 FALSE；如果 temp 为 FALSE，则 output1 为 FALSE，output2 为 TRUE。

这只是一个简单的示例，实际的 PLC 程序可能会更复杂，包含更多的逻辑和控制。

ST 语言对于变量赋值、回调功能和功能块、创建表达式、编写条件语句和迭代程序等具有很强的编程能力，非常适合有复杂计算的应用。如一个启—保—停电路的程序，用指令语句表表示如图 4-12a 所示，用梯形图表示如图 4-12b 所示。如果用 ST 语言表示，则只用一个表达式就可完成，即

```
Lamp := (Start OR Lamp) ANDNOT (Stop);
```

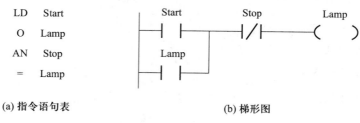

图 4-12　编程示例

近年来，PLC 语言的发展趋势是一种 PLC 支持多种编程语言，以便取长补短，实际应用中也常把几种语言结合起来使用。但目前主要使用的 PLC 编程语言是梯形图和指令语句表。本书后面章节中涉及的编程以这两种编程语言为主。

4.3.2　PLC 编程环境

PLC 编程是通过编程软件来实现的，本书所讲的 PLC 编程环境主要是指 PLC 编程软件环境。早期的 PLC 编程软件主要采用低级语言编程，如汇编语言。编程过程相对烦琐，需要手动编写机器指令，并且缺乏图形化界面和高级编程功能。20 世纪 70 年代，PLC 编程软件开始采用梯形图（ladder diagram）作为主要编程语言。这种编程方式简化了 PLC 编程的过程，提高了编程效率。随着计算机技术的发展，PLC 编程软件逐渐引入了高级编程语言，如功能块图（function block diagram）和结构化文本（structured text）。这些高级编程语言提供了更多的编程功能和灵活性，使得编程人员能够更方便地编写复杂的控制逻辑。近年来，随着人机界面技术的进步，PLC 编程软件逐渐引入了可视化编程的概念。编程人员可以通过拖拽和连接图形化元件来编写 PLC 程序，无须手动编写代码。这种可视化编程方式简化了编程过程，降低了编程的难度。

由于目前各个厂商的编程软件彼此不兼容，不同品牌的 PLC 一般需要采用厂商提供的编程软件来编程。截至目前，业界主流的 PLC 编程软件主要有西门子（Siemens）公司的 Step7、罗克韦尔自动化（Rockwell Automation）公司的 Studio 5000、施耐德电气公司的 Unity Pro、三菱电机公司的 GX Works2、ABB 公司的 Automation Builder 等。这些编程软件均提供了多种编程语言，包括梯形图、函数块图和结构化文本等，具有友好的用户界面、强大的功能和灵活性、广泛的应用和稳定的性能。选择哪种软件取决于 PLC 品牌和项目需求。下面就以西门子的 Step7 编程软件为例，来说明其一些主要特点和功能。

Step7 是西门子 S7 系列 PLC 的主要编程工具，它具有以下主要特点和功能：

（1）强大的集成开发环境　Step7 提供了一个集成的开发环境，包括项目管理、程序编辑、在线调试和监控等功能。用户可在一个界面中完成所有的编程和调试任务，提高了工作效率。

（2）多种编程语言　Step7 支持多种编程语言，用户可以根据自己的编程习惯和项目需求选择合适的编程语言。

（3）丰富的库函数和模块　Step7 提供了丰富的库函数和模块，包括数学函数、逻辑函数、通信函数等，可以方便地进行复杂的计算和通信操作。用户可以直接调用这些库函数和模块，减少了编程的工作量。

（4）强大的调试工具　Step7 提供了强大的调试工具，包括在线监控、变量跟踪、断点调试等。用户可以实时监控程序的运行状态，查找和修复错误，提高了调试效率。

（5）灵活的通信接口　Step7 支持多种通信接口，包括以太网、串口、Profibus 等，可以与其他设备进行数据交换和通信。用户可以根据项目需求选择合适的通信接口，实现设备之间的数据传输和控制。

（6）直观的界面和操作　Step7 具有直观的界面和用户友好的操作，其丰富的工具和功能，可帮助用户完成各种编程任务。

Step7 编程软件有不同的版本，图 4-13 所示为 Step7-Micro/WIN SMART 编程软件界面，它是西门子公司针对 SIMATIC S7-200 SMART 系列 PLC 开发的编程软件，具有简洁直观的界面，适合初学者和小型项目的编程需求。界面主要包括以下几个部分：

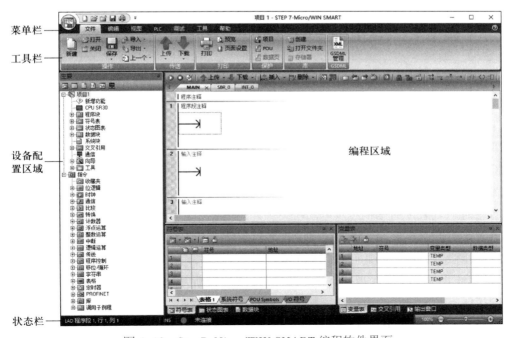

图 4-13　Step7-Micro/WIN SMART 编程软件界面

（1）菜单栏 位于软件顶部的菜单栏包含了各种功能和操作选项，如文件管理、编辑、调试、通信等。用户可以通过菜单栏快速访问和使用软件的各种功能。

（2）工具栏 位于菜单栏下方的工具栏提供了常用的快捷工具和功能按钮，如新建、打开、保存、编译、下载等。用户可以通过工具栏快速执行常用的操作。

（3）编程区域 位于软件中央的编程区域是用户进行 PLC 程序编写的主要区域。用户可以在此使用各种编程语言进行程序编写。编程区域提供了丰富的编辑工具和功能，如语法高亮、代码自动完成、拖拽元件等，使编程更加便捷。

（4）设备配置区域 位于软件左侧的设备配置区域用于配置 PLC 硬件和通信参数。用户可以添加和配置 PLC 模块，设置通信接口和参数等。设备配置区域提供了直观的界面和操作，帮助用户快速完成硬件配置。

（5）状态栏 位于软件底部的状态栏显示了当前软件的状态和信息，如编译状态、下载状态、通信状态等。用户可以通过状态栏了解当前软件的运行情况。

4.3.3 梯形图编程规则

梯形图是以图形符号及图形符号在图中的相互关系表示控制关系的编程语言，是从继电器电路图演变而来。两者部分符号对应关系如表 4-1 所示。

表 4-1 继电器和梯形图符号对应关系

符号名称	继电器	梯形图
动合触点	⌐／‾	┤├
动断触点	⌐／‾	┤/├
线圈	⎓▭⎓	◯

注：不同厂商使用的梯形图符号有一定的差别。

下面以 S7-200 PLC 控制三相异步电动机为例，来说明继电器控制逻辑与 PLC 控制逻辑之间的对应关系。

图 4-14a 是采用按钮开关和接触器的电气控制电路，其中，启动按钮 SB1 为常开按钮，停止按钮 SB2 为常闭按钮，两个按钮串联以后去接通接触器 KM 的线圈，接触器 KM 需要有三对触点去接通三相异步电动机，另外还需要一对动合触点与按钮 SB1 并联，用于接触器 KM 的自锁控制。当启动按钮接通时，停止按钮处于常闭状态，接触器 KM 被接通，其动合触点吸合，电机开始转动，而 KM 的一对自锁触点短接按钮开关 SB1，此时即便松开 SB1，KM 仍保持接通。当按下停止按钮时，KM 被断开，电机停转。这个控制逻辑是由线路的接线方式来决定的，当线路的控制逻辑比较复杂时，接线就变得非常烦琐，且线路一旦接好，其控制逻辑便不能随意修改。

当采用 PLC 控制时，虽然仍需要一些外围控制器件（如按钮、接触器等），但其接线方式变得非常简单。图 4-14c 所示为实际电路连接，而图 4-14d 为 PLC 控制接线图。其中，PLC 的输入端 I0.0 与启动按钮 SB1 相连，输入端 I0.1 与停止按钮 SB2 相连，输出端 Q0.0 与接触器 KM 相连。需要指出的是，由于 PLC 触点的逻辑在编程过程中是由程序员来选择的，即动合触点为逻辑正，动断触点为逻辑负，因此外部输入的按钮开关可以采用统一的逻辑正，即常开方式。图 4-13d 中 SB1 和 SB2 均为常开按钮，但与 SB2 相连接的输入端 I0.1 在编程中用的是动断触点（即逻辑负），如图 4-14b 所示。另外，由于 PLC 输出端 Q0.0 的实际状态被锁存于输出缓冲寄存器中，它一方面用于控制输出端的状态，另一方面也可被 CPU 读取，并与其他输入信号进行逻辑运算。如，当其与输入端 I0.0 进行"或"运算时，相当于把"启动"按钮和"接触器"的一个触点进行了并联，从而实现了自锁。另外，实物接触器的触点数量一般都是有限的，而 Q0.0 输出缓冲器的状态可以被多次读取，这种虚拟的触点数量理论上是无限多的，对于输入端 I0.0 或 I0.1 也是如此。因此，不管是输入端 I$x.y$、输出端 Q$x.y$，还是中间继电器（即中间变量 M$x.y$），当其被用作输入"触点"时，可以在程序中无限次地使用。比较图 4-14a 和图 4-14b 可知，PLC 的控制逻辑与接线逻辑相同；所不同的是，PLC 的控制逻辑是通过编程来实现的，在外部接线不变的条件下，可以很方便地改变其控制逻辑，如将 SB1 和 SB2 的功能互换。

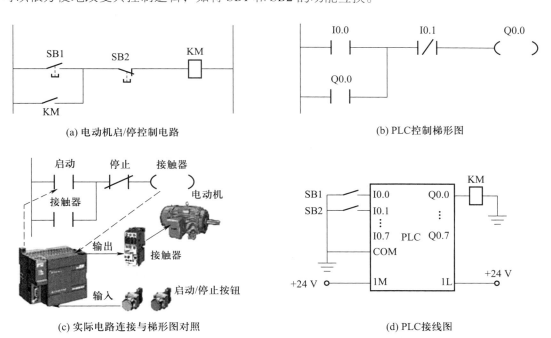

(a) 电动机启/停控制电路   (b) PLC控制梯形图

(c) 实际电路连接与梯形图对照   (d) PLC接线图

图 4-14 三相异步电动机控制逻辑对比

实际应用中，电动机控制电路还有一些保护措施，如过热保护、过流保护和过压保护等。表 4-2 所示为电动机 PLC 控制输入、输出端口分配表。图 4-15a 所示为电动机点动运行的梯形图，其中的输入继电器 X0 与按钮 SB0 相连，X2 与热继电器 KB2 相连，而接触器 KM 与输出继电器 Y0 相连。其工作过程为：当按下按钮 SB0 时，输入继电器 X0 通电，其动合触点闭合，因电动机未过热，热继电器 KB2 动合触点不闭合，输入继电器 X2 保持闭合，则输出继电器 Y0 接通，进而接触器 KM 通电，其主触点接通电动机的电源，则电动机启动运行。当松开按钮 SB0 时，X0 断电，其触点断开，Y0 断电，接触器 KM 断电，电动机停止转动，从而实现点动控制功能。

表 4-2　电动机 PLC 控制输入、输出端口分配表

输入端口	外部开关	输出端口	外部开关
X0	启动按钮 SB0	Y0	接触器 KM
X1	停止按钮 SB1		
X2	热继电器 KB2		

图 4-15b 为电动机连续运行的梯形图，其工作过程为：当按钮 SB0 被按下时，X0 接通，X1 和 X2 均为常闭，所以 Y0 被置 1，这时电动机连续运行。需要停车时，按下停车按钮 SB1，输入继电器 X1 的动断触点断开，Y0 被置 0，电机断电停车。

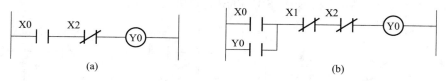

(a)　　　　　　　　　　　　(b)

图 4-15　电动机控制电路

图 4-15b 所示梯形图称为启—保—停电路。这个名称主要来源于图中的自保持触点 Y0。并联在 X0 动合触点上的 Y0 动合触点的作用是，当钮 SB1 松开，输入继电器 X0 断开时，线圈 Y0 仍然能保持接通状态。工程中把这个触点叫作"自保持触点"或"自锁触点"。启—保—停电路是梯形图中最典型的单元，它包含了梯形图程序的全部要素：

（1）事件　每一个梯形图支路都针对一个事件。事件一般用输出线圈（或功能框）表示，本例中事件为输出线圈 Y0。

（2）事件发生的条件　梯形图支路中除了线圈外，还有一些触点的组合，使输出线圈置 1 的条件就是事件发生的条件，本例中事件发生的条件为启动按钮 X0 置 1。

（3）事件得以延续的条件　触点组合中使输出线圈置 1 得以持久的条件。本例中为与 X0 并联的 Y0 的自保持触点。

（4）事件终止的条件　触点组合中使输出线圈置 0，事件中断的条件。本例为 X1 的动断触点断开或动断触点 X2 断开。

根据以上梯形图的要素，我们可以得出梯形图编程的一些基本规则：

（1）每个梯形图由一个或多个水平线（称为"梯级"）组成，每个梯级表示一个逻辑条件。

（2）梯级中的逻辑条件通常使用位（开关、传感器等）或内部变量进行表示。

（3）每个梯级中的逻辑条件可以使用逻辑运算符（如与、或、非）进行组合。

（4）梯级中的逻辑条件可以使用比较运算符（如等于、大于、小于）进行比较。

（5）梯级中的逻辑条件可以使用定时器和计数器进行时间和计数控制。

（6）梯级中的逻辑条件可以使用输出线圈（如电磁阀、电机等）进行控制。

（7）梯级中的逻辑条件可以使用跳线（称为"跳转"）进行程序的跳转和循环控制。

（8）梯形图中的每个线圈只能在一个梯级中进行控制，不能在多个梯级中同时控制。

（9）梯形图中的每个梯级应该有明确的输入和输出，避免出现歧义和冲突。

（10）每个"输入继电器"的状态由外部输入设备的开关信号驱动，程序不能随意改变。

（11）梯形图中同一编号的输出"继电器线圈"只能出现一次，不能重复出现，如图 4-16a 所示，但是它的触点可以无限次地重复使用。但对于置位和复位指令，由于针对的是同一个事件，且置位和复位相互自锁，不会同时发生，所以线圈 Q0.0 可以分别出现在置位和复位指令中，如图 4-16b 所示。

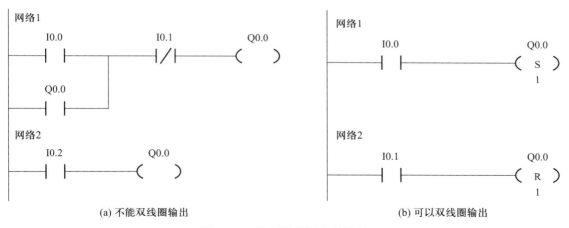

图 4-16　继电器线圈出现规则

（12）几个串联支路相并联，应将触点多的支路安排在上面；几个并联回路的串联，应将并联支路数多的安排在左面。按此规则编制的梯形图可减少用户程序步数，缩短程序扫描时间，如图 4-17 所示。

（13）程序的编写按照从左至右、自上至下的顺序排列。梯形图信号两侧的竖线分别称为左母线、右母线，一个梯级开始于左母线，终止于右母线，输出线圈与右母线直接相连。梯形图是否有右母线取决于不同的厂家，如西门子 PLC 的梯形图省略了右母线，但欧姆龙 PLC 的梯形图有右母线。

（14）桥式电路必须修改后才能画出梯形图，如图 4-18 所示。

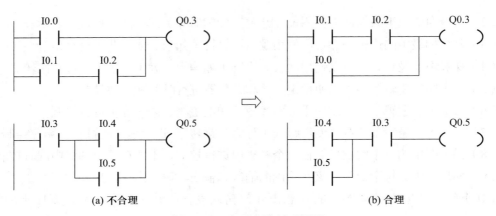

图 4-17　串联支路并联原则

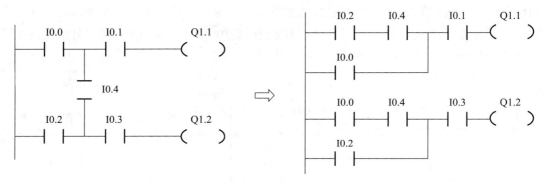

图 4-18　桥式电路梯形图

（15）非桥式复杂电路必须修改后才能画出梯形图，如图 4-19 所示。

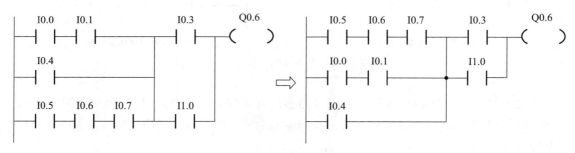

图 4-19　非桥式复杂电路梯形图

（16）梯形图中的每个梯级应该有清晰的注释和说明，以便他人理解和维护。

总之，采用梯形图编程时，需要按照规定的顺序和规则进行编写，确保程序的逻辑正确性和可读性；同时合理使用逻辑运算符、比较运算符、定时器、计数器、输出线圈和跳转等元素，以实现所需的控制功能。

4.3.4 PLC 基本电路编程

1. 单输出自锁控制电路

启动信号 I0.0 和停止信号 I0.1 外接的通常为按钮开关，其持续为 ON 的时间一般都比较短。当启动按钮松开以后，启动信号 I0.0 上的电平消失，需依靠输出端 Q0.0 的自锁触点保持线路接通，使事件得以延续。该电路最主要的特点是具有"记忆"功能，如图 4-20 所示。

2. 多输出自锁控制电路（置位、复位）

多输出自锁控制即多个负载自锁输出，有多种编程方法，可用置位、复位指令，如图 4-21 所示。

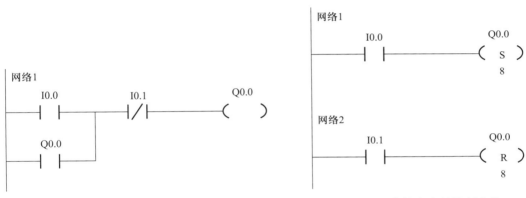

图 4-20 单输出自锁控制电路　　　　图 4-21 多输出自锁控制电路

3. 单向顺序启/停控制电路

（1）单向顺序启动控制电路　按照生产工艺预先规定的顺序，在各个输入信号的作用下，生产过程中的各个执行机构自动有序动作。只有 Q0.0 启动后，Q0.1 方可启动，Q0.2 必须在 Q0.1 启动完成后才可以启动，如图 4-22 所示。

（2）单向顺序停止控制电路　按一定顺序停止已经执行的各机构。只有 Q0.2 被停止后才可停止 Q0.1，若想停止 Q0.0，则必须先停止 Q0.1。I0.4 为急停按钮，如图 4-23 所示。

4. 延时启/停控制电路

（1）延时启动控制电路　设计延时启动程序，要利用中间继电器（内部存储器 M）的自锁状态使定时器能连续计时。定时时间到，其动合触点动作，使 Q0.0 动作，如图 4-24 所示。

（2）延时停止控制电路　定时时间到，延时停止。I0.0 为启动按钮、I0.1 为停止按钮，如图 4-25 所示。

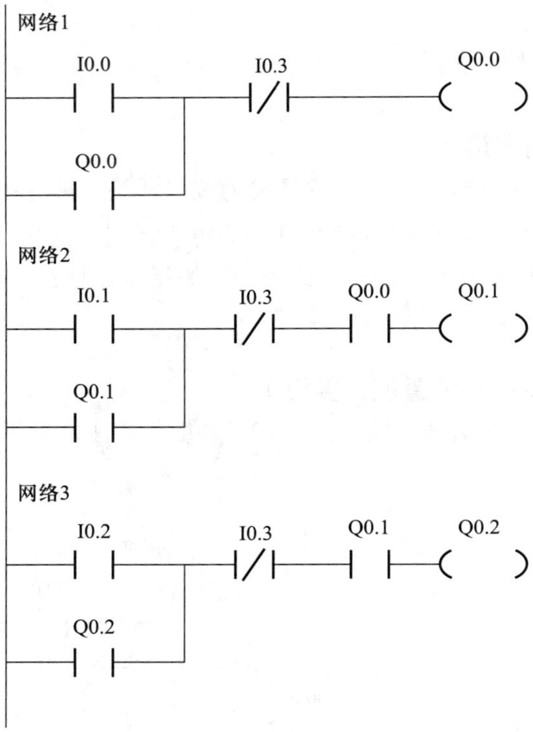

网络1

```
       I0.0              I0.3              Q0.0
   ├───┤ ├───┬──────────┤/├──────────────( )
       │                                      
       Q0.0 │                                  
   ├───┤ ├───┘
```

网络2

```
       I0.1              I0.3      Q0.0     Q0.1
   ├───┤ ├───┬──────────┤/├───────┤ ├──────( )
       │                                      
       Q0.1 │                                  
   ├───┤ ├───┘
```

网络3

```
       I0.2              I0.3      Q0.1     Q0.2
   ├───┤ ├───┬──────────┤/├───────┤ ├──────( )
       │                                      
       Q0.2 │                                  
   ├───┤ ├───┘
```

图 4-22　单向顺序启动控制电路

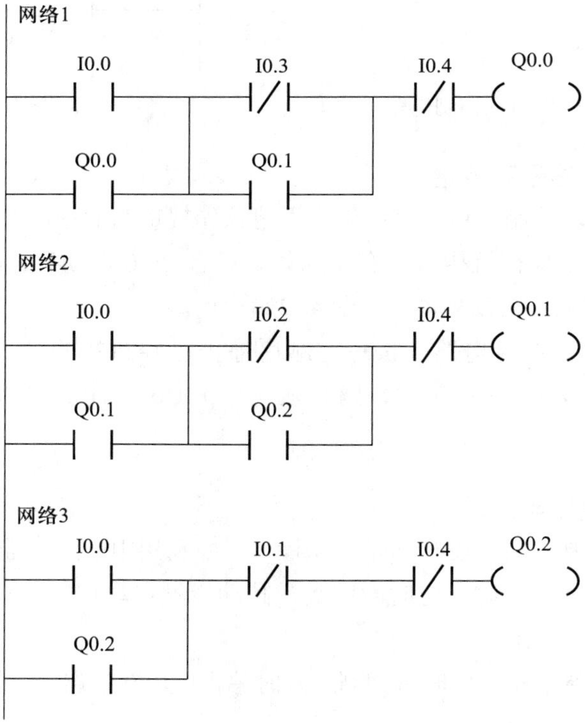

网络1

```
       I0.0                  I0.3          I0.4     Q0.0
   ├───┤ ├───┬──────────────┤/├───┬───────┤/├──────( )
       │             │            │
       Q0.0          Q0.1         │
   ├───┤ ├───────────┤ ├──────────┘
```

网络2

```
       I0.0                  I0.2          I0.4     Q0.1
   ├───┤ ├───────────┬──────┤/├───┬───────┤/├──────( )
                     │            │
       Q0.1          Q0.2         │
   ├───┤ ├───────────┤ ├──────────┘
```

网络3

```
       I0.0              I0.1          I0.4     Q0.2
   ├───┤ ├───┬──────────┤/├───────────┤/├──────( )
       │     │
       Q0.2  │
   ├───┤ ├───┘
```

图 4-23　单向顺序停止控制电路

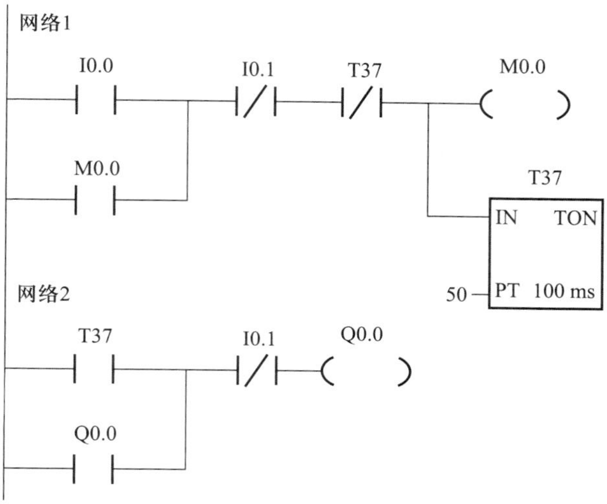

网络1
I0.0
I0.1
T37
M0.0
M0.0
T37
IN TON
50
PT 100 ms
网络2
T37
I0.1
Q0.0
Q0.0

图 4-24 延时启动控制电路

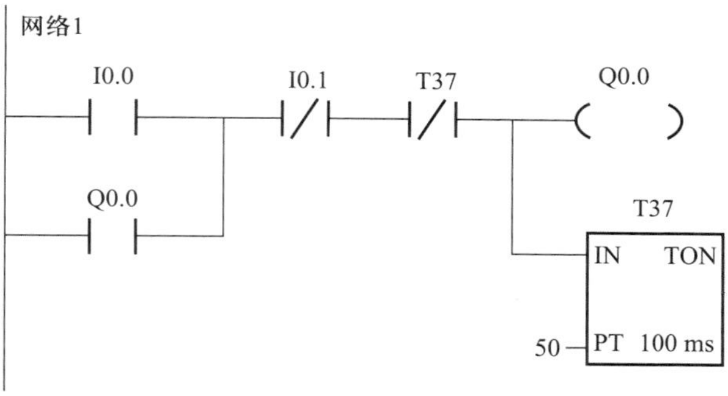

网络1
I0.0
I0.1
T37
Q0.0
Q0.0
T37
IN TON
50
PT 100 ms

图 4-25 延时停止控制电路

（3）延时启 / 停控制电路 该电路要求有输入信号后，延时一段时间输出信号才为 ON；而输入信号 OFF 后，输出信号延时一段时间才 OFF。T37 延时 3 s 作为 Q0.0 的启动条件，T38 延时 5 s 作为 Q0.0 的关断条件，如图 4-26 所示。

I0.0
T37
IN TON
+30
PT 100 ms
I0.0
Q0.0
T38
IN TON
+50
PT 100 ms
T37
T38
Q0.0
Q0.0

(a) 梯形图

```
LD      I0.0
TON     T37,+30

LDN     I0.0
A       Q0.0
TON     T38,+50

LD      T37
O       Q0.0
AN      T38
=       Q0.0
```

(b) 指令语句表

I0.0
Q0.0
3 s
5 s

(c) 时序图

图 4-26 延时启 / 停控制电路

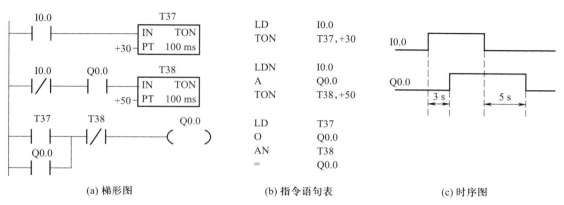

5. 超长定时控制电路

S7-200 PLC 中的定时器最长定时时间不超过 1 h，但在一些实际应用中，往往需要几小时甚至几天或更长时间的定时控制，这样仅用一个定时器无法完成。

图 4-27 示例中，输入信号 I0.0 有效后，经过 10 h 30 min 后输出 Q0.0 置位。T37 每分钟产生一个脉冲，所以是分钟计时器。C21 每小时产生一个脉冲，故 C21 为小时计时器。当 10 h 计时到时，C22 为 ON，这时 C23 再计时 30 min，则总的定时时间为 10 h 30 min，Q0.0 置位 ON。

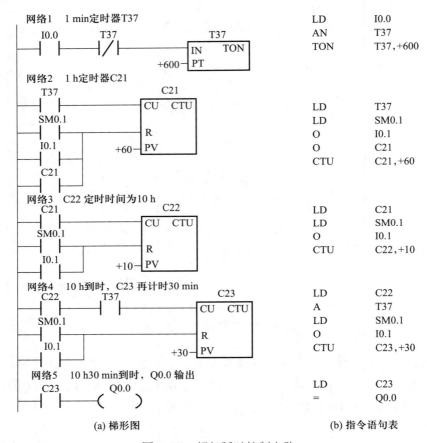

图 4-27　超长延时控制电路

4.4　PLC 控制系统设计

4.4.1　PLC 控制系统的基本功能

PLC 控制系统目前在各个行业和工业自动化领域都有广泛的应用，它能够实现自动化控制、监测和优化，提高生产效率、质量和安全性。随着技术的不断发展，PLC 控制系统也在不断演进和创新，为各个行业带来更多的应用机会和价值。完整的 PLC 控制系统应具有以下基本功能：

（1）输入输出（I/O）控制功能：接收和处理来自传感器、开关等设备的输入信号，并向执行设备输出控制信号。

（2）逻辑控制功能：实现逻辑运算、条件判断和控制执行器等设备的开关状态，以实现自动化控制。

（3）运动控制功能：控制执行器（如电机、气缸等）的运动，实现精确的位置控制、速度控制和力控制。

（4）数据处理功能：对输入信号进行数据处理，例如，进行计算、比较、滤波等操作，以得到有用的信息。

（5）通信功能：与其他设备进行通信，例如，与上位机、人机界面、传感器等设备进行数据交互，实现远程监控和控制。

（6）计时和计数功能：进行时间和计数的测量和控制，例如，实现定时操作、周期控制和计数统计等功能。

（7）故障诊断和报警功能：监测设备的状态和运行情况，及时发现故障并提供相应的报警信息。

（8）网络通信功能：通过网络与其他 PLC 系统或计算机进行通信，实现分布式控制和集中管理。

（9）数据存储和记录功能：将重要的数据进行存储和记录，以便后续分析和追溯。

（10）编程和配置功能：具备友好的编程和配置界面，以便工程师对系统进行编程、参数设置和调试。

4.4.2　PLC 控制系统设计内容

PLC 控制系统设计时，应遵循以下基本原则，才能保证控制系统工作的稳定：① 最大限度地满足被控对象的控制要求；② 系统结构力求简单；③ 系统工作要稳定、可靠；④ 控制系统能方便地进行功能扩展、升级；⑤ 人机界面友好。PLC 控制系统设计包括硬件设计和软件设计。

1. PLC 控制系统的硬件设计

硬件设计是 PLC 控制系统至关重要的一个环节，关系着 PLC 控制系统运行的可靠性、安全性、稳定性，主要包括输入电路和输出电路两部分。

（1）PLC 控制系统的输入电路设计

PLC 供电电源一般为 AC85 ～ 240 V，适应电源范围较宽，但为了抗干扰，应加装电源净化元件（如电源滤波器、1 ∶ 1 隔离变压器等）；隔离变压器也可以采用双隔离技术，即变压器的一次、二次线圈屏蔽层与一次电子器件中性点接地，二次线圈屏蔽层接 PLC 输入电路的地，以减小高低频脉冲干扰。PLC 输入电路电源一般应采用 DC24 V，带负载时要注意容量，并做好防短路措施。这对系统供电安全和 PLC 安全至关重要，因为该电源的过载或短路都将影响 PLC 的运行，一般选用电源的容量为输入电路功率的两倍；PLC 输入电路电源支路宜加装熔丝，防止短路。

（2）PLC 控制系统的输出电路设计

依据生产工艺要求，各种指示灯、变频器 / 数字直流调速器的启动、停止应采用晶体管输出，晶体管适应高频动作，并且响应时间短；如果 PLC 系统输出频率为每分钟 6 次以下，应首选继电器输出，采用这种方法输出电路的设计简单，抗干扰和带负载能力强。如果 PLC 输出带电磁线圈等感性负载，负载断电时会对 PLC 的输出造成浪涌电流冲击，为此，对直流感性负载应在其旁边并接续流二极管，对交流感性负载应并接浪涌吸收电路，可有效保护 PLC。当 PLC 扫描频率为 10 次 / 分钟以下时，既可以采用继电器输出方式，也可以采用 PLC 输出驱动中间继电器或者固态继电器（SSR），再驱动负载。对于两个重要输出量，不仅在 PLC 内部互锁，建议在 PLC 外部也进行硬件上的互锁，以加强 PLC 系统运行的安全性、可靠性。

（3）PLC 控制系统的抗干扰设计

随着工业自动化技术的日新月异，晶闸管可控整流和变频调速装置使用日益广泛。这带来了交流电网的污染，也给控制系统带来了许多干扰问题，防干扰是 PLC 控制系统设计时必须考虑的问题。

2. PLC 控制系统的软件设计

软件的设计工作可与硬件设计同时进行。软件设计的主要任务是根据控制要求将工艺流程图转换为梯形图，这是 PLC 应用最关键的工作，程序的编写是软件设计的具体表现。在控制工程的应用中，良好的软件设计思想是至关重要的。

（1）PLC 控制系统的程序设计思想

由于生产过程控制要求不同，可将程序按结构形式分为基本程序和模块化程序。

基本程序：既可以作为独立程序控制简单的生产工艺过程，也可以作为组合模块结构中的单元程序。依据计算机程序的设计思想，基本程序的结构有三种：顺序结构、条件分支结构和循环结构。

模块化程序：把一个总的控制目标程序分成多个具有明确子任务的程序模块，分别编写和调试，最后组合成一个完成总任务的完整程序。这是一种值得推广的设计思想，因为各模块具有相对的独立性，相互连接关系简单，程序易于调试修改，特别适用于控制要求复杂的生产过程。

（2）PLC 控制系统的程序设计要点

PLC 控制系统 I/O 分配，应依据生产流水线从前至后，I/O 点数由小到大；尽可能把一个系统、设备或部件的 I/O 信号集中编址，以便于维护。定时器、计数器要统一编号，不可重复使用同一编号；程序中大量使用的内部继电器或者中间标志位（不是 I/O 位）也要统一编号。在地址分配完成后，应列出 I/O 分配表和内部继电器或者中间标志位分配表。彼此有关的输出器件，如电机的正 / 反转等，其输出地址应连续安排，如 Q2.0/Q2.1 等。

PLC 程序设计必须遵循的原则是，逻辑关系简单明了，易于编程输入，少占内存，减少扫描时间。

3. PLC 控制系统设计的几点技巧

PLC 各种触点可以多次重复使用，无需用复杂的程序来减少触点使用次数。同一个继电器线圈在同一个程序中使用两次称为双线圈输出，双线圈输出容易引起误动作，在程序中应尽量避免线圈重复使用。如果必须是双线圈输出，可以采用置位和复位操作。如果要使 PLC 多个输出为固定值 1（常闭），可以采用字传送指令完成，例如 Q2.0、Q2.3、Q2.5、Q2.7 同时都为 1，可以使用一条指令将十六进制的数据 0A9H 直接传送至 QW2 即可。对于非重要设备，可以通过硬件上多个触点串联后再接入 PLC 输入端，或者通过 PLC 编程来减少 I/O 点数，节约资源。例如，使用一个按钮来控制设备的启动 / 停止，就可以采用二分频来实现。模块化编程思想的应用：可以把正反自锁互锁程序封装成为一个模块，正反转点动封装成为一个模块，在 PLC 程序中可以重复调用这些模块，减少编程量，减少内存占用量，有利于大型 PLC 程序的编制。PLC 控制系统的设计是一个有序的系统工程，要想做到熟练自如，需要反复实践。

4.4.3 PLC 控制系统设计步骤

PLC 控制系统的设计步骤如下：

（1）系统需求分析　首先需要明确系统的需求和目标，包括要控制的设备或过程、需要实现的功能、性能要求等。这一步骤需要用户、工程师和相关人员进行充分的沟通和讨论，确保对系统需求的准确理解。

（2）系统架构设计　根据需求分析结果，设计系统的整体架构和组成部分。确定使用的 PLC 型号和数量，确定需要的输入输出模块、通信模块和其他附件；设计系统的硬件布局和连接方式，以及系统的软件结构和编程框架。

（3）输入输出设计　根据系统需求和设备特性，设计输入输出模块的配置和连接方式。确定需要的传感器、执行器和其他外部设备，以及它们的接口和信号类型。设计输入输出模块的布局和连接方式，确保可靠的信号采集和输出。

（4）PLC 编程　根据系统需求和功能要求，进行 PLC 的编程。根据系统架构设计的结果，编写逻辑控制程序、运动控制程序、数据处理程序等。使用 PLC 编程软件进行编程，测试和调试程序，确保程序的正确性和稳定性。

（5）系统调试和测试　将编程完成的 PLC 控制系统进行调试和测试。测试系统的各个功能模块和组件，验证系统的性能和稳定性。进行模拟测试和实际测试，对系统进行逐步调整和优化，确保系统能够满足设计要求。

（6）系统部署和运行　将调试完成的 PLC 控制系统部署到实际的工作环境中。进行现场安装和连接，进行系统的运行和验证。对系统进行监测和维护，及时处理故障和问题，确保系统的正常运行。

（7）系统维护和升级　定期对 PLC 控制系统进行维护和升级。进行系统的巡检和保养，检查系统的硬件和软件运行状态。根据实际需求，对系统进行升级和优化，以适应工艺变化和技术发展。

这些步骤可以根据实际情况进行调整和补充，但总体上涵盖了 PLC 控制系统设计的主要内容。在设计过程中，需要充分考虑系统的可靠性、稳定性和安全性，保证系统能够满足实际需求并长期稳定运行。

4.4.4　PLC 控制系统与其他控制系统的区别

1. PLC 控制系统与继电器控制系统的区别

（1）组成的器件不同

继电器控制系统是由许多硬件继电器组成的。PLC 是由许多"软继电器"组成的，这些"软继电器"实质上是存储器中的触发器，它们可以置"0"或置"1"。

（2）触点的数量不同

继电器的触点数较少，一个继电器一般只有 4～8 对。PLC 触发器的状态可取用任意次，因此"软继电器"可供编程的触点有无限对。

（3）控制方法不同

继电器控制功能是通过元件间的硬接线来实现的，控制功能固定在电路中，一旦改变生产工艺过程，就必须重新配线，适应性差；而且设备体积庞大，安装、维修均不方便。PLC 控制功能是通过软件编程来实现的，改变程序即可改变功能，控制很灵活。

（4）工作方式不同

在继电器控制线路中，当电源接通时，线路中各继电器都处于受制约状态。在 PLC 梯形图中，各"软继电器"都处于周期性循环扫描接通中，受制约接通的时间短暂。也就是说，继电器的工作方式是并行的，而 PLC 的工作方式是串行的。继电器控制系统与 PLC 控制系统的比较见表 4-3。

表 4-3　继电器控制系统与 PLC 控制系统的比较

比较项目	继电器控制系统	PLC 控制系统
控制功能的实现	继电器控制	程序控制
对工艺变更的适应性	改变继电器接线	修改程序
控制速度	触点机械工作较慢	电子器件速度快

比较项目	继电器控制系统	PLC 控制系统
安装调试	连线多，调试麻烦	安装容易，调试方便
可靠性	触点多，可靠性差	PLC 内部无触点，可靠性高
寿命	短	长
可扩展性	差	好
维护	工作量大，故障不易查找	有 I/O 指示和自诊断，维护方便

2. PLC 控制系统与 IPC 控制系统的区别

IPC（工控机）是在以往计算机与大规模集成电路的基础上发展起来的，其硬件结构总线标准化程度高，品种兼容性强，软件资源丰富，有实时操作系统的支持；在要求快速、实时性强、模型复杂的工业控制中占有优势。但 IPC 对技术人员要求高，须具有一定的计算机专业知识。另外，IPC 在整机结构上尚不能适应恶劣的工作环境，不如 PLC 适应性强。

PLC 结构上采用整体密封或插件组合型，并采用了一系列抗干扰措施，在工业现场有很高的可靠性。PLC 采用梯形图语言编程，熟悉电气控制的技术人员易学易懂，容易推广。

但是，PLC 的工作方式不同于 IPC，计算机的很多软件还不能直接应用。此外，PLC 的标准化程度低，各厂商的产品不通用。PLC 控制系统与 IPC 控制系统的比较见表 4-4。

表 4-4　PLC 控制系统与 IPC 控制系统的比较

项目	IPC 控制系统	PLC 控制系统
工作目的	科学计算，数据管理	工业控制
工作环境	空调房	工业现场
工作方式	中断方式	扫描方式
系统软件	需要强大的系统软件支持	只需简单的监控程序
采用的特殊措施	断电保护	抗干扰，掉电保护，自诊断等
编程语言	汇编语言，高级语言	梯形图，助记符
对使用者的要求	具有一定的计算机基础	短期培训即可使用
对内存的要求	容量大	容量小
其他		I/O 模块多，容易构成控制系统

4.5　材料加工与制造 PLC 控制系统案例分析

4.5.1　自动 MIG 焊 PLC 控制系统

阀门作为管路流体输送系统中的核心控制部件，可以用来改变通路断面大小和介质流动方向，具有导流、调节、节流、分流、止回和溢流卸压等功能。阀门的规格种类非常多，公称通径小至几毫米，大到几十米。

图 4-28 为小口径高压阀门剖面图，其中，A 处为要求焊接的内环缝，L 是管口端面到内环缝的距离，L 随管口口径大小变化而变化（L 一般在 100 mm 以上）。基于 PLC 控制系统的小口径阀门内环缝自动焊设备可以有效提高焊接质量和焊接效率。

小口径阀门内环缝自动焊系统的总体框架如图 4-29 所示，主要由焊接电源系统、专用焊枪、运动执行机构、PLC 控制系统等组成。

焊接电源系统包括焊机、送丝机和保护气瓶。为了使焊枪能够伸入到小口径阀门的内部，焊枪的结构需要特殊设计。运动执行机构包括变位机、焊接机座、焊枪摆动器、检测传感器等。变位机上配有夹持机构，可根据阀门的孔径更换。专用

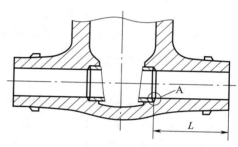

图 4-28　小口径高压阀门剖面图

焊枪配有焊枪摆动器，在焊接过程中可以实现焊枪的一维摆动焊接。焊枪摆动器安装在十字滑块上，十字滑块可以实现前后（X 方向）、左右（Y 方向）滑移，借助焊接机座的横臂机构，又可以实现上下（Z 方向）移动，如图 4-29 所示，三个方向的运动均通过步进电机调节。涡流位移传感器安装在焊枪垂直方向上，用来提取焊缝的偏差信号，通过分析偏离量，PLC 控制系统自动调整十字滑块和机座横臂的位置，实现焊缝跟踪。

PLC 控制系统包括 PLC 模块、人机界面模块、变频器等，如图 4-30 所示。

小口径阀门内环缝自动焊系统的工作流程：系统启动→人工上件→夹持机构将待焊阀门夹紧对中→变位机翻转→手动调节焊枪移动到待焊位置→设置焊接工艺参数→预送焊接保护气体→延时→送丝机送丝、启动焊接电源与变频器→变位机回转→焊接、焊缝跟踪控制→焊完一圈→停止送丝、电机制动、电弧衰减并熄灭→延时→停送焊接保护气体→延时→焊枪退出待焊位置→变位机翻转→夹持松开→取出焊完的阀门→延时→进入下一个工作循环。具有手动、自动切换功能。

PLC 控制程序包括焊前置位程序、焊接程序、焊后复位程序。焊前置位程序实现工件变位与焊枪移动，使其到达设定的位置；焊接程序实现自动焊接；焊后复位程序实现焊枪与工件的复位。每个程序由多个功能子程序模块组成，例如：初始化模块、回转模块、焊枪行走模块、自动焊接模块、数据处理模块等。PLC 的输入输出地址分配如表 4-5 所示，

系统控制流程如图 4-31 所示。图 4-32 所示为 PLC 主流程梯形图程序。

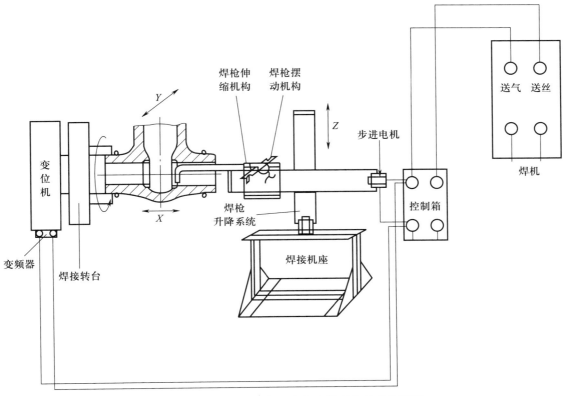

图 4-29　小口径阀门内环缝自动焊系统总体框架图

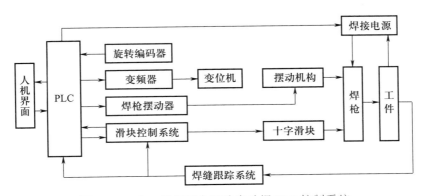

图 4-30　小口径阀门内环缝自动焊 PLC 控制系统

表 4-5　PLC 输入输出地址分配

输入编号	名称	输出编号	名称
X000	手动	Y000	手动焊接指示
X001	自动	Y001	自动焊接指示

续表

输入编号	名称	输出编号	名称
X002	KP（压力继电器）	Y002	夹持装置夹紧工件
X003	ST1（限位开关）	Y003	变位机翻转
X004	ST2（限位开关）	Y004	焊枪移动到待焊位置
X005	ST3（限位开关）	Y005	预送焊接保护气体
X006	ST4（限位开关）	Y006	送丝
X007	ST5（限位开关）	Y007	启动焊接电源
X008	EST（急停）	Y008	启动焊缝跟踪

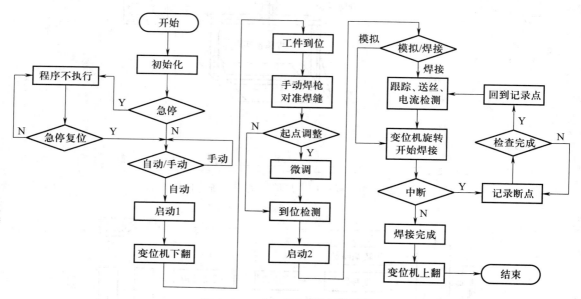

图 4-31　PLC 系统控制流程图

　　PLC 程序设计时首先注意手动、自动两种工作方式间的互锁；通过编程器内部的软开关输入继电器 X000 与 X001 所控制的软动合、动断触点来实现生产线的两种工作方式间的互锁。正常焊接时，要求夹持机构的夹持动作要严格保持，这可通过内部辅助继电器 M_1 来实现。利用内部辅助继电器 M_1 的失电来完成夹持机构的松开动作。利用内部辅助继电器 M_2 的失电以实现停送焊接保护气体；利用内部辅助继电器 M_3 的失电来实现关闭送丝电机停止送丝。利用定时器 T_0 的定时控制来实现提前输送保护气体。利用定时器 T_1 的定时控制来实现停止送丝后的焊接电源的电流衰减熄弧，利用定时器 T_2 的定时控制来实现滞后停气。利用定时器 T_3 的定时控制来实现焊枪上升退出待焊工位；利用压力继电器 X002 检测变位机的位置，结合定时器 T_4 的定时控制来实现变位机翻转。

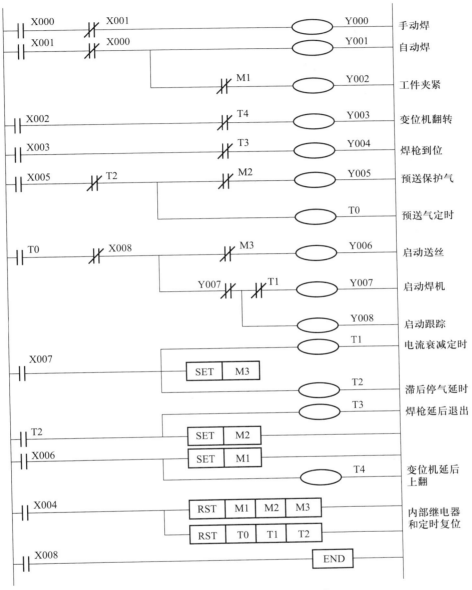

图 4-32 PLC 主流程梯形图程序

小口径阀门内环缝自动焊系统还可以用于小口径管道内壁环缝的焊接。

4.5.2 钢板热轧 PLC 控制系统

炼钢是用氧化方法去除生铁和废钢中的杂质，加入适量的合金元素，使之成为具有高的强度、韧性或其他特殊性能的钢。图 4-33 所示为热轧钢制造过程示意图。

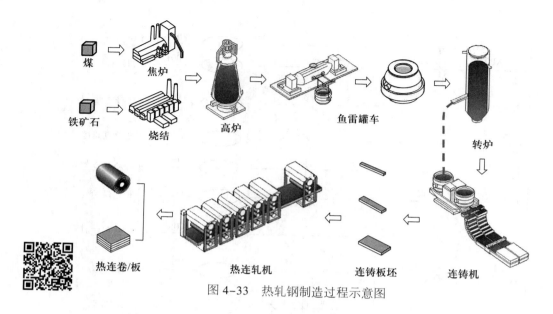

图 4-33　热轧钢制造过程示意图

热连轧生产流程如图 4-34a 所示，下面以宝钢 2050 精轧线为例介绍热连轧生产流程。由炼钢厂加工炼制的钢板，被运送至热连轧生产线后，先进入加热炉加热，将钢板加热至一千

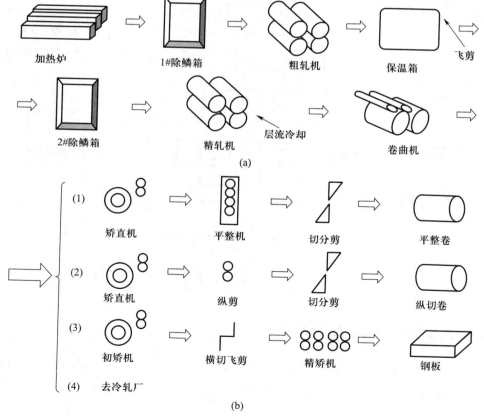

图 4-34　热连轧生产流程（以宝钢 2050 精轧线为例）

多度；接着，钢板由辊道电机运送至 1# 除鳞箱，初步去除钢板表面的氧化皮和杂质，此时钢板可以按要求进行粗轧（根据不同的需求，钢板会在粗轧机组上反复多次轧制）；粗轧后的钢板将进入保温箱，当钢板从保温箱出来后就会被初次剪切；初步处理后的钢板将再次除鳞（2# 除鳞机），进入精轧机，完成轧制；符合要求的钢板会被冷却、打卷（卷曲机），以薄钢卷的形态进行下一步的加工。根据不同的需要，钢卷的处理方式有以下几种（图 4-34b）：

（1）加工成平整卷，再运输至其他分厂加工或直接出厂。

（2）加工成纵切卷，再运输至其他分厂加工或直接出厂。

（3）加工成钢板，再运输至其他分厂加工或直接出厂。

（4）直接运输至冷轧厂进行下一步加工。

热连轧生产线 PLC 控制系统网络结构如图 4-35 所示。

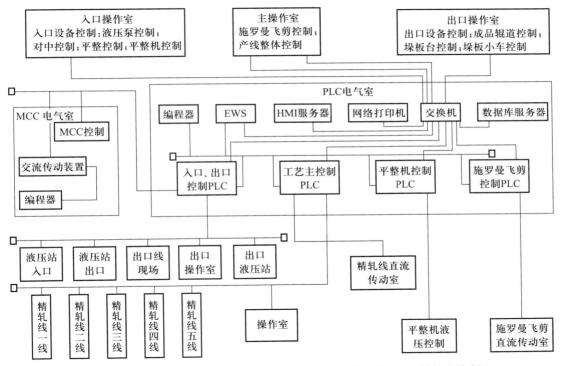

图 4-35　热连轧生产线 PLC 控制系统网络结构（以宝钢 2050 精轧线为例）

热连轧生产线涉及的设备多、工序多，根据工序分为不同的区域，每个区域分别由子PLC 控制，选用的是西门子 S7-400PLC。控制系统采用星形网络拓扑结构，以工业以太网为上层网络结构形式，通信协议为 TCP/IP 协议。S7-400PLC 通过自身的 CP443-1 通信模块与上层星形拓扑工业以太网连接，同时通过 Profibus-DP 总线连至现场总线，用于 S7-400PLC 与现场远程 IO 模块等的网络通信。

以简单的热轧钢生产线为例，采用 ST 语言编制的 PLC 控制主程序如下：

```
VAR
```

```
// 输入信号
Start_Button: BOOL; // 启动按钮
Stop_Button: BOOL; // 停止按钮
Emergency_Stop: BOOL; // 紧急停止按钮
Coil_Present: BOOL; // 卷料在位信号
Coil_End: BOOL; // 卷料末端信号

// 输出信号
Motor_Start: BOOL; // 电机启动信号
Motor_Stop: BOOL; // 电机停止信号
Roller_Up: BOOL; // 辊子上升信号
Roller_Down: BOOL; // 辊子下降信号
Heater_On: BOOL; // 加热器开启信号
Heater_Off: BOOL; // 加热器关闭信号
// 内部变量
State: INT; // 状态变量
// 常量
Coil_Length: INT := 1000; // 卷料长度
METHOD Main
// 初始化
State := 0;
// 主循环
WHILE TRUE DO
    CASE State OF
        0: // 等待启动
            IF Start_Button AND(NOT Emergency_Stop)THEN
                State := 1; // 进入下一个状态
            END_IF;
        1: // 启动电机
            Motor_Start := TRUE;
            Motor_Stop := FALSE;
            State := 2;
        2: // 检测卷料在位
            IF Coil_Present THEN
                State := 3;
            END_IF;
```

```
            3: // 卷料上升
                Roller_Up := TRUE;
                Roller_Down := FALSE;
                State := 4;
            4: // 等待卷料到达末端
                IF Coil_End THEN
                    State := 5;
                END_IF;
            5: // 卷料下降
                Roller_Up := FALSE;
                Roller_Down := TRUE;
                State := 6;
            6: // 加热器开启
                Heater_On := TRUE;
                Heater_Off := FALSE;
                State := 7;
            7: // 等待卷料完成
                IF Coil_Length <= 0 THEN
                    State := 8;
                END_IF;
            8: // 加热器关闭
                Heater_On := FALSE;
                Heater_Off := TRUE;
                State := 9;
            9: // 停止电机
                Motor_Start := FALSE;
                Motor_Stop := TRUE;
                State := 0; // 回到初始状态
        END_CASE;

        // 停止按钮和紧急停止按钮的处理
        IF Stop_Button OR Emergency_Stop THEN
            State := 9; // 进入停止状态
        END_IF;
    END_WHILE;
END_METHOD
```

以上只是一个简单的示例，实际的热轧钢生产线 PLC 控制主程序可能会更加复杂，具体的实现需要根据具体的设备和需求进行调整。

思考题

1. PLC 由哪几部分组成？各有什么作用？

2. 请详细说明 PLC 的扫描工作原理。

3. PLC 控制系统的基本功能有哪些？如何设计一个 PLC 控制系统？

4. PLC 控制系统设计一般分为哪几个步骤？

5. 一个十字路口的交通灯分别用 G1、Y1、R1、G2、Y2、R2 表示，其中 G1、Y1、R1 分别代表东西方向的绿、黄、红灯，G2、Y2、R2 分别代表南北方向的绿、黄、红灯，两个方向绿灯和红灯的时间均为 30 s，黄灯的时间为 3 s。请用 PLC 设计这个红绿灯的控制系统，画出硬件控制原理图，列出 I/O 地址表，并写出梯形图程序。

6. 设计一个 PLC 程序，实现简单的电梯控制系统，包括以下功能：

（1）根据乘客的指令和楼层信息，控制电梯的上下运动；

（2）根据乘客的指令和楼层信息，控制电梯门的开关。

7. 设计一个 PLC 程序，实现简单的自动化生产线控制系统，包括物料输送、加工、检测、包装等环节：

（1）物料输送，通过传感器检测物料到达，并控制输送机构将物料送至指定位置；

（2）加工，通过执行机构对物料进行加工处理；

（3）检测，通过传感器对加工后的物料进行检测，并根据检测结果进行判断和控制；

（4）包装，控制包装机构对加工完成的物料进行包装。

参考文献

［1］李春阳. 可编程控制器技术与应用 [M]. 北京：机械工业出版社，2019.

［2］王志强. PLC 原理与应用 [M]. 北京：电子工业出版社，2018.

［3］李学军. PLC 控制系统设计与应用 [M]. 北京：科学出版社，2017.

［4］吴亦锋，侯志伟. PLC 及电气控制 [M]. 北京：电子工业出版社，2012.

［5］梅丽凤. 电气控制与 PLC 应用技术 [M]. 北京：机械工业出版社，2012.

［6］曹允池，李芳，华学明，等. 小口径直管内壁自动堆焊控制系统研究 [J]. 电焊机，2009，39（08）：83–85.

［7］李章龙. 小口径阀门内环缝自动焊设备的研究 [D]. 兰州：兰州理工大学，2011.

［8］王瑶. 宝钢热轧 2050 精整薄板线机组改造 [D]. 上海：华东理工大学，2014.

第 5 章

工控机控制技术及应用

5.1 工控机概述

5.1.1 工控机的概念

工控机（工业控制计算机，industrial personal computer，IPC）是一种加固的增强型个人计算机，可对工业生产过程及其机电设备、工艺装备进行测量与控制，可以作为一个工业控制器在工业环境中可靠运行。通俗地说，就是专门为工业现场而设计的计算机。

工控机是工业自动化设备和信息产业基础设备的核心。传统意义上，将用于工业生产过程的测量、控制和管理的计算机统称为工业控制计算机，主要包括计算机和过程输入、输出通道两部分。现今工业控制计算机的内涵已经远不止于此，其应用范围已经远远超出工业过程控制，是应用在国民经济发展和国防建设的各个领域，具有适应恶劣环境的能力，能长期稳定工作的加固的增强型个人计算机，简称工控机或 IPC。

工控机之所以受到欢迎，其根本原因在于 PC 机的开放性，其硬件和软件资源极其丰富，并且为工程技术人员和广大用户所熟悉。目前，基于 PC（包括嵌入式 PC）的控制系统正以 20% 以上的速率增长，并且已经成为 DCS、PLC 未来发展的参照。

5.1.2 工控机的特点

早在 20 世纪 80 年代初期，美国亚德诺半导体技术有限公司（ADI）就推出了类似 IPC 的 MAC150 工控机，随后国际商业机器有限公司（IBM）正式推出工业个人计算机 IBM7532。由于 IPC 的性能可靠、软件丰富、价格低廉，在控制系统中异军突起，后来居上，应用日趋广泛。目前，IPC 已广泛应用于通信、工业控制现场、路桥收费、医疗、环保及生活的方方面面。

工控机是根据工业生产的特点和要求而设计的计算机，可实现各种控制目的以及生产过程和调度管理的自动化，使生产过程优质、实时、高效、低耗、安全、可靠，减轻工作人员劳动强度，改善工作环境。工控机与普通计算机相比具有以下特点：

（1）可靠性高　工控机通常用于控制不间断的生产过程，在运行期间不允许停机检修，一旦发生故障将会导致质量事故，甚至生产事故。因此要求工控机具有很高的可靠性，要有许多提高安全可靠性的措施，以确保平均无故障工作时间（MTBF）达到几万小时，同时尽量缩短故障修复时间（MTTR），以达到很高的运行效率。

（2）实时性好　工控机对生产过程进行实时控制与监测，必须实时地响应控制对象的各种参数变化。当过程参数出现偏差或故障时，工控机应能及时响应，并能实时进行报警和处理。

（3）环境适应性强　工业现场环境恶劣，电磁干扰严重，供电系统也常受大负荷设备启停的干扰，其接"地"系统复杂，共模及串模干扰大。因此要求工控机具有很强的环境适应能力，如对温度、湿度变化大的环境，具有防尘、防腐蚀、防振动冲击的能力，具有较好的电磁兼容性和抗干扰能力，以及较高的共模抑制能力。

（4）过程输入和输出配套较好　工控机具有丰富的多种功能的过程输入和输出配套模板，如模拟量、开关量、脉冲量、频率量等模板。具有多种类型的信号调理功能，如隔离型和非隔离型信号调理，各类热电偶、热电阻信号输入调理，电压（V）和电流（mA）输入和输出信号的调理等。

（5）系统扩展性好　随着工厂自动化水平的提高，控制规模也在不断扩大，因此要求工控机具有灵活的扩展性。

（6）系统开放性好　工控机具有开放性体系结构，即在主机接口、网络通信、软件兼容及升级等方面遵守开放性原则，以便于系统扩展、异机种连接、软件的可移植和互换。

（7）控制软件包功能强　工控软件包要具备人机交互方便、界面丰富、实时性好等性能；具有系统组态和系统生成功能，具有实时及历史的趋势记录与显示功能，具有实时报警及事故追忆等功能。此外还须具有丰富的控制算法，除了常规的 PID（比例、积分、微分）控制算法外，还应具有一些高级控制算法，如模糊控制、神经元网络控制、优化控制、自适应控制、自整定控制算法等，并具有在线自诊断功能。目前，优秀的控制软件包能将连续控制功能与断续控制功能相结合。

（8）系统通信功能强　具有串行通信、网络通信功能。由于实时性要求高，因此要求工控机通信网络速度高，并且符合国际标准通信协议，如 IEEE802.4、IEEE802.3 协议等。有了强有力的通信功能，工控机可构成更大的控制系统，如集散型控制系统（distributed control system，DCS）、计算机集成制造系统（computer integrated manufacturing system，CIMS）等。

（9）后备措施齐全　包括供电后备、存储器信息保护、手动／自动操作后备、紧急事件切换装置等。

（10）具有冗余性　在可靠性要求更高的场合，要有双机工作及冗余系统，包括双控制站、双操作站、双网通信、双供电系统、双电源等，具有双机切换功能、双机监视软件等，以确保系统长期不间断地运行。

（11）系统能监测和自复位　看门狗电路已成为工控机设计不可缺少的一部分，它能在系统出现故障时迅速报警，并在无人干预的情况下，使系统尽可能自动恢复运行。

（12）软硬件兼容性好　能同时利用 ISA 与 PCI 及 PICMG 资源，并支持各种操作系统，多种编程语言，多任务操作系统，充分利用商用 PC 所积累的软、硬件资源。

5.1.3　工控机的主要类型

依据工控机的硬件特性和应用场景，目前工控机主要有以下几种类型：

（1）嵌入式工控机　嵌入式工控机通常采用低功耗、高度集成的处理器和系统芯片，具有小型化、低功耗、稳定可靠的特点，适用于工业自动化、机器人控制、智能交通等领域。

（2）工控机（IPC）　工控机采用标准计算机硬件和操作系统，具有较高的计算性能和扩展性，适用于需要较高计算能力和灵活性的工业控制应用。

（3）无风扇工控机　无风扇工控机采用无风扇散热设计，具有低功耗、无噪声、高可靠性的特点，适用于对噪声和振动控制要求较高的工业环境。

（4）壁挂式工控机　壁挂式工控机采用紧凑型设计，可以直接安装在墙壁或机柜上，适用于空间有限的工业场所。

（5）机架式工控机　机架式工控机设计为安装在标准机架上，具有高密度、可扩展性强的特点，适用于需要大量计算资源和存储空间的工业应用。

（6）触摸屏工控机　触摸屏工控机集计算机和触摸屏显示器于一体，具有直观、方便的操作界面，适用于需要人机交互的工业控制应用。

按照所采用的总线标准类型，目前的工控机可以分成以下几种类型：

（1）ISA 总线工控机　ISA（industry standard architecture）是一种较早期的总线标准，用于连接计算机的扩展插槽和外部设备。ISA 总线工控机适用于一些老旧的工业设备和系统，需要与使用 ISA 总线的设备进行通信。

（2）PCI 总线工控机　PCI（peripheral component interconnect）是一种现代化的总线标准，用于连接计算机的扩展插槽和外部设备。PCI 总线工控机具有更高的数据传输速度和更好的兼容性，适用于大部分工业控制应用。

（3）PCIe 总线工控机　PCIe（peripheral component interconnect express）是一种更高速和更高带宽的总线标准，用于连接计算机的扩展插槽和外部设备。PCIe 总线工控机适用于更高的数据传输速度和更大带宽的工业控制应用。

（4）USB 总线工控机　USB（universal serial bus）是一种通用的串行总线标准，用于连接计算机和外部设备。USB 总线工控机适用于与使用 USB 接口的设备进行通信的工业控制应用。

（5）Ethernet 总线工控机　Ethernet 是一种常用的局域网通信标准，用于连接计算机和网络设备。Ethernet 总线工控机适用于通过网络进行数据传输和远程监控的工业控制应用。

根据不同的总线标准，工控机可以选择适合的总线接口和通信方式，以满足特定的工业控制需求。

5.2　工控机数据采集与控制卡基础

5.2.1　数据采集与控制卡的基本任务

工业控制需要处理和控制的信号主要有开关信号（数字信号）和模拟信号两大类。

开关信号主要有两个特征：信号电平幅值和开关时变化的频度。开关信号有 TTL 电平和继电器触点信号等，为使计算机有效识别这些信号，必须对这些信号进行调理（变换），包括把非 TTL 电平转换为 TTL 电平和隔离等。对于输出来说，需根据外设所需信号情况附加输出驱动电路、隔离电路，以使工控机对其进行有效的控制。

模拟信号通常是非电物理量通过传感器变换而成的，由于传感器特性以及工业现场各种因素的影响，有时还需对传感器所变换的模拟信号进行放大、滤波、线性化补偿、隔离、保护等处理，然后才能送入模数转换器（A/D），将模拟量转换成数字量。数字量经 IPC 接收并处理后，根据控制策略的需要对工业外设进行控制，并把输出结果经数模（D/A）转换器将数字量变成模拟量（电压或电流）送到执行机构以驱动工业外部设备，如电动阀门、电机、机械手、模拟记录仪表等设备。

数据采集与控制卡可以实现以上功能，它一般由三个部分组成：PC 总线接口部分、模板功能实现部分和信号调理部分。对于不同的工业现场信号和工业控制要求，接口模板的特点主要体现在模板功能实现部分和信号调理部分。对于模拟信号来说，模板功能实现部分主要包括采样、隔离、放大、A/D 和 D/A 电路的设计和接口控制逻辑，对于芯片的选择则应根据工业控制的精度和可靠性来选取；对于开关量来说，模板功能实现部分主要包括数据的输入缓冲和输出锁存器以及隔离电路等。它们的 PC 总线接口部分是相同的。

总之，数据采集与控制卡的基本任务是物理信号的测量或产生。但是要使计算机系统能够测量物理信号，必须使用传感器把物理信号转换成电信号（电压或者电流信号）。有时不能把被测信号直接连接到数据采集与控制卡，而必须使用信号调理电路，先将信号进行一定的处理。数据采集与控制系统是在硬件板卡/远程采集模块的基础上借助软件来控制整个系统的工作——包括采集原始数据、分析数据、输出结果等。

5.2.2　数据采集与控制卡输入输出控制原理

数据采集与控制卡的运作是通过寄存器的帮助进行的。寄存器分成控制寄存器、状态寄存器两种，负责不同的功能，一个为 Input，一个为 Output。寄存器在数据采集与控制卡上就是某个芯片的控制中心所在，当利用程序下达询问的指令时，某个寄存器就会将数据传回（实际是放在总线上供 CPU 读取）；同样地，当程序控制芯片做一个操作时（例如更改设置，或是输出信号），也是将指令写入一个规定的寄存器，该寄存器的值一经改变，就反应到真实的硬件操作上。

数据采集与控制卡的寄存器的存取一般都是从之前提到的地址开始存储的，称为基地址。寄存器的存储通常也是以一个字节为单位，如果数据采集与控制卡上的寄存器较多的话，就会使用到比较多的字节，数据采集与控制卡的功能越复杂，用到的寄存器就越多。同一台计算机上不同的数据采集与控制卡使用的基地址均不相同。控制程序必须和寄存器交互，要取得数据采集与控制卡的任何状态，必须读取寄存器中的数值；而要控制状态时，也是将控制的数值写入寄存器，因此程序的对象就是寄存器。现在很多厂商将原本复杂的寄存器读写过程包装起来，变成所谓的函数，工程师只要调用某个函数，就可以控制或是读取信息，其他的细节就由厂商的 DLL（dynamic link library）或是 OCX（OLE control extension）完成。函数没有收到寄存器的指定，只有地址和中断的设置，使用起来更精简。

硬件寄存器读写有一定的方法，具体方法与操作系统有关。在传统 DOS 环境下（不包含 Windows 中 DOS 虚拟机），程序运行于 CPU 的 Ring0 级，对硬件拥有完全的控制权，可以很容易地实现对时间的准确控制。而 Windows 95/98 使用抢占式多任务机制，系统接管全部硬件资源，程序在 CPU 的 Ring3 级上运行，无法直接与硬件交互。Windows 98 实现对硬件资源访问的方法有以下三种。

（1）利用 Windows 提供的各个段选择符标号可直接访问内存。

（2）用 VC++ 提供的函数直接访问硬件上的内存和端口，如 int out p（unsigned，int）。

（3）嵌入汇编访问硬件上的内存和端口。

但在较高级的系统中（如 Windows NT，Windows 2000）这样的方法不适用。这是由于 Windows 操作系统是一个受保护的系统，随意下达硬件控制指令会危害整个系统的稳定性，硬件的操作通常是利用微软的 SDK（software development kit）和 DDK（device development kit）来完成。

在 Windows NT 下，由于对 I/O 端口的直接操作被屏蔽，普通用户只能借助一定的驱动开发工具来开发设备的驱动程序，实现用户应用程序和硬件之间的通信。设备驱动程序的作用函数只供工程师来控制硬件，而不涉及操作系统底层编程。现有各种设备驱动程序的专用开发软件，如 Windriver，能在很短的时间内开发出高效的设备驱动。

程序语言例如 Visual Basic、Delphi、C++ 等常用的语言，都可以开发应用程序，其中 Visual Basic 没有提供直接访问底层硬件的控件和方法，本身的程序无法直接控制适配卡，必须通过 DLL 或 OCX 控件的协助。通过 DLL 或是 OCX，控制程序代码经过层层的转译，一直到卡的寄存器，而检测程序代码则经相反的管道将状态传回程序人员编写的程序。但如果由最基础的程序一直写到硬件卡控制的话，将会使编程人员花费太多时间。目前的组态软件，如 WINCC，控制硬件通信不需要涉及底层，只需要设置相应的参数，大大减轻了编程人员的负担，特别适合于工程应用。

5.2.3　输入输出信号的种类与接线方式

在工业控制中，不同的工业现场信号和工业控制要求，需要处理和控制的信号也不同，所以卡的输入输出信号的种类与接线方式也不同。通常必须将电压、电流限制在一定的范围内。下面介绍这方面的知识。

1. 开关量输入信号的种类与接线方式

开关量输入主要有 TTL 输入、光耦合器输入、CMOS 标准输入、PLC 开关量输入等。

（1）TTL 输入

TTL 是 transistor transistor logic 的缩写，意为晶体管 – 晶体管逻辑。它是一般卡最常使用的输入 / 输出接线方式。在微机测控系统中，习惯用 TTL 电路作为基本电路元件。其他电路输入和输出的电平如与 TTL 不兼容，必须进行相互间的电平转换。

1）信号范围

其额定电位是 0 ～ 5 V。高电平的范围是 2 ～ 5 V，而低电平则是在 0 ～ 0.7 V。高低电平信号范围的规定是考虑了芯片的可接受范围，例如 0 ～ 0.7 V 表示"关闭"，而 2 ～ 5 V 表示"打开"。

2）接线方式

输入时接线如图 5–1 所示。TTL 电平的电流范围必须在 20 mA 以内，超过范围可能会对设备接点后的 TTL 电子元器件造成影响。为了保证电流的范围，通常会在线路上加限流电阻，以保护 IC。330 Ω 和 470 Ω 都是经常使用的限流电阻，如果在电路中看到这两个电阻，一般就是用作限流电阻。

通常适配卡上会提供 5 V 的电源，利用此 5 V 电源就可以连接相关的电路来做实验。可以在输出接点和 GND 之间连接一个发光二极管，通过发光二极管来验证输出操作是否成功。

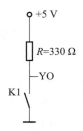

图 5–1　TTL 输入时的接线图

输出时，由 TTL 数字输出的电流相当小（最大 20 mA），必须通过放大器去带动其他设备。

（2）光耦合器输入

光耦合的主要目的就是隔离输入 / 输出之间的直接接触，以起到保护的作用，规格中的 Isolation Voltage 说明了该零件可以达到的保护范围，通常这个数值都是 kV 级的（一般大于 3 000 V）。

1）信号范围

光耦合器（photo-couple）通过光的传递将高低电位状态从一端传送到另一端，即使输入端的电压过高，由于是通过光传送，不会对接点信号的一端造成损坏，这就是光耦合器的保护。图 5–2 是光耦合器的结构。

　　光耦合器可以看成是两个部分的组合，其一端是发光二极管，负责发出光线；另一端是光敏晶体管（晶体管），通过发光二极管的光对晶体管基极作一个触发的动作，只要达到晶体管的要求电位，晶体管的集电极、发射极之间就会导通。

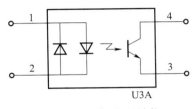

图 5-2　光耦合器结构

　　一般光耦合器的输入电压范围为 5 ～ 30 V，流过晶体管的电流为 3.2 ～ 24 mA，晶体管可在此电流范围内正常工作。

　　2）接线方式

　　使用光耦合器接入电路时，必须考虑各元件的阻抗匹配再组合。图 5-3 是光耦合器用于输入信号检测上的一种接法，图 5-4 是用于数字信号输出的一种接法。图 5-4 中将原来输入的电路反转过来，利用数字输出的电位直接驱动光耦合器的发光二极管，进而驱动光敏晶体管，使图右边的电路导通而驱动。

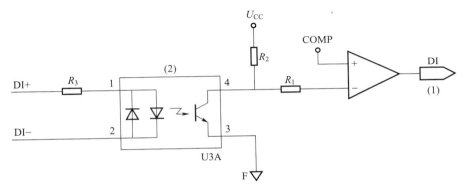

图 5-3　光耦合器用于输入信号检测

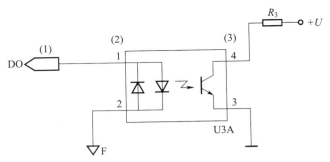

图 5-4　光耦合器用于数字信号输出

　　（3）CMOS 标准输入

　　金属 – 氧化物 – 半导体结构的晶体管简称 MOS 晶体管（MOS 管），MOS 管有 P 型和 N 型之分。由 MOS 管构成的集成电路称为 MOS 集成电路，而由 P 型 MOS 管和 N 型 MOS 管共同构成的互补型 MOS 集成电路即为 CMOS 集成电路。

CMOS 是互补型金属氧化物半导体的简称，与 TTL 一样，也是一种半导体的制造工艺。CMOS 集成电路电源电压可以是 1.5 ~ 18 V，对不同的电源电压，其高电平和低电平的定义也有区别，高电平电压接近于电源电压，低电平接近于 0 V，而且具有很宽的噪声容限。

CMOS 集成电路的单门静态功耗在毫微（nW）量级，噪声容限一般在 40% 电源电压以上，输入阻抗大于 10^8 Ω，一般可达 10^{10} Ω。

TTL 的 V_{oh} =2.4 V、V_{ol} =0.4 V，而 CMOS 的 V_{ih} =3.5 V、V_{il} =1.5 V，在 TTL 输出低电平时匹配，输出高电平时不匹配。解决方法是在 TTL 输出和 CMOS 输入连线处，通过上拉电阻接到 V_{cc}。CMOS 输出低电平时，输出电流小，不能驱动 TTL，解决方法是 CMOS 门并联（只有同一芯片的门才可以并联使用）或采用输入电流较大的 CMOS 缓冲芯片。

（4）PLC 开关量输入

工业控制中，PLC 是经常使用的控制器，所使用的工作电压一般为 24 V，此种电压不能直接接到我们所用卡的输入接点上。为了工业应用，在此情形下通常使用光耦合器作为输入的中继器，让 24 V 的电压信号通过耦合器传送至接点，就可以达到保护接点及其后适配卡的目的，也不需要为了适应板卡而改变所使用的电压范围。

PLC 开关量输入信号种类：直流输入、交流输入、交直流输入。

直流输入信号的电源均可由用户提供，直流输入信号的 24 V 电源可由 PLC 自身提供，一般 8 路输入共用一个公共端，现场的输入提供一对开关信号："0" 或 "1"（有无触点均可）；每路输入信号均经过光电隔离、滤波，然后送入输入缓冲器等待 CPU 采样。每路输入信号均有 LED 显示，以指明信号是否到达 PLC 的输入端子。

交流输入信号电压为 100 ~ 240 V（AC），交流输入模块价格较贵，应用少，可用中间继电器转换。

2. 开关量输出信号的种类与接线方式

用于控制开关量输出信号的电气接口形式分为有源和无源两类。无源是指计算机测控系统只提供输出电路的通、断状态，负载电源由外电路提供。例如计算机测控系统控制继电器时，仪表控制继电器线圈的通电或断电，而继电器的触点则由用户安排，触点本身只是一个无源的开关。有源的开关量输出信号往往表示为电平的高低或电流的有无，由计算机测控系统为负载提供全部或部分电源。有源和无源各有利弊，无源的开关量输出容易实现测控系统与执行机构之间的电路隔离，两者既不共用电源也不共用接地，这有利于克服地电位差及电磁场干扰的不利影响。而对于有源的开关量输出，根据输出电压或电流的实际数值，计算机测控系统有可能判断出负载断线故障。

（1）集电极开路接线方式

OC（open collector）门是集电极开路式的接线方式，其利用晶体管的特性达到控制的目的。它是有源的开关量输出，必须外接上拉电阻和电源才能将开关电平作为高低电平用，所以又叫做驱动门电路。

1）信号范围

一般使用的晶体管有基极（B）、发射极（E）、集电极（C）三支引脚，依晶体管特性，只要在基极、发射极之间加正向电压，在基极、集电极之间加反向电压，即可达到放大的目的。由于晶体管属于双端口输入组件（在晶体管上同时具有输入端和输出端），而信号必须要有两支引脚才能形成，因此晶体管三支引脚的其中一支必须当成共享端；依不同的应用情形，分别有共基极、共集电极及共发射极三种情况。在使用中，以共发射极最常用，以下介绍以共发射极为主。晶体管集电极开路这种接线方式可控制的电流比 TTL 要大，一般可以达到 100 mA。在实际应用中，OC 门电路常用来驱动微型继电器、LED 显示器等。

2）接线方式

OC 门输出电路是一个集电极开路的晶体三极管，如图 5-5 所示。组成电路时，OC 门输出端须外接一个接至正电源的负载才能正常工作，负载正电源可以比 TTL 电路的 V_{cc}（一般为 +5 V）高很多。例如，7406、7407 门输出级截止时耐压可高达 30 V，输出低电平时吸收电流的能力也高达 40 mA。因此，OC 门电路的输出是一种既有电流放大功能又有电压放大功能的开关量驱动电路。

通过 OC 门的方式作数字输出控制也有其限制，每一个晶体管都有一定的电压规定，使用此晶体管时必须在此电压范围内，以免晶体管损坏。当所需要的电流比较大时，可使用达林顿晶体管，或采用门电路外加晶体管，可以为直流执行器件提供更大的驱动电流。小功率管，其驱动能力大约为 10~50 mA。对于中功率晶体管，驱动能力可达 50 ~ 500 mA。如果采用大功率晶体管或达林顿复合管，驱动能力会更强。使用 OC 门作数字输出控制时应注意，门电路输出为高电平时，必须保证能提供给晶体管足够的基极电流使其饱和导通。若负载呈电感性，则在负载上并联续流保护二极管。图 5-6 中的晶体管也可以采用大功率场效应管，它的特点是输入电流很小（微安数量级），但输出电流很大，而且可以在较高频率工作。

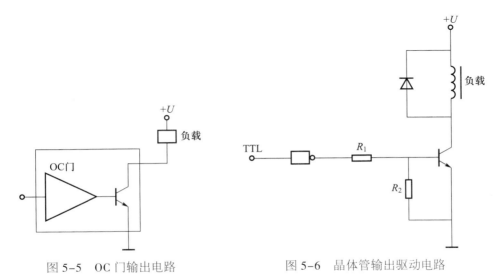

图 5-5 OC 门输出电路　　　　　图 5-6 晶体管输出驱动电路

（2）继电器输出

继电器使用电压有 6、9、12、24、48、100、110、200、220（V）等，每一种继电器也有使用上的电流限制，有 1 A、3 A，甚至几十 A。例如 0.5 A/120 V（AC）或 1 A/30 V（DC），表示当该继电器工作于 120 V 交流电源时，最大工作电流为 0.5 A，当工作于 30 V 直流电源时，最大工作电流为 1 A。

如果要求开关的动作很快，通常不能使用继电器，而使用电子式的开关（如晶体管或固态继电器）。

（3）固态继电器（SSR）输出

固态继电器（SSR）既有放大驱动作用，又有隔离作用，适合于驱动大功率开关式执行器件，是一种全部由固态电子元件组成的新型无触点开关器件。它利用电子元件（如开关三极管、双向可控硅等半导体器件）的开关特性，可达到无触点、无火花接通和断开电路的目的，因此又被称为"无触点开关"。SSR 是一种四端有源器件，其中的两端为输入控制端，输入功耗很低，与 TTL、CMOS 电路兼容；另外两端是输出端，内部设有输出保护电路。

SSR 按使用场合可以分成交流型和直流型两大类，它们分别在交流或直流电源上做负载的开关，不能混淆。直流型的 SSR 与交流型的 SSR 相比，无过零控制电路，也不必设置吸收电路，开关器件一般用大功率开关三极管，其他工作原理相同。交流型 SSR 由于采用过零触发技术，因而可以使 SSR 安全地用在计算机输出接口上。单向直流固态继电器（DCSSR）的输出端与直流负载适配，双向交流固态继电器（ACSSR）的输出端与交流负载适配。输入电路与输出电路之间采用光电隔离，绝缘电压可达 2 500 V 以上。

3. 模拟输入输出信号的种类与接线方式

（1）模拟量输入输出信号

1）直流电流信号

当计算机测控系统输出模拟信号需要传输较远的距离时，一般采用电流信号而不是电压信号，因为电流信号抗干扰能力强，信号线电阻不会导致信号损失。当把计算机与常规仪器仪表相配合组成显示或控制系统时，各个单元之间的信号应当规范化。

按照标准 GB/T 3369.1—2008 所规定的工业自动化仪表用模拟直流电流信号和 IEEE 381 所规定的过程控制系统用模拟直流电流信号，直流电流信号分为两种：一种是 4 ～ 20 mA（负载电阻 250 ～ 750 Ω），另一种是 0 ～ 10 mA（负载电阻 0 ～ 3 000 Ω）。在采用 4 ～ 20 mA 信号时，0 mA 表示信号电路或供电有故障。

2）直流电压信号

当计算机测控系统输出的模拟信号需要传输给多个仪器仪表或控制对象时，一般采用直流电压信号，而不采用直流电流信号。这是因为，如果采用直流电流传导，为了保证多个接收信号的设备获得同样的信号，必须将它们的输入端相互串联起来，这样会存在不可靠性，当任何一个接收设备发生断路故障时，其他接收设备也会失去信号。而且，相互串联的接收设备的输入端对地电位不等，也会引起一些问题。而采用直流电压信号，多个接收信号设备的输入端相互并联能获得同样的信号。为了避免导线电阻形成压降而使信号改变，接收设备的输入阻抗必须足够高。但是，太高的输入阻抗很容易引入电场干扰，因此直流电压传导只适用于传输距离较近的场合。

直流电压信号可分为单极性信号和双极性信号，如果输入信号相对于模拟地电位偏向一侧，如输入电压为 0 ~ 10 V，则称为单极性信号；输入信号相对于模拟地电位可正可负，如输入电压为 −5 ~ +5 V，则称为双极性信号。

对于采用 4 ~ 20 mA 电流传导的系统，只需采用 250 Ω 电阻就可将其变换为直流电压信号。所以 1 ~ 5 V 直流电压信号也是常用的模拟信号形式之一。1 V 以下的电压值表示信号电路或供电有故障。

直流 4 ~ 20 mA 电流信号及 1 ~ 5 V 电压信号容易判别断线和电源故障，所以被普遍采用。

一般模拟量输出通道为全长卡。每个通道的输出范围配置：0 ~ 5 V，0 ~ 10 V，±5 V，±10 V 和 4 ~ 20 mA。软件可选择模拟量输入范围（V_{DC}），双极性：±0.625 V，±1.25 V，±2.5 V，±5 V，±10 V；单极性：0 ~ 1.25 V，0 ~ 2.5 V，0 ~ 5 V，0 ~ 10 V 和 4 ~ 20 mA。

（2）接线方式

1）单端输入连接

各路输入信号共用一个参考电位，即各路输入信号共地，这是最常用的接线方式，如图 5-7 所示。使用单端输入方式时，地线比较稳定，抗干扰能力较强，建议尽可能使用此种方式。

单端输入方式适用于输入信号为高电平（>1 V），信号源与采集端之间的距离较短（<15ft），并且所有输入信号有一个公共接地端的情形。如果不能满足上述条件，则需要使用双端输入连接。

2）双端输入连接

即差分输入连接，各路输入信号使用各自的参考电位，即各路输入信号不共地，如图 5-8 所示。如果输入信号来自不同的信号源，而这些信号源的参考电位（地线）略有差异，可考虑使用这种接线方式。由于消除了共模噪声的误差，所以双端输入连接的精度较高。

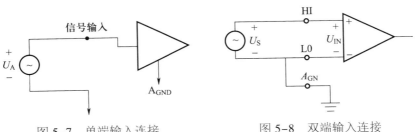

图 5-7 单端输入连接 　　图 5-8 双端输入连接

使用双端输入方式时，输入信号易受干扰，所以，应加强信号线的抗干扰处理，同时还应确保模拟地以及外接仪器机壳接地良好。特别要注意的是，所有接入的差分模拟信号，输入连接无论是高电位还是低电位，其电平相对于模拟地电位应不超过 +12 V 及 –5 V，避免电压过高造成器件损坏。

　　3）模拟输出连接

以研华 PCL818 为例，可以使用内部提供的 5 V/10 V 基准电压产生 0 ~ 5/10 V 的模拟量输出。也可以使用外部基准电压，范围是 –10 ~ +10 V，输出电压的最大范围是 –10 ~ +10 V。比如，外部参考电压是 –7 V，则输出电压为 0 ~ 7 V。

　　PCL818HG 的 CN3 是模拟输出连接接口，基准电压输入、模拟输出、模拟地，如图 5-9 所示。

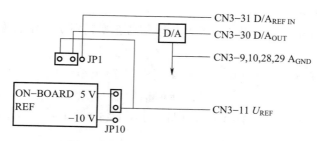

图 5-9　PCL818HG 模拟输出连接

5.2.4　数据采集与控制卡的性能参数

1. 数据采集与控制卡（数据采集卡）选择参数

（1）采样频率

以有限的数字组合表示无限的连续信号，这就是采样。如果采样频率（每秒的采样数）够高的话，还原为原始信号时可以清楚地表达出原始信号所代表的信息。采样频率越高，还原后越接近原始信号。拥有无限高的采样频率是最完美的数据采集卡，当然这是不可能达到的。根据耐奎斯特采样理论，原始信号要被完整地表达出来，采样频率需要最高信号频率的两倍以上。例如，信号的最高频率为 1 MHz，那么为了采集到的数据能够准确地反映原始信号的频率特性，要求数据采集频率（sample rate）至少应为 2 MHz。

　　在开始采样（起始触发信号）之后，数据采集卡按照程序的设置开始采样，将所取得的数据放入内存。在终止触发信号产生以前，采样操作会一直进行，而被记录下来的数据会以循环的方式记录在内存。当设置的数据存储区域存满后，新数据就会将旧数据覆盖，直到检测停止信号后，采样才会停止。

　　数据采集卡使用每秒钟采样的数据点作为其采样频率。例如，数据采集卡上标明 100 k/s，即表示该卡每秒钟可以采样 100 k（10 万）个采样点。通常这个速率表示该卡在单一通道下的最高数据采集速率，所拥有的采集通道通常是 8 个或是 16 个以上，因此将采集频率平均分配到各个通道，每个通道可以分配到的采集速率就会下降。数据采集卡的采样频率较高时，其在同一个时间内可取得的数据量也较高，这种卡的价格通常也较高。而且较高的数据量还存在内存需求的问题，数据量大势必需要更大的内存空间。

（2）信号的输入范围、分辨率和增益

信号输入到数据采集卡的通道时，必须符合数据采集卡规定的电压范围才能被正确地采集。输入电流不能太大，一般在 20 mA 以内，太大的电流必须先经过特殊的处理才能进入采集通道，否则会对数据采集卡造成损害。

输入范围是指数据采集卡能够量化处理的最大、最小输入电压值。数据采集卡提供了可选择的输入范围，它与分辨率、增益等配合，以获得最佳的测量精度。

分辨率是 A/D 转换所使用的数字位数。分辨率越高，输入信号的细分程度就越高，能够识别的信号变化量就越小。增益（gain）表示输入信号被处理前放大或缩小的倍数。给信号设置一个增益值，就可以实际减小信号的输入范围，使模数转换能尽量地细分输入信号。

总之，输入范围、分辨率以及增益决定了输入信号可识别的最小模拟变化量，它对应于数字量的最小位上的变化，通常叫作转换宽度（code width）。其算式为

$$转换宽度 = 输入范围 /（增益 \times 2^N），（N 为分辨率） \qquad 5-1$$

例如：16 位分辨率的板卡，那么该板卡转换宽度 = 板卡输入范围 $/2^{16}$。实际上，这个分辨率是板卡上的 A/D 转换芯片的转换精度，并不代表板卡实际采集数据能够达到的精度。通常板卡的采集精度会有另外的说明，如：$0.03\% \times FSR \pm 1LSB$——满量程的百分比再加减一个最小分辨单位。板卡精度的说明需要注意。

让小范围变动的信号可以得到更高的准确度，采集卡就需要进行增益设置。通过增益值的设置，可以使所测量的小电压范围信号更准确。由此可知，如果待测量的信号范围较小，可以通过设置增益的方式将测量的电压范围缩小（从另一个角度来看，这是将输入的信号作等比例放大），使得模拟信号转换为数字信号的分辨率可以更有效地被利用。

（3）平均化

噪声会引起输入信号畸变。噪声可以是计算机外部的或者内部的。可以使用适当的信号调理电路，也可以增加采样信号点数，再取这些信号的平均值来抑制噪声误差。

2. 接口模板名词解释

（1）码制

模拟信号转换为数字信号后，形成一组由 0 开始的连续数字量，每个数字量对应一个特定的模拟量值，这种对应关系称为编码方法或码制。依据输入信号的不同，编码可分为单极性原码与双极性偏移码。单极性输入信号对应着单极性原码，双极性信号对应着双极性偏移码。

（2）单极性原码

以 12 位 A/D 为例，输入单极性信号 0 ~ 10 V，转换后得到 0 ~ 4 095 的数字量，数字量 0 对应的模拟量为 0 V，数字量 4 095 对应的模拟量为 10 V。这种编码称为单极性原码，其数字量与模拟电压值的对应关系可描述为

$$模拟电压值 = 数字量 \times 10/(2^{12}-1)(V) \qquad\qquad 5\text{-}2$$

1LSB（1 个数码位）=2.44 mV。

（3）双极性偏移码

仍以 12 位 A/D 为例，输入双极性信号 –5 ~ +5 V，转换后得到 0 ~ 4 095 的数字量，数字量 0 对应的模拟量为 –5 V，数字量 4 095 对应的模拟量为 +5 V。这种编码称为双极性偏移码，其数字量与模拟电压值的对应关系可描述为

$$模拟电压值 = 数字量 \times 10/(2^{12}-1)-5(V) \qquad\qquad 5\text{-}3$$

1LSB（1 个数码位）=2.44 mV。

此时 12 位数码的最高位（DB11）为符号位，此位为 0 表示负，1 表示正。偏移码与补码仅在符号位上定义不同，如果反向运算，可以先求出补码再将符号位取反就可得到偏移码。

（4）A/D 转换速率

表明 A/D 转换芯片的工作速率。如 BB774，完成一次转换所需要的时间是 10 μs，则它的转换速率为 100 kHz。

（5）通过率

指 A/D 采集卡对某一路信号连续采集时的最高采集速率。

（6）初始地址

使用板卡时，需要对卡上的一组寄存器进行操作，这组寄存器占用数个连续的地址，一般将其中最低的地址值定为此卡的初始地址，这个地址值需要使用卡上的拨码开关来设置。

（7）漏型逻辑和源型逻辑

漏型逻辑（Source 电流）：在这种逻辑中，信号端子接通时，电流是从相应的输入端子输出。这种情况下，该卡会有一个最大的输出电流，即 Source 电流，是否可以推动其他的后端设备视此 Source 电流而定。

源型逻辑（Sink 电流）：在这种逻辑中，信号接通时，电流输入相应的输入端子。这种情况下，该卡会有一个可容许的最大输入电流，即为 Sink 电流。超过此电流的限制，可能会对卡造成损伤。

如果所接电路的电流流动方向是由外向内流至适配卡，则需考虑此适配卡的 Sink 电流；反之，若是电流的流动方向是由适配卡流向外部的话，就必须考虑 Source 的大小。在变频器控制回路中，端子输入信号出厂设置一般为漏型逻辑。

5.3 工控机数据采集与控制卡应用与编程

5.3.1 数据采集与控制卡编程基本知识

1. 硬件地址（Address）

计算机开始运行后，所有数据必须在内存上进行运算，CPU 对内存进行操作时，必须

要通过地址。而计算机中的设备也必须要有地址，这样才能使信息交换得以进行，而且每个设备的地址是独一无二的，否则将使信息传递错误。每个 I/O 端口都有一个独立的 I/O 存储空间，以免相互之间发生地址冲突。计算机中的部分地址是开放的，并不特别指定给哪一种设备使用，用户自行决定所使用的设备地址，例如 PCI-818HD/HG/L 使用 32 个连续的 I/O 地址空间（当 FIFO 使能时）或使用 16 个连续的 I/O 地址空间（当 FIFO 关闭时）。地址的选择可通过面板上的 6 位 DIP 开关 SW1 的设置来设定。PCL-818HD/HG/L 的有效地址范围是 000 到 3F0（十六进制），初始默认地址为 300，用户可以根据系统资源的占用情况，给 PCL-818FID/HG/L 分配正确的地址。指定适配卡所使用的地址时，还要特别注意该地址是否已经被其他的设备所占用，如果两个设备占用了同一个地址，将使得信息的传送出现问题。

ISA 卡地址为 00000H ～ 0FFFFH，共有 65 536 个输出 / 输入的地址可以使用。除去系统主板保留使用的 0000H ～ 01FFH，0200H ～ 03FFH 可以由用户自行规划。PCI 接口的卡，可以突破最高 03FFH 地址的限制。

2. 寄存器

寄存器位于 CPU 的芯片中，是快速存取的记忆存储空间，帮助 CPU 执行算术、逻辑或转移运算，只存储处理过程中的数据或指令，之后再把数据或指令送回随机存取内存（RAM），这是计算机运行时最常使用的。

（1）数据输入 / 输出缓冲寄存器　其作用是将外设送来的数据暂时存放以供 CPU 取用，或者是存放 CPU 送往外设的数据。它在高速工作的 CPU 和不同工作速率的外设之间起协调缓冲作用，以保证两者之间的速率匹配。

（2）控制寄存器　用来存放 CPU 发出的控制命令（即控制字）和其他信息。这些控制命令可对接口电路的工作方式和功能进行控制，以满足不同接口的功能需要。

（3）状态寄存器　用来保存外设的各种状态信息的寄存器，内容由 CPU 读取后即可知道设备的工作状态，如"忙""闲"等。

以上三种寄存器是接口电路中最主要的部分，但为了保证接口正确地传送数据，接口电路还必须包括数据总线地址缓冲器、地址译码器、内部控制电路及中断控制电路。数据总线地址缓冲器用来实现接口芯片内部总线与 CPU 总线之间的连接。地址译码器的接口芯片中有许多寄存器，为了区分，每个寄存器必须分配一个端口地址。地址译码器的作用是对输入地址进行译码，以指出是对芯片内某个具体的寄存器进行操作。内部控制电路及中断控制电路用来产生一些接口芯片内部的控制信号、中断请求信号以及系统的控制和应答信号等。

3. 接口控制方式

CPU 通过接口对外设控制实现信息传输的方式有以下几种。

（1）程序查询方式

CPU 通过 I/O 指令询问指定外设当前的状态，如果外设准备就绪则进行数据的输入或输出，否则 CPU 等待，循环查询。这种方式的优点是结构简单，只需少量的硬件电路即可；缺点是由于 CPU 的速率远远高于外设，因此通常处于等待状态，工作效率很低。

（2）中断处理方式

这种方式下，CPU 不再被动等待，而是可以执行其他程序。一旦外设的数据准备就绪，就可以向 CPU 提出中断服务请求，CPU 如果响应该请求，便暂时停止当前程序的执行，转去执行与该请求对应的服务程序，完成后再继续执行原来被中断的程序。

中断处理方式的优点是显而易见的，不但省去了查询外设状态和等待外设就绪所花费的时间，提高了 CPU 的工作效率，还满足了外设的实时要求。但这种方式需要为每个 I/O 设备分配一个中断请求号和编写相应的中断服务程序，此外还需要一个中断控制器（I/O 接口芯片）管理设备提出的中断请求，例如设置中断屏蔽、中断请求优先级等。中断处理方式的缺点是每传送一个字符都要进行一次中断，在中断处理程序中还需保留和恢复现场以便继续原程序的运行，工作量较大。如果需要大量数据交换，系统的性能会很低。

计算机的部分中断号码的使用是重复的，在使用 ISA 卡时，这种情况是不允许的。而在使用 PCI 卡时，中断是可以共享的。只要是使用 PCI 接口的卡，在引发中断的同时都可以正确地得到应有的通知，而不必担心中断是否会被其他设备夺去，这是因为 PCI 接口芯片会自动处理各设备的中断请求。ISA 板卡在取得中断信号后，并不会马上释放此中断信号；而 PCI 卡取得中断信号后，马上将中断信号释放，故 PCI 卡在中断的使用上要比 ISA 板卡灵活。

（3）DMA（直接存储器存取）传输方式

DMA 传送方式最明显的特点是采用专门的硬件电路——DMA 控制器，来控制内存与外设之间的数据交换，无须 CPU 介入，大大提高了 CPU 的工作效率。在进行 DMA 数据传输之前，DMA 控制器会向 CPU 申请总线控制权，如果 CPU 允许交出总线控制权，则在数据交换时，总线控制权由 DMA 控制器掌握。传输结束后，DMA 控制器将总线控制权交还 CPU。

使用 DMA 传输数据时间不能太长，否则可能使得 CPU 无法处理内存，因为 DMA 在使用过程中占用了总线，此时 CPU 无法存取数据。由于 DMA 的传输速率非常快，比 CPU 或软件的操作都要快，在传输大量实时数据时（如音乐、语言），此种方式是非常适合的。

5.3.2　驱动程序及编程使用说明

32 位 DLL 驱动程序是研华公司为 VC、VB、Delphi、Borland C++、C++Builder 等高级语言提供的接口。通过这个驱动程序，编程人员可以方便地对硬件进行编程控制。该驱动程序覆盖了每一款研华的数据采集卡以及 MIC2000、ADAM4000 和 ADAM5000 系列模块，应用极为广泛，是编制数据采集程序的基础。

1. 32 位驱动程序概览

32 位驱动程序主要包括十类函数及其相应的数据结构，这些函数和数据结构在

Adsapi32.lib 中实现。这十类函数如下:

1)设备函数(device functions);

2)模拟输入函数组(analog input function group);

3)模拟输出函数组(analog output function group);

4)数字输入输出函数组(digital input/output function group);

5)计数器函数组(counter function group);

6)温度测量函数组(temperature measurement function group);

7)报警函数组(alarm function group);

8)端口函数组(port function group);

9)通信函数组(communication function group);

10)事件函数组(event function group)。

可以把这 10 类函数分为两个部分:设备函数部分(只包括第一类函数)和操作函数部分(包括第一类函数外的所有函数)。设备函数部分负责获取硬件特征和开关硬件;操作函数部分在硬件设备就绪后,进行具体的采集、通信、输出、报警等工作。具体工作结束后,调用设备函数关闭设备。函数的调用过程如图 5-10 所示。

图 5-10 函数的调用过程

2. 动态数据采集程序的实现流程

用 32 位 DLL 驱动程序实现动态数据采集时,传输方式有中断传输、DMA 传输和软件传输三种方式可选。软件传输速率最慢,DMA 传输和中断传输方式是最常用的传输方式。下面主要介绍中断传输方式。DMA 传输方式和中断方式在使用 32 位 DLL 驱动程序实现时流程基本一样,可以参考。

在各种高级语言下,驱动程序提供的函数形式相同,所以此处只给出驱动程序函数的调用流程,在具体的某种高级语言下,只要按照流程图就能实现动态数据采集。中断传输流程如图 5-11 所示。

3. 动态采集程序涉及驱动程序中部分概念

(1)缓冲区

在驱动程序进行 A/D 或 D/A 转换时,有三个相关的概念需要分清楚:采集板上的 FIFO(先入先出)缓冲区、计算机内存中的内部缓冲区和用户缓冲区。

FIFO 缓冲区为采集卡上自带的,FIFO 缓冲区可以达到很高的采集频率,如 PCI-1710 使用 4 KB 的 FIFO 缓冲区,最高采样频率可达 100 kHz。但是,有些型号的采集板不带 FIFO 缓冲区。

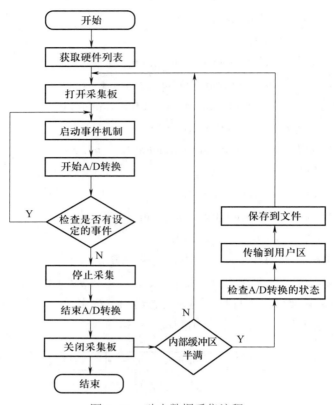

图 5-11　动态数据采集流程

内部缓冲区和用户缓冲区是数据采集程序动态分配给驱动程序使用的两块内存区域。内部缓冲区主要由驱动程序使用，驱动程序从采集卡 FIFO 或寄存器中将数据通过中断方式或 DMA 方式传输到内部缓冲区。

用户缓冲区是用户存放数据的地方，用户可以根据需要设置用户缓冲区的大小。例如，可以设置一个较大的用户缓冲区，在循环采集中将每次采集的数据依次存放其中，采集结束后统一处理。

中断触发方式的 A/D 转换中，这三种缓冲区的作用如图 5-12 所示。

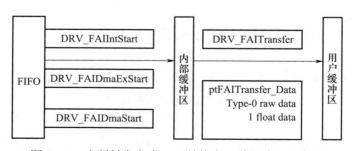

图 5-12　中断触发方式 A/D 转换中三种缓冲区的作用

（2）内部缓冲区的使用方式

驱动程序在操作内部缓冲区时，将内部缓冲区分为上、下两部分来分别操作。这样可保证高速连续采集时，数据不会丢失。在采集时驱动程序从采集卡 FIFO 或寄存器中将数据传输到内部缓冲区中，当内部缓冲区半满时驱动程序发出 Buffer-Change 事件。用户通过执行 DRV_FAICheck 函数返回的 HalfReady 来判断是上半部分还是下半部分缓冲满了，然后执行 DRV_FAITransfer 将相应缓冲区中的数据取走。

（3）设计 FIFO 的目的

防止在高速数据采集时丢失数据。通常板卡完成 A/D 转换后，将数据写入到数据输出寄存器中，接着使用 DMA 或中断服务功能将数据传输到 CPU 内存。如果没有 FIFO 功能，每次硬件完成 A/D 转换后会改写保存在数据寄存器中的值，如果上次 A/D 的数据在新数据到来之前没被传输到 CPU，那么这个数据就丢失了。如果使用 F1FO 功能，新数据仅仅被添加到 FIFO 缓冲区的第二个位置上，而不会覆盖原先的数据。随后的数据会依次排列到缓冲区中。当想从 FIFO 缓冲区中搬移数据时，仅需要从数据寄存器中读取，即可把最初的数据取出，FIFO 中下一个位置的数据会取代数据寄存器中的值，FIFO 缓冲区中的数据可以随时读取；当传输旧的数据时，硬件会将最新的数据保存在 FIFO 中，从而防止数据丢失。也可以在 FIFO 半满或全满时，一次性地传输数据。FIFO 功能减少了 CPU 的占用时间，非常适合于大量的高速数据传输。

（4）循环（cycle0）和非循环（no_cycle）

循环和非循环是指内部缓冲区的使用方式。非循环方式下，内部缓冲区作为一个整体使用。在非循环方式下，执行一次 DRV_FAIIntScanStart、DRV_FAIIntStart 函数只能进行有限次的 A/D 转换，DRV_FAIIntScanStart 函数执行过程中将所有数据都放到内部缓冲区；A/D 转换结束后，在 ADS_EVT_Terminated 事件的处理函数中再用 DRV_FAITransfer 函数将数据传送到用户缓冲区中。

循环方式下，内部缓冲区分为两个半区使用。执行一次 DRV_FAIIntScanStar/ DRV_FAIInt-Start 函数可以进行无限次的 A/D 转换，直到调用 DRV_FAI_Stop 函数。这种方式下，有限的内部缓冲区不可能容纳无限多的数据，因此将内部缓冲区分成前、后对等的两个半区，当前半区填满后产生一个 ADS_EVT_Bufchange 事件，采集程序中的事件检查循环捕获这个事件后，调用 DRV_FAI_Transfer 函数把数据传送到用户缓冲区；与此同时，DRV_FAIIntScanStart/DRV_FAIIntStart 函数将新转换的数据放到内部缓冲区的后半部分，当后半区填满后再产生一个 ADS_EVT_Bufchange 事件，并用 DRV_FAIIntScanStart、DRV_FAIIntStart 函数将新转换的数据放到数据传输完毕的前半缓冲区，如此循环。

（5）raw data（原始数据）和 voltage（电压值）

以 PCL818 为例，它的转换芯片是 12 位的，可以把采集的电压量程分为 4096 段，这种方式称为量化，而 raw data 就是将被采集量量化后的整数值。驱动程序将量化值用 3 位十六进制数表示，所以 raw data 的示数范围为 000 ~ fff，在内部缓冲区中的数值就是这种量化的原始数据。用户缓冲区中存放 voltage，将 raw data 转化为电压值由 DRV_

FAITransfer 函数完成，当 ptFAITransfer 的 DataType=0 时，不进行 raw data 到电压值的转化，这时在用户缓冲区中得到的就是量化的 12 位十六进制整数值。

（6）增益列表起始地址

在编写数据采集程序时，要考虑多通道同时采集，而且要考虑开始通道的任意性，通常的做法是为增益列表开辟一块增益列表存储区，从 0 开始每个存储单元对应一个通道的增益值。但是要注意，在起始通道不为零时，不能将这个存储区的起始地址直接赋给驱动函数的"增益列表起始地址"参数，如 ptFAIIntScanStart 结构的 Gain-List 域，因为驱动程序是直接从"增益列表起始地址"参数表示的起始地址去提取起始通道的增益值，而不会根据"起始通道"参数在增益列表中选取对应的增益值。

4. 数据采集板卡的编程使用

对数据采集板卡进行编程使用主要有以下三种方式：软件触发方式，中断传输方式，DMA 数据传输方式。

（1）软件触发方式

采用系统提供的时钟，在毫秒级的精确等级上，通过对寄存器的查询来实现数据采集，由于其采集速率比较慢，因此多用于低速数据采集。

（2）中断传输方式

使用中断传输方式需要编写中断服务程序（ISR），将板卡上的数据传输到预先定义好的内存变量中，每次 A/D 转换结束后，EOC 信号都会产生一个硬件中断，然后由中断服务程序（ISR）完成数据传输。在使用中断传输方式时。必须制定中断级别。

（3）DMA 数据传输方式

DMA（direct memory access）方式应用比较复杂，但由于不需要 CPU 的参与，特别适用于大量数据的高速采集。同中断方式一样，在使用 DMA 方式传输时必须指定 DMA 级别，需要对板卡上的 DMA 控制寄存器操作，并且对 Intel 8237DMA 控制其操作，因此建议使用驱动来实现这种方式。

DMA 方式将板卡上的数据不通过 CPU 数据就传输到内存中，一般板卡上会提供单 DMA（single channel）或者双 DMA（dual channel）方式，双 DMA 方式允许传输数据和采集数据同时进行。双 DMA 方式使用两个缓冲区和两个 DMA 通道，板卡首先通过 DMA 通道 6 复制到两个缓冲区。应用程序可以从第一个缓冲区传输数据，当第二个缓冲区变满时，硬件会切换到第一个缓冲区，应用程序又可以从第二个缓冲区传输数据，然后不断循环下去。

5.3.3　研华 PCL-724 数字量输入输出板卡

1. 概述

PCL-724 是一款 24 路数字量输入输出板卡，如图 5-13 所示。该卡提供了 24 路并行

数字输入输出接口。仿真可编程并行 I/O 接口芯片
8255 工作模式 0，带有一个 50 管脚接口，管脚定义
与 Opto-22 模块完全兼容。PCL-724 特别适合于固态
继电器（SSR）的 I/O 模式控制，一个端口的第 0 位
可以产生一个中断（IRQ2~IRQ7 中的一个）。

2. 特点

1）24 路 TTL 数字量 I/O 接口。

2）仿真 8255 PPI 模式 0。

3）可编程中断处理。

4）50 管脚定义与 Opto-22 的 I/O 模块完全兼容。

图 5-13　研华 PCL-724 数字量 I/O 卡

3. 规格

（1）输入信号规格

1）输入逻辑电平 1：2.0~5.25 V；

2）输入逻辑电平 0：0.0 V~0.80 V；

3）高输入电流：20.0 μA；

4）低输入电流：–0.2 mA。

（2）输出信号规格

1）高输出电流：–15.0 mA；

2）低输出电流：24.0 mA；

3）输出逻辑电平 1：2.4 V（最小）；

4）输出逻辑电平 0：0.4 V（最大）。

（3）传输速率

300 KB/s（典型值）；500 KB/s（最大值）。

4. 一般特性

1）功耗：+5 V @ 0.5 A（典型）；+5 V @ 0.8 A（最大）。

2）工作温度：0°~60 ℃（32°~140 ℉）。

3）存储温度：–20°~70 ℃（–4°~158 ℉）。

4）工作湿度：5%~95%RH，无凝结。

5）接口：50 芯扁平电缆接口。

6）尺寸：125 mm（L）×100 mm（H）。

5. 基址的选择

PCL-724 数字量输入输出板卡是通过计算机的 I/O 接口来控制的，每个 I/O 接口有一个独立的 I/O 存储空间，以免相互之间发生地址冲突。表 5-1 给出了 PCL-724 的 I/O 地址选择，由此可知，PCL-724 需要四个连续的 I/O 地址空间，地址的选择可通过面板上的 8

位 DIP 开关 SW1 的设置来设定。PCL-724 的有效地址范围是 200 到 3FF（十六进制），初始默认地址为 2C3，用户可以根据系统的资源占用情况，给 PCL-724 分配正确的地址，按表 5-1 来设置它的地址。

表 5-1　PCL-724 I/O 地址的选择

I/O 地址 （十六进制）	开关位置（SW1）							
	1 A8	2 A7	3 A6	4 A5	5 A4	6 A3	7 A2	8 A1
200~203 …	0	0	0	0	0	0	0	X
2C0~2C3* …	0	1	1	0	0	0	0	X
3FC~3FF	1	1	1	1	1	1	1	X

注：A2~A8 与计算机的地址线相对应；* 表示默认设置；"X" 表示 0 或 1 都可

5.3.4　研华 ISA 总线 PCL-818L 多功能板卡

PCL-818L（图 5-14）是 PCL-818 系列多功能板卡中的入门级板卡，价格便宜。该卡采样频率为 40 kHz，只能接受双极性输入，其他功能与 PCL-818HD 和 PCL-818HG 完全相同，无须更改硬件或软件，即可将应用升级到高性能的数据采集卡。PCL-818HD 能确保在所有增益（×1、2、4 或 8，可编程）及输入范围内可达到 100 kHz 的采样频率。该卡带有一个 1K 的采样 FIFO 缓冲器，能够获得更快的数据传输和在 Windows 环境下更好的性能。

图 5-14　PCL-818L 多功能卡

　　PCL-818HG 与 PCL-818HD 具有相同的功能，但它带有一个可编程的信号放大器，可用来读取微弱输入信号（×0.5，1，5，10，50，100，500 或 1 000）。

1. 自动通道增益 / 扫描

　　PCL-818 系列多功能板卡有一个自动通道增益 / 扫描电路，该电路能替代软件，控制采样期间多路开关的切换。卡上的 SRAM 存储了不同通道的增益值。这种组合能够让用户对每个通道使用不同的增益，并使用 DMA 数据传输功能来完成多通道的高速采样（采样频率可达 100 kHz）。

2. 板卡 ID

　　板卡 PCL-818 系列多功能板卡上有一个 DIP 功能开关，用来设置板卡 ID。当系统使用多个 PCL-818 板卡时，这个功能是非常有用的，可以很容易地在硬件组态、软件编程时区分和连接某个板卡。

3. 共有特点

1）16 路单端或 8 路差分模拟量输入。

2）12 位 A/D 转换器，可达 100 kHz 采样频率，带 DMA 的自动通道增益 / 扫描。

3）每个输入通道的增益可编程（×0.5，1，2，4 或 8）。

4）板上带有一个 1K 的采样 FIFO 缓冲器和可编程中断。

5）软件可选择模拟量输入范围（VDC）。

双极性：±0.625 V，±1.25 V，±2.5，±5 V，±10 V；

单极性：0~1.25 V，0~2.5 V，0~5 V，0~10 V。

4. 一般特性

1）功耗：+5 V @ 210 mA（典型），500 mA（最大）；

　　　　　+12 V @20 mA（典型），100 mA（最大）；

　　　　　–12 V @ 20 mA（典型），40 mA（最大）。

2）I/O 端口：16 个连续字节。

3）A/D、D/A 接口：DB-37。

4）尺寸：155 mm（L）×100 mm（H）。

5）卡上的 FIFO：1 K 用于 A/D 采样的 FIFO，当全满或半满时会产生一个中断。

5. 开关和跳线设置

　　PCL-818HD/HG/L 板卡面板上有两个功能开关 SW1 和 SW2，11 个跳线 JP1、JP2、JP3、JP4、JP5、JP6、JP7、JP8、JP9、JP10、JP11。其功能设置如表 5-2 所示。

表 5-2　PCL-818HD/HG/L 板卡面板开关和跳线功能设置表

开关作用	开关位置	开关作用	开关位置
SW1：I/O 地址范围设置（十六进制）		**JP9**：FIFO 中断选择	默认　2　3　4　5　6　7
000~00F	● ● ● ● ● ●	2	2位跳线（默认 2）：2 处跳线，其余 3、4、5、6、7 为 ○
010~01F	● ● ● ● ● ○		
200~20F	○ ● ● ● ● ●	**SW2**：输入通道方式设置	
210~21F	○ ● ● ● ● ○	差分（默认）	○ ▣▣
300~30F	○ ○ ● ● ● ●	单端	▣▣ ○
3F0~3FF	○ ○ ○ ○ ○ ○		
JP1（第一）：数字输出通道引脚选择		**JP6**：FIFO 打开/关闭设置	
S0	○ ▣▣	关	○ ▣▣
D0（默认）	▣▣ ○	开（默认）	▣▣ ○
JP2（第二）：数字输出通道引脚选择		**JP7**：DMA 通道选择	
S1	○ ▣▣	通道 3（默认）	○ ▣▣
D1（默认）	▣▣ ○	通道 1	▣▣ ○
JP3（第三）：数字输出通道引脚选择		**JP8**：定时器时钟选择	
S2	○ ▣▣	1 MHz（默认）	○ ▣▣
D2（默认）	▣▣ ○	10 MHz	▣▣ ○
JP4（第四）：数字输出通道引脚选择		**JP10**：基准电压源幅值选择	
S3	○ ▣▣	5 V	○ ▣▣
D3（默认）	▣▣ ○	10 V（默认）	▣▣ ○
JP5（上升沿）选择触发源		**JP11**：D/A 基准电压选择	
G0（默认）	○ ▣▣	外部	○ ▣▣
D12	▣▣ ○	内部（默认）	▣▣ ○
JP5（下降沿）选择门限控制		SW1 上的开关：	
Ext（默认）	○ ▣▣	●　表示"开"；　○　表示"关"	
D10	▣▣ ○		

5.3.5　ADAM-4000 系列远程数据采集和控制模块

1. ADAM-4000 系列远程数据采集和控制模块（ADAM-4000 模块）

ADAM-4000 模块（图 5-15 为 ADAM-4017）是通用传感器到计算机的便携式接口模

块，专为恶劣环境下的可靠操作而设计。该系列产品具有内置的微处理器，坚固的工业级 ABS 树脂外壳，可以独立提供智能信号调理、模拟量 I/O、数字量 I/O、数据显示和 RS-485 通信功能。其特点如下：

图 5-15　ADAM-4017 模块

1）ADAM-4000 模块在多种类型及多种范围的模拟量输入方面具有显著特点。在主计算机上输入指令，可远程选择 I/O 类型和范围；对不同的任务可使用同一种模块，极大简化了设计和维护工作；仅用一种模块就可以处理整个工厂的测量数据。由于所有的模块均可由主机远程配置，因此不需要任何物理调节。

2）内置看门狗电路，可以自动复位 ADAM-4000 模块，减少维护需求。

3）ADAM-4000 模块仅需两根导线就可通过多点式的 RS-485 网络与控制主机互相通信，基于 ASCII 的命令 / 响应协议可确保其与任何计算机系统兼容，网络配置灵活。

4）可选的独立控制策略。可通过基于 PC 的 ADAM-4500 或 ADAM-4501 通信控制器对 ADAM-4000 模块进行控制。也可以组成一个独立的解决方案，用户将使用高级语言所编写的程序安装到 ADAM-4500 或 ADAM-4501 的 Flash Rom 中，就可以根据需要定制应用环境。

5）模块化工业设计，可以轻松地将模块安装到 DIN 导轨的面板上，或将它们堆叠在一起，通过使用插入式螺丝端子块进行信号连接。模块易于安装、更改和维护，能满足工业环境的需求。

6）ADAM-4000 模块可以使用 +10~+30 V 的未调理的直流电源，能够避免意外的电源反接，并可以在不影响网络运行的情况下安全地接线盒或拆线。

2. 基于 ADAM-4000 模块的远程数据采集和控制系统

基于 ADAM-4000 模块的远程数据采集和控制系统是一组全系列的产品，可集成人机界面（HMI）平台和大多数 I/O 模块，如，DI/DO、AI/AO、继电器和计数器模块。ADAM-4000 是一系列内置微处理器的智能传感器接口模块，可以通过一套简单的命令语言（ASCII 格式）对其进行远程控制并在 RS-485 网上通信。ADAM-4000 可提供信号调节、隔离、搜索、A/D、D/A、DI、DO、数据比较和数据通信等功能，一些模块可提供数字 I/O 线路，用来控制继电器和 TTL 电平装置。典型基于 ADAM-4000 模块的远程数据采集和控制系统如图 5-16 所示。

研华公司提供了多种通信方式用于数据传输，如，无线以太网、Modbus、RS-485 和光纤。用户可以为不同的应用场景选择相应的通信方式，数据传输也可以通过以太网上传到 HMI 平台，用于进行监测和控制所有模块，也可以在现有的数据总线上工作，可大幅减少硬件的投资。

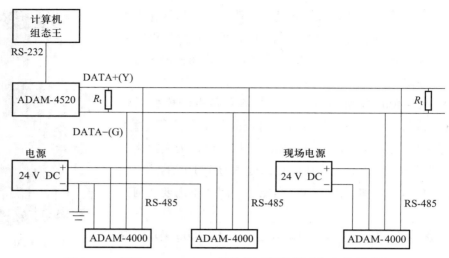

图 5-16　基于 ADAM-4000 模块的远程数据采集和控制系统

　　ADAM-4000 模块使用 RS-485 通信协议，该协议是工业应用中广泛采用的双向平衡式协议，是专为工业应用而开发的。ADAM-4000 模块具有远程高速收发数据的能力，所有的模块均使用了光隔离器，用于防止接地回路，并降低了电源浪涌对设备造成损害的可能性。

　　ADAM-4000 模拟量输入模块使用微处理器控制的高精度 16 位 A/D 转换器采集传感器信号，如电压、电流、热电偶或热电阻。这些模块能够将模拟量转换为以下格式：工程单位、满量程的百分比、二进制补码或热电阻的欧姆值。当模块接收到主机的请求信号后就将数据通过 RS-485 网络按照所需的格式发送出去。ADAM-4000 模拟量输入模块提供了 3000VDC 对地回路的隔离保护。

　　ADAM-4011/4011D/4012 模块带有数字量输入和输出，可用于报警和事件计数。模拟量输入模块上带有 2 路集电极开路的晶体管开关数字量输出，可由主机进行控制，通过固态继电器切换，输出通道可以用来控制加热器泵或其他动力设备。模块的数字量输入通道还可以用来检测远程数字信号的状态。

5.4　工控机数据采集与控制系统的组态设计

5.4.1　工控机控制系统基本组成与功能

1. 组成

（1）典型的工控机组成

　　IPC 是以 PC 总线（ISA、VE-SA、PCI）为基础构成的工业计算机。其总线结构便于维护、扩展和模块化。IPC 主机结构包括：全钢加固型机箱、无源底板、工业电源、主板、

I/O 卡和其他配件。IPC 的其他配件基本都与 PC 机兼容，主要有 CPU、内存、显示卡、硬盘、键盘、鼠标、光驱、显示器等，如图 5-17 所示。

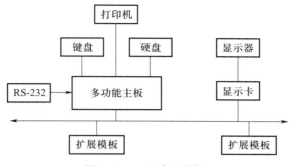

图 5-17 IPC 构成原理

1）加固型工业机箱　由于工控机应用于工业环境，因此机箱必须采取一系列加固措施，以达到防振、防冲击、防尘，适应宽的温度和湿度范围。机箱应具有正的空气压力和良好的屏蔽作用。

2）工业电源　具有强的抗干扰能力，有防冲击、过压过流保护，并达到电磁兼容性标准。

3）标准总线主板　是工控机的核心部件，其所用元器件应满足工业环境，并且是一体化（ALL-IN-ONE）的，易于更换。采用标准总线，如 ISA 总线、PCI 总线等。

4）I/O 卡　是工控机的核心部分，一般根据系统的要求配置各类输入和输出接口模板。

（2）基于工控机的控制系统

按系统构成本身分类，工控机控制系统可分单机型和多机型，多机型又分集中型和分散型。工控机控制系统按结构层次可划分为直接数字控制（DDC）系统、监督控制（SCC）系统、集散型控制系统（DCS）、递阶控制系统（HCS）和现场总线控制系统（FCS）等几种。其中 DCS 是融 DDC 系统、SCC 系统及整个工厂生产管理为一体的高级控制系统，该系统克服了其他控制系统中存在的"危险集中"问题，具有较高的可靠性和实用性。为了进一步适应现场的需要，DCS 也在不断更新换代。近年来，集计算机、通信、控制技术为一体的第 5 代过程控制体系结构，即现场总线控制系统，成为国内外计算机过程控制系统的主要的发展方向之一。

（3）典型的工控机控制系统组成

1）典型的工业自动化系统的三层结构

典型的工业自动化系统主要包含三个层次，从下往上依次是基础自动化、过程自动化和管理自动化，其核心部分是基础自动化和过程自动化。传统的自动化系统，基础自动化部分基本被 PLC 和 DCS 所垄断，过程自动化和管理自动化部分主要由小型机组成。

图 5-18 是一个典型的工业自动化系统的三层结构，其底层是以现场总线将智能测试、控制设备以及工控机或者 PLC 设备的远程 I/O 点连接在一起的设备层，中间是将 PLC、工

控机以及操作界面连接在一起的控制层，而上层的以太网则以 PC 或工作站来完成管理和信息服务（信息层）。三级网络各司其职，描述了工业自动化的典型结构。

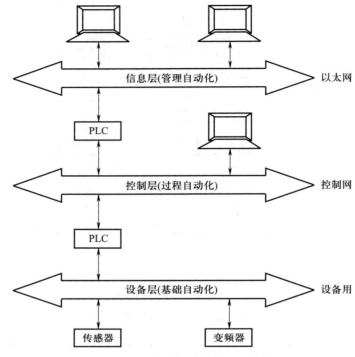

图 5-18 工业自动化系统的三层结构

工控机通过上述三层结构将工厂生产过程控制与企业 ERP 系统联系起来。企业管理层可以通过网络直接接收工厂端反馈的生产过程控制信息，而工厂控制端也可以直接接收来自管理层的信息指导，工业生产过程变得透明，使不同职能的部门可以通过网络实现良好的合作。这样就使企业管控一体化，企业信息化、网络化和自动化的目标得以实现。

2）典型的工控机控制系统的构成

① 工控机主机　包括主板、显示卡、无源多槽 ISA/PCI 底板、电源、机箱等。

② 输入接口模块　包括模拟量输入、开关量输入、频率量输入等。

③ 输出接口模块　包括模拟量输出、开关量输出、脉冲量输出等。

④ 通信接口模块　它包括串行通信接口模板（RS-232、RS-422、RS-485 等）与网络通信模板（ARCNET 网板或 Ethernet 网板），还需配现场总线通信板等。

⑤ 信号调理单元　是工控机很重要的一部分，信号调理单元对工业现场各类输入信号进行预处理，包括对输入信号的隔离、放大、多路转换、统一信号电平等，对输出信号进行隔离、驱动、电压转换等。该单元由各类信号调理模块或模板构成，安装在信号调理机箱中，该机箱具有单独的供电电源。信号调理单元的输出连接到主机相应的输入模板上，

主机输出接口模板的输出连接到信号调理单元的输出调理模块或模板上。一般信号调理模块本身均带有与现场连接的接线端子，现场输入输出信号可直接连接到信号调理模块的端子上。

⑥ 远程采集模块　近几年发展了各类数字式智能远程采集模块。该模块体积小、功能强，可直接安装在现场一次变送器处，将现场信号直接就地处理，然后通过现场总线 Fieldbus 与工控机通信连接。目前采用较多的现场总线类型有 CAN 总线、LonWorks 总线、ProfiBus、CCLink 总线以及 RS-485 串行通信总线等。

⑦ 工控软件包　支持数据采集、控制、监视、画面显示、趋势显示、报表、报警、通信等功能。工控机必须具有相应功能的控制软件才能工作，这些控制软件有的是以 MS-DOS 操作系统为平台，有的是以 Windows 操作系统为平台，有的是以实时多任务操作系统为平台，选用时应根据实际控制需求而定。

典型的工控机控制系统构成原理框图如图 5-19 所示。

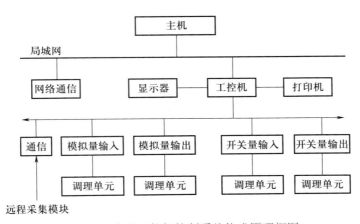

图 5-19　典型工控机控制系统构成原理框图

2. 功能

基于 IPC 的数据采集控制系统已被广泛应用于工业现场及实验室，如检测控制数据采集及自动化测试等。构建一个能满足需要的数据采集及控制系统需要一定的电子及计算机工程知识。一般数据采集及控制系统配置包括变送器及执行器、信号调理、数据采集控制硬件、计算机系统软件（不作介绍）。

（1）变送器及执行器

变送器能够将温度、压力、长度、位置等物理信号转换成电压、电流、频率、脉冲或其他信号，热电偶电热调节器及电阻温度检测器都是常用的温度测量变送器。其他类型的变送器包括流量传感器、压力传感器、应力传感器、测压单元，它们可以用来测量流体的速率、应力变化和位移。执行器是一种通过使用气压、液压或电力来执行过程控制的设备，如调节阀，通过打开或关闭来控制流体的速率等。

（2）信号调理

变送器产生的信号通过数据采集硬件转换成数字信号之前，应采用信号调理电路来改善变送信号的质量，例如信号的定标、放大、线性化、冷端补偿、滤波衰减、共模抑制等常见的信号处理。为了获得最大的分辨率，输入电压的范围应与 A/D 转换器的最大输入范围相当。放大器的作用在于扩展了变送器信号的范围，这样就能与 A/D 转换器的输入范围相匹配，比如一个 10 倍的放大器，能够将 0 ～ 1 V 的变送器信号，在其达到 A/D 转换器之前变成 0 ～ 10 V 的信号。

（3）数据采集控制硬件

数据采集控制硬件一般可以完成以下一个或多个功能：模拟量输入、模拟量输出、数字量输入、数字量输出及计数定时功能。

1）模拟量输入

为了使计算机能够处理或存储信号，将模拟电压或电流转换为数字信息（A/D 转换）是必须的。选择 A/D 硬件的标准：① 输入通道的个数；② 单端或差分输入信号；③ 采样频率（每秒的采样次数）；④ 分辨率（通常以 A/D 转换位数来衡量）；⑤ 输入范围（由满量程电压决定）；⑥ 噪声及非线性。

2）模拟量输出

模拟量到数字量相反的转换是数字量到模拟量的转换（D/A 转换），将数字信号转换为模拟的电压或电流。D/A 转换的模拟量输出信号能够让计算机直接控制过程设备，而过程又可以模拟量的形式进行反馈，闭环 PID 控制系统采取的就是这种形式。模拟量输出还可用来产生波形，将 D/A 变换器变成一个函数发生器。

3）数字量输入输出

数字量输入输出功能广泛应用于开关状态的检测、工业开关控制及数字通信中。

4）计数器 / 定时器

计数器 / 定时器可以用于事件计数、流量计数、检测频率计数、脉冲宽度测量、时宽测量等方面。

5.4.2　工控机控制系统组态设计基本知识

1. 组态

组态（configuration）就是采用应用软件中提供的工具、方法，使用户能根据自己的控制对象和目的，对计算机及软件的资源进行配置，对控制软件的功能进行模块化组合，完成最终的自动化控制的过程。

"组态软件"作为一个专业术语，到目前为止并没有统一的定义。从组态软件的内涵来看，组态软件是指在软件领域内，操作人员根据应用对象及控制任务的要求，配置（包括对象的定义、制作和编辑，对象状态特征属性参数的设定等）用户应用软件的过程，即把组态软件视为"应用程序生成器"。从应用角度来看，组态软件是完成系统硬件与软件沟通、建立现场与监控层沟通的软件平台。伴随着集散型控制系统 DCS（distributed control system）的出现，组态软件已进入工业控制领域。

工业过程控制系统中存在着两大类可变因素，一是操作人员需求的变化，二是被控对象状态的变化及被控对象所用硬件的变化。组态软件在保持软件平台执行代码不变的基础上，通过改变软件配置信息（包括图形文件、硬件配置文件、实时数据库等），以适应不同系统对两大可变因素的要求。以这种方式构建系统提高了系统的成套速度，又保证了系统软件的成熟性和可靠性，方便灵活，且便于修改和维护。

20 世纪 80 年代，世界上第一个商品化的监控组态软件 InTouch 由美国 Wonderware 公司研制，随后又出现了 Intellution 公司的 FIX 系统，通用电气的 Cimplicity，以及西门子的 WinCC 等。国内的组态软件主要有亚控公司的 KingView 组态王，昆仑公司的 MCGS，三维公司的力控，太力公司的 Synall 等。

现场总线技术的成熟促进了组态软件的应用。因为现场总线的网络系统具备 OSI 协议，与普通网络系统具有相同的属性，这为组态软件的发展提供了更多机遇。随着越来越多的企业采用 UNIX、LINIX 操作系统作为主机操作系统，可移植性成为组态软件的主要发展方向。

2. 组态软件的组成

从总体结构上看，大多数组态软件都是由系统开发环境（或称组态环境）与系统运行环境两大部分组成。系统开发环境是自动化工程设计人员必须依赖的工作环境，在组态软件的支持下，设计人员可建立一系列用户数据文件，生成最终的目标应用系统。系统运行环境直接面对现场操作，是将目标应用程序装入在实际运行时使用。系统开发环境和系统运行环境之间的联系纽带是实时数据库，它们三者之间的关系如图 5-20 所示。

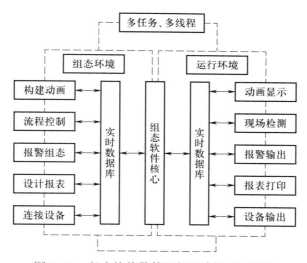

图 5-20　组态软件及其运行环境关系示意图

5.4.3　组态软件的基本功能和特点

1. 组态软件的基本功能

工控机组态软件的基本功能包括以下几个方面：

（1）监控与数据采集　实时监控和采集工业设备和系统的运行数据，包括温度、压力、流量等各种参数，以及设备的状态和报警信息。

（2）数据存储与管理　可将采集到的数据进行存储和管理，包括历史数据和实时数据。用户可以方便地查询和分析历史数据，并生成报表和图表。

（3）远程监控与控制　用户通过网络可以实现远程监控和设备控制，进行远程操作和故障排除。

（4）报警与事件管理　可以设置各种报警规则和事件触发条件，当设备或系统发生异常或超出设定的范围时，软件会及时发出报警通知，并记录相关事件。

（5）可视化界面设计　提供可视化界面设计工具，用户可以自定义界面布局、图形元素和控件，以及添加交互功能，实现直观的操作和监控。

（6）逻辑控制与自动化　支持逻辑控制和自动化功能，用户可以通过编写脚本或使用图形化编程工具，实现设备和系统的自动化控制和调度。

（7）网络通信与数据传输　支持各种网络通信协议和接口，可以与不同的设备和系统进行数据交互和通信，实现数据传输和共享。

以上这些功能可以帮助用户实现对工业设备和系统的全面控制和管理。

2. 组态软件的特点

（1）延续性和扩展性　用通用组态软件开发的应用程序，当现场或用户需求发生改变时，不需作过多的修改就能方便地完成软件的更新和升级。

（2）封装性　将所有功能打包，用户不需要太多的编程能力就能完成复杂的功能设计。

（3）通用性　利用通用组态软件提供的底层设备的 I/O 驱动、开放式数据库和界面制作工具等，用户可根据需要设计自己的控制软件。

（4）实时多任务　通用组态软件可实现数据采集与输出、数据处理与算法实现、实时通信等多个任务在一台计算机上同时运行。

5.4.4　组态软件设计步骤

（1）建模　根据实际需要，为控制系统建立数学模型。

（2）设计图形界面　利用组态软件的图库，使用相应的图形对象模拟实际的控制系统和控制设备。

（3）构造数据库变量　创建实时数据库，用数据库中的变量描述控制对象的各种属性。

（4）建立动画连接　建立变量和图形对象的连接关系，图形对象通过动画的形式模拟实际控制系统的运行。

（5）运行、调试　（略）。

以上这五个步骤并不是完全独立的，设计中，这些步骤常常是交错进行的。

5.4.5 几种常用的组态设计软件

目前市场上的组态软件有近百种，总装机量几十万套。国内组态软件的研究始于 20 世纪 80 年代末，1995 年以后，组态软件在国内的应用逐渐得到了普及，受到自动化工程设计人员的欢迎。表 5-3 所示为几种常用的工控组态软件。

表 5-3　常用工控组态软件

公司名称	产品名称	产地	公司名称	产品名称	产地
Wonderware	InTouch	美国	西门子	WinCC	德国
Intellution	Fix iFix	美国	National Instruments	LabVIEW	美国
Iconics	Genesis	美国	CiT	Citech	澳大利亚
Rockwell	RSView	美国	PCSoft	Wizcon	以色列
西雷	Onspec	美国	GE	Cimplicity	美国
TAEngineering	AIMAX	美国	信肯通	Think&Do	美国
LabTech	LabTech	美国	A-B	ControlView	美国
USData	FactoryLink	美国	Grayhill	Paradym231	美国
研华	Genie	中国	亚控	组态王	中国
康拓	Control2star Easy Control	中国	三维科技	力控	中国
华富	ControX	中国	昆仑通态	MCGS	中国

5.5 材料加工与制造工控机数据采集系统案例分析

工控机在焊接生产中可以发挥很大的作用，主要体现在以下几个方面：

（1）数据采集　可以连接各种传感器、数据采集设备，实时采集焊接过程中的各种参数，如焊接电流、电压、温度等。通过工控机，可以将采集到的数据进行处理和存储，为后续的数据分析和报告生成提供基础数据。

（2）数据存储与管理　可以作为数据存储和管理的中心，将采集到的焊接数据保存在本地或者远程数据库中。通过工控机，可以对数据进行分类、整理和备份，实现数据的长期存储和管理。

（3）数据分析与报告　可以通过安装相应的数据分析软件，对采集到的焊接数据进行处理和分析。可以使用统计分析、数据挖掘、机器学习等技术，提取有用的信息，并生成报告或可视化图表，帮助用户了解焊接过程的质量和效率。

（4）控制与调节　可以与焊接设备进行通信，实现对焊接过程的控制和调节。通过工控机，可以对焊接参数进行实时监控和调整，保证焊接过程的稳定性和一致性。

（5）远程监控与管理　可以通过网络实现远程监控和管理，实时查看焊接数据和系统状态，高效便捷。

5.5.1　焊接工艺参数网络化数据采集和监控系统

目前，国内焊接企业的水平参差不齐，焊接生产中不考虑实际的工艺要求，经常使用超过工艺规定的焊接参数，不仅不能发挥数字化焊机的性能，还可能影响焊接质量。此外，大规模焊接生产现场，由于焊接设备数量多，分布范围广，从而造成现场生产管理以及焊接质量监管与追溯困难。企业建立网络化的焊接数据采集与监控系统的需求越来越迫切。下面介绍的案例是某机车车辆厂集成智能化焊接设备与公司级 MES（manufacturing execution system，制造执行系统），构建的网络化焊接数据采集和监控系统，用以实现对焊接车间生产过程的信息化管理和智能化监控。

1. 焊接数据采集和监控系统的结构

根据焊机作业和控制方式的不同，焊机类型分为手工焊机和机器人焊机两大类，其中，手工焊机又分为数字化焊机和非数字化焊机。本案例中以手工焊机为监控对象，其焊接数据采集和监控系统组网拓扑示意图如图 5-21 所示。数字化焊机的主控板上具备 I/O 通信接口，可使用数据采集板卡通过通信接口直接进行数据通信；非数字化焊机不提供通信接口，可通过加装霍尔传感器来采集焊接电流和电压信号。数据采集板卡一般安装于现场端的工控机内部，由传感器采集的电流和电压模拟信号经数据采集卡进行离散化处理和数模转换，转化成可以由计算机处理的数据，这些数据可由工控机通过工业以太网传输至上位机或共享服务器。两种不同的焊机都加装了送丝速度和气体流量传感器，传感器数据也通过采集板卡接入系统。此外，出于过程管理和人机交互的需要，每个焊机工位都加装了触控操作屏、条码枪、红外手持测温仪等装置。数据采集板卡及焊接工位周边的装置与服务器之间的数据传输使用无线传输，在采集板卡端增加无线 AP 和厂房中的无线 AP 节点进行通信，而厂房中的无线 AP 通过工业以太网连接到总线服务器。

通过对焊机的改造和组网，构建了焊机与数据采集及监控系统、焊机与焊机、焊机与人之间的通信环境，实现制造运营管理（manufacturing operations management，MOM），使数据（包括人、机、料、法、环）能够准确高效地传递给车间、焊机及作业人员，同时实现对焊机的实时运行数据、质量数据的有效监控、记录和追溯，从而提升焊接执行过程的质量管理水平及管理效率。随着对焊接过程数据的不断积累和分析，系统可实现指令下达、过程监控、质量分析、工艺优化等智能化闭环控制，从而形成智能化的监控、诊断、决策、维护和优化的焊接过程监控系统。

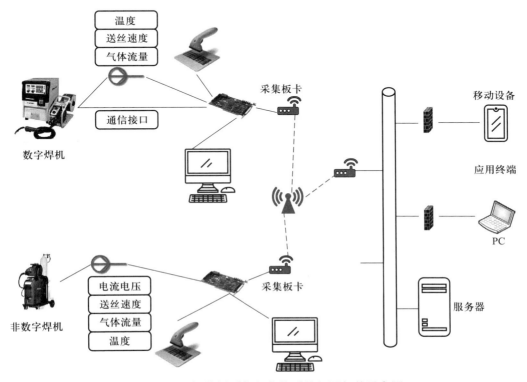

图 5-21　焊接数据采集与监控系统组网拓扑示意图

2. 焊接数据采集和监控系统的主要功能

焊接数据采集和监控系统的主要功能包括以下几个方面：

（1）数据采集和参数远程设定

对于数字化焊机，现场端工控机可基于通信协议通过特定的指令与焊机进行数据交互，获取焊接运行过程中的实时焊接电流、电压等工艺参数以及焊机报警信息记录；对于非数字化焊机，通过霍尔传感器可获取焊机的实时焊接电流和电压信息。通过加装的气体流量和送丝速度传感器，可以实时采集气体流量信息和焊丝送丝速度信息。现场端工控机将这些数据提交给上位机或服务器，上位机或服务器也可以通过通信协议将焊机参数传输至相关焊机，实现焊机参数的远程设定。通过设定阈值范围，可防止在施焊过程中参数超限。

（2）焊机状态监控

基于采集的焊机参数，可以实时了解设备当前的运行状态。典型的焊机状态：运行、停机、故障、维护等，如图 5-22 所示。焊接执行过程管理系统采用 B/S 架构（browser/server architecture），这是一种基于浏览器和服务器的应用程序架构，也被称为 Web 架构。其应用程序被分为两个部分，客户端和服务器端。客户端是指用户使用的浏览器，通过 HTTP 协议向服务器发送请求，接收服务器返回 HTML、CSS、JavaScript 等 Web 页面元素，并将其渲染成可视化的 Web 页面。服务器端是指应用程序的核心部分，在服务器上运行，接收和处理客户端的请求，生成并返回 Web 页面元素。基于该架构用户可通过 Web 客户端、移动客户端以及大屏展示终端监控焊机状态。

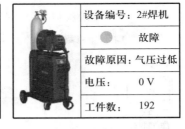

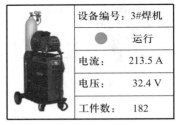

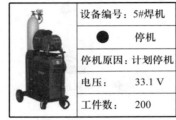

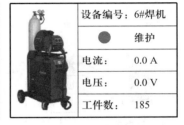

图 5-22　焊机状态监控界面

（3）工单执行

焊接数据智能管理系统可实现与 MES 的集成，基于 MES 获取焊接工艺规程（welding procedure specification，WPS）数据内容：工单信息（编号、名称、零件编号、数量、负责人、要求完成时间等）、焊接零件的相关工艺文件（三维指导卡、二维指导卡等）、焊接工艺参数要求（电流、电压等），并显示在工位的终端上。针对具体工单，作业人员需要使用扫码枪扫描工卡认证其作业资格，然后在终端查看指导卡、完工、报工等操作。

（4）焊接质量管理

焊接操作过程中，焊机设定的焊接电流、电压等焊接工艺规范参数如果超出工艺设计要求，可能会有潜在质量风险。例如，焊接电流过小可能造成未焊透和夹渣等焊接缺陷，焊接电流过大使得焊接熔深较大，产生烧穿和焊瘤等缺陷，还可能影响焊缝的机械性能。针对关键工序，系统对焊缝进行编号管理，作业人员可结合工艺文件在终端上的指示及引导，按焊接顺序要求依次进行焊缝作业，焊缝切换由作业者在终端上点击相关按钮来实现，从而实现焊接作业人员、焊接参数、焊接顺序的管控，保证焊接质量。焊接质量管理流程如图 5-23 所示。

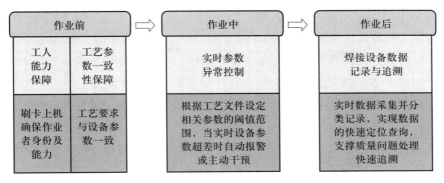

图 5-23 焊接质量管理流程

（5）数据统计分析

焊接数据采集和监控系统具有强大、灵活的数据统计及展示或输出功能，可实现各种报表或图表的自动生产，以满足不同角色管理人员的个性化要求。统计报表支持 Excel、PDF、html 等多种格式，并支持输出文件系统外的应用，满足各种终端的展示要求，对设备的实时状态进行图形化展示，如图 5-24 所示。

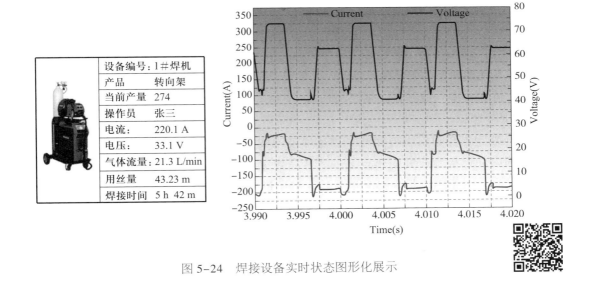

图 5-24 焊接设备实时状态图形化展示

（6）设备运行维护管理

基于焊机的组网，设备管理部门可获取车间所有设备的实时状况，实现全局设备的主动监控；当设备出现故障时，系统可通过邮件、短信、微信等形式自动提醒设备维护人员；另外，需要设备维修支持时，现场作业人员可通过工位终端进行维修支持请求。

（7）数据安全管理

为了避免网络故障影响数据采集，现场终端的数据采集工控机提供数据缓存，支持缓存一周以上的数据信息。当现场终端工控机与服务器出现通信故障时，数据不会丢失，通信恢复后现场终端缓存区的数据将及时传输到服务器。

（8）与 MOM 集成

焊接数据采集与监控系统可与 MOM 基于 Webservice 进行集成。MOM 通过数据控制总线向数据采集与监控系统传递工单信息、作业指导、工艺参数等数据，直至该系统在生产执行层执行相关业务。同时，数据采集和监控系统将向 MOM 反馈工单完工信息以及相关过程记录数据，实现生产任务的闭环控制；另外，MOM 可从数据采集与监控系统获取实时的焊机状态信息，对 MOM 排产提供支持。

随着技术的不断进步以及对高质量、高效率生产的迫切需求，数字化焊接车间成为未来焊接工厂建设的发展方向。对设备、生产数据实现数字化、智能化管控，优化生产任务，精细化生产管理将是未来数字化制造的发展趋势。

5.5.2 铝合金双丝 MIG 焊接熔池图像采集与处理系统

焊接熔池图像的采集与处理在智能化焊接中具有重要意义，主要体现在以下几个方面：

（1）可以实时监测焊接质量 通过采集焊接熔池图像，可以实时监测焊缝的形态、大小、深度等参数，从而判断焊接质量是否符合要求。

（2）可用于自动调整焊接参数 基于焊接熔池图像的分析，智能化控制系统可以自动调整焊接参数，如电流、电压、焊接速度等，以保证焊接质量的稳定性。

（3）提高焊接效率 通过焊接熔池图像的采集与处理，可以提取焊接过程中的熔池状态信息，从而实现自动化焊接，减少人工干预，提高生产效率。

（4）降低成本 通过智能化控制系统的优化，可以减少焊接熔池图像的缺陷率，降低废品率和生产成本。

焊接熔池图像的采集与处理一直是焊接领域中研究的热点。双丝焊作为高效焊接方法，是国内外焊接界研究的热点之一。其高效主要表现在两个方面：一是薄板焊时焊接速度的提高，二是中厚板焊接时熔敷效率和质量的大幅提高。双丝 MIG 焊接（双丝 MIG 焊）参数众多，协调极为复杂，焊接熔池几何特征、流动状态等与单丝焊有明显区别。通过对焊接熔池图像的采集和处理，可以有效监测焊接过程的稳定性，进而建立熔池几何特征与焊接参数及焊缝质量之间的相关性，把检测到的熔池几何特征的变化量作为反馈信号去调节焊接参数，从而实现对焊接过程的自动化控制。在这一过程中，工控机是图像采集和处理的核心设备，也是焊接过程自动化控制的重要设备。工控机的作用取决于工控机与哪些 I/O 设备相连，配置了什么样的应用软件。这些软件均可以通过组态软件根据用户需求来开发。如，可以采用 LabVIEW 或 MATLAB 开发一个焊接熔池图像采集和处理应用程序，把图像采集卡作为图像输入设备，在应用程序中通过各种图形处理算法，最后得到所需要的焊接熔池几何特征值。下面将介绍铝合金双丝 MIG 焊接熔池图像采集与处理系统的工作原理、铝合金焊接熔池图像采集的技术难点，以及图像处理和熔池特征轮廓提取的过程。

1. 图像采集系统设计

铝合金双丝 MIG 焊接熔池图像采集存在双弧光强叠加，弧光干扰更为强烈，信噪比变低，且铝合金对弧光的反射较强，对拍摄图像滤除电弧光干扰较为困难。铝合金材料热导率高，熔池区至母材的温度梯度比碳钢熔池要小，双丝 MIG 焊情况更为严重，熔化区和母材区的温度梯度很小，熔池两侧边界较难分辨；特别是熔池熔化区与熔池尾部的半凝固区之间的温度梯度更小，熔池熔化区尾部边界的清晰度变差，单丝 MIG 的 1 064 nm（980 nm）滤光 +1% 减光的技术方案难以取得清晰的熔池图像。

本案例中建立的双丝 MIG 焊熔池图像采集系统如图 5-25 所示。焊机采用 SAF 双丝自动焊接系统。图像采集模块包括近红外 CCD 摄像机、窄带复合滤光系统、大焦距镜头、图像采集卡、工控机等。

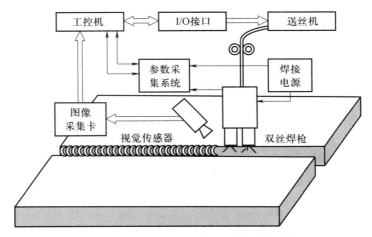

图 5-25 双丝 MIG 焊熔池图像采集系统

对双丝 MIG 焊进行采集试验。试验不同的滤光和减光组合，确定最佳的取像窗口，即确定最佳的滤光、减光片组合。试验采用的母材为 10～35 mm LY12 和 7A52 铝合金板，直径 1.2 mm 的 S331 焊丝，纯 Ar 保护气，针对 V 形坡口和平板堆焊进行试验，采用直流反接。先后使用中心波长为 405 nm，520 nm，611 nm，820 nm，980 nm 和 1 064 nm 的窄带滤光片，复合 805 截止滤光和 0.1% 的中性减光片组成滤光系统（主要技术参数见表 5-4），进行了多组试验。

表 5-4 复合滤光片的主要技术参数

取像机理	中心波长 /nm	窄带滤光片半带宽 /nm	峰值通过率 /%	中性减光片通过率 /%
近红外区滤光	1 064	10	37	0.1
	980	10	25	0.1
	820	10	30	0.1

续表

取像机理	中心波长 /nm	窄带滤光片半带宽 /nm	峰值通过率 /%	中性减光片通过率 /%
可见光区滤光	611	7	50~70	0.1
	520	8	50	0.1
金属特征谱	405	8.9	42	0.1

试验结果如图 5-26 所示。采用 405 nm，520 nm，611 nm 等 820 nm 以下的窄带滤光片不能有效滤除强烈的电弧光，熔池区被弧光全部覆盖；采用 1 064 nm 的窄带滤光片可以滤除较多的熔化区金属的辐射光谱，但图像中的熔化区与母材区难以区分，只能分辨电弧区；采用 980 nm 窄带滤光片时，熔池两侧边界清晰，可见浮渣区，拍摄效果相对最好。通过试验确定了 980 nm 窄带滤光片 +805 nm 截止滤光 +0.1% 中性减光片为最佳取像窗口。

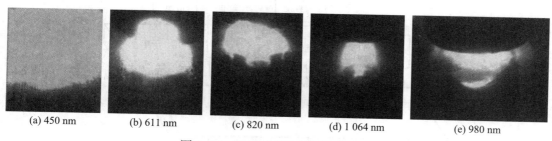

(a) 450 nm   (b) 611 nm   (c) 820 nm   (d) 1 064 nm   (e) 980 nm

图 5-26   不同滤光片拍摄图像对比

2. 熔池图像采集试验

采用 980 nm 窄带滤光片 +805 nm 截止滤光 +0.1% 中性减光片，进行双丝 MIG 焊熔池图像传感试验，熔池图像见图 5-27。该图像是 35 mm 铝合金板对接打底焊接 V 形坡口熔池，从图中可以清楚地看到熔池后部的情况，熔化区与母材的对比度较高，熔池轮廓清晰，可以进行图像处理提取熔池边界及其他特征信息。为了验证采集系统对其他材质、坡口类型和厚度的铝合金熔池图像传感的适应性，对 6061 和 5083 铝合金平板对接接头熔池进行了图像采集试验，所采集的图像如图 5-28 所示。电弧没有全部覆盖熔化区，熔池尾部边界清晰，可以进行图像处理提取边界，进而提取熔宽、熔池面积等参数。

从图 5-27 和图 5-28 中还可以发现，熔池中并没有明显的浮渣区，表明若焊前进行仔细的清理，焊接工艺恰当，铝合金在双丝 MIG 焊过程中熔池基本不产生浮渣，这是和碳钢（合金钢）熔池图像的明显区别之一。

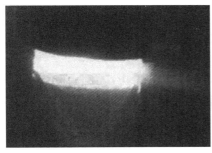 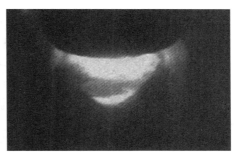

(a) 打底层焊速为70 cm/min　　　　　　　(b) 中间层焊速为50 cm/min

图 5-27　35mm 铝合金双丝 MIG 焊接熔池图像

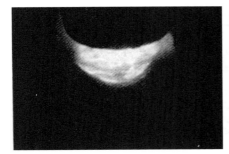 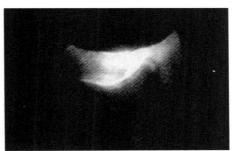

(a) 焊接电流为215~250 A　　　　　　　(b) 焊接电流为230~270 A

图 5-28　6061 和 5083 铝合金平板对接接头熔池图像

3. 铝合金双丝 MIG 焊熔池图像处理

焊接熔池图像通过图像采集卡输入工控机，图像经应用软件处理，可提取焊接熔池边界。图 5-29 显示了提取熔池边界的图像处理全过程，图 5-29a 是采集到的原始图像，图 5-29b~d 是图像处理过程及最终结果。

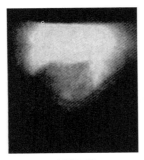 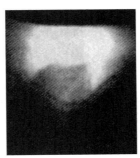  

(a) 原始图像　　　　(b) 图像增强　　　　(c) 阈值分割　　　　(d) 边界提取

图 5-29　熔池边界图像提取过程

由于焊接过程中的各种干扰，导致熔池图像中存在一些低频干扰信号，通过图像增强方法可以有效地消除这些干扰信号。对图 5-29a 做高斯模板图像平滑处理和中值滤波处理后得到如图 5-29b 所示图像。

　　经过增强后的熔池图像可以进行自动阈值分割，使熔池图像二值化。这里对自动阈值分割算法作一些说明。自动阈值分割不是通过给定阈值的图像分割，而是一种自搜寻最佳阈值分割算法。一般的阈值分割采用对话框方式输入阈值（用灰度值表示），若图像中所有像素点的值高于此阈值，则将这些点的像素值置为 255；若低于该阈值，则置为 0。采用这种阈值分割，在对熔池图像进行处理时可以实现熔池区域的二值化。但在不同工艺参数下焊接时，熔池图像的灰度分布也不一样，因此一般的阈值分割不能提取不同图像的熔池边界。

　　最佳阈值的求取是通过迭代实现的，具体的算法可描述为以下几个步骤：

　　1）求出图像中的最小和最大灰度值 Z_1 和 Z_h，令阈值初值

$$T_0 = \frac{Z_1 + Z_h}{2} \tag{5-4}$$

　　2）根据阈值 T_k，将图像分割成目标和背景两部分，求出两部分的平均灰度值 Z_o 和 Z_b：

$$Z_o = \frac{\sum\limits_{z(i,j) < T_k} Z(i,j) \times N(i,j)}{\sum\limits_{z(i,j) < T_k} N(i,j)} \tag{5-5}$$

$$Z_b = \frac{\sum\limits_{z(i,j) > T_k} Z(i,j) \times N(i,j)}{\sum\limits_{z(i,j) > T_k} N(i,j)} \tag{5-6}$$

式中：$Z(i,j)$ 是图像中 (i,j) 点的灰度值；$N(i,j)$ 是 (i,j) 点的权重系数，这里取 $N(i,j)=1.0$。

　　3）求出新的阈值：

$$T_k = \frac{Z_o + Z_b}{2} \tag{5-7}$$

　　4）如果第 $k+1$ 次的迭代结果 T_{k+1} 与上一次的迭代结果 T_k 相等，则结束，否则迭代计数值 k 增加 1，转入第 2）步继续执行。

　　求出最佳阈值后，再按一般的阈值分割操作，经过最佳阈值分割处理后的熔池区图像如图 5-29c 所示。图 5-29d 是对图 5-29c 运行边界提取算法后获得的熔池图像，可见该图像反映了原始图像中熔池的边界。上述熔池边界提取算法比较实用。

　　对图 5-29a 中的熔池边界进行几何参数提取，得到熔池最大宽度为 284 像素，最大半长为 171 像素，熔池后拖角为 101.32°，熔池面积为 41 696 像素。

思考题

　　1. 工控机与 PLC 各有哪些主要特点？它们分别适用于哪些场合？

　　2. 典型的工控机控制系统由哪几部分组成？

3. 数据采集与控制卡的基本任务是什么？

4. 对于不同的信号类型，应该如何把这些信号输入到工控机？

5. 简述远程数据采集和控制模块 ADAM-4000 的用途和特点。

6. 什么是组态？组态软件的基本功能和特点是什么？

7. 查阅相关文献资料，谈谈工控机目前的应用现状和未来的发展趋势。

参考文献

［1］薛迎成，何坚强 . 工控机及组态控制技术：原理与应用 [M]. 2 版 . 北京：中国电力出版社，2011.

［2］梅丽凤，王艳秋，汪毓铎，等 . 单片机原理及接口技术 [M]. 北京：清华大学出版社，2004.

［3］何立民 . 单片机应用系统设计 [M]. 北京：北京航空航天大学出版社，1990.

［4］张朝晖 . 计算机在材料科学与工程中的应用 [M]. 长沙：中南大学出版社，2008.

［5］Mahalik N P. 机电一体化：原理、概念、应用 [M]. 北京：科学出版社，2008.

［6］王印博，杨仲林，徐艳丽 . 网络化焊接数据智能管理系统 [J]. 电焊机，2018，48（03）：125-129.

［7］蔡东红，杨旭东，王旭光 . 数字化焊接车间的结构和功能设计 [J]. 电焊机，2015，45（11）：92-95.

［8］苏宪东，王伟，刘金龙 . 第三代焊接数据管理系统 [J]. 金属加工，2011（22）：26-29.

［9］周好斌，龙波，张骁勇，等 . 基于串口通讯的多台焊机集散控制系统设计 [J]. 石油仪器，2004，18（2）：27-30.

［10］张春宇，游霞，王杰 . CAN 总线在多电机焊接系统中的应用 [J]. 电焊机，2010，40（3）：79-82.

［11］张光先，陈冬岩，李朋 . 焊接设备的数字化、网络化及群控系统 [J]. 电焊机，2013，43（5）：10-16.

［12］王克鸿，贾阳，钱锋，等 . 铝合金双丝 MIG 焊熔池图像采集与处理 [J]. 焊接学报，2007，28（1）：53-56，60.

第6章

模拟信号的采集与数字化过程

信号是含有信息的载体，具有时间特性，是随时间变化的物理量，可以用时间或频率的函数来表达。模拟信号是指时间和幅度均连续的信号。自然界中存在的信号多数是模拟信号，模拟信号在处理和传输的过程中容易受外界因素的干扰，存在精度低、稳定性差等缺点。在工业控制领域，控制系统从机器设备上获取的反馈信号往往也是模拟信号，如果要采用计算机对其进行控制，就必须先把这些模拟信号转化成数字信号，才能在计算机中进行进一步的处理，这个过程称之为模数转换。随着计算机技术的发展，信号的数字化是计算机能够在各个领域应用的前提，也是信息化、网络化和智能化发展的基础。本章将介绍如何将模拟信号通过采集和数字化，转变成计算机可以处理的数字信号。

6.1 信号概述

6.1.1 信号的定义

信号广泛存在于自然界和日常生活中，比如听到的声音、看到的图片、感受到的温度和压力等。信号究竟如何定义？所谓信号就是含有信息的载体，它可以是传载信号的函数，也可以是携带信息的任何物理量。信号可以是自然界客观存在的，也可以是人为产生的。

根据载体的不同，信号可以是电、磁、光、声、机械、热等。在各种信号中，电信号是最便于传输、处理和重现的，因此也是应用最广泛的。许多非电信号，如温度、压力、位移等，都可以通过适当的传感器转变成电信号，所以对电信号的研究具有普遍意义。信号是一个或多个独立变量的函数，该函数含有物理系统的信息或表示物理系统的状态或行为。独立变量可以是时间、距离、速度、位置、温度、压力等。

对于信息，一般可理解为消息、情报或知识。例如，语言文字是社会信息，商品报道是经济信息，烽火是外敌入侵的信息等。从物理学观点出发来考虑，信息不是物质，也不具备能量，但它却是物质所固有的，是其客观存在或运动状态的特征。信息可以理解为是事物的运动状态和方式。信息和物质、能量一样，是人类不可缺少的一种资源。信息本身不是物质，不具有能量，但信息的传输却要依靠物质和能量。一般来说，传输信息的载体称为信号，信息蕴涵于信号之中。因此，信号是信息的载体，是信息的某种表现形式，其本质是物理性的，随时间而变化。为了有效地传播和利用信息，须将信息转换成便于传输和处理的信号。信号我们并不陌生，如铃声（声信号）、交通灯（光信号）、电视（视频信号）、广告牌（图像信号）等。下面是几个信息和信号关系的例子。

（1）烽火和防空警报

对于烽火，人们观察到的是光信号，而它所蕴含的信息是"外敌入侵"。

对于防空警报，人们感受到的是声信号，其携带的信息是"敌机空袭"或"敌机溃逃"。

（2）老师讲课和学生自学

老师讲课时口中发出的是声音信号，是以声波的形式发出的，而声音信号中所包含的信息是老师正在讲授的内容。学生自学时，通过书上的文字或图像信号获取学习内容，这些内容就是这些文字或图像信号承载的信息。

信号具有能量，是某种具体的物理量。信号的变化反映了所携带信息的变化。信号测试的目的就是将未知的被测信号（位移、速度、加速度、力等）转化为可观测的信号（电量变化等），辨别并提取研究对象的相关信息。常用的信号分析方法有时域分析法和频域分析法。时域分析法比较直观，可直接看出信号随时间的变化，但看不到信号的频率成分；而频域分析法虽然比较抽象，不能直接看出信号随时间的变化，但可看到信号的频率成分。在不同的场合可以采用不同的分析方法。

6.1.2 信号的分类

信号的类别主要依据信号波形特征来划分。在介绍信号分类前，先建立信号波形的概念。被测信号幅度随时间的变化历程称为信号的波形。用被测物理量的强度作为纵坐标，用时间作为横坐标，建立信号波形图来记录被测物理量随时间的变化情况。图 6-1 所示为信号随时间变化的各种波形示意图（信号波形图）。

信号的分类有多种方法。从信号描述上可以划分为确定信号和非确定信号，从连续性上可以分为连续时间信号和离散时间信号，从信号能量上可以分为能量信号和非能量信号，从分析域上可以分为时域有限信号和频域有限信号，从可实现性上可以分为物理可实现信号与物理不可实现信号。

1. 确定信号和非确定信号

（1）确定信号

确定信号可以用确定的时间函数来描述。给定一个特定时刻，就有相应确定的函数值。例如单自由度的无阻尼质量–弹簧振动系统。对于确定信号，可以进一步分为周期信号和非周期信号。

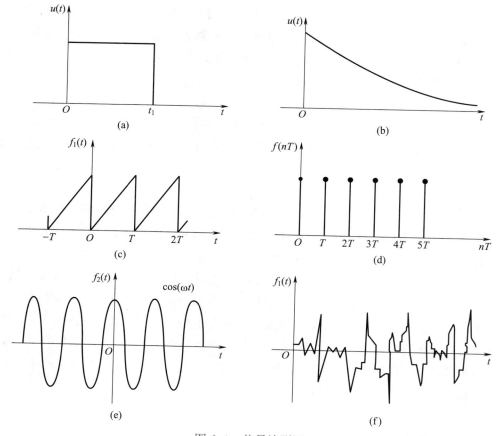

图 6-1 信号波形图

1）周期信号（periodic signal） 可以定义为

$$x(t)=x(t\pm nT) \qquad n=0,\pm 1,\pm 2,\cdots \qquad\qquad 6-1$$

即信号 $x(t)$ 按一定的时间间隔 T 周而复始、无始无终地变化。式中 T 称为周期信号 $x(t)$ 的周期。严格数学意义上的周期信号，是无始无终地重复某一变化规律的信号，这种信号实际上是不存在的。实际应用中，周期信号是指在较长时间内按照某一规律重复变化的信号。最简单的周期信号即简谐周期信号，即按正弦或余弦规律变化，且具有单一的频率，如图 6-2 所示。

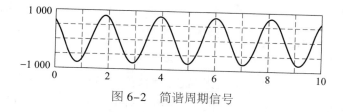

图 6-2 简谐周期信号

由两个或两个以上简谐周期信号叠加而成的周期信号称为复杂周期信号，如图 6-3 所示，它具有一个最长的基本重复周期。周期性方波信号、周期性三角波信号等都属于复杂周期信号。

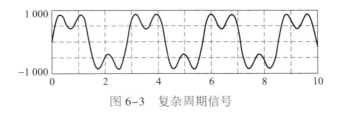

图 6-3　复杂周期信号

2）非周期信号（aperiodic signal）　在时间上不具备周而复始的特性，往往具有瞬变性，如图 6-4 所示。也可以看作周期信号的周期 T 值趋向无限大时的周期信号，即

$$\lim_{T \to \infty} f_T(t) = f(t) \qquad\qquad 6\text{-}2$$

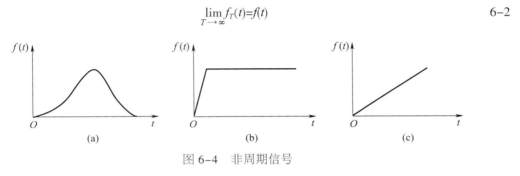

图 6-4　非周期信号

非周期信号仍可以用明确的数学关系式来描述，包括准周期信号（图 6-6）和瞬态信号（图 6-5）。准周期信号由多个周期信号合成，但各周期信号频率不成公倍数，其合成信号不满足周期条件。

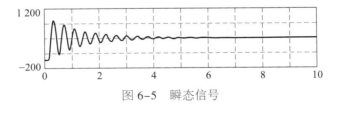

图 6-5　瞬态信号

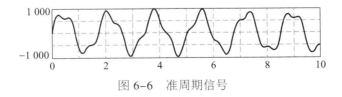

图 6-6　准周期信号

对于非周期信号（图 6-6）又可分为时限信号和非时限信号。若在有限时间区间内（$t_1 < t < t_2$，t_1 与 t_2 为实常数），信号 $x(t)$ 存在，而在此时间区间外 $x(t)=0$，则此信号称为时限信号。非时限信号存在于一个无界的时域内，例如指数函数 $f(t)=e^{-3t}$，$t \geq 0$ 是一个非时限信号。

例如，脉冲信号是时限信号，其表示式为

$$f(t)=\begin{cases} 5, & |t| \leqslant 3 \\ 0, & |t| > 0 \end{cases} \qquad 6\text{-}3$$

该函数只在一定范围内有意义。

（2）非确定性信号

如加工零件的尺寸、机械振动、环境的噪声等，这类信号不能给出确定的时间函数，其幅值、相位的变化不可预知，需要采用数理统计理论来描述，无法准确预见某一瞬时的信号幅值。这类信号在材料制造过程中是普遍存在的。根据是否满足平稳随机过程的条件，非确定信号又可以分成平稳随机信号和非平稳随机信号。

图 6-7 所示为信号按确定和非确定分类的框图。

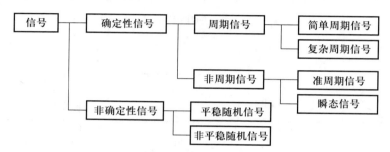

图 6-7 信号按确定和非确定分类框图

2. 连续时间信号和离散时间信号

无论周期信号还是非周期信号，从时间变量取值是否连续可以分为连续时间信号和离散时间信号，简称连续信号和离散信号。

（1）连续信号（continuous signal）

对每个实数 t（有限个间断点除外）都有定义的函数。连续信号的幅值可以是连续的，又称为模拟信号（analog signal），如图 6-8a 所示；连续信号的幅值也可以是不连续的（信号幅值含有不连续的间断点，但在时间上还是连续的，即不存在没有定义的时间间隔），如图 6-8b 所示。自然界中的信号大多数是连续（模拟）信号。

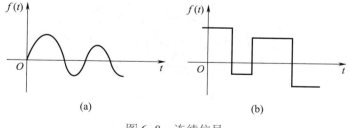

图 6-8 连续信号

（2）离散信号（discrete signal）

在所讨论的时间区间，只在某些不连续的时刻，如每个整数 n，有函数值，而在其他时刻没有函数值。函数 $f(n)$ 为离散时间信号，由于它是一组按照时间顺序的观测值组成，所以也称为时间序列或离散序列。将模拟信号转换为离散值称为离散化，离散化包括对变量 [$f(t)$] 的离散化和对数值（t）的离散化。时间和幅值均离散的信号称为数字信号（digital signal），如图 6-9 所示。

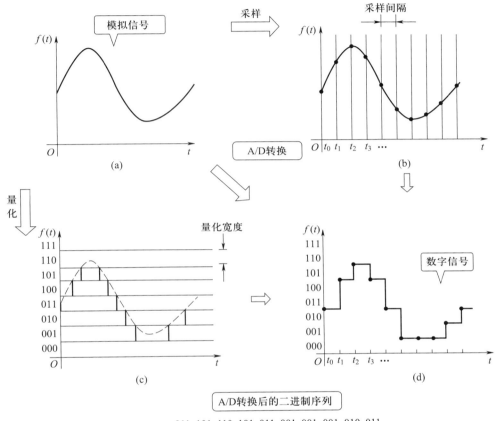

图 6-9　模拟信号转换为数字信号（模拟信号离散化）

3. 能量信号和非能量信号

信号还可以用它的能量特点加以区分。在一定的时间间隔内，把信号施加在负载上，负载就会消耗一定的信号能量。把该能量值对于时间间隔取平均，即得到该时间内信号的平均功率。

在非电量测量中，常将被测信号转换为电压或电流信号来处理。电压信号加在单位电阻（$R=1$ 时）上的瞬时功率为 $P(t)=x^2(t)/R=x^2(t)$。瞬时功率对时间积分即为信号在该时间内的能量。通常不考虑量纲，而直接把信号的平方及其对时间的积分分别称为信号的功率和能量。当 $x(t)$ 满足

$$\int_{-\infty}^{\infty} x^2(t)\mathrm{d}t < \infty \qquad\qquad 6\text{-}4$$

则信号的能量有限，称为能量有限信号，简称能量信号。满足能量有限条件，实际上就满足了绝对可积条件。

若 $x(t)$ 在区间（$-\infty$，$+\infty$）的能量无限，不满足式 6-4 条件，但在有限区间（$-T/2$，$T/2$）满足平均功率有限的条件

$$0<\lim_{T \to \infty}\frac{1}{T}\int_{-T/2}^{T/2}x^2(t)\mathrm{d}t<\infty \qquad\qquad 6\text{--}5$$

则该信号为功率信号。一般持续时间无限的信号都属于功率信号，如周期信号。

4. 时域信号和频域信号

根据描述信号的自变量不同，信号可分为时域信号和频域信号，其对应的信号分析方法称为时域分析和频域分析。在时域或频域范围内，有界的信号，称为时域有限信号或频域有限信号，简称时限信号或频限信号。一个信号不可能在时域和频域内均有限，但可以均无限。

时限信号存在于一个有界的时域内，仅在时间段（t_1, t_2）范围内有定义，除此之外，其值恒等于零（前面已经提到）。

频限信号是在（f_1, f_2）范围内有定义，之外的值等于零。设信号的频率上限为 A，下限为 B，则当 $A-B$ 与 $A+B$ 为同一数量级，称为宽带信号，否则为窄带信号。

描述信号的幅值随时间的变化规律，可直接检测或记录到的信号，这就是通常比较熟悉的时域分析。以频率作为独立变量的方式，即所谓信号的频域分析。频域分析可以反映信号各频率成分的幅值和相位特征。时域分析和频域分析为从不同的角度观察、分析信号提供了方便。运用傅里叶级数、傅里叶变换及其逆变换，可以方便地实现信号的时、频域转换。

5. 物理可实现信号与物理不可实现信号

物理可实现信号又称为单边信号，满足条件：$t<0$ 时，$x(t)= 0$，即在时间小于零的一侧全为零，信号完全由时间大于零的一侧确定。在实际中出现的信号，大都是物理可实现信号，因为这种信号反映了物理上的因果关系。对于物理不可实现信号，则是在事件发生前（$t<0$）就已预知信号，常用于信号分析时定义的理想函数。

此外还有其他一些分类方法，如按信号载体的物理特性（电、光、声、磁、机械、热……）分类，按自变量的数目（一维信号、多维信号）分类等。

6.1.3　信号的特性

1. 确定信号的时间特性

信号的特征首先表现为它的时间特性，即信号随时间变化的快慢，幅度变化的特性。例如，同一形状的波形重复出现的周期长短，脉冲信号的脉冲持续时间以及脉冲上升沿和下降沿的斜率等。以时间函数描述信号的图像称为时域图，在时域图上分析信号称为时域

分析。

2. 确定信号的频率特性

信号的频率是代表信号变化快慢的物理量，不同的信号频率不同，比如人类发出的语音信号频率在 4 kHz 以下，频率超过 20 kHz 的声音已超过人类的听觉范围，所以称为超声。由此可见，信号是具有频率特性的，可以用信号的频谱函数来表示。频谱函数表征信号的各频率成分以及各频率成分的振幅和相位。对于一个复杂信号，可以用傅里叶变换分解为不同频率的正弦分量，每一个正弦分量由它的幅值和相位来表征，将各正弦分量的幅值和相位分别按照频率高低序列排列就是频谱。对于复杂信号的频谱，其各个分量理论上可以扩展至无限，但是原始信号的能量一般集中在频率较低的范围内，在实际应用中通常忽略高于某一频率的分量。频谱中有效的频率范围称为信号的频带。以频谱描述信号的图像称为频谱图，在频谱图上分析信号称为频域分析，如图 6-10 所示。

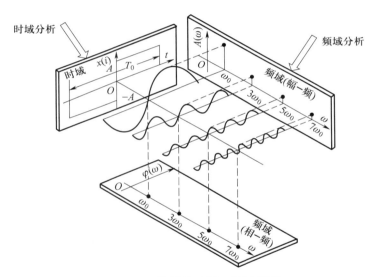

图 6-10　信号的时域、频域描述

6.2　信号的传感

6.2.1　传感技术的定义

传感技术同计算机技术、通信技术一起被称为信息技术的三大支柱。从仿生学角度，如果把计算机看成处理和识别信息的"大脑"，把通信系统看成传递信息的"神经系统"的话，那么传感器就是"感觉器官"。传感技术是从自然信源获取信息，并对之进行处理（变换）和识别的一门多学科交叉的现代科学与工程技术，它涉及传感器（又称换能器），信息处理和识别系统的规划设计、开发、制造、测试、应用及评价改进等。

　　传感器种类很多，有测量物理量、化学量、生物量等不同被测量传感器。对这些量的信号的准确"感知"是保证计算机信息采集系统从中提取有用信息的关键。传感器的功能与品质决定了传感系统获取自然信息的信息量和信息质量，是传感系统构造的关键。

　　信息处理技术以及微处理器和计算机技术的高速发展，都离不开传感器的应用与开发。微处理器目前已经在测量和控制系统中得到了广泛的应用，作为信息采集系统的前端单元，传感器的作用越来越重要。传感器已成为自动化系统和机器人技术中的关键部件。

　　与计算机技术和数字控制技术相比，国内传感技术的发展相对比较落后。我国从20世纪60年代开始研究与开发传感技术，经过"六五"到"九五"的国家攻关，在传感器研究开发、设计、制造、可靠性改进等方面获得了长足的进步，初步形成了传感器的研究、开发、生产和应用体系。但从总体上讲，还不能适应我国经济与科技的迅速发展，部分传感器、信号处理和识别系统仍然依赖进口。同时，我国传感技术产品的市场竞争优势尚未形成，产品的改进与创新速度慢，生产与应用系统的创新与改进少。从20世纪80年代起，国家开始重视和投资传感技术的研究开发，设立了重点攻关项目，但很多先进成果仍停留在研究实验阶段，转化率比较低。

6.2.2　传感器的定义

　　广义地说，传感器是一种能把物理量或化学量转变成便于利用的电信号的器件。国际电工委员会（international electrotechnical commission，IEC）的定义为：传感器是测量系统中的一种前置部件，它将输入变量转换成可供测量的信号。传感系统则是组合有某种信息处理（模拟或数字）能力的传感器复合器件，传感器是传感系统的组成部分。

　　传感器一般是由敏感元件、转换元件和其他辅助元件组成，有时也将信号调理与转换电路及辅助电源作为传感器的组成部分，如图6-11所示。

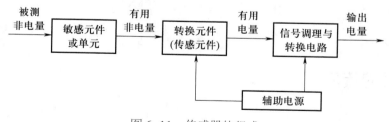

图6-11　传感器的组成

　　敏感元件是直接感受被测量（一般为非电量），并输出与被测量有确定关系的其他量的元件。如应变式压力传感器的弹性膜片就是敏感元件，它的作用是将压力转换成膜片的变形。转换元件又称变换器，一般情况下它不直接感受被测量，而是将敏感元件输出的被测量转换成电量输出的元件。如应变式压力传感器的应变片，它的作用是将弹性膜片的变形量转换为电阻值的变化。这种划分并无严格的界限，如热电偶是直接感知温度变化的敏感元件，但它又能直接将温度转换为电量；热电阻式传感器是将敏感元件热敏电阻与转换元件合为一体的传感器。许多光电转换器都是这种敏感元件、转换元件合为一体的传感器。传感器的输出信号一般都很微弱，因此需要有信号调理和转换电路，进行放大、运算调制等处理。对于某些传感器，还需要有辅助电源才能工作。

6.2.3 传感器的分类

传感器的分类方法有很多。有的传感器可以测量多种被测量，而对同一被测量又可采用不同类型的传感器进行测量。因此，同一传感器可以分为不同的类型，有时也会有不同的名称。根据传感器工作原理，可分为物理传感器和化学传感器两大类。按照用途，可分为，压敏和力敏传感器、位置传感器、液面传感器、能耗传感器等。按输入信号转换为电信号时采用的效应分类，有物理传感器、化学传感器、生物传感器等。最常用的分类方法是按输出信号类型分类，一般可分为如下几种：

（1）模拟传感器　将被测量的非电量转换成模拟电信号。

（2）数字传感器　将被测量的非电量转换成数字信号（包括直接转换和间接转换）。

（3）膺数字传感器　将被测量的信号量转换成频率信号或短周期信号（包括直接或间接转换）。

（4）开关传感器　当一个被测量的信号达到某个特定的阈值时，传感器相应地输出一个设定的低电平或高电平信号。

表 6-1 给出了与五官对应的传感器及其效应。

表 6-1　与五官对应的传感器及其效应

感觉	传感器	效应
视觉（眼睛）	光敏传感器	物理效应
听觉（耳）	声（压力）敏传感器	物理效应
触觉（皮肤）	热敏传感器	物理效应
嗅觉（鼻）	气敏传感器、生物热敏传感器	化学效应、生物效应
味觉（舌）	味觉传感器	化学效应、生物效应

数字式传感器（digital transducer）是把被测参量转换成数字量输出的传感器。它是测量技术、微电子技术和计算技术的综合产物，是传感器技术的发展方向之一。数字式传感器一般可直接地把输入量转换成数字量输出，包括光栅式传感器、磁栅式传感器、码盘、谐振式传感器、转速传感器、感应同步器等。所有模拟传感器的输出都可经过数字化（见模数转换器）而得到数字量输出，这种传感器可称为数字系统或广义数字式传感器。数字式传感器的优点是测量精度高、分辨率高、输出信号抗干扰能力强和结果可直接输入计算

机处理等。数字式传感器主要分为直接以数字量形式输出的数字式传感器、以脉冲形式输出的数字式传感器、以频率形式输出的数字式传感器。

6.2.4　传感器的特性

选择传感器主要考虑灵敏度、响应特性、线性范围、稳定性、精确度、测量方式等六个方面的问题。此外，还应尽可能兼顾结构简单、体积小、重量轻、价格便宜、易于维修、易于更换等条件。

1. 灵敏度

一般传感器灵敏度越高越好，灵敏度越高意味着传感器所能感知的变化量越小，即只要被测量有微小变化，传感器就有较大的输出。但确定灵敏度要考虑以下几个问题：当传感器的灵敏度很高时，外界噪声也会同时被检测到，并通过传感器输出，干扰被测信号。为使传感器既能检测到有用的微小信号，又能避免噪声干扰，要求传感器的信噪比越大越好，即要求传感器本身的噪声小，且不易从外界引进噪声。与灵敏度紧密相关的是量程范围。传感器的线性工作范围（量程范围）一定时，传感器的灵敏度越高，干扰噪声越大，就越难以保证传感器的输入在线性区域内工作。不言而喻，过高的灵敏度会影响其适用的测量范围。当被测量是一个单向量，就要求传感器单向灵敏度越高越好；如被测量是二维或三维的向量，则还应要求传感器的交叉灵敏度越小越好。

2. 响应特性

传感器的响应不可避免地有一定延迟，但总希望延迟的时间越短越好。一般物性型传感器（如利用光电效应、压电效应等传感器）响应时间短，工作频率宽；结构型传感器，如电感、电容、磁电等传感器，由于受到结构特性的影响以及机械系统惯性质量的限制，其固有频率低，工作频率范围窄。

3. 线性工作范围

任何传感器都有一定的线性工作范围。在线性工作范围内，输出与输入成比例关系，线性工作范围愈宽，表明传感器的工作量程愈大。传感器工作在线性区域内，是保证测量精度的基本条件。例如，测力超出测力元件允许的弹性范围时，将产生非线性误差。任何传感器，保证其绝对工作在线性区域内是不易的，某些情况下，在许可限度内也可取其近似线性区域作为线性工作范围。例如，变间隙型的电容、电感式传感器，其工作区均选在初始间隙附近。选择近似线性区域时，必须考虑被测量的变化范围，令其非线性误差在允许限度以内。

4. 稳定性

稳定性是指传感器经过长期使用以后，其输出特性不发生变化的性能。影响传感器稳定性的因素是时间与环境。为了保证稳定性，选择传感器时应注意两个问题。一是要根据环境条件选择传感器。例如，选择电阻应变式传感器时，应考虑湿度会影响其绝缘性，湿度会产生零漂，长期使用会产生蠕动现象等。二是要创造或保持一个良好的环境，在要求传感器长期工作而不需经常更换或校准的情况下，应对传感器的工作环境有严格的要求。

5. 精确度

传感器的精确度是表示传感器的输出与被测量的对应程度。传感器处于测试系统的输入端，其能否真实地反映被测量，对整个测试系统有直接的影响。实际测量中，传感器的精度并非越高越好，除需考虑测量的目的外，还需考虑经济性，因为传感器的精度越高，价格越贵。选择传感器时，首先应了解测试目的，判断是定性还是定量分析。若只需获得相对比较值，则要求传感器重复精度高，而不要求测试的绝对量值准确。若是定量分析，则必须获得精确测量值。在某些情况下，则要求传感器的精确度越高越好，如现代超精密切削机床，测量其运动部件的定位精度，主轴的回转运动误差、振动及热形变时，往往要求测量精确度在 $0.01 \sim 0.1\ \mathrm{mm}$ 的范围内，这样的精确测量值须有高精度的传感器。

6. 测量方式

传感器的工作方式，也是选择传感器应考虑的重要因素。例如，接触与非接触测量、破坏性与非破坏性测量、在线与非在线测量等，条件不同，对测量方式的要求亦不同。在机械系统中，对运动部件的被测参数（例如回转轴的误差、振动、扭矩），往往采用非接触测量方式。因为对运动部件采用接触测量时，有许多实际困难，诸如测量头的磨损、接触状态的变动、信号的采集等问题，都不易妥善解决，造成测量误差。这种情况下，通常采用电容式、涡流式、光电式等非接触式传感器，若选用电阻应变片，则需配以遥测应变仪。某些条件下，可运用试件进行模拟试验，这时可进行破坏性检验。当被测对象本身就是产品或构件，这时应采用非破坏性检验方法，如，涡流探伤、超声波探伤、核辐射探伤以及声发射检测等。在线测试是与实际情况保持一致的测试方法。但是对自动化过程的控制与检测系统，往往要求信号真实与可靠，必须在现场条件下才能达到检测要求，要实现在线检测是比较困难的，对传感器与测试系统都有一定的特殊要求。因此，研制在线检测的新型传感器，也是当前测试技术发展的一个方向。

6.3 信号的采集与数字化过程

6.3.1 信号采样过程

一个在时间和幅值上连续的模拟信号 $x(t)$，通过一个周期性开闭（周期为 T_s，开关闭合时间为 τ）的采样开关 K 之后，在输出端输出一串在时间上离散的脉冲信号 $x_s(nT_s)$，这一过程称为采样过程，如图 6-12 所示。其中，$x_s(nT_s)$ 为采样信号；0，T_s，$2T_s$，…为采样时刻；τ 为采样时间；T_s 为采样周期。

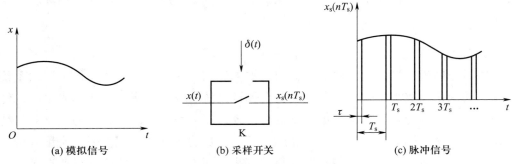

(a) 模拟信号　　　　(b) 采样开关　　　　(c) 脉冲信号

图 6-12　采样开关与采样过程

从数学角度看，采样过程可认为是模拟信号 $x(t)$ 与一串幅值为 1，宽度为 τ，周期为 T_s 的脉冲信号的乘积。

当 $T_s \gg \tau$，$\tau \to 0$ 时，脉冲信号：

$$P_\delta(t) = \sum_{n=-\infty}^{\infty} \delta(t-nT_s) \qquad 6\text{-}6$$

采样后信号为模拟信号与一串冲激序列的乘积：

$$\hat{x}(t) = x(t)P_\delta(t) = \sum_{n=-\infty}^{\infty} x(t)\delta(t-nT_s) \qquad 6\text{-}7$$

由于脉冲信号 $\delta(t-nT_s)$ 只有在 $t=nT_s$ 时才有非零值，因此只有当 $t=nT_s$ 时，上式中的 $x(t)$ 才有意义（图 6-13）：

$$\hat{x}(t) = \sum_{n=-\infty}^{\infty} x(nT_s)\delta(t-nT_s) \qquad 6\text{-}8$$

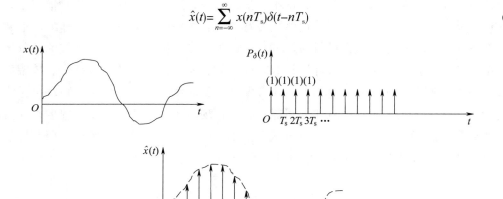

图 6-13　采样过程的数学分析

应该指出，在实际应用中 $\tau \ll T_s$，采样周期 T_s 决定了采样信号的质量和数量。如采样周期过长，将引起有用信号的丢失，使系统品质变差。反之，如采样周期过短，则两次实测值的变化量太小，同时采样结果数量显著增加，占用大量内存空间，亦不合适。因此必须按照采样定理来选择采样周期。

6.3.2 采样定理

采样定理，又称香农采样定理，奈奎斯特定理。

设有连续信号 $x(t)$，其频谱为 $X(f)$，以采样周期 T_s 采得的信号为 $x_s(nT_s)$。如果频谱和采样周期满足下列条件：

（1）频谱 $X(f)$ 为有限频谱，即当时 $|f| \geqslant f_c$，$X(f)=0$；

（2）$\dfrac{1}{T_s} \geqslant 2f_c$，$\dfrac{1}{T_s}=f_s$ 为采样频率；f_c 为信号的截止频率，其单位为样本 / 秒（Hz）。

采样定理指出，如果信号的频率是有限的（$0 \sim f_c$），并且采样频率高于信号带宽的两倍，那么，原来的连续信号可以从采样样本中完全重建出来，即当采样频率为 $f_s \geqslant 2 f_c$ 时，采样信号 $x_s(nT_s)$ 能无失真地恢复为原来的连续信号 $x(t)$（采样定理的证明请参考有关书籍，这里从略）。从信号处理的角度来看，此采样定理描述了两个过程：其一是采样，这一过程将连续时间信号转换为离散时间信号；其二是信号的重建，这一过程将离散信号还原成连续信号。

从图 6-14 可知，待采样的模拟信号 $x(t)$ 的频率范围是有限的，只包含低于 f_c 的频率部分。采样周期 T_s 不能大于信号截止周期 T_c 的一半。如果已知信号的最高频率 f_H，采样定理给出了保证完全重建信号的最低采样频率，这一最低采样频率称为临界频率或奈奎斯特（Nyquist）频率，通常表示为 f_H。相反，如果已知采样频率，采样定理给出了保证完全重建信号所允许的最高采样频率。

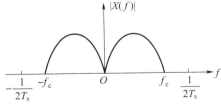

图 6-14　f_c 与 T_s 的关系

当采样信号的频率低于被采样信号的最高频率时，采样所得的信号中混入了虚假的低频分量，这种现象叫作频率混叠，如图 6-15 所示。

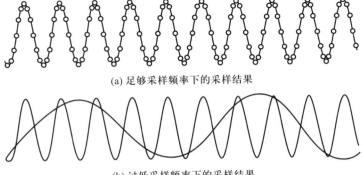

(a) 足够采样频率下的采样结果

(b) 过低采样频率下的采样结果

图 6-15　频率混叠

　　例如，某模拟信号中含有频率为 900 Hz、400 Hz 及 100 Hz 的成分。若以 500 Hz 的频率进行采样，采样结果如图 6–16 所示。对于 100 Hz 的信号，采样后的信号波形能真实反映原信号；而对于 900 Hz 和 400 Hz 的信号，则采样后信号完全失真，也变成了 100 Hz 的信号。于是，原来三种不同频率信号的采样值相互混淆了，其原因是所选的采样频率 500 Hz 对于 900 Hz 和 400 Hz 的信号来说太低了。

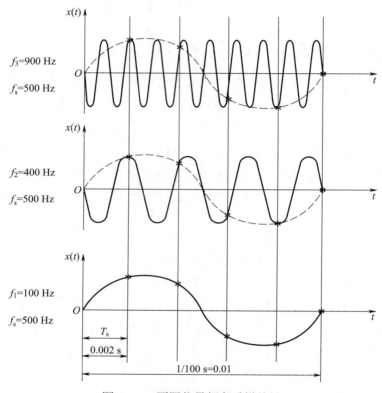

图 6–16　不同信号频率采样结果

　　要保证 $f_s = 2f_c$，这是不发生频率混叠的临界条件。消除频率混叠的方法有以下两种：一是减小采样周期 T_s，提高采样频率，但采用这种方法会增加内存占用量，以及数据的计算量；二是在采样前加入低通滤波器，将信号中高于奈奎斯特频率的信号成分滤去，这种滤波器称为抗混叠滤波器。

　　需要注意的是，对信号进行采样时，满足采样定理只能保证不发生频率混叠，可以完全变换为原时域采样信号，而不能保证此时的采样信号能真实地反映原信号。一般实际应用中保证采样频率为信号最高频率的 5 ～ 10 倍。表 6–2 列出了典型物理量的经验采样周期。

表 6-2　典型物理量的经验采样周期

物理量	采样周期 /s	物理量	采样周期 /s
流量	1 ~ 2	温度	10 ~ 15
压力	3 ~ 5	成分	15 ~ 20
液位	6 ~ 8		

6.3.3　信号的数字化

模拟信号的数字化过程是将连续的模拟信号转换为离散的数字信号的过程。前面所讲的信号采样过程仅仅是信号数字化过程中的第一步，其主要作用是把在时间和幅值上连续的模拟信号进行时间上的离散化。而采样后每个离散时间点上的采样值未必是一个可以用有限数字来表示的数值，通常还需要通过量化和编码等后续处理过程，把每个采样值根据一定的精度要求，近似地用计算机上有限的数字来表示，并最后转化成可以在计算机上进行存储和传输的数据。严格来讲，一个完整的模拟信号数字化过程主要包含以下几个步骤：

（1）采样（sampling）

如前所述，采样是指将连续的模拟信号在时间上离散化，即在一定时间间隔内对信号进行离散取样。采样频率决定了每秒钟采样的次数。采样频率越高，采样的信号越接近原始信号，但同时单位时间内采样的数据也会越多，增加计算机存储和处理数据的工作量。因此，离散化的过程中，需要选择合适的采样频率或离散间隔，以及适当的量化级别，以平衡信号或数据的精度和存储、处理、传输的工作量。离散化后的信号或数据可以进行存储、处理和传输，也可以通过逆离散化的过程将其恢复为连续形式。

（2）量化（quantization）

量化是指将连续的模拟信号或数据转换为离散的幅值或数值。在量化过程中，将连续的信号或数据的幅值或数值分成若干级别，然后将每个采样点的幅值或数值映射到最接近的量化级别上。在信号处理中，量化级别决定了离散幅值的精度，量化级别越多，信号的精度越高。例如，将模拟音频信号的幅值量化为 16 位，即将每个采样点的幅值映射到 2^{16} 个量化级别中的一个。量化的过程中，也需要选择合适的量化级别，以平衡信号或数据的精度和存储、处理、传输的工作量。量化误差是指量化前、后信号或数据的差值，量化误差越小，信号或数据的质量越高。量化后的离散幅值或数值可以进行编码和存储，也可以通过逆量化的过程将其恢复为连续形式。

（3）编码（encoding）

编码是指将量化后的离散幅值通过编码转换为数字信号。编码可以使用不同的方法，常见的有二进制编码，如脉冲编码调制（PCM）编码。PCM 编码将每个采样点的幅值转换为二进制数，然后将二进制数转换为脉冲序列。编码后的数字信号可以进行传输或存储。从更广泛的意义上来说，编码的对象不仅仅是离散的采样数据，而可以是一切信息数据。因此，编码也是指将信息转换为特定的符号或代码的过程，在信息编码过程中，信息被映射到一组离散的符号或代码，以便在存储、传输或处理时能够被识别。在通信领域，编码通常是指将原始数据转换为数字信号的过程。原始数据可以是文本、音频、图像或视频等形式的信息，编码可以提高其传输效率和数据压缩率。常见的信息编码方法包括 ASCII 编码、UTF-8 编码、压缩编码等。在计算机科学中，编码也可以指将数据转换为特定格式的过程，以便在计算机系统中进行处理。例如，将图像数据编码为 JPEG 格式、将音频数据编码为 MP3 格式等。编码的选择取决于应用的需求和约束。不同的编码方法有不同的特点，如数据压缩率、传输效率、纠错能力等各不相同。在编码过程中，需要考虑数据的完整性、可靠性和安全性，以确保编码后的数据能够正确地被解码和恢复为原始信息。

6.4 数据采集系统的基本结构及工作原理

6.4.1 数据采集系统的基本结构

数据采集技术（data acquisition）是信息科学的一个重要分支，它研究信息数据的采集、存储、处理、显示以及控制等问题。在智能仪器、信号处理以及工业自动控制等领域，都存在着数据的测量与控制问题。将外部世界存在的温度、压力、流量、位移以及角度等模拟量（analog signal）转换成数字信号（digital signal），再输入计算机进行显示、处理、传输与记录，这一过程被称为"数据采集"，相应的系统即为数据采集系统（data acquisition system，DAS）。数据采集系统一般采用计算机进行控制，因此又被叫作计算机数据采集系统，通常包括硬件和软件两个部分，其中硬件部分又可分为模拟部分和数字部分。计算机数据采集系统硬件部分的基本组成如图 6-17 所示，由传感器、多路模拟开关、采样保持器、A/D 转换器、D/A 转换器和计算机系统组成。

1. 传感器

传感器的主要作用是把非电的物理量（如速度、温度、压力）转换成模拟电量（如电压、电流、频率）。例如，使用热电偶或热电阻可以获得随着温度变化的电压，转速传感器可以把转速转化为电脉冲。通常把传感器输出到 A/D 转换器输出这一段信号通道称为模拟通道。

2. 多路模拟开关

在数据采集系统中，往往要对多个物理量进行采集，即所谓多路巡回检测。多路巡回检测可以通过多路模拟开关来实现，这样可以简化设计，降低成本。多路模拟开关可以分时选通多个输入通道中的某一路通道，因此在多路模拟开关后的单元电路，如采样/保持器电路、模/数转换器通用电路以及处理器电路等，只需要一套即可，这样可以节省成本和减小设备体积。但这仅限于物理量变化比较缓慢，变化周期在数十至数百毫秒之间的情况，因为这时可以使用普通的微秒级 A/D 转换器分时处理信号。当分时通道较多时，必须注意泄露及逻辑安排等问题。

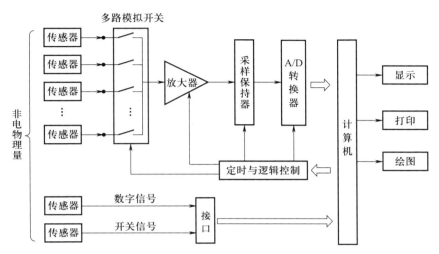

图 6-17　数据采集系统硬件部分基本组成

当频率信号较高时，使用多路模拟开关后，对 A/D 转换器的转换速率要求也随之提高了。在数据通道频率超过 40 ~ 50 kHz 时，一般不宜使用分时的多路模拟开关技术。多路模拟开关有时可以安排在放大器之前，但当输入的信号电平较低时，需注意选择多路模拟开关的类型。多路模拟开关分为两类：一类是机电式，适用于大电流、高电压、低速切换场合；另一类是电子式，适用于小电流、低电压、高速切换场合。多路模拟转换开关的性能特点：开关导通电阻小，断开电阻无穷大，转换速度快等。

下面以 AD7501 来说明多路模拟开关的工作原理。AD7501 是具有八路输入一路公共输出的多路模拟开关 CMOS 集成芯片，八个输入通道（S1 ~ S8）、三个地址选择线（A0、A1、A2）、控制端 EN、一个输出端（OUT）以及电源（U_{SS}、U_{DD}）和地（GND）。通过对地址进行译码来选择八个通道中的一路，其功能框图和芯片引脚排列示意图如图 6-18 所示。当控制端 EN 为 1 时，多路模拟开关模块处于使能状态，这时输出端 OUT 的状态取决于三个地址选择线。地址译码与输出端对应的模拟输入通道号真值表见表 6-3 所示。

3. 采样保持器

A/D 转换器在对模拟信号进行转换的过程中，需要一定的稳定时间（孔径时间），当输入信号频率较高时，会造成很大的误差。因此为保证 A/D 转换器的精度，应在它前面加入采样保持器。采样保持器（sample hold devices，S/H），其作用是采集模拟输入电压在某一时刻的瞬时值,并在 A/D 转换器转换期间保持输出电压不变,以保证转换结果输出稳定。

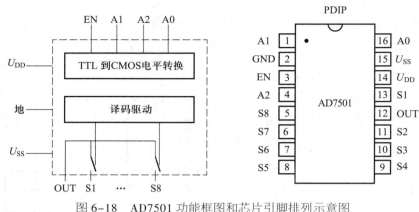

图 6-18　AD7501 功能框图和芯片引脚排列示意图

表 6-3　AD7501 模拟输入通道号真值表

A2	A1	A0	EN	"ON"
0	0	0	1	1
0	0	1	1	2
0	1	0	1	3
0	1	1	1	4
1	0	0	1	5
1	0	1	1	6
1	1	0	1	7
1	1	1	1	8
X	X	X	0	None

采样保持器有采样和保持两种工作状态:在采样状态,其输出能跟随输入的变化而变化;而在保持状态,其输出值保持不变。利用采样保持器在 A/D 转换启动时保持住输入信号不变,可避免孔径时间带来的转换误差。在 A/D 转换结束后,又能跟踪输入信号的变化。在进行多路瞬态采集时,可给多个采样保持器在同一时刻发出一个保持信号,则能得到各路信号某一时刻的瞬时值,然后可以依次对各路保持信号进行模数转换。

图 6-19a 中 T 为模拟开关,$S(t)$ 是确定采样或保持状态的模拟开关的控制信号,C_b 为保持电容。采样保持器的工作原理:当 $S(t)=1$ 时,采样状态,开关 T 导通,模拟信号 U_i 通过 T 向 C_b 充电,输出电压 U_o 跟踪输入模拟信号的变化。当 $S(t)=0$ 时,保持状态,开关 T

断开，输出电压 U_o 保持在模拟开关断开瞬间的输入信号值。高输入阻抗的缓冲放大器 A 的作用是把 C_b 和负载隔离，否则，保持阶段在 C_b 上的电荷会通过负载放电，无法实现保持功能。图 6-19b 为采样保持过程对应的波形图。

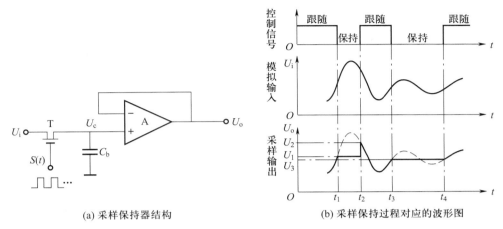

(a) 采样保持器结构　　　　　　(b) 采样保持过程对应的波形图

图 6-19　采样保持器原理

采样保持器的主要参数：捕获时间、孔径时间和衰减率等，如图 6-20 所示。

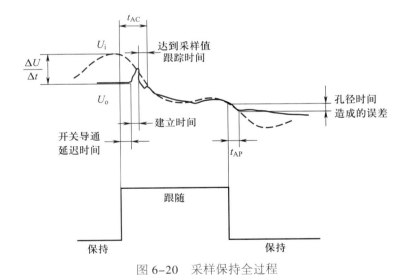

图 6-20　采样保持全过程

（1）捕获时间 t_{AC}

当采样保持器的控制信号从"保持"电平转换到"跟随"电平后，输出电压 U_o 从原来的保持值过渡到当前输入信号 U_i 所需要的时间称为捕获时间。它包括开关 T 的导通延迟时间、采样信号建立时间及达到采样值的跟踪时间。它反映了采样保持器的采样频率，限定了该电路在给定精度下截取输入信号瞬时值所需要的最小采样时间。它与保持电路的充电时间常数、放大器的响应时间及保持电压的变化幅度有关。

（2）孔径时间 t_{AP}

采样保持器从接到保持命令到开关 T 真正断开所需要的时间称为孔径时间。由于孔径时间的存在，采样时刻被延迟了，使实际保持电压已不代表保持指令到达时的输入信号的瞬时值。实际保持电压与希望保持电压之间产生因孔径时间造成的误差，称为孔径误差。

（3）衰减率 $\Delta U / \Delta t$

保持电压的下降率称为衰减率。在保持状态，希望采样保持器输出的电压保持恒定，但由于保持电路的漏电流和其他漏电流的存在，会引起保持电压下降。衰减率反映了采样保持器的输出值在保持期间的变化情况。

目前的数据采集系统都选用集成的采样保持器。集成的采样保持器芯片种类和型号有很多，按其功能可分为通用型、高速型、高分辨型等三类。通用型芯片有 LF398、AD598、AD593 等，高速型芯片有 AD9110、SHC605、HTS0025 等，高分辨率芯片有 AD389、SHA114、SHA-6 等。

4. A/D 转换器

信号的数字化需要三个步骤：采样保持（数字信号处理中被称为“抽样”）、量化和编码。采样是指用每隔一定时间的信号样值序列来代替原来在时间上连续的信号，也就是在“时间”上离散的信号，但其幅度仍然是模拟的，必须在“空间”上也进行离散化处理，才能最终用数码表示。在接收端则与上述模拟信号数字化过程相反，再经过后置滤波又恢复成原来的模拟信号。

（1）量化和编码

量化是用有限个幅值近似原来连续变化的幅值，把模拟信号的连续幅值变为有限数量的有一定间隔的离散值。编码则是按照一定的规律，把量化后的值用二进制数字表示，然后转换成二值或多值的数字信号流。这样得到的数字信号可以通过电缆、微波天线、卫星通道等数字线路传输。

量化的最小单位称为量化单位 q，等于输入信号的最大值 / 数字量的最大值，对应于数字量 1。输入信号的最大值一般为所使用的参考电压 U_{REF}。量化就是把采样值取整为最小单位 q 的整数倍。量化有两种方法。一种是取整时只舍不入，即 0 ~ 1 V 的所有输入电压都输出 0 V，1 ~ 2 V 所有输入电压都输出 1 V 等。采用这种量化方式，输入电压总是大于输出电压，因此产生的量化误差总是正的，最大量化误差等于两个相邻量化级的间隔 Δ。另一种是取整时有舍有入，即 0 ~ 0.5 V 的输入电压都输出 0 V，0.5 ~ 1.5 V 的输入电压都输出 1 V，等等。采用这种量化方式量化误差有正有负，量化误差的绝对值最大为 $\Delta/2$。因此，采用第二种方法量化误差较小。量化误差与噪声是有本质区别的。因为任一时刻的量化误差可以从输入信号求出，而噪声与信号之间就没有这种关系。

实际信号可以看成量化输出信号与量化误差之和，因此只用量化输出信号来代替原信号就会有失真。一般说来，可以把量化误差的幅度概率分布看成在 $-\Delta/2$ ~ $+\Delta/2$ 均匀分布。最小量化级间隔越小，失真就越小，但用来表示模拟信号所需的量化级数就越多，处理和传输就越复杂。所以，量化既要尽量减少量化级数，又要使量化失真不明显。一般用一个二进制数来表示某一量化级数，在接收端再按照这个二进制数来恢复原信号的幅值。所谓量化比特数是指区分所有量化级所需的二进制数的位数。例如，8 个量化级可用三位二进制数来区分，那么称 8 个量化级的量化为 3 比特量化，其两个相邻量化级之间的间隔 Δ 就等于三位二进制数的一个最低有效位（LSB），如图 6-21 所示。8 比特量化则是有 256 个量化级的量化，其量化误差也随之变小。

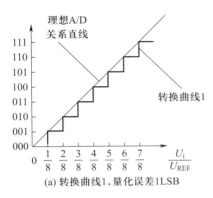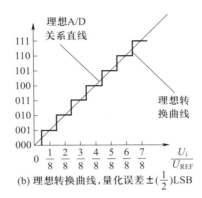

图 6-21　量化过程

上面所述的采用均匀量化间隔量化的方法称为均匀量化或线性量化，这种量化方法会造成大信号时信噪比有余而小信号时信噪比不足的缺点。如果使小信号时量化级间隔小些，而大信号时量化间隔大些，就可以使小信号时和大信号时的信噪比趋于一致。这种非均匀量化间隔的量化称为非均匀量化或非线性量化。数字电视信号大多采用非均匀量化方法，这是由于模拟视频信号要经过校正，而校正类似于非均匀量化，可减轻小信号时误差的影响。对于音频信号的非均匀量化则采用了诸如压缩、扩张的方法，即在发送端对输入的信号进行压缩处理再均匀量化，在接收端再进行相应的扩张处理。

采样、量化后的信号还不是数字信号，需要把它转换成数字脉冲，这一过程称为编码。最简单的编码方式是自然二进制编码。具体说来，就是用 n 比特二进制码来表示已经量化了的数值，每个二进制数对应一个量化值，然后把它们排列，得到二值数字信号流。除了上述的自然二进制码，还有其他形式的二进制码，如格雷码和折叠二进制码以及 BCD 码等。

（2）A/D 转换原理

采样保持电路输出的信号送至 A/D 转换器，A/D 转换器是模拟输入通道的关键电路。由于输入信号变化的速度不同，系统对分辨率、精度、转换速率及成本的要求也不同，因此 A/D 转换器的种类很多。早期的采样保持电路和 A/D 转换器需要数据采集系统设计人员自行设计，而目前普遍采用单片集成电路，有的单片集成 A/D 转换器还包含采样保持电路、基准电源和接口电路，为系统设计提供方便。A/D 转换器的结果输出到计算机，有的采用并行码输出，有的则采用串行码输出。使用串行码输出的方式对长距离传输和需要光电隔离的场合较为有利。

下面分别介绍双积分型 A/D 转换器、逐次逼近型 A/D 转换器以及 Σ－Δ 型 A/D 转换器的工作原理。

1）双积分型 A/D 转换器

双积分 A/D 转换器使用间接转换法。它利用输入电压和基准电压对积分电路充放电时间的比较得到输入电压的数字量。双积分型 A/D 转换器电路原理如图 6-22 所示。它主要由电子开关、积分电路、比较器、逻辑控制器和计数器等部分组成。

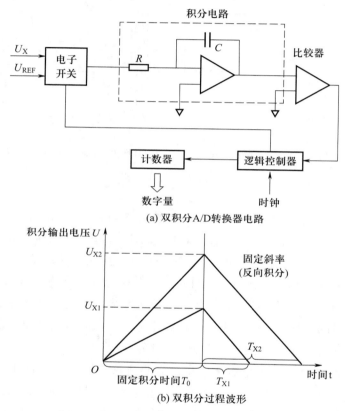

(a) 双积分A/D转换器电路

(b) 双积分过程波形

图 6-22 双积分型 A/D 转换器工作原理

双积分 A/D 转换器的工作过程：开关先把采样输入电压 U_X 采样输入到积分电路，积分电路从零开始在固定时间 T_0 内进行的正向积分，时间 t 到达 T_0 后，开关将与 U_X 极性相反的基准电压 U_{REF} 输入到积分电路进行反相积分，到输出为 0 V 时停止反相积分。从积分波形可见，反相积分器的斜率是固定的，采样输入电压 U_X 越大，积分器的输出电压越大，反相积分时间 T_X 越长。计数器在反相积分时间 T_X 内所计的数值就是与输入电压 U_X 在时间 T_0 内的积分值对应的数字量。

双积分 A/D 转换器具有以下特点：① 双积分 A/D 转换器的转换与积分电路的时间常数无关，消除了电路参数对转换精度的影响；② 使用积分电路，增加了电路的抗干扰能力；③ 转换过程中时钟的稳定性越高，转换精度越高；④ 完成一次 A/D 转换要经历正、反两次积分，需要的时间 $T=T_0+T_X$。因此双积分 A/D 转换器转换速度较慢，工作效率较低。双积分 A/D 转换器广泛用于精度要求较高而速度要求不高的仪表中，例如数字万用表等。

2）逐次逼近型 A/D 转换器

逐次逼近型 A/D 转换器采用直接比较法进行模数转换，其逻辑图如图 6-23 所示。

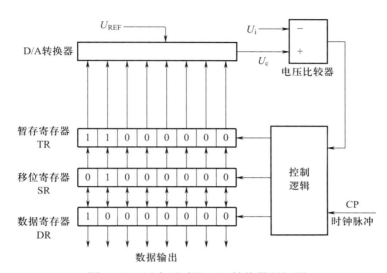

图 6-23　逐次逼近型 A/D 转换器逻辑图

逐次逼近型 A/D 转换器主要由数据寄存器组、D/A 转换器、电压比较器和控制逻辑等几个部分组成。转换前，数据寄存器预置一个初值，经 D/A 转换器转换输出与数据寄存器中数据对应的模拟电压。采样电压 U_i 加在电压比较器上与 U_c 比较。根据比较的结果，由控制逻辑增减数据寄存器中的数据使其逐渐接近采样电压 U_i 的数值，最后从数据寄存器输出。

逐次逼近型 A/D 转换器的转换过程与使用天平称东西的过程相似。将被称的物体放在左边的盘中，取一个砝码置于右盘中。若砝码的质量大于物体的质量，取下该砝码，取一个较小的砝码称量。若砝码的质量不够，再加一个较小的砝码称量。如此不断地做下去，最后全部砝码的质量就会逐渐接近物体的质量。

逐次逼近型 A/D 转换器工作在时钟脉冲的控制下，转换步骤如下。

① 初始化。转换开始时，数据寄存器 DR 和暂存寄存器 TR 全部置 0，移位寄存器 SR 最高位置 1，其余位置 0。在图 6-23 中，寄存器都是 8 位的，SR 中的数值为 80H。

② 比较开始，对 DR 和 SR 作或运算，并将结果置于 TR 之中。TR 的输出作为 D/A 转换器的输入，经转换输出对应的模拟电压 U_c。

③ 被转换的采样电压 U_i 与 U_c 比较。若 $U_i>U_c$，则先将 TR 中的数据写入 DR 中，SR 右移一位，然后将 SR 和 TR 或运算的结果置入 TR 中继续比较，如果二者相等，将 TR 写

入 DR 停止比较，并输出。

④ 若 $U_i < U_c$，在 SR 右移一位后，将 SR 和 DR 或运算的结果置入 TR 再比较。

⑤ 在时钟脉冲的控制下，依照上述的步骤一步步进行下去。当 SR 右移到最后一位并进行比较后，从 DR 输出的数据就是 U_i 对应的数字量了。

例如：$U_i = 6V$，$U_{ref} = 10V$，8 位数字量。U_i 的理论数字量为 1001 1001，即十进制的 $255 \times 0.6 = 153$。三个寄存器中的数据的变化过程如表 6-4 所示。

表 6-4　逐次逼近型 A/D 转换器中寄存器变化过程

次数	初始化	1	2	3	4
比较	U_i　　U_c	>	<	<	>
TR	0000 0000	1000 0000	1100 0000	1010 0000	1001 0000
SR	/	1000 0000	0100 0000	0010 0000	0001 0000
DR	0000 0000	1000 0000	1000 0000	1000 0000	1001 0000

次数	5	6	7	结果	输出
比较	>	<	<	=	
TR	1001 1000	1001 1100	1001 1010	1001 1001	
SR	0000 1000	0000 0100	0000 0010	0000 0001	
DR	1001 1000	1001 1000	1001 1000	1001 1001	**1001 1001**

逐次逼近型 A/D 转换器的特点：转换速度较快，转换时间在 $1 \sim 100\mu s$ 以内，分辨率可达 18 位，适用于高精度、高频信号的 A/D 转换；转换时间固定，不随输入信号的大小而变化；抗干扰能力与双积分型 A/D 转换器相比较弱。采样时，干扰信号会造成较大的误差，需要采取适当的滤波措施。

3）Σ-Δ 型 A/D 转换器

除了上面介绍的两种 A/D 转换器，还有一种 Σ-Δ 型 A/D 转换器。它通过不断累积（Σ）和比较输入信号与一个参考信号的差异（Δ），将模拟信号转换为数字信号。它的工作原理是通过高速的采样和量化来实现高精度的转换，同时使用了过采样和噪声整形技术来提高转换的精度和动态范围。所以，Σ-Δ 型 A/D 转换器具有很高的精度，可以达到 16 位、24 位甚至更高的分辨率；而逐次逼近型 A/D 转换器的精度一般较低，通常为 8 位、10 位或 12 位。Σ-Δ 型 A/D 转换器还具有很高的动态范围，可以达到 100 dB 以上；而逐次逼近型 A/D 转换器的动态范围一般为 60 dB 左右。但 Σ-Δ 型 A/D 转换器的转换速度较慢，而逐次逼近型 A/D 转换器的转换速度较快。因此，Σ-Δ 型 A/D 转换器适用于需要高精度和高动态范围的应用，如音频、视频、通信等领域。限于本书的篇幅，这里不再详细展开，有兴趣的读者请查阅相关文献资料。

（3）A/D 转换器的主要技术指标

1）分辨率

分辨率反映 A/D 转换器对输入微小变化的响应能力，用数字量最低位（LSB）所对应的模拟输入电平值（也叫量化步进 $\varDelta$）表示。分辨率与转换器的位数有关，所以也可以用数字量的位数来表示分辨率。需要注意，分辨率与精度是两个不同的概念，分辨率高的转换器精度不一定高。

2）精度

有绝对精度和相对精度两种。

绝对精度是指 A/D 转换器输出值与实际输入值之间的差异，通常以数字量的最小有效位（LSB）的分数值来表示，如，$\pm$ 1LSB、$\pm$（1/2）LSB、$\pm$（1/4）LSB 等。绝对精度表示了 A/D 转换器的转换结果与实际输入值之间的最大误差。它可以通过计算量化步进 $\varDelta$ 来确定。量化步进（quantization step）是指 A/D 转换器的输出值在一个最小的变化单位内的变化量，它表示了转换器能够测量的最小变化量。量化步进通常由转换器的参考电压和分辨率决定。较小的量化步进意味着转换器能够提供更精确的测量结果。

相对精度是指 A/D 转换器输出值与实际输入值之间的差异占实际输入值的比例，通常以百分比表示。它表示了 A/D 转换器的转换结果与实际输入值之间的相对误差。

假设一个 10 位的 A/D 转换器，其输入范围为 0~10 V，将一个 3.2 V 输入电压进行转换，计算它的绝对精度和相对精度。

① 计算绝对精度：对于一个 10 位的 A/D 转换器，量化步进 $\varDelta$ =（最大输入值 – 最小输入值）/（2^ 位数）=（10 V – 0 V）/（2^10）=10 V / 1 024 = 0.009 77 V = 9.77 mV；绝对精度可以通过将量化步进除以 2 来计算，因为 A/D 转换器的输出值可以有正负两个方向的误差 [即 $\pm$（1/2）LSB]。绝对精度 = $\varDelta$ / 2 = 9.77 mV / 2 = $\pm$ 4.88 mV。

② 计算相对精度：相对精度可以通过将绝对精度除以实际输入值，然后乘以 100% 来计算。相对精度 = $\pm$（0.004 88 V / 3.2 V）× 100% = $\pm$ 0.152 5%；如果实际输入为 10 V（即满量程），则相对精度 = $\pm$（0.004 88 V / 10V）× 100% = $\pm$ 0.048 8 %。可见，实际输入值越大，相对误差越小，相对精度越高。

3）转换时间

完成一次 A/D 转换所需要的时间（发出转换命令信号到转换结束的时间）。转换时间的倒数称为转换速率。例如，AD574 的转换时间为 25 μs，转换速率为 1/（25 μs）。

4）量程

被转换的模拟输入电压范围，分单极性、双极性两种类型。单极性量程一般为 0 ~ 5 V、0 ~ 10 V，0 ~ 20 V；双极性量程一般为 –5 V ~ +5 V，–10 V ~ +10 V。

5）逻辑电平与输出方式

多数 A/D 转换器输出的数字信号与 TTL 电平兼容，以并行方式输出。Σ – Δ 型 A/D 转换芯片以串行方式输出数据，这对单片机类 CPU 连接是很方便的。

6）工作温度范围

温度会对比较器、运算放大器、电阻网络等部件的工作产生影响。一般的 A/D 转换器的工作温度范围为 0 ~ 70 ℃，军用品为 –55 ℃ ~ +125 ℃。

5. D/A 转换器

D/A 转换器将数字量转换成模拟量输出。D/A 转换电路的转换方法可分为直接法和间接法。直接法是将采样保持信号与一组基准电压进行比较，直接获得数字量。间接法则先将保持信号转换为与模拟量成正比的时间或频率的中间量，然后通过对时间计数获得数字量。直接法工作速度快，精度高；间接法工作速度慢，但抗干扰能力强。D/A 转换将在7.5.2 节详细介绍。

6. 计算机系统

计算机系统是计算机数据采集系统的核心。计算机系统控制计算机数据采集系统的正常工作，并且把 A/D 转换器输出的结果读入到内存，进行必要的数据分析和数据处理。计算机系统还可以存储数据和显示结果。计算机系统包括计算机硬件和计算机软件，其中计算机硬件是计算机系统的基础，而计算机软件是计算机系统的灵魂。计算机软件技术在计算机数据采集系统中发挥着越来越重要的作用。

6.4.2　数据采集系统的工作原理

数据采集系统是基于计算机或者其他专用测试平台的测量软硬件产品，用于实现灵活的、用户自定义的测量系统，其基本工作原理如图 6-24 所示。通常，采集设备采集数据之前必须调制传感器信号，包括对其进行增益或衰减、隔离、放大、滤波等。对待某些传感器，还需要提供激励信号。

数据采集系统是一种将模拟信号转换为数字信号的系统，其工作原理如下：

（1）传感器采集信号　数据采集系统首先通过传感器或测量设备采集模拟信号，例如温度、压力、光强等。

（2）信号调理　采集到的模拟信号可能需要进行信号调理，包括放大、滤波、去噪等处理，以确保信号质量和适配采集系统。

（3）采样和量化　经过信号调理后，模拟信号进入采样保持器，采样保持器将模拟信号按照一定的时间间隔进行采样，并将每个采样点的电压值转换为数字形式，即进行量化。

（4）数字信号处理　采样和量化后的数字信号进入数字信号处理器（DSP）或微控制器（MCU），进行进一步处理，例如滤波、数学运算、数据压缩等。

（5）数据存储和传输　处理后的数字信号可以被存储在内存中，或者通过通信接口（如串口、以太网）传输到其他设备或系统中进行进一步处理或显示。

（6）控制和反馈　数据采集系统通常还包括控制逻辑，根据采集到的数据进行控制操作，例如自动调节温度，控制机器运行等。

整个过程中，数据采集系统通过将模拟信号转换为数字信号，实现了对模拟信号的采集、处理和存储，为后续的数据分析、控制和决策提供基础。

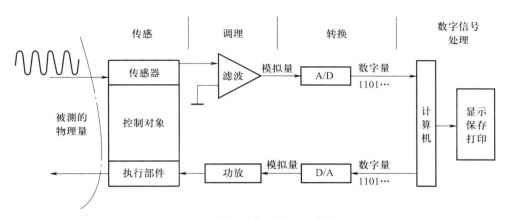

图 6-24　数据采集系统的工作原理

数据采集系统的任务，具体地说，就是传感器从被测对象获取有用信息，之后将其输出信号转换为计算机能识别的数字信号，然后送入计算机进行相应的处理，得到所需的数据。这些数据可进行显示、储存或打印，以实现对某些物理量的监视；其中部分数据还将用于生产过程中计算机控制系统对某些物理量的控制。

数据采集系统的指标主要有两个，一是精度，二是频率。对任何测量值的测试都要有一定的精度要求，否则将失去采集的意义。提高数据采集的频率不仅可以提高工作效率，更重要的是可以扩大数据采集系统的适用范围，以便实现动态测试。一般情况下，在保证精度的条件下应尽可能提高采样频率，以满足实时采集、实时处理和实时控制的要求。

数据采集系统应具有以下几方面的功能：

1. 信号采集

计算机按照预先选定的采样周期和采样精度，对输入到系统的模拟信号进行采样，有时还要对数字信号、开关信号进行采样。数字信号和开关信号不受采样周期的限制，当对这类信号采样时，有相应的程序负责处理。

2. 信号调理

信号调理是对传感器输出的信号进行进一步的加工和处理，包括对信号的转换、放大、滤波、存储、重放和进行一些专门的处理，以去除干扰和噪声。另外，传感器输出的信号往往有机、光、电等多种形式，必须把这些信号进一步转化为电路处理的电信号，其中包括电信号放大。通过信号调理，最终获得可进行后续处理的信号。

信号调理是实际工业控制系统的重要环节，其处理机制设计的优劣会直接影响工控系统的质量。下面就开关信号和模拟信号的处理原理和方法进行讨论和说明。

（1）开关量处理

工业设备输出的开关量可能存在以下问题：

1）瞬时高电压干扰或者过电压。这些干扰信号极易损坏采集系统，甚至损坏生产设备，常见的有芯片爆裂、电路短路以及非高温导线熔断脱皮等。对这种问题的处理措施为隔离、过压保护、防爆保护等。

2）接口噪声，这是常见的干扰情况，可通过滤波、隔离等措施消除。

3）开关触点抖动，可用 RS 触发器形式的双向消抖动电路消除。

4）工艺设备输出的是电流信号，可通过电流电压转换。

5）电压幅度过高、过低或反相等不符合 TTL 标准的电平，需采用电压变换电路使其降压、升压或反相，以满足系统要求。

图 6-25 给出了消除干扰信号的典型调理电路。该电路具有过压、过流、反压保护和 *RC* 滤波等功能，稳压管 VD_2 把过压或瞬态尖峰电压箝位在安全电压上，串联二极管 VD_1 防止反相电压输入，由 R_1、C_1 构成滤波器，R_1 也是输入限流电阻及过流熔断保护电阻。

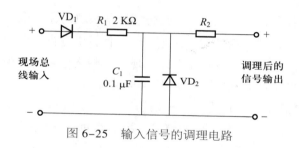

图 6-25　输入信号的调理电路

常见的隔离技术有光电隔离和变压器隔离。目前，光电隔离应用比较广泛，不仅可完成电气隔离，还可同时完成电压转换、整形等。光电隔离采用的器件是光电耦合器，其种类丰富，性能各异。

（2）模拟信号调理

常用的模拟信号处理技术包括电流 – 电压信号转换、电阻 – 电压信号转换、信号的放大（运算放大器和仪表放大器）、模拟信号的隔离等。

1）电流 – 电压信号转换。图 6-26 为电流 – 电压信号转换电路，可把标准 4 ~ 20 mA 电流信号通过串接一个 250 Ω 的电阻转换成 1~5 V 的电压信号。图中的 R_1、R_2、C_1 用于对输入信号滤波。

2）电阻 – 电压信号转换。电阻 – 电压信号转换主要用于标准热电阻，即将热电阻受温度影响而引起的电阻变化转换为电压信号。电阻 – 电压信号转换原理就是利用电流流过电阻来产生电压，常见的方法有电桥法和恒电流法。

电桥法的特点是电路简单，能有效抑制电源电压波动的影响，并且可用三线连接方法减弱长距离连接导线引入的误差。

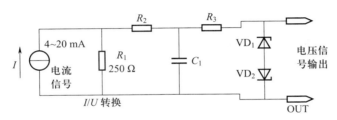

图 6-26 电流 – 电压信号转换

恒电流法的特点是精度高，可使用四线连接方法减弱长距离连接导线引入的误差。

3）信号的放大。大部分传感器产生的信号都比较微弱，需经过放大才能满足 A/D 转换器输入信号的幅值要求。这类信号放大功能的放大器必须是低噪声、低漂移、高增益、高输入阻抗和高共模抑制比的直流放大器。常用的有测量放大器、可编程放大器和隔离放大器。

4）模拟信号的隔离。由于输入通道存在干扰和噪声，造成测量信号不准确、不稳定。特别是当存在强电干扰时，会直接影响系统的安全。为此，在输入通道中，常常采用信号隔离措施，放大器一般采用隔离放大器。

隔离放大器的特点：① 消除由于信号源接地网络干扰所引起的测量误差；② 测量处于高共模电压下的低电压信号；③ 不需要对偏置电流提供返回通路；④ 保护应用系统电路不致因过大的共模电压造成损害。隔离放大器可分为光电隔离放大器和变压器隔离放大器。

3. 二次数据处理

通常把直接由传感器采集的数据称为一次数据，把通过对一次数据进行某种数字运算而获得的数据称为二次数据。数据采集系统二次数据处理主要有求和、最大值、最小值、平均数、累计值、变化率等。

4. 屏幕显示

屏幕显示装置可把各种数据以方便观察者观察和操作的方式显示出来，屏幕显示的内容有实时监控的画面、报表数据、模拟仿真、一览表等。

5. 数据存储

数据采集系统按照一定的时间间隔，如一小时、一天、一月等，定期将某些重要的数据存储在外接存储器上。

6. 打印输出

数据采集系统按照一定的时间间隔，定期将各种数据以表格或图形的形式打印出来。

7. 人机交互

人机交互是指操作人员通过键盘、鼠标等与数据采集系统对话，完成对系统的运行方式、采集周期等的控制。此外，人机交互还可以对系统功能、输出要求等进行设置。

6.4.3 数据采集系统的特点和发展趋势

现代数据采集系统具有以下几个特点：

（1）一般都含有计算机系统，这使得数据采集的质量和效率等大为提高，同时大大节省了硬件投资。

（2）软件在数据采集系统中的作用越来越大，增加了系统设计的灵活性。

（3）现代数据采集系统可以从多种数据源中采集数据，包括传感器、物联网设备、移动应用等。

（4）数据采集与数据处理的相互结合日益紧密，形成了与数据采集预处理相融合的系统，可实现从数据采集、处理到控制的全部工作。

（5）一般都具有实时特性，速度快，能满足实时分析和决策的需求。

（6）随着微电子技术的发展，电路集成度不断提高，数据采集系统的体积越来越小，可靠性越来越高，甚至出现了单片数据采集系统。

（7）总线在数据采集系统中的应用越来越广泛，总线技术对数据采集系统结构的发展发挥着越来越重要的作用。

（8）可以处理大规模的数据，包括结构化数据和非结构化数据，以支持复杂的分析和挖掘。

（9）通过数据清洗、去重、校验等手段，提高了数据的准确性和完整性。

（10）可以根据需求灵活扩展，以应对不断增长的数据量和用户需求。

总之，不论在哪个领域，数据的采集与处理越及时，工作效率就越高，获得的经济效益就越大。

现代数据采集系统有如下的发展趋势：

（1）云端数据采集：随着云计算和物联网的发展，越来越多的数据采集系统将采用云端架构，实现数据的集中存储和管理。

（2）边缘计算：为了满足实时性和低延迟的需求，数据采集系统将越来越多地采用边缘计算技术，将数据处理和分析推向离数据源更近的边缘设备。

（3）人工智能和机器学习：越来越多地应用人工智能和机器学习技术，处理数据自动化和智能化，从而提供更准确和有价值的分析结果。

（4）隐私保护和数据安全：随着数据泄露问题的日益突出，数据采集系统将加强隐私保护和数据安全措施，确保用户数据的安全和合规。

（5）数据共享和开放性：更加注重数据的标准化和系统的互操作性，以促进数据的共享和开放。

6.5　材料加工与制造过程数据采集系统案例

6.5.1　基于单片机的数据采集系统

单片计算机（single-chip microcomputer）简称单片机，在一片芯片上集成了中央处理器、随机存储器、只读存储器、定时 / 计数器及 I/O 电路等部件，构成了一个完整的微型计算机。它的特点是高性能、高速、价格低廉、稳定可靠、应用广泛。用单片机可以构成各种工业测控系统、自适应系统和数据采集系统等。下面以基于单片机的数据采集系统的设计实例，说明单片机在数据采集系统中的应用，如图 6-27 所示。

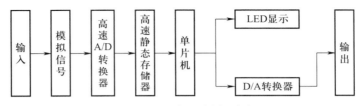

图 6-27　硬件电路原理框图

1. 数据采集系统的设计

基于单片机的数据采集系统由单片机、高速 A/D 转换器、高速静态 RAM 及 LED 显示等部分组成，如图 6-27 所示。高速静态 RAM 用作单片机与 A/D 转换器之间的数据缓冲。高速静态 RAM 的数据线和地址线由总线切换电路来控制，选择连接单片机总线或连接到 A/D 转换器的数据输出和地址发生器输出地址。高速静态 RAM 的读写由读写控制电路实现。在数据采集期间，存储器的写入地址由可预置的 16 位地址发生器产生，其溢出信号作为数据采集结束控制和单片机的结束标志。

（1）单片机

本系统采用 MCS-51 系列中的 8051 单片机。它是 8 位的单片机，价格便宜，适合大批量的生产。8051 使用标准的 40 引脚双列直插式集成电路芯片，5 V 电源，有 2 个定时器 / 计数器 T0 和 T1。T0、T1 是 16 位的计数器 / 定时器，通过编程的方式可以设定为定时器或者为计数器。在单片机控制系统中，常要求有一些外部实时时钟，以实现定时或延时；也常要求有一些外部计数器，以实现对外部事件进行计数。

MCS-51 是指由美国 Intel 公司生产的系列单片机的总称，如 8031、8051、8751、8032、8052、8752 等。其中 8051 是最早、最典型的产品，该系列其他单片机都是在 8051 的基础上改进而成，所以常用 8051 来统称 MCS-51 系列单片机。

（2）高速 A/D 转换器

采用 MAXIM 公司的流水线型高速 A/D 转换器 Max1426，转换精度 10 bits（在使用过程中仅取高八位），并行输出，最大采集频率 10 MHz，内置 S/H，采用循环采集方式。

MAX1426 采用了十级流水线结构。每一级流水线包括一个采样保持器、一个低分辨率 ADC 和 DAC 及一个求和电路，其中求和电路还可提供固定的增益。在进行数据采集时，第一级流水线的采样保持器对输入信号采样后先由第一级的 ADC 对输入进行量化，接着用 DAC 产生一个对应于量化结果的模拟电平送至求和电路，求和电路从输入信号中扣除此模拟电平，并将差值精确放大（固定增益）后送至下一级电路处理。

（3）高速静态 RAM

高速静态 RAM 采用 CYPRESS 公司的 CY7Cl99220，单片容量 32 KB，典型读写时间 20 ns。由两片 CY7Cl99220 构成一个 64 KB 的外部存储器。

（4）地址发生器

地址发生器是可预置数的 16 位二进制计数器，电路采用 4 片 4 位可预置计数 74F163 级联组成，可以预置 16 位地址的初值（传输数据块的起始地址）。一片 74F163 的典型传输时间是 6.5 ns，所以地址发生器的延时时间为 26 ns。

（5）总线切换

总线切换采用 74F245 三态总线收发器并联，分别选通单片机系统总线和地址发生器地址输出与 A/D 转换器数据输出构成外部总线，如图 6-28 所示。74F245 的典型传输时间为 6.5 ns。

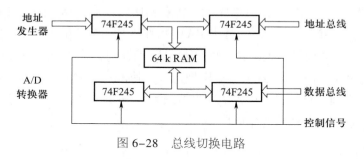

图 6-28　总线切换电路

2. 串行数据采集系统的特点

以一片单片机为核心，加上简单的外围电路，配合相应的系统程序就可实现串行数据采集及控制。串行数据采集系统具有以下特点：

（1）串行通信接口简单　单片机的串口输入输出电平是 TTL 电平，利用一片 MAX232 芯片可实 RS-232 电平转换，接口电路十分简单。

（2）系统结构简单、功耗低　系统充分利用了单片机的软硬件资源（A/D 转换器、串行接口、定时器等），外围电路简单，所需组件少，且采用 CMOS 芯片，系统功耗低。

（3）智慧化、可程控　通过系统程序的编写，使之具有计算和判断能力，有一定的信号处理能力，使得数据采集及控制模块具有智能化的特点，优于不含 CPU 的同类模块。易实现数据采集的有关参数控制。一方面，设计时可按要求通过对单片机编程确定系统参数；另一方面，在使用过程中单片机通过键盘接受指令，进一步设置系统的功能及参数。

（4）多功能　单片机具有多个输入输出接口，外接电路简单，可输出多道信号用于控制前端的检测，如程控放大器的增益，滤波器的带宽等。利用脉冲调制输出 PWM 可产生脉冲信号，单片机输出的时钟信号也可供系统使用。通过灵活配置和使用单片机的资源，可设计出多功能的数据采集及控制系统。配备液晶显示器，可构成一个相对独立的数据采集系统，采集数据可暂存于 EEPROM 中供单片机读取。

3. 程序设计

软件由主程序、子程序组成。子程序主要有显示刷新子程序、定量计算子程序、键命令处理子程序、显示状态计算子程序、出错处理子程序、A/D 转换子程序、数字滤波子程序、数据通信子程序、时钟定时子程序等。单片机通常采用汇编语言或 C 语言来编程。汇编语言是一种低级语言，直接操作单片机的寄存器和指令，具有高效性和灵活性，但编写和调试的难度较大。C 语言相对高级，可以进行结构化编程，提高开发效率和可读性。但对于一些特定的硬件操作，可能需要使用汇编语言指令。下面是一个简单的使用汇编语言编写的 MCS-51 单片机的数据采集主程序。

```
ORG 0x0000              ;程序起始地址
MOV P1,#0xFF            ;配置 P1 口为输入口
MOV P2,#0x00            ;配置 P2 口为输出口
MAIN:
    ACALL DELAY         ;延时一段时间,以稳定输入信号
    MOV A,P1            ;将 P1 口的数据读入累加器 A
    MOV P2,A            ;将累加器 A 的数据写入 P2 口
    SJMP mAIN           ;无限循环,继续进行数据采集
DELAY:
    MOV R0,#0xFF        ;设置延时计数器初始值
LOOP:
    DJNZ R0,LOOP        ;延时计数器递减,直到为 0 时跳出循环
    RET                 ;返回主程序
END                     ;程序结束
```

以上程序通过配置 P1 口为输入口，P2 口为输出口，实现了从 P1 口读取数据，并将数据写入 P2 口的功能。程序中的 DELAY 子程序用于延时一段时间，以稳定输入信号。MAIN 主程序中通过循环不断进行数据采集和输出。

6.5.2 基于 LabVIEW 的焊接过程数据采集系统

在材料加工过程中，对被加工对象的质量进行有效监控是提高产品质量、降低废品率及提高产品竞争力的重要手段。随着自动化水平的提高和加工过程流水线的实施，对流水线上各个工位加工质量的监控是保证产品质量的必要手段。这样做一方面可实现过程的动态调度及宏观质量管理，实现国际质量标准中所要求的对产品质量的可记录性和可追溯性；另一方面，生产过程中获取的大量数据是研究质量与信息关系模型的基础。

焊接过程信息检测是焊接过程研究与质量控制的基础，国内外研究者针对焊接过程中产生的各种信息，采用传感技术进行采集。根据工作原理和检测方法的不同，可分为力学质量信息采集法、声光质量信息采集法、焊接过程电参量信号采集法和视觉质量信息采集法。其中，电参量信号采集法和视觉质量信息采集法是目前在焊接过程质量监控中应用较为普遍的方法。

焊接质量主要包括焊缝成形、焊缝组织性能、焊缝力学性能等。自 20 世纪 80 年代以来，国内外焊接研究者在焊接质量在线预测与控制方面做了大量的工作，取得了一定的成果。20 世纪 80—90 年代初，主要进行质量信息检测与建模技术的开发，侧重于电弧传感器的研究。进入 20 世纪 90 年代，开始尝试将电弧传感器、视觉传感器与新的控制决策方法结合起来，使焊接质量的在线控制与预测得到了长足的发展。在一些发达国家的汽车制造业中，已实现了焊接过程质量的在线监测。

图 6-29 为上海交通大学开发的脉冲熔化极气体保护焊焊接过程电信号与数字图像信号同步数据采集分析系统，此系统可用于焊接质量过程的监控和焊接数据的管理。电信号采集及调理由霍尔电流电压传感器以及信号调理单元和数据采集卡组成。数据采集卡选用美国 NI 公司 DAQ PCI 6023E，支持模拟输入、模拟输出、数字信号 I/O、实时 I/O，采样频率最高可达 200 kHz；采用 RTSI（real time system integration）总线，解决了触发的同步问题；数字高速摄像系统选用 Fastcam Super10 KC 高速数字摄像机，有外部触发功能，拍摄速度 30 ～ 10000 帧 / 秒；采用激光为背光光源，通过 SCSI 采集卡，利用通用计算机总线，可将拍摄到的图片传输到计算机中。利用同步触发开关信号，保证电信号和图像信号的同步。系统软件基于 LabVIEW 的图形化语言（graphics language）环境下开发。测试系统软件主要由信号采集模块、数据计算分析模块、结果显示模块等组成。其中，数据计算分析模块的主要功能是计算电信号的特征参数以及与熔滴相关的特征参数。结果显示模块主要显示焊接条件，焊接电流、电压波形以及熔滴过渡的图片等。

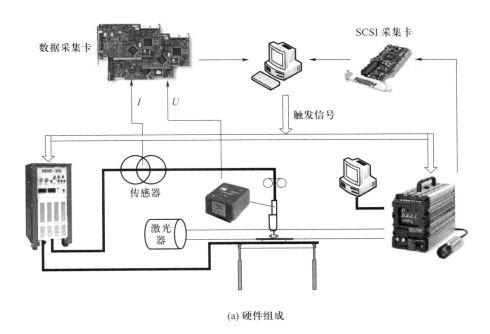

(a) 硬件组成

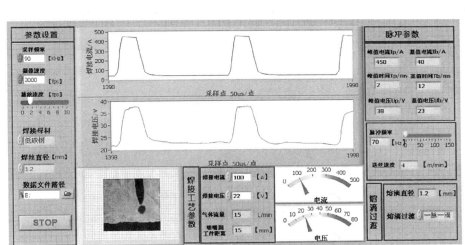

(b) 软件主界面

图 6-29 焊接过程同步数据采集分析系统

图 6-30 为脉冲熔化极气体保护焊焊接电信号（焊接电流、电压波形）和数字图像信号（熔滴过渡）同步采集的结果。

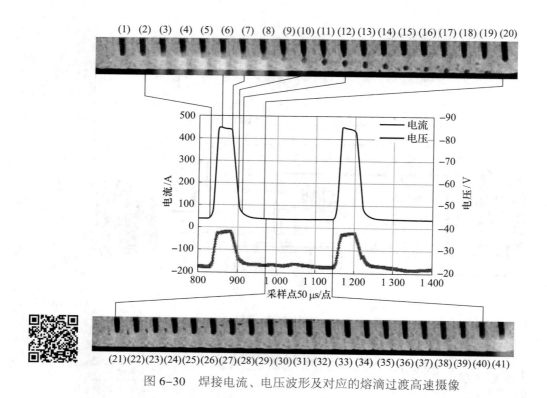

图 6-30　焊接电流、电压波形及对应的熔滴过渡高速摄像

6.5.3　基于 MATLAB 和 PCI 板卡的数据采集系统

为了实现对材料加工与制造过程的自动监测和控制，需要采集大量的信号，处理大量的数据，还有大量的参数需要控制。因此，数据采集系统作为第一道门槛，其数据采集的准确性、快捷性和可靠性对后续的数据处理和输出控制极其重要。前面介绍了基于单片机的和基于 LabVIEW 的数据采集系统，本节将介绍基于 MATLAB 和 PCI 板卡的数据采集系统。

PCI 数据采集卡在工业生产自动控制中应用非常广泛，在控制方案设计方面大多采用 VB 调用动态链接库或者控件的方式。MATLAB 具有丰富的内部函数和强大的图形处理能力，广泛应用于实时信号测量和图像处理。为了使数据采集和处理开发环境统一，本案例中使用 MATLAB 和 PCI 数据采集卡来实现数据采集功能。MATLAB 的数据采集（DAQ）工具箱提供了测试和测量环境，将实验测量、数据分析和可视化应用结合在一起，简化系统的同时提高了系统的稳定性。

1. 系统的组成

数据采集系统需要在工控机上配置 MATLAB 测量套件和数据采集卡，这是系统的核心硬件。此外，还需要有相应的电缆和接线端子板连接至外部传感器。本系统采用的研华 PCI-1710 数据采集卡是一款 12 位的多功能数据采集卡，具有独特的电路设计和完善的数据采集与控制功能，内部结构主要有单端、差分模拟输入通道、模拟输出通道、数字量输入和输出通道，以及触发源等信号通道。利用该数据采集卡可以迅速、方便地构成数据采集系统，大大节省了系统设计时间，并充分利用了计算机的软硬件资源。开发者能将更多精力用于研究数据的处理方法和如何从数据中提取有用的信息。系统的组成如图 6-31 所示。

图 6-31　基于 MATLAB 与 PCI 板卡的数据采集系统示意图

2. MATLAB 数据采集原理

MATLAB 在数据采集领域推出了数据采集 DAQ 工具箱，把与数据采集硬件设备相关的驱动函数封装在一起，并提供了基本的接口函数用于操作硬件设备，以满足计算机与越来越多的标准或非标准的测试装备构建数据采集与分析系统。

MATLAB 的 DAQ 工具箱提供了一整套的命令和函数，主要包括三种组件：M-File Functions、Data Acquisition Engine 和 Hardware Driver Adaptors。MATLAB 程序通过这三种组件中的各种命令和函数实现与数据采集硬件的互联与信息传递。下面是 DAQ 工具箱中的一些主要函数：

analoginput	创建一个模拟输入设备对象
analogoutput	创建一个模拟输出设备对象
addchannel	增加通道到模拟 I/O 设备对象
get	读取设备对象属性
set	设置或者显示设备对象属性
setverify	设置并返回设备对象属性
start	启动设备对象
stop	停止设备对象
getsample	立即采样一次
putsample	立即输出一个数据

调用这些函数就可以控制采集卡完成数据采集功能，使整个数据采集程序简单易懂。在使用 PCI 板卡时，DAQ 工具箱还提供了专门的适配器，将数据采集工具箱对应到每个驱动程序。安装相应板卡的驱动程序后，在适配器列表中将显示相应的适配器名。

3. MATLAB 数据采集步骤

数据采集系统的软件流程包括创建接口对象、配置测量通道、配置属性、开始测量、采集数据、停止测量并删除对象。在每个流程中，DAQ 工具箱中均有对应的函数完成相应的功能。基于 MATLAB 开发的数据采集系统可以更容易将实验测量、数据分析和可视化的应用集成在一起。下面以研华 PCI 数据采集卡为例，介绍 MATLAB 数据采集步骤：

（1）创建接口对象

使用函数 analoginput 为数据采集卡创建一个接口对象，使用命令：

```
ai=analoginput('advantech',0);
```

这样，变量 ai 就有了一个对应于数据采集卡的模拟量输入输出对象。

（2）配置测量通道

使用函数 addchannel 配置有效通道。如果使用通道 0，输入命令：

```
ichan=addchannel(ai,0);
```

函数 addchannel 的第 1 个参数为模拟输入对象（AI object），第 2 个参数为通道号（channel number）。此时主语将会创建一个对象，称作通道对象。

（3）配置属性

完成创建模拟输入输出对象和通道对象后，需要对这些对象进行配置以执行正确的操作，即要配置和编辑与该对象有关的属性。可以利用命令 get（ai）、get（ichan）来配置这些对象的属性。

（4）开始测量

配置完对象属性后就可以开始测量，调用 start 函数启动测量。

（5）数据发送与保存

数据采集采用模拟输入对象 ai 作为参数，输入命令：

```
[data,time] = getdata(ai,500);
```

即可将获取的测量数据发送到 MATLAB 的工作区。有一个缓冲区，用来临时保存 PCI 板卡采集的数据。

（6）停止测量并删除对象

调用函数 stop 用于停止测量，使用模拟输入对象 ai 作为参数，输入命令：

```
stop(ai);
```

测量完成后，可以通过调用函数 delete 删除 ai 对象，使用命令：

```
delete(ai);
```

4. MATLAB GUI 设计

GUI 即图形用户界面（graphical user interface），是用户与计算机实现交互的通道，包含窗口、图标、菜单和文本等对象。GUIDE（GUI development environment）工具是 MATLAB 中用来创建图形用户界面的可视化工具，提供了简单的操作界面来设计和布局 GUI。使用 GUIDE 创建 GUI 的步骤如下：

（1）在 MATLAB 命令窗口中输入 "guide" 启动 GUIDE 工具。

（2）GUIDE 工具启动后，出现询问创建 GUI 类型的对话框，选择 "Blank GUI"（空白

GUI）并点击"OK"。

（3）打开 GUI 编辑器窗口，其中包含一个空白的 GUI 窗口，左侧为工具箱，包含各种 GUI 组件，如按钮、文本框、列表框等，从工具箱中选择组件拖放到 GUI 窗口中。

（4）对 GUI 窗口中的组件，可以通过 GUI 编辑器窗口的"Property Inspector"（属性检查器）来设置组件的属性，如位置、大小、文本内容等。

（5）通过在 GUI 编辑器窗口的"Callback Editor"（回调编辑器）中为组件添加回调函数。回调函数是在用户与组件交互时执行的函数，用于响应用户的操作。

（6）在 GUI 编辑器窗口的顶部菜单中，选择 File（文件）→ Save（保存）来保存 GUI 创建结果。保存后，MATLAB 会生成两个文件，一个".fig"文件（包含 GUI 的布局）和一个".m"文件（包含 GUI 的回调函数）。

（7）通过在 MATLAB 命令窗口中运行".m"文件，来实现 GUI 创建的功能。

以下示例程序用于连接 PCI 数据采集卡并进行数据采集。程序包括创建一个 GUI 窗口，其中包含"连接采集卡""开始"和"停止"三个按钮。点击"连接采集卡"按钮，可设置 PCI 采集卡；点击"开始"按钮，将启动数据采集；点击"停止"按钮，将停止数据采集，并将采集的数据保存到名为"采集的数据.txt"的文件中。

```matlab
function PCI_DataAcquisitionGUI()
% 创建 GUI 窗口
fig = figure('Name','PCI 数据采集 ','Position',[200,200,300,150]);
% 创建按钮
connectBtn = uicontrol('Style','pushbutton','String',' 连 接 采 集
    卡 ','Position',[20,80,100,30],'Callback',@connectCallback);
startBtn = uicontrol('Style','pushbutton','String',' 开 始 ','Pos-
    ition',[120,80,100,30],'Callback',@startCallback);
stopBtn = uicontrol('Style','pushbutton','String',' 停止 ','Pos
    ition',[220,80,100,30],'Callback',@stopCallback);
% 数据采集会话对象
s = [];
% 连接采集卡回调函数
function connectCallback(~,~)
% 创建数据采集会话对象
s = daq.createSession('ni');
% 添加模拟输入通道（根据实际情况进行配置）
addAnalogInputChannel(s,'Dev1',0,'Voltage');
% 添加模拟输出通道（根据实际情况进行配置）
addAnalogOutputChannel(s,'Dev1',1,'Voltage');
disp(' 已连接采集卡 ');
```

```matlab
        end
    % 开始采集回调函数
        function startCallback(~,~)
            % 检查是否已连接采集卡
            if isempty(s)
                disp('请先连接采集卡');
                return;
            end
            % 启动连续数据采集
            s.IsContinuous = true;
            s.startBackground();
            disp('开始采集数据');
        end
    % 停止采集回调函数
        function stopCallback(~,~)
            % 停止数据采集
            if ~isempty(s)&& s.IsRunning
                s.stop();
            end
            % 保存采集的数据
            if ~isempty(s)&& ~isempty(s.Scans)
                data = s.Scans;
                save('采集的数据.txt','data','-ascii');
            end
            disp('停止采集数据');
        end
    end
```

可以将上述代码保存为一个".m"文件,并在 MATLAB 命令窗口中运行"PCI_ DataAcquisitionGUI"函数,即可打开 GUI 窗口并进行数据采集操作。

请注意,此示例程序中的"addAnalogInputChannel"和"addAnalogOutputChannel"函数的参数需要根据实际情况进行配置。还需要确保计算机上已安装并配置了适当的驱动程序和硬件设备。

假如一个数据采集系统的图形用户界面包含四个控件,分别用于设置 PCI 采集卡、设置数据库属性、开始数据采集和停止数据采集等,这些控件的类型和属性如表 6-5 所示。

表 6-5　数据采集系统图形用户界面部分控件的类型和属性

功能	控件类型	Tag 属性	String 属性
设置 PCI 采集卡	Push Button	pushbutton1	连接采集卡
设置数据库属性	Push Button	pushbutton2	联通数据库
开始数据采集	Push Button	pushbutton3	开始
停止数据采集	Push Button	pushbutton4	停止

在 MATLAB 中创建图形用户界面后，当用户点击相应的控件，下面的部分程序代码就通过回调函数执行相应的操作，从而实现相应的功能。

```matlab
% "连接采集卡"回调函数，创建数据采集卡模拟输入输出对象
function pushbutton1_Callback(hObject,eventdata,handles)
ai = analoginput('advantech',0);
ao = analogoutput('advantech',0);
ichan = addchannel(ai,0);              % 添加通道
ochan = addchannel(ao,0);              % 添加通道
% 设置模拟输入对象属性
set(ai,'SampleRate',3000);
set(ai,'SampleRate',3000);
set(ichan,'InputRange',[-5,5]);
% 添加 ai 到 handle 中，用 handles.ai 来访问采集卡模拟输入对象 ai
handles.ai = ai;
handles.ao = ao;
set(handles.pushbutton1,'Enable','off');
set(handles.pushbutton2,'Enable','on');
guidata(handles.figure1,handles);
% "连通数据库"回调函数，设置数据库属性
function pushbutton2_Callback(hObject,eventdata,handles)
logintimeout(4);                       % 设置最大连接时间 (s)
conn = database('SQL_DBO','','');      % 创建数据库连接对象
ping(conn);                            % 检查 conn 的状态信息
% 添加 conn 到 handle 中，用 handle.conn 访问 conn
handles.conn = conn;
set(handles.pushbutton2,'Enable','off');
set(handles.pushbutton3,'Enable','on');
set(handles.pushbutton4,'Enable','on');
```

```
guidata(handles.figure1,handles);
% "开始" 按钮回调函数，开始数据采集
function pushbutton3_Callback(hObject,eventdata,handles)
global t;
start(handles.ai);
t=timer('TimerFcn',{@timerCallback,handles.ai,handles.ao,handles.
    conn},'BusyMode','drop','ExecutionMode','fixedRate',
    'Period',2,'StartDelay',0.5);
start(t);
set(handles.pushbutton3,'Enable','off');
set(handles.pushbutton4,'Enable','on');
```

5. 系统测试结果与分析

基于 PCI-1710 数据采集卡设计一个带指示灯的模拟信号输入及输出电路。具体要求：通过电位器产生变化的模拟电压（范围 0 ~ 5 V），接入 PCI-1710 的模拟量输入通道 0，同时在电位器电压输出端接信号指示灯，用以显示电压变化情况。PCI-1710 的模拟量输出通道 0（范围 0 ~ 10 V）接示波器显示电压变化波形，同时接发光二极管显示电压变化（范围 0 ~ 10 V）。模拟信号输入程序画面及运行结果如图 6-32a 所示：在程序画面中设计了一个示波器，实时显示模拟量通道的输入电压，同时当输入电压小于或大于设定的下限电压（0.5 V）或上限电压（3.5 V）时，程序画面中相应指示灯由绿色变为红色。模拟信号输出程序画面及运行结果如图 6-32b 所示：单击垂直滚动条的上、下箭头，生成一个间断变化的数值（0 ~ 10），在程序画面示波器中显示随之变化的曲线，同时在程序画面显示模块中显示实时输出电压。

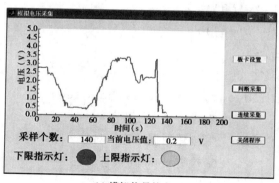

(a) 模拟信号输入

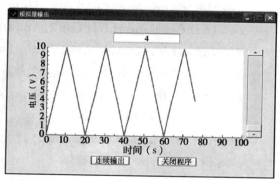

(b) 模拟信号输出

图 6-32　示例程序运行结果

以上展示的是利用 MATLAB 中 DAQ 工具箱和 PCI 板卡设计的数据采集系统，实现了对模拟信号和数字信号的输入、输出，并利用 MATLAB 设计图像用户界面。

思考题

1. 什么是信号？信号与信息的关系是什么？材料制造过程中通常有哪些信号？

2. 什么是传感技术？选择传感器需要考虑哪些因素？

3. 模拟信号的数字化过程是怎样的？包含哪些基本步骤？

4. 能否用 A/D 转换器采集脉冲信号？

5. 多路模拟开关的作用是什么？

6. 采样保持器一般用在什么场合？

7. 假如用 100 KHz 的 A/D 转换器采集 75 KHz 的信号，会得到什么样的结果？

8. 用 12 位的 A/D 转换器对 –10 V~+10 V 进行采样，最小可分辨电压是多少？

9. 对于毫伏级信号采用高增益的好处是什么？

10. 简述逐次逼近型 A/D 转换器的工作原理？

11. 什么是 A/D 转换器的绝对精度和相对精度？对于一个 12 位的 A/D 转换器，其输入电压范围是 0~10V，现将一个 6.3V 的信号进行转换，其绝对精度和相对精度分别是多少？

12. 若 ADC 输入模拟电压信号的最高频率为 100kHz，采样频率的下限是多少？完成一次 A/D 转换时间的上限是多少？假如用 100kHz 的 A/D 转换器采集 75kHz 的信号，会得到什么样的结果？

13. 数据采集系统的主要作用是什么？它是如何工作的？

14. 现代数据采集系统的特点和发展趋势是什么？

15. 设计一个焊接电流和焊接电压的数据采集系统，并用 LabVIEW 或 MATLAB 编写一个采集应用程序，将采集的焊接电流和焊接电压数据以实时变化的曲线显示出来。

参考文献

［1］汉泽西，肖志红，董洁. 现代测试技术 [M]. 北京：机械工业出版社，2006.

［2］周林，殷侠，等. 数据采集与分析技术 [M]. 西安：西安电子科技大学出版社，2005.

［3］祝常红. 数据采集与处理技术 [M]. 北京：电子工业出版社，2008.

［4］许庆彦，张光跃，李锋军，等. 用快速数据采集系统研究铸件充型过程 [J]. 特种铸造及有色合金，2000，3.

［5］鲍泽富，李晓鹏，王江萍. 钻杆热处理过程数据实时采集处理系统设计 [J]. 石油机械，2008，36（10）.

［6］邓洪涛，李江全，田敏. 基于 MATLAB 和研华板卡的数据采集系统 [J]. 石河子大学学报

（自然科学版），2012，30（4）.

　　［7］张秀峰，毛先萍，阿米妮古丽.基于 MATLAB 的 PCI 数据采集在过程控制中的应用研究 [J]. 工业控制计算机，2012，25（8）.

第7章

数字信号的处理过程

数字信号处理（Digital Signal Processing，DSP）就是以数值计算的方法对信号进行滤波、变换、检测、谱分析、综合、估值、压缩、识别等一系列的加工处理，以获得所期望的信息。经计算机处理后提取到的有用信息可以由计算机进行存储、传输、显示、打印输出等后续处理，为分析和决策提供依据。在工业控制领域，通常由计算机根据从控制对象获取的反馈信息，经处理后与设定的参数值进行比较，得到一个差值信号，再根据既定的控制方法或控制策略，向控制对象输出一个控制信号。这个信号往往仍是一个数字信号，在向控制对象输出时需要通过数模转换，变成可以直接控制外部设备的模拟信号。本章将主要介绍数字信号的处理过程和向外部设备模拟控制对象输出时的数模转换过程及其基本原理。

7.1 数字信号基本概念

数字信号处理的目的是实现对信号中有用信息的提取，认识信号，并将其用于实际需要。信号的划分关键看其在时间上如何描述，其次看其幅值允许如何变化。数字信号在时间上是离散的，其幅度的取值也是离散的，并且仅表现为有限个数值之内。数字信号蕴含的信息各不相同，可分为以下三类：

1. 数据信息

数据信息是指由键盘、磁盘驱动器、卡片机等读入的信息，或者由主机送给打印机、磁盘驱动器、显示器及绘图仪的信息，是二进制形式的数据或是以 ASCII 码表示的数据以及字符。用于控制的微型计算机，输入信息多为现场连续变化的物理量，如温度、湿度、位移、压力、流量等，这些物理量一般通过传感器先变成电压或电流，再经过放大。放大后的电压和电流仍然是连续变化的模拟量，而计算机无法直接接收和处理模拟量，要经过模数转换变成数字量，才能送入计算机。反过来，计算机输出的数字量要经过数模转换变成模拟量，才能进行现场控制。开关量可表示两个状态，如开关的闭合和断开，电机的运转和停止，阀门的打开和关闭等，这些量都可以用一位二进制数表示。

2. 状态信息

状态信息反映了当前外设所处的工作状态，是外设通过接口往 CPU 传送的。对于输入设备来说，通常用准备好（READY）信号来表明输入的数据是否准备就绪；对于输出设备来说，通常用忙（BUSY）信号表示输出设备是否处于空闲状态，如为空闲状态，则可接受 CPU 送来的信息，否则 CPU 就要等待。

3. 控制信息

控制信息是 CPU 通过接口传送给外设的，CPU 通过发送控制信号控制外设的工作，外设的启动信号和停止信号就是常见的控制信号。实际上，控制信号往往随着外设的具体工作原理不同而含义不同。

从含义上说，数据信息、状态信息和控制信息各不相同，应该分别传送。但在微型计算机系统中，CPU 通过接口和外设交换信息时，只有输入指令（IN）和输出指令（OUT），所以状态信息、控制信息也被广义地视为一种数据信息，即状态信息作为一种输入数据，而控制信息作为一种输出数据，状态信息和控制信息也是通过数据总线传送。但在接口中，这三种信息进入不同的寄存器。具体地说，CPU 送往外设的数据或者外设送往 CPU 的数据放在接口的数据缓冲器中，从外设送往 CPU 的状态信息则放在接口的状态寄存器中，而 CPU 送往外设的控制信息要送到控制寄存器中。

7.2 数字信号处理的特点

1. 数字信号处理的优点

数字信号处理技术及设备具有灵活、精确、抗干扰强、设备尺寸小、造价低、速度快等突出优点，这些都是模拟信号处理技术及设备所无法比拟的。具体来说，数字信号处理具有以下优点：

（1）处理精度高　在模拟系统的电路中，信号处理的精度主要由系统的元器件决定。元器件精度要达到 10^{-3} 以上已属不易，而且模拟电路的噪声、外部干扰以及环境温度等都会影响处理精度。数字系统由字长决定，例如普通 17 位字长可以达到 10^{-5} 的精度。所以在高精度系统中，有时只能采用数字系统。

（2）可靠性强　数字系统中所有的信号和参数都是用"0""1"表达，这两个数字电平受环境和噪声影响而导致电平状态改变的可能性较小，系统工作稳定，而且数字系统采用大规模集成电路，其故障率远远小于采用众多分立元器件构成的模拟系统。而模拟系统各参数都有一定的温度系数，易受环境条件，如温度、振动、电磁感应等影响，产生杂散效应甚至振荡等；另一方面，各级数字系统之间是通过数据进行耦合和传递信号的，所以不存在模拟电路中阻抗匹配的问题。

（3）灵活性好　数字信号处理采用了专用或通用的数字系统，其性能取决于运算程序和乘法器的各系数，这些均存储在数字系统中，只要改变运算程序或系数，即可改变系统的特性参数。而改变模拟系统必须改变构成模拟系统的元器件，需要重新设计和制作，难度较大。因此，改变数字系统比改变模拟系统方便得多。

（4）具有模拟系统难以实现的功能　例如，有限长单位脉冲响应数字滤波器可以实现严格的线性相位；在数字信号处理中可以将信号存储起来，用延迟的方法实现非因果系统，从而提高了系统的性能指标；数据压缩方法可以大大地减少信息传输中的信道容量。几赫兹至几十赫兹的低频信号滤波用模拟系统需要使用体积和重量庞大的电感器和电容器，且性能不稳定。相比之下，数字系统显示出了体积、重量和性能等方面的优越性。

（5）可以实现多维信号处理　利用强大的存储单元，可以存储二维的图像信号或多维的阵列信号，实现二维或多维的滤波及谱分析；可以时分复用，共享处理器。

（6）易于大规模集成　数字部件规范性好，便于大规模集成、大规模生产，对电路参数要求不严，故产品的成品率高。

2. 数字信号处理的缺点

数字信号处理也存在一些缺点，具体表现如下：

（1）数字信号处理需要增加预处理和后处理设备，从而增加了系统的复杂性。由于实际工程应用中的信号多数是模拟信号，处理前必须经过信号调理、采样、模数转换等一系列预处理过程；经过计算机处理和加工的信息如果需要输出控制外设，还需要经过数模转换、滤波等一系列后处理过程。这些过程都需要增加相应的设备来完成，从而增加了系统的复杂性。

（2）受到采样频率的限制，处理的信号频率范围有限。系统的采样频率一方面受到来自采样和模数转换器件的速度性能的限制；另一方面，对于实时性要求高的控制系统，也受到来自计算机及其软件的数据处理速度的限制。采样频率的进一步提升需要相关预处理器件性能的提高和更高性能的 DSP 处理器。

（3）可靠性相对差一些。由于数字信号处理系统由耗电的有源器件构成，一旦某个器件出现问题将使整个系统处于瘫痪。相对而言，没有无源设备可靠。

虽然有上述这些缺点，但难以掩盖数字化技术的优势。随着微处理器性能的不断提高、预处理及后处理器件性能的不断改进，这些缺点逐步得到改善。数字信号处理的速度不断加快、能够处理的信号频率不断提高，可靠性不断增强，使数字化技术在工业控制领域替代模拟控制方式成为主流技术。

7.3　数字信号处理基本方法

7.3.1　数字滤波及滤波器

滤波（filtering）就是让某些频率分量无失真地通过系统，阻止其他频率分量通过，是抑制和防止干扰的一项重要措施。滤波前、后的波形示意图如图 7-1 所示。实现滤波功能的系统被称为滤波器。滤波器的主要参数:通带(pass band)、阻带(stop band)和截止频率(cut-off frequency)。

所谓数字滤波(digital filtering),是指计算机采用某种算法对数字信号进行滤波处理,通过改变信号的频谱特性来实现信号的去噪、频率选择等目的。数字滤波可以在离散时间域对离散信号进行操作,也可以在离散频率域对信号进行频谱分析和处理。

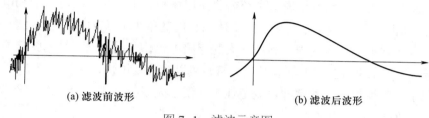

(a) 滤波前波形   (b) 滤波后波形

图 7-1　滤波示意图

数字滤波的基本原理是利用滤波器对输入信号进行加权和求和操作。滤波器可以看作是一个系统,输入信号经过滤波器的传递函数(频率响应)进行加权和求和处理,得到输出信号。

滤波器的传递函数描述了滤波器对不同频率分量的响应。根据滤波器的设计和参数设置,可以实现不同的滤波特性,如低通、高通、带通、带阻等。滤波器的传递函数可以通过滤波器的差分方程、频率响应函数或滤波器的脉冲响应来表示。

数字滤波只是一个计算过程,无须硬件,可靠性高,并且不存在阻抗匹配、特性波动、非一致性等问题。数字滤波器不会出现模拟滤波器在频率很低时较难实现的问题,只要适当改变数字滤波程序的有关参数,就能方便地改变滤波特性,因此数字滤波更方便灵活。

数字滤波器可以根据不同的方法进行分类,常见的分类方法有以下几种。

1. 根据滤波器的脉冲响应分类

(1)有限脉冲响应(finite impulse response,FIR)滤波器　滤波器的脉冲响应是有限的,仅依赖于输入信号当前和过去的采样点。其工作原理是将输入信号的每个采样点与滤波器的系数进行加权求和,得到输出信号的每个采样点。FIR 滤波器没有反馈路径,因此具有稳定性和线性相位特性。FIR 滤波器的系数是确定的,可以通过一些设计方法来得到。常见的 FIR 滤波器设计方法包括窗函数法、最小二乘法、频率抽样法等。

(2)无限脉冲响应(infinite impulse response,IIR)滤波器　滤波器的脉冲响应是无限的,除了依赖于输入信号当前和过去的采样点,还依赖于输出信号的过去值。其工作原理是通过滤波器的反馈路径将输出信号反馈到滤波器的输入端,从而实现对输入信号的滤波。IIR 滤波器的系数和反馈路径的设计可以决定滤波器的频率响应和滤波特性。IIR 滤波器具有更高的灵活性和计算效率,但可能存在稳定性和非线性相位的问题。常见的 IIR 滤波器有巴特沃思滤波器、切比雪夫滤波器、椭圆滤波器等。

2. 根据滤波器的频率响应分类

（1）低通滤波器（low pass filter）　通过滤除高频信号，保留低频信号；

（2）高通滤波器（high pass filter）　通过滤除低频信号，保留高频信号；

（3）带通滤波器（band pass filter）　只保留一定频率范围内的信号；

（4）带阻滤波器（band stop filter）　在一定频率范围内滤除信号；

（5）多带滤波器（multiband filter）　有多个通带和阻带；

（6）梳状滤波器（comb filter）　滤除某一频率的整数倍频率。

3. 根据滤波器的实现方式分类

（1）直接形式滤波器　滤波器的输出直接计算，适用于小规模滤波器。

（2）级联形式滤波器　将滤波器分解为多个级联的滤波器，适用于大规模滤波器。

（3）并行形式滤波器　将滤波器分解为多个并行的滤波器，适用于并行处理的情况。

4. 根据滤波器的设计方法分类

（1）窗函数法　通过选择窗函数和滤波器长度来设计滤波器。

（2）最小二乘法　通过最小化输入输出误差的平方和来设计滤波器。

（3）频率抽样法　通过抽样频率响应来设计滤波器。

数字滤波器由加法器、乘法器、存储延迟单元、时钟脉冲发生器和逻辑单元等数字电路构成，设计数字滤波器就是要确定其传递函数。理想的系统是无失真传输系统，从时域来说，就是要求系统输出响应的波形与输入激励信号的波形完全相同，而幅度可以不同，时间可有所差异，即 $y(t)=kx(t-\tau)$。式中 k 为与 t 无关的实常数，称为波形幅度衰减的比例系数，τ 为延迟时间。从频域分析角度，无失真传输系统的传递函数为

$$H(\mathrm{e}^{\mathrm{j}\omega})=k\mathrm{e}^{-\mathrm{j}\omega\tau} \hspace{3cm} 7-1$$

$$\begin{cases} |H(\mathrm{e}^{\mathrm{j}\omega})|=k \\ \varPhi(\omega)=-\omega\tau \end{cases} \hspace{3cm} 7-2$$

式 7-2 中，幅频特性为常数，信号通过系统后各频率分量的相对大小保持不变，没有幅度失真；相位特性为线性，使对应的时域方程的时延量为常数，即系统对各频率分量的延迟时间相同，保证了各频率分量的相对位置不变，没有相位失真。

数字滤波器的设计是确定其系统函数并实现的过程，一般需要经过如下步骤：

（1）确定滤波器的类型　根据需求选择合适的滤波器类型，例如低通滤波器、高通滤波器、带通滤波器、带阻滤波器等。

（2）确定滤波器的规格　根据需求和信号特性，确定滤波器的截止频率、通带和阻带的衰减要求、群延迟等规格参数。

（3）选择滤波器结构　根据滤波器的规格和性能要求，选择合适的滤波器结构，例如 FIR 滤波器、IIR 滤波器、数字全通滤波器等。

（4）设计滤波器　根据所选滤波器的结构和规格参数，设计出数字滤波器的传递函数或差分方程。

（5）实现滤波器　根据设计的传递函数或差分方程，实现数字滤波器的算法或电路。

（6）评估滤波器性能：对设计完成的数字滤波器进行性能评估，包括滤波器的频率响应、相位响应、群延迟、稳定性、数字误差等。

（7）优化滤波器性能：根据评估结果，对数字滤波器进行优化，以满足性能要求。

下面以低通滤波器的设计进行简要说明。进行滤波器设计时，需要确定其性能指标。一般滤波器的性能指标是以频率响应的幅度响应特性的允许误差来表征，如图 7-2 所示。

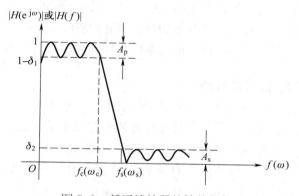

图 7-2　低通滤波器的性能指标

图 7-2 中，低通滤波器的性能指标如下：

δ_1：通带允许的误差，又称为通带容限。

δ_2：阻带允许的误差，又称为阻带容限。

$f_c(\omega_c)$：通带截止频率，又称为通带上限截止频率。

A_p：通带允许的最大衰减。

$f_s(\omega_s)$：阻带截止频率，又称为阻带下限截止频率。

A_s：阻带应达到的最小衰减。

用最大衰减和最小衰减（dB）的形式来表示，则通带允许的最大衰减定义为

$$\delta_1 = 20\lg\frac{|H(e^{j0})|}{|H(e^{j\omega_c})|} = -20\lg|H(e^{j\omega_c})| = -20\lg(1-\alpha_1) \tag{7-3}$$

阻带允许的最小衰减定义为

$$\delta_2 = 20\lg\frac{|H(e^{j0})|}{|H(e^{j\omega_s})|} = -20\lg|H(e^{j\omega_s})| = -20\lg\alpha_2 \tag{7-4}$$

若 $|H(e^{j\omega_c})| = 0.707$，则 $\delta_1 = 3$（dB）；若 $|H(e^{j\omega_s})| = 0.001$，则 $\delta_2 = 60$（dB）。

7.3.2　常用的数字滤波算法

1. 克服大脉冲干扰的数字滤波法

克服由仪器外部环境偶然因素引起的突变性扰动或仪器内部不稳定引起误码等造成的尖脉冲干扰，通常采用简单的非线性滤波法。消除脉冲干扰是数据处理的第一步。

（1）限幅滤波法

限幅滤波法，又称为程序判别法、增量判别法。通过程序判读被测信号的变化幅度，从而消除缓变信号中的尖脉冲信号干扰。具体的方法如下：

根据经验判断，确定相邻两次采样允许的最大偏差值（设为 a），每次检测到新值时判断：如果本次值与上次值之差 $\leq a$，则本次值有效。如果本次值与上次值之差 $>a$，则本次值无效，放弃本次值，用上次值代替本次值。

已滤波的采样结果：$\bar{y}_1$，$\bar{y}_2$，$\cdots$，$\bar{y}_{n-2}$，$\bar{y}_{n-1}$，若本次采样值为 y_n，则本次滤波的结果由下式确定：

$$\Delta y_n = |y_n - \bar{y}_{n-1}| \begin{cases} \leq a, & \bar{y}_n = y_n \\ > a, & \bar{y}_n = \bar{y}_{n-1} \text{ 或 } \bar{y}_n = 2\bar{y}_{n-1} - \bar{y}_{n-2} \end{cases} \qquad 7-5$$

其中，a 的数值可根据 y 的最大变化速率 V_{max} 及采样间隔 T_s 确定，即 $a = V_{max} * T_s$。实现本算法的关键是设定被测参量相邻两次采样值的最大允许误差 a，要求准确估计 V_{max} 和采样间隔 T_s。其优点是能有效克服因偶然因素引起的脉冲干扰，但是无法抑制周期性的干扰，平滑度差，所以这种滤波法适合对温度、压力等变化较慢的测控系统。

下面是 MATLAB 的编程示例：

```matlab
function filtered_signal = limit_filter(input_signal,threshold)
    % 初始化滤波后的信号
    filtered_signal = zeros(size(input_signal));
    % 对输入信号进行限幅滤波
    for i = 1:length(input_signal)
        if i == 1
            filtered_signal(i)= input_signal(i);
        else
            diff = abs(input_signal(i)- filtered_signal(i-1));
            if diff > threshold
                filtered_signal(i)= filtered_signal(i-1);
            else
                filtered_signal(i)= input_signal(i);
            end
        end
```

```
        end
    end

    % 使用示例：
    % 生成测试信号
    t = 0：0.1：10；
    input_signal = sin(t)；
    % 设置限幅阈值
    threshold = 0.5；
    % 调用限幅滤波函数
    filtered_signal = limit_filter(input_signal,threshold)；
    % 绘制原始信号和滤波后的信号
    plot(t,input_signal,'b',t,filtered_signal,'r')；
    legend('原始信号','滤波后的信号')；
    xlabel('时间')；
    ylabel('信号值')；
```

以上这段代码会生成一个包含原始信号和滤波后信号的图形，并在图例中标注。限幅滤波会将当前采样值与前一个已滤波的采样结果相比较，若差值的绝对值超过阈值，则以前一个已滤波的采样值作为当前采样值，否则以当前采样值作为结果。

（2）中值滤波法

中值滤波是一种典型的非线性滤波器，它运算简单，在滤除脉冲噪声的同时可以很好地保护信号的细节信息。对某一被测参数连续采样 n 次（一般 n 应为奇数），然后将这些采样值进行排序，选取中间值为本次采样值。对温度、液位等缓慢变化（呈现单调变化）的被测参数，采用中值滤波法一般能收到良好的滤波效果。

设滤波器窗口的宽度为 $n=2k+1$，离散时间信号 $x(i)$ 的长度为 N，（$i=1，2，\cdots，N$；$N\gg n$），则当窗口在信号序列上滑动时，一维中值滤波器的输出：$med[x(i)]=x^{\wedge}(k)$，表示窗口 $2k+1$ 内排序的第 k 个值，即排序后的中间值，如图 7-3 所示。

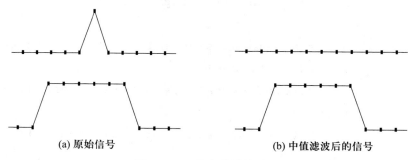

(a) 原始信号　　　　　　　　　　(b) 中值滤波后的信号

图 7-3　一维中值滤波效果

这种滤波方法能有效克服因偶然因素引起的波动干扰，尤其对温度、液位等变化缓慢的被测参数有良好的滤波效果；对流量、速度等快速变化的参数不适宜。

以下是一个使用 MATLAB 编写的中值滤波程序：

```matlab
function filtered_signal = median_filter(input_signal,window_size)
    % 初始化滤波后的信号
    filtered_signal = zeros(size(input_signal));
    % 对输入信号进行中值滤波
    for i = 1:length(input_signal)
        % 窗口起始和结束索引
        start_index = max(1,i - floor(window_size/2));
        end_index = min(length(input_signal),i + floor(window_size/2));
        % 提取窗口内的信号
        window = input_signal(start_index:end_index);
        % 对窗口内的信号进行排序并计算中值
        sorted_window = sort(window);
        median_value = sorted_window(floor(window_size/2)+ 1);
        % 将中值作为滤波后的结果
        filtered_signal(i)= median_value;
    end
end


% 使用示例：
% 生成测试信号
t = 0: 0.1: 10;
input_signal = sin(t);
% 设置窗口宽度
window_size = 5;
% 调用中值滤波函数
filtered_signal = median_filter(input_signal,window_size);
% 绘制原始信号和滤波后的信号
plot(t,input_signal,'b',t,filtered_signal,'r');
legend(' 原始信号 ',' 滤波后的信号 ');
xlabel(' 时间 ');
ylabel(' 信号值 ');
...
```

以上这段代码会生成一个包含原始信号和滤波后信号的图形，并在图例中标注。中值滤波器的输出为窗口内排序的中间值，窗口宽度由"window_size"参数指定。

（3）基于拉依达准则的奇异数据滤波法（剔除粗大误差）

拉依达准则（3σ 准则）：当测量次数 N 足够多且测量服从正态分布时，在各次测量值中，若某次测量值 X_i 所对应的剩余误差 $V_i > 3\sigma$（σ 为标准偏差），则认为 X_i 为坏值，予以剔除。拉依达准则法的应用场合与程序判别法类似，但是能够更准确地剔除严重失真的奇异数据。此方法的具体的步骤如下：

第一步，求 N 次测量值 X_1 到 X_N 的算术平均值　$\bar{X} = \dfrac{1}{N}\sum\limits_{i=1}^{N} X_i$；　　　　　7-6

第二步，求各项的剩余误差　$V_i = X_i - \bar{X}$；　　　　　7-7

第三步，计算标准偏差　$\sigma = \sqrt{(\sum\limits_{i=1}^{N} V_i^2)/(N-1)}$；　　　　　7-8

第四步，判断并剔除奇异项，若 $V_i > 3\sigma$，则认为 X_i 为坏值，予以剔除。

采用拉依达准则滤波会存在一些局限性，如果当样本的数值少于 10 个时就无法判别任何奇异数据，此外 3σ 准则建立在正态分布的等精度重复测量的基础上，而造成奇异数据的干扰或噪声难以满足正态分布。

（4）基于中值数绝对偏差的决策滤波器

基于中值数绝对偏差的决策滤波器能够判别出奇异数据，并以有效的数值来取代。其方法是采用一个移动窗口 $X_0(k)$，$X_1(k)$，…，$X_{m-1}(k)$，利用 m 个数据来确定有效性。如果滤波器判定该数据有效，则输出；否则，如果判定该数据为奇异数据，则用中值来取代。一个序列的中值对奇异数据的灵敏度远小于序列的平均值，用中值构造一个尺度序列，设 $\{X_i(k)\}$ 的中值为 Z，则 $\{d(k)\} = \{|X_0(k)-Z|, |X_1(k)-Z|, …, |X_{m-1}(k)-Z|\}$，以此作为每个数据点偏离参照值的尺度。令 $\{d(k)\}$ 的中值为 d，著名统计学家 Hampel 提出并证明了中值数绝对偏差 MAD = 1.482 6d，MAD 可以代替标准偏差 σ。对 3σ 法则的这一修正称为"Hampel 标识符"。此方法的具体的步骤如下：

第一步，建立移动数据窗口（宽度 m）：

$$\{w_0(k), w_1(k), …, w_{m-1}(k) = x_0(k), x_1(k), …, x_{m-1}(k)\};　　　　　7-9$$

第二步，依据排序法计算出窗口序列的中值 Z；

第三步，计算尺度序列的中值：$d_i(k) = |w_i(k)-Z|$；　　　　　7-10

第四步，令 $Q = 1.482\ 6d = MAD$，计算：$q = |x_i(k)-Z|$；　　　　　7-11

如果 $q < LQ$ 则，$y_m(k) = x_m(k)$；否则 $y_m(k) = Z$。

可以用窗口宽度 m 和门限 L 调整滤波器的特性。m 影响滤波器的总一致性，m 值至少为 7；L 直接决定滤波器主动进取程度。该非线性滤波器具有比例不变性、因果性、算法快捷等特点，能够实时地完成数据净化。

2. 抑制小幅度高频噪声的平均滤波法

对于小幅度高频电子噪声，如电子器件热噪声、A/D 量化噪声等，通常采用具有低通特性的线性滤波方法，如算术平均滤波法、滑动平均滤波法、加权滑动平均滤波法等。

（1）算术平均滤波法

N 个连续采样值（分别为 X_1 至 X_N）相加，然后取其算术平均值作为本次测量的滤波值，即 $\bar{X} = \dfrac{1}{N} \sum\limits_{i=1}^{N} X_i$，$X_i = S_i + n_i$（其中，$S_i$ 为采样值中的信号，n_i 为随机误差）。则

$$\bar{X} = \frac{1}{N} \sum_{i=1}^{N} S_i + \frac{1}{N} \sum_{i=1}^{N} n_i \qquad\qquad 7\text{-}12$$

对于具有随机干扰的信号，此类信号有一个平均值，信号在某一数值范围附近上下波动，采用此方法有较好的滤波效果。滤波效果主要取决于采样次数 N，N 越大，滤波效果越好，但系统的灵敏度将下降。这种方法只适用于慢变信号，并且占用较多的内存。

以下是一个使用 MATLAB 编写的平均滤波法程序。

```matlab
function filtered_signal = moving_average_filter(input_
  signal,window_size)
    % 初始化滤波后的信号
    filtered_signal = zeros(size(input_signal));
    % 对输入信号进行移动平均滤波
    for i = 1:length(input_signal)
        % 窗口起始和结束索引
        start_index = max(1,i - window_size + 1);
        end_index = i;
        % 提取窗口内的信号并计算平均值
        window = input_signal(start_index:end_index);
        mean_value = mean(window);
        % 将平均值作为滤波后的结果
        filtered_signal(i)= mean_value;
    end
end


% 使用示例：
% 生成测试信号
t = 0:0.1:10;
input_signal = sin(t);
% 设置窗口宽度
window_size = 5;
% 调用移动平均滤波函数
filtered_signal = moving_average_filter(input_signal,window_
```

```
        size);
    % 绘制原始信号和滤波后的信号
    plot(t,input_signal,'b',t,filtered_signal,'r');
    legend('原始信号 ',' 滤波后的信号 ');
    xlabel('时间 ');
    ylabel('信号值 ');
    ...
```

以上这段代码会生成一个包含原始信号和滤波后信号的图形，并在图例中标注。移动平均滤波器的窗口宽度由 "window_size" 参数指定，输出为窗口内采样值的平均值。

（2）滑动平均滤波法

对于采样频率较慢或要求数据更新率较高的实时系统，算术平均滤波法无法使用，而滑动平均滤波法可以解决此问题。滑动平均滤波法把 N 个测量数据看成一个队列，队列的长度固定为 N，每进行一次新的采样，把测量结果放入队尾，而去掉原来队首的一个数据，这样在队列中始终有 N 个 "最新" 的数据。一般 N 值的选取：流量，$N=12$；压力，$N=4$；液面，$N=4\sim12$；温度，$N=1\sim4$。

$$\bar{X}_n = \frac{1}{N}\sum_{i=0}^{N-1}X_{n-i} \qquad\qquad 7\text{-}13$$

式中，$\bar{X}_n$ 为第 n 次采样经滤波后的输出；X_{n-i} 为未经滤波的第 $n-i$ 次采样值；N 为滑动平均项数，平滑度高，灵敏度低。实际应用时，通过观察不同 N 值下滑动平均的输出响应来选取 N 值，既能减少计算机的占用时间，又能达到最好的滤波效果。这种方法对周期性干扰有良好的抑制作用，平滑度高，适用于高频振荡的系统；缺点是灵敏度低，对偶然出现的脉冲性干扰的抑制作用较差，不易消除由于脉冲干扰所引起的采样值偏差，不适用于脉冲干扰比较严重的场合，内存消耗大。

以下是一个使用 MATLAB 编写的滑动平均滤波程序。

```
function filtered_signal = sliding_average_filter(input_signal,
    window_size)
    % 初始化滤波的信号
    filtered_signal = zeros(size(input_signal));
    % 初始化队列
    queue = zeros(1,window_size);
    % 对输入信号进行滑动平均滤波
    for i = 1:length(input_signal)
        % 更新队列
        queue(1:end-1)= queue(2:end);
        queue(end)= input_signal(i);
        % 计算队列内数据的平均值
```

```
            mean_value = mean(queue);
            %  将平均值作为滤波后的结果
            filtered_signal(i)= mean_value;
        end
end
...
%  使用示例：
%  生成测试信号
t = 0:0.1:10;
input_signal = sin(t);
%  设置窗口宽度
window_size = 5;
%  调用滑动平均滤波函数
filtered_signal = sliding_average_filter(input_signal,window_size);
%  绘制原始信号和滤波后的信号
plot(t,input_signal,'b',t,filtered_signal,'r');
legend(' 原始信号 ',' 滤波后的信号 ');
xlabel(' 时间 ');
ylabel(' 信号值 ');
...
```

以上这段代码会生成一个包含原始信号和滤波后信号的图形，并在图例中标注。滑动平均滤波器的窗口宽度由"window_size"参数指定，每次新的采样会放入队列的末尾，同时去掉队列的首个数据，然后计算队列内数据的平均值作为滤波后的结果。

（3）加权递推平均滤波法

增加新的采样数据在滑动平均中的比重，以提高系统对当前采样值的灵敏度，即对不同时刻的数据加以不同的权。通常越接近当前时刻的数据，权取得越大。给予新采样值的权系数越大，则灵敏度越高，但信号的平滑度越低。

$$\overline{X}_n = \frac{1}{N}\sum_{i=0}^{N-1} C_i X_{n-i} \qquad\qquad 7\text{--}14$$

$$C_0 + C_1 + \cdots + C_{N-1} = 1 \qquad\qquad 7\text{--}15$$

$$0 < C_0 < C_1 < \cdots < C_{N-1} \qquad\qquad 7\text{--}16$$

这种方法的优点是适用于有较大纯滞后时间常数的信号和采样周期较短的系统。但是对于纯滞后时间常数较小，采样周期较长，变化缓慢的信号不能迅速反应，系统所受干扰严重，滤波效果差。

以下是一个使用 MATLAB 编写的加权递推平均滤波法程序。

```
function filtered_signal = weighted_recursive_average_filter(input_
```

```matlab
    signal, window_size, alpha)
    % 初始化滤波后的信号
    filtered_signal = zeros(size(input_signal));
    % 初始化队列
    queue = zeros(1, window_size);
    % 对输入信号进行加权递推平均滤波
    for i = 1:length(input_signal)
        % 更新队列
        queue(1:end-1) = queue(2:end);
        queue(end) = input_signal(i);
        % 计算队列内数据的加权平均值
        for j = 1:window_size
            mean_value = zeros(1, window_size);
            mean_value(j) = alpha(j) * queue(j);
        end
        weighted_value = sum(mean_value);
        % 将加权平均值作为滤波后的结果
        filtered_signal(i) = weighted_value;
    end
end
...
% 使用示例：
% 生成测试信号
t = 0:0.1:10;
input_signal = sin(t) + 0.2 * randn(size(t));
% 设置窗口宽度
window_size = 5;
% 设置权重系数
alpha = [0.05, 0.1, 0.2, 0.3, 0.35];
% 调用加权递推平均滤波函数
filtered_signal = weighted_recursive_average_filter(input_signal,
    window_size, alpha);
% 绘制原始信号和滤波后的信号
plot(t, input_signal, 'b', t, filtered_signal, 'r');
legend('原始信号', '滤波后的信号');
xlabel('时间');
```

```
ylabel(' 信号值 ');
...
```

以上这段代码会生成一个包含原始信号和滤波后信号的图形，并在图例中标注。加权递推平均滤波法通过对不同时刻的数据加以不同的权重，给予新的采样值更大的权重，从而提高系统对当前采样值的灵敏度。权重系数由"alpha"参数指定，取值范围为0~1，越接近1表示对新采样值赋予的权重更大。

3. 复合滤波法

在实际应用中，有时既要消除大幅的脉冲干扰，又要数据平滑。因此常把前面介绍的两种以上的滤波方法结合起来使用，形成复合滤波。

（1）去极值平均滤波法

先用中值滤波法滤除采样值中的脉冲性干扰，然后把剩余的各采样值进行平均滤波，连续采样 N 次，剔除其最大值和最小值，再求余下 $N-2$ 个采样值的平均值。显然，这种方法既能抑制随机干扰，又能滤除明显的脉冲干扰。为使计算更方便，$N-2$ 应为 2、4、8、16，但实际使用中常取 N 为 4、6、10、18。

以下是一个使用 MATLAB 编写的去极值平均滤波法程序：

```
function filtered_signal = composite_filter(input_
    signal,window_size)
    % 初始化滤波后的信号
    filtered_signal = zeros(size(input_signal));
    % 对输入信号进行复合滤波
    for i = 1:length(input_signal)
        % 窗口起始和结束索引
        start_index = max(1,i - window_size + 1);
        end_index = i;
        % 提取窗口内的信号
        window = input_signal(start_index:end_index);
        % 中值滤波
        median_value = median(window);
        % 剔除最大值和最小值
        window = window(window ~= max(window) & window ~= min(window));
        % 平均滤波
        mean_value = mean(window);
        % 将平均值作为滤波后的结果
        filtered_signal(i) = mean_value;
    end
```

```
    end
…
% 使用示例 ：
% 生成测试信号
t = 0:0.1:10;
input_signal = sin(t)+ 0.2 * randn(size(t));
% 设置窗口宽度
window_size = 5;
% 调用复合滤波函数
filtered_signal = composite_filter(input_signal,window_size);
% 绘制原始信号和滤波后的信号
plot(t,input_signal,'b',t,filtered_signal,'r');
legend(' 原始信号 ',' 滤波后的信号 ');
xlabel(' 时间 ');
ylabel(' 信号值 ');
…
```

以上这段代码会生成一个包含原始信号和滤波后信号的图形，并在图例中标注。去极值平均滤波法首先对输入信号进行中值滤波，然后剔除窗口内的最大值和最小值，最后计算剩余采样的平均值作为滤波后的结果。滤波器的窗口宽度由 "window_size" 参数指定。

（2）其他滤波算法

1）限幅平均滤波法　相当于 "限幅滤波法" + "滑动平均滤波法"。每次采样到的新数据先进行限幅处理，再送入队列进行滑动平均滤波处理。对于偶然出现的脉冲性干扰，可消除由于脉冲干扰所引起的采样值偏差，缺点是比较浪费内存。

2）一阶滞后滤波法　取 $a=0\sim1$，本次滤波结果 =（$1-a$）× 本次采样值 $+a\times$ 上次滤波结果。对周期性干扰具有良好的抑制作用，并且适用于波动频率较高的场合。但是相位滞后，灵敏度低，滞后程度取决于 a 值大小，不能消除滤波频率高于采样频率 1/2 的干扰信号。

3）消抖滤波法　设置一个滤波计数器，将每次采样值与当前有效值比较。如果采样值＝当前有效值，则计数器清零；如果采样值≠当前有效值，则计数器 +1，并判断计数器是否≥上限 N（溢出），如果计数器溢出，则将本次值替换当前有效值，计数器清零。其优点是对于变化缓慢的被测参数有较好的滤波效果，可避免在临界值附近控制器的反复开/关、跳动或显示器上的数值抖动。缺点是对于快速变化的参数不适宜，如果在计数器溢出时采样的值恰好是干扰值，则会将干扰值当作有效值导入系统。

4）限幅消抖滤波法　相当于 "限幅滤波法" + "消抖滤波法"，先限幅，后消抖。这种方法继承了 "限幅" 和 "消抖" 的优点，改进了 "消抖滤波法" 中的某些缺陷，避免了将干扰值导入系统，但仍无法适应参数的快速变化。

4. 频域数字滤波法

频域数字滤波是一种基于信号的频谱进行滤波处理的方法，通过在频域上操作信号的频谱来实现滤波效果。其基本工作原理是通过傅里叶变换将信号转换到频域，然后对频谱进行滤波处理，之后再通过逆傅里叶变换将信号转换回时域。

通过傅里叶变换滤波的关键步骤是在频域上对信号进行滤波处理。通过滤波器函数的选择和参数设置，可以实现对不同频率分量的控制，达到滤波、去噪、频率选择等目的。滤波后的信号可以通过逆变换转换回时域，得到滤波后的输出信号。需要注意的是，傅里叶变换滤波是一种线性滤波方法，可以对信号的所有频率分量进行处理，但可能会引入频率混叠和相位失真等问题。因此，在实际应用中需要根据具体需求和信号特性选择合适的滤波方法和参数设置。

频域数字滤波的基本步骤如下：

（1）傅里叶变换

将输入信号通过傅里叶变换将信号从时域转换到频域，得到信号的频谱。傅里叶变换的数学表达式为

$$F(\omega)=\int_{-\infty}^{\infty}f(t)\mathrm{e}^{\mathrm{i}\omega t}\mathrm{d}t \qquad\qquad 7\text{--}17$$

式中，$f(t)$ 为原始信号；$F(\omega)$ 为信号在频域中的表示；ω 为角频率。

傅里叶变换的数学表达式可以通过离散化处理来用于计算机中的离散信号。离散化处理的关键是将连续时间和连续频率转换为离散时间和离散频率。对于离散时间信号，其样本值可以表示为 $x[n]$，其中 n 为离散时间索引。离散时间信号的傅里叶变换可以通过离散傅里叶变换（DFT）来计算，其数学表达式为

$$X[k]=\sum_{n=0}^{N-1}x[n]\mathrm{e}^{-\mathrm{i}2\pi kn/N} \qquad\qquad 7\text{--}18$$

式中：$x[n]$ 为原始信号的离散样本；$X[k]$ 为信号在离散频域中的表示；N 为采样点数；k 为离散频率索引。通过离散化处理，可以在计算机上对离散信号进行傅里叶变换和逆变换，实现频域分析和信号处理。

（2）频谱滤波

在频域上对信号的频谱进行滤波处理。可以通过将无用的频率分量置零，或者应用特定的滤波器函数来实现滤波。常见的滤波函数前面已作介绍。常用的频域数字滤波方法有以下几种。

1）理想滤波法：理想滤波法是一种理想化的滤波方法，其将感兴趣的频率分量通过，将不感兴趣的频率分量置零。它的频率响应在截止频率处突变，可能会引入频率混叠和振铃效应。

2）巴特沃斯滤波法：巴特沃斯滤波法是一种具有平坦的通带和陡峭的阻带的滤波方法。它可以实现平滑的频率响应，但计算复杂度较高。

3）高斯滤波法：高斯滤波法是一种基于高斯函数的滤波方法，具有平滑的频率响应。它可以控制滤波的带宽和截止频率，适用于信号的平滑滤波。

4）中值滤波法：中值滤波法是一种非线性滤波方法，它将每个样本点的值替换为其邻域内值的中值。它对于去除脉冲噪声（椒盐噪声）效果良好。

5）卡尔曼滤波法：卡尔曼滤波法是一种基于状态估计的滤波方法，可以根据信号的动态变化自适应地调整滤波效果，适用于信号包含噪声和时变特性的情况。

因篇幅关系，以上这些频域滤波方法不予展开，请有兴趣的同学参阅相关参考文献。

（3）傅里叶逆变换

将经过滤波处理后的频谱通过傅里叶逆变换将信号转换回时域，得到滤波后的输出信号。傅里叶逆变换的数学表达式为

$$f(t)= \frac{1}{2\pi}\int_{-\infty}^{\infty}F(\omega)\mathrm{e}^{i\omega t}\mathrm{d}\omega \qquad 7\text{--}19$$

式中：$F(\omega)$ 为信号在频域中的表示；$f(t)$ 为原始信号；ω 为角频率。

类似地，离散傅里叶逆变换（IDFT）可以将离散频域信号转换回离散时间信号，其数学表达式为

$$x[n]= \frac{1}{N}\sum_{k=0}^{N-1}X[k]\mathrm{e}^{i2\pi kn/N} \qquad 7\text{--}20$$

式中：$X[k]$ 为信号在离散频域中的表示，$x[n]$ 为通过离散傅里叶逆变换转换回离散时间的信号，N 为采样点数，k 为离散频率索引。

离散傅里叶变换（DFT）的数学表达式与快速傅里叶变换（FFT）的数学表达式是相同的。FFT 是一种高效的计算 DFT 的算法，可将 DFT 的计算复杂度从 $O(N^2)$ 降低到 $O(N\log N)$，大大减少了计算量。FFT 算法将离散信号分为偶数和奇数索引的两部分，然后对这两部分分别进行 FFT 变换，并通过旋转因子将结果重新组合得到最终的频域表示。FFT 算法比传统的 DFT 算法更快速、更高效，它可以通过快速傅里叶变换算法库或者现有的 FFT 函数实现，非常方便，因此 FFT 常用于信号处理和滤波领域。

以下是一个 MATLAB 程序，用于对信号进行频域滤波，频域中采用高斯滤波器进行滤波。

```
%  生成测试信号
fs = 1000;                          % 采样率
t = 0:1/fs:1-1/fs;                  % 时间向量
x = sin(2*pi*50*t)+ sin(2*pi*120*t);    % 生成两个正弦信号
%  添加噪声
y = x + 2*randn(size(t));
%  计算 FFT 并取得频谱
n = length(y);                      % 信号长度
f =(0:n-1)*(fs/n);                  % 频率向量
y_fft = fft(y);
y_fft = y_fft(1:n/2);
f = f(1:n/2);
```

```
%  设计高斯滤波器
fc = 80;                               %  截止频率
w = 2*pi*fc/f(end);                    %  高斯滤波器的宽度
gauss_filt = exp(-(f/w).^2);           %  高斯滤波器的频率响应
%  将高斯滤波器应用于频谱
y_filt_fft = y_fft .* gauss_filt';
%  反变换回时域
y_filt = ifft([y_filt_fft conj(y_filt_fft(end-1:-1:2))]);
%  绘制结果
figure;
subplot(2,1,1);
plot(t,y);
xlabel('时间 (s)');
ylabel('幅值');
title('原始信号');
subplot(2,1,2);
plot(t,y_filt);
xlabel('时间 (s)');
ylabel('幅值');
title('滤波后的信号');
...
```

以上这个程序中，首先生成了一个包含两个正弦信号和高斯噪声的测试信号；然后计算了信号的 FFT，并提取了频谱；接下来，设计了一个高斯滤波器，并将其应用于频谱；最后，使用逆 FFT 将滤波后的频谱转换回时域，并绘制原始信号和滤波后的信号。

7.3.3 数据处理

经数字滤波得到的被测参数，有时还不能直接使用，须进行某些处理后才能使用。

1. 线性化处理

热电偶与被测温度之间的关系曲线就需要进行线性化处理。如，铁 – 康铜热电偶在 $0 \sim 400 \, ℃$ 范围内，允许误差小于 $\pm 1 \, ℃$，温度 $T = a_4 E^4 + a_3 E^3 + a_2 E^2 + a_1 E$。这是非线性的，其中 E 为热电势（mV），T 为温度（℃），系数 $a_1 = 1.975\,095\,3 \times 10$、$a_2 = -1.854\,260\,0 \times 10^{-1}$、$a_3 = 8.368\,395\,8 \times 10^{-3}$，$a_4 = -1.328\,056\,8 \times 10^{-4}$。已知热电偶的热电势，按上述公式计算温度，对于小型系统而言计算量较大。为简单起见，可分段进行线性化，即用多段折线代替曲线。

线性化的过程是，首先判断测量数据处于哪一段折线内，然后按相应段的线性化公式计算出线性值。折线段的分法可依实际情况而定，折线段越多，线性化精度就越高，软件的设计成本也相应增加。

2. 中间运算

用孔板测量气体的流量，差压变送器输出的孔板差压信号 ΔP 与实际流量 F 之间成平方根关系，即 $F=k\sqrt{\Delta P}$（式中，k 为流量系数）。但当被测气体的温度和压力与设计孔板的基准温度和基准压力不同时，采用该公式计算出的流量 F 必须进行温度、压力补偿。

一种简单的补偿公式为

$$F_0=F\sqrt{\frac{T_0P_1}{T_1P_0}} \qquad\qquad 7\text{--}21$$

式中：T_0 为设计孔板的基准绝对温度，K；P_0 为设计孔板的基准绝对压力；T_1 为被测气体的实际绝对温度；P_1 为被测气体的实际绝对压力。对于某些无法直接测量的参数，必须先检测与其有关的参数，再依照某种计算公式，才能间接求出其真实数值。

3. 自动误差校正

有些情况下，对自动检测的模拟输入来说，在放大器、滤波器、模拟多路开关、A/D 转换器等各环节上，难免会引入一些误差。为保证测量的精度，有必要对系统进行自动校准，并根据校准结果对测量值进行误差补偿。自动检测系统的系统误差主要体现在零点误差和增益误差上，应分别对其进行自动校正。

（1）零点误差的自动校正　为测出系统的零点误差，须增加一路模拟输入通道用于输入零电平信号，即接到干扰尽可能小的信号上。在信号测量前，先对零电平信号进行一次测量，确定零点误差值，然后再对被测信号测量，用零点误差修正信号测量值。

（2）增益误差的自动校正　增益误差的自动校正是通过增加高精度直流基准信号源的方法实现的。在信号测量前，先对本量程的基准信号源进行一次测量，再对被测信号测量，用基准信号源的测量值修正信号测量值。

7.3.4　运算控制

计算机控制系统采集信号并进行一系列处理的目的是获取有用信息，然后通过运算，以一定的方式去控制外部设备，因而运算控制是计算机数据采集与控制系统的主要功能之一，包括连续控制、逻辑控制、顺序控制、批量控制和智能控制等。

这些控制功能都由专门的算法语言编制的软件来完成。限于篇幅，这里不介绍具体的算法编程，只简要介绍几种常用的算法。

1. 连续运算控制算法

（1）数字 PID 控制算法

PID 控制是应用最广泛的一种自动控制方法，它按偏差的比例（P）、积分（I）、微分

（D）对生产过程进行控制。用计算机实现 PID 控制，不是简单地把 PID 控制规律数字化，而是与计算机的逻辑判断和运算功能进一步结合起来，使 PID 控制更加灵活多样，能更好地满足各种各样生产过程的要求。具体的 PID 控制原理与算法将在第 9 章介绍。

（2）其他控制算法

除 PID 控制算法外，系统还必须有其他相关运算配合，才能构成复杂回路。数字信号处理系统常用的控制算法如表 7-1 所示。

表 7-1　数字信号处理系统常用的控制算法

序号	名称	序号	名称	序号	名称	序号	名称
（1）	加减法	（8）	选最大值	（15）	变化率报警	（22）	一阶超前
（2）	乘法	（9）	选最小值	（16）	偏差报警	（23）	超前滞后
（3）	除法	（10）	平滑切换	（17）	温度压力补偿	（24）	一阶惯性
（4）	绝对值	（11）	高/低限限制	（18）	折线函数	（25）	纯迟延—阶惯性
（5）	开平方	（12）	变化率限制	（19）	设定值曲线	（26）	纯迟延补偿
（6）	选常数	（13）	偏差限制	（20）	非线性曲线		
（7）	选信号	（14）	高/低限报警	（21）	工程量变换		

2. 逻辑运算控制算法

数字信号处理系统中还常用到一些逻辑运算，如，与（and）、或（or）、非（not）、异或（xor）、双稳态触发器（flipflop）、单稳态触发器（sff）、计数器（count）、计时器（timer）等。

7.4 数字信息传输过程中的信号处理技术

数据通信的基本过程包含两项内容，即数据传输和通信控制。如果把这个过程与打电话的过程相比，可以发现有很多相似之处，如表 7-2 所示。

表 7-2　数据通信与打电话过程对比

数据通信过程	打电话过程
建立物理连接	拨号，接通对方
建立逻辑连接	互相确认身份
数据传送	通话
断开逻辑连接	互相确认要结束通话
断开物理连接	双方挂机

　　数据通信的过程就是在通信的双方之间建立通路和对数据进行传输的过程。为了保证发送的数据正确无误地送达接收方，在数据通信过程中涉及许多具体的技术，如数据编码技术、调制技术、同步控制、多路复用、差错控制和信息加密技术等，本单元将逐一介绍它们的基本原理和技术特点。

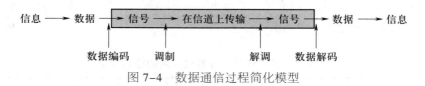

图 7-4　数据通信过程简化模型

　　图 7-4 所示是一个数据通信过程的简化模型，从这个模型中可以看到，任何信息如果需要通过一个数字化数据通信系统传送到另一方，首先都必须将信息转化为数字化的数据，然后通过数据编码技术转变成适合传输的数字信号，在数据编码过程中数字信号被添加了便于同步、识别和纠错的代码，甚至还可以根据某种运算规则，对数字信号进行加密处理。如果经过编码的数字信号不能直接在介质上传输，而需要通过模拟信道传输，就要把该信号通过调制技术转换成适合传输的模拟信号形式。信号通过信道传输至接收方后，还需要经过一个反向变换的过程，即调制的模拟信号需要通过解调技术还原成调制前的数字信号，经过数据编码和加密的数字信号需要通过解码技术和解密算法还原成原始数据。最后，原始数据再还原成它所代表的数字信息或模拟信息，从而完成通信中的一次数据传输过程。

7.4.1　数据编码技术

　　基带数字通信系统的任务是传输数字信息，数字信息可能来自数据终端设备的原始数据信号，也可能来自模拟信号经数字化处理后的脉冲编码信号。为了使数字信息适合在信道上传输，需要对信号进行码型变换，这个过程即为数据编码，其反过程为数据解码，如图 7-5 所示。

图 7-5　通信中的数据编码和解码

　　常用的基带数字编码方式有：单极性不归零码、双极性不归零码、单极性归零码、双极性归零码、曼彻斯特码和差分曼彻斯特码。

1. 单极性不归零码

单极性不归零码波形的零电平和高电平分别与二进制符号 0 与 1 相对应。这种信号在一个码元的时间内，不是高电平就是零电平，电脉冲之间无间隔，极性单一，其波形如图 7-6a 所示。该波形经常在近距离传输时被采用。

2. 双极性不归零码

在双极性不归零码波形中，二进制符号 0 与 1 分别与正、负电平相对应，如图 7-6b 所示。与单极性不归零码相同，它的电脉冲之间也无间隔。该编码方式的优点是有正、负信号可以互相抵消其直流成分。

3. 单极性归零码

单极性归零码以高电平和零电平表示二进制码 1 和 0。其中，高电平的持续时间要小于码元宽度，在一个码元中总有零电平存在，如图 7-6c 所示。单极性归零码的主要优点是可以直接提取同步信号，常在近距离内实行波形变换时采用。

4. 双极性归零码

双极性归零码是双极性不归零码的归零形式，如图 7-6d 所示。在这种波形中，对应每一个符号都有零电平的间隙产生，即相邻脉冲之间必定有零电平的间隔。

5. 曼彻斯特码

在曼彻斯特码中，每一个码元的中间有一次跳变，用电平的正跳变来表示"0"，电平的负跳变来表示"1"，如图 7-6e 所示。由于跳变都发生在每一个码元的中间位置，因此也可以用来作为时钟信号。

6. 差分曼彻斯特码

在差分曼彻斯特码中，码元中间的跳变仅提供时钟定时，不作为数据信号。而通过每位开始有无跳变来表示"0"或"1"，有跳变为"0"，无跳变为"1"。差分曼彻斯特编码的波形如图 7-6f 所示。

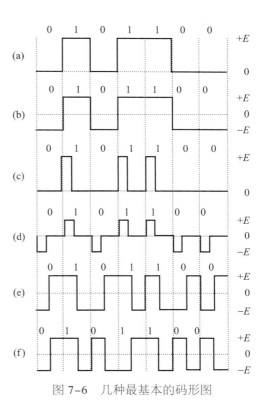

图 7-6　几种最基本的码形图

7.4.2 数据调制技术

与数据编码类似，数据调制的目的也是为了让信号能够在通道及相应的设备上传输。但两者不同之处在于，编码使用数字信号承载数字或模拟数据，而调制则使用模拟信号承载数字或模拟数据，调制的反过程即为解调，如图 7-7 所示。

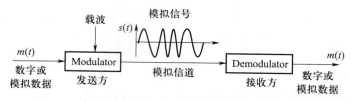

图 7-7　通信中的数据调制和解调

　　模拟通信中可采用调幅、调频和调相等多种调制方式来调制信号。在数字通信中，数据通常采用幅移键控（amplitude shift keying，ASK）、相移键控（phase shift keying，PSK）和频移键控（frequency shift keying，FSK）这三种调制方式。

1. 幅移键控

　　幅移键控把频率和相位作为常量，振幅作为变量，通过改变载波的振幅大小来表示原始数字信号的"1"和"0"（图 7-8a），输出波形如图 7-8b 所示。

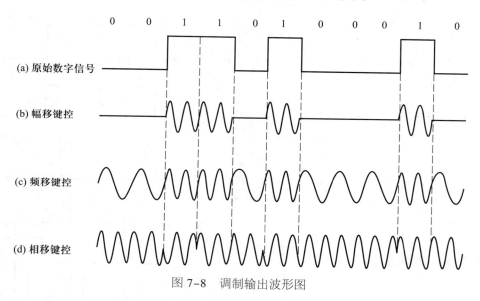

图 7-8　调制输出波形图

2. 频移键控

　　频移键控把振幅、相位作为常量，频率作为变量，通过改变载波的频率来表示信号"1"和"0"，输出波形如图 7-8c 所示。这种方式实现起来比较容易，抗噪声和抗衰减性好，稳定可靠，是中低速数据传输的最佳选择。

3. 相移键控

　　如果两个频率相同的载波同时开始振荡，这两个频率同时达到正最大值，同时达到零值，同时达到负最大值，此时它们就处于"同相"状态；如果一个达到正最大值时，另一个达到负最大值，则称为"反相"。相移键控就是把相位作为变量，通过改变载波的相位来表示信号"1"和"0"的调制方式，输出波形如图7-8d。这种方式在中速和高速的数据传输中得到了广泛的应用。相移键控有很好的抗干扰性，在有衰减的信道也能获得很好的效果。

7.4.3 同步控制技术

在进行数据通信时，发送端与接收端的计算机通常具有不同的时钟频率，这就导致它们的时钟周期会存在微小误差。尽管这种误差很小，但在大数据传输时，这种误差的积累足以引起传输的错误。因此，为了保证传输过程的准确性，一般要求发送端除了发送数据之外，还要提供数据的起止时间和时钟频率，以便接收端校正自己的时间基准和时钟频率，确保两者时钟频率的一致性，这个过程叫同步。同步的目的是使接收端与发送端在时间基准上一致（包括开始时间、位边界、重复频率等）。目前同步的方式主要有三种：位同步、字符同步和帧同步。

1. 位同步

位同步的目的是使接收端接收的每一位信息都与发送端保持同步，目前实现位同步的方法主要有外同步法和自同步法两种。

（1）外同步法：发送端发送数据之前先发送同步时钟信号，接收方根据这一同步信号来锁定自己的时钟脉冲频率，从而达到收发双方位同步的目的；

（2）自同步法：一些特殊编码（如曼彻斯特编码）本身就含有同步信号，接收方可从信号中提取同步信号来锁定自己的时钟脉冲频率，从而达到同步目的。

2. 字符同步

以字符为边界实现字符的同步接收，也称为起止式同步或异步制同步。每个字符的传输需要：1个起始位，5～8个数据位，1、1.5、2个停止位，如图7-9所示。

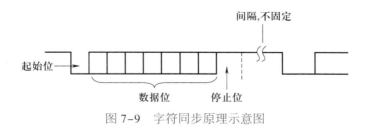

图 7-9　字符同步原理示意图

字符同步的特点是频率的漂移不会累积，每个字符开始时都会重新同步，每两个字符之间的间隔时间不固定，传输比较灵活；但由于每个字符之间都增加了辅助位，所以传输效率较低。例如，如果传输中采用1个起始位、8个数据位、2个停止位时，其效率最高为8/11（72.7%），也就是说，即使每个字符之间没有时间间隔，其传输的有效数据位占整个比特流位数的比例不超过72.7%，如果每个字符之间还存在不固定的时间间隔，则效率将更低。

3. 帧同步

帧同步是指收发双方约定用特定的字符或位序列来标识一个帧的起始和结束，从而使接收方能够从接收的数据流中识别帧的开始和结束。帧（frame）是数据链路中的传输单位——包含数据和控制信息的数据块，如图 7-10 所示。在数据通信中，信息流通常被划分成报文分组或 HDLC（高级数据链路控制）规程的帧。因此，接收端在接收这些数据时，必须知道每一帧的起止时刻。数据链路层把比特流以帧为单位传送，是为了在出错时可只将有错的帧重发，而不必将全部数据重新发送，从而提高了传输效率。通常会为每个帧计算校验和（checksum），当一帧到达目的地时，校验和再被计算一遍，若与原校验和不同，就说明出错，应及时纠正重发。因此，帧同步是指接收方能从接收到的二进制比特流中区分出帧的起始与终止。帧同步的方式可以分为"面向字符的帧同步方式"和"面向比特的帧同步方式"两种。下面介绍几种常见的帧同步方法。

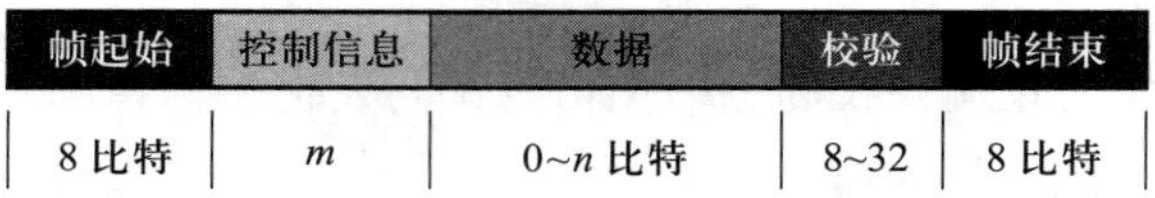

帧起始	控制信息	数据	校验	帧结束
8 比特	m	0~n 比特	8~32	8 比特

图 7-10 一个数据帧包含的内容

面向字符的帧同步方式——以特定的字符（如 SYN、STX、ETX）来标识一个帧的开始和结束，这种方式适用于数据为字符类型的帧。

面向比特的帧同步方式——以一组特定的比特模式或特殊的位序列（如 7EH，即 01111110）来标识一个帧的开始和结束，这种方法适用于任意数据类型的帧。

用于实现帧同步的方法主要包括以下几种：

（1）字节计数法

这种方法首先用一个特殊字段 SOH（start of header）来标明一帧的开始，然后用一个字段来标示该帧内的字节数。当接收端获得字节计数值时，就知道该帧中后面跟随的字节数，从而可以确定帧结束的位置。这种方法的最大问题在于，如果标示帧大小的字段出错，就意味着接收端会失去帧同步的可能，从而无法找到下一帧正确的起始位置。在这种情况下，虽然接收端知道该帧存在差错，但却无法获得下一帧正确的起始位置，即使请求发送端重新发送出错的信息也无济于事，因为接收端无法知道应该跳过多少个字符才能到达重传的开始位置。

（2）使用字符填充的首尾定界符方法

这种方法用一些特定的字符来定界一帧的开始和结束，很好地解决了错误发生后重新同步的问题。为了避免信息位中出现的特殊字符被误判为一帧的首、尾定界符，可以在这种数据帧的起始位置填充一个转义控制字符 DLE STX（data link escape-start of text），在帧的结束位置填充 DLE ETX（data link escape-end of text），以示区别，从而实现透明传输。

（3）使用比特填充的首尾定界符法

这种方法用一组特定的比特模式（如 01111110）来标志一帧的开始和结束。为了防止信息位中出现该特定模式被误判为帧的首、尾标志，可以采用比特填充的方法来解决。当发送端发送的数据中有 5 个连续的"1"时，就自动在其后添加一个"0"。在接收端，当收到连续 5 个"1"，并且后面一位是"0"时，则自动删除该"0"位。例如，数据帧为"0110111111011111001"，采用比特填充后，传输时该数据帧实际表示为"**0**1111110**0**1101 1111**0**101111**0**000**1**01111110"（黑体字为填充位）。

（4）违例编码法

这在物理层采用特定的比特编码方法时采用。例如，采用曼彻斯特编码法，"高－低电平对"表示数据编码"1"，"低－高电平对"表示数据编码"0"。而"高－高电平对"或"低－低电平对"在数据编码中都是违例的，可以借用这些违例编码的序列来界定帧的开始和结束。

7.4.4 多路复用技术

在数据通信系统中，信道需求的带宽或容量往往超过单一信号传输。为了提高信道的利用率，可以把多个信号组合起来共享同一条信道，这就是所谓的多路复用技术。如前所述，常用的复用技术有"频分复用""时分复用"和"码分复用"，在光纤通信中，作为"频分复用"技术的一个变例，采用不同光波的复用技术被称为"波分复用"。

1. 频分复用

频分复用（frequency division multiplexing，FDM）是指将一个传输信道划分成若干不同频段的子信道，并利用每个子信道单独传输一路信号的一种技术，如图 7-11 所示。使用频分复用的条件是传输信道的总带宽大于各子信道带宽之和，同时为了防止各子信道中传输的信号互相干扰，还需要选择合适的载波频率，并在各子信道之间设立隔离带。频分复用技术的特点是所有子信道传输的信号以并行的方式工作，每一路信号传输时可不考虑传输时延，因而频分复用技术得到了非常广泛的应用。频分复用技术除了传统意义上的频分复用（FDM）外，还有正交频分复用（orthogonal frequency division multiplexing，OFDM）。

正交频分复用属于多载波调制，它将调制信号分成多路，对多个在频率上等间隔分布且相互正交的子载波进行调制，然后经频分复用组合在一起。OFDM 有许多非常引人注目的优点。第一，OFDM 具有非常高的频谱利用率。如上所述，传统的 FDM 系统为了分离各子信道，需要在相邻信道间设置一定的保护间隔（频带），造成了频谱资源的浪费。在 OFDM 中，各子信道信号的分离是依靠它们彼此间的正交性来完成的，这使得各子信道间不但无须保护频带，而且相邻信道间信号频谱的主瓣还可以相互重叠，提高了频谱的使用效率。第二，实现简单。OFDM 的调制过程可以用 IFFT（快速傅里叶逆变换）完成，解调过程可以用 FFT（快速傅里叶变换）完成，既不用多组振荡源，又不用带通滤波器组分离信号。第三，抗多径干扰能力强。多径干扰是指在地面无线电广播中，由于电波在传输路径中的反射引起的干扰。在地面无线电广播中，由于障碍物的影响，到达接收机的电波不仅有直射波，而且还有一次或多次反射波。这些经不同路径到达接收天线的电波之间会有较大的时延差，从而导致信号间的干扰，引起误码。在 OFDM 中，由于调制信号被分成多路，因此每一路的数据传输率很低，信号周期相应延长。如果信号周期远大于反射波和直射波之间的时间间隔，则由反射波引起的信号间的干扰对信号判别的影响就会大为降低。

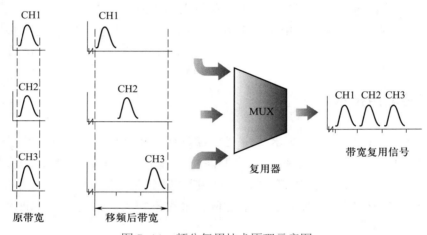

图 7-11 频分复用技术原理示意图

2. 波分复用

波分复用（wavelenth division multiplexing，WDM）是将一系列载有信息、但波长不同的光信号合成一束，沿着单根光纤传输；在接收端用某种方法，再将各个不同波长的光信号分开的通信技术。这种技术可以同时在一根光纤上传输多路信号，每一路信号都由特定波长的光来传送，一个波长一个信道，多个波长就有多个信道，多个信道共享一路光纤。

在光学系统中可利用衍射光栅来实现多路不同频率光波信号的合成与分解。整个波长频带被划分为若干个波长范围，每路信号占用一个波长范围来进行传输，如图 7-12 所示。波分复用一般应用波长分割复用器和解复用器（也称合波器、分波器）分别置于光纤两端，实现不同光波的耦合与分离，这两个器件的原理是相同的。

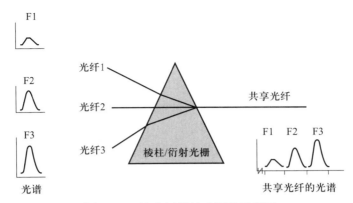

图 7-12 波分复用技术原理示意图

光波是电磁波的一部分，光的频率与波长具有单一对应关系，因此 WDM 技术本质上就是光域上的频分复用（FDM）。WDM 系统的每个信道通过频域的分割来实现，每个信道占用一段光纤的带宽。波分复用技术与同轴电缆的 FDM 技术有以下不同：

（1）传输媒介不同。WDM 是光信号的频率分割，而 FDM 是电信号的频率分割。

（2）在每个通路上，同轴电缆传输的是模拟的 4 kHz 语音信号，而 WDM 光纤系统传输的是 SDH2.5 Gbps 的数字信号或更高速率的数字信号。

3. 时分复用

时分复用（time-devision multiplexing，TDM）将一条信道按传输时间分成若干个时间片（又称为时隙），然后轮流分配给多个信号使用，每个时间片被一路信号占用。这样，利用每个信号在时间上的交叉，就可以实现一条信道传送多路信号的目的，如图 7-13 所示。

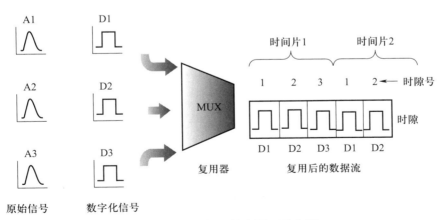

图 7-13 时分复用技术原理示意图

使用时分复用技术的条件是媒质能达到的传输速率超过传输数据所需的数据传输速率，与频分复用类似，各路时间也要有防护时隙。其中，时分复用技术根据是否能够确定线路使用的时刻又可以分为"同步时分复用"和"异步时分复用"。

同步时分复用（synchronous time division multiplexing，STDM）采用固定时间片分配方式，即将传输信号的时间按特定长度连续地划分成特定的时间段（一个周期），再将一个时间段划分成等长度的多个时隙，每个时隙以固定的方式分配给各路数字信号，每路数字信号在一个时间段内都会顺序分配到一个时隙。

由于在同步时分复用方式中，时隙预先分配且固定不变，无论时隙拥有者是否传输数据都占有一定时隙，这就形成了时隙的浪费，降低了时隙的利用率。为了克服同步时分复用的这些缺点，引入了异步时分复用技术。

异步时分复用（asynchronous time division multiplexing，ATDM）又被称为统计时分复用技术（statistical time division multiplexing，STTDM），只有当某一路用户有数据要发送时才把时隙分配给它，当用户停止发送数据时，就不给它分配时隙。此时信道的空闲时隙就可以用于其他用户的数据传输，提高了时隙的利用率。

4. 码分复用

码分复用（code division multiple access，CDMA）与频分复用以及时分复用不同，它既共享信道的频率，也共享时间，是一种真正的动态复用技术。在码分复用中，每比特时间被分成 m 个更短的时间槽，称为码片（chip），通常情况下每比特有 64 或 128 个码片。每个站点被赋给一个唯一的码片序列（chip sequence）。当发送比特 1 时，站点就发送其码片序列；发送比特 0 时，站点就发送其码片序列的补码。例如，假定站点 A 的码片序列为 00101001，发送 00101001 就表示发送比特 1，发送 11010110 就表示发送比特 0。当一个信道上有多个站点同时发送信号时，最终的信号由这些独立的信号线性叠加而成。为了使接收端能够从这个合成信号中提取出各站点信号的分量，需要满足一定的条件，即各个站点的码片序列需要互相正交，如式 7-22 所示。此时，通过计算收到的码片序列（所有站点发送的信号的线性总和）以及还原站点的码片序列的内标积，就可以还原出原比特流。

$$\begin{cases} ST = \dfrac{1}{m}\sum_{i=1}^{m} S_i T_i = 0 \\ SS = \dfrac{1}{m}\sum_{i=1}^{m} S_i S_i = \dfrac{1}{m}\sum_{i=1}^{m}(S_i)^2 = \dfrac{1}{m}\sum_{i=1}^{m}(\pm 1)^2 = 1 \end{cases} \qquad 7\text{–}22$$

式中：S 为站点 S 的 m 维码片序列，T 为站点 T 的 m 维码片序列。

码分复用技术主要用于无线通信系统，特别是移动通信系统。它不仅可以提高通信的话音质量和数据传输的可靠性以及减少干扰对通信的影响，而且增大了通信系统的容量。

7.4.5　差错控制技术

差错控制是在数据通信过程中能发现或纠正差错，把差错限制在尽可能小的允许范围内的技术。当信号在物理信道中传输时，可能存在各种干扰因素，比如，线路本身电气特性造成的随机噪声、信号幅度的衰减、频率和相位的畸变、电气信号在线路上产生反射造成的回音效应、相邻线路间的干扰以及各种外界因素都会造成信号的失真。由此可能造成数据通信中码元波形的破坏，导致数据通信错误。但另一方面，与语音、图像传输不同，数据通信要求信息传输过程具有高度的可靠性，即误码率要求足够低。误码率是用来衡量数据通信系统可靠性的重要指标。数据通信中差错的表现形式主要有四种，即失真（distortion）、丢失（deletion）、重复（duplication）和失序（reordering）。

为了确保数据通信正常，可以从两方面着手解决：一是通过采用先进的物理设备改善传输信道的电气特性，提高传输可靠性，但这种方法往往成本高昂；另一种办法是在相应的物理设备条件下采用计算机技术进行差错编码和控制，自动检测错误并在可能的情况下纠正错误，这就是所谓的差错控制技术。

信道根据差错分布规律的不同，可以分为三类：随机信道、突发信道和混合信道。在随机信道中，差错的出现是随机的，且差错之间是独立的，这种随机出现的差错称为随机差错。在突发信道中，大量差错在一定的时间区间内集中出现，而在这些区间之间又存在较多的无差错区间，这种成串出现的差错称为突发差错。产生突发差错的主要原因之一是脉冲干扰，而信道中的衰落现象，如传输媒质老化、接触不良等现象也是引起突发差错的一个主要原因。在混合信道中，随机差错与突发差错同时存在。对于不同类型的信道，应采用不同的差错控制技术。常用的差错控制技术主要包括检错重发法、前向纠错法和反馈校验法。

1. 检错重发法

发送端在发送数据的同时，附带一定的校验信息。接收端根据这些信息能够判断当前接收到的数据是否存在差错，但却不能知道具体的差错位置。接收端通过传送错误确认信息给发送端，使发送端重新发送数据，一直到正确接收为止。由于这种方法需要双向通信，因此需要具备双向信道。在检错重发法中，常见的检错码方案包括奇偶校验码（parity check code，PCC）和循环冗余编码（cyclic redundancy code，CRC）。

（1）奇偶校验（parity check）

奇偶校验的基本原理是在原始数据字节的最高位增加一个奇偶校验位，使结果中 1 的个数为奇数（奇校验）或偶数（偶校验）。例如：1100010 增加偶校验位后为 11100010，而 1100011 增加偶校验位后为 01100011。若接收方收到的字节奇偶校验结果不正确，就可以知道传输中发生了错误。这种方法只能用于面向字符的通信协议中，而且只能检测出奇数个比特位可能出现的差错。也就是说，如果字符中同时有偶数个比特位出现差错，则奇偶校验位无法检测出错误。

（2）循环冗余校验（cyclic redundancy check）

循环冗余校验是目前计算机网络和数据通信中用得最广泛的检错方法，漏检率较低且便于实现。其基本原理是将传输的位串看成系数为 0 或 1 的多项式，收发双方约定一个生

成多项式 $G(x)$，发送方在帧的末尾加上校验和，使带校验和的帧的多项式能被 $G(x)$ 整除。接收方收到后，用 $G(x)$ 除多项式，若有余数，则传输有错。CRC 校验的关键是如何计算校验和。

k 位要发送的信息位可对应于一个（$k-1$）次多项式 $K(X)$，r 位冗余位则对应于一个（$r-1$）次多项式 $R(X)$，由 k 位信息位后面加上 r 位冗余位组成的 $n=k+r$ 位码字则对应于一个（$n-1$）次多项式 $T(X)=X'K(X)+R(X)$。例如：

信息位 1011001 　　　　$\rightarrow K(X)=X^6+X^4+X^3+1$ 　　　　　　　　　　　7–23

冗余位 1010 　　　　　　$\rightarrow R(X)=X^3+X$ 　　　　　　　　　　　　　　7–24

码字 10110011010 　　$\rightarrow T(X)=X^4 \cdot K(X)+R(X)=X^{10}+X^8+X^7+X^4+X^3+X$ 　7–25

由信息位产生冗余位的编码过程，就是已知 $K(X)$ 求 $R(X)$ 的过程。在 CRC 码中可以找到一个特定的 r 次多项式 $G(X)$（其最高项 X' 的系数恒为 1），然后用 $X' \cdot K(X)$ 除以 $G(X)$，得到的余式就是 $R(X)$。特别要强调的是，这些多项式中的 "+" 都是模 2 加法（即异或运算），此外，这里的除法用的也是模 2 除法，即除法过程中用到的减法是模 2 减法，它和模 2 加法的运算规则一样，都是异或运算，这是一种不考虑加法进位和减法借位的运算。

从理论上可以证明，循环冗余校验码的检错能力有以下特点：

1）可检测出所有奇数位错误；

2）可检测出所有双比特的错误；

3）可检测出所有小于等于校验位长度的突发错误。

CRC 码是由 $r - K(X)$ 除以某个选定的多项式后产生的，因此该多项式称为生成多项式。通常，生成多项式位数越多校验能力越强。但并不是任何一个 $r+1$ 位的二进制数都可以做生成多项式，目前广泛使用的生成多项式主要有以下四种：

1）$CRC12 = X^{12}+X^{11}+X^3\ X^2+1$ 　　　　　　　　　　　　　　　　　7–26

2）$CRC16 = X^{16}+X^{15}+X^2+1$（IBM 公司） 　　　　　　　　　　　　7–27

3）$CRC16 = X^{16}+X^{12}+X^5+1$（CCITT） 　　　　　　　　　　　　　7–28

4）$CRC32 = X^{32}+X^{26}+X^{23}+X^{22}+X^{16}+X^{11}+X^{10}+X^8+X^7+X^5+X^4+X^2+X+1$ 　7–29

（3）确认与重传机制

在检错重发技术中，如果仅用循环冗余检验 CRC 差错检测技术只能做到无差错接收。所谓 "无差错接收" 是指，凡是接收的帧（即不包括丢弃的帧），都能以非常接近于 1 的概率认为这些帧在传输过程中没有产生差错。也就是说，凡是接收端数据链路层接收的帧都没有传输差错（有差错的帧被丢弃）。

要做到 "可靠传输"（即发送什么就收到什么）就必须再加上确认和重传机制。确认（ACK）的类型一般有三种，即肯定确认（即确认传输的数据正确）、否定确认（即确认传输的数据有错或有丢失）、选择确认（即确认哪些帧号的数据是正确收到的，哪些帧号的数据未正确收到）。

传输的数据被确认以后，对于未正确接收的数据，需要通知发送端重传。数据重传

（repeat）的方式有两种：回退 N 帧（go-back-N）和选择重传（selective repeat）。

回退 N 帧的重传方式是指接收方从出错帧起丢弃所有后继帧，并通知发送端从出错帧开始全部重传，接收端只有一个接收窗口，所有数据均从这个窗口接收。这种方式对于出错率较高的信道，常常会因为频繁的重发而降低效率，浪费带宽。其原理如图 7-14a 所示。

选择重传方式是指接收方发现某帧数据出错以后，先暂存出错帧的后继帧，然后通知发送端只重传出错的那帧数据，等接收到重发的数据帧以后，再把缓冲区暂存的数据帧补上。另外对暂存数据帧的最高帧号要进行确认，以便发送端发送完出错的数据帧以后，接着发送最高序号数据帧的后继帧。这个方式接收端的接收窗口可以大于 1，传输效率比较高，但接收窗口较大时，需要较大的缓冲区，其原理如图 7-14b 所示。

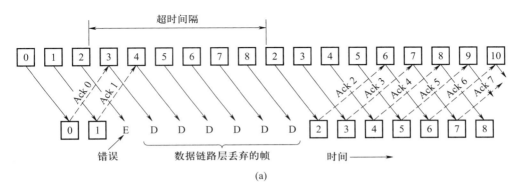

(a)

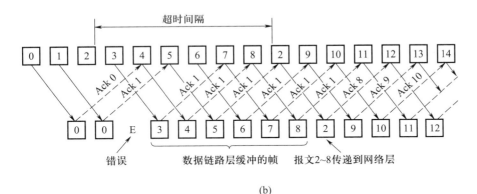

(b)

图 7-14　数据传输中的确认和重发类型

2. 前向纠错法

发送端在发送数据中加入冗余纠错码。在一定条件下，接收端根据纠错码不仅能发现数据中的差错，还能够纠正差错。对于二进制系统，一旦确定了差错的位置，就能够纠正它。这种方法不需要反向信道，也不存在由于反复重发而引起的时间延误，实时性好，但纠错设备比较复杂。在前向纠错法中，常见的纠错码方案包括海明码和正反码。

（1）海明码

海明码是由 R. Hamming 在 1950 年首次提出的，它是一种可以纠正一位差错的编码。下面用简单奇偶校验码的生成原理来说明海明码的构造方法：若 $k(=n-1)$ 位信息位 a_{n-1}，a_{n-2}，$\cdots$，a_1 加上一位偶校验位 a_0，构成一个 n 位的码字 a_{n-1}，a_{n-2}，$\cdots$，a_1，a_0，则在接收端校验时，可按关系式 $S=a_{n-1}+a_{n-2}+\cdots+a_1+a_0$ 来计算。若求得 $S=0$，则表示无错；若 $S=1$，则有错。上式称为监督关系式，S 称为校正因子。在奇偶校验情况下，只有一个监督关系式和一个校正因子，其取值只有 0 或 1 两种情况，分别代表无错和有错两种结果，但还不能指出差错所在的位置。不难设想，若增加冗余位，也即相应地增加了监督关系式和校正因子，就能区分更多的情况。

设信息位为 k 位，增加 r 位冗余位，构成一个 $n=k+r$ 位的码字。若用 r 个监督关系式产生的 r 个校正因子来区分无错和在码字中的 n 个不同位置的一位错，则要求满足以下关系式：

$$2^r > n+1 \text{ 或 } 2^r \geq k+r+1 \qquad\qquad 7\text{--}30$$

例如，若 $k=4$，则要满足上述不等式，必须 $r>3$，取 $r=3$，则 $n=k+r=7$，即在 4 位信息位 $a_6 a_5 a_4 a_3$ 后面加上 3 位冗余位 $a_2 a_1 a_0$，构成 7 位码字 $a_6 a_5 a_4 a_3 a_2 a_1 a_0$，其中 a_2、a_1 和 a_0 分别由 4 位信息位中某几位半加得到，在校验时，a_2、a_1 和 a_0 就分别和这些位半加构成三个不同的监督关系式。在无错时，这三个关系式的值 S_2、S_1 和 S_0 全为 "0"，若 a_2 错，则 $S_2=1$，而 $S_1=S_0=0$；其他依次类推。S_2、S_1 和 S_0 这三个校正因子的其他四种编码值可用来区分 a_3、a_4、a_5、a_6 中的一位错，其对应关系如表 7-3 所示。当然，也可以建立其他任何一种不同的对应关系（即不同组合的监督关系式），这并不影响其普遍性和一般性。

表 7-3　$S_2 S_1 S_0$ 值与错码位置的对应关系

$S_2 S_1 S_0$	000	001	010	100	101	011	111	110
错码位置	无错	a_0	a_1	a_2	a_3	a_4	a_5	a_6

由表 7-3 可见，a_2、a_3、a_5 或 a_6 的一位错都应使 $S_2=1$，由此可以得到监督关系式：

$$S_2=a_2+a_3+a_5+a_6 \qquad\qquad 7\text{--}31$$

同理可得：

$$S_1=a_1+a_4+a_5+a_6 \qquad\qquad 7\text{--}32$$

$$S_0=a_0+a_3+a_4+a_5 \qquad\qquad 7\text{--}33$$

在发送端编码时，信息位 a_6、a_5、a_4 和 a_3 的值取决于输入信号，它们在具体的应用中有确定的值。冗余位 a_2、a_1 和 a_0 的值应根据信息位的取值按监督关系式来确定，把 $S_2=S_1=S_0=0$ 代入 7-31、7-32、7-33 三式，用模 2 加可得

$$a_2=a_3+a_5+a_6 \qquad\qquad 7\text{--}34$$

$$a_1=a_4+a_5+a_6 \qquad\qquad 7\text{--}35$$

$$a_0=a_3+a_4+a_5 \qquad\qquad 7\text{--}36$$

根据已知信息位（$a_6 a_5 a_4 a_3$）的值，代入 7-34、7-35、7-36 三式可以计算出各冗余位，如表 7-4 所示。

在接收端收到每个码字后，按监督关系式算出 S_2、S_1 和 S_0，若它们全为"0"，则认为无错；若不全为"0"，在一位错的情况下，可查表 7-4 来判定是哪一位错，从而纠正之。

表 7-4　由信息位计算出海明码的冗余位（当 S_2、S_1、S_0 不全为 0 时）

信息位 $a_6 a_5 a_4 a_3$	冗余位 $a_2 a_1 a_0$	信息位 $a_6 a_5 a_4 a_3$	冗余位 $a_2 a_1 a_0$
0000	000	1000	110
0001	101	1001	011
0010	011	1010	101
0011	110	1011	000
0100	111	1100	001
0101	010	1101	100
0110	100	1110	010
0111	001	1111	111

（2）正反码

正反码是一种简单的能够纠正差错的编码，其中冗余位的个数与信息位的个数相同。冗余位与信息位完全相同或者完全相反，由信息位中"1"的个数来决定。

例如，电报通信中常用五单位电码编成正反码的规则：$k=5$，$r=k=5$，$n=r+k=10$，当信息位有奇数个 1 时，冗余位就是信息位的简单重复；当信息位中有偶数个 1 时，冗余位是信息位的反码。具体说来，若信息位为 01011，则码字为 0101101011；若信息位为 10010，则码字为 1001001101。

接收端的校验方法：先将接收码字中信息位和冗余位按位半加（即异或），得到一个 k 位的合成码组（对上述码长为 10 的正反码来说，就是得到一个 5 位的合成码组）。若接收码字中的信息位中有奇数个"1"，则就取合成码组为校验码组；若接收码字中信息位中有偶数个"1"，则取合成码组的反码作为校验码组。

正反码的编码效率较低，只有 1/2。但其差错控制能力较强，如上述长度为 10 的正反码，能检测出全部两位差错和大部分两位以上的差错，并且还具有纠正一位差错的能力。由于正反码的编码效率较低，只能用于信息位较短的场合。

3. 反馈校验法

接收端在接收到信息之后，再原封不动地传送回发送端，并与原发送信码相比较。如果发送错误，则发送端重新发送。这种方法原理和设备都较简单，但需要有双向信息。此外，由于每一信码都相当于传送了两次，因此传输效率较低。

7.4.6　信息加密技术

信息加密技术是对信息进行重新编码，从而达到隐藏信息内容，使非法用户无法获得信息真实内容的一种技术手段。网络中的信息加密则是对网络中传输的数据进行加密，满足网络安全中数据保密性、完整性等要求，而基于数据加密技术的数字签名技术则可满足防抵赖等安全要求。可见，信息加密技术是实现网络安全的关键技术。

加密简单地说就是一个变换 E，这个变换将需要保密的明文消息 m 转换成密文 C，如果用一个公式表示就是：

$$C=E_k(m)$$

7-37

式中，参数 k 是加密过程中使用的密钥，从密文 C 恢复明文的过程称之为解密，解密算法 D 是加密算法 E 的逆运算。

密码学作为保护信息的手段，经历了三个发展时期：手工阶段、机器时代和电子时代。作为机器时代的典型，ENIGMA 是德国在 1919 年发明的一种加密电子器，被证明是有史以来最可靠的加密系统之一。如今，密码学已步入电子时代，计算机的出现使密码进行高度复杂的运算成为可能。近代密码学改变了古典密码学单一的加密手法，融入了大量的数论、几何、代数等知识，使密码学得到蓬勃的发展。

利用现代密码技术可以实现信息加密和身份认证。信息加密技术用于对所传输的信息加密，而身份认证技术则用于鉴别消息来源的真伪。数据加密算法有很多种，每种加密算法的加密强度各不相同。目前存在两种基本的加密体制：对称密钥加密和非对称密钥加密。

1. 对称密钥加密

对称密钥加密体制又被称为私钥加密体制，它使用同一组钥匙对消息进行加密和解密。因此，消息的接收者和发送者必须拥有一组相同的密钥。在私钥加密体制中，比较有名的加密算法是数据加密标准（data encryption standard，DES）。

DES 于 1977 年由美国公布，用于非国家保密机关。该加密算法是由 IBM 公司研究提出的，使用 64 比特的密钥对 64 比特的数据进行加密和解密。DES 可以采取多种操作方式，其中 ECB、CBC 是两种最为通用的操作方式。

（1）电子密码本型（ECB）

该操作方式用同一把钥匙独立地加密每个 64 比特明文组，其操作特点如下：

1）可加密 64 比特数据；

2）加密与代码组的顺序无关；

3）对同一组密钥，相同明文组将产生相同密文组，因此易受"字典攻击"的破译；

4）错误只影响当前的密文组，不会扩散传播。

（2）密码分组链接型（CBC）

每组明文在加密前先与前一个密文组进行异或运算，然后再加密，其操作特点如下：

1）可加密 64 比特的整数倍数据；

2）对相同的密钥和初始向量，相同的明文将生成相同的密文；

3）链接操作使密文组依赖于当前及其前面所有的明文组，密文组的顺序不能被打乱；

4）可用不同的初始向量来防止相同的明文产生相同的密文；

5）错误将影响从当前开始的两个密文组。

DES 在密码学发展历史上具有重要的地位。在 DES 加密标准公布以前，密码设计者出于安全性考虑，总是掩盖算法的实现细节，而 DES 开历史之先河，首次公开了全部算法。同时，DES 作为一种数据加密标准，推动了保密通信在各个领域的广泛应用。

2. 非对称密钥加密

非对称密钥加密又被称为公开密钥加密体制，是由 Whitfield Diffie 和 Martin Hellman 在 1976 年提出。其加密机制为：每个人拥有一对密钥，一个为公开密钥（public key，PK），另一个为秘密密钥（secret key，SK），这两个密钥是数学相关的。公开密钥是公开信息，秘密密钥由用户自己保存。在这种体制中，加密和解密使用不同的密钥，因此发送者和接收者不再需要共享一个密钥，即在通信的全部过程中不需要传送秘密密钥。

为了说明问题，我们用一个简单的数学模型来解释：如果一个大数由两个素数相乘得到，那么可以生成一对密钥，比如 $10=2 \times 5$，那么 2 和 5 就是一对密钥，5 作为 PK，2 作为 SK。每个参与加密系统的人都有一对密钥，PK 告诉所有人，SK 自己保密。如果 A 和 B 两人通信，A 和 B 各自保护好自己的 SK，公开自己的 PK。A 发信息给 B，A 用 B 的 PK 加密信息，并将加密后的信息发给 B。B 可以用自己的 SK 解密这个信息，但 B 的 PK 不能解密自己加密的信息，所以称之为非对称密钥加密。如果 C 得到了 B 的 PK，也是无法解密信息的。非对称密钥加密的主要特点如下：

（1）用 PK 对明文 M 加密后得到密文，再用 SK 对密文解密，即可恢复明文 M，即 $D_{SK}[E_{PK}(M)]=M$

（2）加密的密钥不能用来解密，即 $D_{PK}[E_{PK}(M)] \neq M$，$D_{SK}[E_{SK}(M)] \neq M$

（3）用 SK 加密的信息只能用 PK 解密；用 PK 加密的信息只能用 SK 解密。

（4）从已知的 PK 不可能推导出 SK。或者说，由 PK 推导出 SK 在计算上是不可能的。

（5）加密和解密的运算可以对调，即 $E_{PK}[D_{SK}(M)]=M$

由此可见，要进行保密通信，发送方可使用接收方的 PK 对明文进行加密，接收方使用自己的 SK 对密文进行解密。由于只有接收方才能对由自己 PK 加密的信息解密，因此可以实现保密通信，如图 7–15 所示。

如果要进行鉴别通信，发送方使用自己的 SK 对明文进行加密，接收方使用发送方的 PK 对密文进行解密，可以确信信息是由发送方加密的，也就对发送方的身份进行了鉴别，如图 7–16 所示。

非对称密钥加密算法在运算速度上较对称密钥加密算法慢一些。实际应用中，对称密钥加密算法主要用于产生数字签名、数字信封，而不直接对大量的应用数据进行加密。

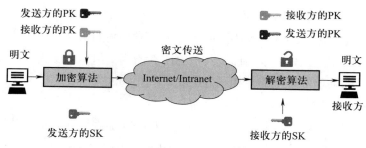

图 7-15　非对称密钥加密的保密通信原理

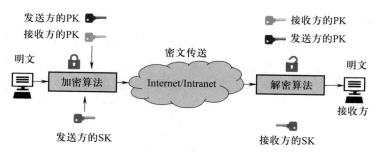

图 7-16　非对称密钥加密的鉴别通信原理

在非对称密钥加密体制中，最为通用的是 RSA 体制，它已被推荐为非对称密钥数据加密标准。RSA 是由 Rivet、Shamir 和 Adleman 提出的，它的安全性是基于大数因子分解，由于大数因子分解在数学上没有行之有效的算法，因此该加密技术的破译是相当困难的。

7.5　数字信号的转换与输出

7.5.1　数字量的转换与输出

1. 数字量输出

计算机处理的结果需要输出，对于数字量及开关量的输出，可以简单地经过映射部件，将计算机的 TTL 电平输出信号转换成所需要的数字量或开关量进行输出。这类输出通常由数字量输出通道完成。

数字量输出通道的任务是把计算机输出的数字信号（或开关信号）传送到开关器件（如继电器或指示灯），控制它们的通、断或亮、灭，简称 DO（digital output）通道。数字量输出通道一般由输出接口电路和输出驱动电路组成，其核心是输出接口电路。

2. DO 接口电路

DO 接口电路包括输出锁存器和接口地址译码。数据线接到输出锁存器输入端，当

CPU 执行输出指令 OUT 时，接口地址译码电路产生写数据信号 WD，将 D_0~D_7 状态信号送到锁存器的输出端 Q_0~Q_7 上，再经输出驱动电路送到开关器件，如图 7-17 所示。

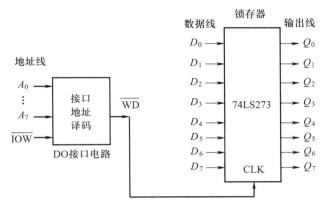

图 7-17　数字量输出接口电路

3. DO 通道

DO 通道的构成如图 7-18 所示，输出驱动电路的功能有两个：一是进行信号隔离，二是驱动开关器件。信号隔离可以采用光电耦合器。驱动开关器件的电路取决于开关器件，一般继电器采用晶体管驱动电路，如图 7-19 所示。负载较大时，用达林顿晶体管能提供较大的"灌电流"驱动，但需要外部或内部电源；若为感性负载，必须使用外部电源。

图 7-18　DO 通道的构成

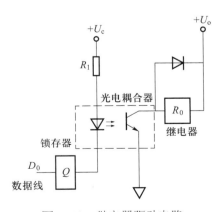

图 7-19　继电器驱动电路

4. 定时器／计数器及其基本用法

定时器由数字电路中的计数电路构成，记录输入脉冲的个数，故又称为计数器。计数：通过脉冲的个数可以获知外设状态的变化次数。定时：脉冲信号的周期固定，个数乘以周期就是时间间隔。计数器／定时器的功能体现在两个方面：一是作为计数器，即在设置好计数初值（即定时常数）后，便开始减 1 计数，减为 0 时，输出一个信号；二是作为定时器，即在设置好定时常数后，便进行减 1 计数，并按定时常数不断地输出为时钟周期整数倍的定时间隔。两者的差别是，作为计数器时，在减到 0 以后，输出一个信号便结束；而作为定时器时，则不断产生信号。从计数器／定时器内部来说，这两种工作过程没有根本差别，都是基于计数器的减 1 工作。

图 7-20 为计数器／定时器基本结构。输入信号中有一个时钟 CLK，它决定了计数速率。还有一个门脉冲 GATE，它是由设备送来的，作为对时钟的控制信号。门脉冲对时钟的控制方法可以有多种，比如，可以在门脉冲为高电平时使时钟有效，而在门脉冲为低电平时使时钟无效，并且当计数到达 0 时，输出端 OUT 有信号。计数器／定时器的输出可以连接到系统控制总线的中断请求线上，这样，当计数到达 0 时，或者其他情况下使 OUT 端有输出时，就产生中断；也可以将计数器／定时器的输出连接到一个输入输出设备上，去启动另一个输入输出操作。

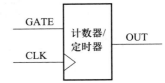

图 7-20　计数器／定时器基本结构

7.5.2　模拟量的转换与输出

1. 模拟量输出通道的任务

模拟量输出通道简称 AO（analog-signal output）通道，其主要任务是把计算机处理后输出的数字量信号转换成模拟量电压或电流信号，以驱动相应的执行机构，达到控制的目的。

2. 模拟量输出通道的组成

一般由接口电路、数／模转换器、滤波器、输出保持器、电压／电流变换器等构成，其核心是数／模转换器，简称 D/A 转换器，所以 AO 通道也经常称为 D/A 通道。D/A 转换后模拟信号中往往含有许多高频成分，需要通过滤波器滤除这些高频信号，以获得平滑的模拟输出信号。有时输出的模拟信号还有电压、电流、功率等要求，D/A 转换后的模拟信号需要经过一定的模拟转换电路来满足这些要求。AO 通道有两种结构形式：多 D/A 结构和共享 D/A 结构。

（1）多 D/A 结构

其主要特点为，一路输出通道使用一个 D/A 转换器，如图 7-21 所示，D/A 转换器芯片内部一般都带有数据锁存器。D/A 转换器具有数字信号转换模拟信号以及信号保持作用，其结构简单，转换速度快，工作可靠，精度较高，通道独立；缺点是所需 D/A 转换器芯片较多。

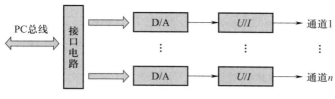

图 7-21　多 D/A 结构

（2）共享 D/A 结构

其主要特点为，多路输出通道共用一个 D/A 转换器，如图 7-22 所示。输出保持器实现模拟信号保持功能，节省了 D/A 转换器；但电路复杂，精度差，可靠性低，分时工作（占用主机时间、速度慢）。

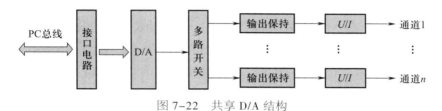

图 7-22　共享 D/A 结构

3. D/A 转换方法与原理

利用运算放大器各输入电流相加的原理，可以构成如图 7-23 所示的由电阻网络和运算放大器组成的、最简单的 4 位 D/A 转换器。图中，U_{REF} 是一个有足够精度的标准电源。运算放大器输入端的各支路对应待转换数据的 D_0，D_1，$\cdots$，D_{n-1} 位。各输入支路中的开关由对应的数据元控制，如果数据元为 1，则对应的开关闭合；如果数据元为 0，则对应的开关断开。各输入支路中的电阻分别为 R，$2R$，$4R$，$\cdots$，这些电阻称为权电阻。

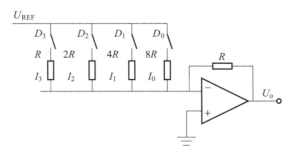

图 7-23　最简单的 4 位 D/A 转换器

假设，输入端有 4 条支路。4 条支路的开关从全部断开到全部闭合，运算放大器可以得到 16 种不同的电流输入。这就是说，通过电阻网络，可以把 0000B~1111B 转换成大小不等的电流，从而可以在运算放大器的输出端得到不同的电压。如果数字 0000B 每次加 1，一直加到 1111B，那么，在输出端就可得到一个 0~U_{REF} 电压幅度的阶梯波形。

从图 7-23 中可以看出，在 D/A 转换中采用独立的权电阻网络，对于一个 8 位二进制数的 D/A 转换器，就需要 R，$2R$，$4R$，…，$128R$ 共 8 个不等的电阻，最大电阻值是最小阻值的 128 倍，而且对这些电阻的精度要求比较高。这样，从工艺上实现起来是很困难的。所以，n 个这样独立输入支路的方案是不实用的。

在 DAC 电路结构中，最简单实用的是采用 T 型电阻网络来代替单一的权电阻网络，整个电阻网络只需要 R 和 $2R$ 两种电阻。在集成电路中，由于所有的组件都做在同一芯片上，电阻的特性可以做得很相近，而且精度与误差问题也可以得到解决。

图 7-24 是采用 T 型电阻网络的 4 位 D/A 转换器。4 位元待转换数据分别控制 4 条支路中开关的倒向。在每一条支路中，如果（数据元为 0）开关倒向左边，支路中的电阻就接到地；如果（数据元为 1）开关倒向右边，电阻就接到虚地。所以，不管开关倒向哪一边，都可以认为接"地"。不过，只有开关倒向右边时才能给运算放大器输入端提供电流。

T 型电阻网络中，节点 A 的左边为两个 $2R$ 的电阻并联，它们的等效电阻为 R，节点 B 的左边也是两个 $2R$ 的电阻并联，它们的等效电阻也是 R，以此类推，最后在节点 D 等效于一个数值为 R 的电阻接在参考电压 U_{REF} 上。这样，就很容易算出，节点 C、节点 B、节点 A 的电位分别为 $-U_{REF}/2$，$-U_{REF}/4$，$-U_{REF}/8$。

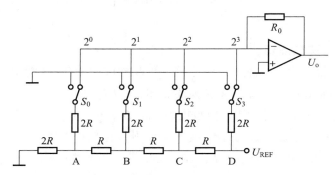

图 7-24　采用 T 型电阻网络的 4 位 D/A 转换器

在清楚了电阻网络的特点和各节点的电压之后，再来分析一下各支路的电流值。开关 S_3、S_2、S_1、S_0 分别代表对应的 1 位二进制数。任一数据位 $D_i=1$，表示开关 S_i 倒向右边；$D_i=0$，表示开关 S_i 倒向左边，接虚地，无电流。当右边第一条支路的开关 S_3 倒向右边时，运算放大器得到的输入电流为 $-U_{REF}/(2R)$，同理，开关 S_2、S_1、S_0 倒向右边时，输入电流分别为 $-U_{REF}/(4R)$，$-U_{REF}/(8R)$，$-U_{REF}/(16R)$。

如果一个二进制数据为 1111，运算放大器的输入电流：

$$I = -\frac{U_{REF}}{2R} - \frac{U_{REF}}{4R} - \frac{U_{REF}}{8R} - \frac{U_{REF}}{16R}$$

$$= -\frac{U_{REF}}{2R}(2^0 + 2^{-1} + 2^{-2} + 2^{-3})$$

$$= -\frac{U_{REF}}{2^4 R}(2^3 + 2^2 + 2^1 + 2^0)$$

相应的输出电压：

$$U_o = IR_0 = -\frac{U_{REF}R_0}{2^4R}(2^3 + 2^2 + 2^1 + 2^0)$$

将数据推广到 n 位，输出模拟量与输入数字量之间关系的一般表达式为：

$$U_o = -\frac{U_{REF}R_0}{2^nR}(D_{n-1}2^{n-1} + D_{n-2}2^{n-2} + \cdots + D_1 2^1 + D_0 2^0) \qquad (D_i = 1 \text{ 或 } 0) \qquad 7\text{--}38$$

上式表明，输出电压 U_o 除了和待转换的二进制数成比例外，还和网络电阻 R、运算放大器反馈电阻 R_0、标准参考电压 U_{REF} 有关。

4. D/A 转换性能指标

DAC 的主要参数有分辨率、转换精度、线性误差和非线性误差等，这些参数可以反映其性能的优劣。

（1）分辨率。分辨率是指最小输出电压（对应于输入数字量最低位增 1 所引起的输出电压增量）和最大输出电压（对应于输入数字量所有有效位全为 1 时的输出电压）之比，它与转换器的二进制数的位数和参考电压有关。分辨率与二进制位数 n 的关系如下：

$$\text{分辨率} = \frac{\text{满刻度值}}{2^n - 1} = \frac{U_{REF}}{2^n - 1} \qquad 7\text{--}39$$

例如，4 位 DAC 的分辨率为 $1/(2^4-1) = 1/15 = 6.67\%$（分辨率常用百分数来表示），即当参考电压为 10 V，输出的分辨率为 $10/(2^4-1) = 10/15 = 0.667$ V。8 位 DAC 的分辨率为 $1/(2^8-1) = 1/255 = 0.39\%$，显然，位数越多，分辨率越高。

（2）转换精度。如果不考虑 D/A 转换的误差，DAC 转换精度就是分辨率的大小，因此要获得高精度的 D/A 转换结果，首先要选择有足够高分辨率的 DAC。

转换精度是指在整个输出范围内，实际的输出电压与理想输出电压之间的偏差。实际上，最大偏差不会大于最低输入位输出电压的一半，即 $\pm(1/2)$LSB。对于 n 位输入而言，相对偏差不大于 $1/2^{n+1}$。对 8 位 DAC，转换精度不大于 $1/2^9 = 0.195\%$。

D/A 转换精度分为绝对转换精度和相对转换精度，一般是用误差大小表示。DAC 的转换误差包括零点误差、漂移误差、增益误差、噪声和线性误差、微分线性误差等综合误差。

绝对转换精度是指满刻度数字量输入时，模拟量输出接近理论值的程度。它和标准电源的精度、权电阻的精度有关。相对转换精度指在满量程已经校准的前提下，整个刻度范围内，对应任一模拟量的输出与它的理论值之差。它反映了 DAC 的线性度。通常，相对转换精度比绝对转换精度更有实用性。

相对转换精度一般用绝对转换精度相对于满量程输出的百分数来表示，有时也用最低位（LSB）的几分之几表示。例如，设 VFS 为满量程输出电压 5 V，n 位 DAC 的相对转换精度为 $\pm 0.1\%$，则最大误差为 $\pm 0.1\%$VFS$ = \pm 5$ mV；若相对转换精度为 $\pm(1/2)$LSB，LSB$ = 1/(2^n-1)$，则最大相对误差为 $\pm 1/2^{n+1}$VFS。

（3）线性误差和非线性误差。DAC 的输出应与输入数据呈直线关系，实际输出偏离直线的误差称为线性误差。D/A 转换器的非线性误差定义为实际转换特性曲线与理想特性曲线之间的最大偏差，并以该偏差相对于满量程的百分数度量。转换器电路设计一般要求非线性误差不大于 ±（1/2）LSB。

（4）转换速率（建立时间）。转换速率实际是由建立时间来反映的。建立时间是指数字量为满刻度值（各位全为 1）时，DAC 的模拟输出电压达到某个规定值（如，90% 满量程或 ±（1/2）LSB 满量程）时所需要的时间。

建立时间是 D/A 转换速率快慢的一个重要参数，转换时间是指从数据输入到输出稳定所经历的时间，反映了 DAC 的工作速度。显然，建立时间数值越大，转换速率越低。不同型号 DAC 的建立时间一般从几毫微秒到几微秒不等。若输出形式是电流，DAC 的建立时间是很短的；若输出形式是电压，DAC 的建立时间主要是输出运算放大器所需要的响应时间。

（5）其他误差指标。失调误差（零点误差）——数字输入全为 0 码时，其模拟输出值与理想输出值之偏差值。增益误差（标度误差）——D/A 转换器的输入与输出传递特性曲线的斜率称为 D/A 转换增益，实际转换的增益与理想增益之间的偏差称为增益误差。量化误差——有限数字对模拟值进行离散取值（量化）而引起的误差，理论值为 ±（1/2）LSB。

5. 典型的 D/A 转换器

D/A 转换器的品种很多，既有中分辨率的，也有高分辨率的；有电流输出的，也有电压输出的。无论哪一种型号的 D/A 转换器，其基本功能相同，所以引脚也类似，主要有数字量输入端、模拟量输出端、信号控制端和电源端等。D/A 转换器采用并行数据输入，芯片内一般有输入数据锁存器，个别芯片内无输入数据锁存器，须外部设置。D/A 转换器的输出有电压和电流两种，电流输出的必须外加运算放大器。

下面介绍的 DAC0832 芯片是美国 TI 公司研制的 8 位双缓冲器 D/A 转换器。芯片内带有数据锁存器，可与数据总线直接相连。电路有极好的温度跟随性，使用了 COMS 电流开关和控制逻辑而获得低功耗、低输出的泄漏电流误差。芯片采用 R-2R T 型电阻网络，对参考电流进行分流完成 D/A 转换。转换结果以一组差动电流 I_{01} 和 I_{02} 输出。

DAC0832 主要性能参数：分辨率 8 位；转换时间 1 μs；参考电压 ±10 V；单电源 +5 V~+15 V；功耗 20 mW。

DAC0832 的内部结构如图 7-25 所示。DAC0832 中有两级锁存器，第一级锁存器称为输入锁存器，它的锁存信号为 ILE；第二级锁存器称为 DAC 锁存器，它的锁存信号为传输控制信号 $\overline{\text{XFER}}$。因为有两级锁存器，DAC0832 可以双缓冲器方式工作，即在输出模拟信号的同时采集下一个数字量，这样能有效提高转换速度。此外，两级锁存器还可以在多个 D/A 转换器同时工作时，利用第二级锁存信号来实现多个转换器同步输出。

图 7-25 中 ILE 为高电平、$\overline{\text{CS}}$ 和 $\overline{\text{WR}_1}$ 为低电平时，LE_1 为高电平，输入锁存器的输出跟随输入而变化；此后，当 $\overline{\text{WR}_1}$ 由低变高时，LE_1 为低电平，数据被锁存到输入锁存器中，这时的输入锁存器的输出端不再跟随输入数据的变化而变化。对第二级锁存器来说，$\overline{\text{XFER}}$ 和 $\overline{\text{WR}_2}$ 同时为低电平时，LE_2 为高电平，DAC 锁存器的输出跟随其输入而变化；此后，当 $\overline{\text{WR}_2}$ 由低变高时，LE_2 变为低电平，将输入锁存器的数据锁存到 DAC 锁存器中。

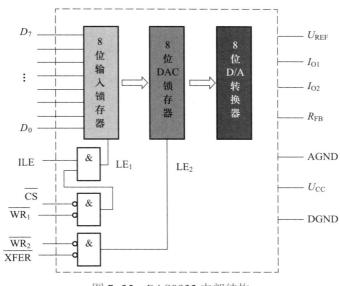

图 7-25　DAC0832 内部结构

DAC0832 是 20 引脚的双列直插式芯片。各引脚的特性如下：

$\overline{\text{CS}}$——片选信号，和允许锁存信号 ILE 组合来决定 $\overline{\text{WR}_1}$ 是否起作用。

ILE——允许锁存信号。

$\overline{\text{WR}_1}$——写信号 1，作为第一级锁存信号，将输入数据锁存到输入锁存器（此时 $\overline{\text{WR}_1}$ 必须和 $\overline{\text{CS}}$、ILE 同时有效）。

$\overline{\text{WR}_2}$——写信号 2，将锁存在输入锁存器中的数据送到 DAC 锁存器中进行锁存（此时传输控制信号 $\overline{\text{XFER}}$ 必须有效）。

$\overline{\text{XFER}}$——传输控制信号，用来控制 $\overline{\text{WR}_2}$。

$D_7 \sim D_0$——8 位数据输入端。

I_{O1}——模拟电流输出端 1。当 DAC 锁存器中全为 1 时，输出电流最大，当 DAC 锁存器中全为 0 时，输出电流为 0。

I_{O2}——模拟电流输出端 2。$I_{\text{O1}} + I_{\text{O2}} =$ 常数。

R_{FB}——反馈电阻引出端。DAC0832 内部已经有反馈电阻，所以，R_{FB} 端可以直接接到外部运算放大器的输出端。相当于将反馈电阻接在运算放大器的输入端和输出端之间。

U_{REF}——参考电压输入端，可接电压范围为 ±10 V。外部标准电压通过 U_{REF} 与 T 型电阻网络相连。

U_{CC}——芯片供电电压端，范围为 5~15 V，最佳工作状态是 15 V。

AGND——模拟地，即模拟电路接地端。

DGND——数字地，即数字电路接地端。

DAC0832 进行 D/A 转换，可以采用两种方法对数据进行锁存。第一种方法是使输入锁存器工作在锁存状态，而 DAC 锁存器工作在直通状态。具体地说，就是使 $\overline{\text{WR}_2}$ 和 $\overline{\text{XFER}}$ 都为低电平，DAC 锁存器的锁存选通端得不到有效电平而直通；此外，使输入锁存器的控制信号 ILE

处于高电平、$\overline{\text{CS}}$ 处于低电平，这样，当 $\overline{\text{WR}_1}$ 端来一个负脉冲时就可以完成一次转换。第二种方法是使输入锁存器工作在直通状态，而 DAC 锁存器工作在锁存状态。就是使 $\overline{\text{WR}_1}$ 和 $\overline{\text{CS}}$ 为低电平，ILE 为高电平，这样输入锁存器的锁存选通信号处于无效状态而直通；当 $\overline{\text{WR}_2}$ 和 $\overline{\text{XFER}}$ 端输入一个负脉冲时，使得 DAC 锁存器工作在锁存状态，提供锁存数据进行转换。

根据上述对 DAC0832 的输入锁存器和 DAC 锁存器不同的控制方法，DAC0832 有如下三种工作方式：

（1）单缓冲方式。单缓冲方式是控制输入锁存器和 DAC 锁存器同时接收数据，或者只用输入锁存器而把 DAC 锁存器接成直通方式。此方式适用于只有一路模拟量输出或几路模拟量异步输出的情况。

（2）双缓冲方式。双缓冲方式是先使输入锁存器接收数据，再控制输入锁存器的输出数据到 DAC 锁存器，即分两次锁存输入数据。此方式适用于多个 D/A 转换同步输出的情况。

（3）直通方式。直通方式是数据不经两级锁存器锁存，即 $\overline{\text{WR}_1}$、$\overline{\text{WR}_2}$、$\overline{\text{XFER}}$、$\overline{\text{CS}}$ 均接地，ILE 接高电平。此方式适用于连续反馈控制线路，不过在使用时必须通过另加 I/O 接口与 CPU 连接，以匹配 CPU 与 D/A 转换。

DAC0832 输出电路如图 7-26 所示。

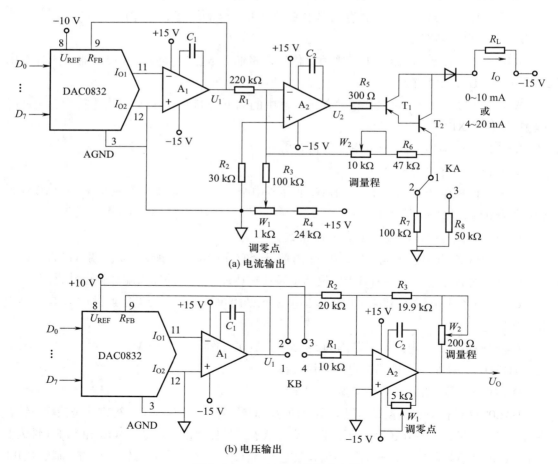

(a) 电流输出

(b) 电压输出

图 7-26　DAC0832 的输出电路

如图 7-26a 所示，DAC0832 电流输出经运放 A_1 和 A_2 变换成输出电压 U_2，再经三极管 T_1 和 T_2 变换成输出电流 I_o。通常采用 0 ～ 10 mA（DC）或 4 ～ 20 mA（DC）电流输出。W_1 和 W_2 分别为调零点和调量程电位器，当 KA 的 1、2 短接时，为外接负载 R_L 输出 0 ～ 10 mA（DC）电流；当 KA 的 1、3 短接时，为外接负载 R_L 输出 4 ～ 20 mA（DC）电流。

如图 7-26b 所示，DAC0832 电压输出又分为单极性和双极性两种，图中当 KB 的 1、2 短接时，为单极性电压输出，输出电压为 0~10 V（DC）；当 KB 的 1、4 和 2、3 短接时，则为双极性电压输出，输出电压为 -10 V~0~+10 V（DC）。

由于 D/A 转换器输出直接与被控对象相连，容易通过公共地线引入干扰，须采取隔离措施。常采用光电耦合器，使两者之间只有光的联系。光耦合器具有普通三极管的输入输出特性，利用其线性区，可使 D/A 转换器的输出电压经光耦变换变换成输出电流，实现模拟信号的隔离。图 7-27 中 D/A 转换器的输出电压 U_2 经两级光耦变换变换成输出电流 I_L，既满足了 D/A 转换的隔离，又实现了电压/电流变换。使用中应挑选线性好、传输比相同的两个光耦，并始终工作在线性区，才能得到良好的变换线性度和精度。

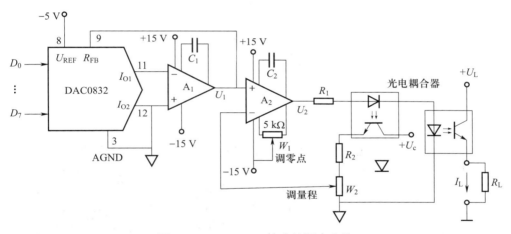

图 7-27 DAC0832 输出的隔离电路

7.6 材料加工与制造过程数据处理系统案例分析

7.6.1 焊缝自动跟踪图像采集与处理系统

焊接过程是复杂的物理化学变化过程，对焊接过程中信息的采集与识别是实现自动化焊接的前提。焊缝跟踪是实现自动焊接的关键技术，在焊接过程中的作用举足轻重。特别是对于机器人自动焊接过程，就像给机器人装上了一双眼睛，在机器人运动过程中通过机器视觉传感器得到焊缝的位置偏差信息，输入控制器反馈系统从而动态调整运动路线，实现焊缝纠偏。视觉传感器利用弧光、自然光等作为背景光源，或者使用辅助光源，通过内置的工业照相机在焊接过程中获取焊缝或熔池的图像，并通过算法提取图像中的特征，例如边缘、位置等，最终确定焊缝的位置和形状，并获得偏差。

激光视觉传感技术具有适应性强、能在不影响焊接过程的前提下获取焊缝位置信息等特点，激光视觉系统包含激光器、高精度 CMOS 及柱面物镜和大口径受光镜头等光学构件，如图 7-28a 所示。激光视觉传感器通过激光条纹扫描焊缝轮廓，以条纹拐点为焊缝特征点，从而实现焊缝识别，如图 7-28b 所示。在焊缝跟踪系统中，通常把激光视觉传感器固定于焊枪前端，以实时捕获焊缝图像信息，从而引导焊枪的运动。

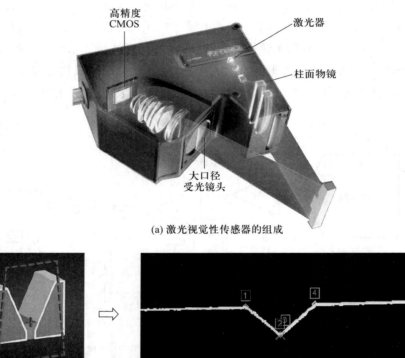

(a) 激光视觉性传感器的组成

(b) V形坡口焊缝采集示意图

图 7-28　激光视觉传感器

图 7-29 所示为基于激光视觉传感器的焊缝自动跟踪图像采集与处理系统的组成。其硬件主要由三部分组成，分别是激光传感系统、工业机器人及焊接系统（未示出）。激光传感系统包括安装于焊枪前端的激光视觉传感器，以及用于识别和处理图像信息的嵌入式传感器控制单元。工业机器人包括机器人本体和机器人控制柜。焊接系统包括焊机、焊枪、送丝机和保护气路。

基于激光视觉传感器的焊缝自动跟踪图像采集与处理系统软件的操作主要包括图像预处理，激光条纹的提取及焊缝特征点的提取等步骤。焊接过程中存在大量的强噪声干扰，容易导致采集的焊缝图像受到污染（图 7-30）所示。因此，使用中需要开发抗噪声干扰能力强的检测算法，从而保证特征点提取的准确性。

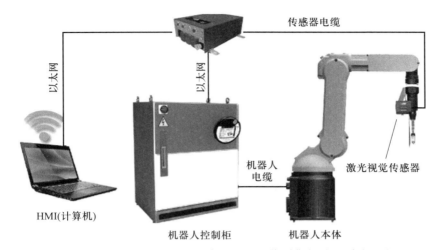

图 7-29　激光视觉焊缝自动跟踪图像采集与处理系统组成

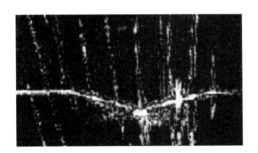

图 7-30　有噪声干扰的焊缝图像　　　　图 7-31　焊缝图像 3×3 均值滤波模板

对于图像的降噪处理，目前最常用的算法有均值滤波、高斯滤波和中值滤波等。均值滤波和高斯滤波属于线性滤波方法，其原理是对目标像素周围的像素点进行加权求和，再将结果值替代目标像素，实现对图像的滤波。

均值滤波作为一种常用的线性滤波方法，就是用焊缝图像中某一像素点及其周围像素点的平均值来代替该像素点的灰度值。假设焊缝图像上有一待处理的像素点 (x,y)，给定一个如图 7-31 所示的模板，然后计算模板对应的所有像素点的灰度平均值，再把求得的平均值赋给像素点 (x,y) 作为处理后图像在该点处的灰度值 $g(x,y)$，则原始图像与均值滤波后的图像关系可表示为

$$g(x,y)=\frac{1}{m}\sum f(x,y)$$

7-40

式中：$f(x,y)$ 表示原图像中第 x 行、第 y 列像素点灰度值，m 为均值滤波掩模内所有像素点总数。

均值滤波能够有效去除峰值尖锐的噪声干扰，但是对焊缝图像中条纹边缘细节信息的保护效果较差。经过均值滤波，条纹的边界及整幅图像都会发生一定程度上的模糊，降低图像中激光条纹区域与背景区域的对比度，噪点去除能力较差。

高斯滤波是一种改进的均值滤波。焊缝图像中激光条纹与背景所包含的有用信息的灰度值变化都是连续的，因此噪声大概率是由其中某些像素值的突变所产生的，当图像中存在统计特性为正态分布的噪声时，使用高斯滤波进行降噪处理能够取得最佳的处理效果。处理过程：首先需要定义一个模板去遍历图像，然后可根据公式（7-40）计算模板内各像素点的权值，并将求得的各权值与对应的像素点灰度值相乘求平均，并将求得的加权平均值替代模板中心对应像素点的灰度值。

$$g(x_0,y_0)= \frac{1}{\sum\limits_{(x,y)\in R} a(x,y)} \left[\sum\limits_{(x,y)\in R} a(x,y)f(x,y) \right] \qquad 7\text{-}41$$

式中：R 为所求点 (x_0,y_0) 的邻域集合，(x,y) 为邻域集合 R 中的元素，$f(x,y)$ 表示原始灰度值，$a(x,y)$ 为像素点 (x,y) 的加权系数，$g(x_0,y_0)$ 为经过滤波后的像素点灰度值。

从式 7-41 可知，该点的邻域集合越大，高斯滤波的去噪能力越强。焊缝图像中的激光条纹边缘也存在像素值突变点，随着滤波过程中邻域集合的不断变大，慢慢地淡化了激光条纹边缘特征，加大了后续图像提取的误差。

均值滤波和高斯滤波虽然可以有效地消除焊缝图像中的部分环境噪声，但针对性不强，容易使图像中条纹边缘特征信息变得模糊，使后续的结构光提取算法效果受到影响。而中值滤波方法是一种非线性的滤波方法，该方法在消除图像噪声时不会影响图像的边缘细节。中值滤波以邻域窗口为区域，将每一像素点灰度值作为该区域所有像素灰度值的中值，在滤除噪声的基础上减少了边缘的损失。具体计算公式为

$$g(x_0,y_0)= \left[\underset{(x,y)\in R}{Sort} f(x,y) \right]_{\frac{n+1}{2}} \qquad 7\text{-}42$$

式中：R 为所求点 (x_0,y_0) 的邻域集合，(x,y) 为邻域集合 R 中的元素，$f(x,y)$ 表示原始灰度值，$g(x_0,y_0)$ 为经过滤波后的像素点灰度值。由式 7-42 可知，中值滤波去噪效果的关键是邻域集合的范围大小，这个邻域集合在信号处理域中称为窗口。该集合包含的范围越大，滤波效果越好，但会产生过度滤除信息的问题。为此，可以让窗口根据像素周围的邻域像素值的最大值、最小值的差值（即极差）来动态调整窗口大小。如果极差小于某个阈值，则认为窗口内没有噪声，输出中值；否则，增大窗口，重复上面的过程，直到找到合适的窗口大小，这种方法称为自适应中值滤波。

初始激光焊缝图像在图像预处理之后能够获得特征信息明确的激光条纹图像，如图7-32 所示，此时观察明亮条纹部分，可以发现条纹仍然具有一定的宽度，如果此时直接进行焊缝特征点提取，会引入大量的坐标数据，增加算法的计算量，并且还可能因为提取到的特征点的分布差异导致提取精度降低。因此，在实际工程中进行焊缝特征点提取之前一般会对激光条纹的中心线进行提取。目前最常见的结构光提取算法包括边缘中心法、灰度极值法、灰度重心法、方向模板和 Hessian 矩阵法等。下面介绍基于灰度重心法结合 LoG （laplacian of gaussian）边缘检测的焊缝特征点提取算法，该算法实现的具体流程如下。

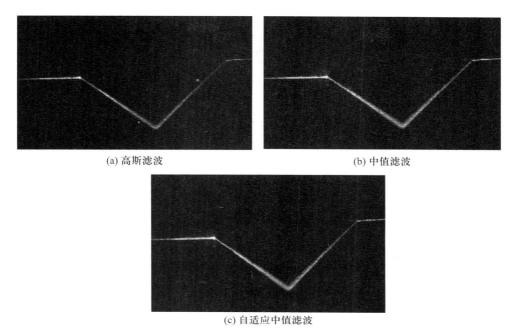

(a) 高斯滤波　　　　　　　　　　　　　　　　(b) 中值滤波

(c) 自适应中值滤波

图 7-32　焊缝图像滤波去噪效果对比

（1）对视觉传感器采集的初始激光焊缝图像进行 ROI 提取和中值滤波。其中，ROI 提取指的是从图像或视频中提取出感兴趣区域（region of interest，ROI），即对图像或视频中特定区域进行分割、提取或标记，以便进行后续的分析、处理或识别。可以通过手动绘制或自动检测的方式进行，常用于医学影像、计算机视觉、图像处理等领域。

（2）采用 LoG 算子对预处理后的激光条纹图像进行边缘检测。LoG 算子也称为高斯拉普拉斯算子。它是一种常用的图像边缘检测算法，用于检测图像中的边缘信息。其计算步骤如下：

1）先对图像进行高斯平滑处理，使用高斯滤波器对图像进行平滑，以减少噪声的影响。

2）对平滑后的图像应用拉普拉斯算子，计算图像的二阶导数。

3）对得到的二阶导数图像进行零交叉点检测，找出边缘的位置。

以下是使用 MATLAB 进行 LoG 边缘检测的程序：

```
% 读取图像
img = imread('image.jpg');
% 将图像转换为灰度图像
gray_img = rgb2gray(img);
% 对灰度图像进行高斯平滑处理
smooth_img = imgaussfilt(gray_img,2);  % 这里的 2 是高斯滤波器的标准
```

　　　　　　差，可以根据需要进行调整

```
% 计算图像的拉普拉斯算子
laplacian_img = del2(smooth_img);
% 对拉普拉斯算子图像进行零交叉点检测
edge_img = edge(laplacian_img,'zerocross');
% 显示原始图像和边缘检测结果
subplot(1,2,1),imshow(img),title(' 原始图像 ');
subplot(1,2,2),imshow(edge_img),title(' 边缘检测结果 ');
...
```

　　在以上这个示例程序中，首先读取图像并将其转换为灰度图像，然后对灰度图像进行高斯平滑处理（使用 "imgaussfilt" 函数实现），接下来计算平滑后图像的拉普拉斯算子（使用 "del2" 函数计算二阶导数）。之后对拉普拉斯算子图像进行零交叉点检测（使用 "edge" 函数实现），最后使用 "subplot" 和 "imshow" 函数将原始图像和边缘检测结果显示在一个窗口中。

　　LoG 算子的优点是可以在一次滤波中同时进行平滑和边缘检测，能够检测到不同尺度的边缘，并且对噪声有一定的抑制作用。但是 LoG 算子计算量较大，且容易产生边缘响应不连续等问题。为了解决这些问题，通常会使用高斯差分算子（DoG）或尺度空间极值检测等方法进行边缘检测。经过 LoG 算子边缘检测可以得到激光焊缝条纹边界如图 7-33 所示。令该图中激光条纹各列上下边界的横坐标为 $\{y_1(x)|x \in [0,n-1]\}$ 和 $\{y_2(x)|x \in [0,n-1]\}$，其中 n 为整个图像横向长度。

　　（3）读取图像每一列的 $y_1(x)$、$y_2(x)$ 之间的像素点，将这些像素点代入公式（7-43）得到结构光在每一列的中心线横坐标：

$$v_x = \frac{\sum\limits_{y=y_1(x)}^{y_2(x)} p(x,y)^2 \times y}{\sum\limits_{y=y_1(x)}^{y_2(x)} p(x,y)^2} \qquad 7\text{-}43$$

式中：v_x 为图像第 x 列的结构光中心线横坐标，$p(x,y)$ 为图像像素点 (x,y) 对应的灰度值。该结构光中心线提取算法的结果如图 7-34 所示，该算法能够得到较为平滑的激光条纹中心线，可以精确地提取条纹中心位置。

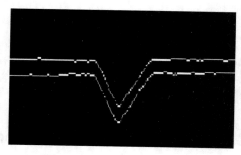
图 7-33　焊缝条纹边界提取

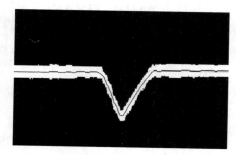
图 7-34　焊缝图像条纹中心线提取

7.6.2　激光焊接质量在线检测系统

激光焊接具备激光束能量密度大，焊接部位热变形影响较小，可以和自动化设备配合使用等特点，可以焊接不同的材料，如，金属、高硬度材料、高熔点材料，非金属材料等。激光焊接技术在电子工业、国防军工、船舶、航空航天等领域得到了十分广泛的应用。

激光焊接的质量，受匙孔和熔池的影响最大。激光焊接过程中，焊接部位的能量传导机制和物理、化学变化十分复杂。此外，焊接过程还受到许多其他因素的影响。材料熔化形成匙孔，造成材料表面激光入射角的动态变化，从而引起菲涅尔（Fresnel）反射，使焊接部位对入射激光的吸收率发生剧烈变化；等离子体的产生会对激光产生折射、反射、吸收、聚焦等作用，导致激光能量产生一定程度的波动；长时间的激光焊接作业会使光学元器件受热，从而导致表面状态分布不均匀。除此之外，机器设备重复运动造成的重复定位误差，零部件装夹的间隙和错位等，都会影响激光焊接产品的质量。因此，开展激光焊接质量在线检测技术研究，建立实用型激光焊接质量在线检测平台具有十分重要的意义。

激光焊接过程中产生的金属蒸气、等离子体、激光反射及熔池热辐射等光信号，能在一定程度上反映焊接状态及焊接过程中有无缺陷产生。基于光电传感的激光焊接质量在线检测系统（图 7-35），利用光电传感器将焊接过程中产生的光信号转换为电信号，并通过对该电信号的分析，达到在线检测的目的。

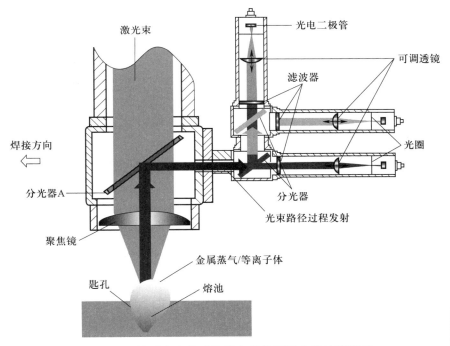

图 7-35　基于光电传感的激光焊接质量在线检测系统

　　基于光电传感的激光焊接质量在线检测系统，其光路通道采用共用路径的方式进行整体设计，即焊接激光束和采集的光信号通过同一个光路通道进行光的传输。从图 7-35 中可以看出，激光焊接头聚焦镜上方的平行光路就是激光准直光路，在这个准直光路中插入了一个分光器 A，使激光束能够从该分光器的背面透过分光器到达聚焦镜，经聚焦镜汇聚以后到达焊接熔池；另一方面，熔池反射的光逆向透过聚焦镜，在准直光路中经分光镜 A 正面 45° 角反射后进入光电检测系统，再经不同波长的分光器和滤波器到达能接收特定波长的光电二极管。在此期间，激光准直系统、光电检测系统之间的光路通道在分光器之前进行了融合，这样可以使检测设备更加紧凑的同时，提高检测的准确性。

　　激光焊接过程中的光辐射信号可以分为三类，如图 7-36 所示，第一类是紫外及可见光波段（P 区，200~750 nm），第二类是激光反射波段（R 区，光纤激光 1 060 nm，碟片激光器 1 030 nm），第三类是红外辐射波段（T 区，900~1 700 nm）。光电探测器是一种利用光电效应原理，将光辐射信号强弱等信息转换为电信息的元器件。光电探测器的种类因自身结构和工作原理的不同而有一定的差异。光电探测器性能主要受到响应度、响应时间、线性度等参数影响。根据光电探测器性能参数，检测系统选择的光电探测器需要满足响应度快、稳定性和抗干扰性强、检测范围需要涵盖试验中检测光信号的波长等要求。

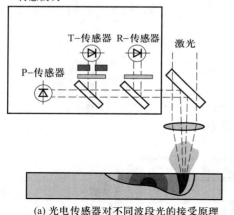

(a) 光电传感器对不同波段光的接受原理

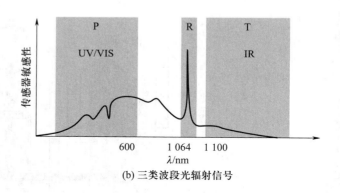

(b) 三类波段光辐射信号

图 7-36　光电传感器检测原理

　　激光焊接过程中，光信号会通过光学系统传输到光电探测器上进行光电转换，转换后的信号存储到数据采集卡中，检测软件通过与数据采集卡之间的协议进行数据的提取，然后完成数据的分析和处理，最终结果以数据曲线的形式呈现在显示器上。检测流程如图 7-37 所示。

　　某激光焊接过程中焊缝光电检测信号特征如图 7-38 所示。由此可见，激光焊接过程的光强信号并非稳定的周期信号。

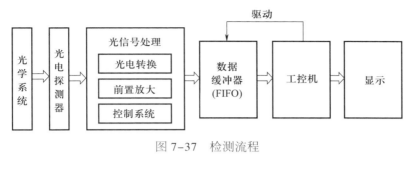

图 7-37　检测流程

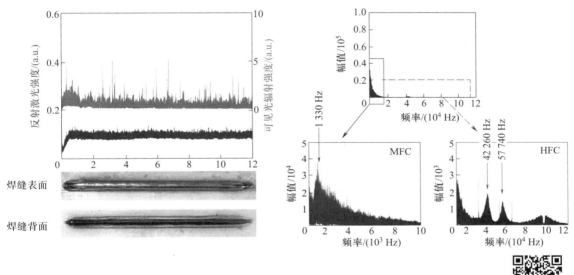

图 7-38　焊缝光电检测信号特征

　　分析信号的中频分量 MFC（1~10 kHz）及高频分量 HFC（10~125 kHz），虽然幅值差异较大（相差一个数量级），但仍然能够看出中频和高频部分存在一定的分布规律。通过对采集到的信号进行分析与处理，可以建立信号与焊接缺陷之间的关系。下面的案例是激光焊接过程中不同焊缝状态与可见光频率特征及激光频率特征之间的对比分析。

1. 稳定焊接状态

　　当焊接速度为 3 m/min，离焦量为 –3 mm，激光功率为 7 kW 时，焊接处于稳定状态，如图 7-39a 所示。此时，匙孔及熔池的各项参数基本保持一致。熔池表面形成均匀的焊缝，致使照射在熔池表面的辅助光发射强度保持不变。匙孔上方的金属蒸气略微向焊接方向倾斜，但其体积维持在稳定水平。由于飞溅方向很大程度上受金属蒸气的影响，在稳定焊接状态下，沿焊接方向的飞溅略多于反方向的飞溅，但整体数量较少，且体积极小。由于可见光辐射主要来自金属蒸气的热辐射，在稳定的金属蒸气下，可见光辐射的数值趋于稳定。而激光的反射只在焊接起始阶段，匙孔尚未稳定时出现极大值，随后也趋于稳定。由于金属蒸气较少，光谱仪采集到的光强较弱，但整体谱线分布规律基本保持一致。各特征参数随时间变化的规律如图 7-39b 所示。焊缝成形完整无缺陷，如图 7-39c 所示。

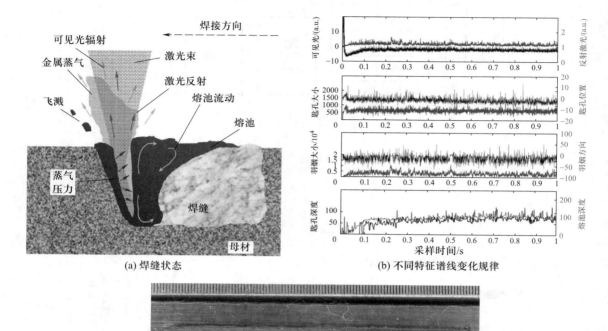

(a) 焊缝状态　　　　　　(b) 不同特征谱线变化规律

(c) 焊缝

图 7-39　焊缝稳定状态监测数据及信号规律

2. 焊缝有焊瘤缺陷

在焊接速度为 3 m/min，离焦量为 -3 mm 的情况下，激光功率提高至 12 kW。如图 7-40a 所示，此时匙孔前壁的激光能量密度相应提高，金属蒸气明显增大。匙孔后壁的压力平衡条件被打破，该处的液态金属出现波浪式流动，并在底部金属蒸气的推动下向匙孔外流动，最终在焊缝表面形成明显的隆起，即为焊瘤，如图 7-40c 所示。随着孔内的蒸发量增加，匙孔深度逐渐加大，导致激光束在孔内的加热面积增大，从而降低了孔内能量密度，又促使金属蒸发量减少，匙孔上方的金属蒸气体积也随之减少，可见光强度和光谱分布也因此受到影响而产生波动。激光的反射没有明显的变化，但是当焊瘤缺陷出现时，其频率有增大的趋势，如图 7-40b 所示。飞溅方向仍以焊接方向为主，但数量和体积有所增加。由此可见，当出现焊瘤缺陷时，光学特征参数与焊缝外的物理几何特征参数存在相同的变化趋势。但焊缝内、外各项几何参数却存在明显的反向变化趋势。

3. 焊缝有凹陷及飞溅缺陷

在离焦量（-3 mm）及激光功率（12 kW）不变的前提下，提高焊接速度至 10 m/min，将降低激光束在材料表面停留时间，使匙孔深度明显减小，如图 7-41a 所示。此时，激光束在匙孔内的聚焦面积明显减小，能量密度提高，使得熔池蒸发量显著增加。匙孔后壁的液态金属流至匙孔表面时，因匙孔前壁的巨大蒸气压力，加上匙孔底部的蒸气压力的相互作用，推动液态金属脱离熔池形成飞溅。此时产生的飞溅数量和体积明显大于稳定状态。匙孔的表面开口面积也出现明显的增大趋势。另外，由于匙孔后壁大量液态金属被蒸气吹离熔池，使得熔池表面出现局部下陷现象。加上激光束以较快的速度在材料表面移动，金属蒸气的方向主要沿激光束方向喷发，甚至出现向后的趋势，即金属蒸气方向开始出现正值。

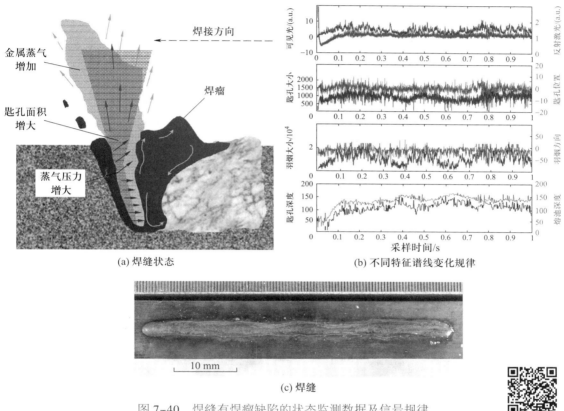

(a) 焊缝状态　　　　　(b) 不同特征谱线变化规律

(c) 焊缝

图 7-40　焊缝有焊瘤缺陷的状态监测数据及信号规律

　　从特征参数可以看出，各参数间的变化趋势没有出现焊瘤缺陷的过程明显，有相同变化趋势的特征参数明显减少。之前一直保持稳定状态的激光反射，在此处出现了明显的波动，如图 7-41b 所示。虽然匙孔表面开口较大，但匙孔底部难以形成稳定且完整的孔型。此时激光束的能量在匙孔内的吸收过程极不稳定，从而导致从匙孔内反射到匙孔外的激光束能量变化剧烈。可见，激光反射对于匙孔形态稳定性的判断有着至关重要的作用。

4. 焊缝有爆裂缺陷

　　在低速大功率焊接过程中，增大离焦量，激光束在匙孔内呈左右均匀分布，如图 7-42a 所示。此时，匙孔前后壁均有气体蒸发，虽然前壁的气体蒸发量略大于后壁。但两

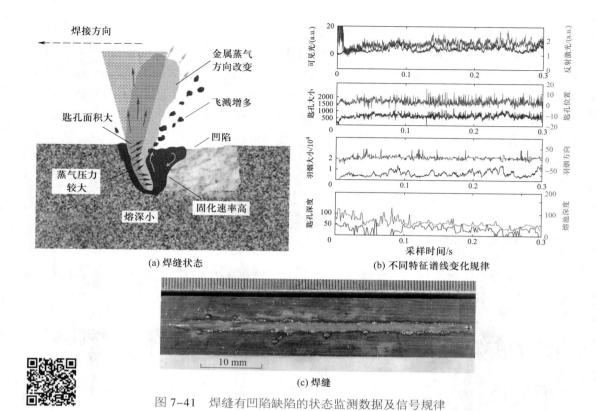

(a) 焊缝状态

(b) 不同特征谱线变化规律

(c) 焊缝

图 7-41 焊缝有凹陷缺陷的状态监测数据及信号规律

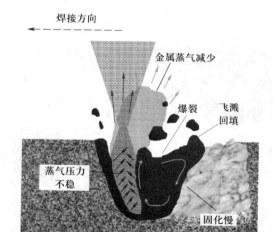

(a) 焊缝状态

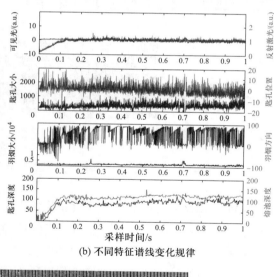

(b) 不同特征谱线变化规律

(c) 焊缝

图 7-42 焊缝有爆裂缺陷的状态监测数据及信号规律

个不同方向的蒸气压力相互作用，使后壁的波浪式流动显著增大，孔内不规则分布的液态金属被金属蒸气推动而抛出焊缝，小部分落在焊缝后端。此时形成的飞溅体积很大，但数量较少，大部分仍沿焊接方向的反方向运动。由于大量液态金属脱离熔池，使焊缝表面出现明显的爆裂现象，如图 7-42c 所示。另外，由于激光束能量同时聚焦于匙孔前后壁，使得匙孔内部体积增大。激光束在匙孔内的能量密度降低，金属蒸气减少，直接影响了可见光辐射强度和光谱分布。激光的反射强度虽然有一定的波动变化，但由于大部分激光能量被匙孔吸收，激光反射强度较低，幅值较小，难以体现其变化特征。由于熔池表面形态剧烈变化，辅助光反射强度出现明显波动。图 7-42b 显示不同传感器之间的特征参数均没有明显的同向（或异向）变化趋势。

思考题

1. 数字信号处理的特点有哪些？

2. 什么是数字滤波？常用的数字滤波方法有哪些？各适用哪些场合？

3. 试画出去极值加权平均复合滤波算法流程图。

4. 测量的直流电压受到工频及其谐波干扰，如果用平均滤波算法，怎样确定平均点数 N 和采样间隔 T_s？

5. 为什么对一些非线性关系的信号要进行线性化处理？

6. 什么是数字 PID 控制算法？有哪两种方式？各有什么特点？

7. D/A 转换的主要性能指标有哪些？

8. 下面是一组热处理温度采集数据（按采样时间排序）：

25、50、80、110、150、190、310、300、360、430、520、800、770、870、970、1 100、1 150、1 150、1 120、1 080、1 100、1 000、940、800、820、720、800、560、480、420、380、360、300、310、280、250、230、250、190、175、160、200、130、120、110、100、90、80、75、65

请用以下方法分别对其进行滤波处理，将处理结果列表，并分别画出原始曲线与处理后的曲线图：① 中值滤波法（窗口宽度 N 取 5）；② 基于拉依达准则的奇异数据滤波法（N 取 10，L 取 3）；③ 基于中值数绝对偏差的决策滤波法（窗口宽度 m 取 5）；④ 去极值平均滤波法（N 取 5）。

9. 编码与解码、调制与解调分别指什么？它们之间有什么区别？

10. 什么是异步传输方式？什么是同步传输方式？同步传输方式有哪些？

11. 什么是多路复用技术？有哪些方式？

12. 信息传输差错控制的基本方法是什么？通常如何实现？

13. 请描述一下奇偶校验的基本方法和过程。

14. 请描述一下循环冗余码校验的基本方法和过程。

15. 请描述一下海明码校验的基本方法和过程。
16. 什么是信息加密？目前信息加密体制主要有哪两种？

参考文献

［1］胡广书. 数字信号处理导论 [M]. 北京：清华大学出版社，2003.

［2］余成波，张莲，邓力. 信号与系统 [M]. 北京：清华大学出版社，2004.

［3］张树京. 信息传输技术原理及应用 [M]. 北京：电子工业出版社，2011.

［4］邓景煜. 激光结构光视觉传感器焊缝跟踪的图像处理方法研究 [D]. 上海：上海交通大学，2012.

［5］林少铎. 激光视觉传感的焊缝跟踪方法研究 [D]. 广州：广东工业大学，2019.

［6］游德勇. 大功率激光焊接过程状态复合驱动在线检测方法研究 [D]. 广州：广东工业大学，2014.

［7］李康宁，徐良，杨海锋，等. 复合传感技术在激光焊接过程质量监测中的应用 [J]. 机械制造文摘（焊接分册），2023（02）：19-25.

［8］OLSSON R，ERIKSSON I，POWELL J，et al. Challenges to the interpretation of the electromagnetic feedback from laser welding [J]. Optics and Lasers in Engineering，2011，49（2）：188-194.

［9］YOU D Y,Gao X D, KATAYAMA S. Detection of imperfection formation in disk laser welding using multiple on-line measurements[J]. Journal of Materials Processing Technology,2015，219：209-220.

第 8 章

自动控制理论基础

8.1 引言

自动控制思想及其实践是人类在认识世界和改造世界的过程中产生的，并随着社会的发展和科学水平的进步而不断发展。早在公元前 300 年，古希腊就运用反馈控制原理设计了浮子调节器，并应用于水钟和油灯的设计和制造。在如图 8-1 所示的水钟原理图中，最上面的蓄水池提供水源，中间蓄水池的浮动水塞保证恒定水位，控制流出的水流速度均匀，使最下面水池中的带有指针的浮子均匀上升，并指示出时间信息。

1000 多年前，我国古代先人发明了铜壶滴漏计时器、指南车等控制装置。首次应用于工业的自动控制器是瓦特于 1769 年发明的用来控制蒸汽机转速的飞球转速控制器，如图 8-2 所示。

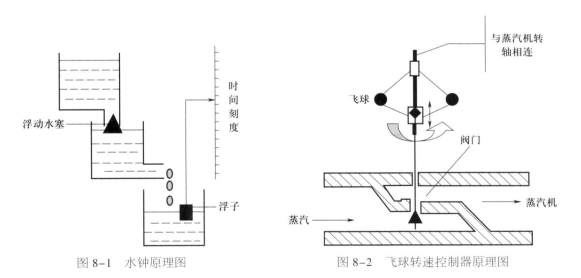

图 8-1　水钟原理图　　　　　　　图 8-2　飞球转速控制器原理图

控制理论与技术是人类在认识自然、改造自然的过程中发展起来的。1868 年以前，自动控制装置和系统的设计还处于直觉阶段，没有系统的理论指导，控制系统性能的协调控制方面经常出现问题。19 世纪后半叶，许多科学家开始了基于数学理论的自动控制理论研究，对控制系统性能的改善产生了积极影响。1868 年，麦克斯韦（J. C. Maxwell）建立了飞球转速控制器的微分方程数学模型，并根据微分方程的解来分析系统的稳定性。1877年，劳斯（E. J. Routh）提出了不求系统微分方程的稳定性判据。1895 年，赫尔维茨（A. Hurwitz）也独立提出了类似的赫尔维茨稳定性判据。

第二次世界大战后，自动武器的需求推动了控制理论的研究和实践，极大地促进了自动控制理论的发展。1948 年，数学家维纳（N. Wiener）的《控制论》出版，标志着控制理论的正式诞生。在发展过程中，控制理论的研究内容和研究方法经历了三个阶段。

第一阶段是 20 世纪 40 年代末到 50 年代的经典控制论时期，着重研究单机自动化，解决单输入单输出（single input single output，SISO）系统的控制问题。主要数学工具是微分方程、拉普拉斯变换和传递函数，主要研究方法是时域法、频域法和根轨迹法，侧重于控制系统的快速、稳定及其精度。

第二阶段是 20 世纪 60 年代的现代控制理论时期，着重解决机组自动化和生物系统的多输入多输出（multi-input multi-output，MIMO）的控制问题。主要数学工具是一次微分方程组、矩阵论、状态空间法等；主要研究方法是变分法、极大值原理、动态规划理论等；侧重于最优控制、随机控制和自适应控制。这一阶段的核心控制装置为电子计算机，自动控制技术逐步进入了数字化时代。

第三阶段是 20 世纪 70 年代的大系统理论时期，着重解决生物系统、社会系统等众多变量的大系统的综合自动化问题。研究方法则以专家系统、神经网络和模糊控制为主，侧重于大系统多级递阶控制。这一阶段的核心控制装置为网络化的电子计算机。

8.2　自动控制的基本概念和原理

8.2.1　自动控制基本概念

从广义上讲，控制就是为了达到某种目的，对事物进行主动的干预、管理或操纵。在工程领域，控制是指利用控制装置（机械装置、电气装置或计算机系统等）使生产过程或被控对象的某些物理量（温度、压力、速度、位移等）按照特定的规律运行。为了实现某种控制要求，将相互关联的部分按一定的结构形式组成的系统称为控制系统。控制系统能够提供预期的系统响应，以达到特定的控制要求。

控制可以分为人工控制和自动控制。人工控制与自动控制的控制过程是相同的，均由测量、比较、调整三个环节组成。测量就是检测输出（被控）量，比较就是根据给定值和实际输出值求出偏差，调整就是执行控制或者纠正偏差。因此，控制与调节可以认为是"求偏和纠偏"的过程。人工控制过程需要人的直接参与；自动控制过程则不需要人的直接参与，控制过程的每一个环节都是由控制装置自动完成的。

自动控制是指在没有人直接参与的情况下，利用控制装置，使被控对象的某些物理量自动地按照预定的规律运行（或变化）。实现自动控制的机器、设备或生产过程称为被控对象，对被控对象起作用的装置称为控制装置。控制装置与被控对象一起构成了自动控制系统。以图 8-3 所示的室温自动控制系统为例，其中恒温室是被控对象，水加热器、传感变送器、控制器和执行器构成了控制装置。

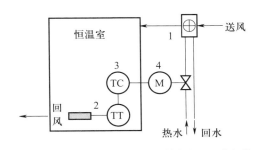

1—水加热器；2—传感变送器；3—控制器；4—执行器

图 8-3 室温自动控制系统

控制系统涉及生产和生活的许多方面，通常具有不同的具体形式。为了更好地理解控制系统结构，图 8-4 将各关键环节抽象出来，构成过程控制系统示意图。

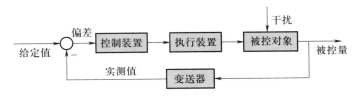

图 8-4 过程控制系统示意图

被控对象是需要给以控制的机器、设备或生产过程，是控制系统的主体，例如火箭、锅炉、机器人、电冰箱等。被控量是指被控对象中要求保持给定值，或按给定规律变化的物理量，被控量又称输出量、输出信号。对被控对象起控制作用的设备总体称为控制装置，包括测量变换部件、放大部件和执行装置。给定值是指作用于过程控制系统的输入端并作为控制依据的物理量；除给定值之外，凡能引起被控量变化的因素，都是干扰，又称扰动。在自动控制系统中，输出变量（实测值）通过适当检测设备送回输入端，系统根据输出端的反馈信息调整其行为的过程就是反馈控制，又称闭环控制。输出量与输入量给定值相比较，所得的结果称为偏差。控制装置根据偏差方向、大小或变化情况进行控制，使系统偏差减小或消除，这种方法就是负反馈控制。反之，如果输出端反馈回来的信号与输入量相叠加，用于增强系统的输出，这种方法称为正反馈。正反馈可能导致系统不稳定，产生振荡和不稳定的行为。

8.2.2 控制系统基本方式

1. 开环控制系统

在开环控制系统中，控制装置只按给定值来控制被控对象，输出端与输入端之间不存在反馈回路，输出变量对系统的控制作用没有影响，如图 8-5 所示。这种控制系统结构简单，相对来说成本较低，但对可能出现的被控量偏离给定值的偏差不具备任何修正能力，抗干扰能力差，控制精度不高。

图 8-5 开环控制系统示意图

图 8-6 所示的炉温控制系统就是典型的
开环控制系统。这个系统根据给定的炉温要
求，结合炉子的加热和散热速度，设计定时
加热程序，并由定时开关控制安装在炉壁上
的电阻丝通电给炉子加热，控制一定的炉温，
期间并没有测量炉子的实际温度。

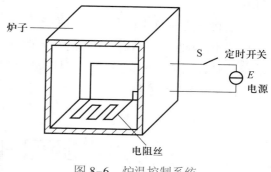

图 8-6 炉温控制系统

在上述开环控制系统基础上改进，形成
了按扰动补偿的开环控制系统。其原理是通
过对扰动信号的测量产生控制作用，以补偿
扰动对输出量的影响，如图 8-7 所示。这种开环控制系统可以补偿扰动对输出量的影响，
但对于不可测扰动，以及被控对象、各功能部件内部参数变化给输出量造成的影响，系统
自身无法控制。因此，它的控制精度有限。

图 8-7 按扰动补偿的开环控制系统示意图

2. 闭环控制系统

在反馈控制系统中，被控量送回输入端与给定值进行比较，根据偏差进行控制，控制
被控变量，整个系统构成一个闭环，称为闭环控制系统，如图 8-8 所示。这种控制方式的
优点在于，无论何种原因引起被控量偏离设定值，只要出现偏差，就会有控制作用使偏差
减小或消除，使得被控变量与给定值一致。

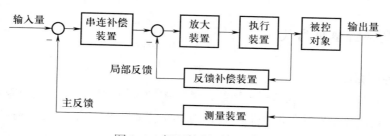

图 8-8 闭环控制系统示意图

在闭环控制系统中，信号从输入端到达输出端的传输通路称为前向通路，系统输出量经测量装置反馈到输入端的传输通路称为主反馈通路。前向通路与主反馈通路共同构成主回路，此外还有局部反馈通路。只包含一个主反馈通路的系统称为单回路系统，有两个或两个以上反馈通路的系统称为多回路系统。

在工业控制中，龙门刨床速度控制系统就是按照反馈控制原理进行工作的。当负载波动时，必然会引起速度变化，由于龙门刨床不允许速度变化过大，因此必须对速度进行闭环控制，如图 8-9 所示。

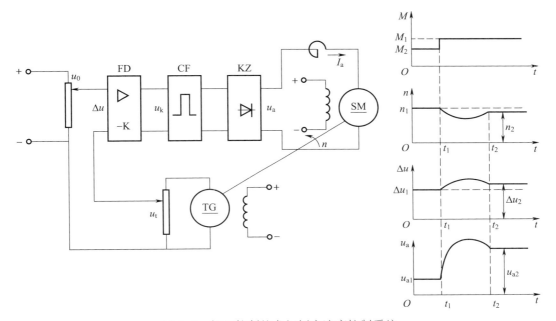

图 8-9　闭环控制的龙门刨床速度控制系统

在图 8-9 所示的闭环控制系统中，当外部负载 M 变化时，龙门刨床的转速会发生下列变化：

$$M \uparrow \Rightarrow n \downarrow \Rightarrow u_t \downarrow \Rightarrow \Delta u = (u_0 - u_t) \uparrow \Rightarrow u_k \uparrow \Rightarrow u_a \uparrow \Rightarrow n \uparrow$$

对于按偏差调节的闭环控制系统而言，无论是干扰的作用，还是系统结构参数的变化，只要被控量偏离给定值，系统就会自行纠偏。但是闭环控制系统的参数如果匹配得不好，会造成被控量的较大波动，甚至系统无法正常工作。

3. 复合控制系统

复合控制是将开环控制和闭环控制相结合的一种控制，如图 8-10 所示。复合控制系统实质上是在闭环控制回路的基础上，附加了一个输入信号或扰动作用的顺馈通路，来提高系统的控制响应速度和精度。

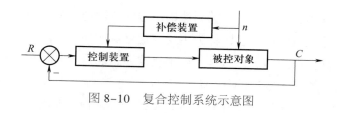

图 8-10　复合控制系统示意图

8.2.3　控制系统的分类

自动控制系统的分类方法较多，常见的有以下几种。

1. 按输入量的变化规律分类

（1）恒值控制系统

若系统的输入量为一定值，则要求系统的输出量保持恒定，此类系统称为恒值控制系统。这类控制系统的任务是保证在扰动作用下被控量始终保持给定值，生产过程中的恒转速控制、恒温控制、恒压控制、恒流量控制、恒液位控制等大量的控制系统都属于这一类系统。恒值控制系统着重研究各种扰动对输出量的影响，以及如何抑制扰动对输出量的影响，使输出量保持预期值。

（2）随动控制系统

若系统的输入量是变化规律未知的时间函数（通常是随机的），要求输出量能够准确、迅速跟随输入量变化，此类系统称为随动控制系统。如火炮控制系统、雷达自动跟踪系统、刀架跟踪系统、轮舵控制系统、焊缝跟踪系统等。对于随动控制系统，由于系统的输入量是随时变化的，研究的重点是系统输出量跟随输入量的准确性和快速性。

（3）程序控制系统

若系统的输入量不为常值，但其变化规律是预先知道和确定的，要求输出量与给定量的变化规律相同，此类系统称为程序控制系统。例如，热处理炉温度控制系统的升温、保温、降温过程都是按照预先设定的规律进行控制的，该系统属于程序控制系统。此外数控机床的工作台移动系统、自动生产线等都属程序控制系统。程序控制系统可以是开环系统，也可以是闭环系统。

2. 按照系统传输信号对时间的关系分类

（1）连续控制系统

从系统中传递的信号来看，若系统中各环节的信号都是时间 t 的连续函数，即模拟量，则此类系统称为连续控制系统。连续控制系统的性能一般是用微分方程来描述的。信号的时间函数允许有间断点，或者在某一时间范围内为连续函数。

（2）离散控制系统

若系统中有一处或多处信号为时间的离散信号，如脉冲信号或数码信号，此类系统则称为离散控制系统或采样数据系统。它的特点是系统中有的信号是断续量，例如脉冲序列、采样数据量和数字量等。这类信号在特定的时刻才取值，而在相邻时刻的间隔中信号是不确定的。通常，采用计算机控制的系统都是离散控制系统。离散控制系统的特性可用差分方程来描述。

3. 按照系统输出量和输入量间的关系分类

（1）线性控制系统

若组成系统的所有元件都是线性的，此类系统则称为线性控制系统。线性控制系统的性能可以用线性微分方程来描述。线性控制系统的一个重要性质就是可以使用叠加原理，即几个扰动或控制量同时作用于系统时，其总的输出等于各个输入量单独作用时的输出之和。

（2）非线性控制系统

若系统中有一个非线性元件，此类系统则称为非线性系统。系统的性能往往要采用非线性方程来描述。叠加原理对非线性系统无效。

4. 按照系统中的参数对时间的变化情况分类

（1）定常系统

从系统的微分方程来看，若微分方程的所有系数不随时间变化，此类系统称为定常系统。定常系统又称时不变系统，它的输出量与输入量间的关系采用定常微分方程来描述。

（2）时变系统

若微分方程中有的参数是时间 t 的函数，它随时间变化而改变，此类系统称为时变系统。例如宇宙飞船控制系统。

除了以上的分类方法外，还有其他一些方法，例如按系统主要组成元件的类型来分，又可分为电气控制系统、机械控制系统、液压控制系统、气动控制系统等。本书只讨论连续控制的线性定常系统。

8.2.4 材料制造过程控制特点及发展

材料制造过程自动控制的核心是实现对材料制造工艺过程的实时检测与自动控制。由于材料制造方法的多样性及工艺的复杂性，涉及冶金、热传导、材料物理、材料化学、工件结构以及对加工质量的要求等，从自动控制的观点来看，各种材料加工过程的控制要求有所不同，有着各自的特点，其复杂性可以归纳为以下几方面：

1. 被控量选择的多样性

根据被控量的可测量性，在其选择上通常按照先选直接变量，次选间接变量，最后再选操作量的方式进行。

例如：在焊接自动控制中，根据焊接方法和控制目的的不同，在焊接过程中被控量可以是各种形式的变量，以电弧焊为例，其控制对象必然是电弧，因而电弧产生的输出结果就可以作为直接变量的被控量，如，焊缝的熔深、熔宽、截面面积和形状，有加强高的焊缝外观、焊缝缺陷的形状等。

然而，上述变量很难在整个焊接动态过程中被直接测量，因此可以考虑测量与这些直接变量在动态、静态特性上一一对应的间接变量作为被控量，如：熔池附近的温度和温度梯度，熔池及其周围的凝固部分和工件的形状，电弧的形状、大小、辉度等。但是，由于电弧的光、电、磁等干扰，电弧的移动性，以及焊缝边缘金属的不稳定或不平衡状态，间接变量测量的准确性有时难以保证。

正如以上所述，在电弧焊的自动控制系统中，被控量的检测较为困难。因此，在实际控制时通常选择一些能控制和调整被控量的操作量来进行控制（但必须事先充分了解该操作量与被控制量的静态和动态关系），如，电弧电压、焊接电流、焊接速度、送丝速度等等。

2. 干扰因素多

材料制造自动控制系统中的干扰因素主要可归结为两大类：

1）作用于控制元件，使操作量发生变化，主要有由于电源波动引起的加工工艺参数的变动，由于温度、湿度等加工环境变化引起的变动，以及由于被加工工件相对位置的偏差引起的变化等。

2）加工工艺和材料自身改变而引起的干扰因素，主要有工件厚度、形状、组成的改变等。

3. 控制类型及方式的特殊性

材料制造过程工艺复杂，系统惯性大，影响质量的因素众多，是一个高度非线性、多变量强耦合、具有大范围不确定因素对象的控制问题。而经典控制理论研究的通常是单输入、单输出的线性控制系统。因此，材料制造控制系统的设计需要对实际系统进行一定的线性化、简化及模糊化处理，或结合现代控制理论或智能控制理论进行解决。

虽然材料制造过程控制存在上述特点和难度，但因近年来材料制造技术、传感检测技术和计算机技术的飞快发展，对应的自动控制技术也相应地快速发展，例如，控制对象从原先的加工参数控制，逐渐向加工过程状态和质量控制方向发展；从原先的宏观质量控制，逐渐向微观质量控制发展；控制理论也从经典控制理论逐渐向现代控制理论、智能控制理论发展，可以实现多输入、多输出系统的状态控制或存在大范围的不确定性条件的大系统的综合控制。

8.3 控制系统的数学模型

8.3.1 拉普拉斯变换及拉普拉斯逆变换

1. 基本概念

在数学中，为了把较复杂的运算转化为较简单的运算，常常采用积分变换的方法。所谓积分变换，就是通过积分运算把一个函数变换成另一个函数。积分变换包括拉普拉斯（Laplace）变换和傅里叶（Fourier）变换，本书只介绍拉普拉斯变换（拉氏变换）的定义和性质。

对于以时间 t 为自变量的函数 $f(t)$，它的定义域为 $t>0$，

$$F(s)=\int_0^{+\infty} f(t)e^{-st}dt \qquad 8-1$$

式 8-1 被称为函数 $f(t)$ 的拉普拉斯变换式，s 是一个复变量。$F(s)$ 叫作 $f(t)$ 的拉氏变换，称为像函数。

$$F(s)=L[f(t)] \qquad 8-2$$

$f(t)$ 叫作 $F(s)$ 的拉普拉斯逆变换（拉氏逆变换），称为原函数。

$$f(t)=L'[F(s)] \qquad 8-3$$

一个函数可以进行拉氏变换的充分条件如下：

（1）$t<0$ 时，$f(t)=0$；

（2）$t \geq 0$ 时，任一有限区间上连续或分段连续；

（3）$\int_0^{\infty} f(t)e^{-st}dt<\infty$。

2. 常见函数的拉普拉斯变换

【例 8-1】求单位阶跃函数 $u(t)$ 的拉氏变换：

$$u(t)=\begin{cases} 0 & t<0 \\ 1 & t>0 \end{cases}$$

解：根据定义，$L[f(t)]=\int_0^{\infty} f(t)e^{-st}dt$，可以得到

$$L[u(t)]=\int_0^{\infty} 1 \cdot e^{-st}dt=-\frac{1}{s}e^{-st}\Big|_0^{\infty}=\frac{1}{s}$$

【例 8-2】求单位脉冲函数 $\delta(t)$ 的拉氏变换：

$$\delta(t)=\begin{cases} 0 & t<0,\ t>\varepsilon \\ \dfrac{1}{\varepsilon} & 0<t<\varepsilon \end{cases}$$

解：根据定义，$L[f(t)]=\int_0^{\infty} f(t)e^{-st}dt$，可以得到

$$L\left[\delta(t)\right] = \int_0^\varepsilon \frac{1}{\varepsilon} e^{-st} dt = \frac{1}{\varepsilon} \left(-\frac{1}{s} e^{-st}\right)\bigg|_0^\varepsilon$$
$$= \frac{1}{\varepsilon}\left[\frac{1}{s}\left(1-e^{-s\varepsilon}\right)\right] \approx \frac{1}{s\varepsilon}\left(1-\left(1-s\varepsilon\right)\right) \approx 1$$

【**例 8-3**】求指数函数 $f(t)=e^{kt}$ 的拉氏变换。

解：根据定义 $L\left[f(t)\right] = \int_0^\infty f(t)e^{-st}dt$，可以得到

$$L\left[f(t)\right] = \int_0^\infty e^{kt}e^{-st}dt = \int_0^\infty e^{-(s-t)t}dt = \frac{1}{-(s-k)}e^{-(s-k)t}\bigg|_0^\infty = \frac{1}{s-k}$$

实际应用中通常不需要根据拉氏变换定义来求解像函数和原函数，而是从拉氏变换表中直接查出。常用时间函数的拉氏变换如表 8-1 所示。

表 8-1　常用时间函数的拉普拉斯变换

序号	原函数	像函数
1	$\delta(t)$	1
2	$\delta^n(t)$	s^n
3	$U(t)$	$1/s$
4	t	$1/s^2$
5	t^n	$\dfrac{n!}{s^{n+1}}$
6	e^{-at}	$\dfrac{1}{s+a}$
7	te^{-at}	$\dfrac{1}{(s+a)^2}$
8	$t^n e^{-at}$	$\dfrac{n!}{(s+a)^{n+1}}$
9	$e^{-j\omega t}$	$\dfrac{1}{s+j\omega}$
10	$\sin \omega t$	$\dfrac{\omega}{s^2+\omega^2}$
11	$\cos \omega t$	$\dfrac{s}{s^2+\omega^2}$
12	$e^{-at}\sin \omega t$	$\dfrac{\omega}{(s+a)^2+\omega^2}$
13	$e^{-at}\cos \omega t$	$\dfrac{s+a}{(s+a)^2+\omega^2}$

序号	原函数	像函数
14	$t\sin \omega t$	$\dfrac{2\omega s}{(s^2+\omega^2)^2}$
15	$t\cos \omega t$	$\dfrac{s^2-\omega^2}{(s^2+\omega^2)^2}$
16	$\displaystyle\sum_{n=0}^{\infty}\delta(t-nT)$	$\dfrac{1}{1-\mathrm{e}^{-sT}}$
17	$\displaystyle\sum_{n=0}^{\infty}f(t-nT)$	$\dfrac{F_0(s)}{1-\mathrm{e}^{-sT}}$
18	$\displaystyle\sum_{n=0}^{\infty}[U(t-nT)-U(t-nT-\tau)],T>\tau$	$\dfrac{1-\mathrm{e}^{-sT}}{s(1-\mathrm{e}^{-sT})}$

3. 拉普拉斯变换的性质

由于拉普拉斯变换是傅里叶变换在复频域（即 s 域）中的推广，因而也具有与傅里叶变换相应的一些性质。这些性质揭示了信号的时域特性与复频域特性之间的关系，利用这些性质可使求解拉普拉斯变换更简便。

拉普拉斯变换的基本性质在表 8-2 中列出，具体的推导过程这里不再赘述。

表 8-2　拉普拉斯变换的基本性质

序号	性质	原函数	复域函数
1	唯一性	$f(t)$	$F(s)$
2	齐次性	$Af(t)$	$AF(s)$
3	叠加性	$f_1(t)+f_2(t)$	$F_1(s)+F_2(s)$
4	线性	$A_1f_1(t)+A_2f_2(t)$	$A_1F_1(s)+A_2F_2(s)$
5	尺度性	$f(at),a>0$	$\dfrac{1}{a}F\left(\dfrac{s}{a}\right)$
6	时移性	$f(t-t_0)U(t-t_0),t_0>0$	$F(s)\mathrm{e}^{-t_0s}$
7	时域微分	$f(t)\mathrm{e}^{-at}$	$F(s+a)$
8	复频微积分	$f'(t)$	$sF(s)-f(0^-)$
		$f''(t)$	$s^2F(s)-sf(0^-)-f'(0^-)$
		$f^{(n)}(t)$	$s^nF(s)-s^{n-1}f(0^-)-\cdots-f^{n-1}(0^-)$

续表

序号	性质	原函数	复域函数
9	复频移性	$tf(t)$	$(-1)^1 \dfrac{\mathrm{d}F(s)}{\mathrm{d}s}$
		$tf^{(n)}(t)$	$(-1)^n \dfrac{\mathrm{d}^n F(s)}{\mathrm{d}s^n}$
10	时域积分	$\displaystyle\int_{0^-}^{t} f(\tau)\mathrm{d}\tau$	$F(s)/s$
11	复频域积分	$f(t)/t$	$\displaystyle\int_{s}^{\infty} F(s)$
12	时域卷积	$f_1(t)*f_2(t)$	$F_1(s)F_2(s)$
13	复频域卷积	$f_1(t)f_2(t)$	$\dfrac{1}{2\pi} F_1(s)*F_2(s)$
14	初值定理	$f(t)\cos\omega_0 t$	$\dfrac{1}{2}[F(s+\mathrm{j}\omega_0)+F(s-\mathrm{j}\omega_0)]$
		$f(t)\sin\omega_0 t$	$\dfrac{1}{2}[F(s-\mathrm{j}\omega_0)-F(s+\mathrm{j}\omega_0)]$
15	终值定理	\multicolumn{2}{c}{$f(0^+)=\lim\limits_{t\to 0^+} f(t)=\lim\limits_{t\to\infty} sF(s)$}
16	调制定理	\multicolumn{2}{c}{$f(\infty)=\lim\limits_{t\to\infty} f(t)=\lim\limits_{t\to 0} sF(s)$}

8.3.2　数学模型的概念及建模

研究一个自动控制系统，除了对系统进行定性分析外，还必须进行定量分析，进而探讨改善系统稳态和动态性能的具体方法，这就需要建立控制系统的数学模型。数学模型是描述系统动态特性及各变量之间关系的数学表达式，是控制系统定量分析的基础。

控制系统的变量经过抽象化后，不同性质的系统可能具有相同的数学模型。通常，控制模型会做适度简化，忽略次要因素，但应保证结果合理。在静态条件下（即变量的各阶导数均为零），描述变量之间关系的代数方程称为静态数学模型；动态数学模型则是描述变量的各阶导数之间关系的微分方程。如果已知输入量及变量的初始条件，对微分方程求解就可得到系统输出量的表达式，并由此对系统进行性能分析。这也是为什么建立控制系统的数学模型是分析和设计控制系统的首要工作的原因。

建立控制系统数学模型可以采用分析法和实验法。前者是根据系统各部分的运动机理，按有关定理列出方程，再将这些方程合在一起；后者则是人为地给系统施加某种测试信号，记录其输出响应，并用适当的数学模型去逼近，用系统辨识的方法得到数学模型。

下面主要研究用分析法建立系统数学模型的方法。在自动控制理论中，数学模型有多种形式：微分方程、差分方程和状态方程是时域中常用的数学模型；复数域中常用的数学模型包括传递函数和结构图；频率特性则是频域中常用的数学模型。其中最为常用的形式包括微分方程、传递函数和结构图等。

建立数学模型时，通常将与输出有关的放在左边，与输入有关的放在右边，导数项按降阶排列，并将系数化为有物理意义的形式。

列写元件微分方程的步骤可归纳如下：

1）根据元件的工作原理及其在控制系统中的作用确定系统的输入量、输出量及内部中间变量，搞清楚各变量之间的关系；

2）忽略一些次要因素，合理简化；

3）根据相关基本定律，列出各部分的原始方程式；

4）列写中间变量的辅助方程，方程数需与变量数相等；

5）联立方程，消去中间变量，得到只包含输入量和输出量的方程式；

6）将方程式化成标准形式。

数学模型建立后，我们可以通过求解数学模型得到系统的输出响应。线性常系数微分方程的求解方法通常有两种：其一是经典法，即用微积分方法来求解，但阶次高时求解较为麻烦，且当参数或结构变化时，需重新列方程求解，不利于分析系统参数变化对性能的影响；其二是本书重点介绍的拉普拉斯变换法。拉普拉斯变换步骤是，先对微分方程中的每一项分别进行拉普拉斯变换，将微分方程转换为变量 s 的代数方程；并通过求解代数方程，得到微分方程在 s 域的解；最后采用拉普拉斯逆变换，即可得到微分方程在时域中的解。

【例 8-4】图 8-11 所示的 RC 电路中，当开关 K 接通后，试求出电容电压 $u_c(t)$ 的变化规律。

解：本题就是一个建立并求解数学模型的过程，首先设输入量为 $u_r(t)$、输出量为 $u_c(t)$，由 KVL 写出电路方程：

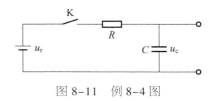

图 8-11　例 8-4 图

$$Ri+u_c=u_r$$

写出中间变量 i 与输出量 u_c 的关系式：

$$i=C\frac{\mathrm{d}u_c}{\mathrm{d}t}$$

将上式代入原始电路方程，消去中间变量后得到如下的数学模型：

$$RC\frac{\mathrm{d}u_c}{\mathrm{d}t}+u_c=u_r$$

随后进一步求解上述数学模型，已知电容初始电压为 $u_c(0)$，对上式两端进行拉氏变换得到

$$RC[sU_c(s)-u_c(0)]+U_c(s)=U_r(s)$$

$$U_c(s)=\frac{1}{RCs+1}U_r(s)+\frac{RC}{RCs+1}u_c(0)$$

当输入阶跃电压为 $u_r(t)=u_0 1(t)$ 时，代入上式可得

$$U_c(s) = u_0\left(\frac{1}{s} - \frac{1}{s + \frac{1}{RC}}\right) + u_c(0)\frac{1}{s + \frac{1}{RC}}$$

经拉氏逆变换求解该系统的数学模型，得到系统输出响应：

$$u_c(t) = u_0(1 - e^{-\frac{1}{RC}t}) + u_c(0)e^{-\frac{1}{RC}t}$$

8.3.3 复数域中的数学模型——传递函数

建立系统数学模型的目的是对系统的性能进行分析。在给定外作用及初始条件下，求解微分方程就可以得到系统的输出响应。这种方法比较直观，特别是借助于计算机可以迅速而准确地求得结果。但是如果系统的结构改变或某个参数变化时，就要重新求解微分方程，不便于对系统的分析和设计。借助于拉氏变换这个数学工具，可将线性常微分方程转变为易处理的代数方程，得到系统在复域中的数学模型，这个数学模型称为传递函数。这是一个非常重要的概念，它比微分方程简单明了、运算方便，是自动控制中最常用的数学模型。线性常微分方程求解的具体过程如图 8-12 所示。

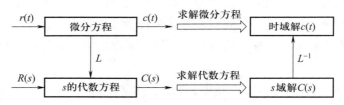

图 8-12　线性常微分方程的求解过程

对微分方程两边进行拉氏变换后，通过求解代数方程，得到微分方程在 s 域中的解，然后求 s 域解的拉氏逆变换，即可得到微分方程的解。拉氏变换是求解线性微分方程的简洁方法。当采用这一方法时，微分方程的求解转化为代数方程和查表求解，使计算大为简化。更重要的是，能把以线性微分方程式描述系统动态性能的数学模型，转换为在复数域中的代数形式的数学模型——传递函数。传递函数不仅可以表征系统的动态性能，而且可以用来研究系统的结构或参数变化对系统性能的影响。经典控制理论中广泛应用的频率法和根轨迹法，就是以传递函数为基础建立起来的，传递函数是经典控制理论中最基本和最重要的概念。

在线性定常系统中，当初始条件为零时，系统输出拉氏变换与输入拉氏变换的比称为传递函数，用 $G(s)$ 表示。

设系统或元件的微分方程为

$$a_n y^{(n)}(t) + a_{n-1}y^{(n-1)}(t) + \cdots + a_0 y(t) = b_m x^{(m)}(t) + b_{m-1}x^{(m-1)}(t) + \cdots + b_0 x(t) \tag{8-4}$$

式中：$x(t)$ 为输入；$y(t)$ 为输出；$a_i, b_j (i=0\sim n, j=0\sim m)$ 为常系数。

将上式进行拉氏变换，并令初始值为零，可得

$$(a_n s^n + a_{n-1} s^{n-1} + \cdots + a_1 s + a_0) Y(s) = (b_m s^m + b_{m-1} s^{m-1} + \cdots + b_1 s + b_0) X(s) \qquad 8-5$$

根据传递函数的定义可得

$$G(s) = \frac{Y(s)}{X(s)} = \frac{b_m s^m + b_{m-1} s^{m-1} + \cdots + b_1 s + b_0}{a_n s^n + a_{n-1} s^{n-1} + \cdots + a_1 s + a_0} \qquad 8-6$$

当传递函数和输入已知时，$Y(s) = G(s)X(s)$，可通过拉氏逆变换求出时域表达式。

利用传递函数不必求解微分方程就可以研究零初始条件系统在输入作用下的动态过程，可以了解系统参数或结构变化对系统动态过程的影响，可以将对系统性能的要求转化为对传递函数的要求。但是传递函数不能反映系统或元件的学科类别和物理性质。物理性质和学科类别截然不同的系统可能具有完全相同的传递函数，而研究某传递函数所得结论可适用于具有这种传递函数性质的各种系统。

传递函数的概念适用于线性定常系统，其各项系数的值完全取决于系统的结构和参数，并且与微分方程中各导数项的系数一一对应，是一种动态数学模型。传递函数仅与系统的结构和参数有关，与系统的输入无关，只反映输入和输出之间的关系，并不反映中间变量的关系。传递函数是 s 的有理分式，对实际系统而言，分母的阶次 n 大于或等于分子的阶次 m，此时称为 n 阶系统。传递函数的概念主要适用于单输入单输出系统，若系统有多个输入信号，在求传递函数时，除了一个有关的输入外，其他的输入量一概视为零；此外，传递函数忽略了初始条件的影响。

传递函数可以表示为如下有理分式，称为 n 阶传递函数，相应的系统为 n 阶系统。

$$G(s) = \frac{Y(s)}{X(s)} = \frac{b_m s^m + b_{m-1} s^{m-1} + \cdots + b_1 s + b_0}{a_n s^n + a_{n-1} s^{n-1} + \cdots + a_1 s + a_0} \qquad 8-7$$

式中：a_i、b_j 为实常数；一般 $n \geq m$。

传递函数还可以转化成下列形式：

$$G(s) = \frac{Y(s)}{X(s)} = \frac{b_m}{a_n} \times \frac{Q(s)}{P(s)} = K \frac{\prod\limits_{i=1}^{m}(s + z_i)}{\prod\limits_{j=1}^{n}(s + p_j)} \qquad 8-8$$

式中：$-z_i$ 称为传递函数的零点；$-p_j$ 称为传递函数的极点；K 称为放大系数或根轨迹增益。

上述传递函数的表达形式称为零极点表达形式。传递函数确定后，则零点、极点和 K 唯一确定，反之亦然，因此传递函数可用零点、极点和传递函数系数等价表示。零点、极点既可以是实数也可以是复数，表示在复平面上，形成的图形称为传递函数的零极点分布图，反映系统的动态性能。对系统的研究可变成对系统传递函数的零点、极点的研究，即根轨迹法。也可将传递函数写成时间常数形式：

$$G(s) = \frac{b_0}{a_0} \times \frac{Q(s)}{P(s)} = K_g \frac{\prod\limits_{i=1}^{m}(\tau_i s + 1)}{\prod\limits_{j=1}^{n}(T_j s + 1)} \qquad 8-9$$

式中：$K_g=K\dfrac{\prod\limits_{i=1}^{m}z_i}{\prod\limits_{j=1}^{n}p_j}$，$\tau_i=\dfrac{1}{z_i}$，$T_j=\dfrac{1}{p_j}$；$\tau_i$ 和 T_j 称为时间常数，K_g 称为传递系数。

若零点或极点为共轭复数，则一般用二阶项来表示，若 $-p_1$，$-p_2$ 为共轭复极点，则

$$\frac{1}{(s+p_1)(s+p_2)}=\frac{1}{s^2+2\xi\omega_n s+\omega_n^2}\qquad\text{8-10}$$

或

$$\frac{1}{(T_1s+1)(T_2s+1)}=\frac{1}{T^2s^2+2\xi Ts+1}\qquad\text{8-11}$$

其系数 ω_n、ξ 由 p_1、p_2 或 T_1、T_2 求得。

若有零值极点，则传递函数的通式可以写成

$$G(s)=\frac{K}{s^v}\times\frac{\prod\limits_{i=1}^{m_1}(s+z_i)\prod\limits_{k=1}^{m_2}(s^2+2\xi_k\omega_k s+\omega_k^2)}{\prod\limits_{j=1}^{n_1}(s+p_j)\prod\limits_{l=1}^{n_2}(s^2+2\xi_l\omega_l+\omega_l^2)}\qquad\text{8-12}$$

或

$$G(s)=\frac{K_g}{s^v}\times\frac{\prod\limits_{i=1}^{m_1}(\tau_is+1)\prod\limits_{k=1}^{m_2}(\tau_k^2s^2+2\xi_k\tau_k s+1)}{\prod\limits_{j=1}^{n_1}(T_js+1)\prod\limits_{l=1}^{n_2}(T_l^2s^2+2\xi_lT_l+1)}\qquad\text{8-13}$$

式中：$m_1+2m_2=m$，$v+n_1+2n_2=n$。

从上式可以看出，传递函数是一些基本因子的乘积，这些基本因子就是典型环节所对应的传递函数，是一些最简单、最基本的形式。

8.3.4　典型环节的数学模型

自动控制系统的构成节点在形式上有很多种类，例如，机械式、电气式、液压式、气动式、热动式等。这些环节在构造上或作用原理上各不相同，动态特性也不尽一致，但是它们在自动控制系统中都起着信号或能量传递交换的作用。所以在自动控制原理中把信号变换的基本方式和动态性能相同的节点归类，抽象为一些基本环节，这样自动控制系统都可以看作是由一个或若干个基本环节组成的系统。自动控制系统的动态品质，很大程度上取决于它们所包含的基本环节的类型及数目。

在控制系统中，根据输入输出信号的选择不同，同一元部件可以有不同的传递函数，而不同的元部件也可能有相同形式的传递函数。需要指出的是，环节与元部件并非一一对应，有时一个环节代表几个元部件，而有时一个元部件又被表达成几个环节。

典型的基本环节有比例、积分、惯性、振荡、微分和延迟环节等多种，这些典型环节对应着典型电路，这样的划分给系统分析和研究带来很大的方便。下面分别讨论典型环节的时域特征和复域（s 域）特征。时域特征包括微分方程和单位阶跃输入下的输出响应，复域特征主要是传递函数，并研究系统的零极点分布。

1. 比例环节

具有比例运算关系的元部件称为比例环节。对于比例环节而言，输出量按一定比例复现输入量，无滞后和失真现象。比例环节的数学方程为

$$c(t)=kr(t), t \geqslant 0 \qquad 8\text{-}14$$

式中：k 称为比例系数，也称放大系数。

因此比例环节的传递函数为

$$G(s)= \frac{C(s)}{R(s)} =k \qquad 8\text{-}15$$

在实际应用中，分压器、放大器、无间隙无变形齿轮等都可视为比例环节。

2. 积分环节

符合积分运算关系的环节称为积分环节。在动态过程中，积分环节输出量的变化速度和输入量成正比。积分环节的数学方程为

$$c(t)= \frac{1}{T} \int r(t)\mathrm{d}t \qquad 8\text{-}16$$

式中：T 为积分环节的时间常数，表示积分的快慢程度。

积分环节的传递函数为

$$G(s)= \frac{C(s)}{R(s)} = \frac{1}{Ts} \qquad 8\text{-}17$$

3. 一阶惯性环节（非周期环节）

一个环节的惯性表现为，当有突变形式的输入时，输出不立即跟踪，而是按照一定的时间规律逐步趋于输入值，其原因在于环节的能量存储作用。惯性环节的微分方程是一阶的，故称为一阶惯性环节，也称非周期环节。

一阶惯性环节的微分方程为

$$T \frac{\mathrm{d}c(t)}{\mathrm{d}t} + c(t) = r(t) \qquad 8\text{-}18$$

式中：T 为惯性环节的时间常数。

一阶惯性环节的传递函数为

$$G(s) = \frac{C(s)}{R(s)} = \frac{1}{Ts+1} \qquad 8\text{-}19$$

4. 振荡环节

振荡环节与惯性环节一样含有储能元件，不同的是它含有两种形式的储能元件。例如，在机械系统中，一种元件储存位能，另一种元件储存动能；在电气系统中，一种元件储存电能，另一种元件储存磁能。能量在系统或环节的动态过程中反复交换，使得环节的物理量具有振荡性质。振荡环节是由二阶微分方程描述的系统。

振荡环节的微分方程为

$$T^2 \frac{\mathrm{d}^2 c(t)}{\mathrm{d}t^2} + 2\zeta T \frac{\mathrm{d}c(t)}{\mathrm{d}t} + c(t) = r(t) \qquad 8\text{--}20$$

式中：T 为振荡环节的时间常数，其倒数 $\frac{1}{T} = \omega_n$ 称为无阻尼自然振荡角频率；ζ 为阻尼系数，$0 < \zeta < 1$。显然，如果 $\zeta = 0$，即无阻尼，这时如果该环节有阶跃输入信号，其输出量便以 ω_n 为角频率进行等幅振荡；当 $\zeta > 0$ 时，该环节的输出量随时间的变化呈衰减振荡形式。

振荡环节的传递函数为

$$G(s) = \frac{C(s)}{R(s)} = \frac{1}{T^2 s^2 + 2\zeta T s + 1} \qquad 8\text{--}21$$

5. 微分环节

符合微分运算关系的环节称为微分环节，也称为纯微分环节。在动态过程中，微分环节的输出量正比于输入量的变化速度。

微分环节的微分方程为

$$c(t) = \tau \frac{\mathrm{d}r(t)}{\mathrm{d}t} \qquad 8\text{--}22$$

式中：τ 为微分环节的时间常数，表示微分速率的大小。

微分环节的传递函数为

$$G(s) = \frac{C(s)}{R(s)} = \tau s \qquad 8\text{--}23$$

在实际系统中，由于存在惯性，单纯微分环节是不存在的，一般都是微分环节与一阶惯性环节串联后构成的环节。当时间常数 $T \ll 1$ 时，一阶惯性环节相当于 $1 : 1$ 的比例环节，因而总的传递函数相当于微分环节的传递函数。

6. 一阶微分环节

符合一阶微分运算关系的环节称为一阶微分环节。此环节的输出量不仅与输入量本身有关，而且与输入量的变化有关。

一阶微分环节的微分方程为

$$c(t) = \tau \frac{\mathrm{d}r(t)}{\mathrm{d}t} + r(t) \qquad 8\text{--}24$$

一阶微分环节的传递函数为

$$G(s) = \frac{C(s)}{R(s)} = \tau s + 1 \qquad 8\text{-}25$$

一阶微分环节可以看成一个微分环节与一个比例环节的并联，其传递函数就是惯性环节的倒数。

7. 二阶微分环节

符合二阶微分运算关系的环节称为二阶微分环节。在动态过程中，二阶微分环节的输出量与输入量，以及输入量的一阶、二阶导数都有关系。

二阶微分环节的微分方程为

$$c(t) = \tau^2 \frac{\mathrm{d}^2 r(t)}{\mathrm{d}t^2} + 2\tau\zeta \frac{\mathrm{d}r(t)}{\mathrm{d}t} + r(t) \qquad 8\text{-}26$$

二阶微分环节的传递函数为

$$G(s) = \frac{C(s)}{R(s)} = \tau^2 s^2 + 2\zeta\tau s + 1 \qquad 8\text{-}27$$

可以看出，二阶微分环节的传递函数是振荡环节的倒数。

8. 延迟环节

具有纯时间延迟传递关系的环节称为延迟环节。延迟环节的输出信号与输入信号的波形完全相同，只是输出量相对输入量有一段时间的滞后，因此也称为滞后环节。

延迟环节的运动方程不是微分方程，而是差分方程：

$$c(t) = r(t-\tau) \qquad 8\text{-}28$$

在初始条件为零时，延时环节输出量的拉氏变换为

$$C(s) = \int_0^\infty r(t-\tau)\mathrm{e}^{st}\mathrm{d}t = \mathrm{e}^{-\tau s}R(s) \qquad 8\text{-}29$$

因此，延迟环节的传递函数为

$$G(s) = \frac{C(s)}{R(s)} = \mathrm{e}^{-\tau s} \qquad 8\text{-}30$$

对于延迟时间很小的延迟环节，常把它展开成泰勒级数，并略去高次项，可以得到

$$G(s) = \frac{1}{1 + \tau s + \dfrac{\tau^2}{2!}s^2 + \dfrac{\tau^3}{3!}s^3 + \cdots} \approx \frac{1}{1 + \tau s} \qquad 8\text{-}31$$

所以，延迟环节在一定条件下可近似为惯性环节。但惯性环节从输入开始时刻就已有输出，仅由于惯性作用，输出要滞后一段时间才接近所要求的输出值；而延迟环节从输入开始后在 $0\sim\tau$ 时间内并没有输出，$t=\tau$ 之后的输出则完全等于输入，这种差别如图 8-13 所示。

在实际测量系统中，由于诸多限制，测量元件常常距被控对象有一段距离，信号传递也存在一定程度的延时，因此实际测量系统中常含有这种延迟环节。例如，测温用的热电阻，由于具有外壳，温度变化转换到热电阻变化有时延。

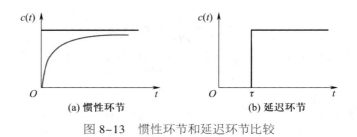

图 8-13　惯性环节和延迟环节比较

8.3.5　系统动态结构图

1. 基本元素

方框图是系统的一种动态数学模型，能形象直观地表明各信号在系统或元件中的传递过程。由具有一定函数关系的环节组成的，并标明信号流向的系统方框图，则称为系统动态结构图。

控制系统是由一些典型环节组成的，根据系统的物理原理，按信号传递的关系，依次将各环节的传递函数框图正确地连接起来，即为系统的动态结构图。控制系统动态结构图包括四种基本元素，即方框、信号线、分支点和比较点。

（1）信号线是带箭头的线段"——→"，表示系统中信号的流通方向，一般在线上标注信号所对应的变量。信号只能沿箭头方向流通，即信号的传递具有单向性。

（2）分支点的符号为"└┬┘"，表示信号引出或测量的位置，从同一信号线上取出的信号的大小和性质完全相同。

（3）比较点的符号为⊗，表示两个或两个以上信号在该点相加（＋）或相减（－）。需要指出的是：比较点处信号的运算符号必须标明，一般不标明则取"正"号，如图 8-14 所示。

（4）符号"—□→"表示输入、输出信号之间的动态传递关系。图 8-15 所示运算关系为 $C(s)=G(s)R(s)$，方框内为元件的传递函数 $G(s)$。

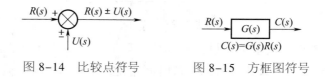

图 8-14　比较点符号　　　图 8-15　方框图符号

控制系统典型环节的方框图如表 8-3 所示。

控制系统的结构图简单明了地表达了系统组成和相互联系，可以方便地评价每一个元件对系统性能的影响。在结构图中，信号的传递严格遵照单向性原则，对于输出对输入的反作用，通过反馈支路单独表示。对结构图进行一定的代数运算和等效变换，可方便地求出整个系统的传递函数；$s=0$ 时，表示各变量间的静态特性，否则表示动态特性。

表 8-3 控制系统典型环节的方框图

序号	环节名称	方框图
1	比例环节	$R(s)$ → $\boxed{K}$ → $C(s)$
2	积分环节	$R(s)$ → $\boxed{\dfrac{1}{Ts}}$ → $C(s)$
3	惯性环节	$R(s)$ → $\boxed{\dfrac{1}{Ts+1}}$ → $C(s)$
4	振荡环节	$R(s)$ → $\boxed{\dfrac{1}{T^2s^2+2\zeta Ts+1}}$ → $C(s)$
5	微分环节	$R(s)$ → $\boxed{\tau s}$ → $C(s)$
6	一阶微分环节	$R(s)$ → $\boxed{\tau s+1}$ → $C(s)$
7	二阶微分环节	$R(s)$ → $\boxed{\tau^2s^2+2\zeta\tau s+1}$ → $C(s)$
8	延迟环节	$R(s)$ → $\boxed{\mathrm{e}^{-\tau s}}$ → $C(s)$

下面以直流电动机转速控制系统（图 8-16）为例，说明控制系统动态结构图及其原理和作用。

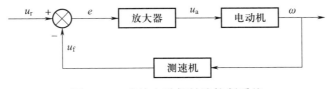

图 8-16 直流电动机转速控制系统

把各元件的传递函数代入方框中，并标明两端对应的变量，就得到如图 8-17 所示的系统动态结构图。

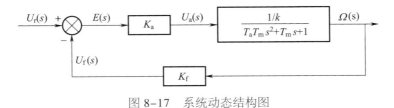

图 8-17 系统动态结构图

2. 基本连接方式

控制系统结构图包括串联、并联和反馈等基本连接方式。在串联方式中，前一个环节的输出是后一个环节的输入，即依次按顺序连接，如图 8-18 所示。

在图 8-18 的串联方式下，$U(s)=G_1(s)R(s)$，$C(s)=G_2(s)U(s)$，消去变量 $U(s)$ 可以得到 $C(s)=G_1(s)G_2(s)R(s)=G(s)R(s)$，如图 8-19 所示。

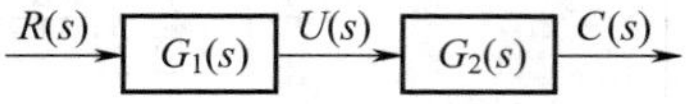

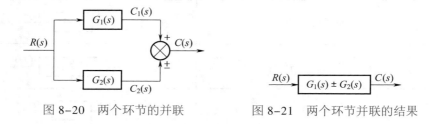

图 8-18　两环节的串联 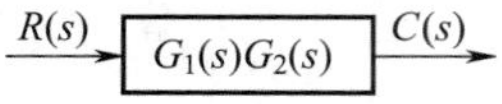　　　　图 8-19　两个环节串联的结果

在并联方式中，各环节都有相同的输入量，而输出量则等于各环节输出量的代数和，如图 8-20 所示。

在图 8-20 的并联方式中，$C_1(s)=G_1(s)R(s)$，$C_2(s)=G_2(s)R(s)$，并且 $C(s)=C_1(s) \pm C_2(s)$。

将 $C_1(s)$ 和 $C_2(s)$ 合并可以得到 $C(s)=[G_1(s) \pm G_2(s)]R(s)=G(s)R(s)$，也就是说，将多环节并联后的等效传递函数等于各并联环节传递函数的代数和，如图 8-21 所示。

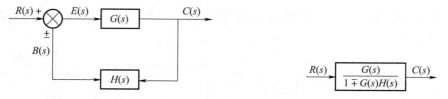

图 8-20　两个环节的并联　　　　图 8-21　两个环节并联的结果

反馈连接是指两个方框反向并联连接，如图 8-22 所示，比较点处做加法则为正反馈，做减法则为负反馈。

从图 8-22 可以得到 $C(s)=G(s)E(s)$，$B(s)=H(s)C(s)$，$E(s)=R(s) \pm B(s)$，消去 $B(s)$ 和 $E(s)$ 后可以得到

$$C(s)=G(s)[R(s) \pm H(s)C(s)] \qquad\qquad 8\text{-}32$$

$$\frac{C(s)}{R(s)}=\frac{G(s)}{1 \mp G(s)H(s)} \qquad\qquad 8\text{-}33$$

式 8-33 称为闭环传递函数，是反馈连接的等效传递函数，如图 8-23 所示。

图 8-22　两个环节的反向并联（反馈连接）　　　　图 8-23　两个环节反馈连接的结果

$G(s)$ 为前向通道传递函数，$H(s)$ 为反馈通道传递函数，$H(s)=1$ 表示单位反馈系统，$G(s)H(s)$ 为开环传递函数。

3. 绘制步骤

绘制控制系统动态结构图（结构图）时，首先需要列出每个元件的原始方程（保留所有变量，便于分析），并且要考虑相互间的负载效应；再将初始条件设置为零，对这些方程进行拉氏变换，得到传递函数，然后分别以方框形式将因果关系表示出来，而且这些方框中的传递函数都应具有典型环节的形式；最后将这些方框单元按信号流向连接起来，组成完整的结构图。

在绘制动态结构图时，一般先按从左到右的顺序绘制出前向通路的结构图，然后再绘制反馈通路的结构图。

【例 8-5】画出图 8-24 所示 RC 网络的结构图。

解：首先列出各元件的原始方程式：

$$\begin{cases} u_1 = iR + u_2 \\ u_2 = \dfrac{1}{C}\int i\,\mathrm{d}t \end{cases}$$

然后进行拉氏变换：

$$\begin{cases} U_1(s) = I(s)R + U_2(s) \\ U_2(s) = \dfrac{1}{Cs}I(s) \end{cases}$$

在零初始条件下表示成方框形式，并将这些方框依次连接起来，得到图 8-25 所示的系统动态结构图。

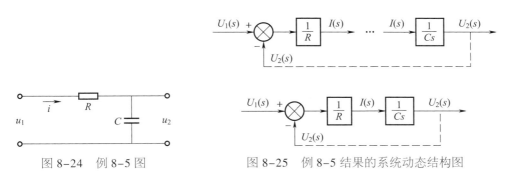

图 8-24　例 8-5 图　　　　图 8-25　例 8-5 结果的系统动态结构图

4. 结构图的等效变换

对于复杂系统的结构图，一般都有相互交叉的回环，当需要确定系统的传递函数时，就要根据结构图的等效变换先解除回环的交叉，然后根据方框的连接形式进行等效处理，依次简化。结构图等效变换的原则：变换前后应保持信号等效。除了前面介绍的串联、并联和取消反馈环外，还有以下几种方法：

（1）分支点后移（图 8-26）

（2）分支点前移（图 8-27）

（3）比较点后移（图 8-28）

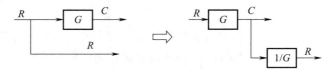

图 8-26 分支点后移等效变换

图 8-27 分支点前移等效变换

图 8-28 比较点后移等效变换

（4）比较点前移（图 8-29）

图 8-29 比较点前移等效变换

（5）比较点互换或合并（图 8-30）

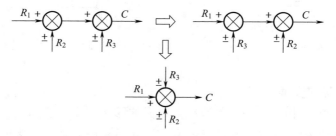

图 8-30 比较点互换或合并等效变换

【例 8-6】简化图 8-31 所示的结构图，并求系统的传递函数。

解：等效变换步骤如图 8-32~ 图 8-36 所示。首先运用并联法则，将 G_1 和 G_3 并联，G_4 和 G_5 并联，得到图 8-32。

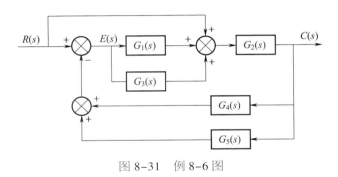

R(s)
E(s)
G1(s)
G2(s)
C(s)
G3(s)
G4(s)
G5(s)

图 8-31 例 8-6 图

R(s)
G1+G3
G2
C(s)
G4+G5

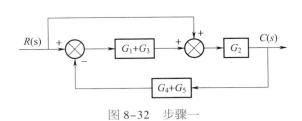

图 8-32 步骤一

前面一个比较点后移变换后得到图 8-33。

R(s)
G1+G3
G2
C(s)
G1+G3
G4+G5

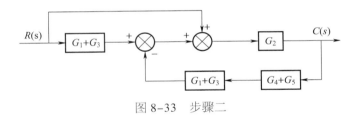

图 8-33 步骤二

再运用比较点互换及串联法则变换后得到图 8-34。

R(s)
G1+G3
G2
C(s)
(G1+G3)(G4+G5)

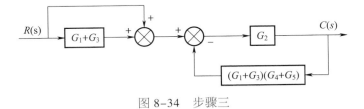

图 8-34 步骤三

取消前、后两个反馈环后得到图 8-35。

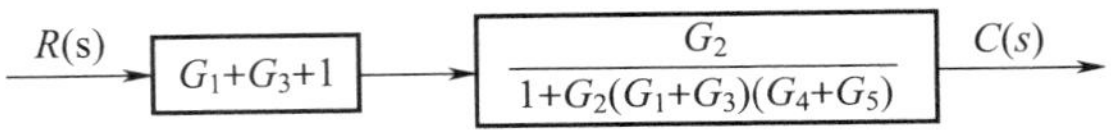

R(s)
G1+G3+1
G2
1+G2(G1+G3)(G4+G5)
C(s)

图 8-35 步骤四

最后，串联后得到图 8-36。

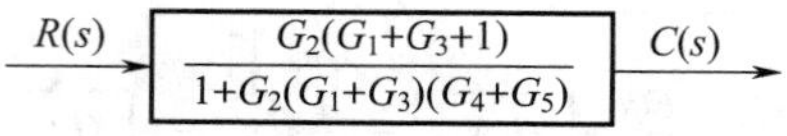

$$\xrightarrow{R(s)} \boxed{\dfrac{G_2(G_1+G_3+1)}{1+G_2(G_1+G_3)(G_4+G_5)}} \xrightarrow{C(s)}$$

图 8-36 结果

由此求得该系统的传递函数为

$$G(s)=\frac{C(s)}{R(s)}=\frac{G_2(G_1+G_3+1)}{1+G_2(G_1+G_3)(G_4+G_5)}$$

8.3.6 基于 MATLAB 的控制系统建模

如前所述，建立控制系统的数学模型是系统分析和设计的基础。若要用 MATLAB 对系统进行仿真，也要先获得系统的数学模型，然后再进行模拟，并在此基础上设计控制器，使系统响应达到预期的效果。为此，首先要学会用 MATLAB 来表述系统的数学模型，求出系统的传递函数。

1. 传递函数的 MATLAB 表示

如 8.3.3 节所述，传递函数是线性控制系统中最常用的数学模型，它有有理分式形式，零点、极点表达形式等多种形式，在 MATLAB 中可以用相应的程序语言来表示。

（1）有理分式形式的传递函数

对于式 8-7 表示的有理分式形式的传递函数，在 MATLAB 中可以方便地由分子和分母系数构成的两个向量唯一地确定出来，这两个向量分别用 num 和 den 表示，num=[b_m, b_{m-1},…,b_0]，den=[a_n,a_{n-1},…,a_0]，传递函数可以表示为式 8-34。

$$G(s)=\frac{b_m s^m+b_{m-1}s^{m-1}+\cdots+b_1 s+b_0}{a_n s^n+a_{n-1}s^{n-1}+\cdots+a_1 s+a_0}=\frac{\text{num}(s)}{\text{den}(s)} \qquad 8\text{-}34$$

传递函数的 MATLAB 命令：sys=tf(num,den)。

【例 8-7】将传递函数模型 $G(s)=\dfrac{12s^3+24s^2+20}{2s^4+4s^3+6s^2+2s+2}$ 输入到 MATLAB 工作空间中。

解：在 MATLAB 窗口中输入：

```
>>num=[12,24,0,20];
>>den=[2 4 6 2 2];
>>G=tf(num,den)
```

按回车键后，命令窗口输出如下结果：

```
G=

    12s^3+24s^2+20

--------------------

2s ^4+4s^3+6s^2+2s+2
Continuous-time transfer function
```

（2）零极点形式的传递函数

如式 8-8，传递函数的零点、极点表达形式为

$$G(s)=K\frac{\prod_{i=1}^{m}(s+z_i)}{\prod_{j=1}^{n}(s+p_j)}$$

在 MATLAB 中用 [z，p，K] 矢量组表示，即

z=[z1,z2,...,zm]

p=[p1,p2,...,pn]

K=[k]

传递函数的 MATLAB 命令：sys=zpk(z,p,k)

【例 8-8】将传递函数零极点模型 $G(s)=\dfrac{2(s+1)(s-2)}{(s+3)(s+1+j)(s+1-j)}$ 输入到 MATLAB 工作空间中。

解：在 MATLAB 窗口中输入：

z=[-1,2]

p=[-3,-1-j,-1+j]

K=[2]

G=zpk(z,p,K)

按 Enter 键后，命令窗口输出如下结果：

G=

```
    2(s+1)(s-2)
----------------
(s+3)(s^2+2s+2)
```

Continuous-time zero/pole/gain model.

（3）传递函数形式的转换

在 MATLAB 中，输入下面两条命令就可以将有理分式形式的传递函数转换为零极点形式的传递函数：

[z,p,k] = tf2zp(num,den);

G=zpk(z,p,K)

反之，用如下两条命令同样可以将零极点形式的传递函数转换为有理分式形式的传递函数：

[num,den]=zp2tf(num,den);

G=tf(num,den)

【例 8-9】已知一系统的传递函数 $G(s)=\dfrac{s^3+11s^2+30s}{s^4+9s^3+45s^2+87s+50}$，求取其零极点函数及增益值，并得到系统的零极点增益模型。

解：在 MATLAB 窗口中输入：

```
num=[1,11,30,0];
den=[1,9,45,87,50];
[z,p,k]=tf2zp(num,den)
G=zpk(z,p,k)
```

按回车键后，命令窗口输出如下结果：

```
z=

         0
  -6.0000
  -5.0000

p=

  -3.0000+4.0000i
  -3.0000-4.0000i
  -2.0000+0.0000i
  -1.0000+0.0000i

k=

     1

G=

       s(s+6)(s+5)
  -------------------
  (s+2)(s+1)(s^2+6s+25)
Continuous-time zero/pole/gain model.
```

2. 结构图转换的 MATLAB 表示

若已知控制系统的方框图，使用 MATLAB 函数可实现系统结构图简化。

若 $G_1(s)$ 和 $G_2(s)$ 相串联，在 MATLAB 中可用串联函数 series 来求出 $G_1(s)G_2(s)$，其调用格式为

```
[num,den]=series(num1,den1,num2,den2)
```

其中，$G_1(s) = \dfrac{num1}{den1}$，$G_2(s) = \dfrac{num2}{den2}$，$G_1G_2(s) = \dfrac{num}{den}$。

若 $G_1(s)$ 和 $G_2(s)$ 相并联，可由 MATLAB 的并联函数 parallel 来实现，其调用格式为

```
[num,den]=parallel(num1,den1,num2,den2)
```

其中，$G_1(s) = \dfrac{num1}{den1}$，$G_2(s) = \dfrac{num2}{den2}$，$G_1(s) + G_2(s) = \dfrac{num}{den}$。

若有如图 8-37 所示的反馈连接，使用 MATLAB 中的 feedback 函数来实现反馈连接。其调用格式为：

```
[num,den]=feedback(numg,deng,numh,denh,
    sign)
```

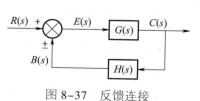

图 8-37 反馈连接

其中，$G_1(s) = \dfrac{\text{num}g}{\text{den}g}$，$G_2(s) = \dfrac{\text{num}h}{\text{den}h}$，$\dfrac{G(s)}{1 \pm G(s)H(s)} = \dfrac{\text{num}}{\text{den}}$；sign 为反馈极性，若为正反馈为 1，若为负反馈为 –1 或缺省。

【**例 8–10**】用 MATLAB 函数化简图 8–38 所示的系统结构图，求出系统的传递函数，并用 Simulink 仿真工具绘制出系统结构图。

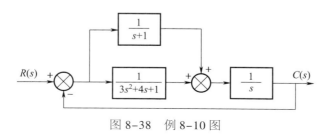

图 8–38　例 8–10 图

解：1）应用 series、parallel 和 feedback 函数求闭环传递函数的 MATLAB 指令如下：

```
>>G1=tf(1,[1 1]);
>>G2=tf(1,[3 4 1]);
>>G3=tf(1,[1 0]);
>>G4=tf(1,1);
>>GA=parallel(G1,G2);
>>GB=series(GA,G3);
>>GC=feedback(GB,G4,-1)
```

按 Enter 键后，命令窗口输出如下结果：

```
GC=

    3s^2+5s+2

--------------------

3s^4+7s^3+8s^2+6s+2
```

Continuous-time transfer function.

GC 即为求得的系统传递函数。

2）用 Simulink 仿真建立的系统结构图如图 8–39 所示。

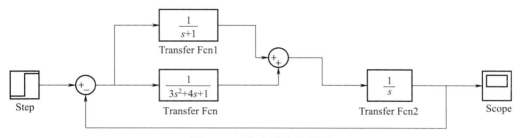

图 8–39　仿真系统结构图

8.4 自动控制系统性能

8.4.1 自动控制系统的基本要求

工程上常从稳定性（简称稳）、快速性（简称快）和准确性（简称准）三个方面来衡量系统的性能。往往由于被控对象的具体情况不同，各系统对稳、快、准三方面性能指标的要求也有所侧重，而且对同一个系统，稳、快、准是相互制约的。

1. 稳定性

稳定性是指系统受到外部作用后产生振荡，经过一段时间的调整，系统能抑制振荡，使其输出量趋近于期望值。如图 8-40a 所示，对于稳定的系统，随着时间的增长其输出量趋近于期望值；对于不稳定的系统，其输出量发散，如图 8-40b 所示。显然，不稳定的系统是无法工作的。因此任何一个自动控制系统首先必须是稳定的，这是对自动控制系统提出的最基本的要求。

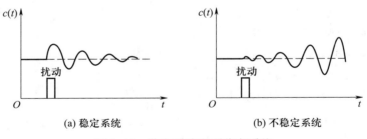

图 8-40　稳定系统和不稳定系统

2. 快速性

快速性是指系统动态过程经历时间的长短。动态过程时间越短，系统的快速性越好即具有较高的动态精度。通常，系统的动态过程多是衰减振荡过程，如图 8-40 所示。这时被控制量变化很快，以致被控量产生超出期望值的波动，经过几次振荡后，达到新的稳定工作状态。稳定性和快速性是衡量系统动态过程的尺度。

3. 准确性

准确性是指动态过程结束后，被控量与期望值接近的程度，常用稳态误差来表示。所谓稳态误差指的是动态过程结束后系统又进入稳态，此时系统输出量的期望值和实际值之间的偏差值。它表明了系统控制的准确程度。稳态误差越小，则系统的稳态精度越高。若稳态误差为零，则系统称为无差系统；若稳态误差不为零，则系统称为有差系统。

考虑到控制系统的动态过程在不同阶段中的特点，工程上常常从稳、快、准三个方面来评价系统的总体精度。恒值控制系统对准确性要求较高，随动控制系统则对快速性要求较高。同一系统中，稳定性、快速性和准确性往往是相互制约的。求稳有可能引起系统的快速性变差、精度变低；求快，则可能加剧振荡，甚至引起不稳定。下面讲述如何根据不同的工作任务，在保证系统稳定的前提下，兼顾系统的快速性和准确性，以满足实际系统的指标要求。

8.4.2 控制系统时域性能指标

对于确定的控制系统，在零初始条件下，若确定输入信号 $x_i(t)$，则可求出系统的时间响应 $x_o(t)$。控制系统的时间响应 $x_o(t)$ 通常可以分为两部分：暂态响应和稳态响应。暂态响应是指随时间增长而趋于零的那部分响应，只对稳态系统才有意义，与输入无关，仅取决于系统的结构参数；稳态响应是指时间趋于无穷大时的响应，与系统输入信号直接相关，并且持续时间与输入作用存在的时间一样长。相应地，系统的响应特性由暂态响应特性（暂态特性）与稳态响应特性（稳态特性）两部分组成。

控制系统的稳态误差因输入信号的不同而不同，因此就需要规定一些典型的输入信号，通过评价系统在这些典型输入信号作用下的稳态误差来衡量和比较系统的稳态性能。表 8-4 列出了控制系统中常用的典型输入信号。

表 8-4 控制系统中的典型输入信号

序号	名称	表达式	传递函数	示意图
1	单位阶跃函数	$r(t)=1$	$R(s)=\dfrac{1}{s}$	
2	单位斜坡函数	$r(t)=t$	$R(s)=\dfrac{1}{s^2}$	
3	单位加速度函数	$r(t)=\dfrac{1}{2}t^2$	$R(s)=\dfrac{1}{s^3}$	

跟踪和复现阶跃输入对系统来说是最严重的干扰，因此常以系统在单位阶跃信号作用下的响应来定义系统的时域性能指标。如果一个控制系统能够有效地克服这种类型的干扰，

则也能很好地克服比较弱的干扰。阶跃干扰的形式简单，容易模拟，便于分析、试验和计算。因此，控制系统的瞬态性能通常以系统在初始条件为零的情况下，对单位阶跃输入信号的响应特性来衡量。单位阶跃函数记为 $1(t)$ 或 $\varepsilon(t)$。稳定系统的单位阶跃响应具有衰减振荡和单调变化两种，如图 8-41 所示。

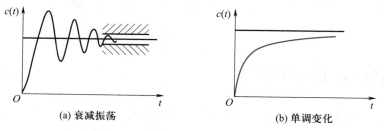

图 8-41　稳定系统的单位阶跃响应

1. 静态性能指标

稳态误差是最主要的系统静态性能指标，它是指一个稳定系统在输入量或扰动的作用下，经历动态过程进入静态后，静态下输出量的期望值和实际值之间的误差，记为 e_{ss}。

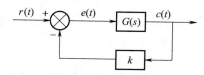

图 8-42　具有反馈增益系数 k 的系统动态结构图

从图 8-42 可以得到 $r(t)=kc_{req}(t)$，其中 $c_{req}(t)$ 为输出要求值，误差 $e(t)=r(t)-kc(t)$，稳态误差 e_{ss} 则定义为

$$e_{ss} = \lim_{t \to \infty}[c_{req}(t) - c(t)] = \lim_{t \to \infty} e(t) \tag{8-35}$$

应用拉普拉斯终值定理可以得到

$$\lim_{t \to \infty} e(t) = \lim_{s \to 0} sE(s) = \lim_{s \to 0} \frac{s}{1 + kG(s)} R(s) \tag{8-36}$$

当输入信号为单位阶跃信号时，稳态误差为

$$e_{ss} = \lim_{s \to 0} \frac{1}{1 + kG(s)} \tag{8-37}$$

对于 $k=1$ 的闭环系统，其稳态误差为

$$e_{ss} = \lim_{s \to 0} \frac{1}{1 + G(s)} = \frac{1}{1 + G(0)} \tag{8-38}$$

其中，$G(0)$ 常称为系统的直流增益，一般远大于 1，因此反馈能减小控制系统的稳态误差。

【例 8-11】设有一单位反馈控制系统，其开环传递函数为

$$G(s) = \frac{4K}{s(s+2)}$$

若要求系统在单位斜坡输入作用下，稳态误差 $e_{ss} \leq 0.05$，试确定系数 K。

解：此系统为 1 型系统，在单位斜坡输入作用下 $x(t)=t$，$R(s)=1/s^2$，则

$$e_{ss} = \lim_{t \to \infty} e(t) = \lim_{s \to 0} sE(s) = \lim_{s \to 0} \frac{s}{1+G(s)} R(s)$$

$$= \lim_{s \to 0} \frac{s}{1+\dfrac{4K}{s(s+2)}} \frac{1}{s^2} = \lim_{s \to 0} \frac{s+2}{s(s+2)+4K} = \frac{1}{2K}$$

由已知条件得到 $e_{ss} \leq 0.05$，即

$$\frac{1}{2K} \leq 0.05, \quad K \geq 10$$

由此说明，系统的开环放大系数 K 越大，稳态误差就越小。

2. 动态性能指标

当干扰作用于对象，系统输出发生变化，在系统负反馈作用下，经过一段时间，系统重新恢复平衡。从干扰作用破坏静态平衡开始，经过控制，直到系统重新建立平衡，在这段时间内，整个系统的各个环节和信号都处于变动状态中，称为动态。

研究线性系统在零初始条件下的单位阶跃响应过程曲线，如图 8-43 所示，可以得到以下的动态性能指标。

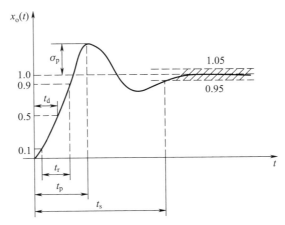

图 8-43　线性系统在零初始条件下的单位阶跃响应过程曲线

1）延迟时间 t_d：系统响应达到稳态值 50% 所需的时间。

2）上升时间 t_r：对具有振荡的系统，指响应从 0 第一次上升到稳态值所需的时间；而对于单调上升的系统，响应由稳态值的 10% 上升到稳态值的 90% 所需的时间。

3）峰值时间 t_p：响应到达第一个峰值所需的时间。

4）调整时间 t_s（或称过渡过程时间，调节时间，暂态过程时间）：是指响应到达并不

再越出稳态值的容许误差范围（±2% 或 ±5%）所需的最短时间。

5）最大超调量 σ_p：系统响应的最大值超过稳态值的百分比。

$$\sigma_p = \frac{x_o(t_p) - x_o(\infty)}{x_o(\infty)} \times 100\%$$ 　　8-39

6）振荡次数 N：是指响应在调节时间的范围内围绕其稳态值所振荡的次数。

在上述性能指标中，延迟时间 t_d、上升时间 t_r、峰值时间 t_p 和调整时间 t_s 侧重于衡量系统的快速性；最大超调量 σ_p 和振荡次数 N 侧重于衡量系统的平稳性。这些指标都属于动态性能指标，由于这些性能指标彼此影响，因此必须加以平衡。

一般以最大超调量 σ_p、调整时间 t_s 和稳态误差 e_{ss} 分别来评价控制系统的平稳性、快速性和稳态精度。

8.4.3　劳斯稳定性判据

稳定性是控制系统最重要的问题，也是对系统最基本的要求。控制系统在实际运行中，总会受到外界和内部一些因素的扰动，例如负载或能源的波动、环境条件的改变、系统参数的变化等。如果系统不稳定，当它受到扰动时，系统中各物理量就会偏离其平衡工作点，并随时间推移而发散，即使扰动消失了，也不可能恢复原来的平衡状态。因此，如何分析系统的稳定性并提出保证系统稳定的措施，是控制理论的基本任务之一。

稳定性的概念可以通过图 8-44 所示的方法加以说明。置于水平面上的圆锥体，其平面朝下时，若将它稍微倾斜，外力作用撤销后，经过若干次摆动，它会返回原来状态；而当圆锥体尖部朝下放置时，由于只有一点能使圆锥保持平衡，所以受到任何极微小的扰动，它就会倾倒，如果没有外力作用，就不可能回到原来的状态。

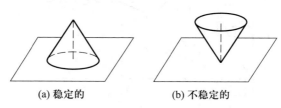

(a) 稳定的　　　　　　　(b) 不稳定的

图 8-44　圆锥体的稳定性

根据上述讨论，可以将系统的稳定性定义为，系统在受到外作用力后，偏离了正常工作点，而当外作用力消失后，系统能够返回到原来的工作点，则称系统是稳定的。

系统的瞬态响应不外乎表现为衰减、临界和发散这三种情况，它是决定系统稳定性的关键。由于输入量只影响到稳态响应项，并且两者具有相同的特性，即如果输入量 $r(t)$ 是有界的，即

$$|r(t)| < \infty, \quad t \geq 0$$ 　　8-40

则稳态响应项也必定是有界的，这说明对于系统稳定性的讨论可以归结为系统在任何

一个有界输入的作用下，其输出是否有界的问题。对于一个稳定的系统而言，在有界输入作用下，其输出响应也是有界的，这叫作有界输入有界输出稳定，又简称为 BIBO 稳定。

线性闭环系统的稳定性可以根据闭环极点在 S 平面内的位置予以确定。假如单输入单输出线性系统由下述的微分方程来描述：

$$a_n c^{(n)} + a_{n-1} c^{(n-1)} + \cdots + a_1 c^{(1)} + a_0 c = b_m r^{(m)} + b_{m-1} r^{(m-1)} + \cdots + b_1 r^{(1)} + b_0 r \qquad 8\text{–}41$$

则系统的稳定性由上式左端决定，或者说系统稳定性可按齐次微分方程式来分析：

$$a_n c^{(n)} + a_{n-1} c^{(n-1)} + \cdots + a_1 c^{(1)} + a_0 c = 0 \qquad 8\text{–}42$$

这时，在任何初始条件下，若满足

$$\lim_{t \to \infty} c(t) = \lim_{t \to \infty} c^{(1)}(t) = \cdots = \lim_{t \to \infty} c^{(n-1)}(t) = 0 \qquad 8\text{–}43$$

则称该单输入单输出线性系统是稳定的。

为了确定系统的稳定性，可求出齐次微分方程式的解。由数学分析知道，其特征方程式为

$$a_n s^n + a_{n-1} s^{n-1} + \cdots + a_1 s + a_0 = 0 \qquad 8\text{–}44$$

设上式有 k 个实根 $-p_i(i=1,2,\cdots,k)$，r 对共轭复数根 $(-\sigma_i \pm \mathrm{j}\omega_i)(i=1,2,\cdots,r)$，$k+2r=n$，则上述齐次方程解的一般式为

$$c(t) = \sum_{i=1}^{k} C_i \mathrm{e}^{-p_i t} + \sum_{i=1}^{r} \mathrm{e}^{-\sigma_i t} (A_i \cos \omega_i t + B_i \sin \omega_i t) \qquad 8\text{–}45$$

式中系数 A_i，B_i 和 C_i 由初始条件决定。

线性系统稳定的充分必要条件是它的所有特征根均为负实数，或者具有负的实数部分。由于系统特征方程式的根在根平面上是一个点，所以上述结论又可以表述成，线性系统稳定的充要条件是它的所有特征根均在根平面的左半部分。

需要指出的是，对于线性定常系统，由于系统特征方程根是由特征方程的结构（即方程的阶数）和系数决定的，因此系统的稳定性与输入信号和初始条件无关，仅由系统的结构和参数决定。此外，如果系统中每个部分都可用线性常系数微分方程描述，那么当系统稳定时，它在大偏差情况下也是稳定的。如果系统中有的元件或装置是非线性的，但经线性化处理后可用线性化方程来描述，那么当系统稳定时，只能说这个系统在小偏差情况下是稳定的，而在大偏差时不能保证系统仍是稳定的。

以上提出的判断系统稳定性的条件根据的是系统特征方程根，但是求解高次特征方程式是相当麻烦的，因此英国人劳斯于 1877 年提出了在不解特征方程式的情况下，求解特征方程根在 S 平面上分布的判据。在实际操作中，通常对线性系统采用劳斯稳定判据，它是一种代数判据方法，即根据系统特征方程式来判断特征根在 S 平面的位置，从而决定系统的稳定性。劳斯稳定判据的判别过程如下：

1）列出系统特征方程式：

$$a_n s^n + a_{n-1} s^{n-1} + \cdots + a_1 s + a_0 = 0 \qquad 8\text{–}46$$

式中 $a_n > 0$，各项系数均为正数。

2）按特征方程的系数列写劳斯阵列表：

$$
\begin{array}{c|cccc}
s^n & a_n & a_{n-2} & a_{n-4} & \cdots \\
s^{n-1} & a_{n-1} & a_{n-3} & a_{n-5} & \cdots \\
s^{n-2} & b_1 & b_2 & b_3 & \cdots \\
s^{n-3} & c_1 & c_2 & c_3 & \cdots \\
s^{n-4} & d_1 & d_2 & d_3 & \cdots \\
\vdots & \vdots & \vdots & \vdots & \vdots \\
s^1 & f_1 & & & \\
s^0 & g_1 & & &
\end{array}
$$

8–47

其中

$$
b_1 = -\frac{1}{a_{n-1}}\begin{vmatrix} a_n & a_{n-2} \\ a_{n-1} & a_{n-3} \end{vmatrix}
$$

8–48

$$
b_2 = -\frac{1}{a_{n-1}}\begin{vmatrix} a_n & a_{n-4} \\ a_{n-1} & a_{n-5} \end{vmatrix}
$$

8–49

$$
b_3 = -\frac{1}{a_{n-1}}\begin{vmatrix} a_n & a_{n-6} \\ a_{n-1} & a_{n-7} \end{vmatrix}
$$

8–50

$$
\vdots
$$

直至其余 b_i 项均为零。

$$
c_1 = -\frac{1}{b_1}\begin{vmatrix} a_{n-1} & a_{n-3} \\ b_1 & b_2 \end{vmatrix}
$$

8–51

$$
c_2 = -\frac{1}{b_1}\begin{vmatrix} a_{n-1} & a_{n-5} \\ b_1 & b_3 \end{vmatrix}
$$

8–52

$$
c_3 = -\frac{1}{b_1}\begin{vmatrix} a_{n-1} & a_{n-7} \\ b_1 & b_4 \end{vmatrix}
$$

8–53

$$
\vdots
$$

按此规律一直计算到 $n-1$ 行为止。在上述计算过程中，为了简化数值运算，可将某一行的各系数均乘以一个整数，并不会影响稳定性结论。

3）考察阵列表第一列系数的符号。若劳斯阵列表中第一列系数均为正数，则该系统是稳定的，即特征方程所有的根均位于根平面的左半平面。若第一列系数有负数，则第一列系数符号的改变次数等于在右半平面上根的个数。

【例 8–12】若系统特征方程为 $s^4+6s^3+12s^2+11s+6=0$，试用劳斯判据判别系统的稳定性。

解：从系统特征方程看出，所有系数均为正实数，满足系统稳定的必要条件。写出劳斯阵列表：

$$
\begin{array}{c|ccc}
s^4 & 1 & 12 & 6 \\
s^3 & 6 & 11 & 0 \\
s^2 & \dfrac{61}{6} & 6 \\
s^1 & \dfrac{455}{61} & 0 \\
s^0 & 6
\end{array}
$$

第一列系数均为正实数，故系统稳定。本例也可利用因式分解将特征方程写为

$$(s+2)(s+3)(s^2+s+1)=0$$

可以解出特征方程的根为 -2，-3，以及 $-\dfrac{1}{2}\pm \mathrm{j}\dfrac{\sqrt{3}}{2}$，均具有负实部，所以系统是稳定的。

应用劳斯判据不仅可以判别系统是否稳定，即系统的绝对稳定性，而且也可以检验系统是否有一定的稳定裕量，即系统的相对稳定性。另外，劳斯判据还可以用来分析系统参数对稳定性的影响和鉴别延滞系统的稳定性。

1. 稳定裕量的检验

如图 8-45 所示，把虚轴左移 σ_1，即令 $s=z-\sigma_1$，并将其代入系统的特征方程，得到以 z 为变量的新特征方程式，然后再检验新特征方程式有几个根位于新虚轴的右边。

如果所有根均在新虚轴的左边，即新劳斯阵列式的第一列均为正数，则说明系统具有稳定裕度 σ_1。

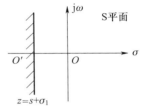

图 8-45　系统的稳定裕度

【例 8-13】检验特征方程式 $2s^3+10s^2+13s+4=0$ 是否有根在右半平面，并检验有几个根在直线 $s=-1$ 的右边。

解：列写劳斯阵列表：

$$
\begin{array}{c|cc}
s^3 & 2 & 13 \\
s^2 & 10 & 4 \\
s^1 & 12.2 \\
s^0 & 4
\end{array}
$$

第一列无符号改变，故没有根在 S 平面的右半平面；再令 $s=z-1$，代入特征方程式，得到

$$2(z-1)^3+10(z-1)^2+13(z-1)+4=0$$

整理后得到

$$2z^3+4z^2-z-1=0$$

则新的劳斯阵列表为

$$
\begin{array}{c|cc}
z^3 & 2 & -1 \\
z^2 & 4 & -1 \\
z^1 & -\dfrac{1}{2} \\
z^0 & -1
\end{array}
$$

从表中可以看出，第一列符号改变了一次，故有一个根在直线 $s=-1$（新坐标的虚轴）的右边，因此该系统的稳定裕量不到 1。

2. 分析系统参数对稳定性的影响

举例说明如何采用劳斯判据分析参数对系统稳定性的影响。设有图 8-46 所示的单位反馈控制系统：

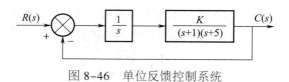

图 8-46　单位反馈控制系统

其闭环传递函数为

$$G_b(s) = \frac{C(s)}{R(s)} = \frac{K}{s(s+1)(s+5) + K}$$

则系统的特征方程式为

$$s^3 + 6s^2 + 5s + K = 0$$

列写劳斯阵列表

$$
\begin{array}{ccc}
s^3 & 1 & 5 \\
s^2 & 6 & K \\
s^1 & \dfrac{30-K}{6} & \\
s^0 & K &
\end{array}
$$

若要使系统稳定，其充要条件是劳斯阵列表的第一列均为正数，即 $K>0$ 且（$30-K$）>0，所以 K 的取值范围为 0~30，其稳定的临界值为 30。由此可以看出，为了保证系统稳定，K 值有一定限制，但是为了降低稳态误差，则要求较大的 K 值，两者是矛盾的。为了满足两方面的要求，则必须采用校正的方法来处理。

8.4.4　MATLAB 辅助分析控制系统时域性能

1. 控制系统稳定性分析

如 8.4.3 节所述，线性系统稳定的充分必要条件是，闭环系统特征方程的所有特征根具有负实部。在 MATLAB 中可以通过调用 roots 命令方便地求出特征根，进而判别系统的稳定性。

命令格式：`p=roots(den)`
其中 den 为特征多项式降幂排列的系数向量，p 为特征根。

【例 8-14】设系统的特征方程为 $D(s)=s^6+s^5-2s^4-3s^3-7s^2-4s-4=0$，试用 MATLAB 判别系统的稳定性。

解：在 MATLAB 窗口中键入如下程序：

```
>>den=[1 1 -2 -3 -7 -4 -4];
>>roots(den)
```

按回车键后得到如下输出结果：

```
ans=
     2.0000+0.0000i
    -2.0000+0.0000i
     0.0000+1.0000i
     0.0000-1.0000i
    -0.5000+0.8660i
    -0.5000-0.8660i
```

由于存在 1 个正实部的特征根，所以系统不稳定。

2. 控制系统动态性能分析

若已知系统的闭环传递函数 $G0$，则可以用命令 step(num,den,t) 或 step($G0$,t) 求得系统的单位阶跃响应。其中 t 为仿真时间，由用户指定，若不标注，系统也会自动生成该时间向量。

【例 8-15】设单位负反馈系统的开环传递函数为 $G(s)=\dfrac{0.3s+1}{s(s+0.5)}$，试求系统单位阶跃响应。

解：在 MATLAB 窗口中键入如下程序：

```
>>num=[0.3 1];
>>den=[1 0.5 0];
>>G=tf(num,den);
>>G0=feedback(G,1);
>>step(G0)
```

回车后得到如下输出结果：

```
G0=

    0.3s+1
-------------------

s^2+0.8s+1
Continuous-time transfer function.
```

程序运行后得到图 8-47a 所示的单位阶跃响应曲线，在图形窗口上点击右键，在 Characteristics 下的子菜单中可以选择 Peak Response（峰值）、Settling Time（调整时间）、Rise Time（上升时间）和 Steady State（稳态值）等参数进行显示，如图 8-47b 所示。各参数显示如图 8-48 所示，从图中可以得到系统的性能指标：峰值为 1.27，峰值时间为

3.11 s；调整时间为 8.11 s；上升时间为 1.37 s；稳态值为 1。

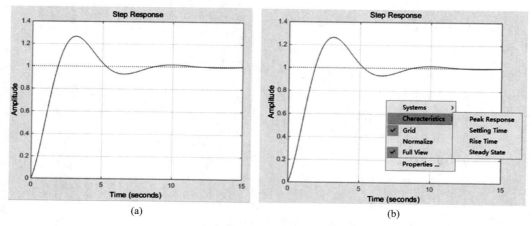

图 8-47　例 8-15 的单位阶跃响应曲线

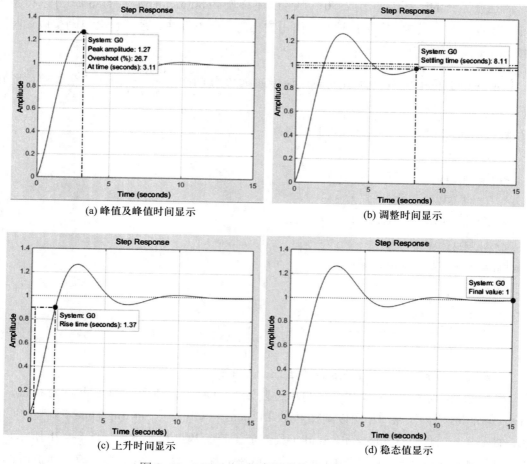

图 8-48　MATLAB 仿真得到的系统性能指标

思考题

1. 过程控制系统的主要任务是什么？请绘制系统方框图来说明。

2. 开环控制方式与闭环控制方式的区别是什么？各有什么优缺点？

3. 自动控制系统有哪些分类方法？定常系统和时变系统的差异是什么？

4. 一个控制系统的性能通常从哪些方面去衡量？为什么？

5. 什么是控制系统的数学模型？有哪些特点？如何建立数学模型？

6. 传递函数的作用是什么？请分别写出比例、惯性、积分、微分环节的传递函数。

7. 举例说明 MATLAB 在控制系统建模中的作用。

8. 请说明 MATLAB 在控制系统稳定性分析中的优势。

9. 图 8-49 是液位自动控制系统原理示意图。在任意情况下，希望液面高度 c 维持不变，试说明系统工作原理并画出系统动态结构图。

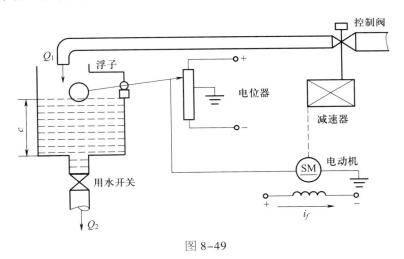

图 8-49

10. 试用简化法则简化图 8-50 所示的系统结构图，求系统的传递函数 $C(s)/R(s)$，并采用 Matlab 编程求解系统传递函数（写出程序代码）。

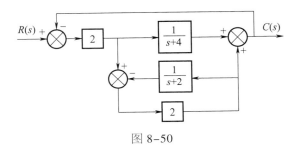

图 8-50

11. 设某单位负反馈系统的开环传递函数为

$$G(s) = \frac{K(s+1)}{s(3s+1)(2s+1)}$$

试用劳斯稳定判据确定使闭环系统稳定的 K 值范围。

12. 单位负反馈系统的开环传递函数为

$$G(s) = \frac{10}{s(0.1s+1)(0.5s+1)}$$

输入信号 $r(t)=2+0.5t$，求系统稳态误差。

参考文献

［1］胡绳荪. 焊接自动化技术及其应用 [M]. 北京：机械工业出版社，2007.

［2］沈裕康，严武升，杨庚辰. 自动控制基础 [M]. 西安：西安电子科技大学出版社，1995.

［3］王建华，俞孟蕻，李众. 智能控制基础 [M]. 北京：科学出版社，1998.

［4］付家才，王秀琴. 现代工业控制基础 [M]. 哈尔滨：哈尔滨工程大学出版社，2003.

［5］胡寿松. 自动控制原理简明教程 [M]. 2 版. 北京：科学出版社，2008.

［6］王万良. 自动控制原理 [M]. 3 版. 北京：高等教育出版社，2020.

［7］赵广元. MATLAB 与控制系统仿真实践 [M]. 3 版. 北京：北京航空航天大学出版社，2016.

第 9 章

数字化控制方法

9.1 PID 控制基本原理

目前的自动控制技术绝大部分是基于反馈概念的，反馈理论包括三个基本要素：测量、比较和执行。测量过程的关注点是变量，并与期望值相比较，以此误差来纠正和控制系统的响应。反馈理论及其在自动控制中应用的关键是，做出正确测量与比较后，如何用于系统的纠正与调节。PID（proportional integral derivative）控制是最早发展起来的控制策略之一，由于其算法简单、鲁棒性好和可靠性高，被广泛应用于工业过程控制，尤其适用于可建立精确数学模型的确定性控制系统。

9.1.1 基本理论

PID 控制器由比例单元（P）、积分单元（I）和微分单元（D）组成，基本的 PID 控制规律可以用图 9-1 所示的 PID 控制框图来表示。

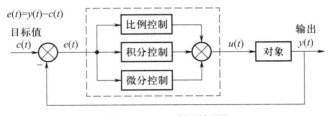

图 9-1　PID 控制框图

PID 控制的基本原理比较简单，其传递函数可以表述为

$$G(s)=K_p+\frac{K_i}{s}+K_d s \qquad\qquad 9\text{-}1$$

PID 控制用途广泛，使用灵活，已有系列化控制器产品，使用时只需要设定 K_p、K_i 和 K_d 三个参数即可。在很多情况下，并不一定需要三个单元，可以取其中的一到两个单元，但比例控制单元是必不可少的。

PID 控制具有以下优点：

（1）原理简单，使用方便　PID 参数 K_p、K_i 和 K_d 可以根据过程动态特性变化进行调整与设定。

（2）适应性强　按 PID 控制规律进行工作的控制器已商品化，即使目前最新式的过程控制计算机，其基本控制功能也仍然是 PID 控制。PID 应用范围广，虽然很多工业过程是非线性或时变的，但通过适当简化，也可以将其变成基本线性和动态特性不随时间变化的系统，然后进行 PID 控制。

（3）鲁棒性好　即其控制品质对被控对象特性的变化不太敏感。但不可否认，PID 控制也有其固有的缺点，PID 控制在控制非线性、时变、耦合及参数和结构不确定的复杂过程时，效果并不理想。

（4）适用性强　在科学技术，尤其是计算机技术迅速发展的今天，虽然涌现出了许多新的控制方法，但 PID 控制因其自身的优点而得到了最广泛的应用，PID 控制规律仍是最普遍的控制规律。PID 控制器是最简单，并且许多时候也是最好用的控制器。

在过程控制中，PID 控制也是应用最为广泛的。一个大型现代化控制系统的控制回路可能达几百个甚至更多，其中绝大部分都采用 PID 控制。由此可见，在过程控制中，PID 控制的重要性是无法替代的。

9.1.2　比例控制

比例控制（P 控制）是一种最简单的控制方法，其控制器的输出与输入误差信号成比例关系，当仅有比例控制时系统输出存在稳定误差。比例控制器的传递函数为

$$G_c(s)=K_p \qquad\qquad 9\text{-}2$$

式中：K_p 称为比例系数或增益（可为正或负）。一些传统的控制器常用比例带（proportional band，PB）来取代比例系数 K_p，比例带是比例系数的倒数，比例带也称为比例度。

对于单位反馈系统，0 型系统响应实际阶跃信号 $R_0 1(t)$ 的稳态误差与其开环增益 K 近似成反比，即

$$\lim_{t\to\infty} e(t)=\frac{R_0}{1+K} \qquad\qquad 9\text{-}3$$

对于单位反馈系统，I 型系统响应匀速信号 $R_1(t)$ 的稳态误差与其开环增益 K_v 近似成反比，即

$$\lim_{t\to\infty} e(t)=\frac{R_1}{K_v} \qquad\qquad 9\text{-}4$$

比例控制只改变系统的增益而不影响相位，它对系统的影响主要反映在系统的稳态误差和稳定性上，增大比例系数可提高系统的开环增益，减小系统的稳态误差，从而提高系统的控制精度，但这会降低系统的相对稳定性，甚至可能造成闭环系统的不稳定，因此，在系统校正和设计中比例控制一般不单独使用。

具有比例控制器的系统结构如图 9-2 所示。

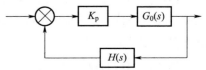

图 9-2　具有比例控制器的系统结构图

系统的特征方程式为

$$D(s)=1+K_pG_0H(s)=0 \qquad\qquad 9\text{-}5$$

下面举例说明纯比例控制的作用或比例调节对系统性能的影响。

【例 9-1】控制系统函数如下式，其中 $G_0(s)$ 为三阶对象模型：

$$G_0(s)=\frac{1}{(s+1)(2s+1)(5s+1)}$$

$H(s)$ 为单位反馈，对系统单独采用比例控制，比例系数 K_p 分别为 0.1、2、2.4、3、3.5，试绘制各比例系数下系统的单位阶跃响应曲线。

解：根据题意，绘制的阶跃响应曲线如图 9-3 所示。

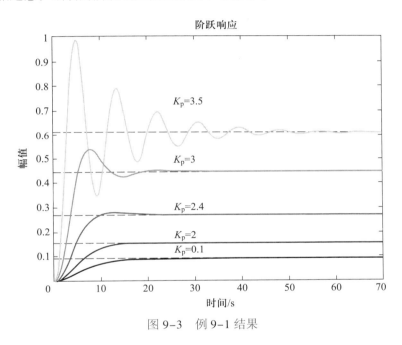

图 9-3　例 9-1 结果

从图 9-3 可以看出，随着 K_p 值增大，系统响应速度加快，系统的超调量增加，调节时间增长，但 K_p 增大到一定值后，闭环控制将趋于不稳定。

9.1.3　比例微分控制

具有比例加微分控制规律的控制称为比例微分控制（PD 控制），其传递函数为

$$G_c(s)=K_p+K_pT_ds \qquad\qquad 9\text{-}6$$

式中：K_p 为比例系数，T_d 为微分时间常数。K_p 与 T_d 两者都是可调的参数。

具有 PD 控制器的系统结构图如图 9-4 所示。

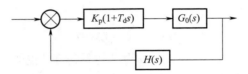

图 9-4 具有 PD 控制器的系统结构图

PD 控制器的输出信号为

$$u(t)=K_{\mathrm{p}}x(t)+K_{\mathrm{p}}T_{\mathrm{d}}\frac{\mathrm{d}x(t)}{\mathrm{d}t} \qquad\qquad 9\text{-}7$$

在微分控制中，控制器的输入与输出误差信号的微分（即误差的变化率）成正比关系。微分控制反映误差的变化率，只有当误差随时间变化时，微分控制才会对系统起作用，而对无变化或缓慢变化的对象不起作用。因此微分控制在任何情况下不能单独与被控制对象串联使用，而只能构成 PD 或 PID 控制。

自动控制系统在克服误差的调节过程中可能会出现振荡甚至不稳定，其原因是存在较大惯性的组件（环节）或有滞后的组件，具有抑制误差的作用，其变化总是落后于误差的变化。解决的方法是使抑制误差变化的作用"超前"，即在误差接近零时，抑制误差的作用就应该是零。

这就是说，在控制中引入"比例"项是不够的，比例项的作用仅是放大误差的幅值，而且目前需要增加的是"微分项"，它能预测误差变化的趋势，这样，具有"比例 + 微分"的控制器，就能提前使抑制误差的作用等于零甚至为负值，从而避免被控量的严重超调，因此对于有较大惯性或滞后的被控对象而言，比例微分控制器能改善系统在调节过程中的动态性。但是，需要指出的是，微分控制对纯滞后环节不仅不能改善控制品质，而且具有放大高频噪声的缺点。

在实际应用中，当设定值有突变时，为了防止由于微分控制的突跳，常将微分控制环节设置在反馈回路中，这种做法称为微分先行，即微分运算只对测量信号进行，而不对设定信号进行。

【例 9-2】控制系统如图 9-4 所示，其中 $G_0(s)$ 为三阶对象：

$$G_0(s)=\frac{1}{(s+1)(2s+1)(5s+1)}$$

$H(s)$ 为单位反馈，采用比例微分控制，比例系数 $K_{\mathrm{p}}=2$，而微分系数 T_{d} 分别取 0、0.3、0.7、1.5、3，试绘制各比例微分系数下系统的阶跃响应曲线。

解：根据题意，绘制的阶跃响应曲线如图 9-5 所示。

从图中可以看出，仅有比例控制时系统的阶跃响应有相当大的超调量和较强烈的振荡，随着微分作用的增强，系统的超调量减小，稳定性提高，上升时间缩短，系统响应的快速性增强。

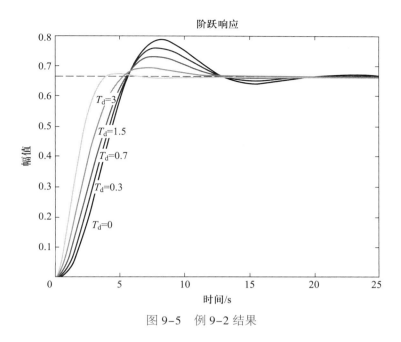

图 9-5　例 9-2 结果

9.1.4　积分控制

具有积分控制规律的控制称为积分控制（I 控制），其传递函数为

$$G_c(s) = \frac{K_i}{s} \qquad\qquad 9\text{-}8$$

式中：K_i 称为积分系数。

积分控制器的输出信号为

$$U(t) = K_i \int_0^t x(t)\mathrm{d}t \qquad\qquad 9\text{-}9$$

或者说，积分控制器输出信号 $u(t)$ 的变化速率与输入信号 $x(t)$ 成正比，即

$$\frac{\mathrm{d}u(t)}{\mathrm{d}t} = K_i x(t) \qquad\qquad 9\text{-}10$$

对于一个自动控制系统，如果在进入稳态后存在稳态误差，则称这个系统是有稳态误差的或简称有差系统。为了消除稳态误差，在控制器中必须引入"积分项"，积分项取决于误差对时间的积分，随着时间的增加，积分项会增大使稳态误差进一步减小，直到等于零。

通常，采用积分控制器的主要目的是使系统无稳态误差，由于积分引入了相位滞后，使系统稳定性变差，增加积分器控制对系统而言是加入了极点，对系统的响应而言是可消除稳态误差，但这对瞬时响应会造成不良影响，甚至造成不稳定，因此积分控制一般不单独使用，通常结合比例控制器构成比例积分（PI）控制器。

9.1.5 比例积分控制

具有比例加积分控制规律的控制称为比例积分控制（PI 控制），其传递函数为

$$G_c(s)=K_p+\frac{K_p}{T_i}\frac{1}{s}=\frac{K_p\left(s+\frac{1}{T_i}\right)}{s} \qquad 9\text{-}11$$

式中：K_p 为比例系数，T_i 称为积分时间常数。两者都是可调参数。

PI 控制的输出信号为

$$u(t)=K_p x(t)+\frac{K_p}{T_i}\int_0^t x(t)\mathrm{d}t \qquad 9\text{-}12$$

PI 控制可以使系统在进入稳态后无稳态误差。PI 控制在与被控对象串联时，相当于在系统中增加了一个位于原点的开环极点，同时也增加了一个位于 S 左半平面的开环零点，位于原点的极点可以提高系统的型别，以消除或减小系统的稳态误差，改善系统的稳态性能；而增加的负实部零点则可减小系统的阻尼程度，缓和 PI 控制极点对系统稳定性及动态过程产生的不利影响。在实际工程中，PI 控制通常用来改善系统的稳定性。

【例 9-3】单位负反馈控制系统的开环传递函数为

$$G_0(s)=\frac{1}{(s+1)(2s+1)(5s+1)}$$

采用比例积分控制，比例系数 $K_p=2$，积分时间常数 T_i 分别为 3、6、14、21、28，试绘制各比例积分系数下的单位阶跃响应曲线。

解：根据题意，绘制的阶跃响应曲线如图 9-6 所示。

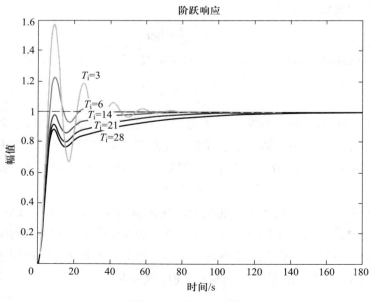

图 9-6 例 9-3 结果

从上图可以看出，随着积分时间常数 T_i 的减小，积分控制作用增强，稳态误差也进一步减小直至为零，响应速度略有提升，而系统超调量会增加，系统平稳性变差。因此，PI 控制器不但保持了积分控制器消除稳态误差的"记忆功能"，而且克服了单独使用积分控制消除误差时反应不灵敏的缺点。

9.1.6 比例积分微分控制

具有比例 + 积分 + 微分控制规律的控制称为比例积分微分控制（PID 控制），其传递函数为

$$G_c(s)=K_p+\frac{K_p}{T_i}\frac{1}{s}+K_pT_ds \qquad\qquad 9-13$$

式中：K_p 为比例系数，T_i 为积分时间常数，T_d 为微分时间常数。三者都是可调参数。

PID 控制的输出信号为

$$u(t)=K_px(t)+\frac{K_p}{T_i}\int_0^t x(t)\mathrm{d}t+K_pT_d\frac{\mathrm{d}x(t)}{\mathrm{d}t} \qquad\qquad 9-14$$

PID 控制的传递函数可写成

$$\frac{U(s)}{E(s)}=\frac{K_p}{T_i}\frac{T_iT_ds^2+T_is+1}{s} \qquad\qquad 9-15$$

与 PI 控制相比，PID 控制除了同样具有提高系统稳定性能的优点外，还多提供了一个负实部零点，因此在动态性能方面有更大的优越性。在实际中，PID 控制的应用更广泛。

PID 控制通过积分作用消除误差，而微分控制可缩小超调量，加快反应，是综合了 PI 控制与 PD 控制长处，并消除其短处。从频域角度看，PID 控制通过积分作用于系统的低频段，以提高系统的稳定性，而微分作用于系统的中频段，以改善系统的动态性能。

归纳起来说，比例控制能迅速反应，从而减小稳态误差。但是，比例控制不能消除稳态误差，比例放大系数的加大，会引起系统的不稳定。积分控制的作用是，只要系统有误差存在，积分控制器就不断地积累，输出控制量，以消除误差。因此，只要有足够的时间，积分控制能完全消除误差，使系统误差为零，从而消除稳态误差。积分作用太强会使系统超调量加大，甚至使系统出现振荡。微分控制可以减小超调量，克服振荡，使系统的稳定性提高，同时加快系统的动态响应速度，减小调整时间，从而改善系统的动态性能。根据不同的被控对象的控制特性，可以分别应用 P、PI、PD、PID 等不同的控制模型。

9.2 数字 PID 控制实现及参数整定

9.2.1 数字 PID 控制的实现

由于计算机的控制是通过离散化采样输入信号，为了能让计算机处理 PID 控制算式，必须将式（9-14）描述的连续系统微积分方程进行离散化处理，即用描述离散系统的差分方程式表示为

$$u_n = K_p\left(e_n + \frac{1}{T_i}\sum_{i=1}^n e_i T + T_d \frac{\Delta e_n}{T}\right) \qquad 9\text{-}16$$

式中：e_n 为第 n 次采样值的偏差值 $e_n = x_0 - x_n$，x_0 为设定值，x_n 为第 n 次采样值；Δe_n 为本次采样与上次采样的偏差值之差，$\Delta e_n = e_n - e_{n-1}$；$T$ 为采样周期，即两次采样的间隔时间，也是计算步长；n 为采样序号，$n = 1,2,3,\cdots$。

上式中也可以表示为如下形式：

$$u_n = K_p e_n + K_p \frac{T}{T_i}\sum_{i=1}^n e_i + K_p \frac{T_d}{T}\Delta e_n \qquad 9\text{-}17$$

如果把 9-17 式中的积分项和微分项的常数系数分别设为

$$K_i = K_p \frac{T}{T_i}, \qquad K_d = K_p \frac{T_d}{T} \qquad 9\text{-}18$$

则 9-17 式可以简化为：

$$u_n = K_p e_n + K_i \sum_{i=1}^n e_i + K_d \Delta e_n \qquad 9\text{-}19$$

上式等式右边三项分别称为比例项、积分项和微分项，可以看出，它们分别与偏差本身、偏差的累积值以及本次偏差与上一次偏差的差值成比例关系。

采用上式 PID 控制算法的流程图一般如图 9-7 所示：

上式为位置式算法，要利用每次的采样偏差值。每次计算的输出与过去的全部状态有关。因为计算要对 u_n 进行累加，如果计算中出现任何故障，都将会使输出量大幅度变化，引起控制阀门的误动作。另一方面，当 n 很大时，占用计算机内存大，计算时间长。

为解决上述问题，通常采用增量式算法，第 n 次调节时的控制量是在第 $n-1$ 次的控制量 u_{n-1} 基础上增加一个增量得到，即

$$u_n = u_{n-1} + \Delta u_n \qquad 9\text{-}20$$

u_{n-1} 是已知的，若计算出 Δu_n，则可得到 u_n。Δu_n 按照下式计算：

$$\Delta u_n = K_p\left[(e_n - e_{n-1}) + \frac{T}{T_i}e_n + \frac{T_d}{T}(e_n - 2e_{n-1} + e_{n-2})\right] = Ae_n - Be_{n-1} + Ce_{n-2} \qquad 9\text{-}21$$

式中：$A = K_p\left(1 + \frac{T}{T_i} + \frac{T_d}{T}\right)$，$B = K_p\left(1 + 2\frac{T_d}{T}\right)$，$C = K_p\frac{T_d}{T}$

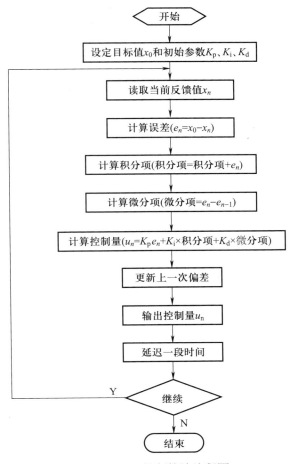

图 9-7　PID 控制算法流程图

　　当控制系统确定后，K_p、T、T_i、T_d 均为常数，即 A、B、C 也是常数。只要将前后三次的采样偏差值 e_n、e_{n-1}、e_{n-2} 代入式（9-21）即可算出输出增量的变化，这种增量式 PID 算法，计算机只输出增量，对动作的影响小，容易获得较好的控制效果。特别对参数变化缓慢的过程控制，如热处理炉温度的过程控制是较为适用的。

　　在实际的计算机控制系统中，通常采用如下方式进行 PID 增量式控制：

$$u(n)=u(n-1)+\Delta u(n)=u(n-1)+\left[K_p\Delta e(n)+K_p\frac{T}{T_i}e(n)+K_p\frac{T_d}{T}\Delta^2 e(n)\right] \qquad 9\text{-}22$$

根据（9-18）式的设定，上式可以简化为

$$u(n)=u(n-1)+\Delta u(n)=u(n-1)+[K_p\Delta e(n)+K_i e(n)+K_d\Delta^2 e(n)] \qquad 9\text{-}23$$

把 $\Delta e(n)=e(n)-e(n-1)$，$\Delta^2 e(n)=e(n)-2e(n-1)+e(n-2)$ 代入上式得到

$$u(n)=u(n-1)+\{K_p[e(n)-e(n-1)]+K_i e(n)+K_d[e(n)-2e(n-1)+e(n-2)]\} \qquad 9\text{-}24$$

采用上述增量式 PID 控制算法的流程图如图 9-8 所示。

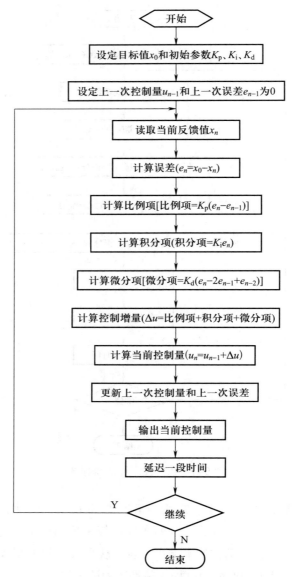

图 9-8 采用增量式 PID 控制算法的流程图

9.2.2 数字 PID 控制参数整定

PID 控制器中的三个参数 K_p、T_i、T_d 的取值直接影响到控制器的控制效果，为了满足控制系统对于稳定性、准确性、快速性指标的要求，对于三个参数的整定是控制系统设计的核心内容。根据研究手段，可以分为基于频域的 PID 参数整定方法和基于时域的 PID 参数整定方法；按照被控对象的个数，可分为单变量 PID 参数整定方法和多变量 PID 参数整定方法；按照控制量的组合形式，可分为常规 PID 参数整定方法和智能 PID 参数整定方法，前者包括现有大多数整定方法，后者则是最近几年研究的热点和难点。

通常，衡量控制过渡过程"最优"的性能指标形式有，1/4 衰减振荡、绝对误差的积分最小（$IAE=\int_0^T |r(t)-y(t)|\mathrm{d}t$）、误差平方的积分最小（$ISE=\int_0^T |r(t)-y(t)|^2\mathrm{d}t$）、时间与绝对误差乘积的积分最小（$ITAE=\int_0^T t|r(t)-y(t)|\mathrm{d}t$）等。不同"最优"性能指标对应有不同的 PID 整定参数。例如，临界比例度法的经验数值就是以实现 1/4 衰减振荡为目标的，而其他经验整定方法则针对不同的"最优"性能指标来展开。

对于模型结构已知而参数未知的对象，使用基于模型的自整定方法可得到过程模型参数，与依据参数估计值进行参数调整的确定性等价控制规律结合起来，综合出所需的控制器参数；被控过程特性发生变化后，可通过最优化某一性能指标或期望的闭环特性来周期性更新控制器参数。其关键是要精确地获得被控对象的数学模型，然而系统辨识所得到的数学模型一般都含有近似的部分，不可能做到完全精确，这对控制精度带来影响，再加上辨识工作量大、计算费时、不适应系统的快速控制，限制了这类方法的使用。基于规则的自整定方法对模型要求较少，借助于控制器输出和过程输出量的观测值来表征的动态特性，具有易执行且鲁棒性较强的特点，能综合采用专家经验进行整定。但这类方法的理论基础较弱，需要丰富的控制知识，其性能的优劣取决于开发者对控制回路参数整定的经验以及对反馈控制理论的理解程度。另外，采用模式识别方法时，如果专家系统不具备判断某种模式的知识，整定后的控制往往会发散。下面介绍两种最为常用的 PID 参数整定方法。

1. 试凑法

通过试凑法确定 PID 控制参数时，需要边观察系统的运行，边修改参数，直到满意为止。一般情况下，增大比例系数 K_p 会加快系统的响应速度，有利于减小静差；但过大的比例系数会使系统有较大的超调，产生振荡，使系统稳定性变差。减小积分系数 K_i 将减少积分作用，有利于减小超调；但同时会减慢系统消除静差的速度。增加微分系数 K_d 有利于加快系统的响应，从而减小超调；但系统对干扰的抑制能力也会随之减弱。

在试凑时，一般可以根据各参数对控制过程的影响趋势，对参数实行先比例、后积分、再微分的整定步骤。

首先将积分系数 K_i 和微分系数 K_d 设为零，即采用纯比例控制，取消微分和积分作用。将比例系数 K_p 由小到大变化，观察系统的响应，直至系统具有较快的响应速度，且有一定范围的超调为止。如果系统静差在规定范围之内，且响应曲线已满足设计要求，则说明该系统只需纯比例控制即可。

如果比例控制系统的静差达不到设计要求，这时可以加入积分作用。在整定时将积分系数 K_i 逐步增大，积分作用随之增强，系统的静差会逐步减小直至消失。需要注意的是，这时的超调量会比纯比例控制时增大，应当适当降低比例系数 K_p。

若使用比例积分控制器反复调整后仍达不到设计要求，这时应加入微分环节，即将微分系数 K_d 从零开始逐步增加，观察超调量和稳定性，同时相应地微调比例系数 K_p、积分

系数 K_i，直到满意为止。

2. 临界比例度法

临界比例度法是一种常用的 PID 参数工程整定方法，该方法适用于已知对象传递函数的场合，利用它可以比较迅速地找到合适的控制器参数。

第一步，取 $T_i=\infty$，$T_d=0$，并将比例系数设为较大数值，即系统按纯比例控制运行稳定后，逐步地减小比例度，在外界输入作用下，观察系统输出量的变化情况，直至系统出现等幅振荡为止。记下此时的比例度 δ_K 和振荡周期 T_K，它们分别称为临界比例度和临界振荡周期。

第二步，根据临界比例度 δ_K 和临界振荡周期 T_K，按表 9-1 中所列的经验算式分别求出三种不同情况下的控制器最佳参数，然后根据其性能好坏选择使用。

在第一步中，为了使系统出现等幅振荡，需要不断调整比例度，通常采用试凑法逐渐调整，直至输出等幅振荡曲线为止。整个试凑过程费工费时，为了能够快速而有效地找到这个临界比例度，可以利用劳斯稳定性判据来分析。

表 9-1 临界比例度法整定参数的经验算式表

调节规律	调节参数		
	比例度 $\delta/\%$	积分时间 T_i	微分时间 T_d
P	$2\delta_K$	∞	0
PI	$2.2\delta_K$	$0.85T_K$	0
PID	$1.7\delta_K$	$0.5T_K$	$0.125T_K$

【例 9-4】已知某单位负反馈系统的开环传递函数：

$$G_0(s)=\frac{1}{s(s+2)(s+5)}$$

试采用临界比例度法设计 PID 控制器，要求系统超调量 $\sigma_p<15\%$，调节时间 $T_s<8\text{ s}$。

解：首先使用 MATLAB 软件的 Simulink 对系统进行仿真分析，如图 9-9 所示。

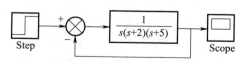

图 9-9 例 9-4 仿真分析模型

得到该系统的单位阶跃响应曲线，如图 9-10 所示。

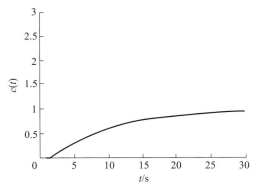

图 9-10　系统的单位阶跃响应曲线

由此可以看出，$T_s>30$ s，该系统的响应速度比较慢，惯性较大，对输入信号的反应迟钝，调节时间长，整体性能不好，所以考虑使用 PID 控制器校正系统参数。

在获取系统的等幅振荡曲线时，设系统的开环增益是 K，则系统的开环传递函数可以表达为

$$G_0(s)=\frac{K}{s(s+2)(s+5)}$$

然后，根据劳斯稳定性判据，可以得到系统稳定时的 K 取值范围为 $0<K<70$。

根据表 9-1 可知，进行 P 调节时 $K_p=35$，此时 $T_K=2.1$，对应的 Simulink 模型如图 9-11 所示。

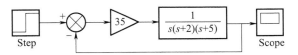

图 9-11　加入比例环节 $K_p=35$ 的系统仿真模型

此时，该系统的单位阶跃响应曲线如图 9-12 所示。

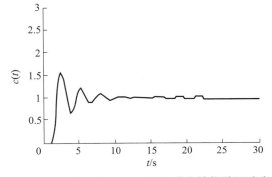

图 9-12　加入比例环节 $K_p=35$ 后的系统单位阶跃响应曲线

由此可以发现，进行 P 调节后，系统的超调量 $\sigma_p=57.5\%$，调节时间 $T_s=9.15$ s，系统的

响应速度比未加比例调节时明显加快，但是稳定性变差。如果加入积分控制会有助于减小超调量，改善系统稳定性，因此下一步考虑使用 PI 控制。

同样地，根据表 9-1 得到 PI 调节时的参数，K_p=31.8，T_i=1.749，因此系统的 Simulink 模型变成图 9-13 中的形式。

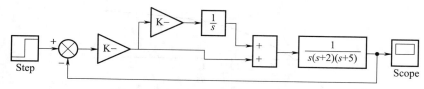

图 9-13　加入 PI 环节的系统仿真模型

此时，该系统的单位阶跃响应曲线如图 9-14 所示。

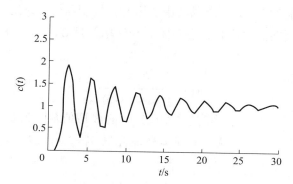

图 9-14　加入 PI 环节的系统单位阶跃响应曲线

结果显示，进行 PI 调节后，系统的超调量 σ_p=93.3%，T_s>30 s，说明 PI 调节器的参数设置不合理，系统稳定性变得非常差。如果引入微分控制会有助于提高系统的快速性，同时减少超调量，因此考虑使用 PID 控制。

还是根据表 9-1 确定 PID 控制的参数，K_p=41.176，T_i=1.05，T_d=0.262 5，系统的 Simulink 模型更新为图 9-15 中的形式。

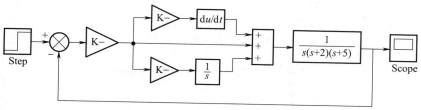

图 9-15　加入 PID 环节的系统仿真模型

系统的单位阶跃响应曲线如图 9-16 所示。

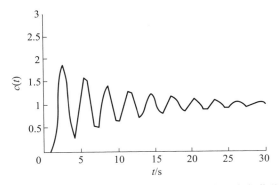

图 9-16　加入 PID 环节后的系统单位阶跃响应曲线

结果显示，PID 调节的各项指标都不能令人满意，系统的超调量 σ_p=107%，T_s=20 s。这说明仅仅根据经验公式进行 PID 参数整定是不够的，它只能提供一个大概的参考量，并不一定是最佳值，因此有必要进行 PID 控制器参数的二次整定。

在前述参数选择的基础上，根据各调节作用的特点反复尝试，适当增大系统的比例系数，增大积分时间常数和微分时间常数，最终确定了如下的 PID 控制参数：

$$K_p=50，T_i=4，T_d=0.4$$

二次参数整定后的系统的单位阶跃响应曲线如图 9-17 所示。

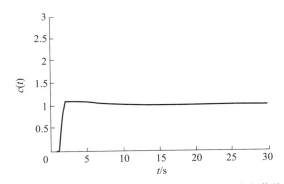

图 9-17　PID 参数整定后的系统单位阶跃响应曲线

此时系统的超调量 σ_p=11.7%，调节时间 T_s=6.5 s，均达到了题目要求，系统总体性能令人满意。

9.3　复杂系统与现代控制方法

9.1 节中介绍了经典控制理论中最普遍使用的 PID 控制方法。但是，当过程可控性较差、干扰剧烈、负荷变化大、非线性、时变特性显著，或过程相关严重，对控制系统指标要求高时，简单控制系统难以满足要求。为此，需要设计或运用一些复杂控制、现代控制和智能控制系统。本节将简单介绍六种控制系统或方法，分别是串级控制、自适应控制、变结构控制、模糊控制、神经网络控制和复合控制。

9.3.1 串级控制

在数字化材料制造系统中，大多数采用单回路闭环控制。但对于高质量制造系统，由于制造过程的复杂性，采用单回路闭环控制不能满足要求，因此需要在单回路闭环控制的基础上，采取多回路闭环控制策略。多回路闭环控制系统是由多个传感器、多个调节器，或者由多个传感器、一个调节器、一个补偿器等组成多个回路的控制系统。这种多回路闭环控制称为串级控制，其控制系统如图 9-18 所示。

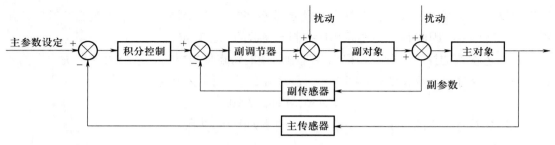

图 9-18　串级控制图

与单回路闭环控制系统相比，串级控制系统中至少有两个环节，一个闭环在里面，被称为副环或副回路，在控制调节过程中起"粗调"的作用；另一个闭环在外面，被称为主环或主回路，用来完成"细调"的任务，最终满足系统的控制要求。主环和副环有各自的控制对象、传感器和调节器。

串级控制系统的优点有，对干扰有很强的克服能力；改善了对象的动态特性，提高了系统的工作频率；对负载或操作条件的变换有一定的自适应能力。

9.3.2 自适应控制

自适应控制是针对对象特性的变化、漂移和环境干扰对系统的影响而提出来的。它的基本思想是通过在线辨识使这种影响逐渐降低以至消除。自适应控制属于较为复杂的反馈控制，可用于研究具有不确定性的对象或难以确知的对象，它能消除系统结构扰动引起的系统误差，对数学模型的依赖很小，仅需要较少的先验知识。

自适应控制系统可以归纳成两类：模型参考自适应控制和自校正控制。

模型参考自适应控制是在控制器——控制对象组成的闭环控制回路的基础上，再增加一个由参考模型和自适应调节器机构组成的附加调节回路，如图 9-19 所示。

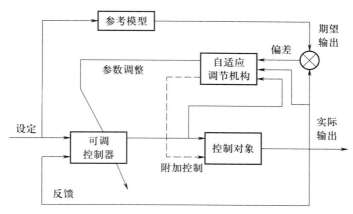

图 9-19 模型参考自适应控制系统图

该控制策略的特点是，对系统性能指标的要求完全通过参考模型来表达，即参考模型的输出（状态）就是系统的理想输出（状态）。当系统运行过程中控制对象的参数或特性变化时，误差进入自适应调节机构，经过由自适应规律所决定的运算，产生适当的调整操作，调节控制器的参数，或者对控制对象产生等效的附加控制作用，从而使被控过程的动态特性（输出）与参考模型的一致。

自校正控制的附加调节回路由辨识器和控制器设计调节机构组成，如图 9-20 所示。辨识器根据控制对象的控制信号与输出信号，在线估计控制对象的参数。以对象参数的估计值 $\hat{\theta}$ 作为对象参数的真值 θ 送入控制器设计调节机构，按设计好的控制规律进行计算，计算结果 U 送入可调控制器中，形成新的控制输出，以补偿对象特性的变化。

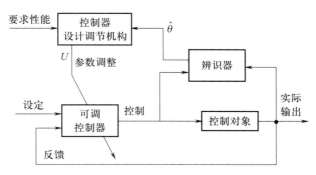

图 9-20 自校正自适应控制系统图

自适应控制是一种逐渐修正、渐进趋向期望性能的过程，适用于模型和干扰变化缓慢的情况；对于模型参数变化快、环境干扰强的工业场合以及比较复杂的生产过程难以应用。

9.3.3 变结构控制

变结构控制本质上是一类特殊的非线性控制，其非线性表现为控制的不连续性。这种控制策略与其他控制的不同之处在于系统的"结构"并不固定，而是可以在动态过程中，根据系统当时的状态（如偏差及各阶导数等），以跃变的方式，有目的地不断变化，迫使系统按预定的控制规律运行。其系统图如图 9-21 所示。

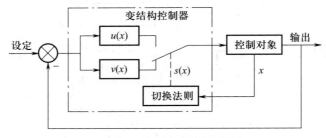

图 9-21　变结构控制系统图

在材料制造过程中，利用变结构控制的理念，可以设计出物理结构变化的变结构控制器，也可以利用软件设计出控制规则与参数变化的变结构控制器。目前变结构控制在弧焊电源特性控制、焊接电流波形控制、引弧与熄弧控制等方面得到了广泛的应用。

9.3.4　模糊控制

模糊控制是运用语言变量和模糊集合理论形成控制算法的一种控制，属于智能控制策略。由于模糊控制不需要建立控制对象精确的数学模型，只要求把现场操作人员的经验和数据总结成较完善的语言控制规则，因此它能绕过对象的不确定性、不精确性、噪声，以及非线性、时变性、时滞等影响。模糊控制系统的鲁棒性强（鲁棒性是指系统的某种性能或某个指标保持不变的程度，或者是系统对扰动不敏感的程度），尤其适用于非线性、时变、滞后系统的控制。模糊控制系统的基本结构如图 9-22 所示。

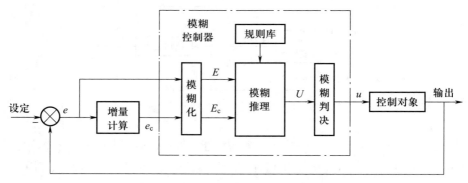

图 9-22　模糊控制系统基本结构图

由图 9-22 可见，可以将系统的偏差 e 及偏差变化率 e_c 作为模糊控制器的输入信号。在模糊控制时，首先将 e、e_c 模糊化，即将 e、e_c 离散化，并将其精确量转变为模糊量 E、

E_c，根据模糊控制规则结合 E、E_c 进行模糊推理，得到模糊控制量 U，再通过模糊判决，将模糊控制量 U 转化为精确控制量 u，以控制被控对象。

模糊控制器最基本的形式是一种称为"查询表"方式的控制器，即将模糊控制规则转化为一个查询表，又称控制表，所建立的规则库存储在计算机中供在线控制时使用。

简单的模糊控制器结构为二维模糊控制器，首先定义偏差 E、偏差变化率 E_c 及控制量 U 的模糊集和论域如下：

E、E_c 及 U 的模糊集均为：（NB，NS，ZO，PS，PB）；

E、E_c 及 U 的论域均为：（-2，-1，0，1，2）。

（NB，NS，ZO，PS，PB）对应的词汇为（负大，负小，零，正小，正大）

确定了模糊控制器的结构后，需要建立模糊控制规则，模糊控制器的控制规则是基于手动控制策略，即通过对被控对象（过程）的一些观测，操作者再根据已有的经验和技术知识，进行综合分析并作出决策，调整施加到被控对象的控制作用，从而使系统达到预期的目标。利用语言归纳手动控制策略的过程，实际上就是建立模糊控制器的控制规则的过程。手动控制策略一般可以用"若……则……否则……"等条件语句加以描述。根据手动控制策略可以建立模糊控制规则表，表 9-2 所示是以上二维模糊控制器的一种典型的模糊控制规则表。

表 9-2 模糊控制规则表

U		E_c				
		NB	NS	ZO	PS	PB
E	NB	PB	PB	PB	PS	ZO
	NS	PB	PB	PS	ZO	NS
	ZO	PB	PS	ZO	NS	NB
	PS	PS	ZO	NS	NB	NB
	PB	ZO	NS	NB	NB	NB

模糊控制规则表的基本思想是，当偏差为负时，若偏差变化率也为负，这时偏差有增大的趋势，为尽快消除已有的负偏差并抑制偏差变大，所以控制量的变化取正大；当偏差为负而偏差变化率为正时，说明系统本身已有减少偏差的趋势，所以为尽快消除偏差且又不超调，应取较小的控制量。偏差为正时与偏差为负时类同。

为方便计算机处理，可将表 9-2 中各变量用语言变量数字值来表示，得到如表 9-3 所示的模糊控制表。

模糊控制表建立后，在实时控制时，就可以从预先存储在计算机内的模糊控制表中查得控制量的模糊量，再将该模糊量转化为精确量，作为模糊控制器的输出对被控对象施加某种控制作用。

表 9-3　模糊控制表

U		E_c				
		−2	−1	0	1	2
E	−2	2	2	2	1	0
	−1	2	2	1	0	−1
	0	2	1	0	−1	−2
	1	1	0	−1	−2	−2
	2	0	−1	−2	−2	−2

由于模糊控制不需要建立控制对象精确的数学模型，只要求把现场操作人员的经验和数据总结成较完善的语言控制规则，因此它能绕过对象的不确定性、不精确性、噪声，以及非线性、时变性、时滞等影响。

9.3.5　神经网络控制

从微观上模拟人脑神经的结构和思维、判断等功能以及传递、处理和控制信息的机理出发设计的控制系统，称为基于神经元网络的控制系统，采用的控制策略就是神经网络控制。20 世纪 80 年代以来，神经网络理论取得了突破性进展，使其迅速成为智能控制领域重要的分支。

神经网络组成的系统比较复杂，而由单个神经元构成的控制器结构相对简单。下面结合图 9-23 对单个神经元控制的基本思想进行简介。

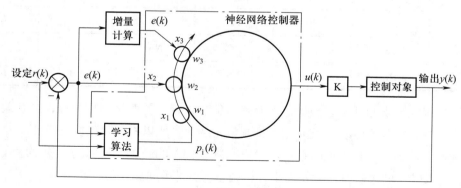

图 9-23　神经网络控制图

神经网络控制器有多个输入 $x_i(k), i=1,2,\cdots,n$ 和一个输出 $u(k)$，每个输入有相应的权值。$w_i(k), i=1,2,\cdots,n$ 输出为输入的加权求和：

$$u(k+1)=K\sum_{i=1}^{n}w_i(k)x_i(k)$$

9-25

式中：K 为比例环节的比例系数，$K>0$。现取 $x_1(k)=r(k)$ 为系统设定信号，$x_2(k)=e(k)=r(k)-y(k)$ 为误差信号，$x_3(k)=\dot{e}(k)$ 为误差的增量。学习过程就是调整权值 $w_i(k)$ 的过程，其值通过学习策略 $p_i(k)$ 来决定。学习策略有多种，例如，可以和神经元的输出以及控制对象的状态、输出、环境变量等建立联系，以实现在线自学习。上图中取学习策略与误差有关，反映了神经元的自学习；如取学习策略与设定值有关，则反映了学习过程为神经元在外界信号作用下的监督学习（被动学习）。

9.3.6 复合控制

无论是传统的控制策略，或是现代控制策略，还是智能控制策略，各种控制策略都具有其特长，也都具有一定的局限性，或者说具有某些问题。各种控制策略相互渗透和相互结合形成复合控制策略已成为一种趋势。目前应用较多的复合控制策略有，模糊控制与 PID 控制结合，模糊控制与变结构控制结合，自适应控制与模糊控制结合，神经网络控制与模糊控制结合等，如图 9-24 所示。

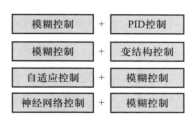

图 9-24 复合控制策略的几种组合

9.4 材料制造过程控制方法案例分析

9.4.1 材料热处理加热炉温度的 PID 控制

PID 控制是控制工程中技术成熟、应用广泛的一种控制策略，经过长期的工程实践，已形成了一套完整的控制方法和典型的结构。不仅适用于数学模型已知的控制系统，而且对于大多数数学模型难以确定的工业过程也可应用，在众多工业过程控制中取得了满意的应用效果。现以图 9-25 所示的加热炉为例，分析如何通过 PID 控制实现炉温恒定。

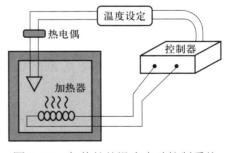

图 9-25 加热炉的温度自动控制系统

由于来自外界的各种扰动不断产生，要想达到现场控制对象值保持恒定的目的，控制作用就必须不断地进行。若扰动出现使得现场控制对象值（以下简称被控参数）发生变化，现场检测元件就会将这种变化采集后经变送器送至 PID 控制器的输入端，并与其给定值（以下简称 SP）进行比较得到偏差值（以下简称 e）。调节器按此偏差并以我们预先设定的整定参数控制规律发出控制信号，去改变调节器的开度，使调节器的开度增加或减少，从而使现场控制对象值发生改变，并趋向于给定值（SP

值），以达到控制目的。PID 控制的实质就是对偏差（e）进行比例、积分、微分运算，根据运算结果控制执行部件的过程。

在连续 – 时间控制系统（模拟 PID 控制系统）中，PID 控制器应用得非常广泛。其设计技术成熟，长期以来形成了典型的结构，参数整定方便，结构更改灵活，能满足一般的控制要求。随着计算机的快速发展，人们将计算机引入到 PID 控制领域，出现了数字式 PID 控制。由于计算机基于采样控制理论，计算方法也不能沿袭传统的模拟 PID 控制算法，所以必须将控制模型离散化，即以 T 为采样周期，k 为采样序号，用求和的形式代替积分，用增量的形式（求差）代替微分，这样可以将连续的 PID 计算公式离散：

$$t \approx kT, \quad (k=0,1,2,\cdots)$$

$$\int_0^t e(t) \approx T \sum_{j=0}^k e(jT) = T \sum_{j=0}^k e(j) \qquad 9\text{–}26$$

$$\frac{\mathrm{d}e(t)}{\mathrm{d}t} \approx \frac{e(kT)-e[(k-1)T]}{T} = \frac{e_k - e_{k-1}}{T} \qquad 9\text{–}27$$

因此，经典的 PID 控制可以离散为

$$\mu_k = K_p[e_k + \frac{T}{T_i} \sum_{j=0}^k e_j + \frac{T_d}{T}(e_k - e_{k-1})] + \mu_0 \qquad 9\text{–}28$$

或者

$$\mu_k = K_p e_k + K_i \sum_{j=0}^k e_j + K_d(e_k - e_{k-1}) + \mu_0 \qquad 9\text{–}29$$

这样就可以让计算机或者单片机通过采样的方式实现 PID 控制。具体的 PID 控制又分为位置式 PID 控制和增量式 PID 控制，上述公式给出了控制量的全部大小，所以称之为全量式或者位置式控制；如果计算机只对相邻的两次作计算，只考虑在前一次基础上，计算机输出量的大小变化，而不是全部输出信息的计算，这种控制叫作增量式 PID 控制。增量式 PID 控制的实质就是求 $\Delta\mu$ 的大小，而 $\Delta\mu = \mu_k - \mu_{k-1}$，所以将上述公式做自减变换为

$$
\begin{aligned}
\Delta\mu_k &= \mu_k - \mu_{k-1} \\
&= \mu_k - K_p[e_k - e_{k-1} + \frac{T}{T_i}e_k + \frac{T_d}{T}(e_k - 2e_{k-1} + e_{k-2})] \\
&= K_p\left(1 + \frac{T}{T_i} + \frac{T_d}{T}\right)e_k - K_p\left(1 + \frac{2T_d}{T}\right)e_{k-1} + K_p\frac{T_d}{T}e_{k-2} \\
&= Ae_k + Be_{k-1} + Ce_{k-2}
\end{aligned}
\qquad 9\text{–}30
$$

式中：

$$A = K_p\left(1 + \frac{T}{T_i} + \frac{T_d}{T}\right), \quad B = -K_p\left(1 + \frac{2T_d}{T}\right), \quad C = K_p\frac{T_d}{T}$$

本例利用了上面所介绍的位置式 PID 算法，将温度传感器采样输入作为当前输入，然后与设定值相减得到偏差 e_k，然后再对之进行 PID 运算产生输出结果 f_{out}，然后让 f_{out} 控制定时器的时间进而控制加热器。

在编写 C++ 程序时，为了方便 PID 运算，首先建立一个 PID 的结构体数据类型。该数据类型用于保存 PID 运算所需要的 P、I、D 系数，以及设定值、历史误差的累加和等

信息。

```
    typedef struct PID
{
float SetPoint;              // 设定目标 (desired value)
float Proportion;            // 比例系数 (proportional const)
float Integral;              // 积分系数 (integral const)
float Derivative;            // 微分系数 (derivative const)
int PrevError;               // 前次偏差
    int LastError;           // 上次偏差
int SumError;                // 历史误差累计值
} PID;
PID stPID;
```

下面是 PID 运算的算法程序，通过 PID 运算返回 f_{out}，再由它来决定是否加热，以及加热功率的大小。

PID 运算的 C 实现代码：

```
    float PIDCalc(PID *pp,int NextPoint)
{
int dError,Error;
Error = pp->SetPoint *10- NextPoint;   // 偏差 , 设定值减去当前采样值
pp->SumError += Error;                 // 积分 , 历史偏差累加
dError = Error-pp->LastError;          // 当前微分 , 偏差相减
pp->PrevError = pp->LastError;         // 保存
pp->LastError = Error;
+ pp->Integral * pp->SumError          // 积分项
- pp->Derivative * dError              // 微分项
}
```

在实际运算时，由于温度具有很大的惯性，而且 PID 运算中的积分项（I）具有非常明显的延迟效应所以不能保留，必须把积分项去掉。相反微分项（D）则有很强的预见性，能够加快反应速度，抑制超调量，所以微分作用应该适当加强才能达到较佳的控制效果。系统最终选择 PD 控制方案。将上述 PIDCalc 函数代码修改为 PD 控制，忽略针对累计偏差的积分项：

```
    float PIDCalc(PID *pp,int NextPoint)
{
int dError,Error;
Error = pp->SetPoint *10- NextPoint; // 偏差 , 设定值减去当前采样值
dError = Error-pp->LastError;          // 当前微分 , 偏差相减
```

```
pp->PrevError = pp->LastError;          // 保存
pp->LastError = Error;
return(pp->Proportion * Error           // 比例项
- pp->Derivative * dError);             // 微分项
}
```

本例中在温度控制过程中所采用的 PID 参数如下所示：

```
stPID.Proportion = 2;                   // 设置 PID 比例值
stPID.Integral = 0;                     // 设置 PID 积分值
stPID.Derivative = 5;                   // 设置 PID 微分值
```

在本系统中，加热炉温度采样由定时器 TIMER 通过中断方式进行，加热器则通过 I/O 端口 A 进行控制，温度采样完成后则通过 PIDCalc 函数计算 f_{out} 参数，并据此设置加热器：

```
fOut = PIDCalc(&stPID,(int)(fT*10)); //PID 计算
if(fOut<=0)
*P_IOA_Buffer &= 0xff7f;                // 温度高于设定值，关闭加热器
else
*P_IOA_Buffer |= 0x0080;                // 温度低于设定值，打开加热器
```

如果参数 f_{out} 大于 0，则开启加热器；反之则关闭加热器。此外，在加热器打开时，还可以根据 PIDCalc 的计算结果来设定加热炉的功率。即当前温度与设定温度差别较大时，增加加热器输出功率；当温度差别较小时，减小加热器的输出功率。

9.4.2　非熔化极气体保护焊熔深的神经网络控制策略

在弧焊过程中，熔深是最重要的质量参数，熔深不足或未焊透都是造成焊接结构失效的最危险因素，因此熔深通常是电弧焊控制技术追求的最终目标之一。但是由于弧焊过程是一个典型的非线性、强耦合和时变的多变量复杂系统，存在强烈的弧光、烟尘和电磁干扰等不利因素，其动态过程难以用精确的数学模型来表示，熔深和焊缝特征信息的实时提取也较为困难，基于经典数学模型的传统控制方法很难达到理想的效果。本例将神经网络模糊控制方法应用于钨极气体保护焊 GTAW 的过程控制，通过神经网络建模来估算熔深，同时结合模糊逻辑提高熔深的控制精度。

由于焊缝熔深难以在实时条件下直接检测，因此通常是通过相关量间接检测来实现对熔深的控制，即通过焊接电流、焊接速度、焊炬角度和保护气体等多种因素来控制熔深。焊接过程控制的目的是通过选择和控制间接参数而获得满意的直接参数。

由于 CCD 摄像机难以直接获取熔深量，比较实际的方法是通过一个能精确描述熔池结构的模型来估算熔深。本例选取焊接电流、焊缝间隙和熔池宽度的变化量作为描述熔深动态系统的参数，并作为神经网络的输入，熔深则作为输出。图 9-26 给出了三层前馈神经网络模型的结构。

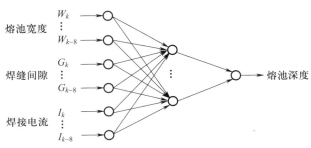

图 9-26　GTAW 熔深神经网络模型（三层前馈神经网络模型）

根据大量试验结果确定，熔池宽度 W 在 0.5 s 期间内的变化量最适合反映熔池表面形状的变化，每个采样周期的熔池宽度 W（$W_k,W_{k-1},\cdots,W_{k-8}$）被输入神经网络。本例中，采样周期为 1/18 s（55.6 ms）。同样，焊接电流和焊缝间隙变化量 $I_k,I_{k-1},\cdots,I_{k-8}$ 和 $G_k,G_{k-1},\cdots,G_{k-8}$ 也作为神经网络的输入。

神经网络采用 BP 训练法，学习速率 η 和动量常数 α 分别为 0.5 和 0.9，训练数据建立在熔池宽度、焊缝间隙、焊接电流和焊缝熔深在稳态及瞬态关系的基础上。输入层包含熔宽、焊接电流和焊缝间隙，输出层包含熔深。实验中，钢板厚度为 2 mm，焊穿对应的熔深为 3.6 mm，网络隐含层神经元数量在训练误差小于 3.3% 时显著降低，最终确定为 7 个。

从控制角度看，对神经网络的简单性及实时学习训练性有较高要求。本例中的 BP 网络算法采用了一组恰当描述系统行为的样本集合，通过对 GTAW 过程参数的训练，可建立能够反映 GTAW 非线性过程参数特征的模型。网络隐含层的输出函数选为 Sigmoid 函数，输入层和输出层神经元采用线性激活函数。网络算法的学习过程由正向传播和反向传播组成，与其他建模方法相比，神经网络建模过程相对简单并具有较强的决策能力及较快的收敛速度。

图 9-27 为 GTAW 熔深控制系统的结构示意图，焊接时由 CCD 采集熔池及前端范围内的焊缝数据。为消除弧光和周围杂光的干扰，在 CCD 前使用了一个基于特定频率的窄带抗干扰光学滤片。本例在图像处理的基础上，采用神经网络自适应共振理论模型 ART 算法，确定出焊缝位置、焊缝间隙量和熔宽。

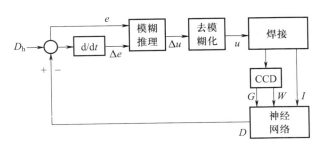

图 9-27　GTAW 熔深控制系统结构示意图

在上图中，熔深 D 由神经网络推算而得，D_h 为熔深期望值，e 为 D 和 D_h 之间的偏差。偏差 e 可由神经网络输出量计算得出，控制量 Δu 基于偏差 e 和偏差 e 的变化量 Δe，并应用模糊控制算法得到，解模糊后用来控制焊接电流来达到控制熔深的目的。

实验结果如图 9-28 所示，可以明显看出焊接电流随着焊缝间隙量的波动而相应地变化。当焊缝间隙变窄时，焊接电流增加；相反，当焊缝间隙变宽时，焊接电流则减小。在整个焊接实验过程中，熔深基本保持了恒定。

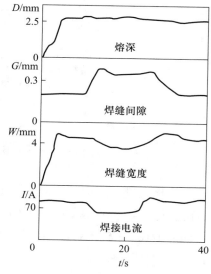

图 9-28 熔深控制实验结果

思考题

1. PID 控制的基本原理是什么？调试控制系统的 PID 参数时应注意什么？

2. PID 调节器的参数 K_p、T_i、T_d 对控制性能各有什么影响？

3. 能否利用微分作用来克服控制系统的信号传递滞后问题？为什么？

4. 如何用计算机实现数字化 PID 控制？请分别写出理想微分和实际微分 PID 控制的增量式计算表达式。

5. PID 控制的参数整定应注意哪些问题？参数整定的基本步骤是怎样的？

6. 什么是自适应控制、模糊控制、神经网络控制？

参考文献

［1］杨思乾，李付国，张建国. 材料加工工艺过程的检测与控制 [M]. 西安：西北工业大学出版社，2006.

［2］刘立君. 材料成形控制工程基础 [M]. 北京：北京大学出版社，2009.

［3］田思庆. 李艳辉. 自动控制原理 [M]. 北京：化学工业出版社，2015.

［4］王万良. 自动控制原理 [M]. 3 版. 北京：高等教育出版社，2020.

［5］李士勇. 模糊控制·神经控制和智能控制论 [M]. 哈尔滨：哈尔滨工业大学出版社，2011.

［6］席爱民. 模糊控制技术 [M]. 西安：西安电子科技大学出版社，2008.

［7］赵广元. MATLAB 与控制系统仿真实践 [M]. 3 版. 北京：北京航空航天大学出版社，2016.

第10章

材料智能制造及应用

10.1 引言

本书前面的几个章节主要讲述了数字化技术的基本内容及其在材料加工与制造领域的应用。包括如何把材料加工和制造过程中的一些信号通过离散化采样、A/D 转换和量化编码，变成在计算机中可以处理的数字化信号，并采用一些信号处理算法和 PID 控制算法，对采集的数据进行处理并做出相应的控制决策，进而对材料加工过程中的某个参数进行控制，从而实现数字化控制。PID 控制算法是一种传统的控制方法，这种控制方式简单直接，但对于一些复杂的系统和变化的环境往往效果有限。随着计算机技术的发展，一些高级控制算法开始应用于工业控制中，这包括模型预测控制、优化控制、自适应控制等。而随着人工智能技术的发展，智能化控制技术开始应用于工业控制领域。

上一章提到的模糊控制、神经网络控制就是智能化控制方法。其中，模糊控制是一种基于模糊逻辑的控制方法，它通过建立模糊规则和模糊推理来实现对复杂系统的控制。模糊控制可以处理模糊性和不确定性，并且适用于非线性和多变量系统。通过模糊化输入和输出，模糊控制器可以将模糊规则转化为具体的控制动作，从而实现对系统的控制。而神经网络控制是一种基于人工神经网络的控制方法，它通过训练神经网络来学习系统的动态特性，并根据输入信号预测和生成输出控制信号。神经网络控制可以适应复杂的非线性系统，并具有较强的自适应性和鲁棒性。通过调整神经网络的权重和结构，神经网络控制器可以实现对系统的控制。这两种控制方法都属于智能化控制，它们利用了人工智能技术，通过建立模型、学习和优化来实现对复杂系统的控制。

由此可见，数字化和智能化虽然是两个不同的概念，但它们的相关性是极其明显的。因为智能化是指利用数字化技术和人工智能等技术，让设备和系统能够自主地进行决策和控制，以实现更高效、更准确和自动化的生产过程。而数字化是智能化的基础，没有数字化技术的支持，智能化也无从谈起。数字化技术提供了数据和信息的基础，而智能化技术则利用这些数据和信息，进行分析、决策和控制。因此，数字化和智能化是相互依存的，数字化为智能化提供了基础，而智能化则进一步提高了数字化的价值和效益。随着人工智能技术的发展，机器学习、深度学习和模式识别等技术的成熟度不断提高，使控制系统能够学习和适应不同的工况和环境，从而实现更高级的自主决策和优化控制，提高了系统的智能化程度和自适应性。智能化控制技术应用于生产制造领域催生了一项革命性的制造技术——智能制造。本章将通过一些应用实例分析，介绍智能制造技术在材料加工与制造领域的发展和应用现状。

10.2　智能制造概述

10.2.1　智能制造的概念

智能制造是指利用信息技术、智能化技术、自动化技术等现代科技手段，将生产过程中的各个环节进行全面的数字化、网络化、智能化改造，实现生产过程的自动化、智能化和信息化，从而提高生产效率、降低生产成本、提高产品质量、缩短产品研发周期，实现高效、灵活、可持续的生产方式。

智能制造的核心是数字化，即将生产过程中的各个环节进行数字化处理，实现信息化、智能化和网络化。数字化生产过程中需要大量的数据支持，这就需要物联网技术的支持，物联网技术能够实现设备之间的互联互通，实现实时数据采集、传输和处理，为智能制造提供坚实的技术基础。

智能制造的另一个核心是机器人技术。机器人技术的应用可以实现生产过程的自动化，提高生产效率和产品质量。机器人技术的应用范围非常广泛，从传统的生产线机器人到新兴的服务机器人，都可以为智能制造提供支持。

智能制造还需要大量的人工智能技术支持。所谓人工智能（artificial intelligence，AI），是指通过模拟人类智能的方式，使计算机系统具备类似人类的学习、推理、决策和问题解决能力的技术和方法。人工智能的目标是使计算机能够模拟人类的智能行为，具备感知、理解、学习、推理、决策和交流等能力，从而能够处理复杂的问题和任务。人工智能的研究领域包括机器学习、自然语言处理、计算机视觉、专家系统等。人工智能技术可以实现生产过程的智能化，提高生产效率和产品质量。人工智能技术可以应用于生产过程的各个环节，如生产计划、生产调度、质量控制等，可以实现生产过程的自主决策和优化。

目前智能制造中已广泛应用自动化技术，包括机器人、自动化装配线、自动化仓储系统等，能够提高生产效率和质量，并减少人工操作；大数据分析和预测技术则用于收集和分析生产过程中的大量数据，以实现故障预测、质量控制和生产优化等目标；云计算和物联网技术的应用能使设备和系统实现实时的数据共享和远程监控，提高生产的灵活性；而人工智能技术能够实现设备的自主学习和决策，提高生产的智能化水平。

智能制造的实现对于企业来说具有重要的意义。一方面，智能制造可以提高企业的生产效率和产品质量，降低生产成本，提高企业的竞争力和市场占有率。另一方面，智能制造可以促进企业的创新和转型升级，推动企业向高端、智能化、绿色方向发展，并实现可持续发展。智能制造的应用不仅可以带来巨大的经济效益和社会效益，还可以为环境保护和资源节约做出贡献。智能制造的实现需要企业加强技术创新和人才培养，建立智能制造的组织架构和管理模式，加强与供应商、客户和合作伙伴的合作，推动智能制造的标准化和规范化，加强知识产权保护和信息安全管理等方面的工作。

10.2.2 智能工厂简介

智能工厂是一种基于智能制造理念和技术的现代化工厂模式。它利用先进的信息技术和自动化技术，通过数字化、网络化和智能化的手段，实现生产过程的高度自动化、智能化和柔性化。智能工厂通过实时数据采集、分析和应用，实现生产过程的智能监控、优化和调整，提高生产效率和产品质量，降低成本和资源消耗。图 10-1 所示为典型的智能工厂组织架构示意图。智能工厂包括了智能设计、智能管理、智能生产、智能服务和系统集成等，而具体的产品生产过程由数字化车间完成，它们之间通过工业互联网平台实现信息交互。

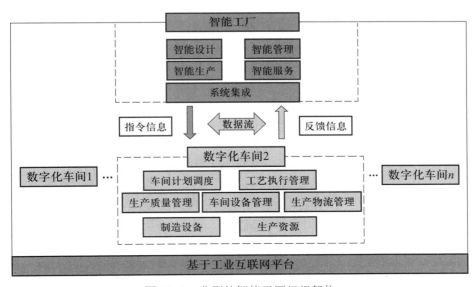

图 10-1 典型的智能工厂组织架构

智能工厂具有如下特点：

（1）高度自动化 智能工厂通过引入先进的自动化设备，如机器人、自动生产线等，实现生产过程的高度自动化。这不仅大大提高了生产效率，降低了劳动成本，同时也为生产过程带来了更高的稳定性和可靠性。

（2）信息化 智能工厂将生产过程中产生的各种数据进行实时采集、分析和处理，利用物联网、云计算等技术，实现生产设备、物料、产品等各个环节的信息化管理，这有助于企业更加精准地掌握生产状态，为生产决策提供有力支持，提高企业的运营效率。

（3）柔性化 智能工厂可以根据市场需求的变化快速调整生产计划和产品结构，具有很强的柔性化生产能力。这有助于企业更好地应对市场竞争，提高企业的市场竞争力。

（4）人机协作 智能工厂通过运用大数据、人工智能等技术，实现生产过程的智能化，强调人与机器的协同作业，实现人机共同参与生产过程的优化。这有助于充分发挥人的创造性和机器的高效性，提高生产效率和产品质量。

（5）可持续发展 智能工厂注重生产过程中的资源利用效率和环境保护，实现生产过程绿色和可持续发展。

未来的智能工厂将进一步深化信息技术、通信技术、大数据、人工智能、物联网等高新技术与制造业的融合，实现生产过程的全面智能化、自动化和信息化。随着消费者需求的日益多样化，智能工厂将发挥其柔性化生产优势，实现个性化定制生产。这有助于满足消费者的个性化需求，提高企业的市场竞争力。未来的智能工厂将不仅仅局限于生产制造领域，而是向服务化方向转型，为客户提供更加全面、高效的服务。这有助于企业拓展业务领域，提高企业的核心竞争力。随着全球经济一体化的深入发展，智能工厂将逐步实现全球化布局，为全球市场提供更加优质、高效的产品和服务使企业在全球市场中站稳脚跟，实现可持续发展。

10.2.3 如何实现制造环节智能化

随着科技的飞速发展，智能化制造已经成为全球制造业的发展趋势。智能化制造的实现可以提高生产效率、降低生产成本、提高产品质量、降低能耗和环境污染，从而提高企业的竞争力。要实现制造环节的智能化，需要从以下几个方面开展工作：

1. 加强智能化制造技术研发

实现制造环节智能化的关键是掌握核心技术。企业应加大研发投入，开展智能化制造技术的研究，不断提高自主创新能力。同时，企业应关注国内外先进技术的发展动态，及时引进、消化、吸收和创新，努力实现技术跨越。此外，企业还应加强与高校、科研院所的合作，建立产学研一体化的研发体系，共同推动智能化制造技术的发展。

2. 构建智能化制造体系

实现制造环节智能化需要构建完整的智能化制造体系，包括智能化制造装备、智能化制造工艺、智能化制造管理系统等。企业应根据自身实际情况，有针对性地进行体系建设。首先，企业需要引进先进的智能化制造装备，如机器人、自动化生产线等，提高生产自动化水平。其次，企业应研发具有自主知识产权的智能化制造工艺，实现生产过程的智能化控制。此外，企业还需建立智能化制造管理系统，实现生产过程的实时监控、数据分析、决策优化等功能。图 10-2 所示为一个典型的智能焊接工厂构建方案。要构建这样一个智能化焊接制造体系，一般可以按步骤分阶段进行。

第一阶段："单元级"焊接自动化及信息网控系统。推动车间焊接专机、机器人自动化建设，并通过数字化改造、升级的方式，建成焊接生产车间单元级焊接自动化及信息网控系统；

第二阶段："车间级"焊接数字化。以"单元级"焊接信息网控系统为基础，建设"车间级"焊接数字化车间，实现焊接车间焊接设备物联监控、焊材能耗等数字化统计、焊接工艺下达、柔性排产与派工及焊接质量追溯等。

第三阶段：数字化工厂。搭建生产执行系统，实现ERP/MES、PLM、CAPP等信息系统互联互通及生产制造全流程数字化管控。推动制造下料、焊接、加工、总装、检测等全工序数字化建设，打造数字化工厂。

第四阶段：智慧建设。基于数字化工厂基础，打造工厂智能设计、智能生产、供应链协同等一体化制造系统，逐步探索企业大数据挖掘、智能决策等，达到企业管理智能化。

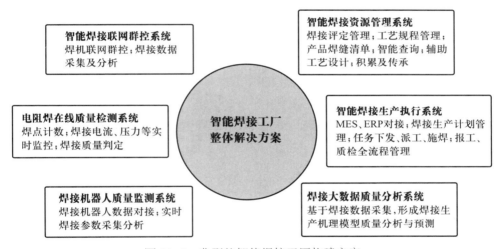

图 10-2 典型的智能焊接工厂构建方案

3. 培养智能化制造人才

智能化制造的实施离不开人才的支持。企业应加大人才培养力度，培养具备信息技术、自动化技术、网络技术等综合素质的智能化制造人才。一方面，企业应加强与高等学校、职业院校等合作，利用校企合作培训、实习实训等方式，提高人才培养质量。另一方面，企业还应加强在职员工的培训，提高员工的技能水平和素质，为智能化制造提供人才保障。

4. 推动产业链协同发展

智能化制造的实施需要整个产业链的支持。企业应加强与上下游企业的合作，共同推动产业链的协同发展。一方面，企业应加强与供应商、物流企业等上游企业的合作，实现供应链的智能化管理，提高供应链的响应速度和灵活性。另一方面，企业还应加强与客户、服务商等下游企业的合作，实现产销一体化，提高市场竞争力。

5. 加强政策支持和引导

政府在推动制造环节智能化方面发挥着重要作用。政府应加大政策支持力度，出台相关政策、规划、标准等，引导企业加快智能化制造的发展。同时，政府还应加强对智能化制造产业的扶持，提供资金、技术、人才等方面的支持，推动产业集群的发展。此外，政府还需加强对智能化制造产业的监管，保障产业的健康、可持续发展。

总之，实现制造环节智能化是一项系统工程，需要企业、政府、高校、科研院所等多方共同努力。只有不断加强技术研发、体系建设、人才培养、产业链协同发展等方面的工作，才能在激烈的市场竞争中取得优势，实现制造业的转型升级。

10.2.4 材料加工与制造智能化的具体目标

随着科技的不断进步和人工智能的快速发展，材料加工与制造行业正面临着巨大的变革和机遇。智能制造已成为推动行业发展的重要趋势，而材料加工与制造智能化的具体目标是，通过运用先进的技术和智能化的系统，实现生产过程的高效、精确和可持续，具体如图 10-3 所示。

材料加工与制造智能化的目标之一是提高生产效率。传统的材料加工与制造过程中，往往需要大量的人力和时间，而且容易出现人为错误和生产线停滞的情况。通过引

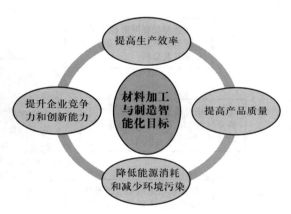

图 10-3 材料加工与制造智能化目标

入智能化系统和自动化设备，可以实现生产过程的自动化和数字化，从而大大提高生产效率。例如，通过机器人技术和自动化控制系统，可以实现生产线的连续运行和高速加工，减少人工操作的需求，提高生产效率和产量。

材料加工与制造智能化的目标之二是提高产品质量。智能化系统可以实时监测和控制生产过程中的关键参数，确保产品的质量符合标准和要求。通过自动化的检测和反馈系统，可以及时发现和纠正生产过程中的问题，减少产品的次品率和质量问题。此外，智能化系统还可以提供更精确和可靠的数据分析，帮助企业进行产品质量的监测和改进，提高产品的竞争力和市场份额。

材料加工与制造智能化的目标之三是降低能源消耗和环境污染。传统的材料加工与制造过程中，往往存在着能源浪费和环境污染的问题。通过引入智能化系统和节能技术，可以实现生产过程的能源优化和环境友好。例如，通过智能化的能源管理系统和节能设备，可以实现能源的有效利用和减少排放，降低企业的能源成本和对环境的影响。智能化系统还可以提

供实时的环境监测和数据分析，帮助企业进行环境管理，实现可持续发展。

材料加工与制造智能化的目标之四是提升企业的竞争力和创新能力。智能化系统可以帮助企业实现生产过程的灵活性和定制化，满足不同客户的需求和要求。通过智能化的数据分析和预测模型，企业可以及时了解市场需求和趋势，调整生产计划和产品设计，提高企业的竞争力和创新能力。此外，智能化系统还可以提供实时的生产监控和质量追溯，帮助企业提高生产的可靠性和可追溯性，增强企业的信誉和市场地位。

综上所述，材料加工与制造智能化的具体目标是提高生产效率、提高产品质量、降低能源消耗和环境污染，以及提升企业的竞争力和创新能力。通过运用先进的技术和智能化的系统，材料加工与制造行业可以实现更高效、精确和可持续的生产过程，为企业带来更多的机遇和发展潜力。因此，材料加工与制造企业应积极顺应智能制造的发展趋势，加强技术创新和人才培养，推动行业的智能化转型升级。

下面将通过具体的材料加工与制造智能化装备系统的典型应用案例，分析数字化技术在实现材料加工与制造智能化目标过程中的具体应用过程、技术特点和应用前景。

10.3 智能化反重力铸造液态成形技术

10.3.1 反重力铸造原理

反重力铸造（counter-gravity casting，CGC）是 20 世纪 50 年代发展起来的一种铸件成形工艺，是帕斯卡定律在铸造生产中的应用。就其工艺而言，它是介于压力铸造和重力铸造之间的一种液态成形方法。合金液充填铸型的驱动力与重力方向相反，合金液沿与重力相反的方向流动。与重力铸造相比，反重力铸造液态成形过程中熔体的流态可控，可以通过外力的作用来增强凝固补缩能力，因此，这种工艺方法可以做到液态充型平稳，铸件组织致密，能够有效控制铸造缺陷，是生产优质铸件的优选方法。

由于外加驱动力的存在，使得 CGC 成为一种可控工艺。在金属液充填过程中，通过控制外加力的大小可以实现不同充型速度的充填，满足不同工艺的要求；同时，充填结束后可以继续增加外力，使铸件在一定力的作用下凝固，提高金属液的补缩能力，降低缩孔、气孔和针孔等铸造缺陷。近几十年来，相继出现了多种 CGC 方法，根据金属液充填铸型驱动力的施加形式不同，CGC 技术可以分为低压铸造、差压铸造、调压铸造等。

1. 低压铸造
低压铸造是最早的反重力铸造技术，由英国人 E. F. LAKE 于 1910 年提出并申请专利，其贡献是解决了重力铸造中浇注系统充型和补缩的矛盾。在重力铸造中为了充型平稳，避免气孔、夹渣，一般都采用底注式，因此铸型内温度场分布不利于冒口补缩。

　　低压铸造则巧妙地利用坩埚内气压，将金属液由下而上充填铸型，在低气压下保持下浇道与补缩通道合二为一，始终维持铸型温度梯度与压力梯度的一致性，从而解决了重力铸造中充型平稳性与补缩的矛盾，而且使铸件品质大大提高。如图 10-4 所示，浇铸前铸型与坩埚内气压均为 P_1（通常为 1 个标准大气压，约 0.1 MPa，该压力是不用控制的），浇铸时往坩埚内充气使其内压力增加至 P_2（通常 P_2 在 0.7 MPa 至 1.4 MPa 之间），这使得金属能够均匀地填充模具的空腔，减少了气孔和缩孔的形成。低压铸造还可以利用调节压力和速度来控制金属的流动性，从而实现更高的铸件质量和表面光洁度。

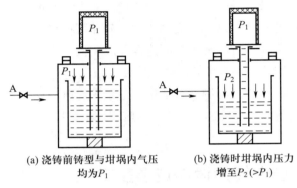

(a) 浇铸前铸型与坩埚内气压　　　　(b) 浇铸时坩埚内压力
均为 P_1　　　　　　　　　　　增至 $P_2(>P_1)$

图 10-4　低压铸造原理示意图

2. 差压铸造

　　差压铸造是 20 世纪 60 年代初发展起来的，源于低压铸造，兼有低压铸造和压力釜铸造的特点。低压铸造只能控制坩埚内气体的压力，对铸型所在的大气压力不能控制。

　　而差压铸造则能把上、下压力罐的压力同时控制起来。如果采用减压法，在同步进气结束后，使上筒的压力降低，使铸型内外产生压差（铸型内压力大于铸型外压力），压差越大，铸型的排气能力越强，不易形成侵入性气孔。差压铸造不仅能控制充型工艺曲线，也可以控制铸型的排气能力，如图 10-5 所示。差压铸造下罐坩埚内的压力较高，通常在 30~100 MPa，这使得金属能够快速、均匀地充填模具的空腔，且可制造出大尺寸的铸件。

3. 调压铸造

　　调压铸造是在差压铸造的基础上发展而来的一种先进铸造技术，其主要特点是利用真空预处理、负压充型、调压凝固，正压补缩等手段降低金属液含气量，实现平稳高效充型，避免气体及夹杂卷入，强化铸件的凝固顺序，改善补缩效果，从而显著提升了铸件强度和塑性，为提高材料利用效率，减小构件重量提供了空间。调压铸造原理如图 10-6 所示，工作中将上压力罐抽成负压。

　　由于调压铸造技术采用了负压充型方法并在最小压差原则下实现正压补缩，因而降低了对铸型透气性及强度的要求，可与砂型铸造、金属型铸造、熔模精密铸造、石膏型精密铸造等技术结合，生产出用其他成形方法难以制造的复杂、薄壁、整体的铝、镁合金铸件，解决了优质复杂薄壁铸件浇注中的重大难题。

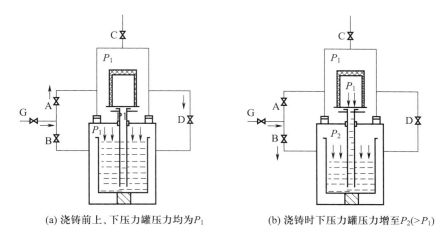

(a) 浇铸前上、下压力罐压力均为P_1　　　　(b) 浇铸时下压力罐压力增至$P_2(>P_1)$

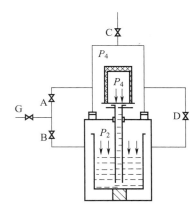

(c) 浇铸后期上压力罐排气压力降至$P_4(<P_2)$

图 10-5　差压铸造原理示意图

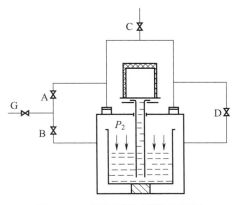

图 10-6　调压铸造原理示意图

10.3.2 反重力铸造控制系统原理

CGC 利用上、下腔之间的压差，将金属液体由下而上充填模具，实现液态成形的过程。在生产过程中，液态成形过程的控制对提高铸件的内在质量有着极为重要的作用。液态成形过程中，液面加压系统的自动补偿能力、抗外界干扰能力、自身的控制精度和响应时间、对设定升压曲线的动态跟踪能力，都是提高铸件成品率、合格率的重要因素。因此，液态成形过程控制实际上是设备上、下腔之间压差的控制。

从液态成形过程控制角度看，无论是低压铸造、差压铸造、调压铸造，还是真空吸铸，其共同点是成形过程都是依靠压差的作用完成铸型的充填；不同点是产生压差的方式不同。根据其共同点，为了提高成形过程中压差的控制精度，一般采用闭环控制，利用给定值与实际值形成的偏差作为控制参量来控制压差的变化。铸造闭环控制原理如图 10-7 所示。

图 10-7 铸造闭环控制原理

10.3.3 反重力铸造系统组成

根据反重力铸造液态成形过程的特点，CGC 压力控制系统由工控机、数据采集控制卡、西门子 S7-200 PLC、压力传感器、数字式组合控制阀等组成，如图 10-8 所示。

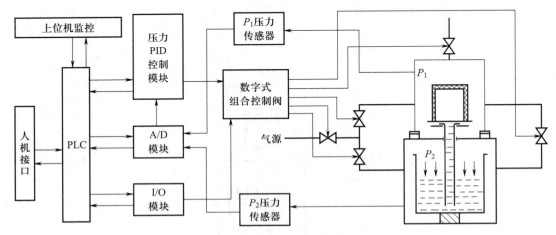

图 10-8 CGC 压力控制系统原理图

压力控制系统以西门子 S7-200（CPU224）+ 工控机为核心，分别作为现场控制系统和远程监控系统；以自主开发的数字式组合控制阀为辅，采用灵敏压力变送器采集压力实时信号，通过闭环 PID+ 模糊控制，实现工艺曲线的动态精确控制。

反重力铸造控制系统的压力信号通常是通过压力传感器来采集的。压力传感器是一种将压力转换成电信号输出的传感器。在反重力铸造过程中，压力传感器通常被安装在液态金属注入系统中的压力管道上，用于实时监测液态金属的压力变化。当液态金属的压力发生变化时，压力传感器会将这一变化转换成相应的电信号输出，传输给反重力铸造控制系统，从而实现对液态金属注入过程的实时控制。

在系统运行过程中，PLC 对开关量输入信号、上、下腔之间的压差变化等模拟量输入信号进行实时检测，然后根据当前系统反映出的状态，采用 PID+ 模糊控制策略进行决策，再通过开关量输出信号、模拟量输出信号对外部的控制对象或者执行机构进行控制，如，实时调整气阀的开度从而达到对液态成形质量的控制。

采用工控机作为信息的人机交互界面，操作简便，信息丰富直观，可及时了解系统的状态。其作用主要有两个方面：一方面，通过工控机实时监测整个液态成形系统的状态，如压差、气阀的开度、系统各个部件正常与否；另一方面，可根据不同的铸件或者不同的要求，通过人机界面调整工艺参数。工艺参数的设置可以是根据经验实时调节的，也可以是专家数据库式的。

反重力铸造液态成形控制中，最终控制的参量是熔体在铸型中的流动速度及保压阶段的压差维持。受熔体温度高及铸型不透明特点所限，熔体在铸型中的流动速度无法直接利用传感元件得到反馈，但熔体流动的驱动力是气体工作介质所形成的压差，所以可以通过反馈压差信号来间接达到成形过程闭环控制的目的。分析反重力铸造液态成形过程可以得知，装备的有效工作容积是变化的，并且无法准确量化，气体工作介质会受温度的影响而膨胀，装备的气源压力也是变化的，因此无法为反重力铸造装备建立准确的传递函数。本系统虽然仍采用 PID 算法来完成反重力铸造液态成形过程的闭环控制，实现工作压差的变化预测及静差的消除，但在分析反重力铸造成形特点的基础上，对 PID 算法结果进行模糊化修正，从而提高了系统的反应速度和控制精度。

10.3.4 反重力铸造系统智能化控制技术

1. PID 控制算法

PID 控制原理基于下面的算式：

$$M(t)=K_p\left[e(t)+\frac{1}{T_i}\int_0^{\infty}e(t)\mathrm{d}t+T_d\frac{\mathrm{d}e(t)}{\mathrm{d}t}\right]+M_0 \qquad 10\text{--}1$$

即，输出 = 比例项 + 积分项 + 微分项 + 输出的初始值。式中 $M(t)$ 是控制器的输出，误差信号 $e(t)=sp(t)-pv(t)=M(t)-M(t-1)$，$M_0$ 是回路的输出初始值，K_p 是 PID 回路的增益，T_i 和 T_d 分别是积分时间常数和微分时间常数。

为了能让计算机处理这个控制算式，必须将其离散化为周期采样偏差算式，设 $K_i=K_pT/T_i$，

$K_d = K_p T_d / T$，则上式可用差分式表示为

$$M(n) = K_p e_n + K_i \sum_{i=1}^{n} e_i + K_d(e_n - e_{n-1}) + M_0 \qquad 10\text{-}2$$

将上式简化为如下形式：

$$M(n) = K_p(e_n - e_{n-1}) + K_i e_n + K_d(e_n - e_{n-1})M(n-1) \qquad 10\text{-}3$$

每次计算只需保存上一次误差 e_{n-1} 和上一次的积分项 $M(n-1)$。

　　一般认为，在以数字量开关作为执行器或者控制精度要求较高的系统中，如果采用式（10-3）表示的控制算法，则它的每次输出 $M(n)$ 与整个过去有关，容易产生较大的误差；另外，输出 $M(n)$ 会引起电磁阀的频繁开关，减少其使用寿命。因此，为方便控制，提高系统的稳定性，在实际使用中，一般采用离散化数字式的增量式 PID 算法：

$$\Delta M = K_p(e_n - e_{n-1}) + K_i e_n + K_d(e_n - 2e_{n-1} + e_{n-2}) \qquad 10\text{-}4$$

　　采用增量式 PID 控制算法的流程图参见上一章的图 9-8。采用 PLC 来实现上述增量式 PID 控制，可以使用 PLC 编程语言（如梯形图、结构化文本等）来编写相应的程序。以下是一个使用结构化文本（Structured Text）编写的示例代码：

```
VAR
    target: REAL; // 目标压力
    Kp: REAL := 1;
    Ki: REAL := 0.5;
    Kd: REAL := 0.1;
    integral: REAL := 0;
    prev_error: REAL := 0;
    prev_2_error: REAL := 0;
    prev_control: REAL := 0;
    pressure: REAL; // 当前压力
    error: REAL; // 误差
    proportional: REAL; // 比例项
    derivative: REAL; // 微分项
    control_increment: REAL; // 控制增量
    control: REAL; // 当前控制量
END_VAR
// 主循环
REPEAT
    // 读取当前压力值（这里用 PLC 输入模拟）
    pressure := PLC_Input_Pressure;
    // 计算误差
    error := target - pressure;
```

```
    // 计算比例项
    proportional := Kp *(error - prev_error);
    // 计算积分项
    integral := integral + Ki * error;
    // 计算微分项
    derivative := Kd *(error - 2*prev_error + prev_2_error);
    // 计算控制增量
      control_increment := proportional + integral +
derivative;
    // 计算当前控制量
    control := prev_control + control_increment;
    // 更新上一次控制量和上一次误差
    prev_control := control;
    prev_2_error := prev_error;
    prev_error := error;
    // 输出当前控制量（这里用 PLC 输出模拟）
    PLC_Output_Control := control;
    // 延时一段时间（这里用 PLC 延时函数模拟）
    PLC_Delay(100); // 单位为毫秒，延时 100 毫秒
UNTIL FALSE;
```

以上示例代码仅为演示 PID 控制算法的基本原理，实际应用中可能需要根据具体情况进行调整和优化。在实际应用中，需要根据具体情况调整 PID 参数，并根据反馈信号的采样周期和控制周期来确定延时时间。根据 PLC 的具体型号和编程软件来编写相应的代码，并根据实际的输入 / 输出模块和延时函数来进行相应的配置和调用。

与常规慢速时变惯性系统相比，反重力铸造液态成形过程中，压差信号的变化速度快，且工作时间短（几秒到几十秒）。无论如何调整 PID 参数，都无法避免信号的衰减调整过程，而且该过程与液态成形过程相比，时间较长。这样，信号的调整过程必然会造成液面的波动。为此，采用对 PID 算法结果进行模糊化修正，以提高控制灵敏度，缩短调节时间。

2. PID 的模糊化修正

模糊控制是一种基于规则的控制。它直接采用语言型控制规则，出发点是现场操作人员的控制经验或相关专家的知识，在设计中不需要建立被控对象的精确数学模型，因而使得控制机理和策略易于接受与理解，设计简单，便于应用。

模糊控制的基本原理如图 10-9 所示。它的核心部分为模糊控制器，如图中虚线框中部分所示，（模糊控制器在 PLC 中编程实现）。它主要由模糊化接口、知识库、模糊推理、

解模糊接口等组成。

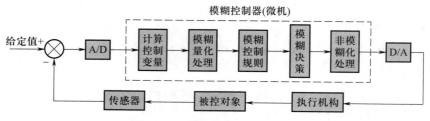

图 10-9 模糊控制基本原理图

PID 输出量的模糊控制器以压力的偏差 E 和开度变化量 ΔM 作为输入。模糊化接口通过尺度变换，将输入参数变换到各自的论域范围，再对其进行模糊化处理。基于对现场数据以及压力控制经验，设计 E、ΔM 和输出 ΔU 的论域均为 {-2, -1, 0, 1, 2}，定义 E、ΔM 和 ΔU 的模糊集为 {NB, NS, ZO, PS, PB}。采用三角形函数作为隶属函数确定模糊语言变量的隶属度，可分别得到模糊变量 E、ΔM 和输出 ΔU 的隶属度赋值表。

知识库由数据库和规则库组成。控制规则由一系列关系式连接而成，本系统为双输入单输出控制。采用的控制语句为 IF E_i AND ΔM_j THEN ΔU_k，其结构简单，适合 PLC 编程。每一条语句对应一个模糊关系式：$R_i = E_i \cdot \Delta M_j \cdot \Delta U_k$，根据经验，可采用表 10-1 的模糊控制规则。

表 10-1 模糊控制规则

输出 ΔU		开度变化量 ΔM				
		-2	-1	0	1	2
偏差 E	-2	4	4	4	1	0
	-1	4	4	1	0	0
	0	1	1	0	-1	-1
	1	0	0	-1	-4	-4
	2	0	-1	-4	-4	-4

在 PLC 编程中，将表 10-1 存储在 CPU 模块的特定区域内，每当计算出偏差 E 和 ΔM，利用查表指令可找出相应的控制等级 ΔU，从而实现模糊控制输出，然后解模糊接口把模糊量转为执行机构可执行的精确量。模糊控制系统的鲁棒性强，干扰和参数变化对控制效果的影响被大大减弱，尤其适合于非线性、时变及纯滞后系统的控制。

3. 试验数据分析

反重力铸造液面加压控制过程包括：升液、充型、结壳保压、结晶增压、结晶保压

和卸压。系统可以根据参数设置的不同，组成不同斜率的曲线，基本加压工艺曲线如图
10-10所示。

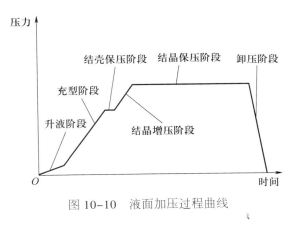

图 10-10　液面加压过程曲线

图 10-11 为单纯 PID 控制的跟踪曲线（实际压力）与设定工艺曲线（设定压力）比较
图。由于 PID 参数选取不当，跟踪曲线波动较大，这样会直接造成浇注过程中液面波动，
出现浇注缺陷。

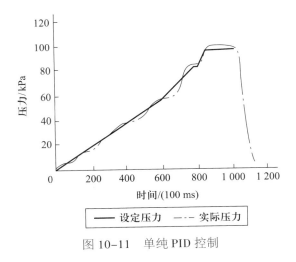

图 10-11　单纯 PID 控制

图 10-12 为 PID+ 模糊控制跟踪曲线与设定工艺曲线比较图，从图中我们很难分清跟
踪曲线与设定工艺曲线，说明跟踪控制精度很好。通过图 10-11 与图 10-12 的比较，可以
比较直观地得出，PID+ 模糊控制优于单纯的 PID 控制。

PID+ 模糊控制具有泄漏自动补偿功能。打开手动排气阀，以一定的开度模拟漏气时
的气压控制，得到如图 10-13 曲线，图中的起始阶段虽然有一定的漏气，但是其控制精
度仍然很高；在升液过程后半段，将手动排气阀的开度突然调大，跟踪曲线有一个突然
的下降过程，但是经系统自身调节，很快恢复，说明系统调节响应速度很快，而且控制
精度很高。

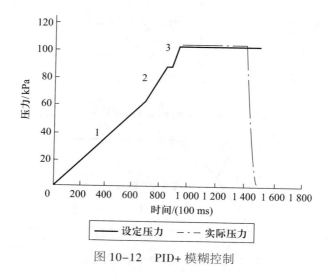

图 10-12　PID+ 模糊控制

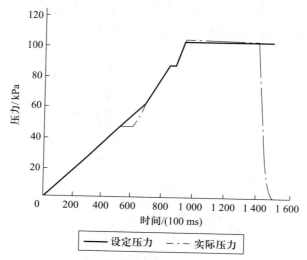

图 10-13　PID+ 模糊控制（泄漏自动补偿演示）

由此可见，系统采用闭环控制，应用 PID+ 模糊控制算法，与单纯 PID 控制算法相比具有响应快，超调量小等优点，曲线跟踪性能好，控制精度高。

系统以 PLC 为核心，采用 PID+ 模糊算法实现了反重力铸造成形过程的闭环控制。该系统液面加压过程控制合理，并具有泄漏自动补偿功能。液态成形过程可以通过工艺参数的设定精确重复再现，不受炉内泄漏和管路气压波动的影响。

随着科学技术的进步，反重力铸造的计算机控制将越来越强调集成化、自动化、智能化、远程在线及实时监控，从而使铸造工艺过程或设备保持在最佳工作状态。反重力铸造是集多学科、多方向，基于知识与智能的现代化生产。

10.4　智能化激光增材制造技术

10.4.1　激光增材制造技术原理

金属零部件传统的制造方法往往先通过铸、锻、挤、压等受迫成形手段得到一个毛坯件，然后再通过车、磨、铣、刨等去除加工方法得到精密件。整个过程中，工模具成本高、工序多、周期长，且对具有复杂内腔结构的零件往往无能为力，难以满足新产品的快速响应制造需求。20 世纪 90 年代以来，随着激光技术、计算机技术、CAD/CAM 技术以及机械工程技术的发展，金属零件激光增材制造技术在激光熔覆技术和快速原型技术基础上应运而生，迅速成为快速成型领域内最有发展前途的先进制造技术之一。

快速原型技术是一种基于离散／堆积成形思想的新型制造技术，是集成计算机、数控、激光和新材料等最新技术发展起来的先进制造技术。其基本过程是将三维模型沿一定方向离散成一系列有序的二维层片；根据每层轮廓信息进行工艺规划，选择加工参数，自动生成数控代码；成形设备在每个层片区域内精密堆积，并自动把一系列层片连接起来，得到三维物理实体。这种将一个物理实体的复杂三维加工离散成一系列层片加工的方法，大大降低了加工难度，且成形过程的难度与待成形的物理实体的形状和结构的复杂程度无关。由于这种加工方法的思路与传统的去除加工方法正好相反，是一种逐点堆积的过程，所以叫作增材制造（additive manufacturing），这种过程又与打印机的原理相似，只是从二维平面扩展到了三维立体，所以又获得了一个通俗易懂的称号——3D 打印。

金属零件的激光增材制造技术以高功率或高亮度激光为热源，逐层熔化金属粉末或丝材，直接制造出任意复杂形状的零件，其实质就是 CAD 软件驱动下的激光三维熔覆过程，是数字化制造的典型案例。该技术具有如下独特的优点：① 制造速度快，节省材料，降低成本；② 不须采用模具，使制造成本降低 15% ～ 30%，生产周期缩短 45% ～ 70%；③ 可生产用传统方法难于生产甚至不能生产的形状复杂的功能金属零件；④ 可在零件不同部位形成不同成分和组织的梯度功能材料结构，不须反复成形和中间热处理等步骤；⑤ 激光直接制造属于快速凝固过程，金属零件完全致密、组织细小、性能超过铸件；⑥ 成形件可直接使用或者仅需少量的后续机加工便可使用。

根据材料在沉积时的不同状态，目前金属零件的激光增材制造技术可以分为两大类：激光直接沉积（laser metal deposition，LMD）增材制造技术和选区激光熔化（selective laser melting，SLM）增材制造技术。前者由激光在沉积区域产生熔池并高速移动，金属材料以粉末或丝状实时送入熔池，熔化后逐层沉积，如图 10-14 所示；后者在沉积前金属粉末需预先铺粉，然后由激光在沉积区内进行选区熔化烧结，如图 10-15 所示。

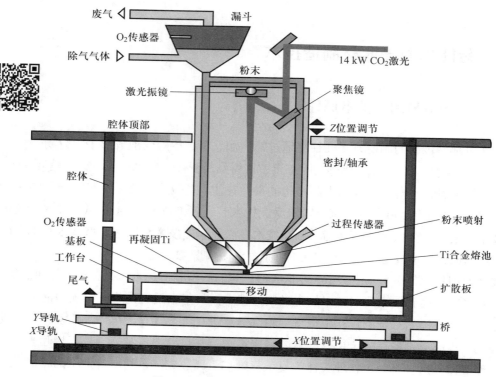

图 10-14 激光直接沉积增材制造技术

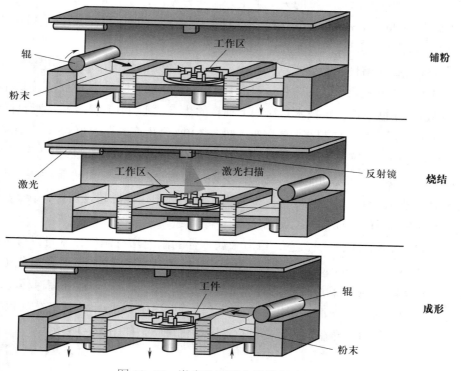

图 10-15 激光选区熔化增材制造技术

激光增材制造具有以下几个特点：

（1）自由形状设计　激光增材制造可以实现复杂形状的设计和制造，不受传统制造方法的限制。通过逐层堆积材料，可制造出具有内部空腔、复杂几何形状和定制化特征的零件。

（2）材料多样性　激光增材制造可以使用各种类型的材料，包括金属、塑料、陶瓷等。不同的材料可以根据应用需求选择，从而实现更广泛的应用领域。

（3）快速制造　激光增材制造是一种快速制造技术，可以快速制造出零件。由于无须制造模具，可以节省制造周期和成本。

（4）节约材料　激光增材制造是一种材料高效利用的制造方法。通过逐层堆积材料，可以减少材料的浪费，避免传统加工方法中的切削损耗。

（5）定制化生产　激光增材制造可以根据客户需求进行定制化生产，满足个性化和小批量生产的需求。可以根据不同的设计要求和功能需求，制造出符合特定要求的零件。

（6）可修复性　激光增材制造可以实现零件的修复和再制造。通过添加材料，可以修复损坏的零件，延长其使用寿命。同时，也可以对废弃的零件进行再制造，减少资源浪费。

10.4.2　激光增材制造系统控制原理

激光增材制造系统的控制原理主要包括以下几个方面：

（1）切片和路径规划　首先，需要将三维模型切片成多个薄层，并为每一层生成路径规划。路径规划确定了激光束在每个层面上的运动路径，以确保正确的材料沉积。

（2）激光参数控制　激光增材制造使用激光束将材料加热到熔化或烧结温度，因此需对激光的功率、扫描速度和扫描模式等参数进行精确控制，以确保适当的能量输入和材料沉积。

（3）材料供给控制　激光增材制造系统通常使用粉末床或线材作为原材料。对于粉末床系统，需要控制粉末的供给速度和厚度，以确保适当的材料密度和层间黏结。对于线材系统，需要控制线材的供给速度和位置，以确保适当的材料沉积。

（4）温度控制　激光增材制造过程中，材料须被加热到高温状态。因此，需要对加热区域的温度进行控制，以确保材料的熔化或烧结在需要的温度范围内，并避免过热或过冷。

（5）实时监测和反馈控制　为了确保制造质量，激光增材制造系统通常配备了多种传感器和监测设备，如温度传感器、激光功率监测器和成形质量检测系统。这些设备可以实时监测制造过程中的关键参数，并提供反馈控制，以调整激光参数和材料供给，以及纠正任何制造缺陷。

综上所述，激光增材制造系统的控制原理涉及切片和路径规划、激光参数控制、材料供给控制、温度控制以及实时监测和反馈控制等方面，以确保制造过程的精确性、稳定性和质量。

10.4.3　激光增材制造系统组成

激光增材制造系统通常由以下几个主要部分组成，这些部分协同工作，实现高精度、高效率和高质量的增材制造过程：

（1）激光源　激光增材制造系统使用激光束来加热和熔化材料。激光源通常是一个高功率激光器，例如二氧化碳激光器（CO_2 激光器）或光纤激光器。激光源的功率和频率可以根据制造需求进行调节。

（2）光束传输系统　光束传输系统用于将激光束从激光源传输到工作区域。通常包括光纤、反射镜和聚焦镜等光学元件，以确保激光束的稳定传输和聚焦。

（3）工作台　工作台是材料的加工平台，用于支撑和定位工件。它通常具有可调节的高度和倾斜角度，以适应不同形状和尺寸的工件。

（4）材料供给系统　材料供给系统用于提供原材料到激光熔化区域。对于粉末床系统，材料供给系统通常包括粉末喷射器和床层平整装置。对于线材系统，材料供给系统通常包括线材卷盘和线材传送装置。

（5）控制系统　控制系统用于控制激光增材制造过程中的各个参数和操作。通常包括计算机数控（CNC）控制器、传感器、运动控制器和用户界面等组件。控制系统负责路径规划、激光参数控制、材料供给控制、温度控制和实时监测等功能。

（6）辅助设备　激光增材制造系统还可能包括一些辅助设备，如粉末回收系统、粉末处理设备、气体保护系统和冷却系统等。这些设备用于提高材料利用率、保护制造环境和控制制造过程的温度。

激光增材制造系统通常有两种方式。一种是采用 X–Y 直角坐标移动机构，把激光熔覆头安装于移动机构上，使其在 X–Y 平面内按一定的扫描轨迹移动，而沉积件置于可以上下移动的平台上，激光熔覆头每完成一次扫描，工件平台就沉降一个高度，直至沉积件完成打印。另一种方式是直接采用机器人来完成激光在 X–Y 平面内的扫描和高度方向的提升，这种方法设备更加简单，但需要将工件三维数模进行"切片"以后，把激光在每一层的扫描轨迹转化成机器人的运动轨迹。下面介绍的激光增材制造系统是后一种方案，如图 10–16 所示，主要由激光器、机器人、工作台、粉末输送系统（送粉器、粉末分配器、粉路等）、激光熔覆头、保护系统（冷却、保护气、激光安全等，图中未示出）、计算机主控系统等组成。

1. 激光器

采用 LASERLINE 公司的输出功率为 8 kW 的 LDF 光纤耦合半导体激光器，其光纤直径为 600 μm，激光波长 900~1 080 nm。半导体激光器的单色性比 CO_2 激光器和光纤激光器要差一些，因此其光斑相对大一些，功率密度也低一些，但半导体激光器具有光电转换效率高的特点。由于激光增材制造在原理上与激光熔覆基本相同，主要是在沉积层表面进行层层堆敷，不需要像激光切割和激光深熔焊那样，需要很高的功率密度，以便形成匙孔效应，增加激光的穿透力。相反，激光增材制造只需在材料表面获得较小的熔深，以便与送入熔池的粉末熔合，形成新的堆敷层，因此激光的功率密度一般要求较低。另一方面，为了提高堆敷的效率，有时还希望有较大的光斑，以便增加激光扫描的加热范围。因此，半导体激光非常适合于激光增材制造领域。对于光纤耦合的半导体激光，就能和一般的光纤激光和 YAG 固体激光一样，通过光纤把激光传输至安装于机器人手臂上的激光熔覆头，这样可以大大提高激光加工的柔性和灵活性，非常适合与机器人系统集成。

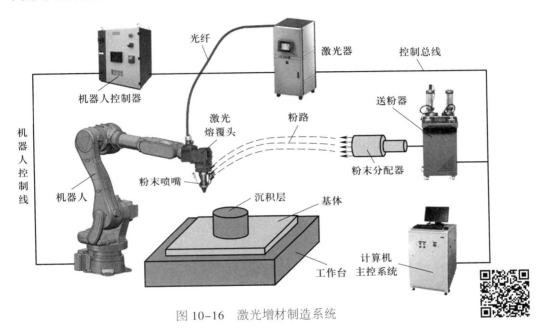

图 10-16　激光增材制造系统

2. 机器人

考虑到激光增材制造运动轨迹的复杂性和灵活性，运动系统采用了机器人来完成各种扫描运动轨迹。机器人选用 Fanuc 公司的 M-710ic，其作业半径可达到 2.05 m，有效负载 60 kg，重复定位精度 ±0.07 mm，系统配备有高灵敏度的防碰撞检测功能模块；工作过程中可通过 ProfiBus 总线与上位机或主控系统进行通信；而主控系统的工控机会把三维数模"切片"以后经过路径规划生成的机器人运动轨迹通过总线传送给机器人控制器。

3. 粉末输送系统

粉末输送系统是激光增材制造系统的一个重要组成部分，其性能的好坏直接决定增材制造的质量。这就要求送粉系统能够提供稳定均匀的粉末流。粉末输送系统主要由两部分组成：粉末喷嘴和送粉机构。同轴送粉无方向性，轨迹控制灵活，利用率高，增材制造效果好。本系统采用同轴送粉方式，将粉末喷嘴集成在激光熔覆头上，即粉末流和激光同轴线送出。由于同轴送粉喷嘴有几路（一般为 4 路或 6 路），需要将从送粉器送出的粉末经过粉末分路器或分配器分成均衡的 n 路粉路，从而保证喷嘴各个方向的粉末是均匀的。

4. 激光熔覆头

因系统采用同轴送粉方式，所以将激光熔覆头和同轴送粉喷嘴集成在一起，粉末流汇聚的位置也是半导体激光的焦距位置。

5. 保护系统

激光器工作过程中，需要循环水冷却。增材制造过程中为防止激光沉积区材料发生氧化，需要用氦气或者氩气作保护气。另一个需要考虑的重要方面是激光辐射的安全，比如可设立机器人安全工作角度，机器人安全工作区域，安全防护措施等。

6. 主控制系统

主控制系统是整个激光增材制造系统的核心，考虑到系统的控制对象，本系统采用 PLC+IPC 的架构。其中，采用西门子 S7-300 系列 PLC 作为主控制器，控制机器人、变位机、激光、送粉系统以及水冷、保护气的通断，保障激光安全等进行整体控制。IPC 主要作为人机界面，对整个系统进行参数设置，状态实时监控，一些关键数据的采集与分析等，同时，IPC 的一个重要任务是将需要打印的三维数模进行"切片"，然后进行路径规划，再把生成的激光扫描运动轨迹传送给机器人控制器，从而让机器人完成工件的层层扫描打印。

10.4.4　激光增材制造系统智能化控制技术

激光增材制造系统可以采用多种智能化控制技术，以提高制造效率和质量，下面列举一些常见的智能化控制技术。

（1）人工智能（AI）技术　通过机器学习和深度学习等技术，对激光增材制造过程中的数据进行分析和处理，以预测和优化制造过程，并提高制造效率和质量。

（2）自适应控制技术　通过实时监测和反馈控制，对激光增材制造过程中的参数进行自适应调整，以适应不同的工件和制造条件，提高制造精度和稳定性。

（3）虚拟现实（VR）技术　通过虚拟现实技术，将激光增材制造过程模拟成三维图像，以帮助操作人员更好地理解和控制制造过程。

（4）增强现实（AR）技术　通过增强现实技术，将激光增材制造过程中的关键参数和操作提示映射到操作人员的视野中，以提高操作效率和准确性。

（5）云计算技术　通过云计算技术，将激光增材制造过程中的数据和模型存储在云端，以实现远程监测和协同控制，提高制造效率和质量。

综上所述，激光增材制造系统可以采用多种智能化控制技术，以提高制造效率和质量，同时也为智能制造的发展提供了新的思路和方法。

10.5 机器视觉在焊接领域的应用案例

10.5.1 机器视觉基础知识

人类从外界环境获取的信息中约 80% 来自视觉感知，机器视觉（machine vision）是专门研究如何用机器来模拟生物视觉功能的学科，即如何通过光学装置和非接触式传感器自动地接收、处理真实场景的图像，以获得所需信息或用于控制机器人运动。

典型的机器视觉系统的结构如图 10-17 所示，通常包括光源、光学传感器、图像采集设备、图像处理设备及应用软件以及辅助传感器、控制单元和执行机构等。光源为机器视觉系统提供了合适的光照，光源的设计和选取往往直接决定机器视觉系统的应用效果。光学传感器（如 CCD 相机）负责将外部场景转换为电信号；图像采集设备（如图像采集卡）将电信号转换成计算机可以识别的图像数据流；图像处理设备（如 PC）执行应用软件，对图像数据进行分析、处理并形成控制指令；控制单元（如 PLC）得到控制指令后控制执行机构做出相应动作。

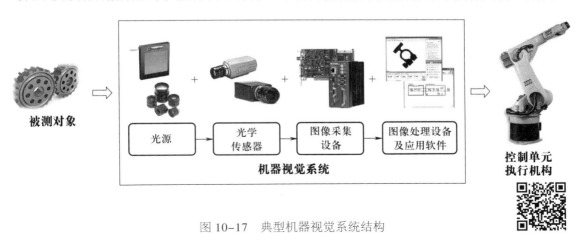

图 10-17　典型机器视觉系统结构

机器视觉软件直接决定机器视觉系统的功能和性能，是整个机器视觉系统中最重要的部分。机器视觉软件通常由"图像操作与增强""图像分割与分析"和"特征识别与机器决策"等部分组成。图像操作与增强用于对采集到的图像进行初步分析、变换和预处理，以便后续快速分析并提取目标特征，如对图像进行几何变换、时频域滤波等。图像分割与分析用于对预处理后的图像进行形态学处理或分割，以便提取机器视觉系统需要识别或检测的目标。特征识别与机器决策用于对目标特征的测量、计算或分类。

10.5.2 基于 LabVIEW 的图像采集与存储

机器视觉系统属于智能控制领域。20 世纪末，随着计算机技术和图像处理技术进步，机器视觉技术蓬勃发展。一方面不断涌现新方法和新理论，另一方面出现了大量基于计算机的视觉软件开发平台，如 Congex 公司的 VisionPro、MVTec 公司的 HALCON 以及 NI 公司的 LabVIEW 等。一套好的机器视觉软件开发平台可以有效提高机器视觉系统开发效率并增强系统的稳定性和可靠性。LabVIEW 在机器视觉系统研发领域具有丰富的图像处理函数和接口函数，该平台的视觉采集软件（vision acquisition software）支持上千种摄像头，其视觉开发模块（vision development module）则提供了一套功能强大的图像处理、分析和机器视觉应用开发函数库。视觉采集软件包括 NI IMAQ 和 NI IMAQdx 两部分，前者主要用于从模拟相机、并行数字相机、CameraLink 摄像头或 NI 智能相机采集图像信号，后者主要用于从 GigE Vision、IEEE 1394、USB 等制式摄像头采集图像。

安装机器视觉软件是在 LabVIEW 平台中构建机器视觉开发环境，在前面板和程序框中分别显示相应的控件和函数，如图 10-18 所示。该开发环境主要包括支持各类摄像头的设备驱动程序、机器视觉开发工具、开发控件和函数。

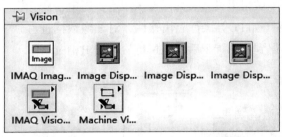
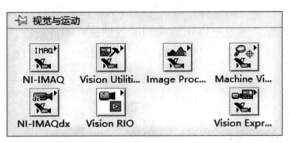

(a) 前面板(视觉控件)　　　　　　　　　　(b) 程序框(视觉函数)

图 10-18　LabVIEW 前面板和程序框

图像数字化设备将图像以数据流方式通过以太网或总线传送给计算机，在驱动软件的支持下，图像处理算法程序以"帧"为单位将图像放至事先分配好的内存中。从软件开发角度来说，为了能获取图像数据，需要先建立与硬件的连接，即打开并配置图像采集设备。硬件的配置信息可以使驱动软件控制硬件，并正确解析传送至计算机的数据。配置信息通常包括硬件通道或端口、图像大小、像素位深度、抓取速率和抓取方式等。在 LabVIEW 平台上，从相机获取图片需要自动化和测量设备管理器（NI measurement & automation explorer）NI MAX 和视觉采集软件（NI vision acquisition software）NI IMAQ、NI IMAQdx，它们直接与图像采集硬件设备对接，如图 10-19 所示。

在 NI MAX 中完成对采集设备的配置后，就可以在程序中通过定义的接口打开设备，建立到设备的连接，开始采集图像，任务完成后关闭设备。常见的图像采集方式包括 Snap 和 Grab，前者是一次性（one-shot）采集，后者是连续（continuous）采集。Snap 方式用于采集一帧图像到内存缓冲区，每次采集前都会打开图像采集设备并对其进行初始化，获取一帧图像后就关闭已打开的图像采集设备。如果要再采集一帧图像，就需要重复这个过程。由于抓取每一帧图像都要打开、关闭图像采集设备，因此 Snap 方式仅用于对速度要求不高的场合。Grab 方式在设备打开后保持连续、高速采集图像，直到需要停止时才关闭图像采集设备，因此图像采集速度明显快于 Snap 方式。然而，Grab 方式通常只在计算机内存中分配一帧图像大小的缓冲区，每次新采集的图像总是要循环覆盖缓冲区中保存的前一帧图像。如果应用程序需要连续、快速采集图片，可以采用 Ring 方式，该方式下缓冲区的大小从一帧增加到多帧。图像采集时，图像数据按顺序逐帧写入缓冲区，当缓冲区被填满时，再从缓冲区起始位置重新开始新一轮循环。

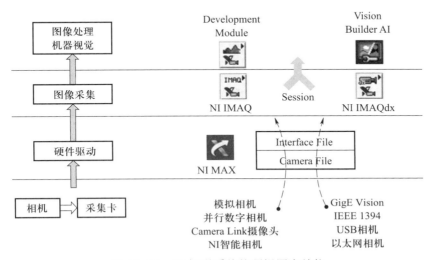

图 10-19　NI 视觉系统的逻辑层次结构

图 10-20 显示了使用 NI IMAQ 高层函数实现 Grab 方式图像采集的程序框图，程序在为采集分配好缓冲区后就连续采集图像到缓冲区中。在 LabVIEW 平台中，IMAQ Create 函数用于为图像分配内存，IMAQ Dispose 函数用于释放不再使用的图像内存，它们位于 LabVIEW 的 Vision and Motion → Vision Utilities → Image Management。IMAQ Create 函数根据图像类型来确定缓冲区大小。图像类型由像素的位深度和编码方式决定。LabVIEW 平台支持 8 位、16 位和 32 位灰度图像，32 位和 64 位 RGB 彩色图像以及 32 位 HSL 彩色图像和复数图像。

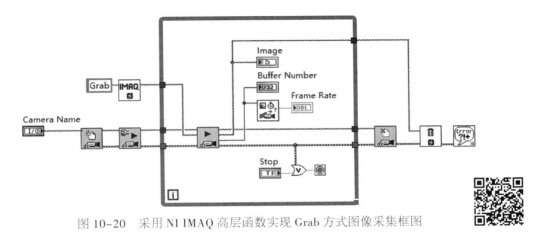

图 10-20　采用 NI IMAQ 高层函数实现 Grab 方式图像采集框图

　　图像显示控件是 LabVIEW 中最直接的图像显示和交互工具，与其他 LabVIEW 控件一样，既可以作为显示控件，也可以作为输入控件。配置或调用图像显示控件的属性和方法，可以更改控件的表现和行为，这些属性可以在设计时通过右键菜单选择，也可以在运行时通过控件属性结点（property node）进行更改。

　　LabVIEW 平台中，图像数据可以采用多种格式保存，常见的标准图像文件格式有 BMP（bitmap）、TIFF（tagged image file format）、PNG（portable network graphics）、JPEG（joint photographic experts group）、JPEG 2000 等。不同格式的图像文件数据组织方式和压缩率各不相同，需要根据应用场景进行选择。保存图像的文件通常由文件头和图像数据构成，文件头包含了像素数据组织方式的信息，如图像的水平和垂直像素分辨率、调色板等信息，图像数据则包含了各像素点的灰度或色彩信息等。BMP 是 Windows 操作系统标准的图像文件格式，使用较为广泛，其文件后缀名为".bmp"。BMP 文件采用位映射存储格式，除了图像深度可选外，通常不采用其他任何压缩，因此所占用的空间较大。PNG 文件具有保存机器视觉系统空间校准信息、模板匹配信息、图层以及其他用户自定义信息的能力。JPEG 和 JPEG2000 通过有损压缩方式去除图像中的冗余数据，具有较高的数据压缩率。LabVIEW 中，图像文件操作函数位于 Vision and Motion → Vision Utilities → Files。图 10-21 显示了读取和保存 BMP 图像文件的程序代码。

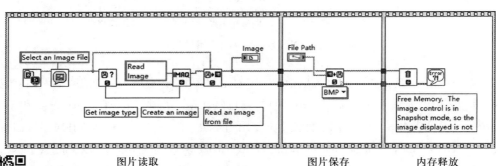

图 10-21　BMP 图像文件的读取和保存

10.5.3　基于 LabVIEW 的图像处理

　　数字图像处理就是采用计算机对图像进行信息加工，图像处理的主要内容包括增强、复原、变换、编码、重建、分割、配准、嵌拼、融合、特征提取、模式识别和图像理解等。图像处理目的主要包括三个方面：（1）提高图像的视感质量，如调整图像亮度、色彩变换、抑制某些成分、几何变换等；（2）提取图像中的某些特征或信息，为后续模式识别或理解提供基础，提取的特征包括很多方面，例如灰度或颜色特征、频域特征、边缘特征、纹理特征、形状特征、拓扑特征和关系结构等；（3）图像数据的变换、编码和压缩，以便图像存储和传输。不管是何种目的的图像处理，都需要算法程序对图像进行读取、加工和输出，图像处理算法是机器视觉系统完成各种任务的核心。LabVIEW 平台在图像处理和机器视觉方面提供了丰富的函数库。

1. 图像操作与运算

一般需要先对整幅图像或部分像素进行操作，使图像尺寸或形状更适合计算机处理，某些场合还要对图像进行算术和逻辑运算，以消除噪声或提高图像的对比度。这些操作不仅会在空间域增强图像，还能极大地提高后续算法的执行速度及其有效性。

像素操作（pixel manipulation）包括读取或设置图像中某个像素值、更改某个区域的所有像素值、逐行或逐列读取或更改像素值等。图 10-22 显示了 LabVIEW 平台的像素操作函数，它们位于 LabVIEW 函数库的 Vision and Motion → Vision Utilities VIs → Pixel Manipulation VIs。

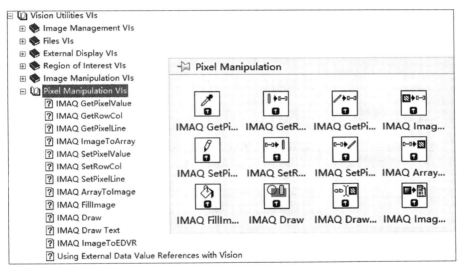

图 10-22　LabVIEW 平台的像素操作函数

图像操作是指对图像执行的平移（shift / translation）、旋转（rotate）、缩放（zoom）、拉直（unwrap）等几何变换，以及重采样、对称变换、提取图像某一区域等操作。图 10-23 显示了 LabVIEW 平台的图像操作函数，它们位于 LabVIEW 函数库的 Vision and Motion → Vision Utilities VIs → Image Manipulation VIs。

图像运算是指对一幅或多幅图像执行加、减、乘、除等代数运算，与、或、非、异或等逻辑运算，两幅图像的比较以及求模、求差等操作。它们不仅可以用于图像采集过程中的延时比较、图像背景中的光线偏移矫正、相互连接或相互交叠目标的识别等，还可以用于图像的阈值化或遮罩处理、亮度或对比度调节等。图 10-24 显示了 LabVIEW 平台的图像运算函数，它们位于 LabVIEW 函数库的 Vision and Motion → Vision Utilities → Image Processing VIs → Operator VIs。

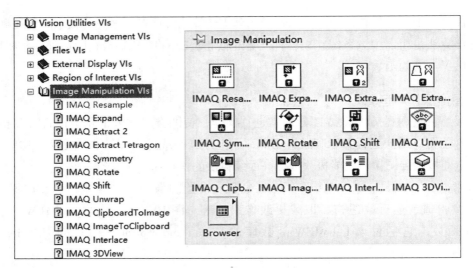

图 10-23 LabVIEW 平台的图像操作函数

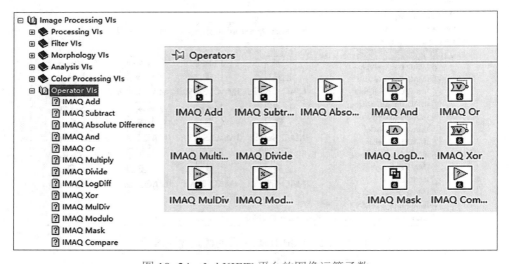

图 10-24 LabVIEW 平台的图像运算函数

2. 图像增强

图像增强是图像处理的一个重要分支，它针对给定图像的应用场合，通过各种算法增强图像中的有用信息，有目的地强调图像的整体或局部特性，抑制不感兴趣的区域，扩大图像中不同特征之间的差别，改善图像质量，加强图像判读和识别效果，使图像更好地满足分析或机器决策的需要。图像增强算法根据处理过程所在的空间不同，分为空间域图像增强算法和频域图像增强算法。空间域图像增强算法直接对图像进行点运算或邻域处理，点运算直接对像素灰度进行点对点映射，常见的点运算包括灰度变换、直方图匹配、直方图均衡以及某些图像的算术或逻辑运算等。邻域处理是以某一像素为中心，综合该像素及其周围某一范围内像素的灰度值进行计算，并将计算结果作为中心像素新的灰度值。根据输出像素是否为输入像素及其邻域像素的线性组合，将图像邻域增强方法分为线性和非线性两大类。

图像在空间域的增强常通过线性卷积运算来实现。图像卷积运算属于邻域处理方法，即在图像中滑动一个模板，不断根据邻域像素的值计算各个像素的新值来实现。计算时，将卷积核由图像左上角到右下角逐点平滑移动，每次滑动至一个新像素，都将卷积核中的每一个因子作为权重值与它所覆盖图像范围内的像素做加权求和，得到的结果作为它所覆盖部分中心点的新像素值。理论上来说，卷积核尺寸可以为任意值，但是为了处理方便，卷积核的常用尺寸为 3×3、5×5 或 7×7 等正方形阵列。卷积核的类型决定了卷积运算对像素的变换，卷积核中的权重定义了它所覆盖的像素对中心像素的影响。

图 10-25 显示了采用一个 3×3 卷积核对图像进行卷积运算的过程。卷积核沿着图像左上角逐行逐列滑动至右下角最后一个像素点。对于每次移动，卷积核中的 9 个元素 $P(x,y)$ 都会和它覆盖区域中的像素 $K(x,y)$ 相乘并求和，得到的结果 $\sum K(x,y)\cdot P(x,y)$ 将作为卷积核中心点的新值。一般还需要对卷积运算得到的新值进行归一化处理，通常将卷积核中所有因子之和作为标准化因子 N，对计算结果进行归一化处理：

$$P_{new}(i,j)=\frac{1}{N}\sum K(x,y)\cdot P(x,y) \qquad 10\text{--}5$$

式中：x 取值在 $i-1$ 到 $i+1$ 之间，y 取值在 $j-1$ 到 $j+1$ 之间，N 为标准化因子。如果计算得到的新值为负，则将其设置为 0；若新值大于图像位深度，则将其设置为最大值。

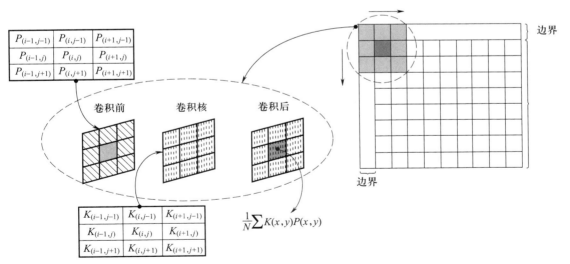

图 10-25 数字图像卷积运算过程

在机器视觉系统中，卷积运算常用于对图像在空间域进行增强。具体是滤除图像中的噪声还是增强目标的轮廓或边缘等高频细节，由所选择的卷积核决定。如表 10-2 所示，常用的基于卷积运算的线性滤波方法有线性梯度算子（linear gradient）、拉普拉斯算子

（Laplacian）、平滑滤波（smoothing）和高斯算子（Gaussian），前两种方法用于锐化图像中灰度变化较快的高频边缘或纹理细节，后两种方法则用于滤除高频噪声和细节，使图像更平滑。

表 10-2　常用线性滤波方法

滤波类型	算子	3×3 算子结构	说明
高通滤波	线性梯度算子	$\begin{pmatrix} a & -b & -c \\ b & x & -d \\ c & d & -a \end{pmatrix}$	（1）a、b、c、d 为整数，x 取 0 或 1； （2）沿 45° 对角线方向增强边缘； （3）$x=0$ 时，仅显示图像灰度变化量；$x=1$ 时灰度变化量与原图叠加； （4）算子尺寸越大，边缘越粗
	拉普拉斯算子	$\begin{pmatrix} a & d & c \\ b & x & b \\ c & d & a \end{pmatrix}$	（1）a、b、c、d 为整数，$x \geq 2(\lvert a\rvert+\lvert b\rvert+\lvert c\rvert+\lvert d\rvert)$； （2）沿所有方向增强目标轮廓； （3）$x=2(\lvert a\rvert+\lvert b\rvert+\lvert c\rvert+\lvert d\rvert)$ 时，仅显示灰度变化量；$x>2(\lvert a\rvert+\lvert b\rvert+\lvert c\rvert+\lvert d\rvert)$ 时，灰度变化量与原图叠加； （4）算子尺寸越大，目标轮廓越粗
低通滤波	平滑滤波	$\begin{pmatrix} a & d & c \\ b & x & b \\ c & d & a \end{pmatrix}$	（1）a、b、c、d 为整数，x 取 0 或 1； （2）属于加权均值滤波算子； （3）中心因子为 0 时，对图像的平滑程度较高； （4）领域内因子的值越大，对中心像素点的影响越大； （5）算子的尺寸越大，对图像的平滑效果越明显
	高斯算子	$\begin{pmatrix} a & d & c \\ b & x & b \\ c & d & a \end{pmatrix}$	（1）a、b、c、d 为整数，x 大于 1； （2）属于加权均值滤波算子； （3）中心因子大于 1，滤波效果比平滑滤波柔和； （4）算子内因子以中心点为原点呈正态分布，其值越大，对中心像素的影响越强； （5）算子的尺寸越大，对图像的平滑效果越明显

3. 图像分割

机器视觉系统基于数字图像中的信息进行决策，为此需要将关注目标从背景图像中提取出来。图 10-26 显示了典型的特征提取过程，其中图像分割（image segmentation）根据图像的灰度、颜色、纹理或形状等参数，将图像划分为不同的子区域，有助于简化后续图像分析、处理和机器决策过程。图像分割本质上是对图像中具有相同特征的区域进行标记的过程，其输出一般为二值图像，用 0 表示背景，用 1 或自定义值表示目标区域。

图 10-26 典型特征提取过程

阈值分割是一种最常用的图像分割方法，可将图像按照不同灰度分成两个或多个等间隔或不等间隔灰度区间，它对目标与背景有较强对比度的图像分割效果显著。阈值分割能用封闭且连通的边界定义不交叠区域，并且计算简单，因此常被用于各种基于二值图像进行分析决策的机器视觉预处理。原始图像为 $f(x,y)$，选择的灰度阈值为 T，则最简单的图像阈值分割方法为

$$g(x,y)=\begin{cases} 1, & f(x,y) \geqslant T \\ 0, & (x,y) < T \end{cases} \qquad 10\text{-}6$$

式中：$g(x,y)$ 为分割后的图像。

阈值分割可以分为全局阈值分割和局部阈值分割。全局阈值分割基于整幅图像像素的统计信息，选取固定的灰度阈值，适用于光照均匀的图像。局部阈值分割基于邻域内像素的统计信息，为每个像素计算阈值，它对光线呈倾斜梯度分布或待测目标有阴影的情况较为有效。

全局阈值分割包括手动阈值分割和自动阈值分割两类。手动阈值分割的阈值选取是关键，若阈值过高，会有过多的目标像素点被误分为背景，阈值选得过低，则会出现相反的情况。常根据图像灰度直方图来选择阈值，选取直方图各峰值之间的谷底作为图像分割阈值，如图 10-27 所示。

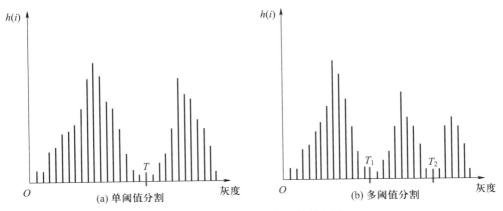

图 10-27 单阈值和多阈值分割法

图 10-28 显示了使用单个灰度阈值对图像进行分割的效果。程序读入图像后，使用图像显示控件显示，使用 IMAQ GetImageSize 获取图像尺寸，并为图像处理分配缓存，之后程序使用 IMAQ Threshold 进行图像分割，默认情况下，IMAQ Threshold 用 1 替换所有指定

灰度范围内的像素值，用 0 替换所有灰度范围外的像素值，最终生成二值图像。程序在进行图像分割时采用了循环结构来调节灰度阈值，阈值对图像分割结果具有重要影响。为了消除人工设定阈值的主观性，使机器视觉系统能适应不同图像，自动阈值分割方法被提出来确定灰度阈值。NI Vision 支持 5 种自动阈值分割方法，包括聚类法（clustering）、最大类间方差法（inter-class variance）、最大熵法（entropy）、均匀性度量法（metric）和矩保持法（moments preserving），其中聚类法支持将多类分割，其余方法都是针对二值分割的。图 10-28 中，自动阈值分割采用了聚类法，得到的自动分割阈值为 91。

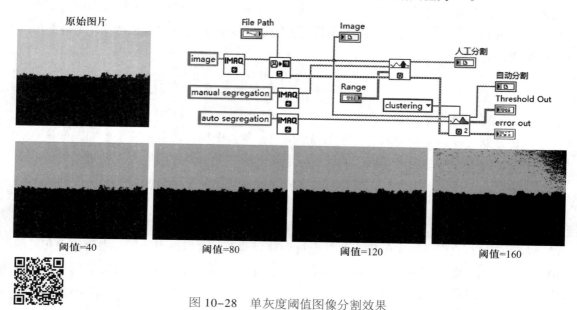

图 10-28　单灰度阈值图像分割效果

4. 特征提取与分析

　　为了减少计算量、提高系统的实时性，机器视觉系统一般通过特征提取来实现对目标的识别、分类和检测。有些特征属于自然特征，如像素灰度、边缘和轮廓、纹理和色彩等，有些则是需要通过计算才能获得的，如灰度直方图、频谱和不变矩等。将属于特征的像素从图像中分类出来的过程为特征提取，从各种图像特征中选出与任务密切相关特征的过程为特征选择。特征提取和特征选择直接决定了机器视觉系统的效果。

　　机器视觉系统开发过程中常见的特征包括像素灰度与梯度、边缘、轮廓、纹理、角点、色彩以及各种与图像颗粒相关的属性，如图 10-29 所示。

　　基于图像的像素灰度特征，可以进一步衍生出图像的直方图、线灰度分布曲线、图像线灰度均值、ROI 边界灰度曲线、灰度定量描述以及图像结构相似度等可以定量描述的特征。图像中的边缘则常以点、线或曲线的形式出现。一组互相连接的边缘曲线可以构成目标的轮廓，通过提取被测目标的轮廓，并对其进行比较分类，不仅可以实现图像分割，还能实现尺寸测量、缺陷检测以及目标轮廓分析、匹配和轮廓分类等机器视觉应用。纹理

（texture）是物体表面固有的特征之一，通过使用小波对其进行多分辨率分析后再进行统计分类识别，可以有效识别物体表面的缺陷。角点（corner point）是图像中一种特殊的特征点，基于角点检测和匹配，能在较难找到图像特征的情况下，创建图像拼接或图像匹配应用，图像的颗粒属性和色彩属性也可作为关键的图像特征。

图 10-29　常见图像特征

　　图 10-30 显示了对图像指定区域进行灰度检测的程序，通过连续图片的灰度变化来分析被测对象的温度演变。

　　该程序打开指定文件夹的一组图片，该图像序列的拍摄间隔时间固定，图 10-31 显示了指定区域的连续图像序列。对指定区域进行灰度值计算，包括平均值、标准差、最大值和最小值等，将平均值按图像序列绘制成图可以发现，随着时间推移，指定区域的灰度值逐步升高。该程序采用 IMAQ Light Meter（rectangle）函数完成指定区域的灰度值计算，位于 LabVIEW 的 Vision and Motion → Machine Vision VIs → Measure Intensities VIs，如图 10-32 所示。

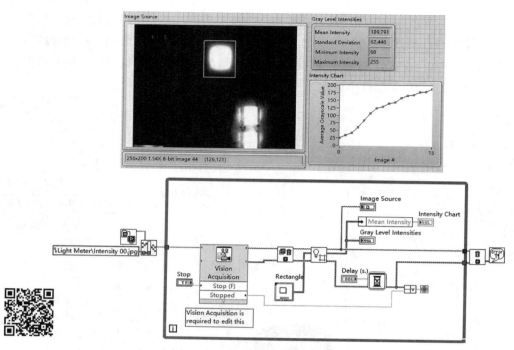

图 10-30 图像指定区域灰度检测程序

图 10-31 指定区域的连续图像序列

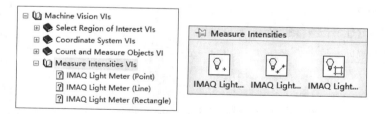

图 10-32 LabVIEW 平台的强度测量函数

　　边缘是指位于图像中灰度不连续的两个区域边界上的单个或一组相连的像素，常以点、直线或曲线形式出现。基于目标的边缘，不仅可以确定机器视觉系统的坐标系，还能实现距离或角度测量、存在性检查或目标对准等类型的机器视觉系统。图 10-33 给出了一个基于轮廓特征进行零件检测的程序。在生产过程中，会出现零件边缘损伤或变形，为了能剔除此类次品，可以采用机器视觉技术监测零件轮廓到中心点的距离，如果发现局部距离超出范围，则认为该零件的轮廓存在损伤或变形。

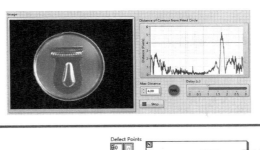

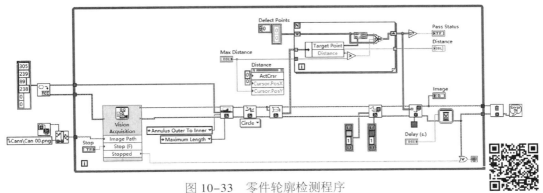

图 10-33　零件轮廓检测程序

该程序采用 IMAQ Extract Contour 函数获得指定零件的外部轮廓，采用从外向内扫描方法找边缘点；随后采用 IMAQ Fit Contour 函数对边缘点进行圆拟合，获得圆中心点坐标；再采用 IMAQ Compute Contour Distances 函数计算边缘点到圆心的距离，同时将边缘点和圆轮廓用绿色和蓝色标记出来，此处采用 overlay 方式，仅用于可视化显示，并没有改变图像的像素值；设定距离阈值，将距离超过范围的边缘点加入超距点数组，并将这些边缘点标记为红色，如果超距点数组为空，则判断该零件合格，反之判定该零件轮廓异常。该程序所有的函数位于 LabVIEW 的 Vision and Motion → Machine Vision VIs → Contour Analysis，如图 10-34 所示。

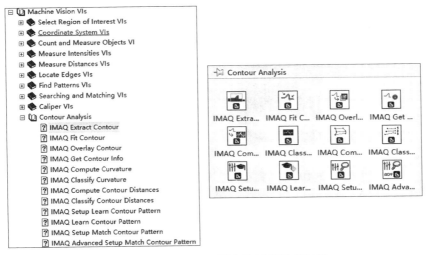

图 10-34　LabVIEW 平台的轮廓分析函数

10.5.4 基于机器视觉的机器人引导

目前，工业机器人通常是利用示教器编程，提前规划好机器人运动方式。一旦工作区域内的环境改变，机器人将无法做出判断，限制了机器人的工作适应性与工作效率，无法满足工业发展的需求。利用视觉引导技术实现对工业机器人的精确控制与远程协作，将大大提高制造技术的智能化水平。工业机器人视觉引导技术将工业照相机作为机器人的"眼睛"，利用数字图像的信息来实现机器人对工件的精确定位，将坐标结果反馈给机器人控制系统，以实现机器人对周围环境的感知，代替人工自动完成一些恶劣环境下的作业。

视觉引导模块主要由工业照相机、照明光源以及图像处理器等组成；工业机器人模块主要由工业机器人本体、工业机器人控制器、机器人手臂等设备组成；上位机软件控制模块主要由计算机、机器人二次开发库、视觉处理软件等组成。本例的工业机器人视觉引导系统组成如图 10-35 所示，零件的形状和尺寸均存在差别，杂乱地分布在工作区域，视觉引导系统的任务是引导机器人在指定区域内寻找待识别的零件，并根据零件的位姿进行精准抓取。为此，工业照相机和照明光源被布置在工作区域上方，以获取工作区域的图像并传送至计算机；数字图像处理软件从图像中识别出指定零件，并通过图像处理算法计算零件的中心坐标，完成坐标转换后发送给机器人；机器人则根据收到的零件位姿信息完成抓取。

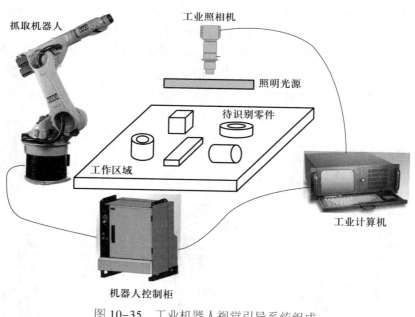

图 10-35 工业机器人视觉引导系统组成

视觉系统在整个智能化工业机器人控制系统中起着至关重要的作用，根据安装在系统中摄像机数量的不同，分别有单目、双目以及多目视觉。单目视觉在系统中配置简单并且方便摄像机的标定，数据信息获取迅速，可以比较容易地得到图像的平面坐标。双目以及多目视觉可以获取目标的三维信息，但是配置以及摄像机标定较为复杂，获取数据信息庞大，往往不能满足实时处理系统的要求。数字图像处理是视觉系统最为核心的技术，不仅要识别目标工件，而且要保证检测结果的精度和可靠性。一般利用工业相机对目标工件进行图像采集，使用图像算法对图像进行处理，获得目标对象的空间位姿和尺寸信息，再将图像坐标转换为机器人坐标，最终引导机器人精准定位。

机器人引导系统图像处理程序流程如图 10-36 所示。首先根据照明、环境等因素提取某个颜色平面或进行计算，将彩色图片灰度化；再根据感兴趣区域对图片进行遮罩处理，将无关区域去除；最后采用滤波处理，抑制噪声对图片质量的干扰。这些步骤属于图像预处理环节。预处理完成后，对图像进行二值化处理和图像分割，将目标与背景分离出来，再对目标进行模式识别，找到待定位的零件。这些步骤属于目标分割环节。最后，针对找到的目标零件进行形态学处理，修补目标对象的缺失和孔洞，去除微小颗粒干扰，在此基础上提取目标对象边缘，并根据预设形状进行拟合，得到目标零件的位姿信息。这些步骤属于位姿识别环节。得到目标的位姿信息后，通过坐标转换得到零件在机器人坐标中的中心位置和角度，机器人根据这些数据完成目标定位或抓取。

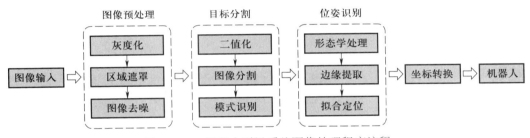

图 10-36　机器人引导系统图像处理程序流程

图 10-37 显示了本例中计算目标零件中心位置的 LabVIEW 程序，该程序在图像分割的基础上对指定目标图像进行二值化和形态学处理，随后调用 IMAQ Find Circular Edge 3 函数

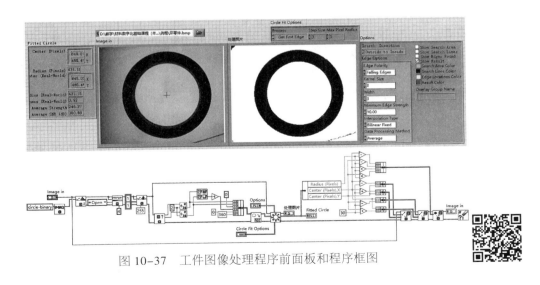

图 10-37　工件图像处理程序前面板和程序框图

（Vision and Motion → Machine Vision VIs → Locate Edge VIs → IMAQ Find Circular Edge 3）提取圆环外轮廓点。将预处理后的图片连接到 IMAQ Find Circular Edge 3 函数输入端，设定感兴趣区域和轮廓提取参数，运行程序后，该函数输出寻找到的圆轮廓信息，包括圆中心点坐标、圆半径、圆度、边缘点强度和信噪比等。

10.5.5　基于机器视觉的熔池轮廓识别

熔池是焊接过程的重要环节，熔池特征对焊缝成形以及焊接质量检测有重要作用。由于焊接环境变化大，没有稳定光照，同时受到熔池表面复杂反射特性以及弧光剧烈光强的干扰，传统的图像分割算法难以获得稳定、准确的熔池分割结果，影响焊接过程质量在线控制效果。为了解决这个问题，采用了一种基于熔池波动特性的熔池轮廓提取方法，即计算熔池时序图像中各像素的变异系数，通过变异系数直方图来区分熔化区域和未熔化区域。该方法装置简单，只需在熔池附近设置一台高速照相机及辅助光源（图 10-38）。从获得的熔池图像中随机抽取焊接过程的一段连续熔池图片，相邻图片之间的间隔为 0.5 毫秒，从中可以看出，熔池图像与工件之间并没有明显的对比度，这使得传统检测方法难以准确提取熔池轮廓，特别是难以区分熔池尾部的凝固区和未凝固区。

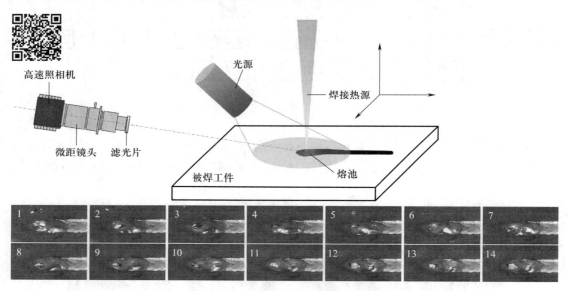

图 10-38　焊接熔池拍摄系统组成及熔池图像

在焊接过程中，由于熔池处于未凝固状态，因此熔池表面的反射光方向会随熔池的振荡而发生变化，在图像上熔池的灰度也发生相应的变化。相比之下，焊缝已经处于凝固状态，因此在图像上的灰度并不会发生变化。基于该差异，使用图像序列处理的方式计算出所有像素的灰度值变化系数，并通过以下公式计算像素的灰度实现图像的重构：

$$g_{(x,y)} = k \frac{\sigma_{n(x,y)}}{\mu_{n(x,y)}} \qquad\qquad 10\text{-}7$$

式中：$\mu_{n(x,y)}$ 为连续图像的平均灰度，$\sigma_{n(x,y)}$ 为灰度的标准差，k 为重构图像的调整系数。

对熔池图像进行重构后，可以进一步对重构后的图像进行轮廓提取、图像分割，从而确定熔池的边缘轮廓。利用熔池时序图像提取轮廓的操作流程主要包括以下步骤（图 10-39）：

1）在计算机内存中开辟空间，用于存放连续拍摄的熔池图像。设定参与计算的图片数量 n，根据图像尺寸确定灰度直方图差值的阈值和判定依据。

2）进入参数调整过程，启动高速照相机连续拍摄焊接熔池，当熔池图像数量达到预设 n 值后，针对图像序列计算每个像素点的变异系数，分别得到 $n-1$ 幅图片和 n 幅图片的变异系数图像。

3）对两个变异系数图像分别进行低通滤波，并绘制灰度直方图，计算灰度直方图差值，当差值满足设定要求时，保留当前 n 值，完成参数调整。

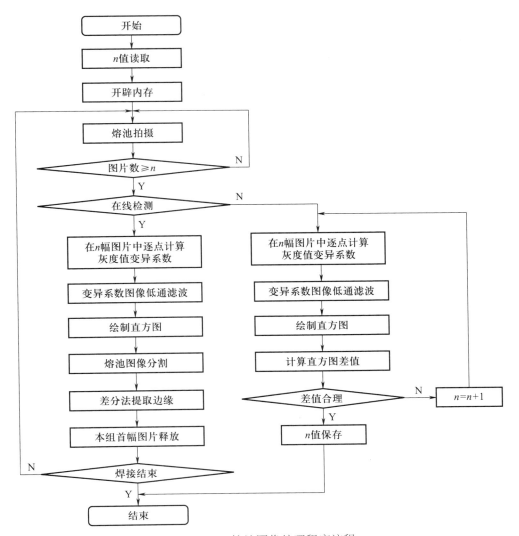

图 10-39　熔池图像处理程序流程

4）进入在线检测过程，启动高速相机连续拍摄焊接熔池，当熔池图像数量达到预设 n 值后，计算变异系数图像、低通滤波和绘制灰度直方图，在灰度直方图中进行峰值单侧直线拟合，确定图像分割阈值。

5）在变异系数图像中，根据分割阈值进行二值化处理，并采用差分法提取熔池轮廓。

6）轮廓提取完成后，释放参与计算的首幅图内存空间，继续导入后续熔池图像，采用滑动窗口法计算下一组 n 幅图像并提取熔池轮廓。以此类推，直至焊接过程结束。

检测结果和变异系数图计算程序如图 10-40 所示。熔池轮廓具有较好的完整性和细节特征，表明基于熔池动态特征的图像分割方法有效利用了熔池振荡特点，不仅克服了复杂背景的干扰，而且成功解决了熔池与后方半凝固区的分割难题。

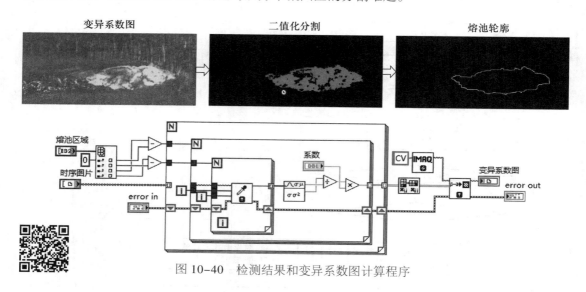

图 10-40　检测结果和变异系数图计算程序

由此可见，基于时序图像处理的方法简单有效，能够辅助高速摄像系统准确获得熔池轮廓，并且测量精度高、稳定性好，能有效克服成像系统差异和拍摄环境的影响。特别对于铝合金类熔池及与后方半凝固区没有显著色差的材料熔池具有良好的适用性，因此在焊接过程测控领域有着良好的应用前景。

10.6　机器人智能化焊接技术

10.6.1　机器人基础知识

1. 机器人的分类

机器人（robot）一词来自 1920 年捷克作家的科幻剧，意思是"奴隶"，即听命于人的机器。尽管人们经常以科幻的眼光把它想象成类似于人形的机器，但现实的工业机器人是以完成人赋予它的工作为第一要务，其形状结构特征与它特定的工作环境相适应。根据1987年ISO的定义，工业机器人是具有自动控制的操作和移动功能，能完成各种作业的可编程操作机。可见，机器人首先是一台机器，是为人工作的机器。

在生产制造领域，机器人的应用已越来越多，这与机器人能以精准的方式不知疲倦地反复重复某一种动作分不开。由于机器人的这种特性，可以代替人在一些领域的部分甚至全部劳动，从而降低人的劳动强度，提高效率，保证质量。机器人的工业应用大致有四个方面，即材料加工、零件制造、产品检验和装配。其中，材料加工相对简单，而装配最复杂。此外，机器人的应用领域还包括建筑业、石油钻探、矿石开采、太空探索、水下探索、毒害物质清理、搜救、医学、军事等。

机器人目前并没有统一的分类方法，不同的标准可以有不同的分类。比如，按应用环境分，可将机器人分为工业机器人和特种机器人。工业机器人特指服务于工业领域的机器人，通常由若干个自由度的操作机本体及其控制器组成，能通过编程，按程序自动完成生产中的某种规定作业，特别适合于多品种、变批量的弹性制造系统；特种机器人则是除工业机器人之外的、用于非制造业并服务于人的机器人，如水下机器人、医用机器人、农业机器人、娱乐机器人、军用机器人等。

如果按机器人的智能化程度分，机器人可分为在线编程、离线编程和智能编程机器人。

（1）在线编程（on-line program）机器人 主要以人工示教编程，需在机器人在线情况下对其进行人工示教，完成编程，智能程度较低，也称为第一代机器人。

（2）离线编程（off-line program）机器人 是指在机器人离线情况下，在计算机上建立机器人及其工作环境的三维模型，通过对图形的控制和操作，完成对机器人运动轨迹的规划。此外，也可在机器人上安装一些温度、位形或视觉传感器，根据其所获得的环境和作业信息在计算机上进行离线编程。这类机器人具有一定的外界感知能力，可对编程轨迹进行一定程度的修正，目前应用比较多，称为第二代机器人。

（3）智能编程（intelligent program）机器人 机器人装有多种传感器，能感知多种外部工况环境，具有一定的类似人类的高级智能，具有自主进行感知、决策、规划、自主编程和自主执行作业任务的能力，称为第三代机器人，目前仍处于试验研究阶段。

2. 机器人坐标系

一个简单的机器人至少要有三到五个自由度，比较复杂的机器人有十几个甚至几十个自由度。坐标系是为确定机器人的位置和姿态而在机器人或空间上定义的位置指标系统。坐标系有关节坐标系和笛卡儿坐标系两种。工具坐标系、用户坐标系和世界坐标系均属于笛卡儿坐标系。图10-41所示为六自由度机器人的相关坐标系。

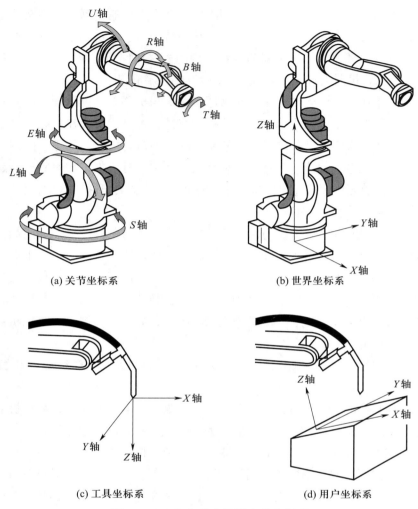

图 10-41 六自由度机器人的坐标系

（1）关节坐标系 设定在机器人的关节中的坐标系，关节坐标系中机器人的位置和姿态由机器人的各个关节的角度值确定。

（2）工具坐标系 表示工具中心点（TCP）和工具姿态的笛卡儿坐标系，工具坐标系通常以 TCP 点为原点，将工具方向取为 Z 轴。

（3）用户坐标系 用户对每个空间进行定义的笛卡儿坐标系。

（4）世界坐标系 被固定在空间上（一般位于机器人底座的中心）的笛卡儿坐标系。

上述坐标系中，后三者均属于笛卡儿坐标系。笛卡儿坐标系中机器人的位置和姿态，通常由 6 个分量（x，y，z，w，p，r）来确定。其中 x、y、z 表示工具坐标系的原点在某个空间坐标系（世界坐标系或用户坐标系）中的位置（即坐标值）；而 w、p、r 表示工具坐标系的坐标轴在对应的空间坐标系中的姿态，具体表现为工具坐标系的坐标轴相对于对应的空间坐标系的坐标轴的旋转角，如图 10-42 所示。

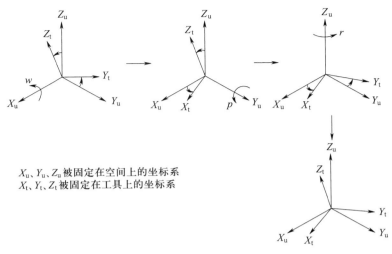

X_u、Y_u、Z_u 被固定在空间上的坐标系
X_t、Y_t、Z_t 被固定在工具上的坐标系

图 10-42 笛卡儿坐标系中 w，p，r 的含义

3. 机器人运动学

如果一个人醒来发现自己处在一具新的躯体中，拥有金属手臂，每只手只有三根手指，会怎么样呢？如果不知道手臂的长度，拿东西会很困难；如果只有三根手指，那么必须找到一个全新的抓取和握东西的方法；弯曲的金属手臂，难以自如地伸缩。这些就是机器人所面临的重大问题。

机器人运动学研究旨在解决机器人的手臂转向何方。机器人运动学可分为两类：正运动学和逆运动学。正运动学所要解决的问题是机器人通过它对自身的了解（关节角度和杆件参数）来确定自己在三维空间中到底身处何方。而逆运动学要解决机器人如何移动（如何改变关节角度）才能达到合适的位置这一问题。有时候，可能没有最好的解决方案，比如试试用你的右手碰你的右肘。机器人运动学可以用图 10-43 来表示。

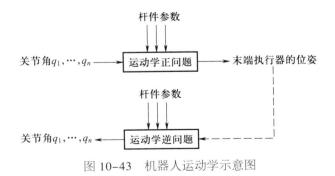

图 10-43 机器人运动学示意图

4. 机器人动力学

机器人的运动学都是在稳态条件下进行的，没有考虑机器人运动的动态过程。实际上，机器人的动态性能不仅与运动学相对位置有关，还与机器人的结构形式、质量分布、

执行机构的位置、传动装置等因素有关。机器人动态性能由运动学方程描述，动力学是考虑上述因素，研究机器人运动与关节力（力矩）间的动态关系。描述这种动态关系的微分方程称为机器人动力学方程。机器人动力学要解决两类问题：动力学正问题和逆问题。

动力学正问题是根据关节驱动力矩或力，计算机器人的运动（关节位移、速度和加速度）。动力学正问题与机器人的仿真有关，研究机器人手臂在关节力矩作用下的动态响应，其主要内容是如何建立机器人手臂的动力学方程，建立机器人动力学方程的方法有牛顿 – 欧拉法和拉格朗日法等。

动力学逆问题是已知轨迹对应的关节位移、速度和加速度，求出所需要的关节力矩和力。逆问题是为了实时控制的需要，利用动力学模型，实现最优控制，以期达到良好的动态特性和最优指标。在设计中根据连杆质量、运动学和动力学参数、传动机构特征和负载大小进行动态仿真，从而决定机器人的结构参数和传动方案，验证设计方案的合理性和可行性，以及结构优化程度。

在机器人离线编程时，为了估计机器人高速运动引起的动载荷和路径偏差，需要进行路径控制仿真和动态模型仿真，这些都需要以机器人动力学模型为基础。

5. 机器人运动控制方式

（1）空间运动轨迹控制方式

按机器人手部在空间运动的轨迹，控制方式有两种：点到点控制方式（PTP）和连续轨迹控制方式（CP）。

PTP 控制的特点是只控制机器人手部在作业空间中某些规定的离散点上的位姿。这种控制方式的主要技术指标是定位精度和运动所需要的时间。常常被应用在上下料、搬运、点焊和在电路板上插接元器件等定位精度要求不高，且只要求机器人在目标点处保持手部具有准确姿态的作业中。图 10-44 是 PTP 控制的示意图，通过点（末端执行器参考点）来决定机器人的动作位置，与运动轨迹（中途路径）无关。

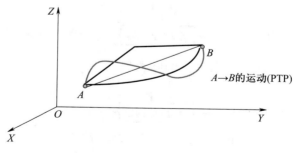

图 10-44 PTP 控制示意图

CP 控制的特点是连续地控制机器人手部在作业空间中的位姿，要求其严格地按照预定的路径和速度在一定的精度范围内运动，速度可控，轨迹光滑，运动平稳，以完成作业任务。工业机器人各关节连续、同步地进行相应的运动，其末端执行器即可形成连续的轨迹。这种控制方式的主要技术指标是机器人手部位姿的轨迹跟踪精度及平稳性。通常弧焊、喷漆、去毛边和检测作业的机器人都采用这种控制方式。

（2）非伺服型和伺服型控制方式

按机器人控制是否带反馈划分，有非伺服型控制方式和伺服型控制方式。非伺服型控制方式是指未采用反馈环节的开环控制方式。在这种控制方式下，机器人作业时严格按照在进行作业之前预先编制的控制程序来控制机器人的动作顺序，在控制过程中没有反馈信号，不能对机器人的作业进展及作业的质量好坏进行监测，因此，这种控制方式只适用于作业相对固定、作业程序简单、运动精度要求不高的场合。它具有费用少，操作、安装、维护简单的优点。伺服型控制方式是指采用了反馈环节的闭环控制方式。这种控制方式的特点是在控制过程中采用内部传感器连续测量机器人的关节位移、速度、加速度等运动参数，并反馈到驱动单元构成闭环伺服控制。如果是适应型或智能型机器人的伺服控制，则增加了机器人用外部传感器对外界环境的检测，使机器人对外界环境的变化具有适应能力，从而构成总体闭环反馈的伺服控制方式。

6. 机器人语言

早在 20 世纪 60 年代初，斯坦福大学首先研制出实用的机器人语言——WAVE。1979年，美国 Unimation 公司推出了 VAL 语言，这是一种在 BASIC 语言基础上扩展的机器人语言，具有 BASIC 语言的结构，比较简单，易于编程，为工业机器人所适用。1984 年，该公司又推出 VAL–Ⅱ 语言，它是在 VAL 语言的基础上，增加开发利用传感器信息进行运动控制和数据处理以及通信等功能。现在 VAL 语言已经升级为 V++ 语言，性能得到了更大的提高。其他机器人语言有 MIT 的 LAMA 语言，这是一种用于自动装配的机器人语言；美国 Automatix 公司的 RAIL 语言，它具有 PASCAL 语言类似的形式。

（1）机器人语言的特点

描述的内容主要是机器人的作业动作、工作环境、操作内容、工艺和过程；语言逐渐向结构简明、概念统一和容易扩展等方向发展；越来越接近自然语言，并且具有良好的对话性。

（2）机器人语言的分类

根据机器人语言对作业任务描述水平的高低可分为动作级、对象级和任务级三大类。

1）动作级

以机器人手部的运动作为作业描述的中心，将机器人作业任务中的每一步动作都用命令语句来表述，每一条语句对应于一个机器人动作。若动作的目的是移动某一物体，基本运动语句形式为：

MOVE TO 〈目的地〉

这一级语言的典型代表是 VAL 语言，它的语句比较简单，易于编程。动作级语言的缺点是不能进行复杂的数学运算，不能接受复杂的传感器信息，仅能接受传感器的开关信号，并且和其他计算机的通信能力很差。VAL 语言不提供浮点数或字符串，而且子程序不含自变量。

2）对象级

解决了动作级语言的不足，它是描述操作物体间关系使机器人动作的语言，即是以描述操作物体之间的关系为中心的语言，这类语言有 AML，AUTOPASS 等。它具有以下特点：运动控制，具有与动作级语言类似的功能；处理传感器信息，可以接受比开关信号复杂的传感器信号，并可利用传感器信号进行控制、监督以及修改和更新环境模型；通信和数学运算，能方便地和计算机的数据文件进行通信，数字计算功能强，可以进行浮点计算；具有很好的扩展性，用户可以根据实际需要，扩展语言的功能，比如增加指令等。

3）任务级

是比较高级的机器人语言，这类语言允许使用者对任务所要求达到的目标直接下命令，不需要规定机器人所做的每一个动作的细节。只要按某种原则给出最初的环境模型和最终的工作状态，机器人可以自动进行推理、计算，最后自动生成机器人的动作。任务级语言的概念类似于人工智能中程序自动生成的概念。任务级机器人编程系统能够自动执行许多规划任务。例如，当发出"抓起螺杆"的命令时，该系统必须规划出一条避免与周围障碍物发生碰撞的机械手运动路径，自动选择一个好的螺杆，并把螺杆抓起。

7. 机器人编程基本知识

机器人的应用程序是由机器人进行作业而由用户记述的指令，及其他附带信息构成。程序的基本单位为指令，包括运动指令、焊接指令、寄存器指令、I/O 指令、转移指令、待命指令、跳转条件指令、位置补偿条件指令、刀具补偿条件指令、坐标系指令、程序控制指令等。

（1）运动指令

所谓运动指令，是指以指定的移动速度和移动方法使机器人向作业空间内的指定位置移动的指令。FANUC 机器人动作指令中指定的内容如图 10-45 所示。

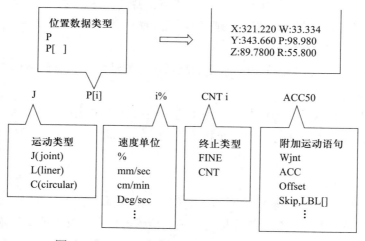

图 10-45　FANUC 机器人的动作指令指定内容

1）三种运动类型

Joint：关节运动，工具在两个指定的点之间的任意运动，如：

① J P[1] 100% FINE

② J P[2] 100% FINE

Liner：直线运动，工具在两个指定的点之间沿直线运动，如：

① J P[1] 100% FINE

② L P[2] 100% FINE

Circular：圆弧运动，工具在三个指定的点之间沿圆弧运动，如：

① J P[1] 100% FINE

② C P[2] P[3] 2000mm/sec FINE

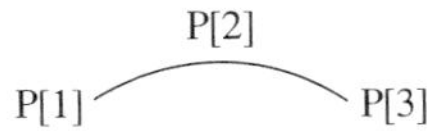

2）终止类型

指定动作指令中的机器人的动作结束方法，有两种：FINE 类型、CNT 类型。

FINE 类型：是指机器人在目标位置停止之后，再向下一个目标位置移动；

CNT 类型：是指机器人靠近目标位置，但是不在该位置停止而在下一个位置动作。机器人靠近目标位置到什么程度，由 0~100 范围内的值来定义，如图 10-46 所示。

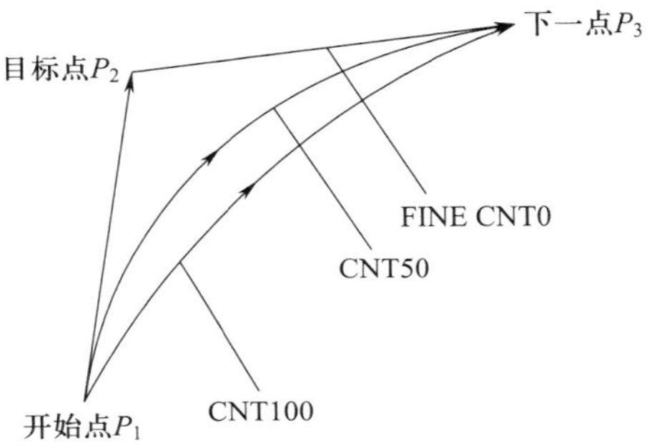

图 10-46 FANUC 机器人的运动终止类型

（2）寄存器指令

是进行寄存器算术运算的指令，有普通寄存器指令、位置寄存器指令、位置寄存器要素指令等。

普通寄存器（R）指令：用来存储某一整数或小数值的变量，有赋值运算、加、减、乘、除、MOD（除法取余）、DIV（除法取整）等。

例如：R[0]=10，R[1]=R[3]*R[5]。

位置寄存器（PR）指令：用来存储位置数据（x，y，z，w，p，r）的变量，有赋值、加、减运算。

例如：PR[0]=UTOOL[1]。

位置寄存器要素指令：是进行位置寄存器算术运算的指令，类似于矩阵中对矩阵元素的操作，其相关运算与普通寄存器的运算相同。PR[i, j] 的 i 表示位置寄存器编号，j 表示位置寄存器的要素编号。

例如：PR[1，2]=R[3] 表示 1 号位置寄存器的第 2 个元素的值等于 R[3] 中存储的数值。

（3）I/O 指令

I/O 指令用于改变信号的输出状态和接收输入信号。有数字 I/O 指令（DI/DO），机器人 I/O 指令（RI/RO），模拟 I/O 指令（AI/AO），组 I/O 指令（GI/GO）等。

例如：DO[i]=（value），value=ON 表示发出信号，value=OFF 表示关闭信号。

（4）分支指令

1）Label 指令，用来定义程序分支的标签。

LBL[i: Comment]，i=1~32 767，Comment 为注释。

2）未定义条件的分支指令。

跳转指令 JMP，如：JMP LBL[i]，表示跳转到 LBL[i] 标签。

Call 指令，如：Call（Program），表示定义程序 Program。

3）定义条件的分支指令。

寄存器条件指令：IF（variable）（operator）（value）（Processing）。

I/O 条件指令：IF（I/O）（operator）（value）（Processing）。

（5）焊接指令

1）焊接开始指令：Arc Start[i]，i 为焊接条件号，此处也可以直接指定电压、电流。

2）焊接结束指令：ArcEnd[i]，i 为焊接条件号，此处也可指定电压、电流、维持时间。

（6）待命指令

1）定义时间的等待指令：WAIT（value）s。

2）条件等待指令：WAIT（variable）（operator）（value）（Processing）。

8. 工业机器人技术参数

工业机器人的技术参数是说明机器人规格与性能的具体指标，包括以下几个方面。

（1）负载能力

该参数一般指机器人在正常运行速度下所能抓取的工件重量，它与机器人的运行速度高低有关。当机器人运行速度可调时，低速运行时所能抓取的工件最大重量比高速运行时大。为安全起见，也有将高速运行时所能抓取的工件重量作为指标的情况，此时则应指明运行速度。

（2）定位精度

定位精度是衡量机器人性能的一项重要指标，定位精度的高低取决于位置控制方式以及机器人运动部件本身的精度和刚度，与抓取重量、运行速度等也有密切关系。工业机器人的伺服系统是一种位置跟踪系统，即使在高速重载情况下，也可防止机器人发生剧烈的冲击和振动，因此可以获得较高的定位精度。

一般所说的定位精度是指位置精度和位置重复定位精度。其中，位置精度是指目标位置与到达目标时的实际位置的平均偏差；而位置重复定位精度是指机器人多次定位重复到达同一目标位置时，与其实际到达位置之间的相符合程度。

（3）运动速度

运动速度是反映机器人性能的又一项重要指标，它与机器人负载能力、定位精度等参数都有密切联系，同时也直接影响着机器人的运动周期。

一般所说的运动速度，是指机器人在运动过程中最大的运动速度。为了缩短机器人整个运动的周期，提高生产效率，通常总是希望启动加速和减速制动阶段的时间尽可能缩短，而运行速度尽可能提高，即提高运动过程的平均速度。但由此却会使加、减速度的数值相应地增大，在这种情况下，惯性力增大，工件易松脱；同时由于受到较大的动载荷而影响机器人工作平稳性和位置精度。这就是在不同运行速度下，机器人能提取工件的重量不同的原因。

（4）自由度

自由度是指确定机器人手部中心位置和手部方位的独立变化参数。工业机器人的每一个自由度，都要相应地配对一个原动件（如伺服电机、液压缸、气缸、步进电机等驱动装置），当原动件按一定的规律运动时，机器人各运动部件就随之作确定的运动，自由度数与原动件数必须相等，只有这样才能使工业机器人具有确定的运动。工业机器人自由度越多，其动作越灵活，适应性越强，但结构相应越复杂。

（5）程序编制与存储容量

这个技术参数是用来说明机器人的控制能力，即程序编制和存储容量（包括程序步数和位置信息量）的大小表明机器人作业能力的复杂程度及改变程序时的适应能力和通用程度。存储容量大，则适应性强，通用性好，从事复杂作业的能力强。

图 10-47 所示为 FANUC 公司的 M710iC/70 型机器人。其主要技术参数如表 10-3 所示。

图 10-47　FANUC M710ic/70 机器人

表 10-3　FANUC M710iC/70 机器人技术参数

负载能力	70 kg	本体重量	560 kg
自由度	6（轴）	驱动方式	AC Servo
重复定位精度	± 0.07 mm	定位方式	绝对编码器 ABS
运动速度	120 ~ 225 °/s（各轴）	存储容量	1 G
最大工作半径	2 050 mm		

10.6.2　机器人焊接过程控制原理

机器人焊接过程控制的基本原理是通过控制焊接参数和机器人运动轨迹，实现工件和焊接材料的精确位置控制和熔池形成控制，以达到焊接质量的要求。

具体来说，机器人焊接过程控制的主要步骤包括：

（1）焊接参数设定　根据不同的焊接任务和焊接材料，设定合适的焊接参数，如电流、电压、速度、焊接时间等。

（2）路径规划 根据焊接任务和工件形状，通过计算机辅助设计（CAD）软件或其他路径规划算法，生成机器人焊接路径，以确保焊接位置和姿态的精确控制。

（3）机器人姿态控制 机器人在焊接过程中需要保持稳定的姿态，以确保焊接质量。机器人姿态控制通常通过控制机器人的关节角度和速度实现。

（4）工件夹持控制 工件夹持装置需要保持工件的稳定位置和姿态，以确保焊接位置和姿态的精确控制。工件夹持控制通常通过控制夹具和夹爪的位置和力度来实现。

（5）熔池形成控制 焊接过程中需要控制熔池的形成和大小，以确保焊接质量。熔池形成控制通常通过控制焊接电流、电压和速度等参数实现。

（6）实时监测和反馈 机器人焊接过程中需要实时监测焊接质量和工件状态，以及机器人和设备的运行状态。实时监测和反馈通常通过传感器和控制系统实现。

综上所述，机器人焊接过程控制的原理是通过控制焊接参数和机器人运动轨迹，实现工件和焊接材料的精确位置控制和熔池形成控制，以达到焊接质量的要求。

10.6.3 机器人焊接系统组成

机器人焊接系统通常包括以下几个部分。

（1）机器人 机器人是机器人焊接系统的核心部分，它负责执行焊接任务。机器人通常由机械臂、控制器和传感器等组件组成，可以实现高精度、高速度和高重复性的焊接操作。

（2）焊枪及其控制系统 焊枪是机器人焊接系统中的关键部件，它负责将焊接材料加热到熔化状态，并将其施加到工件上。焊枪控制系统通常包括电源、控制器、传感器和冷却系统等组件，用于控制焊接电流、电压、速度和温度等参数。

（3）工件夹持装置 工件夹持装置用于固定工件，以确保焊接过程中工件的位置和姿态不变。工件夹持装置通常由夹具、夹爪和传感器等组件组成，可以适应不同形状和尺寸的工件。

（4）焊接材料供给系统 焊接材料供给系统用于提供焊接材料到焊接区域。对于电弧焊接系统，焊接材料供给系统通常包括焊丝卷盘、焊丝传送装置和喷嘴等组件。对于激光焊接系统，焊接材料供给系统通常包括激光束和粉末喷射器等组件。

（5）控制系统 控制系统用于控制机器人焊接系统中的各个部件和操作。它通常包括计算机数控（CNC）控制器、传感器、运动控制器和用户界面等组件。控制系统负责路径规划、焊接参数控制、工件夹持控制、材料供给控制和实时监测等功能。

（6）辅助设备 机器人焊接系统还可能包括一些辅助设备，如烟气处理设备、气体保护系统和安全保护装置等。这些设备用于保护焊接环境、提高焊接质量和保障操作人员的安全。

综上所述，机器人焊接系统由机器人、焊枪及其控制系统、工件夹持装置、焊接材料供给系统、控制系统和辅助设备等多个部分组成。这些部分协同工作，以实现高精度、高效率和高质量的焊接过程。

10.6.4　机器人焊接过程监测技术

机器人焊接过程监测技术主要有以下几种。

（1）视觉监测技术　通过安装照相机或传感器来实时监测焊接过程中的熔池形态、焊缝位置和焊缝质量等信息。通过图像处理和模式识别算法，可以实时分析焊接过程中的缺陷和偏差，并及时进行修正。

（2）力／力矩监测技术　通过安装力／力矩传感器来监测焊接过程中的焊接力和力矩，以实时检测焊接质量和焊接过程中的异常情况。通过分析力／力矩信号，可以判断焊接过程中的偏差、缺陷和异常情况，并及时采取措施进行修正。

（3）温度监测技术　通过安装温度传感器来监测焊接过程中的温度变化，以实时监测焊接过程中的熔池温度和焊接区域的温度分布。通过分析温度信号，可以判断焊接过程中的熔池形态和焊接质量，并进行相应的调整和修正。

（4）焊接电流／电压监测技术　通过安装电流／电压传感器来监测焊接过程中的电流和电压变化，以实时监测焊接过程中的熔池形态和焊接质量。通过分析电流／电压信号，可以判断焊接过程中的偏差、缺陷和异常情况，并及时采取措施进行修正。

（5）声波监测技术　通过安装声波传感器来监测焊接过程中的声波信号，以实时监测焊接过程中的熔池形态和焊接质量。通过分析声波信号，可以判断焊接过程中的偏差、缺陷和异常情况，并及时采取措施进行修正。

综上所述，机器人焊接过程监测技术主要包括视觉监测技术、力／力矩监测技术、温度监测技术、焊接电流／电压监测技术和声波监测技术等。这些技术可以实时监测焊接过程中的熔池形态、焊缝质量和焊接参数等信息，以提高焊接质量和效率。

10.6.5　机器人焊接系统智能化控制技术

机器人焊接系统目前可以采用的智能化控制技术有以下几种。

（1）人工智能技术　通过机器学习、深度学习等人工智能技术，对大量的焊接数据进行分析和处理，从而实现焊接参数的自适应控制和焊接质量的自动检测。

（2）机器视觉技术　通过机器视觉技术，对焊接过程中的熔池形态、焊缝位置和焊缝质量等进行实时监测和分析，从而实现焊接参数的自动调整和焊接质量的自动控制。

（3）传感器技术　通过安装多种传感器，如力传感器、温度传感器、电流传感器等，实时监测焊接过程中的焊接参数和焊接质量，从而实现焊接参数的自动调整和焊接质量的自动控制。

（4）机器人运动控制技术　通过精确的机器人运动控制技术，实现焊接头的精确位置控制和焊接速度的自适应调整，从而实现焊接质量的自动控制。

（5）云计算技术　通过云计算技术，将大量的焊接数据上传到云端进行分析和处理，从而实现焊接参数的自动调整和焊接质量的自动控制。

综上所述，机器人焊接系统可以采用人工智能技术、机器视觉技术、传感器技术、机器人运动控制技术和云计算技术等智能化控制技术，实现焊接参数的自动调整和焊接质量的自动控制，提高焊接效率和质量。

本单元将介绍用于重型货车油箱焊接的，带视觉跟踪的机器人工作站。油箱采用铝合金制成，其截面为带圆角的方形，箱体部件为两个端盖和一个筒体，分别冲压后再焊接成形，工件外形如图 10-48 所示。主要焊缝包括筒体的直缝和两端的环缝。油箱对工件尺寸精度的要求不高，但必须保证焊缝有足够的强度和无泄漏。

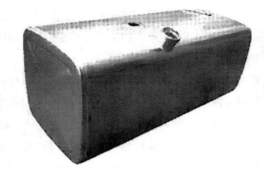

图 10-48　油箱工件外形

由于箱体尺寸较大，材料厚度相对较薄，所以工件装配后焊缝的形状和位置精度不高，可能有 1 mm 甚至几毫米的误差。采用的示教机器人只能重复已经示教的动作，对焊缝位置的偏差应变能力很差。为了保证机器人焊接质量，需要对工件的装配精度严格控制，保证重复性，但在实际焊接过程中很难实现。另一方面，机器人工作区因安全原因操作人员不得随意进入，使操作人员无法近距离实时监视焊接过程并作必要的调节。所以，当条件发生变化时，如工件尺寸误差或加热变形等引起焊缝位置偏离示教路径，就会造成焊接质量的下降甚至报废。

为了能在不需要严格控制装配精度的条件下完成焊接，有效的解决方案就是采用焊缝跟踪技术。焊缝跟踪是指在焊接位置前方实时检测焊缝位置，并把位置偏差传送给机器人或焊枪位置调整机构，实时纠正焊枪位置以适应焊缝位置的变化。根据对焊缝位置的传感和检测方式不同，焊缝跟踪可采用接触式传感或非接触式传感技术，而激光视觉传感技术是目前最先进的非接触式传感技术，具有响应速度快、精度高、适应性强等一系列优点，在焊缝跟踪技术中得到广泛应用。

1. 系统组成

为提高焊接生产效率，系统采用双工位双机器人焊接方案。即整个工作站有两个工位，各配一台旋转变位机，其中一个工位焊接时，另一个用于装卸工件；每个工位同时由两台机器人分别焊接两端环缝。变位机转动一周，两条环缝同时完成焊接。旋转变位机的作用，一是使机器人一次就能焊完一周的焊缝，二是使焊枪在任何时刻都能保持在最佳的平焊位置。旋转变位机为头尾架式，头部装有定位机构和夹具，可根据油箱筒体截面的大小灵活调节；尾架可左右移动，只需调整夹具和尾架位置，即可满足不同型号尺寸油箱的夹持要求。两个机器人以侧挂方式安装于带有导轨的固定龙门架上，可在两个工位之间左右往复移动。每台机器人各配一个控制柜，其中一台为主控，另一台为从控。每台机器人各配一套 Power-Trac 激光视觉传感焊缝自动跟踪系统（激光跟踪系统）。工作时，变位机带动工件旋转，两台机器人启动各自的跟踪系统，对两端环缝进行焊接。为保证焊接效率和质量，系统采用 MIG 焊接方法和 Fronius 焊机，如图 10-49 所示。

Power-Trac 激光跟踪系统，主要包括能精确跟踪各种焊缝组合及焊接过程的 PowerCam 数字激光传感器、Power-Box 视觉控制器及相关的软件，系统组成如图 10-50 所示。Power-Trac 激光跟踪系统在非常光亮的铝合金表面也能获得良好的激光条纹图像。

图 10-49 双机器人焊接系统

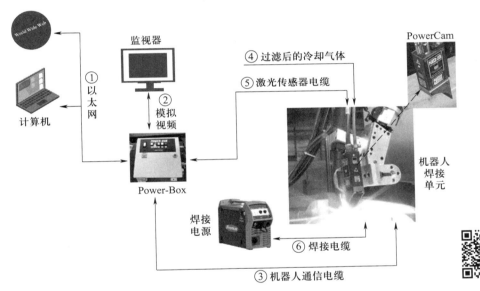

图 10-50 激光跟踪系统组成

上图中系统各部分的信号连接电缆意义如下：

① 表示视觉控制器通过以太网与上位机通信；

② 表示通过视频信号对焊接过程进行监控；

③ 表示视觉控制器与机器人控制器通过通信电缆进行信息交互；

④ 过滤后冷却气体温度控制数字激光传感器；

⑤ 激光传感器与视觉控制器的通信电缆；

⑥ 表示机器人单元通过焊接电缆对焊机进行控制，调整电流大小、功率输出等。

Power-Trac 激光跟踪系统的工作原理如图 10-51 所示，激光传感器发出激光（线激光）照射焊缝，并接收由焊缝处反射回来的激光，根据三角测量原理可以获得焊缝的信息。焊缝信息传回视觉控制器，在软件中经过滤波除噪、图像处理等流程，可以提取焊缝的坡口形貌，如图 10-51 右下角所示，焊缝为"V"型坡口。通过对焊缝信息的处理，当焊枪与焊缝的位置偏离超过一定阈值后，激光跟踪系统就会发出相关信号给机器人，对机器人的位姿进行微调，使焊枪与焊缝的位置适当，以保证焊接质量。

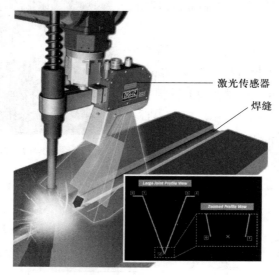

激光传感器

焊缝

图 10-51　Power-Trac 激光跟踪系统工作原理图

2. 工作过程

要实现精确的激光焊缝跟踪，必须事先对系统进行标定。首先按照机器人的标准方法标定焊枪的 TCP，然后在带有搭接特征的标定板上按规定步骤标定激光传感器。完成标定后，就可以示教编程机器人的程序。由于配备了激光跟踪系统，示教过程比较简单，要保证焊枪的前后位置和角度，焊条末端只需粗略对准即可，在焊接运行时由激光跟踪系统保证焊丝精确对准焊缝。

完成机器人编程以后，生产过程中操作人员只需负责上、下料，工件装夹完毕，按下该工位的装夹确认按钮，机器人完成另一工位的焊接任务后会自动移动到装好工件的工位上进行焊接。操作人员则到另一工位进行下料和上料，装夹完毕，按下该工位的装夹确认按钮。

在启动焊接时，两台机器人从初始位置接近焊缝，同时用激光搜索焊缝，找到焊缝后将焊枪移动到起始点位置，启动焊缝跟踪，起弧并同时驱动变位机带动工件旋转。两台机器人分别在各自的激光跟踪系统的导引控制下保持在平焊位置同步进行焊接，焊接一周后，激光跟踪系统检测到起弧点，自动重叠焊接一段距离后再息弧。之后机器人回到初始位置，等待另一工位工件装夹完毕的信号。机器人焊接时的工作流程如图 10-52 所示。

以下是一个简单的 KUKA 机器人的焊接主程序

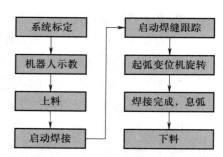

图 10-52　机器人焊接时的工作流程

示例：

```
DEF main()
    PTP HomeVel = {50,50,50,50,50,50}
    PTP HomeAcc = {100,100,100,100,100,100}
    PTP WeldVel = {100,100,100,100,100,100}
    PTP WeldAcc = {200,200,200,200,200,200}

    SETTING ShiftJoints := FALSE
    SETTING ShiftAxes := TRUE

    BAS(#INITMOV,0)

    MoveJ HomeVel,HomeAcc

    WHILE TRUE DO
        MoveJ WeldVel,WeldAcc
        Weld()
        MoveJ HomeVel,HomeAcc
    ENDWHILE

ENDDEF

DEF Weld()
    ; 焊接过程的具体实现
    ; 在此处编写焊接的路径和参数
    ; 例如：
    PTP Weld1 = {100,-45,90,0,45,0}
    PTP Weld2 = {100,-45,90,0,45,0}

    MoveJ Weld1,WeldVel,WeldAcc
    Arc Weld2,WeldVel,WeldAcc
    Arc Weld1,WeldVel,WeldAcc
    Arc Weld2,WeldVel,WeldAcc
    MoveJ Weld1,WeldVel,WeldAcc
ENDDEF
    ...
```

以上示例中，"main"函数是主程序，首先将机器人移动到初始位置"Home"，然后进入一个无限循环。循环中，机器人先移动到焊接位置"Weld"，然后调用"Weld"函数进行焊接操作，最后返回到初始位置"Home"。"Weld"函数是具体的焊接过程实现，可以根据实际需求编写焊接路径和参数。示例中使用了"MoveJ"和"Arc"指令来控制机器人的运动。可以根据实际情况修改示例中的位置、速度和加速度参数。

如果 KUKA 机器人上安装了 SERVO-ROBOT 公司的 Power-Tarc 激光跟踪系统用于焊缝跟踪，那么可以通过以下方式修改焊接主程序：

（1）在程序开头添加引用库的声明，以便使用 Power-Tarc 激光跟踪系统的功能。例如：

```
DECL E6AXIS TARCSensorData
DECL INT TARCSensorStatus
DECL BOOL TARCSensorEnabled
DECL BOOL TARCSensorConnected
DECL BOOL TARCSensorTriggered
...
```

（2）在"Weld（ ）"函数中添加激光跟踪系统的相关代码，用于焊缝跟踪。例如：

```
DEF Weld()
    ; 焊接过程的具体实现
    ; 在此处编写焊接的路径和参数
    ; 例如：
    PTP Weld1 = {100,-45,90,0,45,0}
    PTP Weld2 = {100,-45,90,0,45,0}

    TARCSensorEnabled := TRUE
    TARCSensorConnected := TRUE

    MoveJ Weld1,WeldVel,WeldAcc

    WHILE TARCSensorEnabled DO
        TARCSensorData := GetTARCSensorData()
        IF TARCSensorData.Valid THEN
            Weld2:= CalculateNextWeldPosition(TARCSensorData)
            MoveJ Weld2,WeldVel,WeldAcc
        ELSE
            TARCSensorEnabled := FALSE
        ENDIF
```

```
    ENDWHILE

    TARCSensorEnabled := FALSE

    MoveJ Weld1,WeldVel,WeldAcc
ENDDEF
```
...

在修改后的"Weld"函数中，我们首先启用激光跟踪系统，并检查其连接状态。然后，在一个循环中，我们使用"GetTARCSensorData（ ）"函数获取激光跟踪系统的数据。如果数据有效，我们可以根据数据计算下一个焊接位置"Weld2"，并将机器人移动到该位置。如果数据无效，我们将禁用激光跟踪系统并跳出循环。最后，我们将机器人移动回初始焊接位置"Weld1"。

请注意，"CalculateNextWeldPosition（ ）"函数是一个示例函数，用于根据激光跟踪系统的数据计算下一个焊接位置。你需要根据实际情况编写该函数以适应你所使用的激光跟踪系统和焊接需求。以上是一个简单的示例，可以根据实际情况进行修改和扩展。

思考题

1. 什么是智能制造？什么是智能工厂？如何实现制造环节的智能化？

2. 材料加工与制造智能化的具体目标是什么？

3. 调压铸造控制的对象是什么？其控制系统的基本原理是怎样的？在 PID 控制的基础上引入模糊控制的主要优点是什么？

4. 什么是激光增材制造？其主要技术特点是什么？

5. 什么是机器视觉？如何获得机器视觉？典型的机器视觉系统一般包含哪些部分？

6. 机器视觉可以应用在哪些领域？请举例说明其具体应用。

7. 机器人按智能化程度主要分为哪几类？

8. 机器人的坐标系有哪几类？为什么要采用不同的坐标系？

9. 什么是机器人运动学？什么是机器人动力学？它们各研究什么问题？

10. 机器人的性能指标主要有哪些？

参考文献

［1］李强，郝启堂，李新雷，等 . 反重力铸造液态成形过程的 PLC 控制 [J]. 铸造技术，2006，27（10）：1093–1097.

［2］TARN T J，CHEN S B，ZHOU C J. Robotic welding intelligent and automation[M]. Springer, 2004.

［3］GAN Z X，ZHANG H，WANG J J，Behavior-based intelligent robotic technologies in industrial applications，Robotic Welding，Intelligence and Automation[C]. Berlin：Springer-Verlag, 2007，1-12.

［4］郑维明，李志，仰磊，等．智能制造数字化增材制造 [M]. 北京：机械工业出版社，2021.

［5］高书燕．3D 打印：数字化智能制造技术与应用 [M]. 北京：科学出版社，2023.

［6］黄石生．弧焊电源及其数字化控制 [M]. 北京：机械工业出版社，2008.

［7］陈善本，林涛，等．智能化焊接机器人技术 [M]. 北京：机械工业出版社，2006.